Strategisches Nachhaltigkeitsmanagement
in der deutschen Stahlindustrie

CONTROLLING UND MANAGEMENT

Herausgegeben von
Prof. Dr. Thomas Reichmann
und Prof. Dr. Martin K. Welge

Band 41

PETER LANG
Frankfurt am Main · Berlin · Bern · Bruxelles · New York · Oxford · Wien

STEPHANIE RABBE

STRATEGISCHES NACHHALTIGKEITSMANAGEMENT IN DER DEUTSCHEN STAHLINDUSTRIE

DER ENTWURF EINES NACHHALTIGKEITSMANAGEMENTSYSTEMS ZUR PROFESSIONALISIERUNG DES STRATEGISCHEN NACHHALTIGKEITSMANAGEMENTS

EINE FALLSTUDIE BEI DER THYSSENKRUPP STEEL AG, DUISBURG

PETER LANG
Internationaler Verlag der Wissenschaften

Bibliografische Information der Deutschen Nationalbibliothek
Die Deutsche Nationalbibliothek verzeichnet diese Publikation in der Deutschen Nationalbibliografie; detaillierte bibliografische Daten sind im Internet über http://dnb.d-nb.de abrufbar.

Zugl.: Dortmund, Techn. Univ., Diss., 2010

Gedruckt auf alterungsbeständigem,
säurefreiem Papier.

D 290
ISSN 1610-160X
ISBN 978-3-631-60857-9

www.peterlang.de

Geleitwort

Strategisches Nachhaltigkeitsmanagement dominiert die internationale Forschungsagenda mit dem Auftrag der Entwicklung innovativer Managementansätze, die als Konzepte, Systeme oder Analyse- und Gestaltungsinstrumente das strategische Nachhaltigkeitsmanagement für die Praxis professionalisieren.

Die Überwindung der Trennung strategischer, organisationaler, personaler, kommunikatorischer und methodischer Handlungsspielräume für das Management von Nachhaltigkeitsissues eröffnet eine aktuelle Forschungslücke und stellt das zu lösende Kernproblem der vorliegenden Dissertation dar. Das Ziel der Arbeit besteht in der Konzeption eines ganzheitlichen Nachhaltigkeitsmanagementsystems als Managementkonzept für das strategische Nachhaltigkeitsmanagement, das die Integration dieser Handlungsfelder leistet.

Daher werden auf den drei Erkenntnisebenen des aktuellen theoretischen Forschungsstandes, der Branchenbesonderheiten und der spezifischen Unternehmensbedarfe die Fragen nach der Relevanz des Leitbildes, den Handlungsfeldern und Ausgestaltungsansätzen sowie den möglichen Elementen eines Nachhaltigkeitsmanagementsystems und ihren Ausprägungen gestellt. Aus dieser Analyse folgt eine Synthese der unternehmensindividuellen, branchenspezifischen und theoretisch-konzeptionellen Determinanten der Nachhaltigkeit zu einem ganzheitlichen Nachhaltigkeitsmanagementsystem. Als Ansatz zur Bestimmung der ökologischen und sozialen Wirkungen von Branchenaktivitäten wird das etablierte Konzept der externen Effekte herangezogen und eine Übersicht über im Nachhaltigkeitskontext offensichtliche Produktions- und Konsumexternalitäten der deutschen Stahlindustrie erarbeitet. Die Erkenntnisse und tiefen Einblicke in den unternehmerischen Umgang mit Nachhaltigkeitsmanagement liefert die Intensivfallstudie bei der ThyssenKrupp Steel AG in Duisburg.

Da die Entwicklung des Nachhaltigkeitsmanagementsystems differenziert nach individuellen Unternehmensbedürfnissen, branchenspezifischen Besonderheiten und verschiedenen wissenschaftstheoretischen Disziplinen stattfindet, gelingt ein unmittelbarer Bezug zur praxisorientierten transdisziplinären Nachhaltigkeitsforschung. Mit dem erstmalig in ganzheitlicher Perspektive konzipierten Nachhaltigkeitsmanagementsystem trägt die Dissertation zu einem besseren Verständnis des strategischen Nachhaltigkeitsmanagements und seiner erfolgreichen Implementierung bei und formuliert Implikationen, die für Management- und Nachhaltigkeitsforschung als auch für Unternehmenspraxis gleichermaßen innovativ und bemerkenswert sind. Daher wünsche ich der Arbeit eine möglichst weite Verbreitung.

Univ.-Prof. Dr. Martin K. Welge

Vorwort

Eine Promotion gleicht einer Expedition, der geplanten Entdeckungsreise in ferne, gleichwohl unwegsame Forschungsgebiete. Eine Promotion zum strategischen Nachhaltigkeitsmanagement ist nach meiner Erfahrung jedoch vielmehr ein Abenteuer, ein riskantes Unterfangen mit ungewissem Ausgang. Denn nahezu unüberschaubar sind die Komplexität der Nachhaltigkeit sowie die dringende Relevanz ökonomische, ökologische und soziale Notwendigkeiten in der heutigen Zeit sinnvoll im strategischen Management zu integrieren. Sich der Herausforderung zu stellen, einen Beitrag zur Professionalisierung des Nachhaltigkeitsmanagements zu leisten, verlangte mir viel Mut ab, den ich ohne die Unterstützung zahlreicher Menschen in meinem Umfeld nicht so leicht hätte aufbringen können und denen mein tief empfundener Dank gebührt.

Mein besonderer Dank gilt meinem akademischen Lehrer Herrn Univ.-Prof. Dr. Martin K. Welge für die prägende Zusammenarbeit. Seine Offenheit für das Thema und der gewährte Freiraum waren wichtige Voraussetzungen für die Entstehung dieser Arbeit. Herrn Juniorprofessor Dr. David Woisetschläger möchte ich für die Übernahme des Zweitgutachtens, sein persönliches Interesse am Thema und die hilfreichen Tipps für die Disputation vielmals danken.

Die Fallstudie als empirische Basis konnte nur durch intensive Zusammenarbeit mit der ThyssenKrupp Steel AG in Duisburg entstehen, mein besonderer Dank richtet sich daher stellvertretend für alle hilfsbereiten Ansprechpartner an die Herren Volker Grigo, Dietmar Stamm und insbesondere Manfred Scheffler, für die konstruktive Unterstützung. Meine Diplomanden Umut Saltik, Nicole Vöpel und Marc Scheer haben einen dankenswerten Anteil am erfolgreichen Projektverlauf, nicht nur des Kooperationsprojektes, sondern auch der Dissertation.

Bei meiner liebsten Kollegin und guten Freundin Dr. Anja Schulz bedanke ich mich von ganzem Herzen für ihre unermüdliche Diskussionsbereitschaft, stetige Motivation und die unerschöpflichen Möglichkeiten zur Inspiration bei Forschungsaufenthalten in Norwegen, Island und Südfrankreich sowie mit ihren Kindern auf Spielplätzen oder im Schwimmbad.

Ebenso dankbar bin ich meinen Freunden – Julia Nattler, Miriam Mertens, Sebastian Bartussek und Carolin & Sebastian Stütz – für ihr Verständnis, viele aufmunternde Worte und die gemeinsamen Unternehmungen zur Ablenkung.

Ich widme diese Doktorarbeit meinem verstorbenen Vater, der einfach unglaublich stolz wäre, meiner Mutter für ihren immerwährenden Rückhalt und meinem Bruder, als Ansporn für seine bemerkenswerte wissenschaftliche Karriere.

Stephanie Rabbe

Dortmund, April 2010

Inhaltsverzeichnis

Abbildungsverzeichnis

Tabellenverzeichnis

1 Einleitung – Das Leitbild Nachhaltigkeit im strategischen Management eines führenden Unternehmens der deutschen Stahlindustrie

1.1 Aktuelle Situation und Hintergrund

„Vorwärts zum geordneten Rückzug!

von Dennis Meadows

In den letzen 35 Jahren konnte man die Grenzen des Wachstums noch ignorieren – heute nicht mehr. Sie werden in den nächsten Jahrzehnten erreicht sein. Von unseren Vorbereitungen hängt ab, welches Wohlstandsniveau wir während des Übergangs beibehalten können.In unserem 1972 publizierten Bericht „Die Grenzen des Wachstums" an den Club of Rome wurden die Ergebnisse unserer computermodellbasierten Forschung zusammengefasst, die vier wichtige Schlussfolgerungen nahe legten:
Erstens: Auf einem endlichen Planeten gibt es Grenzen für physisches Wachstum. Zweitens: Bevölkerung und Industrie wachsen, politisch bedingt, gegenwärtig exponentiell. Das bedeutet, dass Bevölkerung und Wirtschaft schnell an ihre Grenzen stoßen. Unsere Szenarien sagten voraus, dass diese Grenzen zwischen dem Jahr 2010 und 2039 die Gesellschaft beeinflussen werden. Drittens: Wenn physisches Wachstum an seine Grenzen stößt, wird die gegenwärtige Politik sowohl Bevölkerungswachstum als auch Wirtschaft über diese Grenzen hinausschießen lassen, statt zu einem geordneten Rückzug zu führen, wodurch es zum Zusammenbruch kommt. Und viertens: Es ist noch möglich, die Wahrscheinlichkeit eines Zusammenbruchs zu verringern und eine nachhaltige Entwicklung zu initiieren." [...]
„Unsere Analyse aus dem Jahr 1972 wurde zweimal durchgesehen. In den Jahren 1992 und 2004 wurden neue Ausgaben unseres Berichtes hergestellt. Während dieser 35 Jahre währenden Studienzeit blieb eine Schlussfolgerung immer gleich: jene, dass wir neue Technologien brauchen, um mit den Wachstumsgrenzen zurechtzukommen. Doch der Technologiewandel genügt nicht; er ist nicht einmal das wichtigste Ziel. Viel wichtiger ist, dass uns die nächsten 50 Jahre mit der Notwendigkeit konfrontieren, unsere Erwartungen, Ziele, Ethik und sogar unsere Regierungsformen zu ändern.
Wir müssen eine viel längere Zeitperspektive entwickeln und Entscheidungen danach beurteilen, wie sie sich auf unsere Gesellschaft gegen Ende des Jahrhunderts auswirken werden. Wir werden die Natur deshalb wertschätzen müssen, weil sie für unsere Spezies wichtig ist, nicht weil wir mit ihr Geld machen können. Mobilität wird abnehmen, die Bindung an Orte und Familie steigen. Überlegungen zur Lebensqualität werden sich verlagern: von der Frage danach, wie man mehr bekommt, auf die Frage, wie man Besseres bekommt."[1]

---

1 http://www.diepresse.com/Artikel.aspx?channel=p&ressort=rs&id=552666, (15.08.2006).

„Erster Nachhaltigkeitsbericht der ThyssenKrupp Steel AG veröffentlicht"

> *[...] „Neben einer optimalen wirtschaftlichen Performance ist die Innovationsfähigkeit ein entscheidendes Kriterium für nachhaltige Entwicklung", erklärte Vorstandsvorsitzender Dr. Karl-Ulrich Köhler bei der Veröffentlichung des ersten „Nachhaltigkeitsbericht 2004_2005. Das Richtige tun. Richtig?"."*
> *[...] „Es wird deutlich, dass die ThyssenKrupp Steel AG sechs Faktoren als Erfolgskriterien definiert hat: Effektivität, Effizienz, Ressourcen, Solidarität, Belastungen und Gerechtigkeit."[...] „Ihre Ausprägung gilt es, in einem von globalem Wettbewerb geprägtem Umfeld täglich aufs Neue mit unseren Kunden, Lieferanten, Kapitalgebern, Mitarbeitern und weiteren zentralen Anspruchsgruppen zu überprüfen. Gegenseitiger Respekt und Fairness, Diskussion und Verständnis, Abwägen und Ausbalancieren sind dafür wichtige Voraussetzungen. Die Maximierung eines einzelnen Erfolgsfaktors auf Kosten anderer würde ebenso wie die Vernachlässigung eines anderen, langfristig unseren Erfolg gefährden", so Dr. Köhler. So basiert das ganze System einer nachhaltigen Unternehmenspolitik aber auf dem wirtschaftlichen Erfolg." [...]"*[2].

Diese beiden Pressemitteilungen eröffnen das Spannungsfeld für das strategische Nachhaltigkeitsmanagement zwischen den gesellschaftspolitischen Herausforderungen der Vision einer nachhaltigen Entwicklung und der Integration des Leitbildes Nachhaltigkeit in den unternehmerischen Anwendungsbereich und das strategische Management. Klassische Nachhaltigkeitsberichte in Printform oder die Internet-basierte Nachhaltigkeitsberichterstattung[3] als fester Bestandteil der Unternehmensberichterstattung signalisieren deutlich, dass Unternehmen, so auch die ThyssenKrupp Steel AG, den ursprünglich der Forstwirtschaft stammenden Bewirtschaftungsgrundsatz der Nachhaltigkeit bzw. das aus der globalen gesellschaftspolitischen Diskussion um die besonderen Interdependenzen zwischen ökonomischer, ökologischer und sozialer Handlungsdimensionen der Welt hervorgegangene Leitbild der nachhaltigen Entwicklung in ihr Entscheidungskalkül aufgenommen haben und umsetzen möchten (Isenmann/Gómez 2008; Blanke/Godemann/Herzig 2007; BMU 2007; Frings 2003). Einerseits demonstriert Nachhaltigkeitsberichterstattung unternehmensexternen Anspruchsgruppen den Umgang des Unternehmens mit Nachhaltigkeitsherausforderungen und dient zur Schaffung einer vertrauensvollen Basis für einen zukunftsbezogenen Dialog über ökonomische, ökologische und soziale Aktivitäten. Andererseits forciert die Aufnahme und Weiterführung einer kontinuierlichen Nachhaltigkeitsberichterstattung die im Unternehmen notwendigen Veränderungsprozesse in hohem Maße und gilt als zentrales Element einer konsequenten Einführung, Umsetzung und Durchsetzung von Unternehmensstrategien mit dem Ziel unternehmerischer Nachhaltigkeit (BMU 2007, S.5).

---

2 http://www.thyssenkrupp-steel.com/de/presse/pressrelease.jsp?cid=2775410, (18.05.2006).

3 Zu Erscheinungsformen, strategischen Ausrichtungen, unternehmerischen Rahmenbedingungen und IKT-Realisierungsstufen der internetgestützten Nachhaltigkeitsberichterstattung siehe: Isenmann, R./Gómez, J. M. (Hrsg.) (2008): Internetbasierte Nachhaltigkeitsberichterstattung. Maßgeschneiderte Stakeholder-Kommunikation mit IT, Berlin 2008.

Ursprung und Ausgangsverständnis

Die Vision einer nachhaltigen Entwicklung (*sustainable development*) hat seit der *UN Conference on Environment and Development* (*UNCED*) – *„The Earth Summit"* in Rio de Janeiro (Brasilien) im Jahr 1992 für Politik, Gesellschaft und Wirtschaft maßgeblich an Bedeutung gewonnen (BMU/BDI 2002). Für den Begriff der nachhaltigen Entwicklung gilt im Kontext der gesellschaftspolitischen Debatte – der meist zitierten Definition der Sonderkommission *World Commission on Environment and Development* (*WCED*) der Vereinten Nationen unter Vorsitz der Norwegerin GRO HARLEM BRUNDTLAND folgend – das nachstehende Ausgangsverständnis:

> *„Sustainable Development is development that meets the needs of the present without compromising the ability of future generations to meet their own needs.*" (sog. Brundtland-Definition) (Brundtland[4] 1987).

Die aktuelle angebotsorientierte Umweltpolitik der deutschen Regierung bietet vor diesem Hintergrund einen erweiterten Handlungsrahmen für Unternehmen, benennt *Nachhaltigkeit* vor Internationalisierung, betriebswirtschaftlicher Integration, zunehmender Komplexität und Ökonomisierung als den ersten der „fünf großen Trends" (iwd 2006, S.4) im Umgang mit natürlichen Ressourcen (Bardt 2008; Bardt/Hüther 2006) und formuliert die damit entstehende Herausforderung wie folgt: „Der isolierte Blick auf die Umwelt wird von einer umfassenden Perspektive einer tragfähigen Zukunftsgestaltung abgelöst. Umweltpolitische, ökonomische und soziale Ziele stehen dabei nebeneinander. Gefragt sind Lösungsansätze, die allen drei Punkten gleichgewichtig Rechnung tragen" (iwd 2006, S.4). Dabei fungiert die explizite Berücksichtigung der wirtschaftlichen und sozialen Folgen einer nachhaltigkeitsorientierten Politik als ein zu erfüllendes Gütekriterium, denn „keines der drei Nachhaltigkeitsziele von der unversehrten Natur über die soziale Ausgewogenheit bis zur florierenden Wirtschaft sticht die beiden anderen auS.Umweltschutz darf nicht auf Kosten der anderen beiden Komponenten der Nachhaltigkeit gehen." (iwd 2006, S.5).

Dieses Verständnis von Nachhaltigkeit impliziert die Verpflichtung zu intra- und intergenerationaler Gerechtigkeit, wobei dabei dem ökonomischen Erfolg, der sozialen Gerechtigkeit und der ökologischen Verträglichkeit Rechnung getragen werden muss (Biedermann 2005, S.15). Damit wird deutlich, dass Zukunftsgerechtigkeit und Verteilungsgerechtigkeit zentrale Elemente des Nachhaltigkeitsansatzes im Sinne der Brundtland-Definition darstellen und ausgeglichene Relationen zwischen menschlichen Bedürfnissen und der Leistungsfähigkeit der Natur (Problematik der Vernetzung), zwischen den Bedürfnissen der gegenwärtigen und zukünftigen Generationen (Problematik intergenerationaler Gerechtigkeit) und zwischen den Bedürfnissen der Armen und der Reichen (Problematik intragenerationaler Gerechtigkeit) als erstrebenswert gelten (Grunwald/Kopfmüller 2006, S.13; Littig/Grießler 2004).

---

4 Bericht der World Commission on Environment and Development (Brundtland-Kommission, benannt nach der Vorsitzenden der Kommission, der ehemaligen norwegischen Ministerpräsidentin Gro Harlem Brundtland) unter: http://www.bne-portal.de/core-media/generator/unesco /de/Downloads/Hintergrundmaterial_international/Brundtlandbericht. pdf, (31.07.2006).

Transfer in den unternehmerischen Anwendungskontext

Explizite Anhaltspunkte zu Aufgaben und Rollen der Unternehmen im Prozess der nachhaltigen Entwicklung gibt eines der Abschlussdokumente des Umweltgipfels in Rio de Janeiro (Brasilien), die Agenda 21, das entwicklungs- und umweltpolitische Aktionsprogramm zur nachhaltigen Entwicklung. Insbesondere Kapitel 30 unter dem Titel „Stärkung der Rolle der Privatwirtschaft" erwartet Unternehmen eine besondere Verantwortung und eine soziale Einbettung sowie die Erkenntnis ihrer zentralen ökologischen und ökonomischen Bedeutung für die Entwicklung, Umsetzung und Bewertung von Strategien und Instrumenten im Prozess des nachhaltigen Wirtschaftens.[5]
Zur Institutionalisierung unternehmerischer Nachhaltigkeit entsteht durch den Zusammenschluss des bereits im Jahre 1991 durch den Schweizer Unternehmer STEPHAN SCHMIDHEINY initiierten internationalen Unternehmensverbandes *Business Council for Sustainable Development* zur Repräsentation der Unter-nehmensperspektive auf dem Umweltgipfel in Rio de Janeiro (Brasilien) mit dem *World Industry Council for the Environment (WICE)* das *World Business Council for Sustainable Development*[6] *(WBCSD)* als Weltwirtschaftsrat für nachhaltige Entwicklung. Der WBCSD nimmt eine Mittlerrolle ein, indem er Unternehmen für das Konzept der nachhaltigen Entwicklung sensibilisiert, ihnen alternative nachhaltigkeitsorientierte Managementprozesse näher bringt, ein Forum zum Wissens- und Erfahrungsaustausch bietet und in der globalen politischen Diskussion zu nachhaltiger Entwicklung und Unternehmensverantwortung unternehmerische Interessen vertritt.[7]
Die Durchsetzung des Nachhaltigkeitsbegriffs auf der Unternehmensebene, seine Aufnahme in das strategische Kalkül des Managements sowie die Bemühungen zur gesellschaftlichen Verantwortungsübernahme ist seit dem stetig vorangeschritten, wie aus den nachfolgend angeführten Untersuchungen zum Zusammenhang von Nachhaltigkeit und Unternehmensführung hervorgeht. In einer Studie der Bertelsmann-Stiftung (2005) sind bspw. von 500 befragten Führungskräften 93 Prozent der Meinung, dass sich soziales, gesellschaftliches und ökologisches Engagement positiv auf den wirtschaftlichen Erfolg des Unternehmens auswirken (Bertelsmann Stiftung 2005, S.7). Dennoch fehle in vielen Unternehmen das Bewusstsein, die gesellschaftliche Verantwortung als strategisches Thema zu begreifen und systematisch anzugehen, mahnte die Bertelsmann-Expertin für Corporate Social Responsibility (CSR)[8], BIRGIT RIESS bei der Veröffentlichung der Ergebnisse der Studie (o. V. 2005, S.11).
Die Ansicht, dass das Thema Nachhaltigkeit mehr und mehr das Management betrifft, hat sich inzwischen gefestigt und wird auch durch andere Untersuchungen bestätigt.

---

5 http://www.un.org/Depts/german/conf/agenda21/agenda_21.pdf, (08.03.2007).

6 http://www.wbcsd.org, (13.04.2008).

7 Ein wichtiger Bestandteil der Mitgliedschaft, die ausschließlich auf Einladung des Aufsichtsrates des WBCSD ermöglicht wird, ist die persönliche Verpflichtung der Vorstandsvorsitzenden des jeweiligen Unternehmens als einflussreicher Vertreter der Positionen des WBCSD aufzutreten und die Integration der Ergebnisse der verschiedenen Aktivitäten in die unternehmerischen Entscheidungen zu integrieren, http://www.wbcsd.org, (13.04.2008).

8 http://www.bertelsmann-stiftung.de/cps/rde/xchg/SID-0A000F14-957443DE/bst/ hs.xsl /501.htm, (13.04.2008).

So identifiziert eine Studie von Viehöver/Hilf/Knecht/Reich (2006) die Geschäftsleitung (mit durchschnittlich 70 Prozent) und die Abteilung Strategie/Planung (mit durchschnittlich 59 Prozent der Nennungen) als diejenigen Bereiche im Unternehmen, die von Chancen und Risiken der Nachhaltigkeitsherausforderungen zum jetzigen wie zukünftigen Zeitpunkt stark betroffen sind bzw. sein werden (Viehöver/Hilf/Knecht/ Reich 2006, S.15f.). Zu der Erkenntnis, dass Unternehmen, die ökologisch und sozial verträglich wirtschaften, einen deutlichen Wettbewerbsvorteil gegenüber ihrer Konkurrenz haben und dass für 70 Prozent der befragten Top-Manager Nachhaltigkeit mittlerweile eine Grundvoraussetzung für die Profitabilität ihres Unternehmens sei, kommt schließlich auch eine aktuelle Studie der WHU – Otto Beisheim School of Management (Vallendar)[9] (Kaufmann/Reimann/Ehrgott 2008). Vor dem Hintergrund dieser steigenden Bedeutung von Nachhaltigkeit für das Management bedarf es der Klärung des Ausgangsverständnisses.

Ausgangsverständnis: Strategisches Nachhaltigkeitsmanagement

Unternehmerisches Nachhaltigkeitsmanagement lässt sich sowohl funktional als auch institutionell beschreiben. In seiner Funktion ist es darauf ausgerichtet, ökologische, soziale und ökonomische Wirkungen unternehmerischer Aktivitäten so zu steuern, dass einerseits eine nachhaltige Unternehmensentwicklung und anderseits ein positiver Einfluss des Unternehmens auf die nachhaltige Entwicklung von Wirtschaft und Gesellschaft resultieren. Dabei sind soziale und ökologische Aspekte in die konventionelle Unternehmensführung zu integrieren. Institutionell betrachtet stellt das unternehmerische Nachhaltigkeitsmanagement die Gruppe von Akteuren und die Organisationsstruktur im Unternehmen dar, die sich mit sozialen und ökologischen Aspekten sowie deren Integration in das strategische Management befassen (BMU/econsense/CSM 2007, S.10). Neben globalen ökonomischen und politischen Herausforderungen stellen soziale, ethische und ökologische Ansprüche an die Unternehmensführung deutliche Veränderungen der Unternehmensumwelt dar, die verstärkt in Unternehmenspolitik und Leitbilder Einzug halten. Sie sind damit bereits in der Phase der strategischen Zielplanung von Relevanz und haben durch die Forderung nach einer Stakeholder-Orientierung zur interessenbezogenen Betrachtung strategischer Ziele Eingang in das Prozessmodell des strategischen Managements gefunden. Zwischen dem Prozessmodell und den Dimensionen der Nachhaltigkeit lassen sich folgende Übereinstimmungen identifizieren: Der ökonomischen Dimension der Nachhaltigkeit trägt die Shareholder Value-Orientierung Rechnung. Für die Phase der strategischen Analyse und Prognose kommt Brunner (2006) zu der Erkenntnis, dass in der Unternehmensanalyse Erkenntnisse über das Wertbeeinflussungspotential von Nachhaltigkeitsaspekten und in der Umweltanalyse Untersuchungen des Einflusses von Nachhaltigkeitsaspekten auf die Branchenstruktur und -dynamik oder auf die Positionierung im Wettbewerb angezeigt sind (Brunner 2006, S.143f.). Dabei konzentrieren sich die Unternehmen zumeist auf die Auseinandersetzung mit den Risiken, die aus verschiedenen Nachhaltigkeitsbereichen erwachsen können. Auch wenn in der strategischen Zielplanung sowie in der

9 http://www.whu.edu/cms/?id=1354, (27.01.2009).

strategischen Analyse und Prognose Nachhaltigkeitsaspekte bereits anerkannte Bestimmungsfaktoren darstellen, wird das Leitbild Nachhaltigkeit insb. in der Phase der Strategieformulierung und -bewertung bislang weder in Unternehmensgesamtstrategien noch in Geschäftsbereichs- oder Funktionalstrategien konsequent berücksichtigt (Brunner 2006, S.152ff.). An dieser Stelle besteht der dringliche Bedarf zur Entwicklung von Managementkonzepten, die mit ihren Analyse- und Gestaltungsfunktionen ein professionelles strategisches Nachhaltigkeitsmanagement zur effizienten Erreichung der formulierten nachhaltigkeitsbezogenen Unternehmensziele ermöglichen.

Motive des strategischen Nachhaltigkeitsmanagements

Die globale gesellschaftspolitische Vision der nachhaltigen Entwicklung gewinnt für das Management großer Unternehmen an Relevanz (BMU/BDI 2002) und wird zunehmend in unternehmerischen Entscheidungen und berücksichtigt. Neben den konkreten Motiven der ThyssenKrupp Steel AG begründet sich die Einführung eines strategischen Nachhaltigkeitsmanagements und seiner Instrumente in einer Vielzahl weiterer Ursachen. Die Analyse einschlägiger Literatur und empirischer Studien zu unternehmerischen Beweggründen für Nachhaltigkeitsmanagement führt zu einer Kategorisierung in die wertorientierte, anspruchsgruppenorientierte und identitätsorientierte Motivklasse. Die *wertorientierten* Motive ergeben sich aus der Markt-, insb. Kapitalmarkt-Perspektive und umfassen alle *marktlichen* und *monetären* Aspekte sowie das Risikomanagement. *Anspruchsgruppenorientierte* Motive entstehen aus der (pro)aktiven Auseinandersetzung mit den Anforderungen der Stakeholder an das Unternehmen und *identitätsorientierte* Motive resultieren aus dem unternehmerischen Selbstverständnis und der damit einhergehenden moralischen Verpflichtung (Abschnitt 2.6.2).

Ziele des unternehmerischen Nachhaltigkeitsmanagements

Die Diskussion der Ziele des strategischen Nachhaltigkeitsmanagements fokussiert vorrangig auf die Frage nach dem Zielinhalt und umfasst eine Analyse der Unternehmensziele im Nachhaltigkeitskontext. Zur langfristigen Bestimmung der Unternehmensentwicklung kommt der Formulierung von Unternehmenszielen als „normative Vorstellungen über einen zukünftigen Zustand des Unternehmens" (Heinen 1966, S.45) eine besondere Bedeutung zu (Welge/Al-Laham 2008, S.199). Zur Systematisierung von Unternehmenszielen existieren diverse Kataloge, die in erster Linie wertorientierte und anspruchsgruppenorientierte Ziele auflisten (Machazina/Wolf 2008, Macharzina 1999, Ulrich/Fluri 1995). Bereits das Ausgangsverständnis von Unternehmenszielen erlaubt eine Anknüpfung des Leitbildes Nachhaltigkeit an die Zielebene des Gesamtunternehmens.Denn einerseits korrespondiert die zuvor benannte normative Vorstellung eindeutig mit dem Verständnis von Nachhaltigkeit als normativem Rahmen unternehmerischer Entscheidungen (siehe Kap. 2 und Kap. 3), andererseits intendiert der zukünftige Zustand nachweislich Zukunftsfähigkeit und adressiert damit ein Wesensmerkmal der Nachhaltigkeit. Wesentliche Ziele des Nachhaltigkeitsmanagements sind die systematische Definition und Analyse der Geschäftsrelevanz und ökonomischen Logik von ökologischen und sozialen Aspekten für das Unternehmen (*Business Cases for Corporate Sustainability*, Schaltegger/Hasenmüller 2005, S.4).

1.2 Forschungslücke: Problemstellungen und zentrale Fragen

Das Thema Nachhaltigkeit dominiert die aktuelle nationale und internationale Forschungsagenda, wie das Ergebnis einer Studie des VDI-Technologiezentrums im Auftrag des Bundesministeriums für Bildung und Forschung (BMBF) beweist (Holtmannspötter et al. 2006, S.175, S.202).[10] Das BMBF formulierte bereits 2002, dass es kein Wunder sei, „dass Forscherinnen und Forscher aus der ganzen Welt sich neugierig und engagiert auf die spannende Aufgabe gestürzt haben, den abstrakten Begriff der Nachhaltigkeit mit Leben zu füllen und der Wirtschaft praktische Instrumente zur konkreten Umsetzung einer nachhaltigen Entwicklung an die Hand zu geben" (BMBF 2002, S.5).

Der Forschungsbedarf ist groß und reicht von technischen Aufgaben zur branchenbezogenen Verbesserung einzelner Produktionsschritte über neue Managementkonzepte bis hin zur Untersuchung der Konsequenzen unternehmerischer Entscheidungen für soziale Standards in Entwicklungsländern. An dieser Stelle sind innovative Konzepte gefragt, die das unscharfe Leitbild der Nachhaltigkeit für die Management-Praxis ausgestalten, implementierfähige Instrumente hervorbringen und diese „visionäre Zukunftsaufgabe" (BMBF 2002, S.7) mit den Unternehmensentscheidungen verknüpfen.

Aufgaben des strategischen Nachhaltigkeitsmanagements

Die Unternehmensführung steht vor der Aufgabe, ökologische und soziale Anliegen in ihr Entscheidungskalkül aufzunehmen und über deren Integration in das konventionelle strategische Management ein systematisches, koordiniertes und ebenso strategisches Nachhaltigkeitsmanagement (*Corporate Sustainability Management*) zu implementieren (Rabbe/Schulz/Welge 2006, S.2f.; BMU/BDI 2002).

Damit ist die Nachhaltigkeitsforschung gefordert, neue Lösungsansätze zu entwickeln, die gleichermaßen die dauerhafte Sicherung der natürlichen Lebensgrundlagen, den Erhalt der wirtschaftlichen Wettbewerbsfähigkeit sowie die gerechte Verteilung von Arbeit, Einkommen und Lebenschancen berücksichtigen. Als Querschnittsaufgabe soll Nachhaltigkeitsforschung dazu beitragen, Wirtschaftswachstum, ökologische Umwelt und gesellschaftliche Belange zu entkoppeln, durch Innovationen neue Märkte zu erschließen und dadurch die Wettbewerbsposition der Unternehmen zu stärken (BMBF 2002, S.8). Das Forschungsgebiet der nachhaltigen Entwicklung eröffnet somit vielfäl-

---

10 Die Studie zu „Aktuellen Technologieprognosen im internationalen Vergleich" liefert wichtige Hinweise auf die Entwicklungsdynamik der nationalen Innovationssysteme. Aus den Daten lassen sich die großen Forschungstrends der untersuchten Länder China, Dänemark, Indien, Großbritannien, Kanada, Südafrika, Südkorea und den USA für die kommenden Jahre ablesen und die aggregierte Sicht auf die untersuchten Studien ergibt ein klares Fazit: Nachhaltigkeit und Umwelt erweisen sich als das Leitthema dieser Metaanalyse (Holtmannspötter et al. 2006, S.202). Das BMBF will mit der Publikation insb. den forschenden deutschen Unternehmen Orientierung für ihre strategische Planung geben. Die jetzt veröffentlichte Studie setzt eine Reihe aus dem Jahr 2004 fort. http://www.fona.de/mediaconsulta_umgebung/eng/e_includes_basis/e_inc_news.php?we_objectID=4173?lang=eng, (15.08.2006).

tige Forschungslücken, die prinzipiell auf eine Schließung durch ökonomische, ökologische, soziale und kulturelle Win-Win-Strategien abzielen und verlangt nach der Ausschöpfung umfassender kreativer und innovativer Potentiale für die Entwicklung und Umsetzung der geeigneten Optimierungsprozesse im Sinne dieses Win-Win-Prinzips (Kreibich 2005, S.8). In diesem Kontext wird die intensive Auseinandersetzung mit dem strategischen Nachhaltigkeitsmanagement als ein dringend erforderlicher Forschungsstrang bzw. als „das Zukunftsfeld der wirtschaftswissenschaftlichen Nachhaltigkeitsforschung" (Illge/Schwarze 2006, S.17) gehandelt.

Strategisches Nachhaltigkeitsmanagement begründet sich in der unternehmerischen Aufgabe vier unterschiedlichen Herausforderungen erfolgreich zu begegnen. Die ökologische Herausforderung zielt auf die Belastung der Ökosysteme durch unternehmerische Aktivitäten ab und formuliert das Ziel des langfristigen Schutzes der natürlichen Umwelt, der Sicherung der Absorptionsfähigkeit und Regenationskraft sowie des Erhalts der Biodiversität[11]. Damit wird von Unternehmen eine Steigerung ihrer Öko-Effektivität[12] gefordert (BMU/econsense/CSM 2007, S.11; BMU/BDI 2002, S.V). Die soziale Herausforderung stellt Unternehmen vor die Aufgabe, die Gesamtheit ihrer sozialen Wirkungen zu verbessern und hat zum Ziel, die Sozio-Effektivität[13] zu steigern und die Reduktion sozial unerwünschter Auswirkungen der unternehmerischen Tätigkeit bzw. die Intensivierung positiver sozialer Wirkungen zu forcieren. Auf diese Weise lässt sich sowohl die gesellschaftliche Akzeptanz der Unternehmen als auch ihre soziale Legitimität erreichen. Die ökonomische Herausforderung gewinnmaximierender Unternehmen richtet sich an das Umwelt- und Sozialmanagement und soll über die Verbesserung von Öko[14]- und Sozio[15]-Effizienz grundsätzlich zur Erhöhung des Unternehmenswertes bzw. der Rentabilität beitragen (BMU/econsense/CSM 2007, S.12; BMU/BDI 2002, S.VI). Die Integrationsherausforderung leitet sich schließlich aus zwei Ansprüchen ab: einerseits gilt es, die Aufgabe zu lösen, ökologische, soziale und ökonomische Zieldimensionen simultan zu realisieren, andererseits bedarf es eines systematischen und koordinierten Vorgehens zur effizienten und transparenten Integra-

---

11 Biodiversität bezeichnet die Vielfalt der Lebewesen auf der Erde und umfasst die Vielfalt innerhalb von Arten, zwischen Arten sowie die Vielfalt von Lebensgemeinschaften und Ökosystemen, (http://www.biodiv.org/convention/articles.asp, 22.10.2006).

12 Das Konzept der Öko-Effektivität betrachtet die ökologischen Grenzen eines SystemS.In Bezug auf diese Grenzen werden die Umweltauswirkungen eines Unternehmens bewertet (http://www.umweltdatenbank.de/lexikon/oekoeffektivitaet.htm, 22.10.2006).

13 Sozio-Effektivität bedeutet, dass die Tätigkeiten eines Unternehmens im Kontext allgemeiner gesellschaftlicher Herausforderungen interpretiert werden (http://www.um-weltdatenbank.de/lexikon/sozioeffektivitaet.htm, 22.10.2006).

14 Nach einer Definition des *World Business Council for Sustainable Development* ist Öko-Effizienz erreicht, wenn folgende Voraussetzungen erfüllt sind: Ressourcenschonende Produkte und Dienstleistungen, die menschliche Bedürfnisse befriedigen und einen Beitrag zur Lebensqualität leisten, werden zu wettbewerbsfähigen Preisen angeboten (http://www.eco-effizienz.de/eco/ db/ Wc90fa92591ed.htm, 22.10.2006).

15 Sozio-Effizienz beschreibt den Umstand, dass Unternehmen ihre Produkte auf eine sozial verträgliche Weise produzieren (http://www.umweltdatenbank.de/lexikon/sozio-effizienz.htm, 22.10.2006).

tion der Nachhaltigkeitsaktivitäten in das strategische Management des Unternehmens (BMU/econsense/ CSM 2007, S.12; Rabbe 2005; BMU/BDI 2002, S.VI).

Der Forschungsansatz dieser Dissertation wird getragen von der Erkenntnis, dass das strategische Management für diese Herausforderungen einen Systematisierungsansatz liefert, der durch seine Verknüpfung mit dem Nachhaltigkeitsverständnis die Einordnung des Forschungsvorhabens an der Schnittstelle von strategischem Management und Nachhaltigkeitsforschung erlaubt und weitere Forschungslücken in diesem Bereich aufzuzeigen vermag. Das strategische Management erfährt als Element der Managementlehre als Teildisziplin der Betriebswirtschaftslehre eine konstant hohe, wenn nicht sogar stetig wachsende Bedeutung (Hülsmann 2004, S.57; Albach 2001, S.99ff.; Staehle 1999, S.95f.), wohingegen der zuvor aufgespannte Themenkomplex der Nachhaltigkeit in der betriebswirtschaftlichen Forschung bislang noch keine gleichermaßen große Aufmerksamkeit und Bearbeitung findet, erst seit Beginn der 90er Jahre des vergangenen Jahrhunderts aufgegriffen wird und aufgrund der zunehmenden Orientierung der unternehmerischen Praxis am Leitbild Nachhaltigkeit deutlich an Relevanz gewinnt.
Die Überwindung der momentan vorliegenden wissenschaftstheoretischen wie unternehmenspraktischen Trennung strategischer, organisationaler, personaler, kommunikatorischer und methodischer Handlungsspielräume für das Management ökologischer, sozialer und ökonomischer Belange stellt das zu lösende *Kernproblem* dar. Aufgrund dieser Trennung herrscht für die Stärken, Schwächen, Chancen, Risiken, Vorteile und Nachteile eines strategischen Nachhaltigkeitsmanagements nur ein unzureichendes Bewusstsein sowohl in der unternehmerischen Praxis als auch in der wissenschaftlichen Forschung. Diese Erkenntnis stellt die Ursache für den seither mangelhaften, unsystematischen Umgang mit der Herausforderung eines effektiven und effizienten Nachhaltigkeitsmanagements in Unternehmen dar und initiiert eine wissenschaftliche Auseinandersetzung auf der Ebene des strategischen Managements.Es sind Managementansätze zu entwickeln, die als Konzepte, Systeme oder Analyse- und Gestaltungsinstrumente die unternehmerischen Aktivitäten mit implizitem und explizitem Nachhaltigkeitsbezug in der Effektivitäts- und Effizienzperspektive identifizieren, systematisieren und operationalisieren. In diese Aufgabenfelder fügt sich der zentrale Forschungsauftrag dieser Dissertation – die theoretisch fundierte Konzeption eines ganzheitlichen Nachhaltigkeitsmanagement-Systems (NMS) – eindeutig ein. Der aktuelle Stand der Forschung bietet eine Vielzahl von Instrumenten, verstanden als Hilfsmittel, die der Erreichung eines bestimmten Ziels dienen, sowie Konzepten bzw. Systemen als Set systematisch aufeinander abgestimmter Instrumente zur Erreichung eines Zielbündels an. Konzepte formulieren vorrangig generelle Prinzipien zur Gestaltung von Geschäftsprozessen, während der Zweck eines Systems stärker auf den operativen Nutzen im Ablauf von Geschäftsprozessen gerichtet ist und die Implementierung eines Managementsystems nicht nur zur Optimierung konkreter Zustände, sondern vielmehr zur Verbesserung der Steuerungsfähigkeit des gesamten Unternehmens beitragen soll (BMU/econsense/CSM 2007, S.13).

Um sinnvolle Forschungsfragen und daraus resultierende Zielsetzungen für die Dissertation formulieren zu können, ist ein Blick auf den aktuellen Stand der Forschung eine wesentliche Voraussetzung, denn dessen Ergebnis erlaubt momentan die Differenzierung zweier Kategorien von Forschungsarbeiten: einerseits diejenige, die sich mit Nachhaltigkeitsmanagement in konzeptioneller und theoretischer Weise auseinandersetzt (Hummel 2008; Bieker 2005; Gminder 2006; Wuppermann 2005; Hülsmann 2003) und andererseits diejenige, die strategisches Nachhaltigkeitsmanagement in seiner operativen Anwendung in einem Funktionsbereich in der Unternehmenspraxis oder im Branchenkontext untersucht (Gandenberger 2008; Salzmann 2008; Arnold 2007; Diffenhard 2007; Hesse 2007; Heß 2007; Wilkens 2007; Brunner 2006; Eckelmann 2006; Gminder 2006; Koplin 2006; Steger 2004; Förster 2003). Die vorliegende Dissertation findet ihren Platz in der zweiten Gruppe, da sie das strategische Nachhaltigkeitsmanagement durch die Entwicklung eines NMS als Instrument konkretisiert und die bisherigen Branchenbetrachtungen um die Analyse des noch nicht untersuchten Branchenkontextes der deutschen Stahlindustrie bereichert.

Aufgrund der Komplexität des Leitbildes lässt es sich scheinbar nur begrenzt durch Management-Konzepte, -Maßnahmen und -Instrumente abbilden, weshalb die Konzeption eines ganzheitlichen NMS erforderlich ist. Andererseits stellt sich in der betrieblichen Praxis wie in der wissenschaftstheoretischen Debatte ebenso die Frage, ob ein strikter Systematisierungsversuch nicht vielmehr den notwendigen Handlungsspielraum zu stark einschränkt und überhaupt anzuraten ist.
Inwiefern formalisierte Managementsysteme überhaupt und unter welchen Bedingungen eine gute unternehmenspolitische Grundlage für ein ganzheitliches Nachhaltigkeitsmanagement bieten, hängt von den festgelegten Inhalten der Unternehmenspolitik ab und davon, wie die Unternehmenspolitik von den innerbetrieblichen Akteuren umgesetzt wird (Freimann 2004, S.28). Müller-Christ und Hülsmann (2003) argumentieren in diesem Zusammenhang, dass bei zunehmender Komplexität unternehmerischer Entscheidungsprobleme umso mehr Fähigkeiten zum Selbstmanagement und zur Partizipation bei Führungskräften und Mitarbeitern gefordert sind, mit deren Ausprägungen die Organisationsentwicklung und unternehmerische Wandlungsfähigkeit im Kontext einer nachhaltigen Entwicklung positiv beeinflusst und gefördert wird (Müller-Christ/Hülsmann 2003, S.263).
An dieser Stelle können die zentralen forschungsleitenden Fragestellungen dieser Dissertation differenziert nach drei Erkenntnisebenen formuliert werden (Abb. 1-1):

Theoretische Ebene

- Welche Determinanten beschreiben ein ganzheitliches strategisches Nachhaltigkeitsmanagement ?
- Welche Elemente muss ein ganzheitliches strategisches Nachhaltigkeitsmanagement-System mit dem Ziel der Koordinierung und Systematisierung unternehmerischer Nachhaltigkeitsaktivitäten aufweisen?
- Welche Ausprägungen der Elemente eines Nachhaltigkeitsmanagement-Systems können zu einer Optimierung der Geschäftsprozesse im Hinblick auf eine nachhaltige Entwicklung eines Unternehmens führen?

Branchenspezifische Ebene

- Inwieweit wird das Leitbild der Nachhaltigkeit im strategischen Management der deutschen Stahlbranche berücksichtigt?
- Worin bestehen die die aktuellen Handlungsfelder für eine intensivere Integration des Nachhaltigkeitsleitbildes in der Stahlbranche?
- Welche wesentlichen Ansätze zur Ausgestaltung eines strategischen Nachhaltigkeitsmanagements werden bislang in der Stahlbranche verfolgt?
- Welche Elemente formen ein ganzheitliches strategisches Nachhaltigkeitsmanagement-System in der Stahlbranche?

Unternehmensspezifische Ebene

- Inwieweit wird das Leitbild der Nachhaltigkeit im strategischen Management eines führenden deutschen Stahlunternehmen berücksichtigt?
- Welche Elemente formen ein ganzheitliches strategisches Nachhaltigkeitsmanagement-System in einem führenden deutschen Stahlunternehmen?
- Welche Ausprägungen beschreiben die Elemente unter der Prämisse einer Optimierung der Geschäfts-prozesse im Hinblick auf eine nachhaltige Entwicklung des führenden deutschen Stahlunternehmens?

Abb. 1-1: Forschungsfragen

Eigene Darstellung.

Aufgrund des Problembereichs der Komplexität in der Auseinandersetzung mit dem Leitbild der Nachhaltigkeit zur systematischen und koordinierten Vorgehensweise einer effizienten und transparenten Integration in das strategische Management liegt das Interesse der vorliegenden Dissertation auf den drei Ebenen der konzeptionell-theoretischen und der unternehmenspraktischen bzw. branchenspezifischen Erörterung sowie der daraus resultierenden Abstraktion eines allgemeinen NMS.

1.3 Erkenntnisinteresse

Im wissenschaftstheoretischen Kontext bedarf es zuerst der Entdeckung eines Begründungszusammenhangs zwischen Nachhaltigkeit und strategischem Management sowie der Identifikation von Bezugspunkten zwischen den beiden Bereichen (Hülsmann 2004, S.27). Dabei stellen die Schaffung eines verbindlichen begrifflichen Ausgangsverständnisses und die Beschreibung des Nachhaltig-keitsmanagements einen ersten grundlegenden Erkenntnisschritt dar. Über die weitere Verknüpfung theoretischer Perspektiven des strategischen Managements mit den in der Nachhaltigkeitsforschung identifizierten Charakteristika des Nachhaltigkeitsmanagements werden die bislang zwar formulierten aber unzureichend theoretisch begründeten Merkmale des Nachhaltigkeitsmanagements fundiert. Auf dieser Grundlage können Erklärungsansätze eines strategischen Nachhaltigkeitsmanagements zum systematischen Umgang mit Herausforderungen an die Unternehmensführung im Nachhaltigkeitskontext abgeleitet werden. Weiterhin soll die Konkretisierung der theoretischen Bestimmungsfaktoren des strategischen Nachhaltigkeitsmanagements zu einer begründeten Ableitung theoretisch-konzeptioneller Aufgaben, Anforderungen, Möglichkeiten und Elementen eines ganzheitlichen NMS beitragen.

Für die unternehmenspraktische Seite liegt der Fokus des Erkenntnisgewinns auf der Konzeption eines implementierbaren NMS.Dazu bedarf es vorrangig der Klärung des Nachhaltigkeitsverständnisses als Basis für die Systematisierung, Koordination, Kommunikation und daraus resultierende Mehrwerterzielung von Nachhaltigkeitsaktivitäten im Unternehmen, ohne bereits etablierte Systematisierungs- und Steuerungskonzepte bzw. -instrumente in ihrer Wirkungsweise zu vernachlässigen. Vor dem Hintergrund dieser Analyse sollen sowohl die Anforderungen an ein unternehmensindividuelles NMS identifiziert als auch dessen Elemente definiert, in ihren Ausprägungen beschrieben und integriert werden. Um den Erkenntnisgewinn für das Unternehmen zu erhöhen, den Analyserahmen zu erweitern, die argumentative Grundlage für ein verallgemeinerbares NMS zu stärken und dem Anspruch auf Ganzheitlichkeit gerecht zu werden, wird die unternehmensindividuelle Betrachtung durch eine Analyse der deutschen Stahlindustrie und ihres Nachhaltigkeitsbezuges ergänzt. Über die kontinuierliche Orientierung an den Branchengegebenheiten und den unternehmerischen Restriktionen kann die Analyse der praktischen Umsetzbarkeit und des Anwendungspotentials eines neu zu entwerfenden NMS für die optimale Integration des Leitbildes der Nachhaltigkeit vollzogen werden. Dazu bedarf es der Herleitung theoretisch fundierter und praktisch von hohem Nutzenpotential gekennzeichneter Gestaltungsempfehlungen in den identifizierten Handlungsfeldern. Abschließend kann über die Generalisierung, Relativierung bzw. Abstraktion der Branchengegebenheiten und des unternehmensindividuell entwickelten NMS induktiv ein ganzheitliches Managementsystem für das strategische Nachhaltigkeitsmanagement hergeleitet werden (Hümmer 2001, S.15f.).

Damit liegt das explizite Erkenntnisinteresse auf der Konzeption eines implementierbaren NMS für das Fallunternehmen unter Berücksichtigung der Branchenbesonder-heiten sowie auf der Formulierung allgemeingültiger Gestaltungsempfehlungen für ein NMS bezogen auf die Anforderungen an ein ganzheitliches Managementkonzept.

Die nachfolgende Abb. 1-2 veranschaulicht das Zielsystem der Dissertation unter Beachtung der Erkenntnisebenen der zuvor formulierten Forschungsfragen.

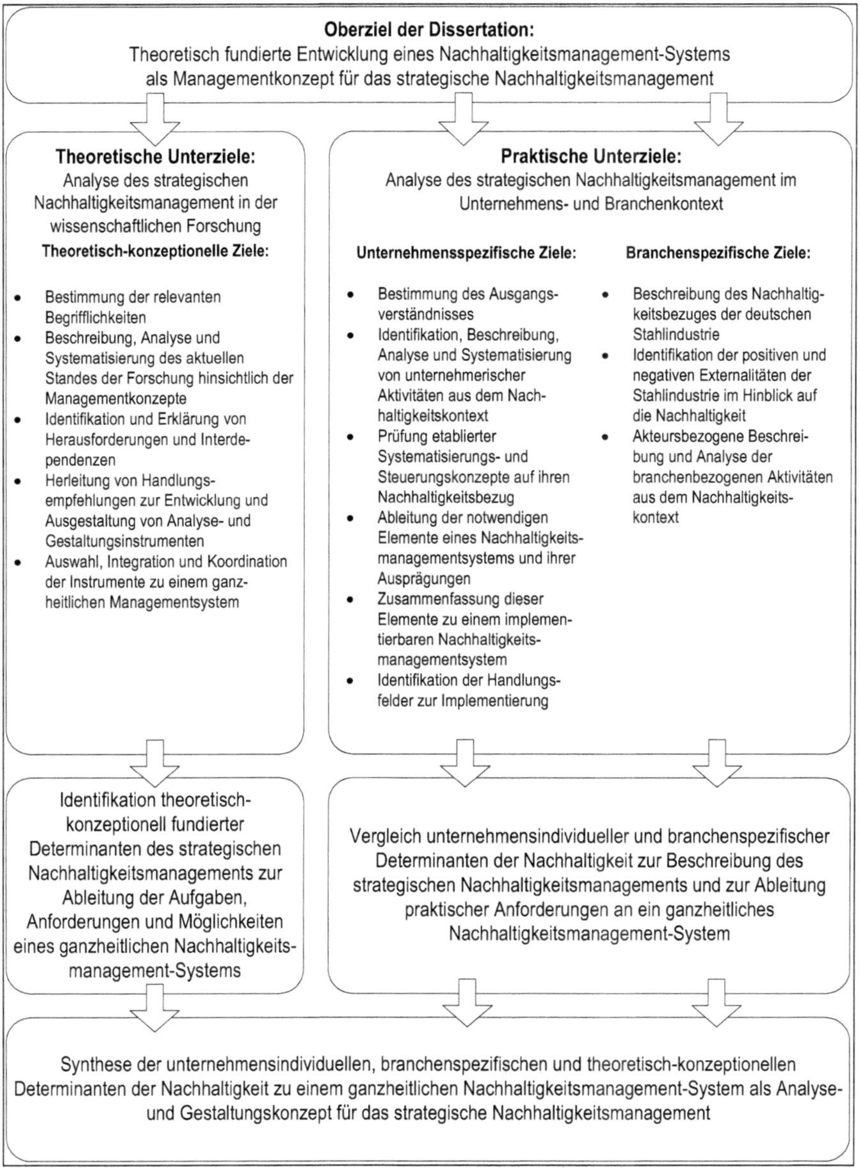

Abb. 1-2: Zielsystem
Eigene Darstellung.

1.4 Beitrag zum Stand der Nachhaltigkeitsforschung

Der komplexe gesellschaftspolitische Auftrag der nachhaltigen Entwicklung soll in der vorliegenden Dissertation innerhalb der betriebswirtschaftlichen Teildisziplin des strategischen Managements als Leitbild in den unternehmerischen Handlungsraum transferiert werden. Die Konzeption eines NMS zur Planung, Koordination und Steuerung unternehmerischer Nachhaltigkeitsaktivitäten trägt dazu bei, die Bedeutung des strategischen Managements als Systematisierungsansatz für unternehmerisches Nachhaltigkeitsmanagement zu stützen. Zudem stellt das entwickelte NMS einen innovativen Managementansatz für das strategische Nachhaltigkeitsmanagement dar, zumal es erstmalig in einer Ganzheitlichkeit modelliert wird und gleichermaßen Analyse- und Gestaltungsaufgaben wahrnimmt. Dabei trägt das unternehmensspezifisch entwickelte Set der Elemente des NMS maßgeblich zu einer zielführenden Verknüpfung der bislang zumeist unverbunden betrachteten strategischen, organisationalen, personalen, kommunikatorischen und methodischen Handlungsfelder bei, weil die einzelnen Elemente in ihren Aufgaben, Funktionen und Ausprägungen einerseits theoretisch fundiert, andererseits praxis- und anwendungsbezogen hergeleitet werden. Durch die kontinuierliche Zusammenarbeit und gemeinsame Definition der Elemente mit den Praxisakteuren gelingen die Schaffung von Transparenz in der Entwicklung des NMS sowie die Sensibilisierung für die Relevanz von Nachhaltigkeitsaktivitäten. Dies ermöglicht einen professionellen Umgang mit den zentralen Herausforderungen unternehmerischer Nachhaltigkeit. Die Konzeption des NMS trägt zur Erreichung des avisierten Ziels der Entwicklung von Managementansätzen für Win-Win-Situationen sowie zur Optimierung der Integration von Nachhaltigkeit in die Geschäftsprozesse bei. Da die Entwicklung des NMS differenziert nach individuellen Unternehmensbedürfnissen, branchenspezifischen Besonderheiten und über verschiedene wissenschaftstheoretische Disziplinen hinweg stattfindet, gelingt ein unmittelbarer Beitrag zur transdisziplinären praxisorientierten Nachhaltigkeitsforschung und ihrer normativen, integrativen und partizipatorischen Lesart. Ferner erlaubt diese Vorgehensweise eine nachvollziehbare Erklärung des Ist-Zustandes und den detaillierten Entwurf eines möglichen Soll-Zustandes für die identifizierte Problemstellung (siehe Abschnitt 4.1 und folgende).

Die Dissertation leistet infolgedessen einen wesentlichen Beitrag zu einem besseren Verständnis der Herausforderungen an das strategische Nachhaltigkeitsmanagement sowohl am Beispiel der besonderen Bedürfnisse eines führenden Unternehmens der Stahlindustrie als auch der deutschen Stahlbranche und soll die Verantwortungsträger dieses Schlüsselindustriezweigs für die Dimensionen zukunftsfähiger Unternehmensstrategien, Entscheidungsspielräume und Handlungspotentiale sensibilisieren. Mit dem erstmalig in ganzheitlicher Perspektive entwickelten NMS trägt die Dissertation zu einem besseren Verständnis des strategischen Nachhaltigkeitsmanagements und seiner ergebnisorientierten Umsetzung bei, da die wissenschaftliche Auseinandersetzung mit dem Leitbild der Nachhaltigkeit permanent im Anwendungskontext stattgefunden hat und schließlich zu einem Erkenntnisgewinn und Implikationen führt, die sowohl für Management- und Nachhaltigkeitsforschung als auch für Unternehmenspraxis gleichermaßen aufschlussreich sind.

1.5 Konzeption der Arbeit

Entsprechend des präsentierten Argumentationsgangs teilt sich die vorliegende Dissertation in vier wesentliche Abschnitte. Nach der Einführung in den aktuellen thematischen Hintergrund, der Identifikation der daraus resultierenden Forschungslücke, der Formulierung des Erkenntnisinteresses sowie der Schilderung des Beitrages zur Nachhaltigkeitsforschung und der Konzeption der Arbeit stellt Kapitel 2 zunächst den aktuellen Stand der Forschung vor. Als Quintessenz des Forschungsstandes präsentiert Kapitel 3 in einem ersten analytischen Schritt die theoretisch möglichen, notwendigen bzw. hinreichenden Elemente eines ganzheitlichen NMS.Im Rahmen des zweiten und dritten Kap.s werden somit die *theoretisch-konzeptionell* fundierten Aufgaben, Anforderungen und Möglichkeiten eines ganzheitlichen NMS identifiziert, womit die Grundlage für die sachlich-analytische Forschungsstrategie und die Bezugsrahmenarchitektur für die theoretische Dimension der Arbeit geschaffen wird. Kapitel 4 begründet auf Basis der zugrunde liegenden Forschungsprobleme bzw. der Forschungsfragen und des aktuellen Standes der Forschung das angezeigte Forschungsdesign und erläutert die methodische Vorgehensweise in der empirischen Untersuchung. Die Kapitel 5 und 6 umfassen die Branchenanalyse der deutschen Stahlindustrie sowie die Einzelfallstudie bei der ThyssenKrupp Steel AG zum strategischen Nachhaltigkeitsmanagement und stellen mit den Untersuchungen unternehmenspraktischer und branchenspezifischer Determinanten den empirischen Teil der Dissertation dar. Diese Erkenntnisse tragen zur Beschreibung des strategischen Nachhaltigkeitsmanagements und zur Ableitung *praktischer* Anforderungen an ein ganzheitliches NMS bei. Die Kap. 7 und 8 dienen schließlich der Interpretation, Präsentation und Reflexion der Forschungsergebnisse sowie der Identifikation weiteren Forschungsbedarfs zum strategischen Nachhaltigkeitsmanagement. Damit gibt dieser Teil den expliziten Erkenntnisgewinn wieder und vollzieht die Erreichung der formulierten Ziele nach.

Die nachfolgende Abb. 1-3 veranschaulicht den Aufbau der Dissertation und stellt die forschungslogischen Zusammenhänge vor.

Gliederung	Inhalte	Forschungslogik
Kapitel 1 Einleitung	• Aktuelle Situation und Hintergrund • Problemstellung und zentrale Fragen • Erkenntnisinteresse und Ziele • Beitrag zum Stand der Nachhaltigkeitsforschung • Konzeption • Ausgangspunkt für die Projektzusammenarbeit und Praxisbezug	Forschungslücke Forschungsfrage
Kapitel 2 Theoretische Grundlagen	• Ausgangsverständnis und Definitionen von Nachhaltigkeit • Ausgangsverständnis, Motive, Ziele und Merkmale des strategischen Nachhaltigkeitsmanagements • Ausgangsverständnis und Merkmale von Nachhaltigkeitsmanagement-Systemen	Forschungsstand
Kapitel 3 Theoretische Grundlagen	• Theoretisch mögliche Elemente eines Nachhaltigkeitsmanagement-Systems	
Kapitel 4 Forschungsdesign	• Zugrundeliegendes Wissenschaftsverständnis • Methodische Besonderheiten und Charakter der praxisorientierten transdisziplinären Nachhaltigkeitsforschung • Prinzipien des Fallstudien-Ansatzes • Methodik der Branchenanalyse • Methodik der Inhaltsanalyse wissenschaftlicher Literatur und betrieblicher Dokumente • Architektur der Bezugsrahmen • Integration der methodischen Anforderungen in die Projektzusammenarbeit mit der ThyssenKrupp Steel AG	Forschungsstrategie Forschungsmethodik
Kapitel 5: Branchenanalyse	• Nachhaltigkeitsmanagement in der deutschen Stahlindustrie: Kontext und Konzepte	Empirie
Kapitel 6: Fallstudie	• Konzeption eines Nachhaltigkeitsmanagement-Systems bei der ThyssenKrupp Steel AG	
Kapitel 7: Erkenntnisgewinn	• Interpretation • Abstraktion • Implikationen	Forschungsergebnis
Kapitel 8: Reflexion	• Zusammenfassung der Kernerkenntnisse, Antworten auf zentrale Fragen • Ausblick	Weiterer Forschungsbedarf

Abb. 1-3: Konzeption der Arbeit
Eigene Darstellung.

Der zuvor identifizierte Forschungsbedarf entspricht dem Handlungsbedarf der ThyssenKrupp Steel AG, Duisburg und stellt den zentralen Antrieb für das Kooperationsprojekt zur vorliegenden Untersuchung dar.

1.6 Praxisbezug im Kooperationsprojekt: Nachhaltiges Management bei der ThyssenKrupp Steel AG, Duisburg

Die ThyssenKrupp Steel AG stellt aufgrund des identifizierten Handlungsbedarfs ein aussagekräftiges, prägnantes und typisches Forschungsobjekt dar, die wesentlichen Erkenntnisse und Ergebnisse der Zusammenarbeit fungieren in Form einer Einzelfallstudie in Kapitel 6 als empirische Grundlage für diese Dissertation. Als essentielle Probleme des nachhaltigen Wirtschaftens der ThyssenKrupp Steel AG werden die folgenden Defizite aufgedeckt: Die durchgeführten Maßnahmen und Aktivitäten mit Nachhaltigkeitsbezug erfolgen bislang unkoordiniert und wenig systematisch, sie sind ungeplant und können aufgrund fehlender Instrumente zur Dokumentation nur unzureichend und rudimentär geprüft, kontrolliert und gesteuert werden. Damit einher geht die im Zuge der Erstellung des ersten Nachhaltigkeitsberichtes des Segments gewonnene Erkenntnis, dass die Wahrnehmung der unternehmerischen Verantwortung und die vielfältigen Aktivitäten der ThyssenKrupp Steel AG unter dem Aspekt der Nachhaltigkeit den zahlreichen Anspruchsgruppen wie Mitarbeitern, Kunden, Lieferanten, Behörden oder Nicht-Regierungsorganisationen nur wenig anschaulich, intransparent und kaum überzeugend präsentiert und glaubhaft vermittelt werden können (Still 2005, S.1; Scheffler 2005, S.5).

Diese Ausgangssituation wirft die zentrale Frage nach einer Ausgestaltung des systematischen Umgangs mit Nachhaltigkeitsleistungen und -aktivitäten einerseits sowie der zugehörigen Dokumentation andererseits auf. Als resultierende Zielsetzung formulieren die Verantwortlichen, dass durch die Einführung eines geplanten methodischen Vorgehens sowie die Entwicklung adäquater Instrumente zur Systematisierung der Nachhaltigkeitsaktivitäten eine transparente und effiziente Integration des Leitbildes Nachhaltigkeit in das strategische Management der Geschäftsprozesse erreicht werden soll. Vor diesem Hintergrund ergeht ein Vorstandsbeschluss zur Entwicklung und Implementierung eines NMS, dessen Konzeption und Umsetzung durch ein bereichsübergreifendes „Team Nachhaltigkeit" unter der Führung des Direktionsbereiches Umweltschutz erfolgen und durch die Verfasserin wissenschaftlich unterstützt wird.

Nachhaltiges Wirtschaften ist für die ThyssenKrupp Steel AG ein wichtiges Unternehmensziel und wird verstanden als die gleichrangige Gewichtung von ökonomischen, ökologischen und sozialen Zielen und deren vernetzter Betrachtung.[16] Die Verantwortung für eine intakte Umwelt an den Standorten spielt dabei eine zentrale Rolle. Nachhaltigkeit bedeutet weiterhin Sorge um das Wohlergehen der nachfolgenden Generationen. Der Nachhaltigkeitsgedanke, den die ThyssenKrupp Steel AG vertritt, basiert auf den Ideen, die schon 1987 im Brundtlandt-Bericht der Weltkommission für

16 http://www.thyssenkrupp-steel.com/de/services/glossar.jsp#T (15.08.2006).

Umwelt und Entwicklung festgehalten wurden: „Eine dauerhafte Entwicklung ist eine Entwicklung, welche die Bedürfnisse der Gegenwart befriedigt, ohne zu riskieren, dass künftige Generationen ihre eigenen Bedürfnisse nicht befriedigen können." (Hauff 1987). Die bisher positive Entwicklung der ThyssenKrupp Steel AG und ihr ökonomischer Erfolg bieten für nahezu alle Betriebsbereiche Handlungsspielräume, in denen bewusst und/oder unbewusst Leistungen erbracht werden, die langfristig und dauerhaft orientiert, effektiv, ökonomisch effizient, ökologisch vertretbar, d.h. Ressourcen schonend sowie gesellschaftlich und sozial verantwortlich im Sinne von gerecht und solidarisch sind (Still 2005, S.1; Scheffler 2005, S.5). Als Lösungsansatz wird die Konzeption und Implementierung eines NMS verfolgt.
Die einzelnen Schritte der Konzeption und die endgültigen Ausprägungen des Nachhaltigkeitsmanagements werden im Rahmen einer Intensiv-Fallstudie im Unternehmen nachgezeichnet, in den Branchenkontext eingebettet und geben wesentliche Hinweise für die allgemeingültige Gestaltung eines NMS. Bisher liegen weder in der unternehmerischen Praxis noch in der wissenschaftlichen Diskussion einheitliche Normen und verbindliche Standards für NMS vor, so dass diese Dissertation und das zugrunde liegende Projekt eine innovative wissenschaftlich-theoretische sowie unternehmensindividuelle praktische Herausforderung darstellen.

In Kapitel 2 werden nachfolgend aus der Analyse des aktuellen Forschungsstandes durch die Präsentation der verbindlichen und für diese Dissertation geltenden Ausgangsverständnisse, maßgeblichen Konzepte und aktuellen Ansätze von Nachhaltigkeit, Nachhaltigkeitsmanagement und NMS die notwendigen, hinreichenden und unternehmensseitig gewünschten theoretischen Grundlagen für die fundierte Konzeption eines NMS geschaffen.

2 Stand der Forschung – Nachhaltigkeit und Nachhaltigkeitsmanagement

In diesem Kap. erfolgt zunächst eine Aufarbeitung des aktuellen Forschungsstandes zu den Ursprüngen der Nachhaltigkeit und den Grundlagen der Managementsystemforschung. Als besonders prägend für die Konzeption eines NMS gilt das Generic Management, das besondere Beachtung erfährt. Weiterhin werden die daraus resultierenden Anforderungen an die Gestaltung moderner Managementsysteme erarbeitet, denen bei der anschließenden Entwicklung des NMS gefolgt wird. Aus der Verknüpfung von Nachhaltigkeit im Allgemeinen, den Systematisierungsnotwendigkeiten und dem damit verbundenen Transfer des Leitbildes in den unternehmerischen Anwendungsbereich entsteht der Abschnitt zur unternehmerischen Nachhaltigkeit. Dieser konkretisiert sich im Bezug auf die Kernaufgabe der Dissertation zu Ausführungen zum Nachhaltigkeitsmanagement, insb. zu den bislang wissenschaftlich erschlossenen Erkenntnissen zu seinen Konturen, Motiven, Zielen und Ansätzen.

2.1 Nachhaltigkeit – Ursprünge

Aufgrund der großen Anzahl vielfältiger Publikationen[17] zu „Nachhaltigkeit", „nachhaltiger Entwicklung" und „nachhaltigem Wirtschaften" werden nachfolgend die gesellschaftspolitischen Ursprünge des Leitbildes der Nachhaltigkeit bis hin zum Zeitpunkt und zur logischen Einbindung in den unternehmerischen Handlungsbereich nachgezeichnet. Die umfangreiche, dennoch auf die wesentlichen Aspekte verkürzte Darstellung ist aufgrund der Komplexität des Konzeptes der Nachhaltigkeit zwingend notwendig, da andernfalls die Erklärung des Transfers in das strategische Kalkül des Unternehmens nicht umfassend und ganzheitlich gelingen kann. Nur auf Basis dieser Herleitung können die anschließenden Ausführungen auf die wesentlichen Prinzipien, Merkmale, Aufgaben, Funktionen und Ziele der nachhaltigkeitsorientierten Unternehmensführung bzw. des unternehmerischen, strategischen Nachhaltigkeitsmanagements nachvollziehbar und verdichtet vorgestellt werden.[18]

Dazu sind zunächst die Impulse aus dem politischen Kontext aufzunehmen, gilt doch der Abschlussbericht der *World Commission on Environment and Development (WCED)*, der sog. BRUNDTLAND-Kommission, als erstes offizielles Schriftstück mit einer expliziten Definition für *sustainable development*. Zwar stellt sie den gemeinsamen Ausgangspunkt einer Vielzahl von Konkretisierungen, Erweiterungen, Ergänzungen im gesellschaftspolitischen und ökonomischen Kontext, national wie international

---

17 Google Scholar gibt ca. 65.800 Ergebnisse zu „Nachhaltigkeit", 64.800 Ergebnisse zu „Nachhaltige Entwicklung" und 12.600 Ergebnisse zu „Nachhaltiges Wirtschaften" aus, wobei nachdrücklich zu berücksichtigen ist, dass von diesen Artikeln oder Monographien nur zu ca. 20 Prozent dem wirtschaftswissenschaftlichen Kontext entstammen (Abfrage vom 26.06.2009).

18 Eine umfassende Übersicht über die vielfältigen Perspektiven von Nachhaltigkeit findet sich bei Hopwood/Mellor/O´Brian (2005), S.38 ff.; zur konzeptionellen Herleitung siehe Redclift (2005), S.215ff.

(Mathieu 2002, S 14 ff.) dar, hat aber somit auch zu einer *„gallery of definitions“* (Pearce/Markandya/Barbier 1989, S.5) geführt, die es im Folgenden im ökonomischen, unternehmerischen und betriebswirtschaftlichen Sinne zu einem verbindlichen Ausgangsverständnis zu konkretisieren gilt. Der Begriff der Nachhaltigkeit bzw. seiner englischen Entsprechung *Sustainability* wird zunächst in seiner etymologischen Herkunft betrachtet und in seiner historischen Entwicklung aufgearbeitet. Der Transfer des englischsprachigen Ausdrucks *sustainable development* in das deutsche Fachvokabular verschiedener wissenschaftlicher Disziplinen ist nur schwerlich gelungen, da dieser immer vor dem Hintergrund unterschiedlicher Forschungstraditionen, subjektiver und selektiver Anpassungen und Werthaltungen geschieht (Kastenholz/Erdmann/ Wolff 1996).

2.1.1 Etymologischer Ursprung

Der inflationäre und undifferenzierte Gebrauch der Begrifflichkeiten nachhaltig, Nachhaltigkeit oder nachhaltige Entwicklung in politischen Statements, wissenschaftlichen Abhandlungen und den Medien wird vielfach beklagt (Hülsmann 2004, S.38; Dyllick 2003a, S.235) und macht eine Bedeutungsklärung und Abgrenzung im Sinne der vorliegenden Dissertation notwendig, denn der Begriff der Nachhaltigkeit als gesellschaftspolitisches Konzept sowie als unternehmerisches Leitbild geht inhaltlich deutlich über die sprachgebräuchliche Bedeutung hinaus.Ebenso bedarf es an dieser Stelle zunächst einer Auseinandersetzung mit den englischen Entsprechungen. *Sustainability* leitet sich von dem lateinischen Verb *sus-tenere* – zu Deutsch: *aufrechterhalten, schützen, unterstützen zur Verhinderung eines Fallens i.S.v. Überlebenssicherung* – ab. Damit ist eine Bedeutung im Sinne dauerhafter Erhaltung in den Begriff hineingelegt. Das englischsprachige *to sustain* bezeichnet *erhalten* oder *stärken*. Das Suffix *-able* beschreibt die Befähigung, *sustainable* bezeichnet die *Fähigkeit zur Stärkung und Erhaltung*. Weiterhin meint der englische Begriff *development* vorrangig *Entwicklung*, durchaus im Sinne von *wirtschaftlichem Wachstum*, womit das Wesen einer Wachstumstheorie angedeutet wird (Promberger/Spiess/Kössler 2006, S.11; Hülsmann 2004, S.61; Mathieu 2002, S.9; Kopfmüller 1994, S.96).

Nachhaltig, Nachhaltigkeit bzw. *nachhaltige Entwicklung* gelten als gebräuchliche Übersetzungen von *sustainable, sustainability* bzw. *sustainable development*, obwohl in deutschen Dokumenten durchaus auch andere Begriffe wie *dauerhaft, zukunftsfähig, tragfähig* oder *dauerhaft-umwelt-gerechte Entwicklung* Anwendung finden. Letzter impliziert jedoch die Vorrangigkeit der Ökologie vor ökonomischen und sozialen Gegebenheiten. Die Verwendung von *Nachhaltigkeit* oder *nachhaltiger Entwicklung* hat vor diesem Hintergrund den Vorteil, dass sie keine der grundlegenden Herausforderungen einseitig betont (Gerken/Renner 1996, S.6). Die uneinheitlichen Übersetzungsversuche basieren darauf, dass die Vereinten Nationen den Begriff *sustainability* als globale Leitlinie für die Entwicklung der Gesellschaft formuliert und die einschlägigen international verabschiedeten Texte in englischer Sprache abgefasst haben. Eine vergleichbare internationale Einigung hinsichtlich einer einheitlichen Übersetzung ist jedoch nicht zu finden (Di Giulio 2004, S.12; Luks 2002, S.7).

Als terminologisch adäquate Übersetzung von Nachhaltigkeit schlägt Huber (1995) aufgrund der zugrunde liegenden Argumentationsstränge der Konferenz von Rio de

Janeiro (Brasilien) im Jahre 1992 – *economic development, ecological sustainability, social equity – sustainable and equitable development* vor, um auch den Gerechtigkeitsaspekt zu berücksichtigen (Huber 1995, S.39).

In der vorliegenden Dissertation werden die Begriffe synonym verwendet, wobei ihre inhaltliche Deutung grundsätzlich die soziale, ökologische und ökonomische Dimension umfasst, die gemeinsam auf den dauerhaften Erhalt der natürlichen Lebensgrundlagen abzielen.

2.1.2 Historischer und gesellschaftspolitischer Ursprung

Die Idee der Nachhaltigkeit findet sich erstmals 1144 in der Forstordnung des Klosters Mauermünster im Elsass und hat damit ihre Ursprünge in der Forstwirtschaft (Hülsmann 2004, S.39). Hans Carl von Carlowitz (1645-1714)[19] erlangte als Verfasser des Werkes „Sylvicultura oeconomica" mit der Zusammenfassung und Erweiterung des im Dreißigjährigen Krieg verloren gegangenen forstlichen Wissens großen Bedeutung. Er formulierte erstmalig explizit das Prinzip der Nachhaltigkeit als Konzept für die dauerhafte Bereitstellung ausreichender Holzmengen für den Bergbau (von Carlowitz 1713). Nach vereinzelter Anwendung ab dem 16. Jahrhundert hält der Begriff der Nachhaltigkeit schließlich im Laufe des 18. Jahrhunderts Einzug in die deutsche Forstwirtschaft (Di Giulio 2004, S.17f.; Hülsmann 2004, S.39; Ott/Döring 2004; Dietz/Gebauer 1999). In ihrer Entstehung als wissenschaftliche Disziplin hat die Forstwirtschaft vorrangig versucht, die Nutzung des Waldbestandes so zu regeln, dass sie auf Dauer sichergestellt werde. In dieser Disziplin besagt das Prinzip, dass ein Wald nur dann nachhaltig bewirtschaftet wird, wenn in einem Wirtschaftszeitraum nicht mehr Holz eingeschlagen wird, als im gleichen Zeitraum nachwachsen kann (Aachener Stiftung[20] 2004). Nach den übermäßigen Rodungen im Mittelalter und während des Dreißigjährigen Krieges war die langfristige ökonomische Nutzung der Wälder gefährdet (Hülsmann 2004, S.39). Zürchner (1965) beschreibt den Bedeutungswandel des forstwirtschaftlichen Nachhaltigkeitsbegriffes, bezeichnet Nachhaltigkeit im Verständnis des 20. Jahrhunderts als einen „Leitsatz" (Zürchner 1965, S.149), der generell Richtung weisend ist und erachtet die Idee der Nachhaltigkeit sowohl als „Verhaltensvorschrift ohne Begründung" (Zürchner 1965, S.149) als auch als „Ziel" bzw. „Ausdruck einer inneren Notwendigkeit einer bestimmten Verhaltensweise" (Zürchner 1965, S.149). Als Bestimmungsfaktoren des Begriffes der Nachhaltigkeit in der Forstwirtschaft lassen sich eine Zukunfts- und Zielorientierung, eine Idealvorstellung, eine Integration unterschiedlicher Anliegen und ein Bewertungsmaßstab identifizieren. Im 19. Jahrhundert erfährt der Bewirtschaftungsgrundsatz schließlich eine

---

19 Hans Carl von Carlowitz (1645-1714) war ein deutscher Forstwirtschaftler, studierte Rechts- und Staatwissenschaften in Jena und widmete sich naturwissenschaftlichen und bergbaulichen Studien. In 1677 wurde er zum Vize-Berghauptmann und in 1711 zum Oberberghauptmann am kursächsischen Hof in Freiberg (Sachsen) ernannt. Damit war er zuständig für die Forstwirtschaft als (damaliger) Zulieferer für den Bergbau.

20 Aachener Stiftung Kathy Beys (2004): Lexikon der Nachhaltigkeit, unter http://www.nachhaltigkeit.aachener-stiftung.de (21.01.2004).

Übertragung von der Forstwirtschaft in andere Wirtschaftszweige wie z.B. die Fischereiwirtschaft und eine Verbreitung über die nationalen Grenzen hinweg nach Großbritannien und in die USA (Hülsmann 2004, S.40, Ott/Döring 2004, S.255ff.). In den 1950er und 1960er Jahren sind die industrialisierten Staaten der Nordhalbkugel der Erde erstmals verstärkt mit Umweltkatastrophen[21] konfrontiert worden, was in Politik und Bevölkerung eine erhöhte Aufmerksamkeit für die Umweltproblematik auslöste. Das neuzeitliche Bewusstsein für den Umweltschutz entwickelte sich, als man feststellte, dass sich industrielle Tätigkeiten nachteilig auf die Umwelt auswirken. Maßgeblich zu diesem Wertewandel beigetragen haben offensichtliche Missstände wie Fischsterben, zunehmende Versauerung von Gewässern oder verheerende Chemiekatastrophen[22].

Das Konzept der nachhaltigen Entwicklung wird so zu dem Ergebnis eines langjährigen gesellschaftspolitischen Diskussionsprozesses um Umwelt und Entwicklung und bezeichnet nunmehr im Kern das globale Leitbild[23] einer zukunftsfähigen Entwicklung der menschlichen Gesellschaft (Giesel 2007, S.69f.; Burschel/Losen/Wiendl 2004, S.18; auch Dyllick 2003a).

2.1.3 Internationale und nationale Ursprünge

Im Folgenden werden die wesentlichen Konferenzen und Dokumente als Meilensteine eines gemeinsamen internationalen und nationalen Vorgehens im gesellschaftspolitischen Kontext nachhaltiger Entwicklung nachgezeichnet.

Den Ausgangspunkt der *internationalen* gesellschaftspolitischen Diskussion stellt die *UN Conference on the Human Environment* (UNCHE) im Jahre 1972 in Stockholm (Schweden) dar.

- **1972: UN Conference on the Human Environment (UNCHE), Stockholm (Schweden)**

Als erste internationale Umweltschutzkonferenz findet im Juni 1972 in Stockholm (Schweden) die *UN Conference on Human Environment* (UNCHE) statt, auf der die globalen Aspekte der Umweltproblematik diskutiert werden. Es bietet sich erstmals die Gelegenheit, globale Umweltprobleme auf internationaler Ebene anzusprechen und

---

21 Eine Umweltkatastrophe (ökologische Katastrophe) ist eine von Menschen verursachte, plötzliche und äußerst starke Beeinträchtigung der Umwelt, die die Krankheit oder den Tod von vielen Lebewesen zur Folge hat.

22 Eine Chemiekatastrophe ist die im allgemeinen Sprachgebrauch verwendete Bezeichnung für einen verheerenden Unfall im Umgang mit explosiven oder giftigen Chemikalien. Chemiekatastrophen entfalten ihre zerstörerische Wirkung nicht immer unmittelbar.

23 Zur Bedeutung von Leitbildern in den Sozialwissenschaften im Allgemeinen und in Organisationen und Unternehmen im Besonderen Giesel (2007). Für das Begriffsverständnis aus managementtheoretischer Perspektive siehe http://www.nachhaltigkeit.aachener-stiftung.de/2000/Definitionen.htm, (06.04.2005); BMU 2004, Burschel/Losen/Wiendl 2004, Di Giulio 2004, Pfeiffer 2004, Gärtner 2003, Heigl 2003, Loew 2002, Luks 2002, Ringlstetter/Schuster 2002, IÖW/imug 2002; IÖW/imug 2001; Dietz/Gebauer 1999; Krol/Karpe 1999; http://www.va-nachhaltigkeit.de/synopse.html, (06.04.2005).

Lösungen zu suchen. Somit wird das weite Handlungsfeld für nachhaltige Entwicklung erstmalig definiert.[24] Geprägt wird die Diskussion durch Vorwürfe der Entwicklungsländer an die Industriestaaten, mit den geforderten Umweltschutzanstrengungen ihr wirtschaftliches Wachstum zu bremsen und ihre weitere Entwicklung zu behindern. Umweltschutzmaßnahmen seien eine Aufgabe der Industriestaaten. Als Konsequenzen folgen die Anerkennung sozialer und ökonomischer Aspekte der Umweltproblematik und die Entwicklung von Konzepten für umweltvernünftige Strategien zur Förderung einer sozial gerechten, ökonomischen Entwicklung. Neben der „*Declaration of the UN Conference on the Human Environment*"[25] und dem „*Action Plan for the Human Environment*"[26] sind kaum weitere konkrete Ergebnisse und Lösungsansätze für die identifizierte Problematik gefunden worden. Zur Umsetzung des Aktionsplans beschließen die Vereinten Nationen die Einrichtung des *UN Environment Programme* (UNEP)[27] mit Sitz in Nairobi (Kenia) (Di Giulio 2004, S.25). Im März 2006 wird ACHIM STEINER von UN-Generalsekretär KOFI ANNAN als Nachfolger von KLAUS TÖPFER für das Amt des Exekutivdirektors von UNEP nominiert. Nach seinem Selbstverständnis ist das Programm die „Stimme der Umwelt"[28] bei der *UN Organization* (UNO). UNEP wirkt als Auslöser, Anwalt, Lehrer und Vermittler für den schonenden Umgang mit der Umwelt und einer nachhaltigen Entwicklung. Eine mögliche Reform lässt sich in den Diskussionen um die Gründung einer *UN Environment Organisation* (UNEO) genannten UN-Umweltorganisation erkennen, die an die Stelle des UN-Umweltprogramms treten könnte (Rechkemmer 2005; Biermann/Bauer 2005).

Im Anschluss an die Stockholm-Konferenz entwerfen das UNEP und weitere Fachkommissionen Konzepte für einen alternativen, auf Umwelt- und Sozialverträglichkeit zielenden Entwicklungspfad. Von MAURICE STRONG, dem ersten Executivdirektor des UNEP wird im Jahre 1973 für diese Entwicklungsstrategie der Begriff des *ecodevelopment* (Dietz/Gebauer 1999, S.25; Göllinger 1998, S.2) geprägt.

Die wesentlichen Elemente dieses Ansatzes sind

- die Befriedigung der Grundbedürfnisse mit Hilfe der eigenen Ressourcenbasis, wobei der Konsumstil der Industrieländer nicht kopiert werden sollte,
- die Entwicklung eines *satisfactory social ecosystem*, das Beschäftigung, soziale Sicherheit und Respekt vor verschiedenartigen Kulturen einschließt,
- die vorausschauende Solidarität mit zukünftigen Generationen,
- Maßnahmen zur Ressourcen- und Umweltschonung,
- die Partizipation der Betroffenen sowie
- begleitende und unterstützende Erziehungs- und Bildungsprogramme (Born 2002, S.31).

---

24 http://www.forumforsustainability.org/index.php?group=history, (08.12.2005).

25 http://www.unep.org/Documents.Multilingual/default.asp?DocumentID=97&Ar-ticleID=1503, (01.01.2006).

26 http://www.unep.org/Documents.Multilingual/default.asp?DocumentID=97&Ar-ticleID =1504&l=en, (01.01.2006).

27 http://www.forumforsustainability.org/index.php?group=history, (08.12.2005).

28 http://www.unep.org/documents/About-unep-booklet.pdf (01.01.2006).

Das Konzept des *ecodevelopment* bietet die Möglichkeit einer neuen Definition von Wachstum und Wohlstand und zielt auf einen Mittelweg zwischen den sich gegenüberstehenden ökozentrischen und technozentrischen Extrempositionen ab (Born 2002, S.31). Im Jahre 1974 verfasst ein Wissenschaftler-Gremium auf dem UNEP/ UNCTAD-Symposium in Cocoyoc (Mexiko) eine Erklärung, die erstmals Grundsätze einer alternativen Entwicklung formuliert.[29] Als Hauptziel des wirtschaftlichen Wachstums gilt die Sicherstellung menschenwürdiger Lebensbedingungen.[30] In ähnlichem Sinne äußert sich ein Jahr später die *Dag Hammarskjöld*[31] *Foundation*[32]. Durch sie werden die Aspekte Grundbedürfnisbefriedigung als Antwort auf armutsbedingte Bevölkerungsvermehrung und armutsbedingte Umweltzerstörung sowie Reduzierung des Umweltverbrauchs der Reichen in die Diskussion um ein stabiles ökologisches und soziales Gleichgewicht eingeführt. Der Begriff *ecodevelopment* wird später in *sustainable development* umformuliert und ist erstmals von der *International Union for the Conservation of Nature* aufgegriffen worden.[33]

- **1980: International Union for Conservation of Nature and Natural Resources (IUCN), UN Environment Programme (UNEP), World Wide Fund for Nature (WWF): World Conservation Strategy**

Die *World Conservation Union* (IUCN), der *World Wide Fund for Nature* (WWF) und das *UN Environment Programme* (UNEP) entwickeln die erste *World Conservation Strategy* mit dem Untertitel „*Living Resource Conservation for Sustainable Development*“, deren Kernthese besagt, dass ohne die Erhaltung der Funktionsfähigkeit der Ökosysteme jede ökonomische Entwicklung auf Dauer nicht aufrechterhaltbar ist (IUCN 1980). Im Rahmen dieser Strategie für den Naturschutz wird der Begriff *sustainable development* kreiert und erstmals in einem offiziellen Dokument verwendet:

> „*Development is defined as: the modification of the biosphere and the application of human, financial, living and non-living resources to satisfy human needs and improve the quality of human live. For development to be sustainable it must take account of social and ecological factors, as well as economic ones; of the living an non-living resource base; and of the long term as well as the short term advantages and disadvantages of alternative actions*" (IUCN 1980).

Ökologische Aspekte stehen bei diesem Konzept im Vordergrund, weniger die den schädigenden anthropogenen Aktivitäten zugrunde liegenden politisch-sozio-

---

29 http://www.southcentre.org/publications/conundrum/conundrum-06.htm, (17.08.2006).

30 http://www.omnia-verlag.de/weltimwandel/php/start.php?id=104&bc=-104, (17.08.2006).

31 Dag Hammarskjöld (*1905-1961) – Schwedischer Diplomat, zweiter Generalsekretär der Vereinten Nationen, http://www.un.org/depts/dhl/dag/index.html, (03.10.2006).

32 Die Dag Hammarskjöld Foundation ist 1962 in Gedenken an Dag Hammarskjöld gegründet worden und verfolgt durch die Entwicklung und Umsetzung geeigneter Alternativen zur Schaffung einer ökonomisch und sozial gerechten, ökologisch verantwortlichen, friedlichen und sicheren Welt sein Andenken, http://www.dhf.uu.se, (03.10.2006).

33 http://www.worldsummit2002.de/downloads/rio_10_A.pdf, (01.01.2006).

ökonomischen Ursachen.[34] Die *World Conservation Strategy* wird durch IUCN, UNEP und WWF zur Strategie *Caring for the Earth* (IUCN 1991) weiterentwickelt. Sowohl das *ecodevelopment*- als auch das *World Conservation Strategy*-Konzept enthalten bereits wesentliche Elemente des *sustainable development*-Konzeptes.

Zehn Jahre nach der Stockholm-Konferenz lädt das UNEP zur Nachfolgekonferenz nach Nairobi (Kenia) ein. Die allgemeine Wahrnehmung und Einschätzung der Probleme hat sich gewandelt, denn es zeichnet sich ab, dass keine der angekündigten Umweltstrategien und keines der Aktionsprogramme einen positiven Beitrag für die sich dramatisch verschärfende Umweltsituation leisten. Vom UNEP wird daraufhin die Erstellung der Studie „Umweltperspektive bis zum Jahr 2000" in Auftrag gegeben. Gleichzeitig drängen die skandinavischen Länder darauf, dass eine unabhängige Kommission eine kritische Analyse darüber erstellen sollte, wie die Staatengemeinschaft das Konfliktfeld Umwelt und Entwicklung entschärfen könne.[35] Im Jahre 1983 beschließt die UN-Generalversammlung die Einsetzung einer Sonderkommission, der „Weltkommission für Umwelt und Entwicklung", die von der norwegischen Ministerpräsidentin GRO HARLEM BRUNDTLAND[36] geleitet wird.

- **1983/1987: World Commission on Environment and Development – Weltkommission für Umwelt und Entwicklung (WCED)**

Die Weltkommission für Umwelt und Entwicklung nimmt als unabhängige Sachverständigenkommission unter dem Vorsitz der norwegischen Ministerpräsidentin GRO HARLEM BRUNDTLAND in Genf (Schweiz) ihre Arbeit auf. Sie soll einen Perspektivbericht zu langfristig tragfähiger, umweltschonender Entwicklung im Weltmaßstab bis zum Jahre 2000 und darüber hinaus erstellen und die Wirksamkeit des *UN Environment Programme* (UNEP) prüfen.[37] Die Kommission leistet den wesentlichen Anstoß zur Problematisierung der politischen Aspekte des *sustainable development* und den wichtigsten Beitrag zur Verbreitung dieses Begriffs mit der Veröffentlichung ihres Abschlußberichts „Our Common Future" im Jahre 1987.[38] Die Sonderkommission stellt den sog. BRUNDTLAND-Bericht vor, in dem erstmals die Untrennbarkeit von Umwelt und Entwicklung aufgezeigt und an einen globalen Bewusstseinswandel appelliert wird. Aufgrund der intensiven Vernetzung der Ökosysteme beschränken sich die Folgen massiver Umweltzerstörung nicht auf einzelne Staaten, sondern stellen ein globales Problem dar, das laut Kommission nur kooperativ zwischen Industrie- und Entwicklungsländern zu bewältigen ist (Promberger/Spiess/Kössler 2006, S.12).

---

34 http://www.wwf.ch/wwfdata/downloads/dewwfchronikdererfolge.pdf, (06.01.2006).

35 http://www.worldsummit2002.de/downloads/rio_10_A.pdf, (01.01.2006).

36 Biographische Notizen finden sich auf der Internetseiten der UN (http://www.un.org/News/dh/hlpanel/brundlandt-bio.htm, 14.12.2005) oder der UN Foundation (http://www.un-globalsecurity.org/bios/brundland.asp. 14.12.2005).

37 http://alt.nachhaltigkeit.info/1100739587818 76/Geschichte/Zwischen%20Stockholm%20undRio%20/Brundtland-Report %201987.htm, (14.12.2005).

38 http://www.worldsummit2002.de/downloads/rio_10_A.pdf, (01.01.2006).

Dieser Abschlussbericht erfährt eine große Bedeutung, da erstmals das Leitbild einer nachhaltigen Entwicklung entwickelt und definiert wird:

> „*Sustainable Development is development that meets the needs of the present without compromising the ability of future generations to meet their own needs.*"(Brundtland 1987).

Die deutsche Version des Brundtland-Berichts übersetzt wie folgt: „Unter ‚dauerhafter Entwicklung' verstehen wir eine Entwicklung, die den Bedürfnissen der heutigen Generationen entspricht, ohne die Möglichkeiten künftiger Generationen zu gefährden, ihre eigenen Bedürfnisse zu befriedigen und ihren Lebensstil zu wählen" (Hauff 1987, S.XV). Die Kommission verknüpft aus globaler Perspektive den Themenkomplex Umwelt mit wirtschaftlicher und sozialer Entwicklung und identifiziert als zentrale Gefährdungen einer nachhaltigen Entwicklung die globale Umweltzerstörung durch den Wirtschafts- und Lebensstil der Menschen in den Industriestaaten und das Bevölkerungswachstum und die Unterentwicklung in den Ländern auf der Südhalbkugel (Luks 2002, S.9). Zudem unterstreicht sie, dass eine nachhaltige Entwicklung nicht nur auf einem langfristigen orientierten intergenerativen Gerechtigkeitsverständnis, sondern ebenso auch auf einem intragenerativen Gerechtigkeitsverständnis basiert (Pfeiffer 2004, S.47). Als Konsequenz beschreibt der Ausdruck nachhaltige Entwicklung jedoch „keinen Zustand starrer Ausgewogenheit, sondern einen Prozess ständigen Wandels, dessen Ziel darin besteht, die Ausbeutung der Ressourcen, den Investitionsfluss, die Ausrichtung der technologischen Entwicklung und die institutionellen Veränderungen mit künftigen wie gegenwärtigen Bedürfnissen in Einklang zu bringen" (Hauff 1987, S.10). Die Kommission wird am 31. Dezember 1987 offiziell aufgelöst, im April 1988 als *Centre for Our Common Future* in Genf (Schweiz) fortgeführt und im Rahmen der Rio-Konferenz 1992 reaktiviert.[39] Der Brundtland-Bericht und der folgende Diskurs um die Operationalisierung des Nachhaltigkeitsgedankens bilden die wesentliche Basis und gelten als Wegbereiter für die sog. „Rio-Konferenz" im Jahre 1992.

- **1992: UN Conference on Environment and Development (UNCED) – The Earth Summit, Rio de Janeiro (Brasilien)**

Die Konferenz der Vereinten Nationen über Umwelt und Entwicklung (*UN Conference on Environment and Development* (UNCED)) 1992 in Rio de Janeiro (Brasilien) gilt als Ausgangspunkt für eine qualitativ neuartige Zusammenarbeit in der globalen Umwelt- und Entwicklungspolitik. In der Rio-Deklaration[40] verpflichten sich 178 Regierungen dazu, eine nachhaltige Entwicklung in ihren jeweiligen Ländern anzustoßen, zu unterstützen und umzusetzen.[41] Weiterhin geht die Rio-Deklaration über die Formulierung von Zielen hinaus, befasst sich mit dem Prozess der Zielerreichung und -realisierung und benennt die resultierenden Anforderungen an die zuständigen Akteure in Politik, Wirtschaft und Gesellschaft. In bislang nicht gekannter Form ist der „Teu-

39 http://alt.nachhaltigkeit.info/110073958781876/Geschichte/Zwischen%20Stockholm %20undRio%20/Brundtland-Report %201987.htm, (14.12.2005).

40 http://www.unep.org/Documents.multilingual/Default.asp?DocumentID=78&Ar-ticleID=1163, (03.01.2006).

41 http://www.forumforsustainability.org/index.php?group=history, (08.12.2005).

felskreis“ (Eisermann 2003, S.11) von Umweltzerstörung und Armut auf die Tagesordnung der Weltpolitik erschienen. Die wichtigsten Ergebnisse des „Erdgipfels“ (Burschel/Losen/Wiendl 2004, S.21, Eisermann 2003, S.5, S.11) sind die Rio-Erklärung über Umwelt und Entwicklung[42], die Klimarahmen[43]-, Wüsten[44]- und Biodiversitäts[45]-Konventionen sowie das Abschlussdokument Agenda 21. Die Rio-Erklärung über Umwelt und Entwicklung legt in ihren Grundsätzen als Verfassung der internationalen Umweltpolitik das Vorsorge-, Verursacher- und Internalisierungsprinzip fest (Bundesumweltministerium (BMU) 1994, S.46). Die Agenda 21 umfasst 300 Seiten und besteht aus 40 Kap.n, die sich in die vier Abschnitte soziale und wirtschaftliche Dimensionen, Erhaltung und Bewirtschaftung der Ressourcen für die Entwicklung, Stärkung der Rolle wichtiger Gruppen und Möglichkeiten der Umsetzung einteilen lassen. Die Agenda 21 wird als ein Maßnahmenpaket vereinbart, das internationale Organisationen und nationale Regierungen anspricht; auch alle weiteren politischen Ebenen werden aufgefordert, im Sinne dieser Ziele zu handeln.[46]

Im Nachfolgeprozess der Rio-Konferenz ist 1993 die Kommission für Nachhaltige Entwicklung der Vereinten Nationen (*UN Commission on Sustainable Development* (UNCSD)) eingerichtet worden, um einen wirkungsvollen Umsetzungsprozess der Konferenzergebnisse der Agenda 21 und der Rio-Deklaration zu überwachen. Organisatorisch ist die UNCSD eine Kommission des Wirtschafts- und Sozialrates der Vereinten Nationen (*Economic and Social Council*, ECOSOC). Als wichtigstes Organ der Vereinten Nationen hat sie die Aufgabe, die Erfüllung des Johannesburg-Aktionsplans auf internationaler, nationaler, regionaler und lokaler Ebene anzuleiten. Zudem soll die UNCSD die Förderung des Dialogs zwischen Ministerien und Verbänden, wichtigen Interessengruppen und nichtstaatlichen Organisationen fördern.[47]

---

42 http://www.un.org/Depts/german/conf/agenda21/rio.pdf, (03.01.2006).

43 Ein im Rahmen der Vereinten Nationen ausgearbeitetes internationales Vertragswerk mit dem Ziel, den weltweiten Klimawandel zu verlangsamen und dessen Folgen zu mildern. http://unfccc.int/2860.php, (08.01.2006), http://unfccc.int/resource/docs /convkp/conv-ger.pdf (08.01.2006).

44 Übereinkommen der Vereinten Nationen zur Bekämpfung der Wüstenbildung. http://www.unccd.int/ (08.01.2006).

45 Die Biodiversitäts-Konvention ist ein Vertragswerk, in dem sich die 187 unterzeichnenden Staaten verpflichten, die Artenvielfalt sowohl in ihren eigenen Ländern zu schützen, als auch geeignete Maßnahmen zum Schutz und zur nachhaltigen Nutzung der Biodiversität in Entwicklungsländern zu unterstützen. Biologische Vielfalt umfasst dabei die genetische Vielfalt (innerhalb einzelner Arten), die Artenvielfalt und die Vielfalt der Ökosysteme. http://www.biodiv.org/convention/articles.asp, (03.01.2006).

46 http://www.un.org/Depts/german/conf/agenda21/agenda_21.pdf, (25.01.2008).

47 Quellen: http://www.un.org/esa/sustdev/csd/csd.htm, (04.01.2006), http://www.un.org/esa/sustdev/csd/about_csd.htm, (06.01.2006).

- **1995 – World Business Council for Sustainable Development (WBCSD)[48]**

Der im Januar 1995 gegründete *World Business Council for Sustainable Development* (WBCSD) geht aus dem Zusammenschluß des *Business Council for Sustainable Development* (BCSD) in Genf (Schweiz) und dem *World Industry Council for the Environment* (WICE) in Paris (Frankreich) hervor. Er hat regionale Netzwerke in Afrika, Nord- und Südamerika, Asien, Europa und Ozeanien. Auch eine Reihe großer deutscher Unternehmen sind Mitglied. Der WBCSD versteht sich als Vorreiter und Katalysator auf dem Weg zu einer nachhaltigen Entwicklung, will die Rolle von Ökoeffizienz, Innovation und gesellschaftlicher Unternehmensverantwortung voranbringen und knüpft dabei an die formulierten Aufgaben der Konferenz von Rio und die Agenda 21 an. Die zukünftige Entwicklung muss so gestaltet werden, dass ökonomische, ökologische und gesellschaftliche Zielsetzungen gleichrangig angestrebt werden. Zu diesem Zweck will der WBCSD die Zusammenarbeit von Wirtschaft, Regierung und Nicht-Regierungs-Organisationen verstärken. Der WBCSD formuliert Marktführerschaft, Politikentwicklung, best practises und einen globalen Wirkungskreis als die vier Ziele seiner Arbeit.[49] Zur Umsetzung wird gemeinsam mit *European Partners for the Environment* (EPE)[50], mit Unterstützung der EU Generaldirektion Industrie[51] und verschiedenen europäischen Regierungen die Europäische Öko-Effizienz-Initiative (*European Eco-Efficiency Initiative* (EEEI)[52]) entwickelt.

Vom 23. bis 28. Juni 1997 findet in New York (USA) die Sondertagung der Generalversammlung der Vereinten Nationen zur kritischen Überprüfung und Bewertung der Umsetzung der in Rio de Janeiro (Brasilien) beschlossenen Agenda 21 statt.[53] Die Delegierten verabschieden ein Abschlussdokument, in dem sie die Beschlüsse noch einmal bekräftigen und die auf dem Erdgipfel 1992 begründete globale Partnerschaft erneuern. So wird in New York (USA) der Weg zu dem auf dem Weltklimagipfel in Kyoto (Japan) im Dezember 1997 verabschiedeten Kyoto-Protokoll[54] geebnet.

- **1999 – UN Global Compact**

Der Generalsekretär der Vereinten Nationen, Kofi Annan, hat unter dem Titel *UN Global Compact*[55] eine neue Initiative zur verantwortungsbewussten Unternehmensführung gestartet. *UN Global Compact* ist die englische Bezeichnung für einen weltweiten Pakt, der zwischen Unternehmen und der UNO geschlossen wurde, um die Globalisierung sozialer und ökologischer zu gestalten. Dieser globale Pakt wurde am

48 http://www.wbcsd.org/templates/TemplateWBCSD5/layout.asp?MenuID=1, (03.10.2006).

49 http://www.wbcsd.org/templates/TemplateWBCSD5/layout.asp?type=p&Menu-Id =NjA&doOpen=1&ClickMenu=Left Me-nu, (03.10.2006).

50 http://www.epe.be, (03.10.2006).

51 http://europa.eu.int/comm/dgs/economy_finance/index_en.htm, (03.10.2006).

52 http://www.epe.be/menutexts/documents/epenewsletter.pdf, (03.10.2006).

53 http://www.un.org/esa/earthsummit/, (03.01.2006).

54 Das Kyoto-Protokoll ist ein Zusatzprotokoll zur Ausgestaltung der Klima-Rahmenkonvention (UNFCCC) der Vereinten Nationen für den Klimaschutz. Es schreibt verbindliche Ziele für die Verringerung des Ausstoßes von Treibhausgasen fest, welche als Auslöser der globalen Erwärmung gelten. http://www.bmu.de/files/pdfs/allgemein/application/pdf/protodt.pdf, (25.01.2008).

55 http://www.unglobalcompact.org, (03.10.2006).

31. Januar 1999 von ANNAN anlässlich des Weltwirtschaftsforums in Davos (Schweiz) vorgeschlagen und am 26. Juli 2000 in New York (USA) in die operative Phase überführt. Das Deutsche Global Compact Netzwerk[56] umfasst aktuell über 120 Unternehmen sowie Organisationen aus Zivilgesellschaft, Wissenschaft und Politik.[57]

Im Dezember 1999 wird die Europäische Kommission in Helsinki (Finnland) von den Staats- und Regierungschefs aufgefordert, bis Juni 2001 eine umfassende Gemeinschaftsstrategie zur nachhaltigen Entwicklung Europas vorzulegen, die eine bessere Verknüpfung der drei Dimensionen der nachhaltigen Entwicklung erreichen soll. In diesem werden Armut und soziale Ausgrenzung, öffentliche Gesundheit, die demografische Perspektive und die Alterung, Klimaveränderungen und saubere Energien, Erschöpfung der natürlichen Ressourcen und Mobilität und die Nutzung des Raums als Themen definiert, die im Mittelpunkt nachhaltiger Entwicklung stehen sollen.[58] Die nun für den Europäischen Rat Göteborg vorgelegte Mitteilung der Kommission „*A Sustainable Europe for a Better World: A European Union Strategy for Sustainable Development. The Commission's proposal to the Gothenburg European Council*" (sog. EU-Nachhaltigkeitsstrategie) konzentriert sich auf die ökologische Dimension und sieht einen neuen lösungsorientierten und integrativen Politikansatz vor, der auf eine Verknüpfung der drei Dimension Umwelt, Wirtschaft und Soziales ausgerichtet ist.[59] All diese Entwicklungen sind einzuordnen in den internationalen Kontext von Vorschlägen der Europäischen Kommission für eine europäische Strategie der nachhaltigen Entwicklung, die schließlich auf dem Gipfel in Göteborg (Schweden) breite Zustimmung findet und auch in einer Stellungnahme der Bundesrepublik Deutschland aufgegriffen wird (Europäische Union 2004).

- **2001: Gothenburg European Council, Göteborg (Schweden) – Europäischer Rat Göteborg**

Der Europäische Rat in Göteborg hat am 15. und 16. Juni 2001 die EU-Nachhaltigkeitsstrategie beschlossen. Diese besagt, dass nachhaltige Entwicklung ein grundlegendes Ziel der europäischen Verträge ist. [60] Hierzu ist es nötig, die Wirtschafts-, Sozial- und Umweltpolitik so zu gestalten, dass sie sich gegenseitig verstärken. Gelingt es nicht, Tendenzen umzukehren, welche die künftige Lebensqualität bedrohen, so werden die Kosten für die Gesellschaft drastisch ansteigen oder diese Tendenzen werden unumkehrbar. In diesem Zusammenhang weist der Europäische Rat nachdrücklich darauf hin, dass Wirtschaftswachstum und Ressourcenverbrauch voneinander abgekoppelt werden müssen.[61] Die EU-Strategie beruht auf dem Grundsatz, dass die wirtschaftlichen, sozialen und ökologischen Auswirkungen aller Politikbereiche in koordinierter Weise geprüft und bei der Beschlussfassung berücksichtigt werden sollen. Auf-

---

56 http://www.globalcompact.de, (25.06.2009).
57 http://www.unglobalcompact.org/Languages/german/de-factsheet-global-compact.pdf, (25.06.2009).
58 http://www.umweltnet.at/article/articleview/27859/1/7251, (02.02.2006).
59 http://www.umweltnet.at/article/articleview/27859/1/7251, (02.02.2006).
60 http://www.bmu.de/europa/und/umwelt/doc/2242.php, (04.01.2006).
61 http://www.bmu.de/europa/und/umwelt/doc/2242.php, (04.01.2006).

bauend auf dem 6. Umweltaktionsprogramm hat der Europäische Rat in einem ersten Schritt eine Reihe von Zielen und Maßnahmen ausgewählt, die als allgemeine Anhaltspunkte für die künftige Politikgestaltung in vier vorrangigen Bereichen dienen sollen, nämlich Klimaänderungen, Verkehr, öffentliche Gesundheit und natürliche Ressourcen, wodurch die Beschlüsse, die der Europäische Rat über soziale und wirtschaftliche Fragen gefasst hat, ergänzt werden.[62] Die Europäische Kommission wird mit Blick auf den *World Summit on Sustainable Development* (Johannesburg (Südafrika)) im September 2002 – in einem zweiten Schritt einen konkreten Beitrag der EU mit dem Schwerpunkt externer und globaler Aspekte der nachhaltigen Entwicklung für die Diskussion in Südafrika vorschlagen, der die vorliegende EU-Nachhaltigkeitsstrategie ergänzen soll. Die Strategie wird auf dem UN-Weltgipfel zur Nachhaltigen Entwicklung im September 2002 in Johannesburg (Südafrika) vorgestellt.

- **2002: World Summit on Sustainable Development (WSSD), Johannesburg (Südafrika)**

Die Aktualität der Nachhaltigkeitsdiskussion wird durch den Weltgipfel für Nachhaltige Entwicklung in Johannesburg (Südafrika) unterstrichen (UN 2004, World Summit 2004). Mit 104 teilnehmenden Staats- und Regierungschefs, über 9000 Delegierten aus über 190 Staaten, über 7000 Vertretern aus Wirtschaft und Gesellschaft, rund 4000 Journalisten und zusätzlich noch jenen Delegierten, die an den unzähligen Veranstaltungen am Rande des Weltgipfels teilnahmen, ist es die größte je von den Vereinten Nationen organisierte Veranstaltung. Ziel der Konferenz ist, die Umsetzung von konkreten Aktivitäten zur Erreichung bereits beschlossener Anliegen zu intensivieren und das Leitbild der nachhaltigen Entwicklung auf globaler Ebene durch die Festlegung auf quantitative Zielkorridore und fixe Zeitrahmen zu verankern.[63] Der Weltgipfel setzt die Kommission für Nachhaltige Entwicklung (*Commission on Sustainable Development* (*CSD*)) als höchstes Gremium für die Verfolgung der globalen Leitidee ein (Simonis 2003, S.83). Mit dem festgeschriebenen Cartagena-Prozess[64] beginnt eine bis heute anhaltende Initiative zur Stärkung des UN-Umweltprogramms. Sie beinhaltet die Teilnahme aller UN-Mitglieder im Verwaltungsrat von UNEP und eine auf Ministerebene gestärkte Koordination des existierenden Umwelt-Governance-Systems (Rechkemmer 2004, S.6). Die Zahl der Staaten, die dieser Aufforderung nachkommen, schwankt je nachdem, wie weit man den Begriff „Nationale Nachhaltigkeitsstrategie" fasst. So lassen sich in der Literatur Zahlen von „gut 30 Ländern" bis hin zu „weltweit rund zwei Drittel der Industrie- und 60 Entwicklungs- oder Schwellenländer" mit nationalen Nachhaltigkeitsstrategien finden (Hoering 2001, S.10). Eine Analyse des Sach-

---

62 http://www.bmu.de/europa/und/umwelt/doc/2242.php, (04.01.2006).

63 http://www.forumforsustainability.org/index.php?group=history, (08.12.2005).

64 Das Internationale Protokoll über die biologische Sicherheit, nach dem Verhandlungsort Cartagena (Kolumbien) kurz Cartagena-Protokoll genannt, ist ein am 11. September 2003 in Kraft getretenes internationales Abkommen, das erstmals völkerrechtlich bindend den grenzüberschreitenden Transport, die Handhabung und den Umgang mit gentechnisch veränderten Organismen regelt. http://www.umweltbundesamt.at/umweltschutz/gentechnik/internationales/carta-gena-protokoll/, (25.01.2008).

verständigenrates ergab, „dass die Mehrheit der Nachhaltigkeitsstrategien in Industrieländern nur erste, allgemein formulierte Schritte in Richtung einer integrierten und gleichzeitig zielorientierten Strategie für eine nachhaltige Entwicklung darstellt" (Unmüßig 2000, S.19). Seit der Rio-Konferenz über Umwelt und Entwicklung bekennt sich die Staatengemeinschaft explizit zum Leitbild der nachhaltigen Entwicklung.[65] Das Konzept findet nun nicht mehr nur auf internationaler Ebene Beachtung, sondern manifestiert sich in konkreten Programmen und Maßnahmen auf nationaler Ebene mehr und mehr als ein „großes politisches Projekt" (Dyllick 2000, S.1) und wird zu einem neuen Paradigma in der globalen Zusammenarbeit (UNEP 2004, Jahn 2003). Die Abb. 2-1 veranschaulicht die wichtigsten Meilensteine.

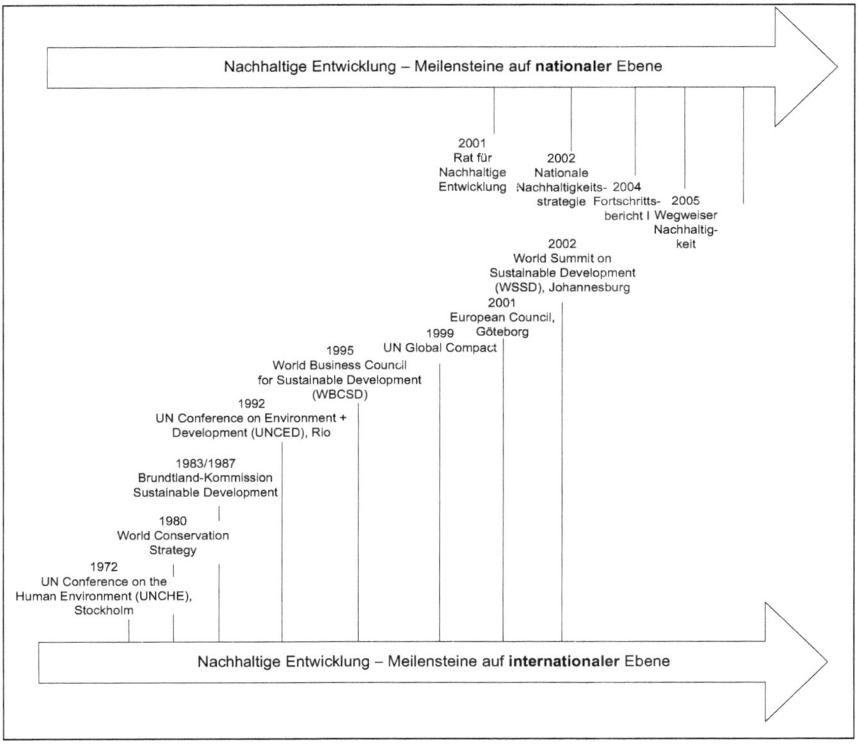

Abb. 2-1: Meilensteine der Nachhaltigkeit auf nationaler und internationaler Ebene
Eigene Darstellung.

65 http://www.bundesregierung.de/Anlage587387/pdf_datei.pdf, (07.12.2005).

Die Basis der *nationalen* Nachhaltigkeitspolitik in Deutschland geht aus der Entwicklung der Umweltpolitik hervor. Die Herausbildung der Umweltpolitik als ein eigenständiger Politikbereich ist eng verknüpft mit der Entstehung eines verbreiteten Umweltbewusstseins in den 1970er Jahren, das eine Reaktion auf die sich drastisch verschärfenden Umweltprobleme war. Motor dafür waren soziale Bewegungen wie die Umweltbewegung, die Friedensbewegung oder die Anti-Atomkraft-Bewegung (Bundeszentrale für politische Bildung 2005). Die Orientierung am Leitbild der nachhaltigen Entwicklung in der Bundesrepublik Deutschland beginnt 1991 mit der Einsetzung der Enquete-Kommission „Schutz des Menschen und der Umwelt – Bewertungskriterien und Perspektiven für umweltverträgliche Stoffkreisläufe in der Industriegesellschaft".

- **1992: Enquete-Kommission „Schutz des Menschen und der Umwelt – Wege zum nachhaltigen Umgang mit Stoff- und Materialströmen"**

Am 14. Februar 1992 beschließt der 12. Deutsche Bundestag die Einsetzung der Enquete-Kommission[66] „Schutz des Menschen und der Umwelt - Wege zum nachhaltigen Umgang mit Stoff- und Materialströmen". Sie hat den Auftrag eine Bestandsaufnahme der wichtigsten Problemkreise der industriellen Stoffwirtschaft durchzuführen und Lösungsansätze zu erarbeiten, wissenschaftlich begründete und gesellschaftlich konsensfähige Bewertungskriterien für vergleichende Ökobilanzen zu erarbeiten, Anwendungsfelder, größere Stoffgruppen und Endprodukte sowohl aus der Sicht der erzeugenden und verarbeitenden Industrie als auch aus der Sicht der Endverbraucher zu bewerten, mögliche Entwicklungsalternativen bei der Gewinnung, Verarbeitung und Entsorgung von Stoffen (Zukunftspfade) unter Berücksichtigung technischer, ökonomischer, ökologischer und sozialer Parameter darzustellen, den chemie- und industriepolitischen Dialog zu vertiefen, um die Voraussetzung für die Bildung eines gesellschaftlichen Konsenses zu verbessern und Empfehlungen an den Deutschen Bundestag für gesetzgeberisches und politisches Handeln abzugeben. Als wichtigste Ergebnisse hat die Kommission Managementregeln für eine zukunftsverträgliche Entwicklung entwickelt, Grundzüge eines Stoffstrommanagements skizziert, Akteure des Stoffstrommanagements und ihre Aufgaben, insb. die der Wirtschaft benannt und die Grundzüge einer Stoffpolitik vorgestellt.[67] Aus der Forderung nach Erhalt des natürlichen Kapitalstocks lassen sich nun auf einer ersten operativen Ebene Managementregeln für den Umgang mit Stoffen formulieren. Angelehnt an die Formulierungen des Zwischenberichts (Enquete-Kommission 1993, S.925f.) lauten diese Regeln:

- „Die Abbaurate erneuerbarer Ressourcen soll deren Regenerationsraten nicht überschreiten. Dies entspricht der Forderung nach Aufrechterhaltung der ökologischen Leistungsfähigkeit, d.h. nach Erhaltung des von den Funktionen her definierten ökologischen Realkapitals.

66 Die Enquete-Kommissionen des Deutschen Bundestages sind offizielle Untersuchungsausschüsse zu gesellschaftlichen Fragestellungen. (http://www.umweltlexikon-online.de/fp/archiv/RUBsonstiges/Enquetekommission.php, (06.01.2006)).

67 http://www.nachhaltigkeit.info/artikel/12_bt_-_ek_mensch_und_umwelt_660. htm#, (03.01.2006).

- Nicht-erneuerbare Ressourcen sollen nur in dem Umfang genutzt werden, in dem ein gleichwertiger Ersatz in Form erneuerbarer Ressourcen oder höherer Produktivität der erneuerbaren sowie der nicht-erneuerbaren Ressourcen geschaffen wird.
- Stoffeinträge in die Umwelt sollen sich an der Belastbarkeit der Umweltmedien orientieren, wobei alle Funktionen zu berücksichtigen sind, nicht zuletzt auch die empfindlichere Regelungsfunktion.
- Die Produktivität des Ressourceneinsatzes ist durch technischen Fortschritt zu verbessern.
- Das Zeitmaß anthropogener Einträge bzw. Eingriffe in die Umwelt muss im ausgewogenen Verhältnis zum Zeitmaß der für das Reaktionsvermögen der Umwelt relevanten natürlichen Prozesse stehen" Enquete-Kommission 1993, S.925f.).

Der Versuch einer weiteren Operationalisierung der grundlegenden Regeln bedeutet nicht, dass aus ihnen mit letzter Präzision eindeutige Handlungsanweisungen abgeleitet werden können. Vielmehr geben diese Regeln die Richtung an und machen deutlich, welche Folgen des Wirtschaftens unter stofflichen Gesichtspunkten beachtet werden müssen, um die Voraussetzungen des Wirtschaftens im Zeitablauf zu erhalten. Um zu politisch umsetzbaren Konzepten zu gelangen, bedarf es zweierlei: zum Einen muss die entwicklungspolitische Komponente des Leitbildes präzisiert werden, zum Anderen müssen die ökonomischen, ökologischen und sozialen Ziele sowie ihre wechselseitigen Beziehungen geklärt werden. Erst danach können Handlungsansätze für eine Stoffpolitik abgeleitet werden.[68] Da die Enquete-Kommission „Schutz des Menschen und der Umwelt – Wege zum nachhaltigen Umgang mit Stoff- und Materialströmen" Teilbereiche ihres Auftrages nicht im wünschenswerten Umfang bearbeiten konnte, wird am 01. Juni 1995 vom 13. Bundestag die Enquete-Kommission „Schutz des Menschen und der Umwelt – Ziele und Rahmenbedingungen einer nachhaltig zukunftsverträglichen Entwicklung" eingesetzt (Deutscher Bundestag 1997, S.15).

- **1995: Enquete-Kommission „Schutz des Menschen und der Umwelt – Ziele und Rahmenbedingungen einer nachhaltig zukunftsverträglichen Entwicklung"**

Als Schwerpunkte der Arbeit dieser Kommission werden die Formulierung von Umweltzielen und die Erarbeitung ökonomischer und sozialer Rahmenbedingungen beschlossen, weiterhin befasst sie sich mit der Notwendigkeit gesellschaftlicher, wirtschaftlicher und technischer Innovationen und der Entwicklung konkreter Maßnahmen zur Umsetzung einer zukunftsfähigen Entwicklung. Die Kommission sieht für das Leitbild drei Dimensionen vor, für die sie jeweils grundlegende Regeln vorschlägt, ableitet oder beibehält. Für die ökologische Dimension übernimmt sie die Regeln der Enquete-Kommission „Schutz des Menschen und der Umwelt – Wege zum nachhaltigen Umgang mit Stoff- und Materialströmen". Für die soziale Dimension schlägt sie folgende Regeln vor:

68 http://www.nachhaltigkeit.info/artikel/managementregeln_778.htm# (03.01.2006).

- „Der soziale Rechtsstaat soll die Menschwürde und die freie Entfaltung der Persönlichkeit sowie Entfaltungschancen für heutige und zukünftige Generationen gewährleisten, um auf diese Weise den sozialen Frieden zu bewahren.
- Jedes Mitglied der Gesellschaft erhält Leistungen von der solidarischen Gesellschaft entsprechend geleisteter Beiträge für die sozialen Sicherungssysteme und entsprechend Bedürftigkeit, wenn keine Ansprüche an die sozialen Sicherungssysteme bestehen.
- Jedes Mitglied der Gesellschaft muss entsprechend seiner Leistungsfähigkeit einen solidarischen Beitrag für die Gesellschaft leisten.
- Die sozialen Sicherungssysteme können nur in dem Umfang wachsen, wie sie auf ein gestiegenes wirtschaftliches Leistungspotential zurückgehen.
- Das in der Gesellschaft insgesamt und in den einzelnen Gliederungen vorhandene Leistungspotential soll für künftige Generationen zumindest erhalten bleiben.“[69]

Aus ökonomischer Perspektive sollten die nachfolgenden Regeln beachtet werden:

- „Das ökonomische System soll die individuellen und gesellschaftlichen Bedürfnisse effizient befriedigen. Dafür ist die Wirtschaftsordnung so zu gestalten, dass sie die persönliche Initiative fördert (Eigenverantwortung) und das Eigeninteresse in den Dienst des Gemeinwohls stellt (Regelverantwortung), um das Wohlergehen der derzeitigen und künftigen Bevölkerung zu sichern. Es soll so organisiert werden, dass es auch die übergeordneten Interessen wahrt.
- Preise müssen dauerhaft die Lenkungsfunktion auf Märkten wahrnehmen. Sie sollen dazu die Knappheit der Ressourcen, Produktionsfaktoren, Güter und Dienstleistungen wiedergeben.
- Die Rahmensbedingungen des Wettbewerbs sind so zu gestalten, dass funktionsfähige Märkte entstehen und aufrechterhalten bleiben, Innovationen angeregt werden, dass langfristige Orientierung sich lohnt und der gesellschaftliche Wandel gefördert wird.
- Die ökonomische Leistungsfähigkeit einer Gesellschaft und ihr Produktiv-, Sozial- und Humankapital müssen im Zeitablauf erhalten werden. Sie sollten nicht quantitativ vermehrt, sondern auch qualitativ ständig verbessert werden.“[70]

Diese drei Dimensionen sind nach Ansicht der Kommission derart zu integrieren, dass nicht mehr nur eine Teildimension beachtet und die anderen ausgeblendet, sondern vielmehr die Interdependenzen zwischen den Dimensionen und der Zielsetzung ermittelt werden.

In Deutschland beginnt das Umweltministerium nach dem Erdgipfel 1992 in Rio de Janeiro (Brasilien) nur zögerlich mit einem Umsetzungsprozess, der Anfang 1998 zunächst in dem Entwurf eines umweltpolitischen Schwerpunktprogramms[71] mündet (Stephan 2002, S.116; BMU 1998).

---

69 http//alt.nachhaltigkeit.info/soziale Dimension.htm, (06.01.2006).

70 http//alt.nachhaltigkeit.info/ökonomische Dimension.htm, (06.01.2006).

71 http://www.bmu.de/pressearchiv/13_legislaturperiode/pm/675.php, (03.10.2006).

- **1998: Umweltpolitisches Schwerpunktprogramm – Bundesministerium für Umwelt, Naturschutz und Reaktorsicherheit (BMU)**

Im Entwurf des umweltpolitischen Schwerpunktprogramms des Bundesministeriums für Umwelt, Naturschutz und Reaktorsicherheit aus dem Jahre 1998 werden Managementregeln einer nachhaltigen Entwicklung vorgestellt.[72]
Diese lauten sinngemäß:

1. Erneuerbare Naturgüter (wie z.B. Holz oder Fischbestände) dürfen nur im Rahmen ihrer Erneuerungsfähigkeit genutzt werden, andernfalls gingen sie zukünftigen Generationen verloren (Regeneration).
2. Nicht-erneuerbare Naturgüter (wie z.B. Metalle oder Erdöl) dürfen nur in dem Maß genutzt werden, wie ihre Funktionen durch andere Materialien oder andere Energieträger nicht ersetzt werden können (Substitution).
3. Die Freisetzung von Stoffen oder Energie darf auf Dauer nicht größer sein als die Anpassungsfähigkeit der Ökosysteme - z.B. Klima, Wälder und Ozeane.

Auch wenn die nachhaltige Entwicklung auch ökonomische und soziale Ziele berücksichtigen soll, kommt der Umwelt und der Umweltpolitik eine Schlüsselrolle zu, denn die natürlichen Lebensgrundlagen begrenzen die Umsetzungsmöglichkeiten. Die Umweltziele sind an den konkreten Umweltproblemen (z.B. Ozonloch, saurer Regen) auszurichten. Die Handlungsziele sollen aber möglichst kostengünstig erreicht werden.[73]
In der Umweltpolitik sollen neue Akzente gesetzt werden:

- Nachhaltige Entwicklung soll zur Aufgabe aller Politikbereiche gemacht werden, v.a. in Wirtschafts-, Finanz-, Verkehrs-, Raumordnungs- und Landwirtschaftspolitik, aber auch auf kommunaler Ebene.
- Nachhaltige Entwicklung soll zur eigenverantwortlichen Aufgabe aller Bürger und aller gesellschaftlichen Gruppen gemacht werden.
- Das Umweltrecht soll auf hohem Niveau harmonisiert werden; so soll z.B. ein Umweltgesetzbuch alle umweltrelevanten Vorschriften zusammenfassen, vereinfachen und schneller vollziehbar machen.
- Nachhaltigkeit soll messbar gemacht werden; so soll z.B. das Umwelt-Barometer Deutschland[74] eingeführt werden.[75]

Kurz darauf fordert die Enquete-Kommission des Deutschen Bundestags „Schutz des Menschen und der Umwelt" in ihrem Abschlussbericht von 1998 einstimmig eine nationale Nachhaltigkeitsstrategie ein.

---

72 http://www.nachhaltigkeit.info/artikel/umweltpol_schwerpunkt-programm_582. htm, (03.10.2006).

73 http://www.nachhaltigkeit.info/artikel/umweltpol_schwerpunktprogramm_582. htm, (03.10.2006).

74 http://www.umweltbundesamt.de/dux/umweltbarometer.htm, (03.10.2006).

75 http://www.nachhaltigkeit.info/artikel/umweltpol_schwerpunktprogramm_582. htm, (03.10.2006).

Am 9. Juli 1998 präsentiert die Enquete-Kommission „Schutz des Menschen und der Umwelt - Ziele und Rahmenbedingungen einer nachhaltig zukunftsverträglichen Entwicklung“ des Deutschen Bundestages ihren Abschlußbericht.

- **1998: Enquete-Kommission „Schutz des Menschen und der Umwelt – Ziele und Rahmenbedingungen einer nachhaltig zukunftsverträglichen Entwicklung“**

Der 400 Seiten starke Bericht „Konzept Nachhaltigkeit – Vom Leitbild zur Umsetzung“ ist das Ergebnis der parlamentarischen Arbeit der Kommission, die auf Antrag aller Fraktionen 1992 ins Leben gerufen wurde. Zusammenfassend heißt es: „Die Politik darf sich technischem Fortschritt und gesellschaftlichem Wertewandel nicht verschließen, sondern muss bereit sein, ihre Ziele und Instrumente neu zu bewerten, um zukunftsfähige Lösungen anbieten zu können.“[76] Im Unterschied zu früheren Studien wird der Endbericht der Enquete-Kommission konkret: „Die Phase des Theoretisierens muss vorbei sein, die Kommission formuliert nicht nur konkrete Zielvorstellungen, sondern v.a. einen gangbaren Weg, wie Nachhaltigkeit tatsächlich umgesetzt werden kann.“[77] Neben vordringlichem Reformbedarf im Bereich der Institutionen formuliert die Enquete-Kommission Zielvorgaben, Maßnahmen und Instrumente für die Handlungsfelder Bodenversauerung, Informations- und Kommunikationstechniken sowie Bauen und Wohnen. Die nationale Nachhaltigkeitsstrategie kann nur als gesellschaftlicher Such-, Lern- und Entdeckungsprozess (Kurz 1997, S.78) verstanden werden, benötigt daher jedoch klare und verlässliche Strukturen und Rahmenbedingungen. In dieser Legislaturperiode hat die Enquete-Kommission eine fünfte Regel formuliert, die die menschliche Gesundheit zu einem wichtigen Maßstab für Eingriffe in die Natur erklärt.[78] Im Spannungsfeld von ökologischen und ökonomischen Prozessen darf das soziale Leistungspotential als Hypothek für die zukünftige Gesellschaft nicht vernachlässigt werden (Enquete-Kommission 1998). Gleichermaßen hat die Kommission jedoch festgestellt, dass Nachhaltigkeit „keine Formel für eine heile Welt“ (Gärtner 2003, S.97) sein kann, die sich nach dem Muster von Managementregeln umsetzen lässt sondern vielmehr als „offenes Leitbild“ (Gärtner 2003, S.97) fungiert.

Auf nationaler Ebene wird 2001 von damaligen Bundesregierung ein Rat für Nachhaltige Entwicklung (kurz: Nachhaltigkeitsrat)[79] eingerichtet, der die Regierung in ihrer Nachhaltigkeitspolitik berät.

- **2001: Rat für Nachhaltige Entwicklung**

Der Rat für Nachhaltige Entwicklung wird im April 2001 vom damaligen deutschen Bundeskanzler GERHARD SCHRÖDER berufen. Ihm gehören 19 Personen des öffentlichen Lebens an. Die Aufgaben des Rates sind die Entwicklung von Beiträgen und Empfehlungen für die Umsetzung der nationalen Nachhaltigkeitsstrategie, die Benennung von konkreten Handlungsfeldern und Projekten sowie Nachhaltigkeit zu einem

---

76 http://www.itas.fzk.de/deu/tadn/tadn398/enqu98a.htm, (03.01.2006).
77 http://www.itas.fzk.de/deu/tadn/tadn398/enqu98a.htm, (03.01.2006).
78 http://www.itas.fzk.de/deu/tadn/tadn398/enqu98a.htm, (03.01.2006).
79 http://www.nachhaltigkeitsrat.de, (03.10.2006).

wichtigen öffentlichen Anliegen zu machen, das Thema Nachhaltigkeit zu kommunizieren (Averbeck/Crome 2005, S.875). Der Rat für Nachhaltige Entwicklung berät die Bundesregierung in ihrer Nachhaltigkeitspolitik und soll mit Vorschlägen zu Zielen und Indikatoren zur Fortentwicklung der Nachhaltigkeitsstrategie beitragen sowie Projekte zur Umsetzung vorschlagen. Eine weitere Aufgabe ist die Förderung des gesellschaftlichen Dialogs. Mit dem Aufzeigen von Folgen gesellschaftlichen Handelns und der Diskussion von Lösungsansätzen soll die Vorstellung von dem, was Nachhaltigkeitspolitik konkret bedeutet, bei allen Beteiligten verbessert werden.[80] Der Rat begreift das Leitbild Nachhaltigkeit nicht nur als programmatisch, sondern auch als prozesshaft und versteht Nachhaltigkeit als Such- und Lernprozess.

Im April 2002 verabschiedet die deutsche Bundesregierung unter dem Titel „Perspektiven für Deutschland" eine nationale Strategie für Nachhaltige Entwicklung.

- **2002: Nationale Nachhaltigkeitsstrategie der Bundesrepublik Deutschland: „Perspektiven für Deutschland“**

Die Bundesregierung hat am 17. April 2002 unter dem Titel „Perspektiven für Deutschland“ die nationale Strategie für eine nachhaltige Entwicklung in Deutschland beschlossen.[81] Sie ist der deutsche Beitrag zur Weltkonferenz für nachhaltige Entwicklung im Sommer 2002 in Johannesburg (Südafrika), denn „das Leitbild der Nachhaltigen Entwicklung ist der rote Faden für den Weg in das 21. Jahrhundert“[82] und stellt die Umsetzung der Lokalen Agenda 21 in den deutschen Kommunen dar. Zudem sind darin die Ergebnisse von Konsultationen verschiedener gesellschaftlicher Gruppen und die Vorschläge des Rates für Nachhaltige Entwicklung eingeflossen.[83] Neben der Identifikation der wichtigsten Trends in Wirtschaft und Gesellschaft, dem Entwurf des Nachhaltigkeitsleitbildes und der Formulierung von Zielen soll die nationale Nachhaltigkeitsstrategie vorrangig dazu dienen, die für die Umsetzung dieser Ideen notwendigen praktischen Maßnahmen und Instrumente, welche die Richtung Deutschlands auf dem Weg zu einer nachhaltigen Entwicklung angeben, soweit möglich vorzustellen. Als vier Kernaspekte werden Generationengerechtigkeit, Lebensqualität, sozialer Zusammenhalt und internationale Verantwortung hervorgehoben und die acht folgenden relevanten Handlungsfelder identifiziert[84]: Energie effizient nutzen – Klima wirksam schützen, Mobilität sichern – Umwelt schonen, Gesund produzieren – Gesund ernähren, Demographischen Wandel gestalten, Alte Strukturen verändern – Neue Ideen entwickeln, Innovative Unternehmen – Erfolgreiche Wirtschaft, Flächeninanspruchnahme vermindern und Global Verantwortung übernehmen. Zur Fundierung der Nachhaltigkeitsstrategie als gesellschaftlicher Prozess wird ein Managementkonzept

---

80 http://www.nachhaltigkeitsrat.de/service/download/pdf/RNE-Factsheet.pdf, (02.12.2005).

81 http://www.bmu.de/nachhaltige_entwicklung/nachhaltige_entwicklung/allgemeine_informationen/doc/35845.php, (01.12.2005).

82 http://www.bundesregierung.de/Anlage587387/pdf_datei.pdf, (07.12.2005).

83 http://www.nachhaltigkeitsrat.de/n_strategie/strategie_2002/index.html, (02.12.2005).

84 http://www.bundesregierung.de/Anlage587386/pdf_datei.pdf, (07.12.2005), http://www.bundesregierung.de/Anlage587387/pdf_datei.pdf, (07.12.2005).

entwickelt, dass neben der Orientierung an Managementregeln, der Benennung von operationalisierbaren Indikatoren und Zielen ein regelmäßiges Monitoring vorsieht.[85]

- **2004: Fortschrittsbericht 2004: „Perspektiven für Deutschland – Unsere Strategie für eine nachhaltige Entwicklung"**

Seit Juni 2004 greifen in Deutschland die Umsetzungsvorschläge mit der Verabschiedung des neuen Rahmenprogramms „Forschung für die Nachhaltigkeit" durch das Bundeskabinett (BMBF 2004). Bereits im Herbst 2004 hat die Bundesregierung den ersten Perspektivbericht zum Fortschritt in der Umsetzung der nationalen Nachhaltigkeitsstrategie für Deutschland vorgelegt[86] und am 10. August 2005 ihre zweite Zwischenbilanz, den „Wegweiser Nachhaltigkeit 2005" beschlossen. Er wurde vom Staatssekretärsausschuss für nachhaltige Entwicklung erarbeitet und schreibt die nationale Nachhaltigkeitsstrategie von 2002 fort (Averbeck/Crome 2005, S.876).

- **2005 – „Wegweiser Nachhaltigkeit 2005: Bilanz und Perspektiven"**

Mit dem „Wegweiser Nachhaltigkeit 2005" dokumentiert die Bundesregierung die Umsetzung der nationalen Nachhaltigkeitsstrategie und beschreibt den Stand ihrer Politik für eine nachhaltige Entwicklung auf nationaler und internationaler Ebene.

Einerseits geht es um die Frage, wie die Bundesrepublik Deutschland unter den verschärften Bedingungen eines globalen Wettbewerbs ihre ökonomische Leistungsfähigkeit stärken kann, wobei Forderungen nach einer Wachstumsstrategie laut werden, die soziale Anliegen und den Schutz der Umwelt nur nachrangig berücksichtigen soll. Als zweite Herausforderung gilt die demographische Entwicklung, denn bei einer durchschnittlich steigenden Lebenserwartung sinkt gleichzeitig die Geburtenrate. Dies hat Auswirkungen auf die Zahl der Erwerbstätigen, die zur Wertschöpfung in der Volkswirtschaft beitragen und in die sozialen Sicherungssysteme einzahlen.[87] Der Bericht verdeutlicht, dass es in Deutschland derzeit darum gehe, mehr Wachstum zu erreichen. Eine Nachhaltigkeitsstrategie frage daher nicht danach, ob wirtschaftliches Wachstum auch ökologische und soziale Belange berücksichtigt, vielmehr auch die Frage zu stellen, ob sich ein wirksamer Umweltschutz mit weniger Bürokratie erreichen lässt, um Wachstum nicht unnötig zu behindern. Die Regierung konstatiert, dass das größte Problem in einer defensiven Haltung bestehe, mit der viele Menschen auf die Veränderungen in der Welt reagieren. Dies blockiere den Blick auf innovative Lösungen und hervorragende Potentiale, mit denen Deutschland im globalisierten Wettbewerb erfolgreich sei.[88] Die Bundesregierung unter Bundeskanzlerin ANGELA MERKEL hat im Koalitionsvertrag von November 2005 festgeschrieben, die nationale Nachhaltigkeitsstra-

---

85 http://www.bundesregierung.de/Anlage587386/pdf_datei.pdf, (07.12.2005), http://www.bundesregierung.de/Anlage587387/pdf_datei.pdf, (07.12.2005).

86 http://www.bmu.de/nachhaltige_entwicklung/nachhaltige_entwicklung/allgemeine_informationen/doc/35845.php, (01.12.2005).

87 http://www.nachhaltigkeitsrat.de/fileadmin/user_upload/dokumente/wegweiser_nachhaltigkeit/Wegweiser_ Nachhaltigkeit_2005.pdf, (20.03.2009).

88 http://www.nachhaltigkeitsrat.de/news-termine/news/archiv/2005-08-24/regierung-zieht-positive-bilanz-im-wegweiser-nachhaltigkeit/?size=2&blstr=0, (20.03.2009).

tegie weiter zu entwickeln. Damit hat das aktuelle Regierungshandeln die Förderung der nachhaltigen Entwicklung als Ziel und Maßstab auf allen Ebenen.

- **2008: Fortschrittsbericht 2008 zur nationalen Nachhaltigkeitsstrategie: „Für ein nachhaltiges Deutschland"**

Zum zweiten Mal erfolgt eine Bestandsaufnahme, in der die Bundesregierung anhand von Nachhaltigkeitsindikatoren darüber Auskunft erteilt, wo Deutschland auf dem Weg zu einer nachhaltigen Entwicklung steht. Neben der Ist-Analyse präsentiert der Bericht bisher Erreichtes sowie die Nachhaltigkeitsziele.[89] Der Bericht hält fest, dass es im Vergleich zu 2004 Fortschritte beim Klimaschutz, den erneuerbaren Energien, beim wirtschaftlichen Wohlstand und bei der Erwerbstätigenquote gab. Im Bereich Klima/Energie fehlen nur noch 0,6 Prozent, um das Kyoto-Ziel bis 2012 zu erreichen. Im gleichen Kontext wird das Ziel bekräftigt, den Anteil erneuerbarer Energien an der Stromversorgung bis 2020 auf mindestens 30 Prozent auszubauen.[90] Über die Notwendigkeit einer nachhaltigen Entwicklung besteht kein Dissens. Nachhaltigkeit ist im politischen und gesellschaftlichen Leben parteiübergreifend angekommen.[91]

2.1.4 Studien

Als relevante Studien der gesellschaftspolitischen Diskussion sind v.a. die Berichte aus dem Forscherkreis um DENNIS L. MEADOWS (*1942) „The Limits of Growth" – „Grenzen des Wachstums" (Meadows/Meadows/Zahn 1972; Meadows/Meadows/ Zahn 1973), „Beyond the Limits: Confronting Global Collapse, Envisioning a Sustainable Future" – „Die neuen Grenzen des Wachstums" (Meadows/Meadows/Randers 1993) und „The Limits to Growth: The 30-Year-Update" (Meadows/Meadows/Ran-ders 2004) sowie die von der US-amerikanischen Regierung in Auftrag gegebene Umweltstudie „Global 2000" (Bechmann/Michelsen 1981) sowie für die Bundesrepublik Deutschland die gemeinsame Studie „Zukunftsfähiges Deutschland – Ein Beitrag zu einer global nachhaltigen Entwicklung" (1996) von MISEREOR[92] und BUND[93] (BUND/Misereor 1996, 2002) zu nennen.

- **1972: Studie „The Limits of Growth" – „Grenzen des Wachstums"**

> *„Jeder Tag anhaltenden exponentiellen Wachstums bringt die Welt näher an die Grenzen des Wachstums.*"(Meadows/Meadows/Zahn 1972)

Der Bericht „The Limits of Growth" (Meadows/Meadows/Zahn 1972, Meadows/Meadows/Zahn 1973)[94] liefert eine Zusammenfassung und Interpretation der

---

89 http://www.bundesregierung.de/nn_658608/Webs/Breg/nachhaltigkeit/Content/ StatischeSeiten/ topartikel.html, (04.03.2009).

90 http://www.bmwi.de/BMWi/Navigation/energie,did=254048.html, (04.03.2009).

91 http://www.bundesregierung.de/nn_658608/Webs/Breg/nachhaltigkeit/Content/ StatischeSeiten/ topartikel.html, (04.03.2009).

92 http://www.misereor.de, (03.10.2006).

93 http://www.bund.net, (03.10.2006).

94 Veröffentlicht in 12 Millionen Exemplaren und übersetzt in 27 Sprachen (http://www.clubofrome.de (01.12.2005)).

Arbeitsergebnisse, die von Mitarbeitern des Massachusetts Institute of Technology (MIT) unter Leitung von DENNIS L. MEADOWS Ende der sechziger Jahre erzielt wurde.[95] Der CLUB OF ROME[96] erteilt den Auftrag, die Lage der Menschheit zu untersuchen und mögliche Entwicklungstendenzen aufzuzeigen. Als Zugänge, mit denen die Forscher des MIT die Wirklichkeit zu erfassen versuchen, sind die Konstruktion eines Weltmodells, die Systemanalyse und die elektronische Datenverarbeitung (Kupper 2003, S.102). Dabei werden in Computersimulationen (World3-W3) die zu jener Zeit neuen Errungenschaften von JAY W. FORRESTER (System Dynamics) umgesetzt, um ein im Umfang ausreichendes Weltmodell zu entwickeln und unterschiedliche Szenarien zur Zukunft der Weltwirtschaft in einem Zeitraum bis 2100 zu gestalten (Forrester/Pestel 1972; Forrester 1971, 1969, 1966). MEADOWS und seine Mitarbeiter führen eine Systemanalyse mit einem Rechenmodell durch, das die hohe Vernetzung globaler Prozesse berücksichtigt und den komplexen Wechselwirkungen zwischen den Systemelementen gerecht wird. Als makroökonomische Parameter identifizieren die Forscher Bevölkerung, Kapital, Nahrungsmittel, Rohstoffvorräte und Umweltverschmutzung (Meadows/Meadows/Zahn 1972, S.76f.). In dieser „unter großem Medienecho" (Ott/Döring 2004) veröffentlichten Ursprungsstudie werden in einer düsteren Zukunftsprognose die Unerschöpflichkeit global verfügbarer Ressourcen und die unbegrenzte Effizienzsteigerung in der Ressourcennutzung durch den technologischen Fortschritt in Frage gestellt (Hülsmann 2004, S.40). Die Reaktionen auf die Ergebnisse der Studie erstrecken sich über ein Spektrum extremer Betroffenheit bis hin zu scharfer Kritik und totaler Ablehnung. Namhafte Ökonomen wie KUZNETZ und SAMUELSON beanstanden die Datenbasis und zugrunde liegenden Prämissen (Oltmans 1974, S.41f.). Politisch links orientierte Kreise stoßen sich insb. an der Außerachtlassung jeglicher politischer und sozialer Dimensionen, sehen diese doch vielmehr die gesellschaftlichen Variablen als problematisch (Kupper 2003, S.105; Enzensberger 1973, S.19). Eine vergleichbare Argumentation führen die Kritiker der sog. Dritten Welt an, die in der Diskussion um die knappen ökologischen Ressourcen und den damit geforderten Restriktionen einen Versuch der Industrieländer sehen, keine Änderungen der gegenwärtigen Situation vorzunehmen und damit keine langfristigen Entwicklungschancen für die Dritte Welt anstreben (Moll 1991, S.118f.). So hat die außergewöhnliche Resonanz[97] auf die Studie den Blick der Öffentlichkeit für den bis dato nur unterstellten Zusammenhang zwischen Wirtschaftswachstum und Wohlfahrtsteigerung bei fortschreitender Umweltbelastung geschärft (Krol/Karpe 1999, S.35). Aufgrund der Tatsache, dass die „Grenzen des Wachstums" an einem „historischen Knotenpunkt" (Kupper 2003, S.110) verschiedener gesellschaftsrelevanter Diskussionen rund um „ökologische Apokalypsevorstellungen" (Kupper 2003, S.110) und den

---

95 Zur Geschichte der Studie Kupper 2003.

96 Der Club of Rome wurde 1968 in Rom gegründet und vereint 100 Persönlichkeiten aus 5 Kontinenten mit unterschiedlichen kulturellen Hintergründen, wissenschaftlichen Disziplinen und Professionen. Die Arbeit des Club of Rome wird von drei sich ergänzenden Prinzipien globale Betrachtungsweise, ganzheitliches Denken und Konzeption interdisziplinärer Lösungsansätze bestimmt (http://www.clubofrome.de, (01.12.2005)).

97 Zur Resonanz und Wirkung der „Grenzen des Wachstums" Kupper 2004, S.106.

Bestrebungen einer gesellschaftlichen Neuorientierung erschienen ist, erklärt sich ihre Richtung weisende Bedeutung als Ursprungsstudie der globale Diskussion um Nachhaltigkeit.

- **1980: „Global 2000“ – Bericht an den Präsidenten der Vereinigten Staaten von Amerika**

Die von der US-amerikanischen Regierung in Auftrag gegebene Umweltstudie „Global 2000“[98] wird am 23. Juli 1980 durch den Rat für Umweltqualität (*Council on Environment Quality*) dem damaligen Präsidenten der Vereinigten Staaten JIMMY CARTER vorgelegt. Dieser Bericht analysiert die ökologische Tragfähigkeit der Erde und die globale Vernetzung wichtiger ökologischer Bestimmungsgrößen, schwerpunktmäßig die Aspekte Bevölkerung, Bruttosozialprodukt, Klima, Wasser, Nahrungsmittel, Landwirtschaft, Wälder und Forstwesen und Energie (Barney 1980). Die Analyseergebnisse sind alarmierend und fordern eine neue Ära der globalen Zusammenarbeit, wie sie in der Geschichte bislang ohne Beispiel ist.[99] Erstmals werden von der US-amerikanischen Regierung die globalen Umwelt- und Entwicklungsprobleme anerkannt. Heute wird die Studie kaum mehr zitiert, die düstere Zukunft, die das Buch prognostiziert, ist nicht eingetreten, das magische Datum längst verstrichen.

Im Jahre 1992 geben Meadows/Meadows/Randers (1993) die Folgestudie „Die neuen Grenzen des Wachstums“ zum Bestseller von 1972 heraus, welche neue Erkenntnisse (z.B. größere bekannte Rohstoffvorkommen) in die aktualisierten Simulationen einfließen lässt und die in der Zwischenzeit eingetretene Entwicklung aufgreift.

- **1992: „Beyond the Limits: Confronting Global Collapse, Envisioning a Sustainable Future“ – „Die neuen Grenzen des Wachstums“**

Der Reiz der zweiten Studie „Die neuen Grenzen des Wachstums“ (Meadows/Meadows/Randers 1993) liegt in der Möglichkeit zu reflektieren, welche Entwicklungen sich eingestellt hätten, wären bereits aus den Prognosen und Szenarien der ersten Studie die notwendigen Konsequenzen gezogen worden. MEADOWS und seine Co-Autoren präsentieren eher pessimistische Pognosen, können jedoch auch erste Anzeichen für einen Bewusstseinswandel der Menschheit feststellen. Die vorliegenden globalen Daten, die Computerläufe und Erfahrungswerte der vergangenen 20 Jahre lassen die Autoren daraus schließen, dass die zitierten Schlussfolgerungen aus den „Grenzen des Wachstums“ (Meadows/Meadows/Zahn 1972) noch immer gültig sind, aber entschiedener formuliert werden müssen: „Die Nutzung vieler natürlicher Ressourcen und die Freisetzung schlecht abbaubarer Schadstoffe haben bereits die Grenzen des physikalisch auf längere Zeit Möglichen überschritten. Wenn der Einsatz dieser Materialien und die Energieflüsse nicht entscheidend gesenkt werden, kommt es in den nächsten Jahrzehnten zu einem nicht mehr kontrollierbaren Rückgang der Nahrungsmittelerzeugung, der Energieverfügbarkeit und der Industrieproduktion. Dies ist

---

98 Die Studie wird trotz ihres gewaltigen Umfangs von 1500 Seiten allein in Deutschland über 500.000 mal verkauft.

99 http://alt.nachhaltigkeit.info/1100739587818 76/Geschichte/Zwischen%20Stockholm%20undRio%20/Brundtland-Report %201987.htm, (14.12.2005).

vermeidbar, wenn zwei grundsätzliche Änderungen erfolgen. Es sind die politischen Praktiken und Handlungsweisen, die den Anstieg des Verbrauchs und der Bevölkerungszahlen begünstigen, umfassend zu revidieren. Daneben sind die Wirkungsgrade des Energieeinsatzes und der Nutzeffekt materieller Ressourcen drastisch anzuheben. Eine dauerhaft existenzfähige Gesellschaft ist technisch und wirtschaftlich noch immer möglich. Der Übergang zu einer dauerhaft existenzfähigen Gesellschaft erfordert den sorgfältigen Ausgleich zwischen langfristigen und kurzfristigen Zielvorstellungen; der Nachdruck muss auf ausreichende Versorgung, die gerechte Verteilung und Lebensqualität und weniger auf Produktionsausstoß gelegt werden. Dazu ist mehr erforderlich als nur Produktivität und Technologie; gefragt sind Reife, partnerschaftliches Teilen und Weisheit" (Meadows/Meadows/Randers 1993, S.13).

Ab 1995 wird die Diskussion zur Nachhaltigkeit in Deutschland, wesentlich durch die gemeinsame Studie „Zukunftsfähiges Deutschland – Ein Beitrag zu einer global nachhaltigen Entwicklung" (1996) von MISEREOR und BUND beeinflusst.

- **1995: „Zukunftsfähiges Deutschland – Ein Beitrag zu einer global nachhaltigen Entwicklung"**

Die Studie „Zukunftsfähiges Deutschland – Ein Beitrag zu einer global nachhaltigen Entwicklung" (1996) von MISEREOR und BUND führt zu einer intensiven gesellschaftspolitischen und kirchlichen Diskussion, großem Aufsehen, Interesse sowie Kritik und gilt als erste wissenschaftlich fundierte Nachhaltigkeitsstrategie Deutschlands (BUND/Misereor 2002, 1996). Ziel der Studie ist es, aufzuzeigen, wie das Leben in einem zukunftsfähigen Deutschland aussehen könnte, das einen Beitrag dazu leistet, die natürlichen Lebensgrundlagen für kommende Generationen zu erhalten und dem Süden den Spielraum für eine sozial gerechte und ökologisch verträgliche Entwicklung zu öffnen. Ausgehend von der normativen Grundannahme, dass alle Menschen gleiche Nutzungsrechte an den globalen Ressourcen haben, wird der Deutschland zur Verfügung stehende Umweltraum berechnet (BUND/Misereor 2002, 1996). Auf Grundlage der globalen Reduktionserfordernisse und unter Berücksichtigung des Gleichheitsgrundsatzes kommt die Studie zu dem Ergebnis, dass Deutschland seinen Energie- und Materialverbrauch bis zum Jahr 2050 um durchschnittlich 80 bis 90 Prozent reduzieren muss.Als mittelfristige Zieletappe wird eine Reduktion um 10 Prozent bis zum Jahr 2010 genannt (Brocke 1995). Die Studie überführt die Reduktionsziele in qualitative Zielvorstellungen. Dazu entwirft sie Leitbilder und Wendeszenarien, die sich als Vision für eine gesamtgesellschaftliche Umorientierung und als praktische Gestaltungsentwürfe für unterschiedliche gesellschaftliche Akteure wie Unternehmer, Verbraucher, öffentliche Versorger, Städteplaner, Gesetzgeber oder Politiker darstellen (Brocke 1995).

- **2004: „The 30-Year –Update" für „Grenzen des Wachstums"**

In 2004 veröffentlichen Meadows/Meadows/Randers (2004) das „30-Year-Update". Darin bringen sie die verwendeten Daten auf den neuesten Stand, nehmen leichte Veränderungen an ihrem Computermodell World3 vor und errechnen anhand zehn verschiedener Szenarien mögliche Entwicklungen bis zum Jahr 2010. Als neue Indikatoren kommen der ökologische Fußabdruck[100] und der „*human welfare index*" dazu.[101] In den meisten der errechneten Szenarien ergibt sich die Tendenz zum Überschreiten der Wachstumsgrenzen und zum anschließenden Kollaps.Auch bei energischem Umsetzen von Umweltschutz- und Effizienzstandards kann diese Tendenz nur gemildert, nicht mehr verhindert werden. Nur eine ambitionierte Mischung aus Maßnahmen zur Einschränkung des Bevölkerungswachstums, Reduktion des Schadstoffaustausches, etc. ergeben die Tendenz zur Umgehung des simulierten Zusammenbruchs, der je nach den gewählten Parametern zwischen 2030 und 2100 eintreten wird (Meadows/Meadows/Randers 2004).

- **Agenda 21 und Lokale Agenda 21**

Die Agenda 21 widmet der Beteiligung der Wirtschaft das Kapitel 30 („Stärkung der Rolle der Wirtschaft") und erwartet von Unternehmen und den sie vertretenden Organisationen eine explizite Beteiligung an der Durchführung und Bewertung von Maßnahmen im Zusammenhang mit der Agenda 21. Dabei werden als wesentliche Programmbereiche die Förderung einer sauberen Produktion und eines verantwortungsbewussten Unternehmertums formuliert. Das Konzept einer saubereren Produktion bedeutet, dass in jeder Phase des Produktkreislaufs optimale Effizienz angestrebt werden muss, um die Verbesserung der Wettbewerbsfähigkeit des Unternehmens zu erreichen. Das Unternehmertum ist eine der wichtigsten Triebkräfte für Innovationen, da es die Leistungsfähigkeit des Marktes steigert und auf neue Möglichkeiten eingeht. So kann verantwortungsbewusstes Unternehmertum eine zentrale Rolle bei der Verbesserung der effizienten Ressourcennutzung, bei der Verminderung von Risiken und Gefahren, bei der Minimierung von Abfällen und bei der Sicherung der Umweltqualität spielen. [102] Die Lokale Agenda 21 berücksichtigt, dass viele globale Probleme ihre Ursachen auf lokaler Ebene haben und entsprechend des Ortes ihrer Entstehung auch primär dort gelöst werden (Burschel/Losen/Wiendl 2004, S.63). Mit dieser Entwicklungsvorstellung können durch anzupassende Wirtschafts-, Umwelt- und Entwicklungspolitik die Bedürfnisse der heutigen Generation Befriedigung finden, ohne die Chancen zukünftiger Generationen zu beeinträchtigen.[103] So gewährleistet die Beteiligung der Unternehmen, dass zentrale Fragestellungen in lokalen Agenda 21-Prozessen und einer auf Zukunftsbeständigkeit ausgerichteten Kommunalpolitik beachtet werden: ökologische

---

100 Das Konzept des ökologischen Fußabdrucks wurde von Mathis Wackernagel und William E. Rees entwickelt. Der ökologische Fußabdruck berechnet die Fläche auf der Erde, die notwendig ist, um den Lebensstil und Lebensstandard eines Menschen dauerhaft zu ermöglichen. (http://www.umwelt-datenbank.de/lexikon/ökologischer_fussabdruck.htm, 07.12.2005). Die weltweit verfügbare Fläche zur Erfüllung menschlicher Bedürfnisse wird insgesamt um über 20% überschritten. Danach werden bei gegenwärtigem Verbrauch pro Person 2,2 ha beansprucht, es stehen allerdings nur 1,8 ha zur Verfügung. (http://www.Europe_2005_Ecological_ Footprint.pdf, 07.12.2005).

101 http://www.aachener-stiftung.de/downloads/aktuell_2004-01.pdf, (06.12.2005).

102 http://www.un.org/Depts/german/conf/agenda21/agenda_21.pdf, (31.07.2007).

103 zu Generationengerechtigkeit und globaler Gerechtigkeit Ekardt (2005); Acker-Widmaier (1999).

und soziale Aspekte in Produktion und Handel sowie Schaffung und Gestaltung von Arbeitsplätzen (BMU 2002, S.151).

Als ethische Grundlagen nachhaltiger Entwicklung haben sich aus dem geschilderten historischen und gesellschaftspolitischen Verlauf insb. intra- und intergenerationelle Gerechtigkeit sowie eine umfassende Achtung natürlicher Ressourcen herausgestellt, die nunmehr den anerkannten Rahmen für weitreichende Gestaltungserfordernisse und Zielkonflikte darstellen. Mit der politischen Verankerung des Leitbildes wird anerkannt, dass die vorherrschenden gesellschaftlichen und ökonomischen Strukturen sowie die unternehmerischen Entscheidungsprozesse ohne Veränderungen nicht langfristig aufrecht zu halten sind. Daher ist sowohl ein zielorientierter Wandlungsprozess innerhalb der Rahmenbedingungen sowie auf Unternehmensebene angezeigt, ebenso akzeptiert das so entwickelte Leitbild die grundlegenden Institutionen der Industriegesellschaft (Burschel/Losen/Wiendl 2004, S.257). Mit der intensiven gesellschaftspolitischen Auseinandersetzung und dem Transfer des Nachhaltigkeitsleitbildes in den unternehmerischen Anwendungsbereich geht eine Herausforderung an die Wissenschaft einher, sich mit dem Nachhaltigkeitskonzept auseinander zu setzen (auch Kap. 4). Am Anfang der praktischen Umsetzung stehen unterschiedliche Erklärungsansätze, die den Weg vom allgemeinen Leitbild zu konkreten Handlungsempfehlungen erläutern.[104]

Für eine erfolgreiche Unternehmensführung in Orientierung an dem komplexen Leitbild der Nachhaltigkeit bedarf es einer systematischen Herangehensweise, weshalb die Forderung nach einem ganzheitlichen NMS immer häufiger formuliert wird. Um diesem Bedarf im Rahmen der vorliegenden Dissertation angemessen und in einem ersten Schritt theoretisch-konzeptionell zu begegnen, bietet der folgende Abschnitt einen dezidierten Überblick über die maßgeblichen Forschungsbestrebungen zu Managementsystemen.

2.2 Ansätze der Managementsystem-Forschung

> *„Die Zeit des reinen Sichtflugs in Unternehmen ist vorbei.*
> *Für einen erfolgreichen Flug des Unternehmens bedarf es adäquater Systeme, die das unternehmerische Können und die Intuition nicht ersetzen, sehr wohl jedoch eine notwendige Unterstützung bei der Führung von Unternehmen leisten“*
> (Kirsch/Maaßen 1990, S.I).

Die Diskussion über Managementsysteme findet ihre Anfänge in der Forschung zur strategischen Planung in den 1960er und 1970er Jahren. Insb. mit der Unterscheidung zwischen Denk- und Betriebsmodellen von Struktur und Prozess der Unternehmensplanung hat Steiner (1971) ein Konzept geschaffen, welches als konzeptioneller Beginn von Managementsystemen angesehen werden kann (Ulrich 1993, S.4). Das Denkmodell beschreibt ein allgemeingültiges, theoretisches Konstrukt, wohingegen das Betriebsmodell den Transfer der theoretischen Inhalte auf das Unternehmen beinhaltet. Steiner (1971) differenziert sein Denkmodell in die Phasen der Prämissen, Pla-

104 Zu einem prägnanten Überblick über Konzeptionen nachhaltiger Entwicklung siehe Grunwald/Kopfmüller (2006).

nungen sowie der Implementierung und Kontrolle. Die Planungs-, Umsetzungs- und Kontrollphasen werden dabei durch organisatorische und systemische Regelungen unterstützt. Diese strukturellen Elemente sind in Ansätzen mit der Gestaltung heutiger Managementsysteme zu vergleichen und von einer Vielzahl von Wissenschaftlern aufgegriffen und erweitert worden (Ulrich 1993; Bleicher 1991; Hax/Majluf 1988; Hahn 1985; Malik 1981; Horvath 1979; Steiner 1971).
Die betriebswirtschaftliche Diskussion im deutschsprachigen Raum wird auf Basis theoretischer Erkenntnisse der Universitäten St. Gallen (Schweiz) und München geführt. Die Ansätze der dort tätigen Wissenschaftler haben in der einschlägigen Literatur die größte Beachtung gefunden, denn sie beschäftigen sich neben der Entwicklung eigener Konzeptionen zudem mit der Weiterentwicklung etablierter Entwürfe (Jeschke 1992, S.13f.). Aus dem angelsächsischen Raum ist in diesem Kontext die Arbeiten von Simons (1994, 1995) zu nennen, der die Vorstellungen und Annahmen von Mintzberg (1979) erweitert und systematisch in den Managementprozess einbettet (Schütz 1998, S.63ff.). Die folgenden Abschnitte fassen die richtungweisenden, theoretischen Konzepte zum Themengebiet der Managementsysteme zusammen.

2.2.1 St. Galler Ansatz

In den 1960er Jahren beschäftigte sich HANS ULRICH an der Universität St. Gallen (Schweiz) mit dem systemorientierten Management (Ulrich/Krieg 1972) und entwickelte ein System, das den Führungskräften ermöglichte, das für ihre Arbeit notwendige Wissen kompakt und übersichtlich zu erhalten, so dass es für die Bewältigung aktueller, betriebsinterner Problemstellungen angewendet werden konnte (Ulrich 2001, S.21f.).

Ein *Managementkonzept* umfasst den gedanklichen Rahmen und stellt die Meta-Ebene des Managementsystems dar. Ein *Managementmodell* dient als Umsetzungshilfe zur Realisierung des Konzeptes und ein *Managementsystem* bildet die real existierenden Strukturen, Prozesse und Abläufe innerhalb des Unternehmens ab. Während das Konzept also den theoretischen Rahmen darlegt, wird im Modell auf Basis des Konzeptes der Organisationsaufbau und -ablauf konkretisiert. Abschließend werden die theoretischen Erkenntnisse mit Hilfe eines Managementsystems im Unternehmen implementiert (Riemenschneider 2001, S.20). Schwaninger (1994) versteht unter dem Begriff der Managementsysteme „formal verankerte Systeme für die Gestaltung, Lenkung und Entwicklung von Unternehmen und anderen Organisationen“ (Schwaninger 1994, S.15). Ihnen gebührt ein wesentlicher Anteil am langfristigen Erfolg und an der Evolution eines Unternehmens (Schwaninger 1994, S.15). Da es sich bei der Gestaltung von Managementsystemen um eine kontinuierliche Aufgabe mit strategisch-langfristiger Zielsetzung handelt, werden die Systeme der Stufe des strategischen Managements zugeordnet. Darüber hinaus müssen Systeme auch den Aspekten des normativen Managements Rechnung tragen und den Erfolg der operativen Unternehmung unterstützen (Schwaninger 1994, S.49). Dies geschieht v.a. durch das im Prozess des normativen Managements festgelegte Leitbild eines Unternehmens sowie die Unternehmenskultur, welche durch Organisationsstrukturen und Managementsysteme gestützt und in strategische Maßnahmenprogramme umgesetzt werden müssen. Mit Hilfe der auf diese Weise entwickelten Aktivitäten soll der ökonomische Erfolg des operativen Managements gewährleistet werden (Bleicher 2004, S.284f.). Den Stellenwert eines solchen Systems im St. Galler Management-Modell veranschaulicht Abbildung 2-2.

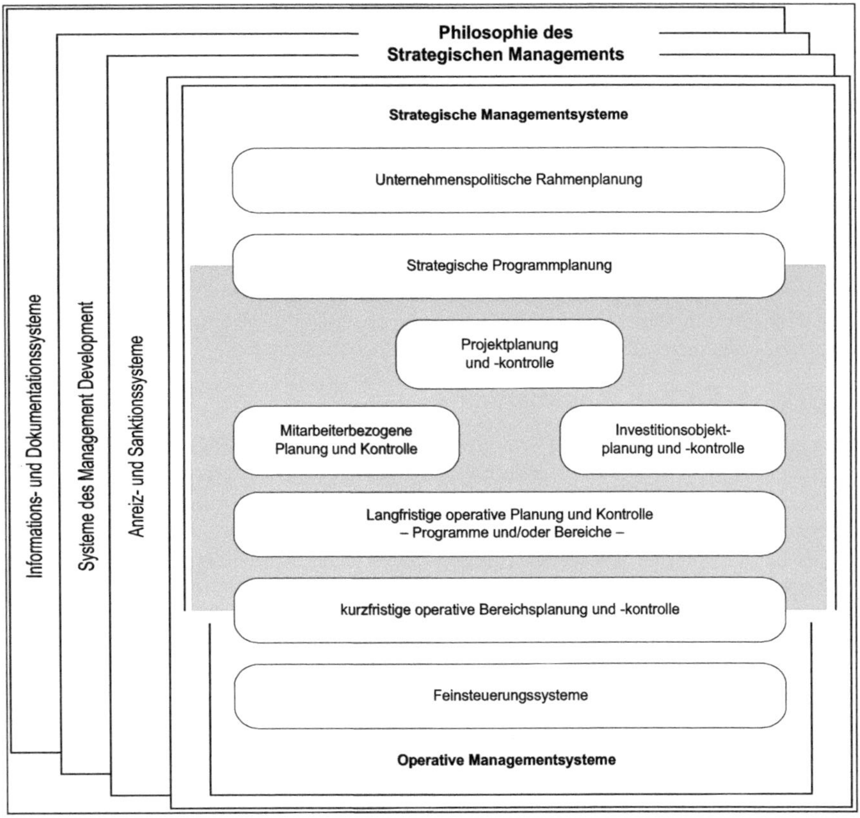

Abb. 2-2: St. Galler Managementprozess
Kirsch/Maaßen 1990, S.22.

Die vorgenannten Anforderungen kann ein System nur mit einer ausreichenden Informationsversorgung über alle Ebenen hinweg erreichen. Daher bildet ein Informationssystem die Basis für sämtliche zu konstruierenden Systeme (Ulrich 1993, S.8). Zu diesem Zweck lassen sich Managementsysteme in die vier Dimensionen Informationsgewinnung und –verarbeitung, Anwenderorientierung, kommunikative Verfügbarkeit und Informationsverarbeitung differenzieren. Die Zusammenfassung dieser Dimensionen ergibt ein Spannungsfeld zwischen „stabilisierenden" (Bleicher 2004, S.375) und „veränderungsorientierten" (Bleicher 2004, S.375) Managementsystemen. Während die Stabilisierung eine zentrale Konzeption darstellt, versucht die Veränderungsorientierung der aktuellen, dynamischen und individuellen Informationslage mit Hilfe von

Vernetzung und Benutzerorientierung Rechnung zu tragen (Bleicher 2004 S.358ff.). Der St. Galler Ansatz schlägt Zielfindungs-, Planungs- und Kontrollsysteme, Informationssysteme, Personalmanagementsysteme und Wertmanagementsysteme vor, die untereinander Verknüpfungen aufweisen können. Zusätzlich sollte ein übergeordnetes „Meta-Managementsystem" (Schwaninger 1994, S.48) installiert werden, welches die Harmonisierung der verschiedenen Gesichtpunkte des angewandten Konzeptes und die Koordination mit externen Einflussfaktoren sicherstellt (Schwaninger 1994, S.43ff.). Diese Systeme sollen dazu beitragen, die Unternehmensziele zu erreichen. Liquidität und Erfolg durch größtmögliche Effizienz, Aufbau neuer Erfolgs-/ Nutzenpotentiale durch eine hohe Leistungsfähigkeit und dauerhafte Lebensfähigkeit und Entwicklung mit Hilfe von Legitimität, mittels derer man vielfältigen Anspruchsgruppen begegnen kann, sind die wichtigsten Beiträge, die ein funktionierendes Managementsystem zur erfolgreichen Unternehmenssteuerung leisten kann (Schwaninger 1994, S.60).
Um den Erfolg eines Managementsystems sicherzustellen, ist eine zuverlässige Dokumentation erforderlich, die zentrale Themen, Gesichtspunkte, Funktionsbereiche und Aufgaben darstellt, abgrenzt und Verantwortlichkeiten zuordnet (Felix et. al. 1997, S.41f.). Abbildung 2-3 veranschaulicht den Aufbau der Dokumentation eines Managementsystems.

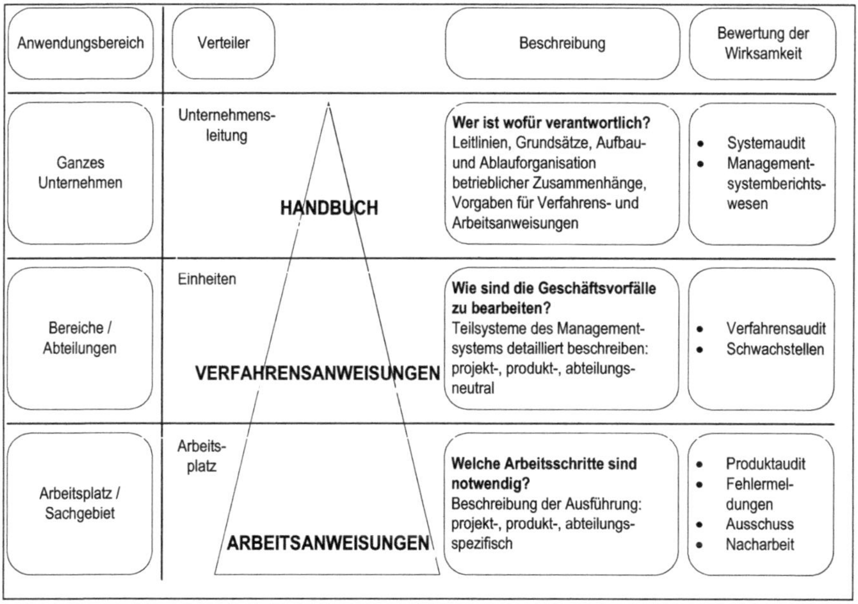

Abb. 2-3: Dokumentation eines Managementsystems in Anlehnung an Seghezzi 2003, S.181 und Riemenschneider 2001, S.42.

Die Dokumentation dient als Orientierungshilfe für sämtliche Mitarbeiter und muss regelmäßig auf Zuverlässigkeit, Aktualität und Gültigkeit überprüft werden (z.B. anhand von Audits). Trotz der Berücksichtigung internationaler Normen und Regelungen ist Flexibilität und Anpassungsfähigkeit der formal geregelten Abläufe aufgrund des dynamischen Umfeldes notwendig (Riemenschneider 2001, S.42). Heutzutage liegen Forschungsschwerpunkte in der innovationsfördernden Gestaltung von Managementsystemen. Hierbei sollen Prinzipien des Innovationsmanagements mit geeigneten theoretischen Maßnahmen verbunden werden (Bleicher 2004, S.646ff.). Die Berücksichtigung des durch Dynamik geprägten Innovationsmanagements mit dem Schwerpunkt des Change Managements soll den geäußerten Vorwurf der statischen Betrachtungsweise von Managementsystemen entkräften (Jeschke 1992, S.25).

2.2.2 Münchner Ansatz

In Deutschland sind Managementsysteme in den 1980er und 1990er Jahren Gegenstand betriebswirtschaftlicher Forschungen, denn in dieser Zeit haben Kirsch et al. (1985) und Kirsch (1991) an der Universität München eine Vielzahl von Dissertationen und Büchern publiziert, die sich mit dem Forschungsfeld der Managementsysteme beschäftigen (Ulrich 1993, S.3f.).

Kirsch/Maaßen (1990) fassen Managementsysteme als zusätzliche Organisationen auf, welche die Basisorganisation bzw. die geschäftsführende Organisation inklusive der dazugehörigen Führungshierarchien überlagern. Dieser Ansatz wird mit dem Begriff der „Schichtbetrachtung" (Kirsch/Maaßen 1990, S.3) bezeichnet, in welchem strategische Managementsysteme die operativen Teile überlagern, die ihrerseits wiederum Teile der Basisorganisation abdecken. Das von Kirsch/Maaßen (1990) entworfene Modell der Gesamtarchitektur von Managementsystemen stellt ein Denkmodell dar, das sich durch hohe Reichweite und Flexibilität auszeichnet, die aber zu Lasten der Vielfältigkeit und Entwicklungsreife gehen. Mit dieser Struktur soll erreicht werden, dass sich das Modell individuell anpassen lässt, wodurch eine langfristige Evolution eines maßgeschneiderten Managementsystems des jeweiligen Unternehmens ermöglicht wird. Eine optimale Führung des Unternehmens wird primär mit Planungs- und Kontrollsystemen gewährleistet, die strategische und operative Funktionen wahrnehmen. Diese Systeme können um Anreiz- und Sanktionssysteme, Systeme des Management Development sowie Informations- und Dokumentationssysteme erweitert werden, welche die Strategieformulierung und -überprüfung unterstützen sollen. Die genaue Rangfolge und Wertigkeit der einzelnen Systeme kann individuell variieren. Das Planungs- und Kontrollsystem, welches in der Standardversion als Kernsystem fungiert, kann gegebenenfalls um ein anderes Kernsystem ergänzt oder durch ein andersartig gelagertes System ersetzt werden. Ohnehin gilt es als sinnvoll, möglichst kleine und flexible Systeme zu entwerfen, durch die schneller auf das dynamische Umfeld reagiert werden kann (Seitz 1998, S.61, Jeschke 1992, S.85f.). Die genauen Schnittstellen zwischen Management und Systemen sind vom Unternehmen festzulegen und nicht vorgegeben (Reglin 1993, S.205f.). Die Hauptaufgabe der Managementsysteme besteht darin, strategische und operative Pläne zur erfolgreichen Steuerung des Unternehmens zu entwickeln und deren Erfüllung zu kontrollieren. Dazu dienen die operativen Systeme, die eine Brücke zwischen „der strategischen Planung einerseits und der kurzfristigen operativen Planung und Kontrolle andererseits" (Kirsch/Reglin 1991, S.658) schlagen. Die expliziten Aufgaben bei der Implementierung eines solchen Systems werden bei Ringlstetter (1995, S.155ff.) und Reglin (1993, S.116ff.) weiter vertieft.

Jahns (1999) nimmt eine konzeptionelle Verknüpfung der Elemente der marktorientierten strategischen Managementansätze und der ressourcenorientierten strategischen Managementansätze vor, um sowohl für die Managementforschung als auch für die Managementpraxis wegweisende Impulse zur Entwicklung eines integrierten Verständnisses von strategischem Management zu geben (Jahns 1999, S.8).

2.2.3 Integriertes Management

Zur Entwicklung neuer Perspektiven eines integrierten strategischen Managementansatzes widmet sich Jahns (1999) den Beiträgen der präskripitiven und deskriptiven Ansätze des strategischen Managements und kommt zu dem Schluss, dass sich ein integrierter strategischer Managementansatz weder nur auf die Handlungsempfehlungen der präskriptiven strategischen Managementansätze noch nur auf die empirischen Beobachtungen der deskriptiven Managementansätze beziehen sollte (Jahns 1999, S.42).

Davon ausgehend stellt Hamschmidt (2002) eine Dynamik in der Diskussion um Managementsysteme fest und beobachtet zunächst die unübersehbare und parallele Entwicklung themenspezifischer Managementsysteme neben den klassischen Managementsystemen (Hamschmidt 2002, S.63). Zudem identifiziert er einen Trend zur Entwicklung prozessorientierter und integrierter Managementsysteme, wobei erste in der gängigen Praxis noch nicht vollständig eingeführt sind, zweite konzeptionell eine „echte Integration" (Hamschmidt 2002, S.64) fordern. Als Beispiele für integrierte Managementsysteme gelten z.B. das EFQM-Modell[105] (auch Abschnitt 2.6) oder die SIGMA-Guidelines[106](auch Abschnitt 2.6), da sie die Integrationsforderung konsequent fortführen (Hamschmidt 2002, S.64). Den stärkeren Einbezug unterschiedlicher, professionalisierter und internationalisierter Stakeholder sowie die steigende Relevanz von *intangible assets*[107] sieht Hamschmidt (2002) als gemeinsame Merkmale dieser Bemühungen um die Entwicklung von zukunftsweisenden Standards.Hamschmidt (2002) prognostiziert, dass zukünftige Managementsystem-Ansätze stärker als bisher auf Lern- und Innovationsprozesse in Unternehmen ausgerichtet sein werden und explizit die Klärung des Verhältnisses von Unternehmen und gesellschaftlichen Anspruchsgruppen zur Sicherung ihrer *licence to operate* fordern. Die Anzahl der Führungssysteme in den Unternehmen ist in den letzten Jahren angewachsen, wobei neben klassischen Managementsystemen aus Planung, Controlling, Personal-, Finanz- oder

---

105 Die EFQM (European Foundation for Quality Management) ist eine gemeinnützige Organisation, die sich für die Verbreitung und Anwendung von Qualitätsmanagement-Systemen nach dem EFQM-Modell einsetzt.

106 Die *Sustainabiliy Integrated Guidelines for Management* (SIGMA) beschreiben ein Managementsystem, das Unternehmen befähigt, relevante Nachhaltigkeitsdimensionen in Unternehmens- und Entscheidungsprozesse zu integrieren, wobei oftmals eine Weiterentwicklung etablierter Managementsysteme wie EMAS oder ISO 14000 unter Nachhaltigkeits- bzw. CSR-Gesichtspunkten erfolgt.

107 Immaterieller Vermögensgegenstand.

Produktionsmanagement auf der Basis von international gültigen Normen (ISO 9000ff., ISO 14000ff., OHSAS 18001, auch Abschnitt 2.6.2), bereichs- und abteilungsübergreifende Managementsysteme entwickelt, implementiert und dokumentiert werden.[108] Die Problematik der verschiedenen Managementsysteme zeigt sich häufig durch einen hohen Pflegeaufwand dieser jeweiligen Systeme, durch Konflikte bezüglich ihrer Priorisierung und Relevanz sowie durch unabhängige Suboptimierungen der Systeme ohne ausreichende Berücksichtigung des Gesamtwirkungsgrades für das Unternehmen.[109] Link (2007) nutzt die zuvor aufgeführten Beispiele als eindeutigen Beleg dafür, dass Gesamtführungssysteme integrativ gestaltet werden müssen, wobei er auch auf die zu beobachtenden Wechselbeziehungen zwischen den einzelnen Managementsystemen rekurriert, die seines Erachtens eine wichtige Voraussetzung für einen hohen Integrationsgrad darstellen (Link 2007, S.244). Praxiserfahrungen zeigen, dass Führungskräfte und Mitarbeiter Schwierigkeiten haben, ihren festgelegten Verantwortungen aus verschiedenen Handbüchern gerecht zu werden und diese entsprechend umzusetzen. Der Bedarf an integrierten Managementsystemen wird als Wunsch formuliert oder ist bereits Bestandteil der Strategieformulierung im Top-Management, da diese eine höhere Transparenz, bessere Effizienz, verbesserte Akzeptanz sowie einen reduzierten Pflegeaufwand versprechen.[110]
Für die Zusammenführung von Managementsystemen gibt es verschiedene Ansätze, die eine generelle Ausrichtung bieten, für jedes Unternehmen aber individuell betrachtet, beurteilt und mit den erforderlichen und spezifischen Inhalten erfüllt werden müssen. Förster (2000, S.3) gibt eine Übersicht über die Integrationsformen, die unterschieden werden und in der unternehmerischen Praxis mit Überschneidungen zu beobachten sind (auch Schwerdtle 1999, S.68):

- eine Addition, als Vorläufer zu Integrationsansätzen,
- eine normen- oder regelwerkbasierte Integration, die im Wesentlichen die ISO 9001 oder die ISO 14001 als Integrationsrahmen in den Vordergrund stellt,
- eine systemübergreifende Integration auf Basis des St. Galler Managementmodells oder eines Generic Managementssystems (Abschnitt 2.2.5),
- sowie eine prozessbasierte Integration, die betriebliche Leistungsprozesse als Integrationsbasis vorsieht.

In der unternehmerischen Praxis stellt die Zusammenfassung der eigenständigen Handbücher des Qualitäts-, Umweltschutz- und Arbeitsschutzmanagements zu einer Dokumentation ohne weitere inhaltliche Abstimmung einen üblichen Einstieg in langwierige Integrationsbemühungen dar und wird mit dem Begriff der *Addition* bezeichnet (Felix/Pichon/Riemenschneider/Schwerdtle 1997, S.43). Bei der normen- oder regelwerkbasierten Integration *fusionieren* oftmals Umwelt- und Arbeitssicherheitsmanagements mit dem Qualitätsmanagementsystem als Basissystem (Felix/Pichon/ Riemenschneider/Schwerdtle 1997, S.44). Dieses Basissystem ist Referenz

108 http://www.tms-ulm.de/tms.04/images/145_timanagementsysteme.pdf, (12.05.2009).
109 http://www.tms-ulm.de/tms.04/images/145_timanagementsysteme.pdf, (12.05.2009).
110 http://www.tms-ulm.de/tms.04/images/145_timanagementsysteme.pdf, (12.05.2009).

hinsichtlich der Struktur für gemeinsame bzw. ähnliche Anforderungen und Leistungen der übrigen Managementsysteme, wobei Anforderungen, welche nicht direkt gemeinsam integriert werden können, weil sie themenspezifisch ausgeprägt sind (z.B. Ökobilanzen, Ersthelferorganisation, Unterschriftenregelungen etc.), an dieses Basissystem angedockt werden. *Normen- oder systemübergreifende Integrationsansätze* vor dem Hintergrund des St. Galler Ansatzes (Abschnitt 2.2.1) oder dem Ansatz des *Generic Managements* (Abschnitt 2.2.5, zudem Adams 1995) weisen hinsichtlich der Integrationsmöglichkeiten einige Stärken auf (Förster 2000, S.6). Die Grundidee dieser Varianten besteht darin, Steuerungs- und Lenkungselemente der Managementsysteme von denen mit inhaltlichen, prozess- oder ablauforientierten Funktionen zu trennen, da jedes System Elemente besitzt, die sich auf Managementfunktionen, den Produktionsprozess oder übergeordnete Querschnittsfunktionen beziehen (Felix/Pichon/Riemenschneider/Schwerdtle 1997, S.69). Die *prozessorientierte Integration* stellt Geschäftsprozesse in den Fokus und ermöglicht neben der Überwindung der Schnittstellenproblematik zwischen betrieblichen Funktionen eine unternehmensinterne wie -übergreifende Wertschöpfungsorientierung unter besonderer Berücksichtigung der Aspekte Umweltschutz, Qualität und Sicherheit (Förster 2000, S.7). Der Weg der Integration von Managementsystemen ist nach Freimann (2004, S.27) unternehmenspolitisch dem der Anhäufung verschiedener separater Systeme vorzuziehen.

Da der Ansatz des Generic Managements als umfassendster Ansatz der unterschiedlichen Varianten der integrativen Managementsysteme gilt und maßgeblich die Konzeption des in dieser Dissertation entwickelten NMS lenkt, soll er im folgenden Abschnitt abschließend vorgestellt werden.

2.2.4 Generic Management

Der Ansatz des *Generic Managements* geht davon aus, dass zur kurz-, mittel- und langfristigen Steuerung des Unternehmens eine Vielzahl von an das Unternehmen gestellten Forderungen zeitnah erfasst wird (Winzer 2001, S.8). Baumgartner et al. (2006) verstehen Generic Management als ein Führungsmodell zum Management unternehmensinterner und unternehmensexterner Anforderungen einschließlich der Prinzipien einer nachhaltigen Entwicklung unter Beachtung dynamischer Rahmenbedingungen und Prozesse, das einer dauerhaften Unternehmensentwicklung dient (Baumgartner et al. 2006, S.16). Ziel des Generic Management ist die forderungsgerechte Gestaltung von Unternehmen auf Basis der Prozessorientierung (Winzer 2001, S.7). Generic Management ermöglicht als ganzheitliches Managementkonzept eine erfolgreiche, flexible und komplexitätsbewältigende Unternehmensführung und wird durch die folgenden Merkmale charakterisiert:

- Komplexitätsbewältigung,
- Adapationsfähigkeit,
- Stakeholder-Orientierung und
- Unternehmenswertsteigerung (Baumgartner et al. 2006, S.16f.).

Aus dem Zusammenspiel dieser Charakteristika entsteht die Philosophie des Generic Managements, wobei der Aspekt Stakeholder einer *market based view*-geprägten Außenperspektive auf das Unternehmen entspricht und der Aspekt Unternehmenswert analog zum *resource based view* die Innenperspektive abbildet. Vervollständigt wird diese Philosophie durch die Annahme, dass Unternehmen sich in einem dynamischen und wettbewerbsintensiven Umfeld als flexible und dezentrale Systeme zu organisieren haben, was einen hohen Koordinationsaufwand bedingt, der wiederum innerhalb der Determinanten der Nachhaltigkeit als normativer Rahmen auszurichten ist (für weitere Ausführungen Baumgartner et al. 2006, S.11, S.17; Schneeberger 2005, S.27f.). Zur Bestimmung des unternehmensspezifischen Kontextes kann als Instrument zur strategischen Analyse ein Strukturmodell formuliert werden, das über die Gliederung in Input, Prozess und Outcome relevante Unternehmensbereiche mit Potential zur Verbesserung und Umsetzung der Philosophie identifiziert, sich ergebende Muster und Zusammenhänge veranschaulicht und zur Steuerung dient. Die Umsetzung wird schließlich durch das Vorgehensmodell geleistet. Die Auseinandersetzung mit der Systematik eines umfassenden Managementsystems als Basis einer nachhaltigkeitsorientierten Unternehmensführung gestaltet sich für den kontrovers diskutierten Begriff des Generic Management-Systems in der betriebswirtschaftlichen Literatur unterschiedlich (Winzer 2001, S.7f.; Dyllick 1997, S.158f.; Adams 1995, S.157ff.). Schneeberger (2005) interpretiert ein generisches Management-System als übergeordnetes Meta-System, das einen gemeinsamen Orientierungsrahmen für die verschiedenen Teilsysteme darstellt und deren Koordination unterstützt. Für die zentralen Aufgaben der Koordination – Vermeidung von Suboptima und ganzheitliche Abstimmung aller Teilaspekte – ergeben sich Implikationen basierend auf den Systematisierungsansätzen der betriebswirtschaftlichen Literatur (Hülsmann 2008; Adam et al. 2004; Elsner/Biesecker 2003; Wolter 2002; Jost 2000; Grothe 1997) und in Orientierung an den Aufgaben, zu deren Lösung ein Managementsystem zur Erhaltung der Entwicklungsfähigkeit eines Unternehmens beizutragen hat (Frost 1998, S.91ff.). Schneeberger (2005) differenziert weiterhin Koordination in das strategiebasierte, das strukturbasierte, das kulturbasierte und das daten- bzw. wissensbasierte Gestaltungsfeld des Generic Management-Systems und schafft auf diese Weise ein Kriterienraster für die Systematisierung von Koordinationsinstrumenten (Schneeberger 2005, S.29f.). Zusammen mit den dem Plan-Do-Check-Act-Zyklus (Deming 1982) entlehnten Funktionen der Standardisierung, der Wissensweitergabe in Form von Information, Kommunikation und Qualifikation, der Kontrolle durch Maßnahmen der Messung, Analyse und Bewertung sowie der nachweisbaren Verbesserung nach Identifikation von Defiziten formen die Gestaltungsfelder die grundsätzliche Struktur eines Generic Management-Systems. Winzer (2001) definiert die folgenden sechs Arbeitsschritte zur Gestaltung von Generic Management-Systemen:

1. Die Mitarbeiter sind in den Phasen des Aufbaus, der Umsetzung und der Pflege von Generic Management-Systemen entsprechend der unternehmensspezifischen Partizipationsformen mit einzubeziehen.
2. Der Zielbildungsprozess setzt sich nach der Systemabgrenzung aus dem Vergleich der ermittelten Forderungen mit den ermittelten Potentialen zusammen und fungiert als Basis für die Steuerung des Unternehmens.

3. Das zu erstellende Unternehmensmodell zur Umsetzung des Generic Management-Ansatzes sollte auf aktuellen und nicht auf vergangenheitsbezogenen Daten basieren und ist iterativ top down und bottom up zu projektieren.
4. Unter Einsatz moderner Techniken zur Prozessoptimierung werden die Phasen der Prozessanalyse, Prozessgestaltung sowie deren Evaluation und Einordnung in den Gesamtkontext durchlaufen, um effiziente Wege der Prozessoptimierung zu entwickeln und dem Unternehmen adäquate Lösungsalternativen anbieten zu können.
5. Basierend auf einer Strukturierung der unternehmensspezifischen Prozessbeschreibung sowie einer zugehörigen unternehmensindividuellen Handlungsanleitung sind alle Mitarbeiter in die Erarbeitung der Prozessdokumentation zu integrieren.
6. Das Zielcontrolling bildet mit der Auswahl und Schulung der Auditoren, der Analyse und Bewertung des Management-Systems, der Entwicklung und Umsetzung von Verbesserungsmaßnahmen sowie der Anpassung und Präzisierung der formulierten Ziele die letzte Gestaltungsmaßnahme eines Generic Management-Systems (Winzer 2001, S.9ff.)

Wegweisend zeigen die aktuellen Forschungsarbeiten am Fachgebiet Produktsicherheit und Qualitätswesen der Bergischen Universität Wuppertal[111] Forschungslücken hinsichtlich der Ausprägungen und Implementierungsmöglichkeiten des Generic Management-Ansatzes zur zukunftsfähigen Unternehmensgestaltung (Winzer 2007; Winzer 2006; Winzer 2004; Winzer 2003; Winzer 2001).

Zusammenfassend soll festgehalten werden, dass es sich bei einem Managementsystem um ein Führungs- und Organisationssystem der obersten Ebene handelt, das unter Berücksichtigung der Unternehmenspolitik und externer Vorgaben die Erreichung der festgelegten Unternehmensziele mit Hilfe von Maßnahmenprogrammen unterstützt (Löbel/Schröger/Closhen 2005, S.33). Dazu ist es notwendig, die verschiedenen Elemente in wechselseitige Abhängigkeit zu setzen, wodurch sich höhere Synergieeffekte erreichen lassen (Seghezzi 2003, S.179). Anhand eines Regelkreises lassen sich die wesentlichen Eckpunkte eines solchen Systems übersichtlich darstellen. Die Reihenfolge ist nicht vorgeschrieben, da es von Fall zu Fall unterschiedliche Schwerpunkte geben kann. Neuerdings findet man in Unternehmen mehr oder weniger entwickelte Managementsysteme für die verschiedensten Bereiche des unternehmerischen Handelns. Umweltschutz-, Arbeitssicherheits- und Qualitätsmanagementsysteme sind nur einige Beispiele für die Vielzahl von Ansätzen auf diesem Gebiet der Steuerung. Für ein Unternehmen wird es nicht möglich sein, alle Systeme einzuführen und in den Arbeitsablauf zu integrieren, da dies zu einem unverhältnismäßigen Mehraufwand führen würde. Aus diesem Grund gehen die wissenschaftlichen Bestrebungen dahin, *ein* System zu entwickeln, welches möglichst viele, verwandte Aspekte integriert und für ein Unternehmen praktikabel macht. Müller-Christ und Hülsmann (2003) verstehen Managementsysteme als Ansatz, eine Querschnittsfunktion im Unternehmen zu etablieren, indem über eine bereits vorhandene Managementstruktur eine weitere, zum leitbildkonformen Handeln querlaufende Struktur gelagert wird (Müller-

111 Für die aktuellen Forschungsarbeiten siehe: http://www.fgproqu.uni-wuppertal.de, (29.04.2008).

Christ/Hülsmann 2003, S.262). Auf diese Weise kommen Managementsysteme ihrer Hauptaufgabe der Koordination und Systematisierung unternehmerischer Aktivitäten mit Hilfe festgelegter, dokumentierter Steuerungs- und Kontrollmechanismen nach (Schaltegger et al. 2007, S.141).

2.3 Anforderungen an die Gestaltung moderner Managementsysteme

In einem turbulenten Unternehmensumfeld bestimmen Strategien zur Systematisierung der komplexen Umwelt die Wettbewerbsfähigkeit. Aus der Verknüpfung der Wertsteigerung und der Wahrung der Flexibilität mit der Erfüllung sämtlicher Erwartungen der Anspruchsgruppen und der Einhaltung gesetzlicher Vorgaben ergibt sich die Notwendigkeit zur Implementierung von Managementsystemen (Schneeberger 2005, S.23). Diese Notwendigkeit manifestiert sich in der beobachtbaren Differenzierung von Teilmanagementsystemen, die auf die Analyse und Gestaltung ausgewählter Aspekte der unternehmerischen Umwelt und der internen Unternehmensprozesse fokussieren, wie dies bei etablierten Umweltmanagement-, Qualitäts-, Arbeits- oder Gesundheitsschutzmanagementsystemen bereits gängige Unternehmenspraxis ist (Schneeberger 2005, S.23). Aus einer Analyse des Umfeldes der Unternehmen und aus den bisher präsentierten Ansätzen ganzheitlicher Managementsysteme resultiert eine Vielfalt von stakeholderseitigen Ansprüchen, deren Systematisierung die Basis für zukunftsfähige Managementkonzepte darstellt.
Winzer (2001) fasst die Anforderungen an die Gestaltung moderner Managementsysteme wie folgt zusammen (Winzer 2001, S.6):

- Gleichzeitige Beachtung differenzierter Bedürfnisse einer Vielzahl von Stakeholdern: Die Forderungsvielfalt kann in ihrer Gesamtheit produktbezogen (Fink/Gausemeier 1999), anspruchsgruppenbezogen (Bleicher 2004) oder zeitbezogen (Binder/Kantowsky 1996) ermittelt und gebündelt werden. Auf diese Weise bieten moderne Managementsysteme die Möglichkeit zur systematischen Analyse schwacher und starker Stakeholder-Forderungen.
- Forderungsgerechte Gestaltung *eines* und nicht einer Vielzahl von Managementsystemen im Unternehmen: Bedingt durch die notwendige Einhaltung verschiedenster Normen und Standards sind diverse Managementsysteme simultan nebeneinander aufgestellt und in dieser Parallelität auf die Dauer nicht unter angemessenem Arbeits-, Zeit- und Kostenaufwand steuer- und kontrollierbar. Die Literatur schlägt die Gestaltung von übergeordneten Managementsystemen zur Lösung vor (Seghezzi/Fahrni/Herrmann 2007; Hauser/Brauchlin 2004; Heinich 2001).
- Langfristige, stakeholderorientierte Formulierung von Unternehmenszielen: Zur Formulierung der Unternehmensziele auf Basis des Unternehmensleitbildes bedarf es dem Ergebnis eines Vergleichs der bewerteten Forderungscluster (Winzer 2001, S.4). Dabei ist zu bedenken, dass Leitbilder als manifeste, schriftlich fixierte Dokumente oder implizite aber „zukunftsgerichtete Sollvorstellungen“ (Ulrich 1995, S.803) vorliegen, gleichwohl unterschiedliche praktische Bedeutung als Instrument für die Unternehmensführung haben, aber grundsätzlich strategieorientierte Zwecke verfolgen (Giesel 2007, S.81, S.83f.). Separate Managementsysteme und deren Ein-

zelziele sind zu multiplen Zielen zu verbinden, wobei die Sicherung der Kausalität zwischen lang-, kurz- und mittelfristigen Unternehmenszielen im Vordergrund steht. Eine Steuerung anhand der formulierten Ziele sollte über noch zu entwickelnde einheitliche Indikatoren- oder Kennzahlensysteme gewährleistet werden (Bleicher 2004; Winzer 2001, S.4).

- Beherrschung des Grundprinzips der Dynamik bei gleichzeitiger Sicherung der Kontinuität: Eine forderungsgerechte Veränderung der Unternehmensorganisation erwartet dem Grundprinzip der Dynamik folgend eine Gestaltung flexibler Unternehmensstrukturen zur Integration der Forderungen der Anspruchsgruppen in die Entscheidungsprozesse aller Ebenen (Winzer 2001, S.6).
- Effiziente Nutzung des Humankapitals: *„Intellectual capital"* gewinnt zunehmend an Bedeutung, so dass neue Formen der Wissensnutzung und -generierung gefunden werden müssen, um die Zukunftsfähigkeit durch langfristig orientierte Investitionen in eine kontinuierliche Qualifikation der Humanressourcen zu gewährleisten (Heinich 2001, S.23).

Dyllick (2004b) konstatiert den Bedarf einer „unternehmenseigenen Fassung und Definition der Nachhaltigkeitsherausforderungen" (Dyllick 2004b, S.9) und fordert vor dem Hintergrund, dass die Nachhaltigkeitsherausforderungen primär mit den Unternehmensstrategien, Erfolgspositionen und Kerngeschäften des Unternehmens zusammenhängen, einen „bewussten Klärungs- und Abstimmungsprozess" (Dyllick 2004b, S.9) zur Festlegung eines unternehmensindividuellen Nachhaltigkeitsverständnisses und identifiziert fünf entscheidende Herausforderungen bzw. Aufgaben für Unternehmen zur Integration von Nachhaltigkeitsaspekten in die Geschäftsprozesse: In einem ersten Schritt sind Nachhaltigkeitsprobleme zu definieren, um den konkreten Bedarf einer unternehmenseigenen Fassung der Nachhaltigkeitsherausforderungen aufzudecken. Diese zeichnen sich durch einen branchen- und unternehmensspezifischen Charakter aus.Aufgrund der simultanen Aktualität der Nachhaltigkeitsfelder besteht selten ein Konsens in der Priorisierung von Nachhaltigkeitsproblemen. Die Identifikation relevanter Nachhaltigkeitsprobleme ist gekennzeichnet von einer hohen Komplexität und vielfältigen Auswirkungen auf das Unternehmen: oft hängen Nachhaltigkeitsproblemstellungen von schwer operationalisierbaren bzw. quantifizierbaren Determinanten (z.B. licence to operate, Unternehmensmarke) ab. Deshalb herrscht eine große Unsicherheit in Bezug auf die Wahrnehmung und Interpretation der Nachhaltigkeitsprobleme (Dyllick 2004b, S.8). Zudem gilt es zweitens, den unternehmerischen Nutzen zu definieren, denn Nachhaltigkeitsherausforderungen eröffnen primär die Problematik der ökonomischen Relevanz für das Unternehmen und nur sekundär die Problematik fehlender Instrumente. Auf der Basis einer Auswertung internationaler Studien entdeckt Dyllick (2004b) über alle Branchen hinweg einen positiven Zusammenhang zwischen Nachhaltigkeit und Wirtschaftsleistung und erkennt die externe Wirkung der Nachhaltigkeitsleistung vorrangig über den Aufbau von Reputation und die interne Wirkung über den Aufbau von Managementfähigkeiten und organisatorischen Kompetenzen. Die Wahrnehmung von Nachhaltigkeitsherausforderungen wird eher von Risikovermutungen und operativen Aufgaben bestimmt. Aus dieser Wahrnehmung resultiert deutlich eine asymmetrische Verteilung, denn es ist nicht ausreichend, Nachhaltigkeitsherausforderungen nur in der Kommunikation nach außen zu begegnen, vielmehr sind sie als strategische Aufgaben und Chancen zu begreifen. Im dritten Aspekt bestimmt Dyllick (2004) fünf Handlungsebenen:

- die Prozessebene umfasst die Optimierung von Prozessen in bestimmten Unternehmensbereichen,
- die Betriebsebene beschäftigt sich mit der Verbesserung der Effizienz der Organisation als Ganzes,
- die Produktebene zielt auf die Optimierung der Produktkette ab,
- die Funktionsebene befasst sich mit Fragen des Produkt- und Zusatznutzens
- während auf der gesellschaftlichen Ebene Bemühungen um einen geringen Material- oder Energieverbrauch (Suffizienz[112]) stattfinden (Dyllick 2004b, S.9).

Je nach Handlungsebene stehen andere Probleme, Kontexte und Zielgrößen im Vordergrund, wobei höhere Ebenen neue, weiterreichende Gestaltungspotentiale für nachhaltiges Unternehmenshandeln eröffnen und der Anspruch an das Unternehmenshandeln mit der Ebene zunimmt. Deshalb sind Zusammenhänge zwischen den Ebenen zu identifizieren und eine Verstärkung der Dialoge mit den Anspruchsgruppen vorzunehmen. Die vierte Aufgabe besteht im Zusammenspiel und der Koordination „im Innern“ (Dyllick 2004b, S.10). Es sind organisatorische Hindernisse zu beobachten, die erstens durch die Delegation von Nachhaltigkeitsherausforderungen an die Spezialabteilungen, zweitens in Form von Blockaden aus den Bereichen Controlling und Finanzen bzw. Marketing und Verkauf und drittens aufgrund eines gering ausgeprägten Interesses der obersten Führung für Nachhaltigkeit geschaffen werden. Diese Beobachtung intensiviert die Forderung nach einer Formulierung von Nachhaltigkeitspolitik und der Konkretisierung in Nachhaltigkeitsstrategien, wobei insb. die Konzentration auf Kerngeschäft und -kompetenzen und eine enge Verknüpfung der Nachhaltigkeitsaktivitäten mit dem Geschäftszweck zu forcieren sind. Die letzte Aufgabe zur Integration von Nachhaltigkeitsaspekten besteht in der Kommunikation und externen Kooperation. Dabei ist nach einer Zuordnung der Nachhaltigkeitsherausforderungen zu den Stufen der Wertschöpfungskette und der Einrichtung übergreifender Kooperationsprozesse, sog. „Kettenkooperationen“ (Dyllick 2004b, S.11) das Management von Zielkonflikten gemeint. Neben diesen fünf Anforderungen, denen mit Hilfe eines NMS begegnet werden soll, können zur weiteren Beurteilung der Nutzenpotentiale Qualitätskriterien formuliert werden, die auch für weitere Nachhaltigkeitsinstrumente z.B. in EU-Verbundprojekten bereits Anwendung gefunden haben (Westermann/Mertens/Baur 2003, S.352). Dabei muss sich ein NMS den Fragen nach der Akzeptanz im Unternehmen, seinem Beitrag zur Verbesserung der unternehmerischen Nachhaltigkeit und der Erfüllung zentraler Erfolgsfaktoren der Umsetzung stellen[113].

112 zum Suffizienzbegriff Linz (2006), Linz (2004).

113 Zu den Prüfkriterien siehe auch: http://www.kompaktnet.de/487.0.html?&L=http%3A%2 Fsanspacking.ru%2 Fimg%2Fjipeqap%2 Fehudute%2F253.0.html, (09.06.2009).

Die nachfolgende Tabelle 2-1 gibt einen Überblick zu den drei Kriteriengruppen:

Erfolgsfaktoren der Umsetzung	**Akzeptanz im Unternehmen**	**Verbesserung der unternehmerischen Nachhaltigkeit**
Veränderungsbereitschaft unterstützen, innere Transparenz schaffen	Betriebliche Relevanz	Produkte und Kundenorientierung
Kompetenzentwicklung im Unternehmen	Aufwand / Flexibilität	Herstellung und Transport
Kompetenzunterstützung der Mitarbeiter / Promotoren	Verständlichkeit	Personal
Langfristige Tragfähigkeit, Integration in betriebliche Praxis	Modularer Ansatz	Aus- und Weiterbildung
	Verbindlichkeiten schaffen, öffentliche Transparenz	Organisation und Führung
		Controlling, Finanzen und Risikovorsorge
		Kooperation
		Unternehmensleitbild und -strategie

Tab. 2-1: Qualitätskriterien
in Anlehnung an Westermann/Mertens/Baur 2003, S.353.

Zusammen mit den nachfolgend beschriebenen Aufgaben und Zielen von NMS können diese Kriterien zur Beurteilung und als Orientierung für die Konzeption des ganzheitlichen NMS herangezogen werden. Die Konzeption eines genau diese Funktionen erfüllenden Managementsystems im Hinblick auf das Leitbild der Nachhaltigkeit findet sich im Ziel dieser Dissertation wieder.

Im Anschluss werden nunmehr die Relevanz des Nachhaltigkeitsparadigmas und seine Integration in das strategische Kalkül der Unternehmen nachgezeichnet. In Anbetracht der unüberschaubaren Fülle von Publikationen zu Nachhaltigkeit, nachhaltiger Entwicklung und nachhaltigem Wirtschaften wird im Anschluss daran die Darstellung der Entwicklung des Leitbildes der Nachhaltigkeit nachgezeichnet und auf das für die Dissertation Essentielle, nämlich das zugrunde zu legende Ausgangsverständnis und die wesentlichen Motive, Ziele und Bestimmungsfaktoren der nachhaltigkeitsorientierten Unternehmensführung bzw. des strategischen Nachhaltigkeitsmanagements verdichtet vorgestellt.[114] Abschließend erfolgt eine erste Aufarbeitung der bisherigen theoretischen Erkenntnisse zu Ansätzen, Anforderungen und Ausgestaltungsmöglichkeiten von Managementsystemen mit Nachhaltigkeitsbezug.

114 Eine umfassende Übersicht über die vielfältigen Perspektiven von Nachhaltigkeit findet sich bei Hopwood/Mellor/O'Brian (2005), S.38 ff.; zur konzeptionellen Herleitung siehe Redclift (2005), S.215ff.

2.4 Unternehmerische Nachhaltigkeit

In der wissenschaftlichen Auseinandersetzung ist bislang noch keine allgemeingültige und verbindliche Definition des Nachhaltigkeitsbegriffs zu identifizieren, vielmehr herrscht eine Vielfalt[115] an Definitionen mit unterschiedlichen inhaltlichen Schwerpunkten. Begründet werden die verschiedenen Definitionsansätze über Unterschiede in den Perspektiven und dem Problemverständnis der jeweiligen wissenschaftlichen Disziplinen, verschiedenen Werten und Interessen der beteiligten Akteure und dem Verständnis von Nachhaltigkeit als „moral-ethischer Appell, Planungsgrundlage oder Teil eines Politik beratenden Bereichs" (Burschel/Losen/Wiendl 2004, S.15). Dies ist jedoch die Konsequenz des skizzierten gesellschaftspolitischen Diskussionsprozesses um nachhaltige Entwicklung (Abschnitt 2.1.2), der auf einen weit reichenden Verständniskonsens abzielt, außerdem kommt erschwerend hinzu, dass sich noch kein einheitlicher Sprachgebrauch der Begriffe „Nachhaltigkeit", „nachhaltige Entwicklung" bzw. ihrer englischen Entsprechungen durchgesetzt hat. Als konkrete Gründe für die zahllosen Definitionsansätze in der wissenschaftlichen Literatur führen Burschel, Losen und Wiendl (2004) die folgenden Unterschiede an:

- Unterschiede in Perspektive und Problemverständnis bezüglich. der verschiedenen wissenschaftlichen Disziplinen,
- Unterschiede in Werten und Interessen der beteiligten Akteure,
- Unterschiede bezüglich der räumlichen und zeitlichen Betrachtung,
- Unterschiede bezüglich der Beantwortung der Frage, ob Nachhaltigkeit als moralisch-ethischer Appell, Planungsgrundlage oder Teil des politikberatenden Bereichs verstanden werden soll (Burschel/Losen/Wiendl 2004, S.15).

Trotz dieser Bedeutungsvielfalt soll in der vorliegenden Dissertation *unternehmerische Nachhaltigkeit* verstanden werden als die Verbindung von ökonomischer Effizienz mit ökologisch verträglichem Handeln und der Wahrnehmung sozialer Verantwortung (Little 1999). Nachhaltige Entwicklung berücksichtigt in einer umfassenden Sichtweise somit die Integration ökologischer, sozialer und ökonomischer Nachhaltigkeit:

- Ökologische Nachhaltigkeit beschreibt das Ziel der Erhaltung des ökologischen Systems als Lebensgrundlage der Menschen. Es dient darüber hinaus auch als Aufnahmemedium anthropogener Emissionen und als Quelle natürlicher Ressourcen, die den Menschen direkt oder indirekt Nutzen stiften.
- Soziale Nachhaltigkeit bezeichnet die Forderung nach dem Erhalt des „sozialen Kapitals", wobei die Vorstellung dessen, was dieser Begriff bezeichnet, noch sehr vage ist. Es werden Fragen nach dem Einfluss von Veränderungen in den Bereichen der

---

115 Kastenholz/Erdmann/Wolff (1996b), die von 60 Definitionen aus der einschlägigen Literatur sprechen oder die Auflistung von 63 Definitionsansätzen unter: http://www. srgz.de/ndeutsch/5publik/Nachhaltigkeitslexikon.html, (10.01.2006).

Ökonomie und Ökologie auf das soziale Gefüge behandelt, ebenso Fragen nach Wert- und Normvorstellungen oder *Gender*[116]- bzw. *Diversity*[117]- Aspekte.

- Ökonomische Nachhaltigkeit ist dementsprechend die Erhaltung des ökonomischen Kapitalstocks.Für jedes Individuum entspricht das Einkommen genau der Summe, die maximal konsumiert werden kann, ohne den zukünftigen realen Konsum zu schmälern. Im gesellschaftlichen Kontext umfasst das Einkommen nur das, was von einer Gesellschaft konsumiert werden kann, ohne dass sich ihre Vermögensposition verschlechtert (Schulz/Burschel/Weigert 2001, S.374f.).

In der wissenschaftlichen Diskussion wird häufig zwischen „Nachhaltigkeit" und „nachhaltiger Entwicklung" unterschieden. Dahinter verbirgt sich die Vorstellung, Nachhaltigkeit sei ein Teil des umfassenden Konzeptes nachhaltiger Entwicklung. Diese Trennung ist sinnvoll, aber nicht zwingend, denn auch der Begriff der Nachhaltigkeit kann auf ökologische, soziale und wirtschaftliche Zusammenhänge angewendet werden (Hülsmann/Müller-Christ/Haasis 2004). Dazu bedarf es konzeptioneller Grundsatzentscheidungen im Hinblick auf die Gewichtung der Erhaltung der natürlichen Umwelt relativ zu anderen Entwicklungsaspekten, welche sich beispielhaft in den Konzeptionen starker und schwacher Nachhaltigkeit, substantieller oder prozeduraler Nachhaltigkeit, Säulen-Konzepten, integrativen Nachhaltigkeitskonzeptionen (zu den Konzeptionen Grunwald/Kopfmüller 2006, S.37; Ott/Döring 2004, S.94f.; Döring/Ott 2001, S.320f.) oder „magischen Dreiecken" (Hartard/Stahmer 2002) wieder finden. Ein Blick auf die internationalen Entwicklungen macht deutlich, dass das politische und wirtschaftliche Projekt Nachhaltigkeit kontinuierlich zu einem herausfordernden „Managementthema" (Hamschmidt 2003, S.1; Dyllick 2000, S.2) wird, denn „Nachhaltigkeit ist aber beileibe kein rein politisches Projekt mehr. Vielmehr ist festzustellen, dass es mittlerweile auch zu einem wirtschaftlichen Projekt geworden ist, welches Unternehmen und Märkte unter Anpassungsdruck versetzt" (Dyllick 2000, S.1). Weiterhin ist Nachhaltigkeit längst auch ein Trend in der Unternehmenspolitik, denn *Sustainability Ratings* bewerten mit ökologischen und sozialen Prüfkriterien die Unternehmensführung und ihren Umgang mit den Anspruchsgruppen (Shareholder/Stakeholder). V.a. global agierende Unternehmen nehmen wahr, dass sie künftig noch stärkere Verantwortung für soziale und ökologische Aufgaben übernehmen müssen (Bachmann 2002).

Dyllick (2000) identifiziert eine Reihe an Nachhaltigkeitstreibern (Dyllick 2000, S.1), die den Themenkomplex in den Unternehmen zunehmend in den Mittelpunkt der

---

116 Gender-Mainstreaming Management bedeutet, bei allen gesellschaftlichen Vorhaben die unterschiedlichen Lebenssituationen und Interessen von Frauen und Männern von vornherein und regelmäßig zu berücksichtigen, http://www.gender-mainstream-ing.net/gm/definition.html (03.01.2006).

117 Diversity stellt das Mosaik von Menschen dar, die eine Vielfalt von Lebens- und Berufserfahrung, Sichtweisen und Werten als Kapital in ihren Arbeitsbereich einbringen. Diversity Management bedeutet die gezielte Wahrnehmung, das aufrichtige Wertschätzen und das bewusste Nutzen von Unterschieden, Quellen: http://www.diversity-gesellschaft.de (03.01.2006), http://www.diversity-europe.org (03.01.2006).

Aufmerksamkeit rücken, dazu zählen grundlegende Nachhaltigkeitsprobleme (wie Energie, Mobilität, Ernährung, Armut, etc.), politische Programme (auf globaler, nationaler und lokaler Ebene), Transparenzforderungen und öffentlicher Druck (aus dem Recht auf Information bzw. öffentlicher Rechenschaftslegung), die Aktivitäten von Nicht-Regierungsorganisationen (NGO)(für Menschenrechte, Umwelt etc.), technologische Entwicklungen (z.B. in den Bereichen Energieeffizienz, erneuerbare Energien, Brennstoffzellen-Technologie, Bio-Produkte), Entwicklungen auf dem Kapitalmarkt (wie nachhaltige Investments, Dow Jones Sustainability Group Indexes, Risikobewertungen) und der Konkurrenzdruck, der eine Vermeidung von Nachhaltigkeitsrisiken und ein Ausnutzen von Nachhaltigkeitschancen fordert und fördert (Dyllick 2000, S.2). Nachhaltige Entwicklung als Managementprojekt verstanden, fußt lt. Dyllick (2000) auf drei verschiedenen konzeptionellen Grundlagen hinsichtlich anzustrebender Nachhaltigkeitsziele und -leistungen, eines NMS, um diese Ziele und Leistungen erreichen zu können sowie einer Konzeption für die Nachhaltigkeitskommunikation (Dyllick 2000, S.2). Zu diesen Grundlagen existieren erste Konzepte und Normierungen, die als Anleitung für Nachhaltigkeitsmanagement dienen können und im späteren Verlauf der Arbeit vorgestellt werden (Abschnitt 2.6). Diese Grundlagen führt Dyllick (2003a) weiter aus und komprimiert sie auf die zentralen Aspekte der Problemebene, Zielbereiche, Handlungsgründe, Handlungsebenen und Handlungsfelder (Dyllick 2003a, S.235). Daraus resultiert der Entwurf von nachhaltigkeitsorientierten Wettbewerbsstrategien, die auf verschiedenen Nutzenarten nachhaltiger Unternehmensaktivitäten rekurrieren und die Ableitung von fünf verschiedenen Strategietypen ermöglichen. Dabei impliziert der Nutzen der Risikoverminderung und Risikobeherrschung zunächst den Strategietyp „SICHER". Dieser zielt ab auf die Absicherung bestehender Erfolgspotentiale gegenüber Einschränkungen aus Handlungs- oder Finanzrisiken durch Maßnahmen zur Problembeherrschung (Dyllick 2003b, S.268). Als nächste Ausprägung resultiert der Strategietyp „GLAUBWÜRDIG" aus der Nutzenerwartung der Verbesserung von Image und Reputation, dessen Ziel im Schutz vor möglichen Image- oder Reputationsrisiken besteht und über offensive Marketingaktivitäten oder defensive Maßnahmen zur Risikobewältigung erreicht werden kann (Dyllick 2003b, S.269). Der Strategietyp „EFFIZIENT" entspringt dem Nutzen der Verbesserung von Produktivität und erwartet vorrangig die Erhöhung von Öko- und Sozio-Effizienz auf Produkt-, Prozess- und Organisationsebene (Dyllick 2003b, S.269). Als vierten Strategietyp benennt Dyllick (2003b) den Typ „INNOVATIV", welcher aus der Nutzenerwartung einer Differenzierung am Markt resultiert und über die erfolgreiche Durchsetzung von Produkten und Dienstleistungen mit einem Mehrwert im Nachhaltigkeitsbereich auf Aspekte des nachhaltigen Konsums der Kunden abzielt (Dyllick 2003b, S.270). Strategische Optionen des Typs „TRANSFORMATIV" basieren auf dem Nutzen der Marktentwicklung und prägen sich in der Mitgestaltung des Strukturwandels von Wirtschaft und Gesellschaft aus (Dyllick 2003b, S.270).

Da eine rigorose Trennung der ethisch motivierten Wertorientierung und einer Wettbewerbsorientierung nicht haltbar ist, sind die von Weiß (2005) formulierten Strategien der Gesellschaftsorientierung einzupflegen, die aufgrund der Ausweitung der Managementperspektive hinsichtlich der Gestaltbarkeit gesellschaftlicher Rahmenbedingungen, neben die Formulierung von Wettbewerbsstrategien treten. Zudem geben sie relevante Hinweise für die Professionalisierung der gesellschaftsorientierten Unternehmenskommunikation und sollen an dieser Stelle gleichermaßen der Klärung weiterer Begrifflichkeiten dienen. Zur Definition seiner Rolle in der Gesellschaft kann das Unternehmen grundsätzlich drei strategische Pfade einschlagen (Weiß 2005, S.589f.). Folgt ein Unternehmen der Strategie der gesellschaftlichen Verpflichtung (*social obligation*) beschränkt es sich auf die vom Gesetzgeber vorgeschriebenen bzw. von den Anspruchsgruppen mit Nachdruck erwarteten Aktivitäten und verhält sich reaktiv bzw. passiv hinsichtlich seiner Gestaltungsmöglichkeiten gesellschaftlicher Rahmenbedingungen und sieht diese als gegeben an. Auch bei der Strategie der Gesellschaftsverantwortung (*social responsibility*) sind die Rahmenbedingungen vermeintlich nicht gestaltbar, allerdings ist diese Strategie aufgrund der unternehmerischen Beiträge zu gesellschaftlichen Themen als aktiver zu beurteilen, auch wenn die Intention vorrangig in der Risikovermeidung und Absicherung gegen den Verlust der gesellschaftlichen Legitimität liegt. Die proaktive Strategie der Gesellschaftszugänglichkeit (*social responsiveness*) beinhaltet die Antizipation der impliziten Stakeholderbedürfnisse und versucht, diese durch enge Kooperation zu berücksichtigen, damit Verantwortung zu teilen und sich in gesellschaftlichen Belangen einzubringen (Weiß 2005, S.590f.). Diese drei Strategien prägen sich in verschiedenen Strategietypen aus, die nachfolgend kurz beschrieben werden (Weiß 2005, S.590f.).

- *Corporate Responsibility*:
  Das Unternehmen sieht innerhalb vorgegebener Rahmenbedingungen seine *Verantwortung* vorrangig für den ökonomischen Erfolg, die beteiligten Mitarbeiter und die Aktionäre.
- *Corporate Sustainability*:
  Das Unternehmen definiert seine Verantwortung als *Beitrag* zu einer nachhaltigen Entwicklung (*sustainable development*) im Sinne der gesellschaftspolitischen Definition und bemüht sich um eine *Balance* ökonomischer, ökologischer und sozialer Herausforderungen.
- *Corporate Environmental Responsibility*:
  Das Unternehmen bekennt sich zu seiner *ökologischen* Verantwortung und bemüht sich im Rahmen des betrieblichen Umweltmanagements die Umweltbelastungen der Unternehmenstätigkeit über das gesetzliche Maß hinaus zu reduzieren.
- *CSR*:
  Das Unternehmen übernimmt gesellschaftliche Verantwortung und engagiert sich über seinen Unternehmenszweck hinaus für *gesellschaftliche* Anliegen.
- *Corporate Citizenship*:
  Das Unternehmen versteht sich als *Mitglied der Gesellschaft* mit umfassenden Rechten und Pflichten und wirkt selbstbewusst und verantwortungsvoll im Wechselspiel von Wirtschaft, Staat und Zivilgesellschaft an der Entwicklung und der Gestaltung der gesellschaftlichen Rahmenbedingungen mit.
- *Corporate Volunteering*:
  Der neuartige Typ des Corporate Volunteering, als Teil des Corporate Citizenship, bezeichnet im Allgemeinen den *Einsatz von Humanressourcen eines Unternehmens für gemeinnützige Zwecke*, der über das originäre Kerngeschäft hinausgeht und umfasst einerseits den Einsatz von Mitarbeitern eines Unternehmens in diversen Pro-

jekten gemeinnütziger Art und andererseits die Förderung des bereits bestehenden freiwilligen Engagements von Mitarbeitern (Herzig 2006; Schubert/Littmann-Wernli/Tingler 2002).

So vielfältig und wenig abgrenzungsscharf Gesellschaftsstrategien bzw. Strategietypen in der wissenschaftlichen Forschung und in der Unternehmenspraxis wirken, umso eindeutiger weisen sie auf das Vordringen des gesellschaftspolitischen Nachhaltigkeitsverständnisses in die Unternehmensführung und auf die Notwendigkeit ihrer professionellen Umsetzung in der Nachhaltigkeitskommunikation (Weiß 2005, S.591, World Economic Forum 2004, S.13).

2.5 Nachhaltigkeitsmanagement

Grundsätzlich bezweckt unternehmerisches Nachhaltigkeitsmanagement die Steuerung von ökologischen, sozialen und ökonomischen Wirkungen, um sowohl eine nachhaltige Unternehmensentwicklung zu erreichen als auch einen positiven Beitrag des Unternehmens zur nachhaltigen Entwicklung der gesamten Gesellschaft sicherzustellen. Unternehmerisches Nachhaltigkeitsmanagement umfasst damit alle systematischen, koordinierten und zielorientierten unternehmerischen Aktivitäten, die der nachhaltigen Entwicklung einer Unternehmung dienen und eine nachhaltige Entwicklung der Wirtschaft und Gesellschaft forcieren (Schaltegger 2004, S.3). Es beinhaltet die Koordination und Integration des Umwelt- und des Sozialmanagements mit dem konventionellen betrieblichen Management, wobei die Umsetzung der Gesellschafts- und Wettbewerbsstrategien gelingt. Dazu bedarf es nunmehr einer theoretischen Fundierung der wesentlichen Konturen des strategischen Nachhaltigkeitsmanagements, um vor diesem Hintergrund die Motive und Ziele nachvollziehbar ableiten und vorstellen zu können. Das größte heuristische Potential sind der Ressourcen- und der Systemtheorie zuzusprechen, dennoch dient das Set der übrigen Theorien zur genaueren Fundierung, zumal die meisten der aufgearbeiteten Theorien eindeutige Anknüpfungen bzw. Weiterentwicklungen des Ressourcen- bzw. Systemansatzes darstellen.

2.5.1 Konturen des strategischen Nachhaltigkeitsmanagements

Ausgehend von der praxisorientierten Hauptaufgabe der Dissertation – der Konzeption eines NMS und der Entwicklung von ersten Handlungsempfehlungen für die erfolgreiche Ausgestaltung über eine Intensivfallstudie bei der ThyssenKrupp Steel AG am Standort Duisburg – bieten die in Anlehnung an Freimann (2006) in zehn Optionen formulierten „Konturen einer nachhaltigen Unternehmensführung" (Freimann 2006, S.48f.) eine geeignete Basis, die wesentlichen Charakteristika des Nachhaltigkeitsmanagements mit dem zutreffenden Ausgangsverständnis von strategischem Management und den zugehörigen organisations-theoretischen Ansätzen zu verknüpfen. Auf diese Weise entsteht der theoretische Hintergrund dieser Dissertation als Set mehrerer aneinander anschlussfähiger und interdependenter Theorien und Konzepte. Diese werden nunmehr argumentativ verschränkt und stehen nicht mehr als unverbundene Fundierungsversuche hinter einzelnen Aspekten der nachhaltigen Unternehmensführung sondern fügen sich zu einem eindeutigen Erklärungshintergrund zusammen.

Die einzelnen Konturen des Nachhaltigkeitsmanagements werden nunmehr sukzessive aus den theoretischen Ansätzen hergeleitet und argumentativ verbunden.

- *Normative Begründung, strategische Orientierung und operative Ausrichtung*

Das erste Charakteristikum nachhaltigkeitsorientierter Unternehmensführung lautet wie folgt:

*1.) Nachhaltigkeitsmanagement fokussiert die **langfristige** Sicherung von Erfolgs- und Entwicklungspotentialen des Unternehmens und ist durch die Orientierung am gesellschaftspolitischen **Leitbild** der nachhaltigen Entwicklung **normativ** begründet, durch die systematische Aufnahme des Leitbildes in das Entscheidungskalkül des Unternehmens **strategisch** orientiert und vor dem Hintergrund der effizienten und effektiven Einführung, Umsetzung und Durchsetzung dieser Strategie **operativ** ausgerichtet (Freimann 2006, S.48f.).*

Dieses Merkmal verweist unmittelbar auf Theorieperspektiven innerhalb des strategischen Managements zwischen der Entwicklung von Strategieverständnissen, langfristiger Planung und strategischen Managementprozessen eines Unternehmens, wie sie beispielhaft im Prozessmodell des strategischen Managements (Welge/Al-Laham 2008) und im klassischen oder neuen St. Galler Management-Modell (Ulrich/Krieg 1972; Bleicher 1991; Rüegg-Stürm 2002) abgebildet werden.

Strategisches Management

Seit etwa 40 Jahren befasst sich ausgehend von den Arbeiten von Chandler (1962), Ansoff (1965) und Learned et al. (1965) ein eigenständiger Bereich innerhalb der Managementlehre mit dem strategischen Management. Kennzeichnend für den etablierten Strategiebegriff sind die Zusammenfassung von Zielen und Mitteln sowie der Charakter bewusster Planung. Als Grundpositionen im Strategieverständnis lassen sich demnach zwei ausmachen, einerseits werden Strategien inhaltlich verstanden als ex ante erstellte Verhaltenspläne, andererseits prozessorientiert verstanden als ex post beobachtete Handlungs- und Entscheidungsmuster (Burmann 2002, S.83). Im Mittelpunkt der langfristigen Unternehmensplanung steht ein hohes Interesse für dauerhafte Entwicklungsprognosen von Märkten und Erfolgspotentialen gepaart mit großer Relevanz analytischer Kompetenz. Für die strategische Planung sind vielfältige Analysemethoden, Gestaltungsinstrumente und Planungsroutinen zur Ableitung genereller Normstrategien entworfen worden, denn mit steigender Komplexität, Detaillierung und Präzision der Situationsanalyse von Unternehmen und Umwelt kann die Strategieentwicklung umso besser gelingen (Schreyögg 1999, S.387f.). Parallel dazu wird die Auseinandersetzung mit der Umsetzungsproblematik intensiviert und die Identifikation von Implementierungsschwierigkeiten forciert (Ansoff 1984). Die Entwicklung des Begriffes des strategischen Managements manifestiert sich im Sinne einer rationalen Planung und der Formulierung und Implementierung von Strategien (Schendel/Hatten 1972), denn Analyse, Planung und Realisierung werden nicht mehr primär und isoliert betrachtet, vielmehr steht das „*Managing the planning process*“ (Lyles/Lenz 1982, S.105) als umfassende Managementaufgabe im Vordergrund. Damit verschiebt sich der Akzent der Managementforschung auf die strategischen Prozesse, die einen erfolgreichen Umgang mit den verschiedensten Phänomenen strategischer Unternehmensführung erlauben und das strategische Management im Sinne strategischer Managementprozesse konkretisieren (Schreyögg 1999, S.388f.).

Das Prozessmodell des strategischen Managements
Welge/Al-Laham (2008) konstruieren mit ihrem Prozessmodell des strategischen Managements ein konzeptionelles Referenzmodell im Sinne einer Idealkonzeption aus den interdisziplinären Kernargumenten der wissenschaftlichen Diskussion und Literatur (Welge/Al-Laham 2008, S.187). Die erste Phase – die Phase der strategischen Zielplanung – umfasst ausgehend von der Formulierung der Unternehmenspolitik und deren Fixierung im Leitbild die systematische Planung und Ermittlung strategischer Ziele. In der zweiten Phase der strategischen Analyse und Prognose wird über die Umwelt- und die Unternehmensanalyse auf Basis des klassischen SWOT[118]-Ansatzes die informationelle Basis für die Formulierung der Unternehmensstrategie geschaffen und mit systematischen Prognoseverfahren und Frühaufklärungssystemen eine zukunftsbezogene Betrachtung der strategischen Analysefelder geleistet. Die Phase der Strategieformulierung und -bewertung stellt die dritte und eine entscheidende Prozessstufe dar, in der es gilt, eine grundsätzliche, langfristige und zielführende Strategie zu entwickeln. Die Strategiebewertung beinhaltet die möglichst vollständige Ermittlung des Zielerreichungsgrades der formulierten Strategie. Die vierte Phase der Strategieimplementierung ist eine ebenso zentrale Phase, denn sie umfasst die effiziente Umsetzung und verhaltensorientierte Durchsetzung der strategischen Pläne und Maßnahmen in konkretes, zielgerichtetes Handeln des Unternehmens bzw. relevanter Teilbereiche. Dieser Prozess ist durch eine Vielzahl von Rückkopplungen charakterisiert und verläuft iterativ. Zudem ist der Prozess des strategischen Managements sowohl durch eine Phase der Strategie-Kontrolle als auch ein phasen- bzw. prozessbegleitendes Controlling zu ergänzen und zu unterstützen.

Bereits dieser kurzen Beschreibung des Prozessmodells des strategischen Managements nach Welge/Al-Laham (2008) sind entscheidende Analogien zu dem nach Freimann (2006) formulierten ersten Kennzeichen des Nachhaltigkeitsmanagements zu entnehmen. Das Leitbild der nachhaltigen Entwicklung kann als normativer Rahmen angenommen werden und den Ausgangspunkt eines strategischen Nachhaltigkeitsmanagement-Prozesses darstellen. Die Orientierung insb. an gesellschaftspolitischen Rahmenbedingungen sowie deren zukunftsbezogene Aufnahme in das unternehmerische Entscheidungskalkül wird in der Analyse- und Prognose-Phase geleistet. Die daraus resultierende Strategieformulierung bildet den Kernanspruch auf eine strategische Orientierung des Nachhaltigkeitsmanagements ab. Die Phase der Implementierung umfasst schließlich alle operativen Aktivitäten, die eine effiziente und effektive Einführung, Umsetzung und langfristige Durchsetzung der formulierten Nachhaltigkeitsstrategie gewährleisten. Auf diese Weise nimmt das Prozessverständnis den Entwicklungscharakter der Nachhaltigkeit auf und gestattet einen ersten argumentativen Anschluss der Nachhaltigkeit an das strategische Management.

---

118 Engl. Akronym für Strengths (Stärken), Weaknesses (Schwächen), Opportunities (Chancen) und Threats (Gefahren).

Eine weitere Argumentation für die Anschlussfähigkeit von Nachhaltigkeit an das strategische Management kann anhand des klassischen bzw. neuen St. Galler Management-Modells gelingen. Das St. Galler Management-Modell ist ein in den 1960er Jahren an der Universität St. Gallen (Schweiz) entwickelter Management-Bezugsrahmen, der von Ulrich/Krieg (1972) erstmals publiziert und später von Bleicher (1991) („St. Galler Management-Konzept") und als „Das Neue St.-Galler Management-Modell" von Rüegg-Stürm (2002) weiter entwickelt worden ist (Schwaninger 2004, S.60). Es zeichnet sich durch die Integration vielfältiger Einflüsse sowie eine Ganzheitlichkeit der Problembetrachtung aus und kann auf diese Weise Orientierungshilfen für die Unternehmenssteuerung bieten (Promberger/Spiess/Kössler 2006, S.94).

Das St. Galler Management-Modell

Ulrich/Krieg (1972) sind von der Notwendigkeit einer theoretischen Grundlegung des Unternehmens und seiner Einbettung in eine vielschichtige Umwelt überzeugt und gehen von der zentralen Annahme aus, innerhalb von verschiedenen Bezugsrahmen ließen sich die vielschichtigen Herausforderungen an ein erfolgreiches Management in einer angemessenen Art einordnen. Das klassische St. Galler Management-Modell stellt ein Plädoyer für ganzheitliches Denken und Handeln im Umgang mit der Herausforderung Komplexität dar, hebt die Relevanz der anwendungsorientierten Managementlehre hervor und erzwingt die integrative Ausgestaltung der normativen, strategischen und operativen Management-Ebene innerhalb eines umfassenden Bezugsrahmens (Spickers 2006). Als höchste Managementebene fungiert das normative Management auf der das Unternehmen generelle Ziele, Prinzipien und Normen festlegt, die sich in der Unternehmenspolitik, ihren Leitsätzen und der Unternehmenskultur niederschlagen (Bleicher 1999, S.73). Es schließt sich die Ebene des strategischen Managements mit der Entwicklung von Vorgehensweisen an, um die im normativen Rahmen formulierten Ziele und Leitbilder zu erreichen bzw. zu verfolgen. Die Planung, Steuerung und Überwachung der Geschäftsprozesse sowie die konkrete Führung von Mitarbeitern oder die Bereitstellung notwendiger Ressourcen wird auf der dritten Managementebene, im operativen Management geleistet. Dieses ist kurzfristig angelegt, stark detailliert und enthält die Formulierung expliziter Einzelziele (Ulrich 2001; Ulrich/Krieg 1972). Bleicher (1999) formuliert als Weiterentwicklung die Prämisse seines Konzeptes, „dass die Gestaltung und Lenkung einer zukunftsweisenden Unternehmensentwicklung eines integrativen Konzeptes bedarf, will man nicht in den üblichen Fehlern vieler Unternehmungen verfallen, der wachsenden Komplexität und Dynamik unternehmerischer Herausforderungen mit unverbundenen Teilansätzen und -lösungen zu begegnen" (Bleicher 1999, S.43). Nach wie vor differenziert sein Konzept die normative, strategische sowie operative Ebene des Managements mitsamt der zugehörigen Strukturen, Aktivitäten bzw. Verhaltensweisen und harmonisiert sie mit der Perspektive des Dreiklangs von Strategie, Struktur und Kultur. Außerdem vertieft er die Herausforderungen auf normativer und strategischer Ebene und identifiziert Spannungsfelder und zentrale Management-Aufgaben zur bewussten Wahrnehmung unternehmerischer Entwicklungspfade zwischen Ist- und Soll-Positionen unternehmerischer Entscheidungen (Spickers 2006).

Das neue St. Galler Management-Modell
Das „neue St. Galler Management-Modell“ (Rüegg-Stürm 2002) erweitert das klassische St. Galler Management-Modell von Ulrich/Krieg (1972) in drei Facetten. Erstens wird die aktuelle Relevanz der ethisch-normativen Dimension von Management stärker betont als bislang, denn die Interaktionsthemen Normen, Werte, Anliegen, Interessen und Ressourcen werden neu gebündelt. Zweitens veranschaulicht das Modell die gewachsene Bedeutung einer prozessorientierten Perspektive unternehmerischen Handelns, insb. vor dem Hintergrund der wachsenden Bedeutung sozialer Prozesse. Die Integrationsebenen Strategie, Struktur und Kultur bleiben als wesentliche Determinanten erhalten, jedoch rückt die Prozessdimension deutlicher denn je in den Vordergrund. Drittens wird die Auseinandersetzung mit der interpretativ-sinnhaften Dimension von Management intensiviert, denn es wird mehr Aufmerksamkeit auf die Erkenntnis gelenkt, dass Management eine große Interpretationsleistung unternehmerischer Entscheidungslagen und die ausbalancierte Abstimmung von Erwartungen und Leistungen verlangt (Spickers 2006; Rüegg-Stürm 2004; Rüegg-Stürm 2002).

In Ergänzung zu den identifizierten Anschlusspunkten des Prozessmodells des strategischen Managements zum ersten Charakteristikum können gleichermaßen Anknüpfungen zu den St. Galler Management-Modellen festgestellt werden. Als Teil des theoretischen Bezugsrahmens können sie durch ihre generelle auf Ganzheitlichkeit und Integration angelegte Managementperspektive gelten, die ein Nachhaltigkeitsmanagement erfordert. Gleichermaßen gelingt eine Verbindung über die Herausforderungen der Komplexität und Anwendungsbezogenheit, die wesentliche Merkmale des Nachhaltigkeitsleitbildes sind und der sich die Modelle unmittelbar stellen. Weiterhin werden die St. Galler Management-Modelle durch ihr zukunftsweisendes, verantwortungsbewusstes Prozessverständnis und die explizite Entwicklungsperspektive der konzeptionellen ersten Kontur des Nachhaltigkeitsmanagements gerecht. Die explizite Berücksichtigung der Anspruchsgruppen in dem Konzept sowie die intensivierte Achtung des ethisch-normativen Rahmens und sozialer Prozesse vervollständigen die Bezüge der St. Galler Management-Modelle zum Nachhaltigkeitsmanagement und unterstreichen ihre Berechtigung als Element des theoretischen Bezugsrahmens.

- *Substanzerhaltung, Verlustvermeidung und Verbrauchsreduktion*

Die folgenden drei Charakteristika beschreiben einen weiteren wesentlichen Gedanken der unternehmerischen Nachhaltigkeit und fordern die Bewahrung der Ressourcenbestände bzw. die Reduzierung von Ressourcen- bzw. Substanzverlusten, die alle unternehmerischen Aktivitäten bestimmen. Über diese Merkmale kann die konzeptionelle Anbindung des Nachhaltigkeitsmanagements an die theoretische Strömung des *resource-based view of the firm* (Penrose 1959) gelingen, die zusammenfassend den Wettbewerbserfolg eines Unternehmens auf die Existenz und Wahrung einzigartiger Ressourcenausstattungen und Ressourcenkombinationen zurückführt.

2.) *Nachhaltigkeitsmanagement orientiert sich nicht mehr ausschließlich an den betriebswirtschaftlichen Stromgrößen Gewinn, Cash Flow oder Umsatz, sondern betrachtet auch die von den unternehmerischen Aktivitäten tangierten Bestände an ökonomischem, ökologischen und ökonomischen Vermögen. Im Sinne einer Substanzerhaltung versucht eine nachhaltige Unternehmensführung diese Bestände zu bewahren bzw. zu erhöhen (Freimann 2006, S.49f.).*

3.) Nachhaltigkeitsmanagement ist sich der begrenzten Substituierbarkeit des sozialen und ökologischen Kapitals durch das ökonomische bewusst und wird dominiert durch Anstrengungen zur Vermeidung des Substanzverlustes (Freimann 2006, S.49f.).

4.) Nachhaltigkeitsmanagement strebt vor dem Hintergrund der unternehmensspezifischen Stärken und Schwächen und unter Beachtung der nationalen, internationalen und globalen Rahmenbedingungen und Nachhaltigkeitsprioritäten eine größtmögliche Reduktion von Ressourcenverbräuchen an (Freimann 2006, S.49f.).

Der mit diesen drei Charakteristika aufgeworfenen Verknüpfung von strategischem Management und Nachhaltigkeit nähern sich Hülsmann (2004) und Dyllick (2004) über den haushaltsorientierten Ansatz, der „Nachhaltigkeit als Rationalität zur Erhaltung der Ressourcenbasis versteht" (Hülsmann 2004, S.5) und dem zufolge strategisches Management im Wesentlichen die Aufgabe hat, die langfristige Existenzsicherung des Unternehmens über eine dauerhafte Erhaltung der einzigartigen unternehmerischen Ressourcenbasis zu gewährleisten. Müller-Christ (2004) formuliert als Hypothese, dass der ressourcenorientierte Nachhaltigkeitsansatz dem strategischen Management neue Impulse für die Strategieformulierung geben kann, deren Inhalte sich insb. darauf zu beziehen haben, die Gestaltung der Unternehmensgrenzen und der Umweltbeziehungen auf das Ziel der gesicherten Reproduktion der Ressourcen auszurichten. Damit gelingt eine weitere argumentative Anknüpfung des Nachhaltigkeitsmanagements an die Managementlehre bzw. das strategische Management über die Ressourcentheorie, den *resource-based view of the firm* (für die klassische Literatur siehe Penrose 1959, Wernerfelt 1984, Barney 1991 oder Mahoney/Pandian 1992).

Die folgenden Ausführungen beinhalten bereits den direkten argumentativen Bezug von *resource-based view* und Nachhaltigkeitsmanagement vor dem Hintergrund der oben formulierten Ressourcenkonturen des Nachhaltigkeitsmanagements.Der Ressourcenansatz liefert im nachhaltigkeitskontext einen der größten Erklärungsbeiträge, wobei seine Anknüpfung so offensichtlich wie im Nachhaltigkeitskontext trivial ist.

Resource-based view und Nachhaltigkeitsmanagement

Die Managementlehre hat mit dem *resource-based view of the firm* einen Ressourcenbegriff in enger Anlehnung an den Erfolgspotential-Begriff eingeführt und nennt als zentrale Ressource die *organizational capabilities*, solche Organisationsfähigkeiten, die sich in komplexen Märkten in differenzierbare Kompetenzen transferieren lassen. Zur Unterscheidung von Ressourcen und Potentialen ist deren Mittelcharakter zu bedenken: Potentiale implizieren die unmittelbare Betrachtung ihrer Wirkung, Ressourcen werden vor dem Hintergrund ihrer Quelle bzw. Ursache betrachtet. Durch die Ressourcen- und Potentialorientierung des strategischen Managements wird das Unternehmen zunehmend aus der Perspektive seiner Mittel betrachtet (Müller-Christ 2004; Müller-Christ 2003a; Bea/Haas 2001, S.110ff.). Für alle Mittelkategorien lehrt die ökonomische Rationalität das Effizienzprinzip der sparsamen Verwendung zur Realisierung eines optimalen *input-output*-Verhältnisses.Zur dauerhaften Erhaltung der Ressourcenbasis bedarf es der Nachhaltigkeit als weiterer ökonomischer Rationalität. Diese verlangt ein ausgeglichenes Verhältnis von Ressourcennachschub zu Ressourcenverbrauch, insb. bei knappen Ressourcen. Für das Unternehmen bedeutet dies sowohl einen effizienten Ressourceneinsatz sowie gleichermaßen eine Reproduktion verbrauchter Ressourcen (Müller-Christ 2004, S.8f.; Müller-Christ 2003b). Der ressourcenorientierte Ansatz erklärt Erfolgspotentiale und Wettbewerbsvorteile eines Unternehmens über seine einzigartige Ressourcenausstattung, jedoch bisher weitgehend ohne den Bezug zu unternehmensexternen Ressourcen. Unter der Prämisse, dass Unternehmen nur dann nachhaltigkeitsorientiert wirtschaften, wenn sie zur Erreichung ihrer Unternehmensziele Ressourcen nicht nur verbrauchen, sondern sich auch aktiv für deren Reproduktion einsetzen, wird der Begriff der Nachhaltigkeit durchaus als betriebswirtschaftlich rationales Prinzip der Unternehmensführung erschlossen (Müller-Christ 2001, S.107f. und S.244f.). Moldaschl (2005) weitet den Begriff der Nachhaltigkeit auf eine „generelle Ressourcenperspektive“ (Moldaschl 2005, S.30, S.57f.) aus.Innerhalb dieser findet sich auch die von Müller-Christ (2001) festgestellte Fokussierung auf die Perspektive von Ressourcenaustauschbeziehungen wieder, die durch Beiträge zur Gestaltung von Umweltbeziehungen ebenfalls auf eine umfassende Ressourcenorientierung hindeutet (Müller-Christ 2001, S.107f.). Genau diese generelle Ressourcenperspektive bzw. das betriebswirtschaftlich rationale Prinzip werden in den in Anlehnung an Freimann (2006) formulierten Merkmalen des Nachhaltigkeitsmanagements durch die geforderte Substanzerhaltung bzw. Notwendigkeit der Vermeidung von Substanzverlust impliziert.

Den Aspekt der Sicherung des Ressourcenzuflusses bildet weiterhin der Ressourcenbezug der Systemtheorie ab, deren Erklärungsziel im Kontext des Nachhaltigkeitsmanagement im „Überleben durch Offenheit“ (Müller-Christ 2001, S.279) besteht.

Systemtheorie
Die allgemeine Systemtheorie hat mit der Beschreibung des Unternehmens als produktives soziales System durch Ulrich (1968) berechtigten Einzug in die Managementlehre gehalten und ist in ihrer Verwendung weit verbreitet. Wenn auch in ihren grundlegenden Einsichten mittlerweile nicht mehr eindeutig erkennbar, besteht das ursprüngliche Anliegen der allgemeinen Systemtheorie in der Erklärung der Überlebensfähigkeit von Systemen und versucht eine Antwort auf die Frage nach den notwendigen Eigenschaften, Zuständen bzw. Verhaltensweisen zum Überleben von Systemen zu geben.[119] Dieses Anliegen basiert auf der Herkunft der Theorie der offenen Systeme aus der Disziplin der Biologie, in der durch von Bertalanffy (1973) erkannt worden ist, dass lebende Systeme immer offene Systeme sind, die mit ihren Umwelten einen Austausch von Stoffen bzw. Energie betreiben und, dass das System in einer Abhängigkeit von seiner Umwelt agiert, die aus der Perspektive des Systems immer einen höheren Komplexitätsgrad aufweist als es selbst (von Bertalanffy 1973, S.39ff.). Die systemtheoretische Perspektive wird durch eine Wahrnehmungs-, Betrachtungs- und Denkweise geprägt, die zu einer bestimmten Interpretation menschlichen Erkenntnisgewinns und bestimmten Handlungsempfehlungen führt. Weiterhin fokussieren Systemtheorien auf Selbstorganisation, Musterbildung und komplexe Strukturen, wobei sie

119 Zur Entwicklung des Systemansatzes siehe bspw. Müller-Merbach (1992)

die Beziehungen der einzelnen Elemente untereinander betonen. Diese Beziehungen lassen sich als Wechselwirkungen beschreiben und sind dadurch charakterisiert, dass die Systemelemente nicht isoliert voneinander existieren sondern sich vielmehr gegenseitig beeinflussen (Arnold 2007, S.89f.). Die soziologische Betrachtung geht von der Differenz zwischen System und Umwelt aus und definiert ein (soziales) System über dessen Handlungen und nicht über die Individuen (Willke 2006; Luhmann 1996). Aus der Systemtheorie nach Luhmann (2006) ist weiterhin die Erkenntnis zu entnehmen, dass eine Organisation ein soziales System darstellt, in dem Entscheidungen weitere Entscheidungen nach sich ziehen, die aneinander anschließen (Luhmann 2006, S.49f.). Transferiert auf das Nachhaltigkeitsmanagement hat sich die Erkenntnis durchgesetzt, Unternehmen als offene Systeme seien von ihren Umwelten abhängig. Um ihre Überlebensfähigkeit zu erhalten, müssen Unternehmen als offene Systeme Beziehungen mit ihren Umwelten aufrechterhalten. Diese Beziehungen konkretisieren sich im Austausch von Ressourcen und erfordern Anpassungen. Die daraus ableitbare Implikation für das Nachhaltigkeitsmanagement besteht in der Anpassung des Systems an seine Umwelt und weist als Erfolgskriterium den Fit zwischen Unternehmen und Umwelt aus, ohne den das Unternehmen einerseits die begrenzte Substituierbarkeit von ökologischem bzw. sozialem Kapital nicht erkennt und andererseits nicht in die Lage versetzt wird, dieser entgegenzuwirken.

Der systemtheoretische Gedanke des Gleichgewichts zwischen Unternehmen und Umwelt hat sich in der modernen Managementlehre im *situativen Ansatz* bzw. der *Kontingenztheorie* weiterentwickelt (dazu Kieser/Kubicek 2007, Kieser 2006). Kennzeichnend für den situativen Ansatz sind die Annahmen, dass unterschiedliche Organisationsstrukturen und unterschiedliche Verhaltensweisen der Organisationsmitglieder auf Unterschiede der Situation zurückzuführen sind, in der sich die Unternehmen befinden und, dass Organisationsstrukturen und Verhaltensweisen je nach Situation unterschiedlich effizient ausgestaltet werden (Schulte-Zurhausen 2005, S.23). Die Grundannahme der Kontingenztheorie lautet, der beste Weg zur Steuerung und Entwicklung einer Organisation verläuft abhängig von ihren Umweltbedingungen. Die verschiedenen Konzepte, die diesem Ansatz zugeordnet werden, gehen in der Regel davon aus, dass die Unterschiede in den Organisationsstrukturen auf unterschiedliche Umweltbedingungen zurückzuführen sind (Payer 2002, S.11). Außerdem kann die Systemtheorie in diesem Verständnis zur Erklärung der Zukunftsorientierung von unternehmerischen Entscheidungen herangezogen werden, da Unternehmen in ihrem Kalkül zumeist einerseits mit zuvor getroffenen Entscheidungen umzugehen haben, denn strategische Entscheidungen bauen gleichermaßen auf vorherigen Entscheidungen auf und benötigen daher eine gewisse Anschlussfähigkeit. Andererseits können sie neu und anders entscheiden, wenn sich ihre Wahrnehmung der Umwelt ändert und auf diese Weise durchaus über ihre Interaktion Entscheidungen für oder gegen eine nachhaltige Entwicklung treffen. Vor diesem Hintergrund wird deutlich, dass für nachhaltigkeitsorientierte Strategiewechsel der Einfluss des Managements und die Einbindung der Organisationsmitglieder von besonderer Relevanz für die Wandlungsfähigkeit einzelner Organisationen sind (Arnold 2007, S.94).

- *Kontinuierliche Verbesserung und organisationales Lernen*

Insb. evolutionstheoretische Konzepte wie der *Population Ecology*-Ansatz befassen sich mit der Erklärung des Wandels in Organisationen bzw. Unternehmen. Dieser Wandel kann sich, wie durch die nun folgenden Konturen des Nachhaltigkeitsmanagements charakterisiert, u.a. in stetigen Anpassungs- bzw. Verbesserungsprozessen sowie der Ausbildung organisationaler Lernprozesse konkretisieren.

5.) Nachhaltigkeitsmanagement verfolgt eine Strategie der kontinuierlichen Verbesserung der Ressourcenproduktivität durch Prozessoptimierung und innovative Prozess- und Produktgestaltung.

6.) Nachhaltigkeitsmanagement nutzt durch die Integration der besonderen Belange der Mitarbeiter das soziale Vermögen, entwickelt somit die organisationale Lernfähigkeit des Unternehmens und erschließt über kontinuierliche Anpassungen ökonomische Zukunftschancen.

Population Ecology

Unter den Vertretern des *Population Ecology*-Ansatzes herrscht weitgehend Einigkeit über die Gründe, die für eine Anwendung evolutionstheoretischer Konzepte zur Erklärung des Wandels in Organisationen sprechen. Hannan/Freeman (1989) identifizieren drei wesentliche Ursachen für die geringe Fähigkeit von Unternehmen sich rational an Umweltveränderungen anzupassen:

1. Zielorientierte Anpassungen der Organisation an Umweltveränderungen werden zumeist aufgrund von politischen Manövern verschiedener innerhalb des Unternehmens agierender Interessengruppen mit unterschiedlichen Zielen verhindert.
2. Unvollkommene Informationen über Zweck-Mittel-Relationen beeinträchtigen eine effiziente Organisationsgestaltung.
3. Die Anpassung des Unternehmens und die Umweltveränderungen verlaufen nicht in gleicher Geschwindigkeit, so dass weitere Umweltveränderungen immer wieder neue Strukturen erforderlich machen (Hannan/Freeman 1989; Hannan/Freeman 1984).

Diese „Trägheit von Organisationen" (Kieser/Woywode 2006, S.311) stellt einen wichtigen Mechanismus der Isolation von Populationen dar, denn Organisationen können sich innerhalb von Populationen nur in einem relativ engen Rahmen verändern. Als Determinanten der organisationalen Trägheit werden ein stark auf bestehende Aktivitäten und entsprechende Umweltsegmente fokussiertes Informationssystem, ein traditionelles Wertesystem der Organisation sowie die positive Selektion eher unveränderlicher Organisationen identifiziert. Diese Selektion meint nach Hannan/Freeman (1989) das Überleben erfolgreicher Systeme unter den Restriktionen der Umwelt. Vor diesem Hintergrund haben McKelvey/Aldrich (1983) eine Weiterentwicklung des Konzeptes des organisationalen Wandels entworfen, in der Elemente organisationalen Wissens (sog. *Comps*, als Abkürzung von *Competencies*), wie z.B. Unternehmensleitbilder, Führungsrichtlinien, Verfahrens- oder Handlungsanweisungen sowie Produkt- oder Produktionstechnologien die Basis für Evolutionsprozesse bilden.

Der Anschluss des *Population Ecology*-Ansatzes zum Nachhaltigkeitsmanagement gelingt durch die Erklärung der initiierten organisationalen Lernfähigkeit und der daraus resultierenden Strategie der kontinuierlichen Verbesserung über die Integration der besonderen Kompetenzen der Mitarbeiter und die umfassende Beachtung ihrer Bedürfnisse. Diese Komponenten lassen sich an die zuvor dargestellten Kernideen des *Population Ecology*-Ansatzes anlehnen.

Der *Population Ecology*-Ansatz ist v.a. in den USA angewendet und weiter entwickelt worden, wohin gegen in Deutschland vorrangig die Theorien des evolutionären Managements diskutiert worden sind, die im Folgenden kurz dargestellt werden.

Evolutionäres Management
Vor dem Hintergrund einer „nicht beherrschbaren Komplexität der Managementprobleme" (Kieser/Woywode 2006, S.343) zielt das evolutionäre Management im Kern auf die Schaffung geeigneter Rahmenbedingungen für Selbstorganisation und Evolution des Unternehmens ab. Angemessene Rahmenbedingungen stellen die notwendige Voraussetzung dar, die selbstständige Entwicklung eines Unternehmens und seiner Mitarbeiter zu ermöglichen (Kieser/Woywode 2006, S.343). Als prominenteste Ansätze werden in diesem Kontext der sog. „Münchner Ansatz" nach Kirsch (1997a; 1997b) sowie der „St. Galler Ansatz"[120] nach Malik (2002; 1999) bzw. Malik/Probst (1981) und Dyllick (1982) diskutiert.

Der St. Galler Ansatz wird als Element des theoretischen Bezugsrahmens aufgrund seiner inhaltlichen Zuordnung zu den Kennzeichen des Nachhaltigkeitsmanagements nicht an dieser Stelle, sondern erst im Zusammenhang mit der zehnten Kontur von Nachhaltigkeitsmanagement ausführlich vorgestellt. Die Möglichkeit zur Identifikation und Nutzung zukünftiger ökonomischer Chancen wird Bezug nehmend auf die sechste Option von Nachhaltigkeitsmanagement der ‚Münchner Ansatz' erklären.

Evolutionäres Management – Münchner Ansatz
Der *Münchner Ansatz* des evolutionären Managements (Kirsch 1997a; 1997b) geht von der Herausforderung einer „offenen Zukunft" (Kirsch 1997b, S.49f.) aus, die umso schwieriger zu bewältigen ist, da die gemeinschaftliche Entwicklung von Problemlösungen aufgrund defizitärer Kommunikation und einer schwerwiegenden Schnittstellenproblematik als kaum möglich erachtet wird. Gleich dem St. Galler Ansatz fordert Kirsch (1997a, 1997b), Komplexität zuzulassen und Mitarbeiter in unternehmensstrategische Entscheidungssituationen einzubeziehen. Damit formuliert er als Schlüsselkonzept seines Ansatzes die Notwendigkeit von kommunikativem Handeln und als Aufgabe für das Management, die Schaffung von Rahmenbedingungen, die eben dieses zulassen. Adäquate Rahmenbedingungen und ausreichende Kommunikation stoßen den Selbstorganisationsprozess an, der dann eine „geplante Evolution" (Kirsch 1997a, S.46f.) generiert und die Fähigkeiten und Fertigkeiten des Unternehmens im Umgang mit der offenen Zukunft ausprägt. Vorrangig bedarf es der Ausbildung von Lernfähigkeit, Handlungsfähigkeit und *Responsiveness* (Kieser/Woy-wode 2006, S.350). Der Münchner Ansatz stellt eine theoretische Begründung für das Merkmal der Erschließung von Zukunftschancen durch das Nachhaltigkeitsmanagement dar. Der Komplexi-

120 Nicht zu verwechseln mit dem (Neuen) St. Galler Management Modell!

tät wird durch die Forderungen nach kommunikativem Handeln und der Integration der Mitarbeiter in Entscheidungssituationen begegnet. Dies regt kontinuierliche Lern- und Verbesserungsprozesse an, die langfristig in der „offenen Zukunft" (Kirsch 1997b, S.49f.) ökonomische Handlungsspielräume erschließen.

- *Kooperative Wertschöpfung und Anspruchsgruppenorientierung*

Die Sicherung der ökonomischen Handlungsspielräume und Erfolgspotentiale von Unternehmen unterliegt neben dem Markt als externem Lenkungssystem auch nichtmarktlichen Einflüssen und Zusammenhängen und verlangt die gesellschaftliche Legitimation der unternehmerischen Tätigkeit durch die vielfältigen Anspruchsgruppen. Dyllick (1982; 1988) formuliert vor diesem Hintergrund die Notwendigkeit einer *gesellschaftsbezogenen Managementlehre* (Dyllick 1988, S.17f.) und identifiziert für die Tatsache, dass Unternehmen aufgrund ihrer Tätigkeit einerseits öffentliche Interessen berühren und andererseits durch Aktivitäten im Namen öffentlicher Interessen beeinflusst werden, die „neue Dimension der öffentlichen Exponiertheit" (Dyllick 1988, S.7). Neben der Berücksichtigung der besonderen Bedeutung der Mitarbeiter und deren Rolle im Kontext des Nachhaltigkeitsmanagements in der sechsten Option des Nachhaltigkeitsmanagements, weisen die folgenden Kennzeichen sieben bis neun des Nachhaltigkeitsmanagements auf die Ausgestaltung der unternehmerischen Beziehungen zu Kunden, Lieferanten, sonstigen Geschäftspartnern und übrigen Anspruchsgruppen hin.

7.) Nachhaltigkeitsmanagement verfolgt im Rahmen der Wettbewerbsstrategie kooperative Lösungen innerhalb gewandelter Wertschöpfungsarchitekturen, in denen das Unternehmen eine Mittlerrolle für Nachhaltigkeit zu Lieferanten, Kunden und weiteren Partnern einnimmt.

8.) Nachhaltigkeitsmanagement begreift seine gesellschaftliche Aufgabe in der zukunftsfähigen Lösung spezifischer Kundenprobleme.

9.) Nachhaltigkeitsmanagement stellt sich dem Ausgleich unterschiedlich durchsetzungsmächtiger und einwirkungsinteressierter Anspruchsgruppen und bemüht sich um offene und dialogorientierte Kommunikation.

Speziell in Bezug auf die siebte Option des Nachhaltigkeitsmanagements und die darin formulierte Mittlerrolle für Nachhaltigkeit in kooperativen Wertschöpfungsarchitekturen kann nunmehr der Ressourcen-Abhängigkeits-Ansatz (*Resource Dependence Approach*) als weiteres Element des theoretischen Bezugsrahmens angeführt werden.

Ressourcen-Abhängigkeits-Ansatz

Der Ressourcen-Abhängigkeits-Ansatz fußt auf der klassischen Systemtheorie und basiert auf einem systemtheoretischen Input-Output Modell der Organisation, dessen wesentliche Merkmale zur Erhaltung der Organisation der Bezug von Ressourcen verschiedener Art einerseits und die Abgabe von Leistungen andererseits sind. Da die heterogenen Organisationen über voneinander verschiedene Ausstattungen mit materiellen und immateriellen Ressourcen verfügen, resultiert die Problematik der Ausgestaltung von Beziehungen zwischen den relevanten Akteuren zur Sicherung des Ressourcen- und Leistungsflusses (Payer 2002, S.13).

Pfeffer/Salancik (1978) widmen sich der theoretischen Erklärung der Konsequenzen einer Existenzsicherung des Unternehmens durch die Gewährleistung der Verfügbarkeit externer Ressourcen bei gleichzeitiger Aufrechterhaltung des Handlungsspielraumes. Als Kern des Ansatzes fungieren die Annahmen, dass Organisationen grundsätzlich auf Anforderungen externer Akteure bzw. Organisationen reagieren, von deren Ressourcen sie maßgeblich abhängig sind und dass Organisationen versuchen, das Ausmaß dieses Abhängigkeitsverhältnisses so weit wie möglich zu minimieren (Pfeffer/Salancik 1978). Die Herausforderung liegt in der Bewältigung potentiell unsicherer und instabiler Leistungsflüsse, denn sobald die externen Ressourcen kritische Bestandteile der Produkte bzw. Leistungen darstellen, steigt die Intensität der Abhängigkeitsbeziehung. Absorption und Kompensation stellen in diesem Zusammenhang nach innen gerichtete Maßnahmen dar, Integration, Kooperation und Intervention wirken als Maßnahmen zur Steigerung der Umweltkontrolle nach außen (ausführlich Schreyögg 2003). Auf der Basis von Umweltinteraktionen unter Ressourcen-Abhängigkeitsbeziehungen lässt sich die theoretische Fundierung der siebten Option des Nachhaltigkeitsmanagements leisten. Diese nimmt explizit den Gedanken der Relevanz kooperativer Lösungen zur Stabilisierung der Wettbewerbsposition des Unternehmens innerhalb gewandelter Wertschöpfungsarchitekturen auf und folgt dem „Trend zur kooperativen Zusammenarbeit" (Schreyögg 2003, S.373) und dem Ziel, diese kooperativen Zusammenschlüsse nach optimalen Kosten-, Wirksamkeits- und Nutzwertüberlegungen auszugestalten und dabei die Integration von Nachhaltigkeitsaspekten zu gestalten (Payer 2002, S.14).

Insgesamt verweisen die Alternativen sieben, acht und neun des Nachhaltigkeitsmanagements auf die Anspruchsgruppen-Orientierung des strategischen Managements. Diese rekurriert auf die Systemtheorie. Ausgehend von einem Verständnis des Unternehmens als offenes System zur Umwandlung von Ressourcen besteht seine gesellschaftliche Aufgabe darin, Wissen sowie die klassischen Produktionsfaktoren effizient und unter Achtung der Interessen der diese bereitstellenden Anspruchsgruppen in verwertbare Leistungen zu transformieren. Vor dem Hintergrund der vielfältigen Veränderungen im unternehmerischen Umfeld fordern die Vertreter des Anspruchsgruppen-Konzeptes bzw. des Stakeholder-Ansatzes eine verstärkte gesellschaftspolitische und ethische Orientierung des strategischen Managements. Der klassische Stakeholder-Ansatz geht aus der Koalitionstheorie hervor, die Barnard (1938) erstmalig vertreten hat und Cyert/March (1992,1963) weiterentwickelt haben. Die Koalitionstheorie von Cyert/March (1992) sieht Koalitionen als zeitlich begrenzte Zweckbündnisse in Organisationen bzw. Unternehmen. Nach ihrem Verständnis setzen sich Organisationen aus verschiedenen Koalitionen zusammen, die sich immer wieder neu bilden oder umstrukturieren. Diese Koalitionen verfolgen oftmals unterschiedliche Interessen, die sich innerhalb der Organisation neutral, komplementär oder konfliktär darstellen können. Diese Theorie verdeutlicht somit, inwiefern innerhalb des Unternehmens nicht mehr nur Unternehmensziele verfolgt werden, sondern auch individuelle Interessen wirksam werden. Die Koalitionstheorie ist ihrerseits weiterhin die Grundlage der Anreiz-Beitrags-Theorie (Simon 1997; March/Simon 1993), die besagt, dass sich ein Unternehmen in einem Umfeld voller Unsicherheiten, begründet in vielfältigen Umweltveränderungen, befindet und sich, um überleben zu können, ständig den neuen Gegebenheiten anpasst, indem zur Erreichung der Unternehmensziele Koalitionen gebildet werden und das Unternehmen somit als kooperatives System interpretiert werden kann (Wentges 2002, S.88f.).

Anreiz-Beitrags-Theorie
Barnard (2007) definiert das Unternehmen als eine Sequenz von Entscheidungen von Personen mit unterschiedlichen Interessen, die mit dem Unternehmen Koalitionen eingegangen sind. Diese Personen sind solange zur Aufrechterhaltung der Koalitionen bereit, wie die von der Koalition gewährten Anreize den Nutzenentgang der an die Koalition geleisteten Beiträge zumindest aufwiegen (Stahl 2003, S.31). Kerngedanke der Anreiz-Beitrags-Theorie ist die Schaffung eines Gleichgewichtes der Organisation gegenüber der Umwelt, verstanden als Gleichgewicht zwischen den von der Organisation angebotenen Anreizen und den Beiträgen der Organisationsmitglieder. Die Überlebensfähigkeit der Organisation in komplexen und dynamischen Umwelten manifestiert sich in der Fähigkeit, eine ständig neue Balance von Befriedigung und Belastung bei den Organisationsmitgliedern zu erzeugen (Berger/Bernhard-Mehlich 2006, S.170ff.). In Orientierung an der Leitidee der Kooperation, verstanden als eine Strategie, die langfristig für beide Seiten den größten Nutzen bringt, scheint es schon rein intuitiv sinnvoll, die Anreiz-Beitrags-Perspektive zur Begründung der Anspruchsgruppen-Beziehungen und somit für den Stakeholder-Ansatz heran zu ziehen. Insb. mit Hinblick auf die neunte Ausprägung des Nachhaltigkeitsmanagements und die Bemühungen um eine intensive Kommunikation kann auf die Anreiz-Beitrags-Theorie zur theoretischen Fundierung verwiesen werden, denn das von Barnard (2007) festgelegte Hauptinteresse für die Bedeutung der informellen Organisation für die Funktionsfähigkeit betrieblicher Kommunikation trägt zur Anschlussfähigkeit bei.

Neben dieser eher internen Perspektive mit innerbetrieblichen Ansprüchen und Interessen erhält auch die Erfassung des sozialen Umfeldes für das Unternehmen einen zunehmenden Stellenwert, die marktorientierte Sichtweise der Koalitionstheorie wird um eine sozio-politische Dimension erweitert und die Notwendigkeit, die vielschichtigen Interessen im unternehmerischen Umfeld in das Entscheidungskalkül zu integrieren, führt zur Entstehung des Stakeholder-Ansatzes.

Anspruchsgruppen-Konzept / Stakeholder-Ansatz
Der Stakeholder-Ansatz entspringt dem Konsens, dass der Einfluss einer Anspruchs- bzw. Interessengruppe auf den unternehmerischen Entscheidungsspielraum für das strategische Management von unmittelbarer Bedeutung ist. Freeman/Reed (1983) schlagen für den Stakeholder-Begriff eine Definition vor, die eine engere und eine weitere Sichtweise unterscheidet:

> „*The Wide Sense of Stakeholder: Any identifiable group or individual who can affect the achievement of an organization's objectives or who is affected by the achievement of an organization's objectives. (Public interest groups, protest groups, government agencies, trade associations, competitors, unions, as well as employees, customer segments, shareowners, and others are stakeholder in this sense)*
> *The Narrow Sense of Stakeholder: Any identifiable group or individual which the organization is dependent for its continued survival. (Employees, customer segments, certain suppliers, key government agencies, shareowners, certain financial institutions, as well as others are all stakeholder in the narrow sense of this term.)*" (Freeman/Reed 1983, S.91).

Als Stakeholder lassen sich demnach alle Personen, Gruppen und Institutionen bezeichnen, die Einfluss auf die Erreichung der Unternehmungsziele nehmen oder deren eigene Zielerreichung von der Unternehmung beeinflusst werden kann (Freeman 1984, S.46). Donaldson/Preston (1995) unterscheiden drei Richtungen des Stakeholder-Ansatzes, denen die in der Folge vielfältigen Beiträge zur Relevanz der Anspruchsgruppen für unternehmerische Entscheidungsspielräume zugeordnet werden können, nämlich die deskriptiv-empirische Perspektive, die sich mit der Kernfrage nach der Berücksichtigung der Anspruchsgruppen hinsichtlich der Strategieentwicklung durch das Management befasst, die instrumentelle Perspektive, innerhalb derer untersucht wird, ob und welcher Art Relationen zwischen einem systematischen Stakeholder-Management und der Realisierung strategischer Ziele bestehen sowie die normative Perspektive, innerhalb der ethische Aspekte als Argumentationsgrundlage für die Verpflichtung bzw. Verantwortung des Managements gegenüber den Anspruchsgruppen sowie für die daraus resultierenden Handlungsempfehlungen herangezogen werden. Mit dem strategischen Stakeholder-Management, „*as a concept, refers to the necessity for an organization to manage the relationships with ist specific stakeholder groups in an action-oriented way*“ (Freeman 1984, S.53) wird dem Unternehmen ein Handlungsspielraum eröffnet, den es aktiv nutzen kann. Carlton/Kurland (1996) formulieren in ihrer Weiterentwicklung des *Stakeholder Enabling* die Annahme, dass die Ziele eines Unternehmens, das in ein Netzwerk interdependenter Beziehungen eingebunden ist, nicht mehr unabhängig formuliert werden können, sondern vielmehr in einem kollektiven Aushandlungsprozess gebildet und gemeinschaftlich umgesetzt werden können (Carlton/Kurland 1996). Folglich formt sich die Basis des Stakeholder-Ansatzes in der Hypothese, dass der unternehmerische Erfolg nicht mehr nur in der effizienten Koordination und umfassenden Kontrolle interner Entscheidungsprozesse und marktlicher Interaktionen beruht, sondern auf der Fähigkeit des Unternehmens, die unterschiedlichen Anliegen der Interessengruppen in unternehmerische Entscheidungen zu integrieren und die zur Realisierung der Unternehmensziele notwendige *licence-to-operate*[121] bzw. Legitimation des unternehmerischen Handelns zu erhalten (Friedman/Miles 2002). Die Legitimation durch die Stakeholder nutzt Freeman (2004) schließlich zur Verbindung seines etablierten Ansatzes mit den modernen Ideen der *CSR* oder des *Corporate Citizenship* und verweist auf erste Studien, die auf Basis seines Ansatzes untersuchen, inwiefern eine ausgeprägte *corporate social performance* mit einer steigenden Nachfrage nach Aktien des jeweiligen Unternehmens zusammenhängt (Freeman 2004, S.236f.).

Gerade diese Aspekte nehmen die Optionen sieben, acht und neun des Nachhaltigkeitsmanagements in ihren Ausprägungen auf und verdeutlichen auf diese Weise ihre Anschlussfähigkeit an das Stakeholder-Konzept mit seinen theoretischen Grundlagen

121 *Licence to operate* meint eine Art „gesellschaftliche Geschäftsgrundlage“ welche aufgrund des Vertrauens der Stakeholder das Unternehmen legitimiert, seine Geschäfte zu tätigen, am Wettbewerb teilzunehmen und schließlich die Interessen der Stakeholder zu bedienen (http://www.bmwi.de/BMWi/Navigation/Mittelstand/corporate-citizenship,did=60866.html, 11.01.2008).

und Varianten. Beziehen sich die Alternativen sieben und acht explizit auf eine besondere Beachtung der Interessen von Kunden und Lieferanten, verwendet Kontur neun direkt den Anspruchsgruppenbegriff im engeren und weiteren Sinne und spricht die Zielsetzung des Nachhaltigkeitsmanagements, auch ein systematisches Stakeholder-Management lanciert von Stakeholder-Dialogen zu verfolgen, unmittelbar aus.

- *Proaktive Gestaltung der unternehmerischen Rahmenbedingungen*

Die bislang aufgedeckten und beschriebenen Merkmale des Nachhaltigkeitsmanagements erfahren ihre idealen Ausprägungen insb. innerhalb günstiger Rahmenbedingungen, die das Nachhaltigkeitsmanagement, wie in Charakteristikum zehn formuliert, proaktiv zu gestalten versucht.

10.) Nachhaltigkeitsmanagement zielt (pro)aktiv auf eine Anpassung der ökonomischen, ökologischen, sozialen und politischen Rahmenbedingungen ab und forciert die Verfolgung nachhaltigkeitsorientierter Aspekte durch unternehmerisches Handeln.

Die St. Galler Variante des evolutionären Managements stellt die organisationstheoretische Erklärungsgrundlage für das zehnte Mermal des Nachhaltigkeitsmanagements dar.

Evolutionäres Management – St. Galler Ansatz

Der *St. Galler Ansatz* des evolutionären Managements geht dem Konzept der „spontanen Ordnung“ (von Hayek 1980, S.57ff.) folgend davon aus, das Verhaltensregeln, auf denen spontane Ordnung beruht, gewachsene Ergebnisse von Evolutionsprozessen sind. Die entstandenen Regelungen gelten für die selbsttätige, wechselseitige Anpassung und Modifikation des Verhaltens sozialer Systeme durch das Wissen der beteiligten Personen um sich verändernde Umweltbedingungen als effizient. Soziale Systeme verfügen über die Fähigkeit zur Selbstorganisation und entwickeln ihre Verhaltensregeln weiter. Der Erfolg dieser Evolutionsprozesse in der permanenten Entwicklung neuer Problemlösungskonzepte liegt in der Komplexität ihrer Entstehung begründet. Evolutionäres Management wird von Kieser/Woywode (2006) als „eine Frage der richtigen Einstellung“ (Kieser/Woywode 2006, S.344) beschrieben und bedeutet eine „bewusste Einstellung auf Vorläufigkeit“ (Kieser/Woywode 2006, S.345).

Die im zehnten Merkmal des Nachhaltigkeitsmanagements formulierte Forderung nach einer (pro-) aktiven Anpassung der Rahmenbedingungen entspricht zweifelsfrei der Kernidee des evolutionären Managements im St. Galler Verständnis, nämlich der Schaffung geeigneter Rahmenbedingungen zur Selbstorganisation des Unternehmens. Weiterhin kann die besondere Bedeutung von Komplexität als Anknüpfungspunkt des evolutionären Managements an das Nachhaltigkeitsmanagement interpretiert werden, denn ihre Beachtung zur effizienten Entscheidungsfindung nimmt die immanente Komplexität des Nachhaltigkeitsleitbildes adäquat auf.

Die bis zu dieser Stelle aufgezeigten theoretischen Ansätze können als vielversprechend für die Erweiterung der traditionellen Perspektive der Management- und Wirtschaftswissenschaften um den Aspekt der Nachhaltigkeit gewertet werden, dennoch stellt Göllinger (2006) fest, dass all diese Konzepte noch „weitgehend vereinzelt nebeneinander bestehen, zum Einen einer Integration, zum Anderen einer weiteren Anreicherung bedürfen“ (Göllinger 2006, S.106) und entwirft das systemische Nachhaltigkeitsmanagement. Göllinger (2006) stellt das tradierte Umwelt-Konzept und das Ökologie-Konzept (dazu ausführlich Müller/Pasche 1992) vergleichend und zusammenfassend gegenüber, bietet eine Erweiterung um das System-Konzept an und entwickelt mit dem „systemischen Nachhaltigkeitsmanagement" ein integratives Konzept aus den Bestandteilen Systemtheorie, evolutionärem Management sowie dem St. Galler Management-Ansatz und ergänzt Kernideen der ökologischen Ökonomie und der betrieblichen Umweltökonomie. Als Erklärungsziel schreibt Göllinger (2006) dem systemischen Nachhaltigkeitsmanagement Denk- und Lösungsansätze zur „sozial-ökologischen Kompatibilität techno-ökonomischer Systeme" (Göllinger 2006, S.122) zu und weist auf die Notwendigkeit hin, nachhaltige Zukunftspfade für den Durchbruch einer Nachhaltigkeitsökonomie zu kreieren. Eine derartige Nachhaltigkeitsökonomie stellt gleichermaßen das formulierte Ziel der zehnten Option des Nachhaltigkeitsmanagements dar und begründet damit die Überlegungen zur Aufnahme des systemischen Nachhaltigkeitsmanagements als weiteres Element in den theoretischen Bezugsrahmen dieser Dissertation.

Die in der aktiven Schaffung geeigneter Rahmenbedingungen für unternehmerische Entscheidungen im Allgemeinen und für jene im Kontext des Nachhaltigkeitsmanagements im Besonderen begründeten Aktivitäten der Unternehmensführung, vorrangig Unternehmensstrategien, lassen sich abschließend mit einem weiteren theoretischen Ansatz, nämlich der kulturwissenschaftlichen Theorie des Unternehmens verknüpfen.

Die Verbindung gelingt beispielhaft über die These der kulturwissenschaftlichen Theorie des Unternehmens, nach der „Unternehmensstrategien als kulturelle Angebote an die Gesellschaft" (Pfriem 2006, S.175f.) verstanden werden. Aufgrund dieser Aussage soll im Folgenden die Verbindung des Nachhaltigkeitsmanagements in Gänze zur kulturwissenschaftlichen Theorie des Unternehmens als letztes Element des theoretischen Bezugsrahmens dieser Dissertation nachgezeichnet werden. Die Perspektiven einer kulturwissenschaftlichen Theorie des Unternehmens der Forschungsgruppe Unternehmensführung und gesellschaftliche Organisation (FUGO) an der Universität Oldenburg (sog. Oldenburger Schule[122]) entstammen dem Kontext der sozial-ökologischen Forschung (FUGO/Pfriem 2004). Vorrangiges Ziel der Sozialökologie ist es, durch die Verknüpfung des ökologischen Wandels in der Gesellschaft mit sozialer Gerechtigkeit und ökonomischen Herausforderungen Strategien zur Lösung gesellschaftlicher Nachhaltigkeitsprobleme zu entwickeln, was sie kontextuell in den Vordergrund der transdiziplinären Nachhaltigkeitsforschung rückt (BMBF 2000, S.4, S.11) (auch Abschnitt 4.1.3). Die Oldenburger Schule versteht die unternehmerische Angebotsseite und die konsumbezogene Nachfrageseite als unauflösbare Verschränkung, wobei Angebot und Nachfrage kulturspezifischen Wirtschafts-, Arbeits- und Lebensmodellen und ihren Veränderungen entspringen (FUGO/Pfriem 2004, S.5). Somit eröffnet die sozial-ökologische Perspektive ebenso einen kulturwissenschaftlichen Zugang für eine

---

122 Für eine tiefer gehende Auseinandersetzung mit der kulturwissenschaftlichen Theorie der Unternehmung sei verweisen auf Pfriem, R. (2006) oder Forschungsgruppe Unternehmen und gesellschaftliche Organisation (FUGO)/Pfriem (2004).

eigenständige Erklärung der „kulturellen Aufladung der betrieblichen Organisation" (Beschorner/Fischer/Pfriem/Ulrich 2004, S.11) über alle Funktionsbereiche, der „kulturellen Einbettung von Unternehmen in ihre gesellschaftlichen Umwelten" (Beschorner/Fischer/Pfriem/Ulrich 2004, S.11), sowie insb. der „kulturellen Aufladung der Beziehungen zwischen Unternehmen, Konsumenten und Produkten" (Beschorner/ Fischer/Pfriem/Ulrich 2004, S.11). Diese Themenfelder verdeutlichen die zunehmende Relevanz von Kultur für die betriebswirtschaftliche Praxis und bieten einen weiteren Anschluss des unternehmerischen Nachhaltigkeitsmanagements an eine neu orientierte Theorie der Unternehmung. Der kulturalistische Zugang zum strategischen Management erscheint für Pfriem (2006) insofern realistisch, als dass die auftretenden Diskrepanzen zwischen Unternehmen und Konsumenten- bzw. Gesellschaftsinteressen gerade aus wechselseitigen kulturellen Einwirkungen resultieren und nicht aus einer Unvereinbarkeit des „Ökonomischen der Unternehmen" (Pfriem 2006, S.329) mit den gesellschaftlichen Bedürfnissen. Paech (2004) begründet die Notwendigkeit einer kulturwissenschaftlichen Öffnung der Unternehmenstheorien weiterhin vor dem Hintergrund einer bislang unübersehbaren Kluft zwischen den Herausforderungen einer nachhaltigen Entwicklung und dem Ist-Zustand moderner Industriegesellschaften und ihrer Akteure, die er als „logische Konsequenz kultureller Entwicklungen" (Paech 2004, S.370) bezeichnet und erste Ansätze einer „Kultur der Nachhaltigkeit" (Paech 2004, S.370) zu beobachten meint. Aus der Verknüpfung dieser Argumentation mit dem Nachhaltigkeitskriterium der zeitlichen und räumlichen Übertragbarkeit von Lebens- und Wirtschaftsstilen leitet Pfriem (2006) weiterhin her, dass nachhaltige Entwicklung und Nachhaltigkeitsmanagement v.a. kulturelle Herausforderungen darstellen, in denen die drei Dimensionen Ökonomie, Ökologie und Soziales Handlungsfelder für Lösungsbeiträge entsprechend der formulierten Nachhaltigkeitsziele eröffnen. Die aus dem Erklärungsdilemma der Position des Nachhaltigkeitsmanagements innerhalb der Wissenschafts- und Managementtheorie entstandene kulturwissenschaftliche Theorie des Unternehmens kann nunmehr als übergreifender Versuch der simultanen theoretischen Fundierung aller zehn Kennzeichen des Nachhaltigkeitsmanagements verstanden werden, da sie bereits in ihren Grundzügen die einzelnen Inhalte der Optionen anspricht und abdeckt.

Durch die argumentative Verbindung der verschiedenen organisationstheoretischen Ansätze mit den einzelnen Merkmalsbündeln des Nachhaltigkeitsmanagements sowie die Identifikation der Zusammenhänge zwischen den Kennzeichen und den fundierenden Theorien formt sich der organisationstheoretische Hintergrund als Set sich ergänzender und überschneidender Ansätze. Damit wird der Vorwurf der bislang bruchstückhaften Fundierung der komplexen Herausforderungen nachhaltiger Unternehmensführung entkräftet, da die ausgewählten Organisationstheorien einen geschlossenen Erklärungsbeitrag für das Nachhaltigkeitsmanagement liefern. Die folgende Abbildung veranschaulicht die Einbettung des Nachhaltigkeitsmanagements und damit des Forschungsgegenstandes dieser Dissertation (Abb. 2-8):

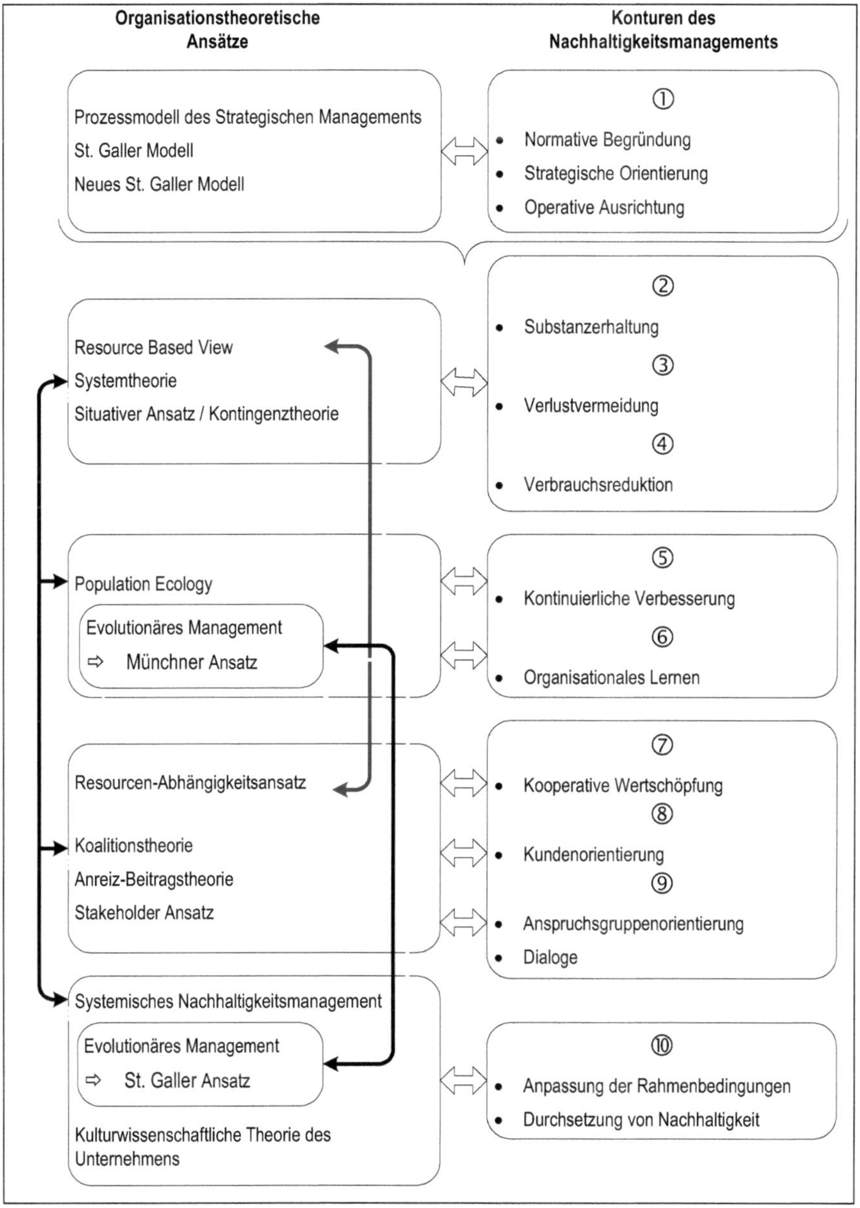

Abb. 2-4: Organisationstheoretische Anknüpfung
Eigene Darstellung.

Nachdem die Konturen des Nachhaltigkeitsmanagements theoretisch abgesichert worden sind, erfolgt nun ein Transfer dieser Kennzeichen in den unternehmerischen Anwendungsbereich. Dabei erscheint es zunächst sinnvoll und interessant, die Beweggründe für strategsiches Nachhaltigkeitsmanagement zu identifizieren und zu systematisieren. Aus den Motiven ergeben sich in einem nächsten Schritt die Ziele des Nachhaltigkeitsmanagements. Das Zusammenspiel der Konturen, Motive und Ziele führt schließlich in den zu beobachtenden Merkmalen des Nachhaltigkeitsmanagements und in deren Konkretisierung und Umsetzungsanspruch zu den Ansätzen des nachhaltigkeitsmanagements.

2.5.2 Motive für strategisches Nachhaltigkeitsmanagement

Die umfassende Analyse von einschlägiger Literatur und Studien zu unternehmerischen Beweggründen für Nachhaltigkeitsmanagement führt zu einer Kategorisierung in die drei Motivklassen der wertorientierten, anspruchsgruppenorientierten und identitätsorientierten Motive. Die *wertorientierten* Motive ergeben sich aus der Markt-, insb. Kapitalmarkt-Perspektive und umfassen alle *marktlichen* und *monetären* Aspekte sowie das Risikomanagement, *anspruchsgruppenorientierte* Motive entstehen aus der (pro)aktiven Auseinandersetzung mit den Anforderungen der Stakeholder an das Unternehmen und *identitätsorientierte* Motive resultieren aus dem unternehmerischen Selbstverständnis und der damit einhergehenden ethisch-moralischen Verpflichtung.

2.5.2.1 Wertorientierte Motive

Als Basis *wertorientierter Motive* formuliert die einschlägige Literatur, dass unternehmerisches Nachhaltigkeitsmanagement inzwischen von Investoren und Analysten als Ausdruck moderner Unternehmensführung sowie ausgeprägter Strategiefähigkeit gedeutet wird und somit im Kontext der Möglichkeiten zur Fremd-Kapitalbeschaffung als Pflichtthema im Top-Management gilt (bspw. Fieseler 2008, S.20; Beschorner/Schmidt 2004, S.57; Leisten/Krcal 2003; Figge 2001, S.34f.; Hardtke/Prehn 2001, S.76; Leitschuh-Fecht 1999).
Als bedeutendsten *monetären Beweggrund* identifizieren die wissenschaftliche Literatur sowie empirische Studien eine *Erhöhung des Unternehmenswertes (Shareholder Value)* und damit eine langfristige Sicherung des Unternehmenserfolges. Dieses Motiv steht in unmittelbarem Zusammenhang mit dem Existenzsicherungsziel, das sich in Aufbau, Erhaltung und Nutzung strategischer Erfolgspotentiale ausdrückt und durch Erfolgsfaktoren operationalisierbar und steuerbar wird. Die Literatur betont an diversen Stellen, dass Nachhaltigkeitsmanagement zum Aufbau von Erfolgspotentialen beiträgt. Holliday, Schmidheiny und Watts (2002, S.29) führen sogenannte *intangible assets*, wie z.B. Markenwert, Reputation, Risikoprofil oder Kundenattraktivität, auf, welche als zentral für den den Unternehmenserfolg gelten und über die Erfolgsfaktoren des Nachhaltigkeitsmanagements, wie gesellschaftliches Engagement, Innovationstätigkeiten, personalbezogene Maßnahmen etc. beeinflusst werden. Figge (2001, S.18ff.) konzipiert eine Darstellung, wie Shareholder Value steigerndes Umweltmanagement gestaltet sein muss und resümiert, dass es insgesamt „keine Nachhaltigkeit ohne ökonomischen Erfolg" (Figge 2001, S.9) gibt. Die Einschätzung, dass Umweltmanagement die Zufriedenheit der Shareholder mit dem Management insgesamt erhöhe

und so zu einem steigenden Aktienkurs führe, motiviert Unternehmen zu Nachhaltigkeitsmanagement. Schaltegger und Figge (1998) bestätigen in ihrer Untersuchung, dass das Umweltmanagement den Shareholder Value steigern kann und somit zu einem wichtigen Motiv der Unternehmen geworden ist. Den positiven Einfluss auf den Shareholder Value führen die Autoren auf eine sinkende Kapitalintensität in der Produktion durch z.B. effizientere Produktionsanlagen, weniger Lagerhaltung, preis- und absatzfördernde Wirkungen einer ökologischen Differenzierungsstrategie und sinkende Kosten durch ökoeffiziente Produktion (Abfallvermeidung, Emissionsreduktion etc.) zurück (Schaltegger/Figge 1998, S.8ff.). Spätere Untersuchungen von Schaltegger und Wagner (2006) haben für die Relation von Umweltmanagement und steigenden Aktienkurs den signifikanten Zusammenhang verifiziert, zwischen den sozialen Leistungen des Unternehmens und dem Aktienkurs allerdings einen negativen Zusammenhang identifiziert, der sich jedoch als nicht signifikant erwiesen hat (Schaltegger/Wagner 2006, S.206f.). Auch bei Hardtke/Prehn (2001) finden sich weitere Hinweise darauf, dass die voraussichtliche Steigerung des Shareholder Value die Unternehmen zum Nachhaltigkeitsmanagement motiviert, denn durch nachhaltige Unternehmensführung könne nicht nur langfristig der Gewinn des Unternehmens gesteigert werden, der wiederum den Shareholder Value beeinflusst, sondern das Unternehmen auch in die Lage versetzen, kurzfristige Gewinne (sog. *quick wins*) zu realisieren (Hardtke/Prehn 2001, S.71). Diese kurzfristigen Gewinne werden durch Kosteneinsparungen erreicht, die auf Effizienzsteigerungen zurückgeführt werden. Allerdings ist dies nur zu realisieren, wenn das Unternehmen frühzeitig Entwicklungen antizipiert und nach Lösungen sucht. Unternehmen erwarten vom Nachhaltigkeitsmanagement in sich noch entwickelnden Märkten in Entwicklungs- oder Schwellenländern einen positiven Einfluss auf den Erfolgsfaktor Einnahmen (Schaltegger/Wagner 2006, S.460). Es wird argumentiert, dass es den Unternehmen vor Ort gelingen kann, sich durch umwelttechnische Verbesserungen und einen Beitrag zur lokalen wirtschaftlichen Entwicklung, z.B. durch lokales Personal-Recruiting, mehr Akzeptanz am Standort zu schaffen und die Rahmenbedingungen im Gastland mit zu gestalten. Aufgrund der Faktoren wie Akzeptanz, Vertrauen etc. kann es dem Unternehmen so gelingen, die Einnahmen zu steigern. In der empirischen Studie der Bertelsmann Stiftung (2005, S.12f.) bestätigen mehr als die Hälfte der befragten Unternehmen, dass sie sich vom Nachhaltigkeitsengagement versprechen, die Erwartungen und Anforderungen der Shareholder zu erfüllen. Der Shareholder Value bildet bei dieser Betrachtung aber nur einen Teilaspekt, der sich auf den langfristigen Unternehmenserfolg insgesamt auswirkt. Die Studie des IWKöln (2004, S.2ff.) kommt zu dem Ergebnis, dass nachhaltig wirtschaftende Unternehmen zumindest ähnlich erfolgreich sind wie nicht nachhaltig wirtschaftende Unternehmen. Dies wird daraus abgeleitet, dass Instrumente nachhaltigen Wirtschaftens, wie z.B. Umweltmanagementsysteme oder Stakeholder-Dialoge, meist in prosperierenden Branchen, die Umsatzwachstum erwarten, vorzufinden sind. Des Weiteren zeigt diese Untersuchung, dass sich v.a. Unternehmen, die sich in Branchen hoher öffentlicher Exponiertheit (z.B. Energie, Pharma) betätigen, von Nachhaltigkeitsmanagement einen steigenden Unternehmenserfolg versprechen. Auch die Studie des ifo Instituts (2002, S.7f.) bestätigt, dass die Unternehmen, v.a. in umweltsensiblen Branchen, ihren langfristigen wirtschaftlichen Erfolg auch für die Zukunft deutlich positiver einschätzen, wenn sie nachhaltig wirtschaften. Ähnliche Ergebnisse liefern Studien zum Thema CSR. Die Studie von KPMG (2005, S.18) kommt zu dem Ergebnis, dass der ökonomische Erfolg der wichtigste Beweggrund ist, um sich mit dem Thema Nachhaltigkeit zu beschäftigen. Die 74 Prozent der Unternehmen, die dieses Motiv angeben, sehen das Nachhaltigkeitsmanagement direkt mit dem ökonomischen Erfolg über einen gestiegenen Shareholder Value oder indirekt über bessere Handlungsoptionen, Innovationen, Reputation des Unternehmens und reduzierte Risiken für das Unternehmen verbunden (KPMG 2005, S.18). Auch das BDI-Mittelstandspanel (2007, S.53) zeigt, dass die Mehrheit der befragten Unternehmen gesellschaftliches Engagement betreiben, da sie einen positiven Zusammenhang zum wirtschaftlichen Erfolg des Unternehmens sehen. Eine Studie des Humboldt Instituts für Management (2004, S.1) führt als eine Motivklasse für CSR die sog. *performance-driven* Motive an und verstehen CSR „als Teil des ökonomischen Auftrages des Unternehmens bzw. als Instrument zur Steigerung der finanziellen Performance und der Stellung im Wettbewerb“ (Humboldt Institute of Management 2004, S.1). Auch die Studie des DAI (2003, S.10) bestätigt diese Zusammenhänge, denn in dieser Untersuchung gaben mehr als drei Viertel der Befragten an, einen positiven Zusammenhang zwischen der unternehmerischen Umwelt- und Sozialperformance und dem Shareholder Value zu sehen (DAI 2003, S.10).

Weiterhin werden erwartete *Kostensenkungen* als direkter Treiber für Nachhaltigkeitsaktivitäten angeführt (Beschorner/Schmidt 2004, S.62). Diese können einerseits durch die Einsparung von Ressourcen, Abfall, Energie etc. erzielt werden, andererseits durch die Senkung der Transaktionskosten in Austauschverhältnissen mit Kunden, Lieferanten oder Behörden. Begründet wird dieser Zusammenhang mit dem Aufbau eines Vertrauensverhältnisses zwischen den Parteien (Dyllick 2003b, S.269.). Bei Baumgartner, Biedermann und Ebner (2007, S.73) heißt es, dass Nachhaltigkeitsmanagement die Integrität des Unternehmens erhöhe, wodurch Kooperationspartner einfacher gefunden werden und Vereinbarungen leichter und damit kostengünstiger geschlossen werden können. Zudem erreicht das Unternehmen so innovativere, wirtschaftlich erfolgreichere Kooperationspartner, was die Transaktionskosten weiter senkt. Auch bei Altner et al. (2004) dient der Aspekt der Kostensenkung als ein Motiv, denn hier wird argumentiert, dass viele Unternehmen Kostensenkungspotentiale noch nicht hinreichend ausgeschöpft haben, gleiches gilt für Potentiale zur Prozessoptimierung (Altner et al. (2004, S.131ff.). Stadlbauer (2002) bezeichnet den Grund für Kosteneinsparungen genauer, denn bei ihm heißt es, die Kostensenkungen seien durch steigende Ökoeffizienz zu erreichen, die sich durch die Einsparungen beim Ressourcenverbrauch äußern, somit sei Umweltschutz durchaus auch wirtschaftlich realisierbar (Stadlbauer 2002, S.2). In Bezug auf die Prozessoptimierung argumentieren Schaltegger und Wagner (2006, S.429f.), dass die Kosten dadurch eingespart werden, dass Prozesse durch Nachhaltigkeitsmanagement „sicherer“ (Schaltegger/Wagner 2006, S.429) gestaltet werden können, wobei sicherer in diesem Zusammenhang bedeutet, dass technologische Innovationen die Ressourcenabhängigkeit reduzieren oder zufriedenere Mitarbeiter die Fluktuation im Unternehmen mindern (Schaltegger/Wagner 2006, S.429f.). In Bezug auf die Ressourcenabhängigkeit bzw. mögliche Kosteneinsparungen durch Abfallvermeidung und Energieeinsparung wird in der Literatur meist die „Dematerialisierung“ (Schaltegger/Hasenmüller 2005, S.11) der Produktionsprozesse. Des Weiteren kann durch die Reduktion des Umwelteinflusses ein Abbau der Kontrollerfordernisse oder umweltbezogener Maßnahmen erreicht werden, was weiter Kosten reduziert (Hardtke/Prehn 2001, S.73). Schaltegger und Wagner (2006) führen mögliche Kosteneinsparungen auf die folgenden Aspekte zurück: Beschäftigung mit Umweltthemen kann Innovationen mit erhöhter Ressourcenproduktivität, verbesserter Effizienz und einer Vermeidung von Abfall hervorbringen, Vermeidung von regulatorischen Kosten (umweltbezogene Steuern, Abgaben, Kosten für Emissionshandel, Strafen) ist möglich, Antizipation von gesetzlichen Regelungen schafft Flexibilität und spart Kosten, gute Mitarbeiterbehandlung in Bezug auf Löhne, Arbeitsbedingungen, Aus- und Weiterbildung, Gesundheitsvorsorge etc. erhöht die Zufriedenheit der Mitarbeiter, verringert Fluktuation und Krankenstände (Schaltegger/Wagner 2006, S.451). Das Problem bei der Einschätzung der Wirkung des Nachhaltigkeitsmanagements auf die Kostensituation ist, dass Kostensteigerungen durch Umwelt- oder Sozialmaßnahmen meist gut erkennbar und erfassbar sind, während Kostensenkungspotentiale gesucht und dann auch gezielt gemanagt werden müssen, um von ihnen zu profitieren. Dies ist darauf zurück zu führen, dass Kosten gut benannt werden können (z.B. Personalkosten), dass aber Kosten senkende Wirkungen unter anderen Bezeichnungen im Rechnungswesen auftauchen (z.B. sinkende Mitarbeiterfluktuation) (Schaltegger/Hasenmüller 2005, S.11).

Zudem existieren Untersuchungen, die ein stark steigendes Interesse der Fondsmanager am Nachhaltigkeitsengagement der Unternehmen registrieren und die steigende Relevanz von Nachhaltigkeitsmanagement für *Entscheidungen am Kapitalmarkt* als Motiv für Nachhaltigkeitsmanagement belegen können (CSR Europe/Deloitte/ Euronext 2003, S.3f.). Eine ausführliche Untersuchung zu diesem Aspekt bietet die Studie des Deutschen Aktieninstituts (DAI) (2003), dessen Befragung von 97 börsennotierten Unternehmen in Deutschland ergab, dass der Kapitalmarkt einen zentralen Faktor bei der Motivation für nachhaltige Unternehmensführung darstellt (DAI 2003, S.9-18). Eine Studie über die DAX 30 Unternehmen bestätigt, dass sich die Unternehmen vom Nachhaltigkeitsmanagement eine Verringerung der Investmentrisiken in den Augen der Investoren versprechen (Altner et al. 2004, S.140f.). Eine aktuellere Studie der gtz (2006) zeigt in ihrer Befragung von 20 deutschen, international tätigen Unternehmen überdies den vermeintlich besseren Zugang zu Finanzierung, Indexaufnahme und den Druck durch externe Ratings als zweitwichtigstes Motiv für das Nachhaltigkeitsmanagement auf (gtz 2006, S.20f.)[123]. Die URS Deutschland GmbH (2006) weist in ihrer Untersuchung aus dem gleichen Jahr den verbesserten Zugang zu Kapital auf dem Finanzmarkt als Motiv nach, das im Vergleich mit den insgesamt ermittelten Motiven zu den wichtigsten aus Unternehmensperspektive zählt (URS 2006, S.15 u. S.32).

Ein weiteres identifiziertes Motiv liegt in dem *Zugang zu einer neuen Gruppe von Investoren*, die neben den klassischen Anlagekriterien, wie Rendite und Risiko, auch die soziale und ökologische Leistungsfähigkeit der Anlageobjekte in ihren Anlageentscheidungen berücksichtigen. Im Jahr 2002 lagen in den USA die Schätzungen des

123 http://www2.gtz.de/dokumente/bib/06-0182.pdf, (20.10.2007).

nach ethischen, sozialen, ökologischen oder nachhaltigen Kriterien investierten Kapitals bei ca. 15 Prozent des gesamten Kapitals institutioneller Investoren (DAI 2003, S.17). Die Relevanz dieses Motivs wird gestützt durch die vermehrte Auflage und Nachfrage nachhaltiger Anlageformen (sog. *socially responsible investments*) (Fieseler 2008, S.43; Kirchhoff 2008, S.109) und es wächst die Bedeutung sog. Nachhaltigkeitsindizes für die Orientierung von Finanzdienstleistungs- und Kapitalanlagegesellschaften bei der sozial-ökologischen Geldanlage. Nachhaltigkeitsindizes bewerten Unternehmen anhand ihrer Nachhaltigkeitsleistung (Gabriel 2005, S.1). Verifiziert werden kann diese Aussage beispielhaft am Erfolg der DOW JONES SUSTAINABILITY GROUP INDIZES[124], deren Werte im Vergleich zum klassischen Dow Jones Index langfristig eine deutlich bessere, sichere und stabile Entwicklung aufweisen (DJSI Annual Review 2008, S.18).[125] Zudem kommt eine Studie der Rating-Agentur oekom-research und des Wealth Managements der Hypovereinsbank (HVB) (2007) zu dem Ergebnis, dass sich bei einem Vergleich der Performance des Portfolios Prime Universum von oekom-research mit der Performance des weltweiten Aktienindex gewöhnlicher Aktien, MSCI World, in sechs Jahren ein kumulierter Renditegewinn von 35,8 Prozent ergibt (HVB & oekom-research 2007, S.7).[126]
Diese vermehrte Bedeutung von Kapitalmarktentwicklungen leitet an dieser Stelle über zu den marktlichen Beweggründen der wertorientierten Motive.

Als ein marktliches Motiv bezogen auf die *Marktstellung* identifiziert die Literatur die *Realisierung von Differenzierungsvorteilen* als einen wichtigen Beweggrund, wobei die Differenzierung häufig über ökologisch vertretbar oder sozial verantwortungsbewusst hergestellte Produkte im Portfolio des Unternehmens stattfindet (Beschorner/Schmidt 2004, S.62). Bei Hardtke/Prehn (2001) werden Qualität und Preis der Produkte als Differenzierungsmerkmale herausgestellt, wobei Produktattribute wie Umweltfreundlichkeit oder die Kombinierbarkeit mit anderen Produkten in Zusammenhang mit einer steigenden Produkt- bzw. Dienstleistungsqualität gebracht werden, die jedoch Kostenreduzierungen nicht ausschließen (Hardtke/Prehn 2001, S.71). Auch bei Dyllick (2003a) ist das Ausnutzen von Differenzierungs- und Marktpotentialen als zentrales Motiv für nachhaltige Unternehmensführung angegeben (Dyllick 2003a, S.239), wobei er den Strategietyp „INNOVATIV" als nachhaltigkeitsorientierte Wettbewerbsstrategie definiert, die eine Erschließung von Differenzierungspotentialen im ökologischen und sozialen Bereich beinhaltet. Auch die Berücksichtigung ethischer Aspekte bei der Produktion schaffe zusätzlich wertvolle Differenzierungspotentiale für Unternehmen (Vieweg 2007, S.7).[127] Ebenso bestätigen die empirischen Studien die Realisierung von Differenzierungsvorteilen als Motiv, wie eine Befragung

124 http://www.sustainability-indexes.com, (13.04.2006) Die Gruppe der Dow Jones Indizes ist eine Indexgruppe, die die finanzielle Leistungsfähigkeit von nachhaltig wirtschaftenden Unternehmen abbildet. Er besteht aus verschiedenen Indextypen, die sich ihrerseits in ihrer geografischen Ausrichtung unterscheidet:

125 http://www.sustainability-index.com/djsi_pdf/publications/Presentations/SAM_ Presentation_ 080904_Review08.pdf, (15.11.2008).

126 http://www.oekom-research.com/homepage/german/Performance-Studie_07.pdf, (07.11.2008).

127 http://www.management.de/app/management.cfm?do=as&sID=1&ID=212&lg=1, (16.11.2007).

des Handelsblatts im Sommer 2003 unter den DAX 30 Unternehmen oder eine Studie von KPMG über die jeweils 100 größten Unternehmen in 16 Ländern gezeigt haben. Die Handelsblatt-Studie gelangte zu der Erkenntnis, dass die Unternehmen Nachhaltigkeitsmanagement als Möglichkeit sehen, durch ökoeffiziente Produkte nicht nur ihre Marktposition zu verbessern, sondern auch eine Differenzierung gegenüber dem Wettbewerb zu erreichen, die KPMG-Studie bestätigte dies bei 21 Prozent der befragten Unternehmen (Altner et al. 2005, S.140f., KPMG[128] 2005, S.18ff.).

Die *Verbesserung der Wettbewerbsfähigkeit*[129] bzw. die *Stabilisierung der Wettbewerbssituation* bzw. die *Realisierung von Wettbewerbsvorteilen*[130] sowie die *Erschließung neuer Geschäftsfelder* wirken als weitere marktliche Motive. Unternehmen realisieren Wettbewerbsvorteile durch *first-mover-advantages*[131], indem sie sich auf die Zukunftsfähigkeit und den Markenwert ihrer Produkte und Dienstleistungen konzentrieren, Maßnahmen zur erhöhten Kundenbindung treffen und frühzeitig auf Veränderungen und Entwicklungen am Markt reagieren, wobei dieses Verhalten sich weiterhin positiv auf den Marktanteil (Holliday/Schmidheiny/Watts 2002, S.25f.). Schaltegger/Wagner (2006) erweitern die Komponenten der Wettbewerbsfähigkeit um die sozialen und moralischen Motive des Unternehmens insb. in Form der Berücksichtigung der Stakeholderinteressen (Schaltegger/Wagner 2006, S.82-105). Studien des Instituts der deutschen Wirtschaft Köln (IWKöln)[132] (2004) oder des ifo Institut[133] (2002) erkennen, dass Nachhaltigkeitsmanagement als Auslöser für wachsende Innovationspo-

---

128 https://kpmg.de/library/pdf/050615_kpmg_international_survey_of_corporate_responsibility_ reporting _2005_de.pdf, (31.10.2007).

129 Schaltegger/Wagner (2006) definieren Wettbewerbsfähigkeit aus zwei Perspektiven: aus der Sicht der Ergebnisse der Wettbewerbsfähigkeit und aus der Sicht der Bestimmungsfaktoren der Wettbewerbsfähigkeit (Schaltegger/Wagner 2006, S.85). Aus der Ergebnisperspektive gilt: „result of competitiveness is higher than average customer value that leads to higher profits in the long-term. Only if customers perceive products and services as better than their competitors will a company have long-term higher returns. Results of competitiveness are difficult to measure, i.e. common financial indicators of the accounting system [...] are lacking and refer to the past, whereas competitiveness refers to the future" (Schaltegger/Wagner 2006, S.85).

130 Ein Wettbewerbsvorteil soll verstanden werden als „eine im Konkurrenzvergleich überlegene Leistung, die folgende Kriterien erfüllen muss: Sie muss ein Merkmal betreffen, welches für den Kunden wichtig ist, sie muss vom Kunden wahrgenommen werden, sie muss eine gewisse Dauerhaftigkeit aufweisen, d.h. sie darf von der Konkurrenz nicht schnell einholbar bzw. imitierbar sein" (Homburg/Krohmer 2003, S.395)

131 „First-mover advantage is the advantage gained by the initial occupant of a market segment. [...]There are several advantages that can be gained from entering first: Scarce resources can be preempted, e.g. occupation of prime retail locations, the ability to register patents and trademarks that will protect the first entrant from future competition, changing the economics of the market in a way that second entrants will not have an economic justification to enter, early profits can be re-invested in improving the resource base, reputation will likely have the advantages that come from suppliers, distributors and customers who are familiar with and loyal to their products" (Grant 1995, S.161).

132 http://www.iwkoeln.de/data/pdf/content/st1104_nachhaltigkeits_unternehmensbefragung 2004.pdf, (13.08.2007).

133 http://www.oeko-radar.de/imperia/md/content/pdfdokumente/ifo-langfassung, (20.10.2007).

tentiale identifiziert und damit in einen Zusammenhang mit *first-mover-advantages* gebracht wird (IWKöln[134] 2004, S.16; ifo Institut[135] 2002, S.39). Bei Leitschuh-Fecht und Steger (2003) heißt es, dass Unternehmen die Möglichkeit sehen, neue Geschäftsfelder zu schaffen und auf diesen eine marktbeherrschende Stellung einzunehmen (Leitschuh-Fecht/Steger 2003, S.265). Auch Dyllick (2003b) identifiziert die Erschließung neuer Geschäftsfelder als zentrales Motiv für den identifizierten Strategietyp „TRANSFORMATIV: nachhaltige Marktentwicklung", denn dieser beschreibt, dass es durch Herausforderungen aus Problemen sozialer, ökologischer oder auch ökonomischer Art zu einer Veränderung ganzer Bedürfnisfelder bzw. ganzer Märkte kommen kann und macht sich zunutze, dass sich durch die aktive Mitgestaltung des Strukturwandels in Wirtschaft und Gesellschaft Chancen in neuen Geschäftsfeldern eröffnen (Dyllick 2003b, S.270f.).

Im Kontext der *Marktleistung* nennen Literatur und Studien Aspekte der *Kundenbindung*[136] und *Kundengewinnung* als Motive für Nachhaltigkeitsmanagement (Grohe 2005; Ökoradar.de 2002, S.7).
Bei Hardtke/Prehn (2001) heißt es, dass die Umwelt- und Sozialverantwortlichkeit eines Unternehmens für die Kaufentscheidung der Konsumenten von zunehmender Bedeutung sind, wobei nachhaltige Unternehmensführung die Loyalität der Kunden nicht nur zu einzelnen Marken des Unternehmens sondern auch zum Unternehmen stärkt (Hardtke/Prehn 2001,S.72f.). Das sich hier entwickelnde Vertrauensverhältnis durch eine zunehmende Informiertheit der Konsumenten über einzelne Produkte sowie die Tätigkeiten des Unternehmens kann dazu führen, dass die Kunden „frustrationstoleranter" (Beschorner/Schmidt 2004, S.62) werden und bei Problemen oder Krisen des Unternehmens oder der Marke nicht gewillt sind, auf alternative Produkte oder Unternehmen auszuweichen. Auch bei Dyllick (2003a) wird die Sicherung und der Ausbau von Marktpotentialen durch Kundenbindung bzw. Neukundengewinnung als eines der zentralen Motive angegeben (Dyllick 2003a, S.239). Hinsichtlich der Kundengewinnung bzw. -bindung durch nachhaltige Unternehmensführung geben Holliday/ Schmidheiny/Watts (2002) zu bedenken, dass die Kunden nicht uneingeschränkt bereit sind, dass ökologisch verträglichste Produkt zu wählen, sondern einen Kosten-Nutzen-Vergleich anstellen und auch andere Produktattribute wie Leistung, Zuverlässigkeit, Sicherheit bei ihrer Kaufentscheidung berücksichtigen (Holliday/Schmidhei-ny/Watts 2002, S.174). Obwohl sich die Nachfrage nach nachhaltigen Produkten erst in ihren Anfängen befindet, registrieren Unternehmen bereits ein steigendes Kundenpotential und beobachten ein wachsendes Interesse an sog. Öko-Marken (Hölscher 2007, S.166)

---

134 http://www.iwkoeln.de/data/pdf/content/st1104_nachhaltigkeits_unternehmens-befragung2004.pdf, (13.08.2007).

135 http://www.oeko-radar.de/imperia/md/content/pdfdokumente/ifo-langfassung, (20.10.2007).

136 „Kundenbindung kann als eine innere Verpflichtung des Kunden (*Commitment*) aufgefasst werden, die durch Vertrauen in den Geschäftspartner, den Wunsch nach einer stabilen Geschäftsbeziehung, die Bereitschaft zu kurzfristigen Opfern und die Verteidigung des Anbieters gegenüber Angriffen Dritter zum Ausdruck kommt", http://www.crm-erfolg.de/Weiter-fuehrendes/Glossar.asp, (17.11.2007).

und *social labels* (Piepel 2000, S.9f.). Dieses eröffnet neue Kundenkreise, wobei eine Zertifizierung der Produkte seitens unabhängiger Institutionen die Glaubwürdigkeit der Marken erhöhen und zur Kundengewinnung und -bindung beitragen kann. Im BDI-Mittelstandspanel 2007 und einer Studie der Initiative für Neue Soziale Marktwirtschaft (INSM) ergibt sich der wirtschaftliche Nutzen des unternehmerischen Nachhaltigkeitsmanagements unter anderem aus der Festigung der Beziehungen zu den Kunden des Unternehmens und der Neukundengewinnung (BDI-Mittelstandspanel[137] 2007, S.69f.; INSM[138] 2005, S.24). Eine Analyse verschiedener Studien der Jahre 2002 bis 2006 durch das Institut für Markt-Umwelt-Gesellschaft (imug) (2006) ergibt, dass die Kunden nachhaltig geführter Unternehmen loyaler sind bzw. weniger dazu neigen, aus Protest das Produkt oder die Marke zu wechseln (imug[139] 2006, S.3).

Ein weiterer Aspekt der Marktleistungsmotive sind *erschlossene Innovationspotentiale*[140], denn durch die gleichzeitige Berücksichtigung der ökologischen, der ökonomischen und der sozialen Dimension des Nachhaltigkeitsleitbildes werden häufig kreative Produktideen generiert, die sich zudem am Markt durchsetzen, da die Ansprüche der Stakeholder bei der Umsetzung der Produktideen mit einbezogen wurden, weshalb Innovationen ein sehr zentrales Motiv darstellen, da sie langfristig den Fortbestand des Unternehmens beeinflussen. Leitschuh-Fecht/Steger (2003) und Hardtke/Prehn (2001) betonen eine enge Verknüpfung von Innovation und Nachhaltigkeit, denn eine nachhaltige Unternehmensführung kann neue, bislang ungenutzte Handlungsspielräume eröffnen, indem sie die Basis für eine Innovationskultur im Unternehmen schafft.
Holliday, Schmidheiny und Watts (2002) prognostizieren Unternehmen, die nicht innovativ sind, ein Verschwinden vom Markt und raten zu Transparenz und intensiver Kommunikation als Treiber der Durchsetzung von Innovationen, wobei eine umfassende Innovationstätigkeit die Integration der Stakeholder in den verschiedenen Phasen des Innovationsprozesses meint, Zusatznutzen und weitere Ideen generieren kann, sowie Akzeptanz der Neuerungen schafft. Eine Studie der URS Deutschland GmbH[141] (2006, S.15f.) bestätigt dieses sich aus dem Innovationsaspekt ergebende Motiv, eben-

---

137 BDI-Mittelstandspanel 2007 unter http://www.bdionline.de/Dokumente/Mittelstandspolitik/MittelstandspanelLangfassung_Fruehjahr2007.pdf, (23.10.2007).

138 http://www.insm.de/Downloads/PDF_-_Dateien/Schriftdokumente/Umfrageergebnisse_CSR.pdf, (18.11.2007).

139 http://www.imug.de/pdfs/csr/hp_imug_business_case_for_sustainability_2006.pdf, (02.10.2007).

140 Der Begriff der Innovation soll verstanden werden als Prozess vom Erkennen eines Problems bzw. dem Finden einer Idee bis zur erfolgreichen Umsetzung der Lösung bzw. Neuerung. Innovationen können sich daher auf Produkte, Verfahren, Dienstleistungen, Prozesse und auch auf interne Strukturen beziehen; das gemeinsame Ziel ist der Erfolg am Markt, für eine ausführliche Begriffsdefinition und Diskussion der Charakteristika einer Innovation sei auf Schumpeter (1964, S.100f.) verwiesen, Schumpeter (1964).

141 http://www.urscorp.de/index.php?getfile=2006-11-09_nachhaltigkeit_und_unternehmensfuehrung_2006.pdf, URS Deutschland GmbH und Anwaltssozietät Freshfields/Bruckhaus/Deringer – Nachhaltigkeit und Unternehmensführung, 2006, (20.11.2007).

so wie die Studie des ifo Instituts[142] (2002, S.39). Auch die Studie unter den DAX 30 Unternehmen und die KPMG-Studie messen dem innovativen Potential, durch welches nachhaltigkeitsorientierte Aktivitäten motiviert werden, eine wichtige Bedeutung zu (Altner et al. 2004, S.140f., KPMG[143] 2005, S.18). Laut KPMG geben 53 Prozent der jeweils 100 größten Unternehmen aus 16 Ländern an, dass die Möglichkeit, durch Nachhaltigkeitsaktivitäten Lernprozesse zu initiieren und damit Innovationspotentiale zu erschließen, ein wichtiger Beweggrund für ihr Engagement sei (KPMG[144] 2005, S.18).

Ein letzter Aspekt der Marktleistung bezieht sich auf die erwartete *Erhöhung der Produkt- bzw. Dienstleistungsqualität*, wobei in den Untersuchungen die Produktverantwortung und weniger die Produktqualität im Sinne der objektiven Eigenschaften des Produktes im Fokus steht. Die Untersuchung der URS Deutschland GmbH[145] hat ergeben, dass die Unternehmen erwarten, dass das Thema der Produktverantwortung (*product stewardship*[146]) erheblich an Bedeutung gewinnen wird (URS[147] 2006, S.17). Zunehmend bestimmen subjektive Kriterien die Wahrnehmung der Produktqualität, insb. die Beurteilung des Mehrwertes, den das Produkt den Konsumenten bietet. Laut der Otto-Trendstudie (2007)[148] wird der Konsum nachhaltiger Produkte an Bedeutung gewinnen, da sie den Kunden einen für sie wichtigen Mehrwert liefern (Otto-Trendstudie[149] 2007, S.27-35). Der Mehrwert beschreibt „einen imaginär-symbolischen Mehrwert einer Leistung, der über den praktisch-funktionalen Nutzen hinausgeht, aus der subjektiven Wertschätzung der Marke entsteht, verhaltensbeeinflussend wirkt“[150] und resultiert aus dem Bewusstsein, dass Produkte unter sozialen und/oder ökologischen Gesichtspunkten gefertigt worden sind. Hardtke und Prehn (2001) argumentieren, dass es automatisch zu Qualitätssteigerungen bei Produkten bzw. Dienstleistungen kommt, wenn einzelne Charakteristika, wie Umweltfreundlichkeit oder Kombinierbarkeit mit anderen Produkten verbessert werden (Hardtke/Prehn 2001, S.71). Bei Schmidheiny (1992) findet sich bereits der entscheidende Aspekt der Produktverantwortung, „unter dem Druck strengerer Umweltbestimmungen, zunehmend umweltorientierter Verbrauchererwartungen und des sich vergrößernden Verantwor-

142 http://www.oeko-radar.de/imperia/md/content/pdfdokumente/ifo-langfassung, 20.10.2007.

143 https://kpmg.de/library/pdf/050615_kpmg_international_survey_of_corporate_ re-sponsibility_ reporting_2005_de.pdf, (31.10.2007).

144 https://kpmg.de/library/pdf/050615_kpmg_international_survey_of_corporate_responsibility_reporting_2005_de.pdf, (31.10.2007).

145 http://www.urscorp.de/index.php?getfile=2006-11-09_nachhaltigkeit_und_unter-nehmens fuehrung_2006.pdf, URS Deutschland GmbH und Anwaltssozietät Freshfields/Bruckhaus/ Deringer – Nachhaltigkeit und Unternehmensführung, 2006, (20.11.2007).

146 http://www.ecy.wa.gov/Sustainability/Resources/prod_steward.htm (04.11.2008).

147 http://www.urscorp.de/index.php?getfile=2006-11-09_nachhaltigkeit_und_unternehmensfuehrung_2006.pdf, URS Deutschland GmbH und Anwaltssozietät Freshfields/Bruck haus/Deringer – Nachhaltigkeit und Unternehmensführung, 2006, (20.11.2007).

148 http://www.trendbuero.de/index.php?f_categoryId=166, (20.10.2007).

149 http://www.trendbuero.de/index.php?f_categoryId=166, (20.10.2007).

150 http://www.markenlexikon.com/glossar_m.html, (21.11.2007).

tungsbewusstseins der Unternehmer erkennen diese mehr und mehr an, dass sie in Zukunft die Risiken und Umweltbelastungen ihrer Produkte über den gesamten Lebenszyklus ‚von der Wiege bis zur Bahre' berücksichtigen müssen" (Schmidheiny 1992, S.143). Prösler (2003) formuliert in diesem Kontext: „auf deutscher wie europäischer Ebene vollzieht sich ein Wandel in der umweltpolitischen Diskussion. Standen vor einigen Jahren Produktionsprozesse im Mittelpunkt, so verlagerte sich das Interesse schrittweise auf Fragen der Entsorgung und des Umgangs mit einzelnen Stoffen. Dabei werden alle Phasen des Lebensweges einbezogen, d.h. Rohstoffgewinnung, Herstellung, Gebrauch sowie Entsorgung und Verwertung." (Prösler 2003, S.7). Einerseits bewegen gesetzliche Rahmenbedingungen, wie Rücknahmeverpflichtungen (Sietz 2003, S.22) Unternehmen zu mehr Produktverantwortung, andererseits kann mehr Verantwortungsübernahme im Rahmen einer nachhaltigen Unternehmensführung, nicht nur zu einer gesteigerten Qualität der Produkte, sondern zu einer stärkeren Kundenbindung bzw. zur Gewinnung neuer Kunden führen (Schmidheiny 1992, S.144ff.). Schließlich wird argumentiert, dass nachhaltige Produkte ein zusätzliches Qualitätsmerkmal nämlich die Eigenschaften des „Produktes mit Geschichte"[151] aufweisen, wobei sich die „Geschichte" des Produktes oftmals auf eine regionale, umweltfreundliche, sozial verträgliche Herstellung bezieht, denn für derartige Produkte seien die Konsumenten durchaus bereit, einen höheren Preis als für vergleichbare Massenprodukte zu zahlen. Auch an dieser Stelle gibt König (2005) das Kosten-Nutzen-Kalkül in den Kaufentscheidungen zu bedenken und geht davon aus, dass lediglich ein den Massenprodukten vergleichbarer Preis erzielbar sei (König 2005, S.488).

2.5.2.2 Anspruchsgruppenorientierte Motive

In Anlehnung an Hockerts' (2003) Formulierung eines zentralen Definitionsmerkmals unternehmerischer Nachhaltigkeit: „Nachhaltige Unternehmensführung befriedigt die Bedürfnisse der Stakeholder eines Unternehmens, ohne dessen Fähigkeit zur Bedürfnisbefriedigung zukünftiger Stakeholder zu gefährden" (Hockerts 2003, S.19), sind die Motive für unternehmerisches Nachhaltigkeitsmanagement zweifelsfrei um eine anspruchsgruppenorientierte Perspektive zu erweitern.

Aus der Analyse wissenschaftlicher Beiträge, Darstellungen und Aufzählungen zu Stakeholdern ergibt sich hinsichtlich der unternehmensrelevanten Gruppen eine deutliche Einigkeit unter den Autoren (Attas 2004, S.315; Stahl 2003, S.32f.; Post/Preston/Sachs 2002, S.22; Agle/Mitchell/Sonnenfeld 1999, S.508; Donaldson/Preston 1995, S.69; Dyllick 1984, S.75; Freeman 1984, S.25). Als typische Stakeholder identifizieren die zuvor aufgeführten Publikationen Eigentümer/Kapi-talgeber (Shareholder), Kunden, Mitarbeiter, Lieferanten und staatliche Institutionen bzw. Regierungen. Außer diesen Anspruchsgruppen ist zudem die Aufnahme von Nichtregierungsorganisationen (non-governmental organizations, NGOs) oder politischen bzw. gesellschaftlichen Gruppierungen (Vereine, Verbände) geboten, da diese einerseits als Treiber einer nachhaltigen Entwicklung gelten (Hart/Milstein 2003, S.59) und andererseits ein nicht zu unterschätzendes Bedrohungspotential gegenüber den Unternehmen aufwei-

151 http://www.sustainable.at/Presse/Nachhaltigkeit%20im%20Management.html, (16.11.2007).

sen (Savage et al. 1991; Spar/LaMure 2003, S.89f.; zur Machtstruktur Johnson/Scholes/Whittington 2005, S.184f.). In diesem Zusammenhang existieren diverse Fallstudien, die Konflikte zwischen Unternehmen und gut organisierten Interessen- bzw. Aktivistengruppen, den Einfluss letzterer auf die Unternehmensentwicklung oder die Relevanz gesellschaftlicher Anliegen thematisieren (Werner-Lobo 2008; Werner/Weiss 2006; Palazzo 2005; Berg 2003, S.147f.; Berg 2001; Scherer 2001). Ansätze unternehmerischen Nachhaltigkeitsmanagements bewegen sich grundsätzlich im Spannungsfeld aus unternehmerischen Interessen und gesellschaftspolitischen Anforderungen, wobei der Ausgleich dieser Spannungen eine maßgebliche Voraussetzung für die langfristige Existenzsicherung des Unternehmens darstellt (Thul/Ritter/Haas 2007, S.11, IWKöln[152] 2004, S.8). Gesellschaftspolitische Anforderungen manifestieren sich in ökonomischen, ökologischen und sozialen Herausforderungen und Bedürfnissen der Anspruchsgruppen. Anspruchsgruppenorientierte Motive für nachhaltige Unternehmensführung basieren auf dem Wunsch nach der Festigung der Anerkennung durch die Stakeholder und werden über eine Antizipation gesellschaftlicher Entwicklungen und das Streben nach Win-Win-Situationen für alle involvierten Akteure zu erreichen versucht (Haas et. al. 2007, S.7). Steimle (2003) unterscheidet normative und instrumentelle Motive für das Nachhaltigkeitsmanagement, wobei normative Motive auf übergeordneten ethischen Erwägungen basieren, wohingegen instrumentelle Motive auf der Annahme beruhen, dass eine nachhaltigkeitsorientierte Unternehmensführung insb. die ökonomische Zielerreichung forciert (Steimle 2003, S.145f.). In der wissenschaftlichen Literatur sowie in empirischen Untersuchungen der Unternehmenspraxis ist keine eindeutige Abgrenzung normativer und instrumenteller Motive zu identifizieren, vielmehr dienen die instrumentell argumentierten Aussagen dazu, die Akzeptanz der ethisch-normativen Beweggründe zu unterstützen. Steimle, Liebrich und Zink (2007) entdecken in einer Studie über die Motivlage zur unternehmerischen Verantwortung deutscher Großunternehmen eine Dominanz instrumenteller Motive, denn ihre Auseinandersetzung mit Bedürfnissen „traditioneller“ (Steimle 2003, S.148) Stakeholder und die Berücksichtigung ökologischer und sozialer Ziele begründet die Mehrzahl der Unternehmensvertreter mit positiven wirtschaftlichen Effekten (Steimle/Liebrich/Zink 2007). Das Management der Stakeholder-Beziehungen wird im Rahmen der Literaturanalyse als wichtiges Motiv für eine nachhaltige Unternehmensführung identifiziert, wobei die Ansprüche der Stakeholder besonders in Abhängigkeit davon, ob es sich um primäre oder sekundäre Stakeholder handelt, sehr unterschiedlich sein können. Primäre Stakeholder bezeichnen solche, die den Unternehmenszweck, also die Herstellung von Produkten und Dienstleistungen, direkt beeinflussen; sekundäre Stakeholder sind all jene, deren Interessen sich v.a. aus den Marktverflechtungen des Unternehmens ergeben (Post et al. 1996, S.11).

Nachfolgend sollen daher vorrangig mitarbeiter-, kunden- und lieferantenorientierte Motive unternehmerischen Nachhaltigkeitsmanagements vorgestellt werden. Konkurrenzorientierte Motive werden an dieser Stelle nicht mehr explizit vertieft, da diese

152 http://www.iwkoeln.de/data/pdf/content/st1104_nachhaltigkeits_unternehmens-befragung 2004.pdf, (13.08.2007).

weitgehend deckungsgleich mit den marktlichen Motiven sind, bei denen sich die Beweggründe aus der Marktleistungsperspektive und in diesem Zusammenhang insb. die Erwartung von Differenzierungsvorteilen aufgrund des Nachhaltigkeitsmanagements aus der Konkurrenzbetrachtung ergeben. Ebenso treten im Folgenden die Motive in Orientierung an den Ansprüchen des Staates, seiner Städte und Kommunen sowie jene in Orientierung an den Ansprüchen ausländischer Regierungen oder der Staatengemeinschaft in den Hintergrund, da diese sekundären Stakeholder ihre direkten Interessen bereits bei der Gestaltung des normativen Rahmens maßgeblich einbringen und daher die formulierten Herausforderungen an die Rolle der Unternehmen im gesellschaftspolitischen Diskussionsprozess deren Motivlage maßgeblich bestimmen.

Mitarbeiterorientierte Motive

Mitarbeiterorientierte Motive finden in der Literatur besondere Beachtung und werden ausführlich diskutiert. So führt Schmidheiny (1992) an, dass die Berücksichtigung der Mitarbeiterinteressen in erster Linie Vertrauen schafft und die Arbeitsmoral erhöht, gleichzeitig wird eine größere Unterstützung bei der Durchsetzung von Unternehmensstrategien, mehr Verantwortungsübernahme der Mitarbeiter durch ihre Beteiligung an der Entscheidungsfindung sowie erhöhte Solidarität und Loyalität erwartet (Beschorner/Schmidt 2004, S.61f.; Hardtke/Prehn 2001, S.94; Schmidheiny 1992, S.129f.). Auch gilt das Motiv der Steigerung der Mitarbeiteridentifikation durch die Berücksichtigung einer Vielzahl sozialer Aspekte oder durch eine umfangreiche Personalentwicklung als zentral, denn Aktivitäten des ehrenamtlichen Engagements der Mitarbeiter, stärken ihre Identifikation mit dem Unternehmen, tragen zu einer Förderung der *soft-skills* bei und können sich positiv auf das Klima im Unternehmen auswirken (Bork 2005, S.5). Zusammenfassend kann festgestellt werden, dass der Aufbau und die Nutzung von Mitarbeiterpotentialen als Beweggründe für die internen sozialen Aspekte des Nachhaltigkeitsmanagements angeführt werden, um in diesem Rahmen Kompetenzen sowie Wissen zu entwickeln und zu generieren, die für das Unternehmen wertvoll und nutzbar sind (Schaltegger/Wagner 2006, S.452f.). Auch in den empirischen Untersuchungen tritt der Aspekt der Mitarbeiterorientierung in den Vordergrund. In der Untersuchung der gtz[153] (2006, S.20ff.) wurden die Erwartungen und Forderungen der Mitarbeiter als eine der wichtigsten treibenden Kräfte identifiziert. Die Unternehmen in dieser Befragung erwarten v.a. von den sozialen Leistungen eine stärkere Identifikation der Mitarbeiter mit dem Unternehmen und dadurch auch eine gesteigerte Motivation, was damit begründet wird, dass „Mitarbeiter aller Ebenen ihren eigenen innovativen und kreativen Beitrag zu einem nachhaltig geführten Unternehmen leisten können“ (gtz[154] 2006, S.33). Auch die Studie der IWKöln (2004, S.16)[155] nennt steigende Mitarbeitermotivation als wichtigsten Beweggrund. Dies wird auch von der ifo Studie (2002)[156] bestätigt, wobei auch hier die gestiegene Mitarbei-

153 http://www2.gtz.de/dokumente/bib/06-0182.pdf, (20.10.2007).
154 http://www2.gtz.de/dokumente/bib/06-0182.pdf, (20.10.2007).
155 http://www.iwkoeln.de/data/pdf/content/st1104_nachhaltigkeits_unternehmens-befragung2004.pdf, (13.08.2007).
156 http://www.oeko-radar.de/imperia/md/content/pdfdokumente/ifo-langfassung, (20.10.2007).

termotivation darauf zurückgeführt wird, dass nachhaltige Unternehmen sich mehr mit Themen wie Arbeitssicherheit und Gesundheitsschutz auseinandersetzen und die Fähigkeiten ihrer Mitarbeiter entwickeln und sie an den Unternehmensprozessen beteiligen (ifo 2002, S.9)[157]. Viele Unternehmen sehen im Nachhaltigkeitsmanagement eine Möglichkeit zur Steigerung der Kreativität ihrer Mitarbeiter, da sich für diese neue Perspektiven und Anreize ergeben. Des Weiteren werden in vielen Untersuchungen die positiven Auswirkungen auf die Unternehmenskultur herausgestellt, da hier Werte geschaffen und vermittelt werden, die den Mitarbeitern als Orientierung dienen (Humboldt Institute of Management 2004, S.1)[158]. Eine Vielzahl weiterer Studien belegt die positiven Auswirkungen des Nachhaltigkeitsmanagements auf die Mitarbeitermotivation, die Mitarbeiteridentifikation und -loyalität, wobei allerdings unklar bleibt, welchen Anteil das Nachhaltigkeitsmanagement an der Gesamtzufriedenheit hat, wenn auch Faktoren wie z.B. das Gehalt mit einbezogen werden (imug 2006, S.2)[159].

Verschiedene nationale wie internationale empirische Studien zeigen, dass Kunden bzw. Konsumenten von den Unternehmen eine Verantwortungsübernahme für ökologische und soziale Belange erwarten und der unternehmerische Umgang mit diesen Aspekten ein entscheidendes Kaufkriterium darstellt (O'Rourke 2005, S.117; Grünewald 2004, S.46). Diese Herausforderung bedingt nun die Analyse kundenorientierter Motive für Nachhaltigkeitsmanagement.

Kundenorientierte Motive:

Die Chance, neue Geschäftsfelder zu erschließen, kann sich auch aus der stärkeren Kundenorientierung ergeben. „Durch eine stärkere Beachtung der Kunden-Bedürfnisse werden neue Marktsegmente für umweltorientierte Produkte und Dienstleistungen geschaffen" (Stadlbauer 2001, S.2). Nur wenn mit dem neuen Marktsegment auch die Kundenbedürfnisse befriedigt werden, wird das neue Geschäftsfeld zum Unternehmenserfolg beitragen. Weitere Ausführungen zum Aspekt der Kundenorientierung fanden sich bereits in der Zusammenstellung der marktlichen Motive (Abschnitt 2.5.2.1). In diesem Zusammenhang motiviert die Unternehmen weiterhin die Möglichkeit, gezielt Methoden und Instrumente des Nachhaltigkeitsmarketings[160] nutzen zu können, um auf die gewandelten Kundenbedürfnisse zu reagieren. Nachhaltigkeitsmarketing öffnet damit seinen Fokus von einer reinen Markt- zu einer gleichzeitigen Markt- und Gesellschaftsorientierung, wobei ein kooperatives und interessenpolitisches Vorgehen in vielen Fällen erforderlich wird (Spiller/Zühlsdorf/Schaltegger/Petersen 2007, S.15). Unternehmen erwarten von explizit formulierten Strategien

---

157 http://www.oeko-radar.de/imperia/md/content/pdfdokumente/ifo-langfassung, (20.10.2007).

158 Humboldt Institute of Management (2004): CSR in deutschen Unternehmen: Eine explorative Studie zur kommunizierten Bedeutung von CSR in den umsatzstärksten deutschen Unternehmen, Berlin 2004, unter: http://www2.wiwi.hu-berlin.de/institute/im/csr/html/deutsch/forschung /CSR_Kommunikation.pdf, (26.11.2007).

159 http://www.imug.de/pdfs/csr/hp_imug_business_case_for_sustainability_2006.pdf, (02.10.2007).

160 Zum Nachhaltigkeitsmarketing siehe Belz/Bilharz (2005), Balderjahn (2004), Kirchgeorg (2002).

des Nachhaltigkeitsmarketings eine Profilierung im Wettbewerb und ein Profitieren vom Wachstum ökologischer und sozialer Märkte (Leitner 2002, S.2). In Ergänzung zu dem ökonomischen Motiv, aus der Nutzung des Nachhaltigkeitsmarketings eine verbesserte Wettbewerbsposition generieren zu können, motivieren die Möglichkeiten eines effizienten Bedienens herkömmlicher Konsumwünsche, die Förderung der Bedürfnisreflexion, die Identifikation nachhaltigkeitsbezogener Kundenwünsche und die Förderung von nachhaltigem Konsum- und Entsorgungsverhalten zu Nachhaltigkeitsmanagements (Spiller/Zühlsdorf/Schaltegger/Petersen 2007, S.18). Moderne Marketingkonzepte werden unter dem Blickwinkel gesellschaftlicher und infrastruktureller Herausforderungen auch häufiger in ihrer gesamten Breite ausgelotet, um ein *Societal Marketing* zu begründen, welches neben der Berücksichtigung von Kundenwünschen auch auf die Beeinflussung von diversen Stakeholdern, wie Lieferanten, Politik, NGOs oder Bildungsträgern abzielt (Belz/Bilharz 2005).

Lieferantenorientierte Motive:

Der Primäranspruch der Lieferanten besteht in der Gestaltung langfristiger Geschäfts- bzw. dauerhafter Lieferbeziehungen, so dass ein unternehmerischer Beweggrund darauf abzielt, für beide Partner Planungssicherheit zu schaffen. Konkret bedeutet dies, einen für den Lieferanten planbaren Entgeltzufluss und damit gleichermaßen eine Reduzierung von Unsicherheitspotentialen im eigenen Unternehmensbereich Einkauf sowie hinsichtlich der Existenzsicherung des Lieferanten zu gewährleisten (Steimle 2008, S.244; Stahl 2003, S.32f.; Dyllick 1984, S.75). Lieferantenorientierte Motive entstammen den Nachhaltigkeitsherausforderungen an den Einkauf, denn dieser Funktionsbereich hat durch die Auswahl von Material und Lieferanten einen großen Einfluss auf die Umweltbelastungen eines Unternehmens und der Lieferanten. Die Möglichkeit einer systematischen Aufnahme von Kontrollmöglichkeiten der Umweltauswirkungen der Lieferanten, konkreter Vorgaben hinsichtlich der Stoffzusammensetzungen oder die kontinuierliche Prüfung von Zertifizierungen der Zulieferer motivieren Unternehmen zur nachhaltigkeitsorientierten Gestaltung ihrer Einkaufsentscheidungen. Gleichermaßen sind soziale Themen innerhalb der gesamten Zulieferkette aufgrund der weltweiten Ausdehnung der Beschaffungsmärkte sowohl zu einem neuen Risikofaktor als auch zu einem Differenzierungspotential für Unternehmen avanciert. Deshalb stellt die Verpflichtung der Lieferanten auf bestimmte Verhaltensgrundsätze einen weiteren wesentlichen Beweggrund für Nachhaltigkeitsmanagement dar und sichert damit die Glaubwürdigkeit hoher Personalstandards (BMU/econsense/CSM (2007), S.28, S.38, S.141). Im ökonomischen Kontext motiviert die Verminderung von Risiken durch ein problematisches Umwelt- bzw. Sozialverhalten in der Wertschöpfungskette zu einem ganzheitlichen Nachhaltigkeitsmanagement, denn Skandale und deren Konsequenzen wie Reputationsverlust oder Absatzeinbrüche treffen aufgrund der Reaktionen der Medien, Konsumenten oder NGOs in der Regel das fokale Unternehmen einer Wertschöpfungsarchitektur und damit den identifizierten Markenführer. Andererseits motiviert die Wahrnehmung nachhaltigkeitsorientierter Einkaufsentscheidungen und Lieferantenbeziehungen bei einem Verzicht auf *global sourcing* und der Konzentration auf regionale Beschaffung als positives Signal für den unternehmerischen Beitrag zur Stärkung des Standortes und der Region und trägt damit deutlich zur Profilierung des Unternehmensimages bei. Über diese Hinweise aus Einkauf und Supply Chain Management wird deutlich, dass das reaktive Motiv der Risikovermeidung bei gleichzeitiger Stärkung der Lieferantenkette positiven Einfluss auf die unternehmerische Orientierung am Nachhaltigkeitsmanagement nimmt, das proaktive Motiv der Einflussnahme auf die ökologischen und sozialen Produktionsbedingungen greift. Beide Motive schlagen sich im Managementkonzept der sog. *Green Supply Chain* oder *Sustainable Supply Chain* nieder, die konsequent Nachhaltigkeitsaspekte in die Lieferkette aufnimmt (Seuring 2008, S.130; Zhou/Cheng/Hua 2000, S.1152; Beamon 1999, S.333).

Die steigende Zahl an Nichtregierungsorganisationen (*Non Governmental Organizations, NGOs*), ihre wachsende Glaubwürdigkeit in der Öffentlichkeit, vermehrte Ansprüche an die sozial-ökologische Performance von Unternehmen und ihr transnationales Auftreten als Global Player in Netzwerken mit ausgeprägter Medienkompetenz zur Konfrontation durch symbolische „*name-and-shame*-Kampagnen" (Kopp o.J., S.9) gegen einzelne Unternehmen machen eine Berücksichtigung ihrer Ansprüche für Unternehmen unabdingbar (Frantz/Martens 2006) und richten daher auch die Aufmerksamkeit einer weiteren Motivkategorie auf sich.

Motive in Orientierung an Nichtregierungsorganisationen und Medien

Während marktliche Anspruchsgruppen vorrangig die Durchsetzung ihrer individuellen bzw. gruppenspezifischen Interessen anstreben, vertreten nicht-marktliche Anspruchsgruppen wie Nichtregierungsorganisationen vielfältige, grundsätzliche, gesellschaftliche Interessen und begründen ihre Ansprüche nicht unmittelbar aus ihrem Beitrag zum primären Unternehmenszweck sondern als direkte Konsequenz aus den Markttransaktionen der Unternehmen. Nichtregierungsorganisationen (*Non Governmental Organizations*, NGOs) sollen verstanden werden als nicht-staatliche, nicht-profitorientierte, nicht-kriminelle und nicht-gewalttätig orientierte Organisationen mit gemeinsamen Ideen und Werten, die ein langfristiges Fortbestehen anstreben und einer autonomen Selbstverwaltung unterliegen (Rieth/Göbel 2005; Neubert 2003; Curbach 2003). Unbestritten ist, dass die Aktivitäten von NGOs einen maßgeblichen Anteil daran haben, dass in der Diskussion um unternehmerische Nachhaltigkeitsaktivitäten mehr und mehr die Frage nach der konkreten Umsetzung ökologischer und sozialer Verantwortung in den Vordergrund rückt und nicht mehr über die generelle Notwendigkeit unternehmerischer Verantwortungsübernahme debattiert wird[161]. Als Beweggründe der Unternehmen im Hinblick auf die zunehmenden Macht- und Einflusspotentiale von NGOs, werden v.a. die Sorge um angemessene Reputation sowie die ernsthaft normativ motivierte Wahrnehmung gesellschaftlicher Verantwortung angeführt (Haufler 2001). Im Vordergrund stehen jedoch in erster Linie Handlungsgründe des Unternehmens in Form von Antizipation, Vorbeugung oder Vermeidung von Imageschädigungen durch konfrontative NGO-Kampagnen, den damit einhergehenden negativen Einflüssen auf die Marktsituation des Unternehmens, dem potentiellen oder teilweisen Verlust der *licence to operate* und der Legitimität (Steimle 2008, S.24,

161 Zu Rollen und Strategien von NGOs in einem prägnanten Überblick siehe Ebinger (2007).

S.245; Rieth/Göbel 2005, S.246). Zudem begründet sich die Auseinandersetzung der Unternehmen mit den vielfältig geforderten Aspekten des Nachhaltigkeitsmanagements in der Notwendigkeit von Reaktionen auf NGO-Maßnahmen, wobei Unternehmen in Zugzwang geraten, sich nachhaltig zu engagieren um reputationsschädigenden Kampagnen zu entgehen. Die NGOs stimmen darin überein, als Beweggründe der Unternehmen für Nachhaltigkeitsmanagement deren Kosten-Nutzen-Kalkül und den Schutz der Marktposition anzuführen (Rieth/Göbel 2005, S.254). Ein Großteil ihres Einflusses und ihrer Einnahmen hängt von der öffentlichen Aufmerksamkeit ab. Dadurch besteht eine geradezu existentielle Abhängigkeit von den Medien, damit verbunden ist automatisch die Orientierung an bestimmten Gesetzmäßigkeiten und Auswahlmechanismen der Massenmedien. Viele NGOs greifen bei ihren Kampagnen gezielt auf massenmediale Inszenierungen[162] zurück, da sie Unternehmen allein über die Herstellung nationaler oder transnationaler Öffentlichkeit erreichen können.[163] Vor dem Hintergrund der zuvor getätigten Ausführungen kann der Stakeholderorientierung eine Schlüsselrolle für die Motivation zu mehr gesellschaftlicher Verantwortung der Unternehmen und zur Ausgestaltung ihrer Aufgaben und Rollen als gute Bürger zugesprochen werden. Der Stakeholderbezug ist so zentral, da die Anspruchsgruppen einen erkennbaren Einfluss auf die Motivlage der Unternehmen und die Bestimmungsfaktoren der Wettbewerbsfähigkeit haben. Da aber die soziale Leistung meist kein sichtbares Attribut der Produkte des Unternehmens ist, ist für den positiven Zusammenhang zwischen sozialen Leistungen und Wettbewerbsfähigkeit entscheidend, dass diese Leistungen auch kommuniziert werden (Schaltegger/Wagner 2006, S.104f.). Ein Element strategischen Nachhaltigkeitsmanagements ist daher die Kommunikation über diese Aktivitäten, denn gerade dies führt vielfach zur Gewinnung neuer Kunden: „Die Kommunikation der Nachhaltigkeitsziele und -aktivitäten ist eine gewaltige Gelegenheit zur Stärkung der Beziehungen zu den Kunden und Lieferanten“ (Hardtke/Prehn 2001, S.90). Vor diesem Hintergrund werden an dieser Stelle die instrumentellen Motive der Unternehmen bei der Nutzung des Stakeholder-Dialogs (Abschnitt 2.6.1) ausgeführt. Der Stakeholder-Dialog eröffnet die Möglichkeit, unternehmerische Risiken durch die Schaffung einer höheren Akzeptanz bei den Stakeholdern zu reduzieren und Lernprozesse im Sinne von Wahrnehmung und Anpassung an die verschiedenen Ansprüche zu initiieren. So bilden Stakeholder-Dialoge die Grundlage für strategische Partnerschaften, aus denen Innovationen geschöpft und neue Märkte erschlossen werden. Dabei soll eine neue Form der „Marktintelligenz“ (Holliday/Schmidheiny/Watts 2002, S.154) geformt werden, die das Unternehmen gezielt für die Stärkung des Vertrauens der Stakeholder und eine Verbesserung des Zugangs zu Kunden, Geschäftspartnern, Politik, Verwaltung etc. nutzen kann und damit den *Stakeholder-Value*, d.h.

162 Als Beispiel für solche massenmedialen Inszenierungen seien hier die Aktionen von Greenpeace während der 1990er Jahre genannt. Die Kampagne gegen die geplante Versenkung der Erdölplattform "Brent Spar" in der Nordsee bspw. zeigt, wie die Medien gezielt eingesetzt wurden, um Ziele zu verfolgen (http://www.greenpeace.de/fileadmin/gpd/ user_upload/themen/oel/ Brent_Spar_und_die_Folgen.pdf, (03.04.2009).

163 http://www.bpb.de/themen/QEOV4M,3,0,Kritik_an_NGOs.html#art3, (03.04.2009).

die Fähigkeit des Unternehmens, die zukünftigen Ansprüche der Stakeholder zu befriedigen (Eberhardt 1998, S.162), steigert. Dies führt zu einer gesteigerten Glaubwürdigkeit und ermöglicht eine vertrauensvolle und erfolgreiche Zusammenarbeit mit den Unternehmenspartnern. Diese Motivation wird durch die Studie der URS Deutschland GmbH (2006)[164] bestätigt, die zur der Erkenntnis gelangt, dass der Funktionsbereich Kommunikation im Unternehmen auch zukünftig der Bereich sein wird, der dem Unternehmen die größten Chancen nachhaltiger Unternehmensführung eröffnet (URS 2006, S.15). Eine Studie der gtz (2006) kommt zu einer anderen Gewichtung, denn in dieser werden zunächst die Interessen der Öffentlichkeit, dann die Erwartungen der Mitarbeiter und zuletzt die Interessen der Anteilseigner als Motive genannt (gtz 2006, S.20)[165]. Der Stakeholder-Dialog und dessen Auswirkungen sind v.a. Gegenstand von Untersuchungen zum CSR-Engagement der Unternehmen. Die Studie von KPMG[166] (2005) kommt zu den Ergebnissen, dass die Unternehmen durch Stakeholder-Management ihre *licence to operate* stärken und die gegenseitige Kommunikation eine vertrauensbildende Maßnahme darstellt, die Kosten für Imagepflege ebenso einspart wie Kosten, die aufgrund verbesserter Beziehungen zu Regierungen, Behörden, Städten, Gemeinden reduziert werden können (KPMG 2005, S.21). Des Weiteren stellt die Studie heraus, dass die Unternehmen Vorteile aus dem Stakeholder-Dialog erwarten, wie Steigerung des Shareholder Value, vereinfachten Zugang auch zu neuen Märkten, erhöhte Identifikation der Stakeholder mit dem Unternehmen und daraus resultierend verringerte Risiken. Auch die Studie des Humboldt Instituts (2004)[167] bestätigt den Stakeholder-Dialog als Motiv für Nachhaltigkeitsmanagement im Unternehmen. Das Motiv wird hier als *stakeholder-driven* (Humboldt Instituts 2004, S.1f.) bezeichnet und als Antwort auf den Druck der Stakeholder verstanden, der sich durch die permanente Beobachtung seitens einer oder mehrerer Stakeholdergruppen ergibt.Die Rolle der NGOs wird in Bezug auf die Dringlichkeit der Ansprüche unterschiedlich beschrieben, denn es gibt Meinungen, die den NGOs für Unternehmen in Branchen mit starker öffentlicher Exponiertheit eine erhebliche Bedeutung zumessen, da sie als „Umweltanwalt und Anwalt für soziale Fragen auftreten" (Bizer/Dopfer/Peter 1999, S.14f.). Haben diese einmal ein „Thema gefunden, das öffentlichkeitswirksam ist und neue Mitglieder gewinnt, so wird es als Medienereignis genutzt, auch wenn andere Umweltprobleme ökologisch bedenklicher sind" (Bizer/Dopfer/Peter 1999, S.15). Begründet wird dies mit dem Fallbeispiel des Unternehmens Shell, das 1995 durch seine Pläne, die ausgediente Ölplattform Brent Spar im Nord-Atlantik zu versenken, umfassende

---

164 http://www.urscorp.de/index.php?getfile=2006-11-09_nachhaltigkeit_und_unter-nehmens fuehrung_2006.pdf, (20.11.2007).

165 http://www2.gtz.de/dokumente/bib/06-0182.pdf, (20.10.2007).

166 https://kpmg.de/library/pdf/050615_kpmg_international_survey_of_corporate_responsibility_reporting_2005_de.pdf, KPMG – International Survey of Corporate Responsibility Reporting 2005, (31.10.2007).

167 http://www2.wiwi.hu-berlin.de/institute/im/csr/html/deutsch/forschung/CSR_Kommunikation.pdf, Humboldt Institute of Management (2004): CSR in deutschen Unternehmen: Eine explorative Studie zur kommunizierten Bedeutung von CSR in den umsatzstärksten deutschen Unternehmen, Berlin 2004, (26.11.2007).

Proteste von Greenpeace hervorrief, die starke Umweltverschmutzungen befürchteten. Die medienwirksamen Proteste von Greenpeace forcierten einen Konsumentenboykott der Shell-Tankstellen und trugen zu weit reichenden Imageschädigungen des Unternehmens bei. Auch wenn Shell eigentlich zur Versenkung der Plattform berechtigt war, lenkte das Unternehmen ein und sorgte für eine umweltgerechte Entsorgung. Dies war der erste Anstoß, der das Unternehmen Shell schließlich dazu brachte, sich mit einer nachhaltigen Unternehmensführung auseinander zu setzen (Leisten/Krcal 2003, S.101-121). Dieses Beispiel gilt als Vorzeigefall zur Relevanz von NGOs für die Unternehmenstätigkeit, auch wenn in der Untersuchung der Bertelsmann Stiftung (2005)[168] den Anforderungen von NGOs eher nur eine geringe Bedeutung im Vergleich zu den Anforderungen anderer Stakeholder zugemessen wird (Bertelsmann Stiftung 2005, S.13).

2.5.2.3 Identitätsorientierte Motive

Grundlegend für die *identitätsorientierten Motive* für Nachhaltigkeitsengagement scheinen in der Literatur sowie in Studien die *persönliche Überzeugung und das Unternehmerethos* zu sein, denn unternehmensintern reichten rein strategische Motive nicht aus, um eine Wertebasis für unternehmerisches Nachhaltigkeitsmanagement zu schaffen (Hülsmann/Müller-Christ/Haasis 2004, S.98f.). „In der Realität wird man immer eine Mischung von strategischen und normativen Handlungsgründen vorfinden. Vielmehr ist davon auszugehen, dass es im Falle der Begründung nachhaltiger Unternehmensstrategien zumeist um beides geht, um Eigeninteressen und um Verantwortung" (Hülsmann/Müller-Christ/Haasis 2004, S.99). Burschel/Losen/Wiendl (2004) formulieren für diesen Zusammenhang den Ausdruck der moralischen Verpflichtung für den sorgsamen Umgang mit Ressourcen. Baumgartner et al. (2005) hingegen nutzen den Begriff der Ethik und argumentieren, dass sich ein ethisches Verhalten des Unternehmens im Rahmen des Nachhaltigkeitsmanagements positiv auf die Unternehmenskultur auswirken kann und die Kommunikation mit wichtigen Stakeholdern erleichtere.[169]

So wird bereits deutlich, dass *Engagement aus moralischen und ethischen Gründen* einen wichtigen Stellenwert als Motiv hat, wobei weiterhin auch *Engagement aus persönlichen Gründen* in diese Motivklasse einzuordnen ist. Für einige Unternehmer ist aus persönlichen Gründen „ein ökologisches, soziales Engagement wichtig, sie verfügen über ein entsprechendes Ethos und setzen dies auch in ihrem Unternehmen um" (Beschorner/Schmidt 2004, S.61). Insgesamt lässt sich feststellen, dass Nachhaltigkeit als normatives Konzept gebunden an den Unternehmer oder die Unternehmensidentität wenig fassbar ist (König 2005, S.485). Des Weiteren lassen sich in den empirischen Untersuchungen zunächst vielfach ethische Beweggründe finden. Die Studie des IZT

168 http://www.bertelsmann-stiftung.de/bst/de/media/xcms_bst_dms_15645__2.pdf, Bertelsmann Stiftung, Die gesellschaftliche Verantwortung von Unternehmen, 2005, (31.10.2007).

169 Da eine Diskussion von Moral und Ethik im Rahmen dieser Dissertation nicht weiter vertieft werden soll, sei an dieser Stelle auf die weiterführende Literatur verwiesen, Scherer/Patzer (2008), Göbel (2006), Koslowski (2000).

(2004)[170] hat die Gruppe der sog. ‚Nachhaltigkeitsleader' identifiziert, die sich durch großes Engagement auszeichnen und ihre Verantwortung sehr ernst nehmen (IZT 2004, S.9). In dieser Gruppe befinden sich sowohl Groß- als auch Klein- und Mittelunternehmen, weshalb ethische Motive für Nachhaltigkeitsmanagement durchaus unternehmensgrößenunabhängig beobachtet werden. Die Studie von KPMG[171](2005) bestätigt die Bedeutung ethischer Motive, indem sie diese Beweggründe nach den ökonomischen Betrachtungen als zweitwichtigstes Motiv identifiziert (KPMG 2005, S.18). Ergänzend benennt die Bertelsmann Stiftung (2005) gelebte Traditionen im Unternehmen als relevantes Motiv (Bertelsmann Stiftung[172] 2005, S.13). Im Anschluss daran decken weitere empirische Untersuchungen das persönliche Engagement und die persönliche Überzeugung als Beweggründe auf. In der Studie der URS Deutschland GmbH[173](2006) hat sich die persönliche Überzeugung, dass das Thema Nachhaltigkeit auch auf Unternehmensebene bedeutsam ist, als eines der wichtigsten Motive herausgestellt. Die persönliche Verbundenheit gilt deshalb als so bedeutsam, weil die individuelle Überzeugung einen wichtigen Eckpfeiler für die qualitativen Argumente bildet, wo quantitative Argumente für die Notwendigkeit von Nachhaltigkeitsmanagement nicht vorliegen oder nicht existieren (URS 2006, S.32). Dabei scheinen für die befragten Unternehmen das persönliche Engagement des Managements und die Eigeninitiative von Mitarbeitern als motivierende Faktoren einer glaubhaften Implementierung von Nachhaltigkeitsaktivitäten und zur Nutzung von Chancen und Vorteilen ausschlaggebend zu sein (gtz[174] 2006, S.20; ifo Institut[175] 2002, S.39). Oftmals bezeichnen die befragten Unternehmen Nachhaltigkeitsengagement als Aktivitäten aus traditionellen Motiven, die ein wesentlicher Teil der Unternehmenskultur sind und seit jeher in Form gelebter Verantwortung prägend für die unternehmerischen Entscheidungen sind (Bertelsmann Stiftung[176] 2005, S.13). Einige Unternehmen leiten daraus eine Selbstverpflichtung für ihr Handeln ab (IWKöln[177] 2004, S.16), die sie auch in Zukunft motivieren wird. Der Faktor der Selbstverpflichtung ist aber, wie bereits in der Literaturanalyse erwähnt, kritisch zu sehen, da frühere Studien zeigen, dass die Unternehmen gegenüber einer freiwilligen Selbstverpflichtung eher zögerlich eingestellt sind (ifo Institut 2002, S.40).

---

170 IZT (2004), Nicht überall, wo Nachhaltigkeit draufsteht, ist auch Nachhaltigkeit drin, 2004, http://www.izt.de/fileadmin/downloads/pdf/IZT_AB12_OnlineBefragung_Nachhaltigkeit_Forschung.pdf, (03.12.2007).

171 Quelle https://kpmg.de/library/pdf/050615_kpmg_international_survey_of_corporate_re-sponsibility_reporting_2005_de.pdf, (31.10.2007).

172 http://www.bertelsmann-stiftung.de/bst/de/media/xcms_bst_dms_15645__2.pdf, (31.10.2007).

173 http://www.urscorp.de/index.php?getfile=2006-11-09_nachhaltigkeit_und_unternehmensfuehrung_2006.pdf, URS Deutschland GmbH und Anwaltssozietät Freshfields/Bruckhaus/Deringer – Nachhaltigkeit und Unternehmensführung, 2006, (20.11.2007).

174 http://www2.gtz.de/dokumente/bib/06-0182.pdf, (20.10.2007).

175 http://www.oeko-radar.de/imperia/md/content/pdfdokumente/ifo-langfassung, (20.10.2007).

176 http://www.bertelsmann-stiftung.de/bst/de/media/xcms_bst_dms_15645__2.pdf, (31.10.2007).

177 http://www.iwkoeln.de/data/pdf/content/st1104_nachhaltigkeits_unternehmens-befragung 2004.pdf, (13.08.2007).

Um vor dem Hintergrund der skizzierten Motive für Nachhaltigkeitsmanagement, die in erster Linie die grundsätzliche Orientierung des unternehmerischen Planungs- und Entscheidungsverhaltens an Nachhaltigkeitszielen darlegen, weiterhin tragfähige Antworten auf die Frage nach dem Beitrag der Unternehmen zu einer nachhaltigen Entwicklung zu erhalten, sind gesellschaftspolitische oder branchenbezogene Nachhaltigkeitsziele nicht nur auf die Unternehmensebene herunter zu brechen, vielmehr bedarf es auch der Kongruenz dieser Ziele mit dem Zweck und Nutzen des zugehörigen Managementkonzeptes. Aus diesem Grund präsentiert das folgende Kap. zunächst die übergeordneten Nachhaltigkeitsziele und setzt diese dann mit den Zielen des Managementkonzeptes eines strategischen Nachhaltigkeitsmanagements in Beziehung.

2.5.3 Nachhaltigkeitsziele und Ziele des strategischen Nachhaltigkeitsmanagements

Zur fundierten Formulierung von Zielen des strategischen Nachhaltigkeitsmanagements ist der gesellschaftspolitische Kontext des Unternehmens zu berücksichtigen, da dieser mit sozialen, ethischen, global ökonomischen, politischen und ökologischen Herausforderungen unmittelbaren Einfluss auf die Unternehmenspolitik sowie das Leitbild nimmt (Steinle 2005, S.313; Fichter 1998, S.17f.) und auf diese Weise die strategische Zielplanung des Nachhaltigkeitsmanagements prägt. Aus diesem Grund erfolgt die Aufarbeitung der Ziele des strategischen Nachhaltigkeitsmanagements zunächst über die Vorstellung der Kernziele der Agenda 21, wird ergänzt durch die Skizzierung der Nachhaltigkeitsziele der Stahlbranche und präsentiert schließlich die theoretisch hergeleiteten, allgemeinen und unternehmensindividuell zu konkretisierenden Ziele des strategischen Nachhaltigkeitsmanagement. Die formulierten Ziele orientieren sich an den klassischen Aspekten der Nachhaltigkeit und sind in die ökonomische, ökologische und soziale Dimension zu differenzieren.

2.5.3.1 Gesellschaftspolitische Ziele des Nachhaltigkeitsmanagements

Die Agenda 21 bietet einen weltweiten Rahmen für Nachhaltigkeitsziele, den die einzelnen Nationen von Regierungsebene bis hinunter zur Kommunalverwaltung ausgestalten sollen.[178]

Verschiedene Kapitel der Agenda 21 enthalten Formulierungen von ökonomischen Zielen, wobei dem Handel und der Industrie dabei Kapitel 30 gewidmet ist. Unter der Überschrift „Stärkung der Rolle von Handel und Industrie“ wird die zentrale Bedeutung der Privatwirtschaft für die soziale und wirtschaftliche Entwicklung eines Landes gewürdigt, wobei die Privatwirtschaft und die sie vertretenden Verbände als wichtige Akteure für die Umsetzung der Agenda 21 anerkannt werden. Als Ziele werden die Förderung einer umweltverträglichen Produktion sowie die Förderung eines verantwortungsbewussten Unternehmertums formuliert. Weitere ökonomische Ziele sind in Kapitel 2 („Internationale Zusammenarbeit zur Beschleunigung nachhaltiger Entwicklung in den Entwicklungsländern und damit verbundene nationale Politik“) mit der

178 http://www.nachhaltigkeit.info/artikel/ziele_und_wege_3/index.htm, (19.03.2009).

Schaffung dynamischer und kooperativer internationaler wirtschaftlicher Rahmenbedingungen und in Kapitel 4 („Veränderung der Konsumgewohnheiten") mit der Schaffung nachhaltiger Konsumgewohnheiten benannt.[179] Die meisten Kapitel der Agenda 21 enthalten auch implizite oder explizite ökologische Zielvorstellungen, die sich auf Energie, Luftverschmutzung und Klimaschutz beziehen und sich in den Kapiteln 4, 6, 7, 9, 11, 12 und 14 wieder finden. In Kapitel 9 („Schutz der Erdatmosphäre") sowie in der inzwischen von mehr als 150 Staaten unterzeichneten Klimarahmenkonvention[180] ist als eines der wichtigsten ökologischen Ziele die Stabilisierung der Treibhausgaskonzentrationen in der Atmosphäre auf einem Niveau, auf dem eine gefährliche anthropogene Störung des Klimasystems verhindert wird, vorgegeben. Weiterhin formuliert Kapitel 11 unter dem Titel „Bekämpfung der Entwaldung" ökologische Ziele der Erhaltung der Mehrfachfunktionen[181] von Wäldern und Waldgebieten, der Verbesserung des Schutzes, der nachhaltigen Bewirtschaftung und der Erhaltung aller Wälder, sowie der Wiederbegrünung zerstörter Gebiete durch Aufforstung und andere Maßnahmen, weiterhin der Förderung einer effizienten Nutzung und einer vollständigen Bewertung der Güter und Dienstleistungen, die von Wäldern und Waldgebieten bereitgestellt werden sowie der Schaffung und/oder Stärkung von Kapazitäten für die Planung, Erfassung und systematischen Beobachtung von Wäldern und diesbezüglicher Programme, Projekte und Aktivitäten, einschließlich kommerzieller Handelsbeziehungen und Prozesse. Als ebenso beispielhaft gilt Kapitel 18 („Schutz der Güte und der Menge der Süßwasserressourcen") mit den formulierten Zielen der Deckung des Elementarbedarfs an Wasser und Hygiene und der Schaffung einer angemessenen weltweiten Wasserversorgung im Jahr 2025. Die Agenda 21 artikuliert schließlich in verschiedenen Kapiteln soziale Ziele. Zentrale Ziele des Kapitels 3 sind dabei der Kampf gegen die Armut sowie die Sicherung der Existenzgrundlagen armer Bevölkerungsgruppen. Die Bekämpfung der Armut wird als die gemeinsame Verantwortung und eine Hauptaufgabe aller Länder, der Vereinten Nationen und der Nichtstaatlichen Organisationen angesehen. Die Agenda 21 macht deutlich, dass die Bekämpfung der Armut einhergehen muss mit einer auf nachhaltige Bewirtschaftung der Ressourcen ausgerichteten Entwicklungspolitik. Weitere soziale Ziele sind zu finden in Kapitel 6 („Schutz und Förderung der menschlichen Gesundheit") in Form einer zuverlässigen Versorgung mit sauberem Trinkwasser, einwandfreien Nahrungsmitteln, Hygiene und Basismedikamenten, dem Ausbau der Gesundheitserziehung, einer Verringerung der Kindersterblichkeit sowie der Reduzierung der durch die Umweltverschmutzung bedingten Gesundheitsrisiken.[182] Gleichermaßen lässt sich Kapitel 24 („Globaler Aktionsplan für Frauen zur Erzielung einer nachhaltigen und gerechten Entwicklung") mit den Zielen der Beteiligung von Frauen an der Bewirtschaftung von Ökosystemen und am Umweltschutz im eigenen Land, der stärkeren Berücksichtigung von Frauen als politische Entscheidungsträger, der Überwindung aller denkbaren rechtlichen, admi-

---

179 http://www.nachhaltigkeit.info/artikel/oekonomische_ziele_808.htm, (19.03.2009).

180 Internetpräsenz: http://unfccc.int/2860.php, (19.03.2009), deutsche Übersetzung der Klimarahmenkonvention http://unfccc.int/re-source/docs/convkp/convger.pdf, (19.03.2009).

181 Nutzfunktion, ökologische Funktionen, Erholungsfunktion.

182 http://www.nachhaltigkeit.info/artikel/soziale_ziele_807.htm, (19.03.2009).

nistrativen, gesellschaftlichen Hindernisse für Frauen, um ihnen die volle Teilnahme an einer nachhaltigen Entwicklung und im öffentlichen Leben zu ermöglichen, der Verbesserung des Zugangs zu Bildungsmöglichkeiten aller Art und der einfachere Zugang zu Krediten, Land und anderen Ressourcen als Beispiel anführen.[183] Nachhaltige Entwicklung stellt das Leitprinzip der Politik der deutschen Bundesregierung dar und ist als Ziel und Maßstab des Regierungshandelns auf nationaler, europäischer und internationaler Ebene bei Maßnahmen in sämtlichen Politikfeldern zu beachten. Dabei zielt Nachhaltigkeit auf die Erreichung von Generationengerechtigkeit, sozialem Zusammenhalt, Lebensqualität und der Wahrnehmung internationaler Verantwortung ab. In diesem Sinne sind wirtschaftliche Leistungsfähigkeit, der Schutz der natürlichen Lebensgrundlagen und soziale Verantwortung so zusammenzuführen, dass Entwicklungen dauerhaft tragfähig sind. Die Politikressorts greifen bei der Prüfung und Entwicklung von Maßnahmen in ihren Zuständigkeitsbereichen auf das Managementkonzept für eine nachhaltige Entwicklung zurück, welches Managementregeln, Indikatoren und Ziele sowie ein entsprechendes Monitoring als wesentliche Elemente umfasst. Die dort formulierten Ziele finden Eingang in den tabellarischen Überblick über die Ziele des Nachhaltigkeitsmanagements in der gesellschaftspolitischen Dimension.[184] Die Anstrengungen der internationalen Staatengemeinschaft als auch die öffentlichen Debatten über die während der Umweltkonferenz von Rio de Janiero (Brasilien) erstellte Agenda 21 bieten viele Anregungen zur Einführung, Umsetzung und Durchsetzung des Leitbildes der Nachhaltigkeit in der unternehmerischen Praxis und geben den Auftrag, konkrete Managementkonzepte, -systeme und -instrumente zur Zielerreichung zu erarbeiten.

Bereits 2001 hat das Stahlzentrum Düsseldorf mit dem „Leitbild Nachhaltigkeit – Stahl“ eine unternehmensübergreifende Nachhaltigkeitsstrategie für den Stahlsektor veröffentlicht.[185]

2.5.3.2 Branchenbezogene Ziele des Nachhaltigkeitsmanagements

Die Stahlindustrie hat es sich zur Aufgabe gemacht, in vielen Zielbereichen Beiträge zu leisten – etwa im weiteren Bemühen um die Reduzierung der Treibhausgase, bei der Schonung natürlicher Ressourcen, bei der Verbesserung der Arbeitsbedingungen oder bei der Gesundheitsvorsorge der Mitarbeiter. Eine der zentralen Aufgaben der Stahlindustrie ist es, im Rahmen des Leitbildes der Nachhaltigkeit Arbeitsschwerpunkte festzulegen und eigene konkrete Ziele zu definieren. Der schonende Umgang mit Ressourcen und ihr ausgewogener Einsatz sind wesentliche Aspekte der ökonomischen Nachhaltigkeitsziele. Das Prinzip der Nachhaltigkeit gebietet, den Arbeits- und Kapitaleinsatz genauso optimal zu gestalten wie den Rohstoffeinsatz und die Flächen-

---

183 http://www.nachhaltigkeit.info/artikel/soziale_ziele_807.htm, (19.03.2009).

184 http://www.bundesregierung.de/Webs/Breg/nachhaltigkeit/Content/_Anlagen/nachhaltigkeits management,property= publicationFile, property=publicationFile.pdf, (20.03.2009).

185 http://www.stahl-online.de/wirtschaft_und_politik/Umwelt_und_Energie-politik/Nachhaltigkeit/BROSCH%C3%9CRE_NACHHALTIGKEIT_Nov_2008.pdf, (19.03.2009).

nutzung aus der Ressource Boden. Die Produktion wettbewerbsfähiger Güter erfordert die Entwicklung innovativer und qualitativ hochwertiger Produkte und die sorgsame, langfristige Planung der Herstellungsprozesse, der Arbeit und des Kapitaleinsatzes.[186] Im Hinblick auf ökologische Zielsetzungen hat sich das Prinzip der Nachhaltigkeit auf breiter Ebene durchgesetzt: Die Unternehmen sind bestrebt, möglichst wenig Ressourcen zu verbrauchen, den Rohstoffeinsatz zu verringern und rezyklierbare Werkstoffe einzusetzen. Auch die Ressourcen Energie und Wasser müssen sparsam eingesetzt werden, um künftige Generationen nicht in der Gestaltung ihrer Lebenswelt einzuschränken. Im Bereich der CO_2-Minderung beobachtet die Stahlindustrie in Deutschland im Rahmen ihrer erweiterten Selbstverpflichtung von Mai 2001 zu einer spezifischen Kohlendioxidminderung von 22 Prozent in der Zeitspanne 1990 bis 2012 eine positive Entwicklung. Im Berichtszeitraum von 2005 bis 2007 verminderte sich die spezifische CO_2-Emission von 1351 kg CO_2/t Rohstahl auf 1343 kg CO_2/t Rohstahl bzw. um weitere 8 kg CO_2/t Rohstahl. Simultan gelang eine spezifische Minderung des Primärenergieverbrauchs von 17,68 auf 17,51 GJ/t Rohstahl und damit um weitere 0,17 GJ/t Rohstahl.[187] In sozialer Perspektive zielt die Stahlindustrie verstärkt auf die besondere Beachtung der Bedürfnisse ihrer Beschäftigten ab, einerseits im Hinblick auf das Qualifikationsniveau, denn die Stahlindustrie ist wissensintensiver geworden, wie die Entwicklung des Anteils der Ingenieure an der Gesamtbeschäftigtenzahl belegt. Andererseits auch bezogen auf die Sicherheit, denn auch eine Verringerung der Unfallhäufigkeit kann beobachtet werden. Neben dieser brancheninternen Betrachtung sozialer Ziele werden auch extern motivierte Nachhaltigkeitsziele hinsichtlich der Verantwortung der Stahlindustrie für Externalitäten in Konsum oder Produktion formuliert (dazu ausführlich Abschnitt 5.1). Die einzelnen Zielvorgaben können nicht für sich allein betrachtet werden. Sie greifen ineinander. Ähnliche Konzepte gilt es auch für andere Bereiche zu entwickeln und in die Tat umzusetzen, wobei explizit Themen im Vordergrund stehen, die eine enge Verbindung von ökonomischen, sozialen und ökologischen Aspekten forcieren. Zu den Optimierungsfeldern gehören Prozessinnovationen in der Hochofen- und Oxygenstahltechnologie, die Verkettung bisher getrennter Erzeugungsanlagen und die Einführung neuer ressourcenschonender Gießwalzverfahren für Flachprodukte und Profile. Neben Verfahrens- und Prozessinnovationen – die teilweise durch die Optimierung bestehender Anlagen, teils durch den Neubau von Anlagen erreicht werden – umfassen die zu formulierenden Unternehmensziele und -programme selbstverständlich auch Ziele wie das weitere Absenken des Unfallpotentials in den Betrieben, Aus- und Weiterbildungsmaßnahmen zur Qualifikation der Mitarbeiter oder Maßnahmen zur Gesundheitsvorsorge.[188] Moderne Managementkonzepte, wie sie in den Nachhaltigkeitsprogrammen der Unternehmen der Stahlindustrie beschrieben werden, bilden die Basis für die Implementierung von Manage-

186 http://www.stahl-online.de/wirtschaft_und_politik/Umwelt_und_Energiepolitik/ Nachhaltigkeit/ Nachhaltigkeit.asp, (19.03.2009).

187 http://www.stahl-online.de/wirtschaft_und_politik/Umwelt_und_Energiepolitik/ Energiepolitik/ energiepolitik_start.asp #Selbstverpflichtung, (19.03.2009).

188 http://www.stahl-online.de/wirtschaft_und_politik/Umwelt_und_Energiepolitik/Nachhaltigkeit/ Nachhaltigkeitsziele.asp,(19.03.2009).

mentsystemen oder -instrumenten zur kontinuierlichen Verbesserung unternehmerischer Nachhaltigkeit.

2.5.3.3 Unternehmerische Nachhaltigkeitsziele und Ziele des strategischen Nachhaltigkeitsmanagements

Unternehmerische Ziele des strategischen Nachhaltigkeitsmanagements beziehen sich einerseits auf die Formulierung konkreter Sollzustände, die durch ein systematisches Nachhaltigkeitsmanagement erreichbar werden (*unternehmerische Nachhaltigkeitsziele*) und andererseits auf die mit der Implementierung eines Nachhaltigkeitsmanagements verfolgten Zwecke (*Ziele des strategischen Nachhaltigkeitsmanagements*). Unternehmerische Nachhaltigkeitsziele sollen dabei als normative Vorstellungen über den zukünftigen Zustand des Unternehmens, der durch Unternehmensaktivitäten mit Bezug zum Leitbild der Nachhaltigkeit hergestellt werden kann, verstanden werden. Dabei bildet das Leitbild der Nachhaltigkeit sowohl den normativen Rahmen als auch den Orientierungspunkt für Nachhaltigkeitsaktivitäten. Unternehmerische Nachhaltigkeitsziele können quantitativer (z.B. Steigerung der Öko- oder Sozio-Effizienz) oder qualitativer Natur (z.B. Reputation) sein. Bei einem detaillierten Transfer gesellschaftspolitischer oder branchenspezifischer Nachhaltigkeitsziele auf die Unternehmensebene wird das immanente Problem einer sinnvollen Operationalisierung oftmals über die Festlegung von Zielen und die damit verbundene Erweiterung des betrieblichen, ökonomischen Zielsystems um ökologische und soziale Zielsetzungen gelöst (Steimle 2008, S.96, Küker 2003, S.41). Dabei gilt es zu bedenken, dass Zielkonflikte zwischen den drei Dimensionen ökonomisch, ökologisch und sozial auftreten können, zu deren Harmonisierung Zielkongruenzen zu schaffen sind (Steimle 2008, S.102). In dieser Hinsicht bedeutet unternehmerische Nachhaltigkeit die Überwindung dieser Zielkonflikte auf betrieblicher Ebene (Losen 2006, S.52). Entscheidend dafür ist die Integration der Nachhaltigkeitsziele in das Wertesystem des Unternehmens, um über Unternehmenskultur, Unternehmenspolitik und Leitbild auf die Phase der strategischen Zielplanung Einfluss zu nehmen (Fichter 1998, S.17f.). Clausen und Mathes (1998) formulieren ökonomische, ökologische und soziale Leitlinien und Ziele als Entscheidungs- und Handlungsrahmen eines nachhaltigen Unternehmens, die als Ergebnis langer Diskussionsprozesse nunmehr als Systematisierungsgrundlage dienen sollen und durch neuere, konzeptionelle Ziele aktualisiert werden. Die ersten Leitlinien bilden den Aspekt der Umweltwirkung eines Unternehmens ab und beziehen sich auf die Vermeidung von Vergiftung, die Erhaltung des natürlichen Gleichgewichts, den Ressourcenschutz und die Achtung der Mitwelt (Clausen/Mathes 1998, S.28-32). Als konkrete Ziele benennen sie in diesem Kontext die Vermeidung und Verminderung human- und ökotoxischer Stoffe als Rohstoffe in der Produktion, als Produkte oder als Emissionen, die vorsorgende Reduzierung von Stoffströmen, den Schutz bzw. die Rekultivierung wertvoller Ökosysteme, die Förderung von Dienstleistungskonzepten oder geteilter Produktnutzung, die Beschaffung tierischer bzw. pflanzlicher Rohstoffe mit artgerechter bzw. biologischer Herkunft (Clausen/Mathes 1998, S.33). Diese Leitlinien für ökologische Nachhaltigkeit eröffnen einen legitimen Spielraum für unternehmerische Diskussions- und Entscheidungsprozesse und für die Formulierung ökologischer Nachhaltigkeitsziele. Die weiteren Leitlinien dienen der Betonung der sozialen Verantwortung der Unternehmen und beziehen sich auf die Handlungsfelder der Achtung der bürgerlich-politischen Freiheitsrechte sowie auf die Förderung von Sicherheit und Gesundheit. Als Beispiele für tatsächliche Ziele führen die Autoren die Integration der Einhaltung von Menschenrechten in Compliance-Programmen an Standorten oder in Lieferantenketten, die Berücksichtigung der Ansprüche und Bedürfnisse leistungsgewandelter Mitarbeiter oder Kunden, die Gleichberechtigung, die Erhöhung der Arbeitssicherheit oder eine Volldeklaration der Inhaltsstoffe von Verbrauchsprodukten an. Die abschließenden beiden Leitlinien entstammen dem Kontext der ökonomischen Nachhaltigkeit, thematisieren die Frage nach der Verteilungsgerechtigkeit auf nationaler und internationaler Ebene und beziehen sich auf die Sicherung der Grundbedürfnisse und die Förderung der Länder der sog. Dritten Welt. Als explizite Ziele werden hier die bevorzugte Entwicklung und Produktion von Gütern und Dienstleistungen zur Befriedigung lebensnotwendiger Bedürfnisse, die Bemühung um Arbeitszeitflexibilisierung, die Beschaffung von Rohstoffen aus Ländern der sog. Dritten Welt im fairen Handel oder der Aufbau von Partnerschaften mit der sog Dritten Welt zum Know-how-Transfer oder zur Finanzierungsunterstützung genannt (Clausen/Mathes 1998, S.40). Bei der Aufzählung der Ziele zu diesen Leitlinien werden ausdrücklich nur Beispiele gegeben, weshalb diese Liste auch keinen uneingeschränkten Anspruch auf Vollständigkeit erhebt. Rogall (2000) hingegen berücksichtigt originär betriebswirtschaftliche Zielsetzungen wie angemessenen Überschuss oder die dauerhafte Sicherung der Wettbewerbsfähigkeit als Ausdruck einer unternehmerischen Langfristorientierung (Rogall 2000). Zu diesen „Qualitätszielen“ (Steimle 2008, S.99) werden als „Handlungsziele“ (Steimle 2008, S.99) bzw. quantifizierbare Subziele bspw. eine kontinuierliche Erhöhung des Qualifikationsniveaus der Mitarbeiter und ihrer Motivation, die Entwicklung neuer Produkte, Produktivitätssteigerungen, Kostensenkungen sowie eine Verbesserung von Akzeptanz, Reputation und Image formuliert (Steimle 2008, S.100; Rogall 2000). Auch Dyllick (2003b) stellt unternehmerische Nachhaltigkeitsziele aus betriebswirtschaftlicher Perspektive in den Mittelpunkt seiner Betrachtung der zuvor vorgestellten Typologie nachhaltigkeitsorientierter Wettbewerbsstrategien und konkretisiert Planungssicherheit, Absicherung bestehender Marktpositionen und Erfolgspotentiale, Risikoverminderung und Risikobeherrschung, Gewährleistung von Akzeptanz und Legitimität, Schutz vor Image- bzw. Reputationsrisiken, Verbesserung von Image und Reputation, Nutzung von Markt- und Differenzierungspotentialen, Verbesserung von Produktivität und (Öko- bzw. Sozio-)Effizienz sowie die proaktive Gestaltung von wirtschaftlichen und gesellschaftlichen Rahmenbedingungen in Richtung Nachhaltigkeit als unternehmerische Nachhaltigkeitsziele mit Wettbewerbswirkungen (Dyllick 2003b, S.267f.). Fichter und Arnold (2003) erweitern das Spektrum möglicher unternehmerischer Nachhaltigkeitsziele in der ökonomischen Dimension um die Innovationsperspektive und formulieren in diesem Kontext u.a. die Ziele der Kostensenkung bzw. Erhöhung der Wirtschaftlichkeit durch effiziente Ressourcennutzung, die Optimierung des eingeschlagenen Produkt- oder Technologiepfades zur Profilierung am Markt und zur Differenzierung gegenüber Wettbewerbern, die Entwicklung nachhaltiger Nischenmärkte zu Massenmärkten sowie die kostengünstige Antizipation oder Umsetzung gesetzlicher Vorschriften (Fichter/Arnold 2003, S.279f.). Steimle (2008) analysiert die einzelnen Zielkataloge und kommt zu dem Schluss, dass die Definition unternehmensspezifischer Ziele ein großes Potential für die Identifikation von Schwachstellen und Verbesserungsmöglichkeiten in der nachhaltigen Unternehmensführung birgt und damit eine maßgebliche Voraussetzung für ein systematisches strategisches Nachhaltigkeitsmanagement darstellt (Steimle 2008, S.102).

Tabelle 2-2 gibt einen Überblick über gesellschaftspolitische, branchenspezifische und unternehmerische Nachhaltigkeitsziele:

	gesellschaftspolitische Nachhaltigkeitsziele	**branchenspezifische Nachhaltigkeitsziele**	**unternehmerische Nachhaltigkeitsziele**
ökonomisch	- Schaffung dynamischer, kooperativer internationaler wirtschaftlicher Rahmenbedingungen - Abbau der Staatsverschuldung - Förderung eines multilateralen Handelssystems - Verbesserung des Marktzugangs für Exporte - Förderung einer umweltverträglichen Produktion - Förderung verantwortungsbewusster/n Wirtschaft bzw. Unternehmertums - Förderung internationaler Produktion und Wettbewerbsfähigkeit - Förderung innovativer Technologien - Verbesserung der Funktionsfähigkeit von Rohstoffmärkten	- Entwicklung innovativer, qualitativ hochwertiger Produkte - sorgsame, langfristige Planung der Herstellungsprozesse, der Arbeit, des Kapitaleinsatzes	- Sicherung des langfristigen Unternehmenserfolges - Steigerung des Unternehmenswertes - Steigerung der Innovationstätigkeit für Nachhaltigkeitsinnovationen[189] - Ausweitung von Marktanteilen auf bestehenden oder neuen Märkten - Implementierung von Managementsystemen für Umwelt und Qualität oder integrierten Managementsystemen - Verbesserung der Produktqualität und Wahrnehmung der Produktverantwortung - Steigerung der Attraktivität der Unternehmensleistung - Verbesserter Zugang zu (Fremd-)kapital - Listing in Nachhaltig-

189 Nachhaltigkeitsinnovationen bezeichnen Neuerungen, die eine Wertschöpfung durch Systeme, Produkte, Dienstleistungen, oder Verfahren erzielen, die zu übertragbaren Produktions- und Konsumstilen beitragen und über ihren gesamten Lebenszyklus zu einer Reduzierung von Ressourcenverbrauch und Umweltbelastung führen, zumindest bis zu einem vorsorglichen Maß, das im Einklang mit den vermuteten Tragekapazitäten des globalen Ökosystems steht (Fichter/Arnold 2004, S.21).

	- Förderung von Synergien zwischen Wirtschaftswachstum und Umweltschutz - Sozial- und Umweltverträgliche Steigerung der Wirtschaftsleistung - Veränderung der Konsumgewohnheiten		keitsindizes - Verminderung von Transaktionskosten - Sicherstellung des Markterfolgs - Optimierung der Wertschöpfungskette
ökologisch	- Ressourcenschonung - Schutz der Erdatmosphäre - Klimaschutz: Stabilisierung der CO_2-Konzentration - Ausbau zukunftsfähiger Energieversorgung - Bekämpfung der Entwaldung - Bekämpfung von Wüstenbildung und Dürre - Entwicklung von Berggebieten - Erhaltung der biologischen Vielfalt - Schutz der Ozeane und Meere sowie der Güte und der Menge der Süßwasserressourcen - Gestaltung umweltverträglicher Mobilität	- Reduzierung der Treibhausgase - Schonung natürlicher Ressourcen - Verminderung von Ressourceneinsatz und -verbrauch - Einsatz rezyklierbarer Wertstoffe	- Steigerung der Öko-Effizienz und Öko-Effektivität - Engagement für Umweltschutz
sozial	- Armutsbekämpfung - Schutz und Förderung der menschlichen Gesundheit - Sicherung der sozialen Stabilität - Umweltverträgliche Produktion gesunder Nahrungsmittel - Förderung einer nachhaltigen Siedlungsentwicklung - Sicherung der Existenzgrundlagen armer	- Verbesserung der Arbeitsplatzbedingungen - Gesundheitsvorsorge der Mitarbeiter - Senkung der Unfallhäufigkeit - Förderung des Qualifikationsniveaus	- Sicherung der menschlichen Existenz - Engagement für Gesundheit - Erhaltung des gesellschaftlichen Produktivpotentials - Bewahrung der Entwicklungs- und Handlungsmöglichkeiten - Wahrung der Chancengleichheit - Steigerung der Sozio-Effizienz und -

	Bevölkerungsgruppen - Förderung der Bildung - Erhöhung der persönlichen Sicherheit - Steigerung des Beschäftigungsniveaus - Vereinbarkeit von Familie und Beruf - Sicherung der Entwicklungs- und Funktionsfähigkeit der Gesellschaft - Integration ausländischer Bevölkerungsgruppen		Effektivität - Vermehrte Wahrnehmung gesellschaftlicher Verantwortung - Einflussnahme auf gesellschaftliche und politische Rahmenbedingungen - Förderung der Lebensqualität am Standort - Verbesserung der Arbeitsbedingungen - Erhöhung der Mitarbeiterzufriedenheit - Erhöhung der Attraktivität als Arbeitgeber - Einhaltung von Gesetzen

Tab. 2-2: Nachhaltigkeitsziele
Eigene Darstellung.

Das Hauptziel des strategischen Nachhaltigkeitsmanagements besteht darin, einen operativen Nutzenbeitrag zur Erreichung der aus den Motiven resultierenden unternehmerischen Nachhaltigkeitsziele zu leisten. Dieser Beitrag besteht in der Koordination aller notwendigen Aufgaben, Maßnahmen, Aktivitäten und Instrumente zu einer nachhaltigkeitsorientierten strategischen Gesamtkonzeption (Eckelmann 2006, S.213). Diese Abstimmung zielt auf die systematische Integration der Nachhaltigkeitsidee in die Unternehmensstrategie im Rahmen der Unternehmenspolitik und des Leitbildes, um so für die Analyse, Prognose und strategische Frühaufklärung relevanter, erfolgskritischer unternehmensexterner wie -interner Nachhaltigkeitsaspekte zu sensibilisieren und zu befähigen. Auf Basis einer derartigen Analyse gewährleistet das strategische Nachhaltigkeitsmanagement eine nachhaltigkeitszielorientierte Planung und Formulierung konkreter Nachhaltigkeitsziele auf der Unternehmensgesamt-, Geschäftsbereichs- und Funktionsbereichsebene. Weitere Ziele des strategischen Nachhaltigkeitsmanagements sind nunmehr die Schaffung eines Handlungsfeldes, innerhalb dessen begründete Hinweise zur Auswahl und Bewertung der formulierten Nachhaltigkeitsstrategien gegeben sowie ergebnisorientierte Implikationen für die Einführung, sachorientierte Umsetzung und verhaltensorientierte Durchsetzung eines NMS als Set aufeinander abgestimmter Instrumente des Nachhaltigkeitsmanagements ausgesprochen werden. Abschließend ermöglicht das strategische Nachhaltigkeitsmanagement die organisatorische Einbindung des Nachhaltigkeitsthemas mit der Etablierung zugehöriger Informations- und Kommunikationsflüsse und damit auch auf Basis dieser konzeptionellen Architektur eine stetige Kontrolle der Nachhaltigkeitsstrategien. Brunner (2006) und Eckelmann (2006) deklinieren in ihren Arbeiten zur Automobil- bzw. Pharmabranche strategisches Nachhaltigkeitsmanagement ausschließlich entlang des Referenzmodells des strategischen Managements und verbleiben auf der Ebene der Deskription der Ziele in den einzelnen Phasen. In Erweiterung dessen schließt sich die Beschreibung und v.a. Erläuterung weiterer Ziele in diesem Abschnitt der vorliegenden Arbeit an. Zusammenfassend zielt das strategische Nachhaltigkeitsmanagement somit auf die ganzheitliche Planung, Koordination, Steuerung, Kontrolle und Kommunikation sämtlicher Nachhaltigkeitsthemen und -aktivitäten ab und bildet damit das übergeordnete Konzept für die Systematisierung der zur Erreichung der Nachhaltigkeitsziele notwendigen Aufgaben, Maßnahmen und Instrumente in einem NMS.

Vor dem Hintergrund der dargestellten Ziele und des Zielbezugs formiert sich das strategische Nachhaltigkeitsmanagement in den nachfolgend zusammengestellten Merkmalen. Dabei wirken die zuvor formulierten Konturen und die Erläuterung ihrer theoretischen Fundierung maßgeblich und deutlich erkennbar auf die Charakteristika ein.

2.5.4 Merkmale des strategischen Nachhaltigkeitsmanagements – Übersicht

Strategisches Nachhaltigkeitsmanagement soll verstanden werden als ein ganzheitlicher, systematischer, ziel- und ergebnisorientierter Managementansatz zur proaktiven Gestaltung der Rahmenbedingungen unternehmerischer Tätigkeit für die Durchsetzung des Nachhaltigkeitsleitbildes. Dabei zielt dieser strategische Ansatz auf eine langfristige kontinuierliche Verbesserung sowie die Initiierung organisationaler Lernprozesse ab und bedarf dazu einer eindeutigen normativen Begründung einerseits wie einer operativen Ausrichtung auf die Ziele der Substanzerhaltung, Verlustvermeidung und Verbrauchsreduktion in der ökonomischen, ökologischen und sozialen Dimension andererseits. Die Entscheidungen zur Zielerreichung und Umsetzung des Leitbildes sind von einer hohen Anspruchsgruppenorientierung, insb. auf Mitarbeiter und Kunden geprägt und werden durch dialogische Methoden und Instrumente mit hoher Informations- und Kommunikationswirkung zumeist in Form kooperativer Wertschöpfung forciert.

Zur Klärung des grundlegenden Verständnisses von Nachhaltigkeitsmanagement nimmt Fichter (2005) eine dezidierte Abgrenzung zu den Konzepten des Umweltmanagements vor und identifiziert als grundlegende Charakteristika des Nachhaltigkeitsmanagements einen mehrdimensionalen Zielbezug (markt-, gesellschafts- und ökologische Ziele), der vom Gerechtigkeitsparadigma geleitet wird, einen ebenso mehrdimensionalen Problembezug, der neben ökologischen Fragen auch die „Auswirkungen arbeitsteiliger Gesellschaftssysteme und die Integrationserfordernisse differierender Partikularinteressen adressiert" (Fichter 2005, S.26), funktions- und unternehmensübergreifende Merkmale, wie heutige und zukünftige Bedarfsfelder, Wertschöpfungs- und Nutzungssysteme[190], eine proaktive Handlungsausrichtung hinsichtlich der Integration ökologischer und sozialer Aspekte in die ökonomischen Kernfunktionen sowie eine sozialökologische Perspektive, die eine Auseinandersetzung mit individuellen und

190 Siehe hierzu Pfriem (1995), Schneidewind (1994).

kollektiven Werthaltungen im Kontext des sozialen und kulturellen Charakter des Ökologieproblems anstrebt (Fichter 2005, 25f.).

Als wesentliche Prinzipien des Nachhaltigkeitsmanagements werden in der aktuellen Literatur vor diesem Hintergrund beispielhaft die folgenden identifiziert (Tab. 2-3):

Quelle	**Prinzipien und Merkmale**
Glatzner (2002)	- Integration - Partizipation - Kooperation - Information und Kommunikation
Burschel/Losen/Wiendl (2004)	- Berücksichtigung relevanter Zusammenhänge zwischen gesellschaftlichen und wirtschaftlichen Rahmenbedingungen und Unternehmenspolitik - Erfordernis einer normativen Verankerung der Leitbildes einer nachhaltigen Entwicklung in der Unternehmenspolitik - Erfordernis einer strategischen Umsetzung auf Ebene der Geschäftsfelder - Erfordernis einer operativen Umsetzung auf Ebene der Wertschöpfungsstrukturen
Biedermann (2005)	- Stakeholderorientierung - Abkehr von kurzfristigen opportunistischen Verhaltensweisen - Delegativ-partizipatives Führungsverhalten zur Fokussierung auf Effektivität durch Diffusion von Wissen im Unternehmen - Abkehr von der reinen Gewinnorientierung hin zur Orientierung an der Wertschöpfung und dem Kundennutzen zur selektiven Steigerung von Effizienz und Effektivität unter der Ausrichtung auf neue Qualitäten - Transparente Kommunikation der in der Unternehmenspolitik verankerten Prinzipien und Regulativen - Implementierung eines leistungswirtschaftlichen Risikomanagements als Führungsinstrument zur Analyse, Bewältigung und Kontrolle von Risiken - Wirtschaftlichkeitsprinzip
Fichter (2005)	- Definition von und konsequente Orientierung an Strategien und Zielen unternehmerischer Nachhaltigkeit - Nachhaltigkeitsziele und -strategien legen den Entscheidungsspielraum fest - Initiierung und Gestaltung von sozialen Beziehungen und Kooperationsräumen - Wirkung auf die Partner in den sozialen Beziehungen zur Realisierung der getroffenen Entscheidungen
Freimann (2006)	- Normative Begründung, strategische Orientierung, operative Ausrichtung - Substanzerhaltung, Verlustvermeidung, Verbrauchsreduktion - kontinuierliche Verbesserung - organisationales Lernen - Formen kooperativer Wertschöpfung

	- Anspruchsgruppenorientierung - proaktiver Einfluss auf unternehmerische Rahmenbedingungen
Diffenhardt (2007)	- Management zur Erreichung betrieblicher Nachhaltigkeit - Betriebliche Nachhaltigkeit umfasst die Auswirkungen auf die nachhaltige Entwicklung durch das unternehmerische Handeln als solches und durch die im Rahmen des Unternehmenszwecks erstellten Güter und Dienstleistungen
Eckelmann (2007)	- gezieltes Streben, bzw. Planen, Umsetzen und Steuern der Balance aus ökologischer, ökonomischer und sozialer Verantwortung von Seiten der Unternehmen
Thul/Ritter/Haas (2007)	- Berücksichtigung ökonomischer, ökologischer und sozialer Voraussetzungen, Konsequenzen und Wechselwirkungen - Antizipation bzw. frühzeitige Überwindung auftretender Zielkonflikte und Schaffung von Win-Win-Situationen - Langfristorientierung der Entscheidungen zur Sicherstellung der Bedürfnisbefriedigung der Anspruchsgruppen - Integration des Leitbildes Nachhaltigkeit in nach innen und außen gerichtete Unternehmenstätigkeiten - Unternehmerischer Beitrag zur Lösung gesellschaftlicher Probleme - und Relativierung des Shareholder-Ansatzes

Tab. 2-3: Merkmale und Prinzipien des Nachhaltigkeitsmanagements
Eigene Darstellung.

Dieser Überblick über Merkmale und Prinzipien des Nachhaltigkeitsmanagements erhebt keinen Anspruch auf Vollständigkeit, spiegelt aber die wesentlichen Determinanten des Nachhaltigkeitsmanagements bereits wieder und zeigt, dass diese sowohl mit den Motiven und Zielen einerseits als auch mit den Ansätzen zur Umsetzung umfassend korrespondieren. Außerdem verdeutlichen die aufgeführten Merkmale und Prinzipien zweifelsfrei den ganzheitlichen Charakter des Konzeptes, werden doch sowohl organisationstheoretische (z.B. Integration, Partizipation, Koordination), als auch strategische (z.B. Ziele, Planung) sowie Querschnittsaufgaben (z.B. Information, Kommunikation, Anspruchsgruppenorientierung) dieses Konzeptes adressiert.
Zur operativen Umsetzung des strategischen Nachhaltigkeitsmanagements existieren eine Reihe themenspezifischer Ansätze, Instrumente sowie Normen und Standards, die verschiedentlich Anwendung in der Unternehmenspraxis finden und nunmehr im Anschluss in ihren Grundzügen vorgestellt werden.

2.6 Ansätze des Nachhaltigkeitsmanagements

In der theoretischen Auseinandersetzung mit ersten Ansätzen für ein ganzheitliches, strategisches Nachhaltigkeitsmanagement ist eine Vielzahl von Systemen, Konzepten und Instrumenten zur Bewältigung der Nachhaltigkeitsherausforderungen identifiziert worden und wird nunmehr unterschiedlich intensiv diskutiert. Einen umfassenden Überblick über verschiedene Managementansätze, -systeme und -instrumente für

Nachhaltigkeit gibt die Studie „Nachhaltigkeitsmanagement in Unternehmen" des Bundesministeriums für Umwelt, Naturschutz und Reaktorsicherheit (BMU)[191] in Zusammenarbeit mit *econsense*[192] und dem *Centre for Sustainability Management* (CSM)[193] an der Leuphana Unversität Lüneburg aus dem Jahre 2007, die nach 2002 bereits zum zweiten Mal durchgeführt worden ist (Schaltegger 2007, S.18f.). Als Ziele der Studie werden die Darlegung der zentralen Herausforderungen der nachhaltigen Entwicklung für Unternehmen, die Identifikation der relevanten Managementansätze zur Bewältigung der Nachhaltigkeitsherausforderungen und die differenzierte Beschreibung der Konzepte, Systeme und Instrumente des Nachhaltigkeitsmanagements formuliert. Die unterschiedlichen Ansätze werden bereits im Rahmen der ersten Studie 2002 durch eine Arbeitsgruppe aus Unternehmens- und Verbandsvertretern sowie ergänzend durch eine zweite Studie, in der 150 deutschen Führungskräfte aus verschiedenen Branchen hinsichtlich dieser Ansätze befragt worden sind, beurteilt (Schaltegger 2002). Die Bestimmung der Relevanz der Ansätze erfolgte dabei anhand der Kriterien tatsächliche Anwendung, d.h. Verbreitung in der Praxis, Ausrichtung des Ansatzes auf die vier Herausforderungen der unternehmerischen Nachhaltigkeit und eingeschätztes Potential zur Erfüllung sich abzeichnender Aufgaben.
Im Rahmen der Studie können vierzig Managementansätze identifiziert werden, die dazu geeignet sind, vier Nachhaltigkeitsherausforderungen (Ökologie, Ökonomie, Soziales, Integration, ausführlich Abschnitt 1.2) zu begegnen.[194] Die Untersuchung hat gezeigt, dass nur etwa die Hälfte der möglichen Ansätze zur Bewältigung aller Nachhaltigkeitsherausforderungen geeignet sind, so dass im Folgenden auch nur diejenigen Instrumente vorgestellt werden sollen, die eine hohe Anwendungshäufigkeit aufweisen.[195] Im Anschluss daran erfolgt zudem ein ebenso verdichteter Überblick über die ersten Systematisierungsansätze und die zugrunde liegenden Leitlinien und Normen.

Die im Folgenden skizzierten Instrumente, Normen, Leitlinien, Systeme und Konzepte für die Einführung, Umsetzung und Durchsetzung von Nachhaltigkeitsaktivitäten innerhalb der Unternehmensführung in den unterschiedlichen Nachhaltigkeitsdimensionen bzw. in ihrer Integration stellen Indizien für die Auseinandersetzung mit Nachhaltigkeitsmanagement in Unternehmen da und werden aus diesem Grund auch als beobachtbare und überprüfbare Hinweise und Kriterien im Rahmen der Branchenanalyse in Kapitel 5 herangezogen.

---

191 http://www.bmu.de/wirtschaft_und_umwelt/aktuell/1792.php, (24.06.2008).

192 http://www.econsense.de/, (24.06.2008).

193 http://www.leuphana.de/csm/index.php?sid=0d23566149b910cbf03084e9a869dd73&go=startseite&area=nama, (24.06.2008).

194 Für eine tabellarische Auflistung der vierzig Ansätze siehe http://www.bmu.de/files/pdfs/allgemein/application/pdf/nachhaltigkeitsmanagement_unterneh-men.pdf (14.08.2008), S.19.

195 Häufiger Grund für eine mangelnde Berücksichtigung der jeweiligen Ansätze ist bspw. ein hoher Ressourcenbedarf (finanzieller, personeller oder zeitlicher Art).

2.6.1 Instrumente für das Nachhaltigkeitsmanagement

Als Managementinstrument soll nachfolgend ein Hilfsmittel oder Werkzeug verstanden werden, dass der Erreichung eines formulierten Ziels dient und eine spezifische Aufgabe oder Funktion erfüllt (Schaltegger 2007, S.12). Die Instrumente mit einer relativ hohen Anwendungshäufigkeit sollen zur Übersicht (Tab. 2-4) und für ein erstes grundlegendes Verständnis in ihren Ausprägungen (Ziele, Aufgaben und Funktionen, ggf. Beispiele, Problematisierung bzw. Kritik) kurz präsentiert werden.[196] Die Anwendung dieser Instrumente wird im Rahmen der Branchenanalyse bzw. für die Untersuchung der Nachhaltigkeitsaktivitäten der einzelnen Unternehmen der Stahlindustrie als Hinweis auf ein systematisches Nachhaltigkeitsmanagement bei der Erstellung der Nachhaltigkeitsprofile wieder aufgegriffen und geprüft.

	Aufgaben, Funktionen und Ziele	**Kritik**	**Beispiele**
ABC-Analyse	qualitatives Instrument zur Klassifizierung verschiedener Stoffe, Prozesse, Produkte oder Emissionen durch Kriterien wie gesellschaftliche Akzeptanz oder Recyclingfähigkeit; zur Identifikation von Schwachstellen, Konzentration vorhandener Ressourcen auf Sachverhalte deren Lösung den größten Erfolg verspricht	Beachtung aller Nachhaltigkeitsdimensionen möglich, jedoch Vernachlässigung der wechselseitigen Beziehungen zwischen den einzelnen Dimensionen; hoher erforderlicher Zeitaufwand	Einstufung ökologisch problematischer Stoffe, Bewertung von Werkstoffen
Anreizsysteme	Förderung der Mitarbeitermotivation, direkte Steuerung von Verhaltensweisen in Orientierung an den Unternehmenszielen	Stehen Anreize nicht in einem akzeptablen Verhältnis zu der erwarteten Leistung, gelingt die Steuerung der Verhaltensweisen der Mitarbeiter nicht, Verdrängung der intrinsischen Motivation (*crowding-out* Effekt)	Prämien für Einsparungen von Material u. Energie, Anreize zur Senkung der Unfallzahlen
Arbeitszeitmodelle	Berücksichtigung der Mitarbeiterbedürfnisse, Steigerung von Moti-	Administrations- und Finanzierungsaufwand, Kostensteigerungen u.	Job-Sharing, Teilzeitarbeit, Sabbatical, Arbeitszeitkonten, Ver-

196 Die Ausführungen zu den einzelnen Instrumenten entstammen vorrangig Schaltegger 2007, S.51 ff. und werden nur im Bedarfsfall durch weitere Informationen aus anderen Quellen ergänzt, die dann auch explizit zitiert werden.

	vation u. Leistungsfähigkeit, höhere Arbeitsproduktivität	Effizienzverluste, durch Teilung von Arbeitsplätzen, Störungen in Kommunikationswegen u. eingespielten Arbeitsabläufen	trauensarbeitszeit
Audits	checklistenbasiertes Kontrollinstrument in Form eines Soll-Ist-Vergleichs zur Prüfung der Einhaltung von Gesetzen, der Einhaltung von betrieblichen Zielvorgaben, der Funktionsfähigkeit von Managementsystemen	Integrationsherausforderung nicht erfüllt, da Interdependenzen zwischen Ökologie, Ökonomie und sozialen Aspekten nicht betrachtet werden, uneindeutige u. unverbindliche Ausdeutung der Auditkriterien, Ergebnisse abhängig von Qualifikation des Auditors, nur Zeitpunktbetrachtung	Öko-Audit, Umweltaudit, System-Audit geprüft u. dokumentiert werden z.B. die Einhaltungen von Rechtsvorschriften, Normenanforderungen oder unternehmensinterne Zielvorgaben im Rahmen eines Umweltmanagements
Berichte	schriftliche Dokumentation u. Information von / über unternehmensinterne und -externe Sachverhalte gegenüber internen und externen Anspruchsgruppen; Informationen über bisherige Fortschritte eines Unternehmens in Bezug auf die Erreichung bestimmter Nachhaltigkeits-Ziele, Beschreibung von Zielen sowie aktuellem Stand des Umwelt-, Sozial- oder Nachhaltigkeitsmanagements	hoher Aufwand dafür, dass mit Hilfe von Berichten nur ein kleiner Anteil der gewünschten Leserschaft erreicht wird, Gefahr einer zu großen Informationsfülle u. additiven Behandlung ökologischer, ökonomischer und sozialer Themen (*carpet bombing syndrome*)	Geschäft-, Finanz-, Nachhaltigkeits-, Umwelt- oder Sozialberichte u.a.
Betriebliches Umweltinformationssystem (BUIS)	System zur Erfassung, Verarbeitung u. Bereitstellung umweltrelevanter Daten u. Informationen; Systematisierung von Informationen für Audits u. Nachhaltigkeitsberichte	keine Berücksichtigung sozialer Aspekte, Datenqualität abhängig von der Qualität der Inputs	Zu differenzieren nach: Anwendungsbereichen (z.B. Umweltrechtdatenbank, Stoffstrommanagement), Aspekten (z.B. Abfall, Emissionen, Energie), Daten (z.B. Prozessdaten, Materialstammdaten),

			Anwendern (z.B. Mitarbeiter, Fachabteilung), Systemgrenzen (z.B. Unternehmen, Prozess, Produkt)
Betriebliches Vorschlags-wesen	System zur Förderung, Begutachtung, Anerkennung, Umsetzung u. Honorierung von Verbesserungsvorschlägen;Rationalisierung und Wirtschaftlichkeitsverbesserung; Motivation u. Förderung der Kreativität der Mitarbeiter	nicht geeignet für groß angelegte Umstrukturierungen	Reduktion der Lärmbelästigung am Arbeitsplatz, Bekämpfung von Mobbing, absolute Verringerung von schädlichen Umwelteinwirkungen, Verringerung der Schadschöpfung, Erhöhung der Wertschöpfung
Bilanzen	Ökobilanz erfasst u. bewertet Umweltauswirkungen, die von Produkten, Prozessen oder dem gesamten Unternehmen ausgehen u. macht diese transparent; Sozialbilanz dokumentiert den Beitrag eines Unternehmens zu wesentlichen sozialen Problemen u. deren Lösungen	Integration der unterschiedlichen Bilanzen nicht möglich, da die Bewertungseinheiten, in denen sie dargestellt werden, stark unterschiedlich sind, hoher zeitlicher und finanzieller Aufwand, mangelhafte Operationalisierungsmöglichkeiten bestimmter Sachverhalte	Ökobilanz, Sozialbilanz
Checklisten	Erfassung u. Überprüfung umweltbezogener Eigenschaften von Unternehmen oder Unternehmensaktivitäten	keine Darstellungsmöglichkeit komplexer Zusammenhänge, subjektive Auswahl von Prüfkriterien, falsche Gewichtung relevanter bzw. weniger relevanter Kriterien	Öko-Checkliste zur Darstellung von Sachverhalten im Bereich des betrieblichen Umweltschutzes, zur Identifikation von Verbesserungspotentialen; Sozialchecklisten zur Überprüfung der Einhaltung sozialer Mindeststandards eingesetzt werden
Corporate Citizenship	über die eigentliche Geschäftstätigkeit hinausreichendes bürgerschaftliches Engagement eines Unternehmens; Legitimation der	schwierige Evaluation, ohne konsequente Einbindung der Aktivitäten besteht die Gefahr des Glaubwürdigkeitsverlust	Stiftungen, Spenden / Sponsoring (Sport / Kultur, gemeinnützige Einrichtungen), aktive Mitgestaltung der Gesellschaft durch ehren-

	Unternehmenstätigkeiten, Sicherung sozialer Akzeptanz, Verbesserung der Ausgangslage für Kooperationen mit anderen Anspruchsgruppen, Reduktion von Widerständen u. Reibungsverlusten im Umgang mit Stakeholdern		amtliches Engagement, Nachbarschaftshilfe etc.
CSR	Strategie u. Aktivitäten zur Wahrnehmung der gesellschaftliche Verantwortung von Unternehmen	Unternehmen kommunizieren lediglich die Übernahme gesellschaftlicher Verantwortung statt tatsächlich aktiv Verantwortung in Maßnahmen umzuwandeln u. durchzuführen, Glaubwürdigkeitsprobleme der Dokumentation u. Kommunikation	freiwillige Selbstverpflichtungen wie Einhaltung von Arbeitnehmerrechten, Verbot von Kinderarbeit, Corporate Citizenship, Corporate Volunteering
Corporate Volunteering	Mitarbeiter eines Unternehmens werden für gemeinnützige Aufgaben von der Arbeit freigestellt; Reduktion von Umweltbelastungen, Steigerung der Akzeptanz des Unternehmens in der Gesellschaft, Förderung sozialer Kompetenzen der Mitarbeiter, Verbesserung von Arbeitsklima u. Mitarbeitermotivation	Defizite in der systematischen u. regelmäßigen Anwendung, Problem der Wahrnehmung u. Nutzung kurzfristiger Maßnahmen zu PR-Zwecken (*window dressing*)	Kinder- u. Jugendarbeit, Behindertenhilfe, kirchliche Projekte, Katastrophenhilfe, Umweltschutzaktivitäten
Dialoginstrumente, Stakeholder-Dialog	Vermeidung von Genehmigungsverfahren u. Gerichtsstreitigkeiten durch Konsensfindung, Aufklärung der u. Annäherung an die von betrieblichen Aktivitäten betroffenen Gruppen zur Schaffung von Verständnis für die	Schwierigkeiten bei der Berücksichtigung aller Anspruchsgruppen u. daraus resultierende öffentliche Kritik	*Community Advisory Panel* (CAP) (Nachbarschaftsforen oder Bürgerbeiräte), Nutzen-Risiko-Dialog, Netzwerke

	unternehmerische Aktivität, Gedanken- u. Informationsaustausch zwischen Mitarbeitern eines Unternehmens oder zwischen mehreren Unternehmen und Organisationen, Erhöhung des Kenntnisstand aller Beteiligten, Antizipation, Vermeidung und Lösung möglicher Konflikte im Vorfeld		
Indikatoren & Kennzahlen	Messung bestimmter Sachverhalte zur systematischen Verfolgung u. komprimierte Abb. des Sachverhalts	begrenzte Aussagekraft einzelner Kennzahlen u. Indikatoren, Gefahr von Fehlinterpretationen und Manipulationen	Umweltindikatoren, Umweltkennzahlen, Sozialindikatoren
Label	Siegel (Wort- u./oder Bildabzeichen) auf der Produktverpackung, auf dem Produkt selbst oder in der Produktwerbung; Vermittlung einer Garantie für Qualität u. Einhaltung eines bestimmten im Voraus definierten Standards, Steigerung des Ansehens des Unternehmens, Förderung des Absatzes bestimmter Produkte	Problematik von Glaubwürdigkeit u. Vertrauen in das Label	Öko-Label garantieren Verpflichtung, vereinbarte ökologische Standards einzuhalten, umweltfreundlich zu produzieren; Sozial-Label vermitteln Berücksichtigung u. Einhaltung soziale Standards
Leitbilder	schriftliche Formulierung der Unternehmensphilosophie bzw. -politik, beinhaltet Aussagen über die unternehmerische Vision, Werte, Normen u. Ideale; Entwicklung der Unternehmensidentität, Motivation der Mitarbeiter, Förderung eines positiven Unternehmensimages	oftmals nur kommunikatorische Nutzung als reine Absichtserklärungen	Umweltleitlinien, Sozialleitlinien

Risikoanalyse	systematisches Verfahren zur Identifikation u. Bewertung von potentiellen zukünftigen Gefahren u. Risiken ökonomischer, ökologischer u. sozialer Art	eingeschränkter Beitrag zur Bewältigung der Nachhaltigkeitsherausforderungen, unvollständige Informationen zu Identifikation u. Bewertung potentieller Risiken führen zu uneindeutigen Ergebnissen	Markteinführung von Produkten wie Medikamente, Gefahrstoffe usw., Inbetriebnahme von Prozessen in Datenschutz oder IT
Sponsoring	Unterstützung von Personen u. Organisationen aus dem sportlichen, kulturellen oder sozialen Bereich durch finanzielle Mittel oder durch Dienstleistungen; Steigerung der Glaubwürdigkeit u. Erhöhung der Reputation des Unternehmens	negativer Imagetransfer bzw. unterwartete negativen Reaktionen der Öffentlichkeit möglich	Öko- u. Sozial-Sponsoring, Stiftungen
Weiterbildung	Förderung beruflich relevanter Kenntnisse, Fertigkeiten u. Einstellungen der Mitarbeiter	starke Fokussierung von Weiterbildungsmaßnahmen für ein niedriges Qualifikationsniveau	Inhouse-Schulungen, Weiterbildungsveranstaltungen durch externe Experten, Bildungsurlaube
Qualitätszirkel (QZ)	Qualitätsverbesserung, Steigerung von Öko- u. Sozial-Effektivität	Schwierigkeiten bei Spezialproblemen	Umweltzirkel zur Diskussion problematischer Bereiche

Tab. 2-4: Überblick über die Instrumente des Nachhaltigkeitsmanagements
Eigene Darstellung.

Diese Übersicht macht deutlich, dass ein großer Teil der vorgestellten Managementansätze insb. zur Bewältigung der sozialen Nachhaltigkeitsherausforderung geeignet ist (insgesamt bei 14 Ansätzen ist eine Ausrichtung auf soziale Aspekte weitgehend oder vollständig gegeben). Zehn Ansätze sind besonders gut zur Bewältigung der ökologischen Herausforderung geeignet, fünf eignen sich sehr gut zur Steigerung der Öko- sowie Sozio-Effizienz und drei Ansätze ermöglichen eine besonders gute Integration aller Nachhaltigkeitsherausforderungen.

2.6.2 Normen und Systeme für das Nachhaltigkeitsmanagement

Die vorangestellte kurze Beschreibung der Instrumente dient einem grundlegenden Überblick und in erster Linie der Klärung des Verständnisses ihrer Funktionen und Aufgaben. In den nachfolgend dargestellten Ansätzen werden mehrere Instrumente zu Systemen verknüpft bzw. einem Konzept untergeordnet und im Bedarfsfall näher erläutert. Unter einem Managementsystem soll somit im weiteren Verlauf der Arbeit ein Set systematisch aufeinander abgestimmter Instrumente zur Erreichung eines bestimmten Zielbündels verstanden werden, das den Einsatz unterschiedlicher Instrumente integriert bzw. koordiniert und damit im Vergleich zu einem Managementkonzept durch einen höheren operativen Nutzen geprägt ist (Schaltegger 2007, S.12). Weiterhin werden etablierte Normen und Standards vorgestellt, denen ein Beitrag zur nachhaltigen Entwicklung nachzuweisen ist. Die Entwicklung spezialisierter Standards und themenspezifischer Managementsysteme ist unübersehbar, denn neben das Qualitätsmanagement (ISO 9000, TQM) treten Umweltmanagementsysteme (EMAS, ISO 14001), Systeme für Gesundheits- und Sicherheitsmanagement (OHSAS 18001), Standards für den Bereich sozialer Verantwortung (SA 8000) oder die Klärung des Verhältnisses zu den Stakeholdern (AA 1000), zudem ist auch ein Trend zu integrierten Managementsystemen feststellbar (EFQM, SIGMA) (Hamschmidt 2002, S.63).

- *Qualitätsmanagement nach ISO 9000 ff.*

Eine Qualitätsmanagementnorm beschreibt die zu erfüllenden Anforderungen an das Management eines Unternehmens, um einem bestimmten Standard bei der Umsetzung des Qualitätsmanagements zu entsprechen und dient sowohl zur implementierungsbegleitenden Information innerhalb des Unternehmens als auch zum Nachweis der Orientierung an bestimmten Standards gegenüber Dritten. Die Normenreihe DIN EN ISO 9000 ff. dokumentiert die Grundsätze der Maßnahmen zum Qualitätsmanagement und bildet ein Set von Normen für Qualitätsmanagementsysteme, die das gegenseitige Verständnis auf nationaler und internationaler Ebene erleichtern sollen (DIHT/IHK 1999, S.4). Zielsetzung ist die Schaffung von Vertrauen auf Kundenseite in die Qualitätsfähigkeit des Lieferanten bezogen auf alle unternehmerischen Systeme, Prozesse und Produkte, da dem Nachweis eines standardisierten und normierten Qualitätsmanagementsystems bei der Anbahnung von Geschäftskontakten eine wachsende Relevanz zukommt. In der DIN EN ISO 9000 werden die Grundlagen für Qualitätsmanagementsysteme und die in der Normenreihe DIN EN ISO 9000 ff. verwendeten Begriffe erläutert. Die europäische Norm ISO 9000:2000 erklärt den prozessorientierten Ansatz des Qualitätsmanagements und ist in der aktuellen Form im Jahr 2005 überarbeitet, um einheitliche Begriffsdefinitionen für die Normen ISO 9001:2000 und ISO 19011:2002 erweitert und als ISO 9000:2005 im Dezember 2005 veröffentlicht worden. Die DIN EN ISO 9001 legt schließlich die Anforderungen an ein Qualitätsmanagementsystem (QM-System) für den Fall fest, dass eine Organisation mit dem Ziel der Erhöhung der Kundenzufriedenheit ihre Fähigkeit nachweisen muss, Produkte bereitzustellen, welche die Anforderungen der Kunden und allfällige behördliche Anforderungen erfüllen. Diese Norm beschreibt modellhaft das gesamte Qualitätsmanagementsystem und ist Basis für ein umfassendes Qualitätsmanagementsystem. Als Grundsätze des Qualitätsmanagements werden ein prozess- und systemorientierter Managementansatz, Kundenorientierung, Verantwortlichkeit der Führung, Einbeziehung der beteiligten Personen, kontinuierliche Verbesserung, ein sachbezogener Ansatz zur Entscheidungsfindung und die Gestaltung von Lieferantenbeziehungen zum gegenseitigen Nutzen formuliert. Die aktuelle DIN EN ISO 9001 wurde letztmalig im Jahr 2008 überarbeitet (9001:2008). Die DIN EN ISO 9004 stellt ergänzend einen Leitfaden bereit, der sowohl die Wirksamkeit als auch die Effizienz des Qualitätsmanagementsystems betrachtet und Anleitungen zur Ausrichtung eines Unternehmens in Richtung *Total Quality Management* (TQM) enthält, aber keine Zertifizierungs- oder Vertragsgrundlage darstellt. Die Norm EN ISO 9004 wird zurzeit überarbeitet, denn die nächste Version soll gänzlich unabhängig von der Norm EN ISO 9001 noch umfassender die Aspekte des Total Quality Management beschreiben. Die konkrete Umsetzung der DIN EN ISO 9004 ist das EFQM-Modell als ein umfassendes ganzheitliches Qualitätsmanagementsystem im Sinne des Total Quality Managements.[197]

- *Total Quality Management (TQM)[198]/European Foundation for Quality Management (EFQM)[199] (Deutsche EFQM[200])/Total Quality Environmental Management (TQEM)[201]*

Total Quality Management (TQM) bezeichnet die stetige und alle Bereiche einer Organisation erfassende dokumentierende, organisierende und kontrollierende Tätigkeit, die dazu dient, Qualität als Systemziel einzuführen und dauerhaft zu garantieren.
Der Grundgedanke ist bei allen Modellen derselbe: Qualitätsmanagement soll sich nicht auf die technischen Funktionen zur Sicherstellung der Produktqualität beschränken, sondern wird durch die Beziehung zwischen dem Unternehmen und seinen Kunden definiert (Hummel/Malorny 2009). Das Total Quality Management ist schnell zu einer viel beachteten Management-Philosophie gewachsen, bereits 1951 wurde zum ersten Mal ein japanisches Unternehmen mit dem so genannten Deming-Preis für besonders hohe Qualitätsanforderungen ausgezeichnet. 1988 gründeten 14 große Unternehmen (unter ihnen Fiat, Volkswagen, KLM, Nestlé, Bosch)[202] die *European Foundation for Quality Management* (*EFQM*), die sich die Entwicklung eines europäischen Modells für Qualitätsmanagement auf die Fahne schrieb. Das so genannte EFQM-Modell für Business Excellence wird bis heute von der Organisation betreut und mit Hilfe der Praxis kontinuierlich angepasst. Seit 1992 werden die Kriterien dieses Modells zur Vergabe des wichtigsten deutschen Qualitätspreises, des Ludwig-Erhard-Preises herangezogen (Hummel/Malorny 2009). Das EFQM-Modell dient als Checkliste, die das ganzheitliche Verständnis der Wirkungszusammenhänge in einem Unternehmen aufzeigen soll mit dem Ziel Stärken und Schwächen zu analysieren sowie Handlungsbedarfe zu identifizieren und zu priorisieren. Das Modell berücksichtigt die vielen Vorgehensweisen, mit denen Exzellenz in allen Leistungsaspekten erzielt werden kann und beruht auf der Prämisse, dass exzellente Ergebnisse im Hinblick auf Leistung, Kunden, Mitarbeiter und Gesellschaft durch eine Führung erzielt werden, die

---

197 http://www.iso.org/iso/iso_catalogue/management_standards/iso_9000_iso_14000/ iso_9000_essentials.htm, (15.06.2009).

198 Für detaillierte Informationen über Philosophie, Strategie und Methodik von TQM siehe http://www.tqm.com/, (13.08.2008).

199 http://ww1.efqm.org/en/tabid/108/default.aspx, (13.08.2008).

200 Siehe Deutsche EFQM, http://www.deutsche-efqm.de/inhseiten/efqm_modell.htm, (13.08.2008).

201 Für weitere Informationen über das TQEM siehe z.B. http://www.bsdglobal.com/tools/systems_tqem.asp, (13.08.2008).

202 http://ww1.efqm.org/en/Home/aboutEFQM/Ourhistory/Timeline/tabid/168/Default.aspx, (13.08.2008).

Politik und Strategie mit Hilfe der Mitarbeiter, Partnerschaften, Ressourcen und Prozesse umsetzt.[203] Ein wesentlicher Gedanke des Modells ist der, das eigene Handeln und die eigenen Ergebnisse ständig mit dem Wettbewerb, und zwar mit den Besten im Wettbewerb, zu vergleichen (Hummel/Malorny 2009).In diesem Zusammenhang kann *Total Quality Environmental Management* (TQEM) die kontinuierliche Verbesserung der ökologischen Leistung des Unternehmens über die Anwendung von Qualitätsmanagement-Prinzipien bspw. auf Produktionsverfahren und -prozesse unterstützen. Insb. für Unternehmen, die sich bereits an TQM oder EFQM orientieren, ist die Integration der ökologischen Aspekte des TQEM relativ unkompliziert und führt bei einer systematischen Herangehensweise zu einer höheren Anspruchsgruppenorientierung, stetigen Verbesserungsprozessen und der Antizipation und Verminderung ökologischer Risiken der Unternehmenstätigkeit. [204]

Neben diesen etablierten Standards für das Qualitätsmanagement gelten das europäische Umweltmanagement- und Umweltauditsystem (EMAS) und das Umweltmanagementsystem nach der Norm DIN EN ISO 14001 als prominenteste Vertreter der Umweltmanagementsysteme (Glatzner 2002, S.74). Umweltmanagement bezeichnet allgemein den Teilbereich des Managements, der sich mit dem betrieblichen Umweltschutz beschäftigt, d.h. mit den Tätigkeiten, Produkten und Dienstleistungen, die mittelbare und unmittelbare Auswirkungen auf die ökologische Umwelt haben. In Umweltmanagementsystemen werden die Aufbau- und Ablauforganisation und die zugehörigen Regelungen zu Planung, Ausführung und Kontrolle ebenso wie die Zuordnung von Verantwortlichkeiten und die Vorschriften für Verhaltens- und Verfahrensweisen festgelegt. Zudem sind explizite Umweltziele zu formulieren und die entsprechenden Maßnahmen zu treffen (BMU 2005).

- *Eco-Management and Audit Scheme (EMAS)*[205]

Das *Eco-Management and Audit Scheme* (EMAS) stellt ein Gemeinschaftssystem für das freiwillige Umweltmanagement und die Umweltbetriebsprüfung dar und ist 1993 von den Europäischen Gemeinschaften als Instrument für Unternehmen entwickelt worden, die ihre Umweltleistung verbessern wollen. Rechtsgrundlage ist die Verordnung (EG) Nr. 761/2001.[206] Der Aufbau eines Umweltmanagementsystems und die Abläufe entsprechen seit 2001 auch bei EMAS der ISO 14001. Die Ansprüche von EMAS an die Umsetzung gehen jedoch über ein reines Managementsystem zur Systematisierung und Koordination hinaus, denn im Vordergrund steht eine Leistungsorientierung, die erwartet, dass sich die Unternehmen über die umweltgesetzlichen Anforderungen hinaus verbessern. In den Prozess der kontinuierlichen Verbesserung der Umweltleistung sind die Beschäftigten einzubeziehen, um die Identifikation der Mitarbeiter mit den Umweltschutzinteressen des Unternehmens und die praktische Umsetzung zu gewährleisten. Im Rahmen des Umweltmanagements nach EMAS ver-

203 http://www.deutsche-efqm.de/inhseiten/247.htm, (13.08.2008).

204 http://www.bsdglobal.com/tools/systems_tqem.asp (15.08.2008).

205 http://www.emas.de/unterrubrik-8.html, (13.08.2008).

206 Am 02. April 2009 hat das Europäische Parlament in 1. Lesung der dritten Novelle der EMAS-Verordnung (EMAS III) zugestimmt.

pflichtet sich das Unternehmen zur Erstellung und Veröffentlichung einer Umwelterklärung, in der über alle umweltrelevanten Tätigkeiten und die zugehörigen Daten zur Umwelt (Ressourcen- und Energieverbrauch, Emissionen, Abfälle etc.) informiert wird. Weiterhin ist das Unternehmen angehalten, eine erste eigene Umweltprüfung und nachfolgend eine regelmäßige Umweltbetriebsprüfung vorzunehmen und zu dokumentieren. Die internen Aufzeichnungen und die Umwelterklärung werden von einem unabhängigen, staatlich zugelassenen Umweltgutachter beurteilt und die Umwelterklärung bei positiver Prüfung der erbrachten Umweltleistung validiert. Nach der Validierung wird das geprüfte Unternehmen in ein öffentliches Register eingetragen und erhält eine europaweit einmalige Registrierungsnummer und ist berechtigt das EMAS-Logo als Nachweis zu führen. Um im Registrierungsverfahren Umweltverstöße auszuschließen, werden alle zuständigen Umweltbehörden beteiligt.[207]

- *Umweltmanagement nach DIN EN ISO 14001 ff*

Die internationale Umweltmanagementnorm ISO 14001 legt weltweit anerkannte Anforderungen an ein Umweltmanagementsystem fest und ist Teil einer Normenfamilie, die zahlreiche weitere Normen zu verschiedenen Bereichen des Umweltmanagements, bspw. zu Ökobilanzen, zu Umweltkennzahlen bzw. zur Umweltleistungsbewertung umfasst. Sie kann sowohl auf produzierende als auch auf dienstleistende Unternehmen angewendet werden.[208] Ziel der DIN EN ISO 14001 ist ein kontinuierlicher Verbesserungsprozess als Mittel zur Erreichung der jeweils definierten Umweltschutzzielsetzungen einer Organisation (Unternehmen, Dienstleister, Behörde, etc.). Der kontinuierliche Verbesserungsprozess beruht auch hier auf der Plan-Do-Check-Act-Logik.[209] Das Unternehmen wird angehalten, eine Umweltpolitik, konkrete Umweltziele und ein Umweltprogramm festzulegen sowie ein entsprechendes Managementsystem zur Zielerreichung aufzubauen. Durch eine regelmäßige Kontrolle der formulierten Umweltziele und der Wirkungsweise des Umweltmanagementsystems soll die kontinuierliche Verbesserung erreicht werden (Gastl 2005, Doktoranden-Netzwerk Öko-Audit e.V. 1998). Die Norm betont ausdrücklich, keine absoluten Anforderungen für die Umweltleistung festzuschreiben, fordert aber die Einhaltung der Verpflichtungen, die sich das Unternehmen in seiner Umweltpolitik auferlegt hat, dabei sollte die Umweltpolitik v.a. die Einhaltung der geltenden rechtlichen Verpflichtungen und anderer Anforderungen beinhalten (Gastl 2005, Doktoranden-Netzwerk Öko-Audit e.V. 1998).

207 http://www.emas.de/ueber-emas/was-ist-emas/ (13.08.2008).

208 Für eine genauere Definition siehe http://www.umweltdatenbank.de/lexikon/iso_14001.htm (13.08.2008), für eine inhaltliche Übersicht über die ISO 14001-Reihe siehe http://www.14001news.de/ (13.08.2008).

209 Für eine genauere Definition siehe http://www.umweltdatenbank.de/lexikon/iso_14001.htm (13.08.2008), für eine inhaltliche Übersicht über die ISO 14001-Reihe siehe http://www.14001news.de/ (13.08.2008).

- *Besondere soziale Verantwortung und Sozialmanagementsysteme: Normkataloge „Social AccountAbility (SA) 8000“*[210]*, OHSAS – Occupational Health and Safety Management (OHSAS 18001)*[211] *und „AccountAbility (AA) 1000“*[212]

Social Accountability (SA) 8000 bezeichnet den ersten weltweit zertifizierbaren Standard für sozial verantwortliche Unternehmensführung und basiert auf der Menschenrechtskonvention der Vereinten Nationen[213] als auch auf ausgesuchten Artikeln der Internationalen Arbeitsorganisation (ILO)[214] und der UN Konvention für die Rechte der Kinder[215]. SA8000 umfasst Themenbereiche mit den folgenden Hauptforderungen:

- Kinderarbeit ist nicht erlaubt,
- Zwangsarbeit ist nicht erlaubt,
- Gesundheit und Sicherheit am Arbeitsplatz müssen gewährleistet sein,
- Organisationsfreiheit und das Recht auf kollektive Verhandlungen müssen garantiert sein,
- Diskriminierung ist nicht erlaubt,
- Strafmassnahmen sind nicht erlaubt,
- Die Arbeitszeit darf wöchentlich 48 Stunden nicht überschreiten, zusätzlich wöchentlich maximal 12 Überstunden auf freiwilliger Basis,
- Entlohnung muss hinreichend sein,
- Managementsysteme müssen die Einhaltung der Bedingungen effizient garantieren.[216]

Der Kern des Standards ist die Annahme, dass das Management von Unternehmen bereit ist, für die Orientierung aller Arbeitsbedingungen an den allgemein anerkannten Menschenrechten Verantwortung zu übernehmen. SA 8000 initiiert die Umsetzung und Kontrolle von sozialen Mindeststandards in produzierenden Unternehmen und stellt die Grundlage für die Zertifizierung von Fabrikationsstätten weltweit dar.[217] SA 8000 ist kompatibel mit den Strukturen der ISO 9001, ISO 14001 und den OHSAS 18001 bzw. OHRIS Standards.

Die 2007 als britische Norm festgelegte *Occupational Health and Safety Assessment Series* (OHSAS 18001) lehnt sich sehr eng an die ISO 9001 und 14001 an, allerdings handelt es sich nicht um eine weltweit gültige ISO-Norm, da bislang die Normung von Arbeitsschutzmanagementsystemen weltweit nach wie vor abgelehnt wird. Ein Arbeitsschutzmanagementsystem dient der Integration des Arbeitsschutzes in die betrieblichen Abläufe sowie der Sicherstellung und kontinuierlichen Verbesserung des Gesundheitsschutzes der Beschäftigten bei der Arbeit. Arbeitsschutzmanagementsys-

---

210 http://www.sa-intl.org/, (13.08.2008).
211 http://www.quality.de/lexikon/ohsas_18001.htm, (13.08.2008).
212 http://www.accountability21.net/, (13.08.2008).
213 http://www.ohchr.org/EN/UDHR/Documents/UDHR_Translations/ger.pdf, (15.08.2008).
214 http://www.ilo.org/declaration/thedeclaration/lang-en/index.htm, (15.08.2008).
215 http://www.unis.unvienna.org/unis/de/library_2004kinderkonvention.html, (15.08.2008).
216 http://www.sa-intl.org/index.cfm?fuseaction=Page.viewPage&pageId=473, (13.08.2008).
217 http://www.sa-intl.org/, (13.08.2008).

teme umfassen eine eindeutige Aufbau- und Ablauforganisation und die systematische Planung, Durchführung und Kontrolle von Maßnahmen zum Arbeits- und Gesundheitsschutz, weshalb die Festlegung von Organisationsstrukturen, Verantwortlichkeiten, Informationswegen, die Formulierung von Zielen und die Orientierung an Verfahren, Ressourcen und Prüfinstrumente zur Bewertung gegeben sein muss (Wittig-Goetz 2006, S.1). Durch ihre Prozessorientierung lässt sich die Spezifikation OHSAS 18001 mühelos in ein Qualitäts- und/oder Umweltmanagementsystem einbauen. Die Zertifizierung erfolgt nach dem Britischen Standard BS 8800[218], der alle Basisanforderungen enthält und kann von jedem Unternehmen, das arbeitsbedingte Risiken für seine Mitarbeiter sowie für Besucher und Kunden minimieren möchte, eingeführt, umgesetzt und durchgesetzt werden.[219]
Das *Occupational Health- and Risk-Managementsystem* (OHRIS) wird wie die Managementsysteme für Qualität und Umweltschutz durch Systemelemente definiert. Diese Systemelemente umfassen Determinanten und Implikationen, durch welche die unternehmenspolitischen Vorgaben in Anlagen- und Qualitätssicherung sowie Umwelt- und Arbeitsschutz im normativen Bereich eines Unternehmens, in der strategischen Planung und im operativen Handeln systematisch und im funktionalen Zusammenhang erreicht und ihre Realisierung überprüft werden können. Im Hinblick auf die notwendige Harmonisierung von Arbeitsschutzmanagementsystemen werden die Systemelemente des OHRIS derart formuliert, dass sie auch bei Anwendung in unterschiedlichen Betriebsgrößen, Betriebsorganisationen und Branchen und für die Erfüllung unterschiedlicher nationaler ordnungsrechtlicher Vorgaben zu einer einheitlichen Ausgestaltung betrieblicher Arbeitsschutz-systeme führen. Die zehn Systemelemente des OHRIS bestehen aus fünf systemausrichtenden Kernelementen und fünf spezifischen, arbeitsschutzbezogenen Managementelemente, wobei die systemausrichtenden Elemente die Empfehlungen für die Leitung der Organisation, das Managementsystem, die Lenkung der Aufzeichnungen, das Personal und die Audits umfassen. Die systemausrichtenden Kernelemente sind durch einen gleichartigen Aufbau für alle themenorientierten Managementsysteme gekennzeichnet und können in ihrer Anwendung Synergien erzeugen. Dabei beinhalten die spezifischen, arbeitsschutzbezogenen Managementelemente die Anforderungen im Hinblick auf die einzuhaltenden Verpflichtungen, die Überprüfung, Überwachung und Korrekturmaßnahmen, auf die Regelungen für Betriebsstörungen und Notfälle sowie im Hinblick auf die Beschaffung.[220]

- *Standards für die Berichterstattung: Global Reporting Initiative (GRI): Sustainability Reporting Guidelines und AccountAbility (AA) 1000 Standard*

Der international bekannteste Kriterienkatalog bzw. Indikatorenset zur Nachhaltigkeitsberichterstattung stammt aus dem Stakeholder-Netzwerk der *Global Reporting Initiative* (GRI)[221]. Die erste Fassung wurde 1999 von Wirtschaftsvertretern und eini-

218 http://www.ibschardt.de/html/ams4.html, (15.08.2008).
219 http://www.tuev-cert.de/e12/e29/e152/e226/index_ger.html, (15.08.2008).
220 http://www.ibschardt.de/html/ams4.html, (15.08.2008).
221 Für eine inhaltliche Übersicht über die einzelnen Richtlinien und Indikatoren siehe http://www.globalreporting.org/Reporting Framework/ReportingFrameworkOverview/,

gen Wissenschaftlern in mehreren Round-Table-Treffen erarbeitet. Inzwischen wird die GRI von der UNEP gefördert und bezieht einen sehr breiten Kreis von Nicht-Regierungsorganisationen und Wissenschaftlern in die Erarbeitung, Verbesserung und Kommentierung des Leitfadens ein (Clausen/Loew 2005, S.609). Neben dem aktuellen Leitfaden aus dem Jahre 2002, werden zunehmend auch brachenspezifische Ergänzungen (*Supplements*) entwickelt.[222] Der Leitfaden wird derzeit in seiner aktuellen Fassung (G3) aus dem Jahre 2006 angewendet.[223] Inzwischen nutzen diesen Leitfaden weltweit circa 500 Unternehmen in 45 Ländern (Slater/Gilbert 2004, S.45). Der Berichtsrahmen der GRI ist umfangreich und enthält detaillierte Einzelindikatoren. Mit den G3 Richtlinien werden hauptsächlich die nachfolgenden Ziele[224] verfolgt:

- Steigerung der Benutzerfreundlichkeit gegenüber den Vorversionen,
- Minimierung der Kosten für den Übergang von G2 zu G3,
- Anleitung zum Auffinden der relevanten Themen,
- erhöhte Verlässlichkeit der Daten (Assurance/Auditing/Verifizierung),
- Harmonisierung mit anderen Standards und Tools,
- verbesserte Information für Investoren,
- Verringerung der Anzahl Indikatoren,
- Fokus auf Performance,
- bessere Vergleichbarkeit der Indikatoren innerhalb und zwischen Organisationen,
- verbesserte Resultatsorientierung qualitativer Indikatoren und
- Hilfestellung bei der Definition der Indikatoren.

Vorteile für Unternehmen, die sich bei ihrer Nachhaltigkeitsberichterstattung an den GRI Richtlinien orientieren, ergeben sich aus der Reduktion von Erwartungs- und Entscheidungsunsicherheiten, aus der Generierung von Steuerungsoptionen für die Innen- und Außendarstellung sowie aus der möglichen (Re-)Stabilisierung der Unternehmensintensität (Ziemann 2005, S.129). Kritisch betrachtet, besteht jedoch die Gefahr, dass ein Unternehmen eine Tendenz zur Idealisierung der eigenen Tätigkeiten und zur schriftlichen Fixierung ohne Verbindlichkeiten gegenüber Dritten entwickelt.[225]
Ergänzend zum Nachhaltigkeitsberichtsstandard der Global Reporting Initiative wurde 2003 erstmals der von der internationalen Ideenfabrik *AccountAbility* (AA) herausgegebene AA1000-Standard veröffentlicht, an dessen Erarbeitung sich weltweit 4500 Experten beteiligt haben. AA1000 befasst sich mit der Prüfung der Nachhaltigkeitsperformance von Organisationen wie sie in Nachhaltigkeitsberichten veröffentlicht wird.[226] Im Jahre 2008 ist der Standard detailliert und strukturiert überarbeitet worden.

(12.08.2008).

222 http://www.globalreporting.org/guidelines/sectors.asp, (17.05.2006).

223 http://www.globalreporting.org/NR/rdonlyres/B77474D4-61E2-4493-8ED0-D4 AA9BEC000D /2868/G3_LeitfadenDE1. pdf, (17.05.2006).

224 http://www.oebu.ch/oebu/downloads/g3_0612.pdf, (15.06.2008).

225 zu den Richtlinien der GRI Willis (2003), Hussey/Kirsop/Meissen (2001).

226 http://www.deloitte.com/dtt/cda/doc/content/DE_WP_CR%26S_AA1000AS_ Standard _2008_300309(1) .pdf, (22.06.2009), http://www.deloitte.com/dtt/cda/doc/content/ DE_WP _CR%26S_AA1000APS_Standard_2008_300309(1).pdf, (22.06.2009).

Nunmehr liegen der AccountAbility-Prinzipienstandard, der die Prinzipien Inklusivität, Wesentlichkeit und Reaktivität in ihrer Anwendung erläutert und der AccountAbility-Prüfungsstandard, der die Anforderungen für den Prüfer beschreibt, vor.

- ISO 26000

Die Ethiknorm[227] ISO 26000 beschreibt, welche soziale Verantwortung private und öffentliche Unternehmen und Organisationen jeglicher Art im weltweiten Kontext haben und einhalten sollen. Diese Verpflichtung wird zunehmend von Kunden, Verbrauchern, Regierungen sowie Verbänden gefordert und soll zu glaubwürdigen Geschäftspraktiken führen, Wirtschaftsbetrug sowie Arbeitnehmerausbeutung unterbinden. Die Erstveröffentlichung der Norm ISO 26000 ist für 2010 geplant.[228] Zurzeit arbeiten 54 Länder und 33 Organisationen in der ISO 26000 Arbeitsgruppe, den Vorsitz bilden die ISO-Mitglieder Brasilien und Schweden. Die Norm soll den Begriff soziale Verantwortung global vereinheitlichen und allgemeingültig machen. Der Leitfaden der ISO 26000 wird die besten Beispiele aus der aktuellen Unternehmenspraxis für die Allgemeinheit zusammenstellen und sowohl mit den Richtlinien der vereinten Nationen als auch mit denen der internationalen Arbeitsorganisation verträglich sein. Die Norm soll ein kraftvolles Instrument sein, um Organisationen von der guten Absicht zur guten Praxis zu bewegen und listet die Themen auf, die eine Organisation zur Wahrnehmung ihrer gesellschaftlichen Verantwortung beachten muss.[229] Im zweiten Entwurf sind u.a. folgende Themen zu finden:

- *Human Rights* inkl. Gewerkschaftsfreiheit und kollektive Verhandlung, Nichtdiskriminierung, Kinder- und Zwangsarbeit;
- *Labour Practices* inkl. Arbeitssicherheit und Gesundheit, Löhne, Arbeitszeit, Restrukturierung, Disziplinarmaßnahmen, sexuelle Belästigung;
- *Organisational Governance* inkl. Aktionärsrechte, Teilnahme an Entscheidungen, Information von Stakeholdern;
- *Consumer Issues* inkl. Information, Gesundheit, Verträge, Werbung und Kinder, Labelling, überlebensnotwendige Produkte usw.;
- *Community Involvement* inkl. Beschäftigung, Ausbildung, Technologietransfer, Steuern, Ressourcennutzung, Gesundheit, kulturelles Erbe, Infrastruktur;
- *Fair Operating Practices* inkl. fairer Wettbewerb, Korruption, Geldwäscherei, Schutz der Privatsphäre, Schutz des geistigen Eigentums;
- *Environment* inkl. Vermeidung von Umweltverschmutzung, Treibhausgasproblematik, nachhaltige Bodennutzung, Schutz von Ökosystemen usw..

---

227 Für weitere Informationen zu ISO 26000: siehe www.iso.org/sr, 05.01.2008 und International Organization for Standardization (ISO) (2006): ISO and Social Responsibility, Genf 2006.

228 http://isotc.iso.org/livelink/livelink/fetch/2000/2122/830949/3934883/3935096/ home.html ?nodeid=4451259&vernum=0, (15.06.2008).

229 Für weitere Informationen zu ISO 26000 siehe www.iso.org/sr, 05.01.2008 und International Organization for Standardization (ISO) (2006): ISO and Social Responsibility, Genf 2006.

Ein Kap. der ISO 26000 widmet sich schließlich der praktischen Umsetzung von *Social Responsibility* in Organisationen. Die gesellschaftlichen Themen sind jedoch sehr komplex und ISO 26000 wird vermutlich diesbezüglich eher auf allgemeinem Niveau bleiben. Eine Detailanalyse der Situation vor Ort wird daher immer notwendig sein, um adäquate Korrekturmaßnahmen zu treffen (Margot 2006, S.16f.).

- *SIGMA*

Der renommierteste Ansatz eines NMS ist durch das britische SIGMA[230] (*Sustainability: Integrated Guidelines for Management*) Projekt initiiert worden, das durch die *British Standard Institution* geleitet und vom britischen Wirtschaftsministerium finanziell gefördert wird. Da bereits die ISO Normen 9001 und 14001 auf die nationalen Standards der *British Standard Institution* zurückzuführen sind, werden die Ideen des SIGMA Projektes aufmerksam verfolgt (Dyllick 2000, S.4). Ziel des SIGMA Projektes ist die Integration von ökonomischen, ökologischen und sozialen Aspekten der Geschäftsprozesse in ein übergreifendes Managementsystem, das sowohl strategische als auch operationale Aspekte der Nachhaltigkeit umfassen und damit einen praktikablen Managementstandards für unternehmerische Nachhaltigkeit darstellen soll. Besonderes Augenmerk wird auf die Einbindung einer strategischen Perspektive in das SIGMA Projekt gelegt, denn bisher weisen genormte themenbezogene Managementsysteme wie z.B. Qualitäts- und Umweltmanagement in der praktischen Umsetzung noch vielfach einen stark operativen Charakter auf und führen isolierte Eigenleben in den Unternehmen. Eine wesentliche Herausforderung für das Projekt ist, die Komplexität des zu entwickelnden Managementstandards auf ein notwendiges Minimum zu reduzieren (Watson 2000, S.79). Dabei wird bewusst auf bestehenden Standards und Initiativen zu unterschiedlichen Aspekten der Nachhaltigkeit zurückgegriffen. Die Richtlinie differenziert die SIGMA Prinzipien und die SIGMA Management-Aufgaben. Die Prinzipien sollen dem Unternehmen das allgemeine Verständnis von Nachhaltigkeit vermitteln und Berührungspunkte mit den Themengebieten der Nachhaltigkeit aufzeigen. Der Bezugsrahmen des Managements, der die Herausforderungen der Nachhaltigkeit in die wesentlichen Prozesse und Entscheidungen eines Unternehmens integriert, ist Aufgabe des zweiten Teils.Ganzheitliches Management der Faktoren Umwelt, Soziale Beziehungen und Strukturen, Menschen, Produkte und Finanzen, die im weitesten Sinne die wesentlichen Aufgabengebiete eines Unternehmens wiederspiegeln und die Herausforderung, verantwortlich gegenüber den Anspruchsgruppen und relevanten Regeln und Standards zu handeln, sind die Prinzipien des SIGMA Ansatzes. Die Verantwortlichkeit wird dabei als oberstes Prinzip herausgestellt, das sämtliche anderen Faktoren umfasst. Daran schließt sich der Faktor Umwelt an, der die natürlichen Ressourcen und das ökologische System beinhaltet, da sämtliche Unternehmen und Gesellschaften von umweltrelevanten Faktoren abhängig sind. Im Zentrum des Modells stehen die übrigen Elemente, die untereinander auf unterschiedliche Arten verbunden sind. Je höher das Niveau der einzelnen verbundenen Faktoren ist, umso größer ist auch der Nutzen für Gesellschaft und Unternehmen. Die Entwicklung des SIGMA-Modells wurde nicht vor dem Hintergrund einer späteren Zertifizierung vo-

230 www.projectsigma.co.uk/Guidelines/Principles/, (27.01.2008).

rangetrieben. Die Teilnehmer des Projekts glauben, dass eine Zusicherung durch das Unternehmen glaubwürdig genug sei und dass die Themengebiete der Nachhaltigkeit einen kontinuierlichen, flexiblen und innovativen Managementprozess erfordern und kein konventionelles Zertifikations-schema (The SIGMA Project 2003, S.10).

- *VDI 4070*

Der Verein deutscher Ingenieure (VDI) hat in den letzten Jahren die VDI Richtlinie 4070 Blatt 1 entwickelt, die sich mit dem nachhaltigen Wirtschaften in kleinen und mittleren Unternehmen (KMU) beschäftigt und eine Anleitung zum nachhaltigen Wirtschaften darstellen soll. Mit Hilfe dieser Richtlinie soll besonders „kleinen und mittleren Unternehmen ein vereinfachtes, kostengünstiges und an den Nachhaltigkeitszielen orientiertes Managementsystem“ angeboten werden können.[231]
Das Managementsystem der VDI Richtlinie 4070 Blatt 1 orientiert sich an den bewährten Normen für den Umweltschutz (ISO 14001) und das Qualitätsmanagement (ISO 9001). Ein Schwerpunkt der VDI Richtlinie 4070 Blatt 1 liegt in der Formulierung und Einführung von geeigneten Kenngrößen zu den Bereichen Ökonomie, Ökologie und Soziales.Diese Größen sollen betriebsspezifische Merkmale transparent machen, eine Anwendung auf die gesamte Organisation oder Teile davon gewährleisten und durch eine dauerhafte Anwendung dieser Kenngrößen eine Entwicklung der Nachhaltigkeit im Unternehmen aufzeigen. Im Bereich der Ökonomie handelt es sich dabei um die üblichen betriebswirtschaftlichen Größen, wie z.B. die Produktivität, Eigenkapitalrendite und Marktanteil. Empfohlene Kenngrößen für die ökologischen Aspekte sollen z.B. der spezifische Wasserverbrauch, der Schadstoffanteil im Abwasser oder der Packstoffanteil sein. Der soziale Bereich kann nach Auffassung der Verfasser der Richtlinie u.a. durch die Gesundheitsquote, den Frauenanteil in Führungspositionen und die Quote der rauchfreien Arbeitsplätze messbar gemacht werden (VDI 2004, S.8 ff.). Bei der vorgestellten Richtlinie handelt es sich um einen ersten theoretischen Entwurf, der weiter entwickelt und in naher Zukunft anhand von praktischen Beispielen in seiner konkreten Anwendung präsentiert werden soll.
Der Bundesverband der Industrie (BDI) hat zu diesem Entwurf und insb. zur Auswahl der Kenngrößen innerhalb der VDI Richtlinie 4070 eine kritische Stellungnahme vorgelegt. Die allgemeine Notwendigkeit dieser Richtlinie wird bezweifelt, dabei auf das Vorhandensein der ISO Norm 14001 und der SA Norm 8000 verwiesen und somit der Mehrwert dieser neuen Richtlinie nicht anerkannt. Die Kenngrößen seien vor dem Hintergrund einer Konzeption für KMU nur zum Teil anwendbar und für einige Branchen nicht notwendig. Der BDI ist der Meinung, dass die bereits bestehenden Normen ausreichen, um die Aspekte der Nachhaltigkeit in einem Unternehmen zu verfestigen (BDI 2004, S.3f.). Mit der Erarbeitung des Folgeblattes VDI 4070 Blatt 2 „Nachhaltiges Wirtschaften – Anleitung zum Nachhaltigen Wirtschaften – Beispiele“ ist im Oktober 2005 begonnen worden.[232]

---

231 http://www.vdi.de/vdi/presse/mitteilungen_details/index.php?ID=1015978, (13.02.2006).
232 http://www.izu.bayern.de/publikationen/detail_publikationen.php?ID=424&kat=9 &th =5&sub=2&sub_sub=1, (27.01.2008).

Aus dieser dezidierten Aufarbeitung des Theoriefundamentes der Managementsystem-Forschung, der Ursprünge des Nachhaltigkeitsleitbildes und seiner Relevanz für das strategische Management in den Determinaten der Konturen, Motive, Ziele, Merkmale und Instrumente werden im nachfolgenden Kap. die theoretisch-konzeptionell angezeigten Elemente eines ganzheitlichen NMS hergeleitet, in ihren möglichen Ausgestaltungsformen präsentiert und fundiert.

3 Quintessenz – Theoretisch-konzeptionelle Bestimmung möglicher Elemente eines Nachhaltigkeitsmanagement-Systems

Aus dem zuvor präsentierten aktuellen Forschungsstand ergibt sich das folgende Kap. als substantielle Verdichtung der Erkenntnisse aus Theorie, Literatur und empirischen Studien auf Basis der zu berücksichtigenden Anforderungen an die Gestaltung moderner Managementsysteme und stellt die theoretisch möglichen und notwendigen Elementen eines ganzheitlichen NMS in ihren Ausprägungen und Funktionen sowie die maßgeblichen Ziele und Aufgaben von NMS vor. Die Profile der präsentierten Ansätze des strategischen Nachhaltigkeitsmanagements mit ihren Strukturen, Charakteristika, Aufgaben und Funktionen beinhalten die nachfolgend als wesentliche Elemente eines NMS identifizierten Komponenten in vielfältigen, verschiedenen Ausprägungen und mit unterschiedlichen Prioritäten. Diese Ausprägungen werden nachfolgend zu den maßgeblichen Determinanten der einzelnen Systeme, Instrumente, Normen und Standards zusammengefasst, in den Nachhaltigkeitskontext eingebettet und als Elemente eines NMS konkretisiert. Die auf diese Weise identifizierten und entwickelten Elemente ermöglichen es, die relevanten Facetten der Ansätze, Systeme, Instrumente, Normen und Standards in sich zu vereinen und ihren Herausforderungen und Zielbezügen umfassend gerecht zu werden.

3.1 Elemente eines Nachhaltigkeitsmanagement-Systems

Unter Beachtung der Anforderungen an moderne Managementsysteme erscheint eine Anzahl von sechs Elementen als Summe konkreter Instrumente des Nachhaltigkeitsmanagements angemessen.

Die Entwicklung eines NMS erfordert zunächst die Formulierung der Nachhaltigkeitspolitik, aus der sich sukzessiv die Nachhaltigkeitsziele ableiten lassen (Rück 1993, S.38). Im Laufe des Prozesses sind dann Nachhaltigkeitsaktivitäten zu identifizieren bzw. zu definieren, deren Plausibilität und Zielerreichungsgrad durch Nachhaltigkeitsprüfungen, Audits oder Nachhaltigkeitsmanagement-Reviews kontrolliert werden. Diese Maßnahmen erfordern ein zentrales auf die speziellen Bedürfnisse ausgerichtetes Informationssystem, das die relevanten Daten sammelt, speichert, analysiert und für die Entscheidungsvorbereitung aufbereitet, um eine zielgerichtete Planung, Steuerung und Kontrolle zu ermöglichen. Dieses Bedarfsprofil entspricht den typischen Charakteristika eines Controlling-Systems, so dass dem Nachhaltigkeitscontrolling im NMS eine besondere Relevanz zukommt (Burschel/Losen/Wiendl 2004, S.350f.). Nachhaltigkeitskommunikation wird dabei als Mittel betrachtet, das Nachhaltigkeitsleitbild in die interne wie externe Unternehmenskommunikation als Fokus aufzunehmen (de Witt 2005, S.173). Maßgeblich für die Integration von Nachhaltigkeitsmanagement in das Unternehmen ist schließlich eine geeignete Organisationsstruktur, die Nachhaltigkeitsorganisation (Wilkens 2007, S.53).

3.1.1 Nachhaltigkeitspolitik

Wesentliches Element eines NMS ist die Formulierung einer betrieblichen Nachhaltigkeitspolitik, die Ziele, Aufgaben, Aktionsfelder und Verfahrensabläufe benennt sowie die Festlegung der Zuständigkeiten und Kommunikationswege leistet. Ähnlich dem Verständnis der Unternehmenspolitik im strategischen Management als Summe aus dem Unternehmenszweck, den obersten Unternehmenszielen sowie den Verhaltensgrundsätzen gegenüber sämtlichen Anspruchsgruppen ist die Nachhaltigkeitspolitik Ausdruck der umfassenden Aufnahme der Nachhaltigkeitsidee in das strategische Kalkül. Die Integration in die Unternehmensziele sowie die nachhaltigkeitsimmanente Anspruchsgruppenorientierung rechtgertigt die grundsätzliche Existenz eines Elementes Nachhaltigkeitspolitik. Gleichermaßen findet sich ein derartiges Element bspw. auch im Umweltschutzmanagement (Abschnitt 2.6.2), wo die betriebliche Umweltpolitik als schriftliche Erklärung über die Absichten und Grundsätze einer Organisation (Betrieb, Behörde etc.) im Umweltschutz gilt. Zudem ist die Erstellung einer schriftlichen Umweltpolitik für Organisationen, die ein Umweltmanagementsystem nach ISO 14001 oder EMAS-Verordnung einführen, sogar verbindlich vorgeschrieben. Als strategisches Dokument muss die Umweltpolitik von der obersten Leitung der Organisation (z.B. der Geschäftsführung) festgelegt werden. In den Vorgaben der DIN EN ISO 14001 und der EMAS-Verordnung werden Mindestanforderungen an eine Umweltpolitik gestellt. Die Organisation hat sich explizit und verbindlich zur Einhaltung der Anforderungen aus dem Umweltrecht und zur ständigen Verbesserung der Umweltleistung zu verpflichten. Teilweise gehen mittlerweile diese Aufgaben des Umweltmanagements in ein umfassenderes Nachhaltigkeitsmanagement ein. Auch der Kontext der CSR (CSR) mit seinen Normen, Standards und Instrumenten wird durch die Formulierung von unternehmensinternen CSR-Zielen sowie deren Spezifikation durch Maßnahmen und Projekte, die für die Umsetzung der Ziele erforderlich sind, zu einem Bestandteil der Unternehmenspolitik.[233] Dabei ist wiederum die konkrete Ausgestaltung der CSR-Politik und ihrer Inhalte davon abhängig, welche Produkte hergestellt werden, welche Prozesse, Verfahrenstiefe und Technologien einzusetzen sind und in welchem kulturellen, wirtschaftlichen, sozialen und ökologischen Umfeld das Unternehmen agiert. Auch die Branchenzugehörigkeit, die Gesellschaftsform und die Größe eines Unternehmens können sich wesentlich auf die CSR-Politik auswirken. Folglich erscheint es schwierig, eine einheitliche CSR-Unternehmenspolitik zu skizzieren, die für alle Unternehmen gilt. Über die generelle Notwendigkeit der Formulierung einer CSR-Politik besteht jedoch Einigkeit, wie durch zahlreiche, unterschiedliche Praxisbeispiele deutlich wird.[234] Vor diesem Hintergrund, nämlich für das Umweltmanagement eine Umweltpolitik und für das CSR-Management eine CSR-Politik formulieren zu müssen, wird deutlich, dass die Entwicklung einer verbindlichen Nachhaltigkeitspolitik, die im konzeptionellen Ansatz bereits ökologische und soziale Aspekte aufzunehmen

---

233 http://www.csrgermany.de/www/csrcms.nsf/id/DFE1819C9A8082EDC1256F030 0330312, (06.07.2009).

234 http://www.csrgermany.de/www/csrcms.nsf/id/DFE1819C9A8082EDC1256F030 0330312, (06.07.2009).

hat und in enger Anlehnung an eine per se vorhandene zumeist ökonomisch orientierte Unternehmenspolitik, ein offensichtliches, notwendiges wie hinreichendes Element eines ganzheitlichen NMS sein sollte. Die Relevanz der Entwicklung einer Nachhaltigkeitspolitik kann durch die Dokumentation in einem Leitbild weiter erhöht und gestützt werden. Ein so entstandenes, inhaltlich komplexes Nachhaltigkeitsleitbild übt dann eine umfangreiche Steuerung aller nachgeordneten Zielsetzungen und Strategiefindungsprozesse im Sinne des Nachhaltigkeitskonzeptes aus und dient der weiteren Entscheidungskoordination bzw. der Erhöhung der Entscheidungseffizienz unter Berücksichtigung der Nachhaltigkeitsherausforderungen. Darüber hinaus gelingen über die Nachhaltigkeitspolitik bzw. das Nachhaltigkeitsleitbild die Ausrichtung des Gesamtunternehmens am Nachhaltigkeitspostulat sowie die Einflussnahme des Nachhaltigkeitskonzeptes auf die Unternehmenskultur. Durch die immanente Anspruchsgruppenorientierung, die insb. Mitarbeiter und Führungskräfte einschließt, erfüllt die Nachhaltigkeitspolitik weiterhin die Funktionen der Motivation sowie der Kommunikation und trägt auf diese Weise zur gemeinschaftlichen Erreichung der Unternehmensziele bzw. der im folgenden herzuleitenden Nachhaltigkeitsziele bei. Zudem legt das Unternehmen über die Kodifizierung der Nachhaltigkeitspolitik im Nachhaltigkeitsleitbild über die externen Funktionen des Leitbildes, nämlich der Öffentlichkeitsarbeit und Kommunikation der Corporate Identity, den Grundstein für eine konsequente Nachhaltigkeitspolitik. Aufgrund dieser Erkenntnisse erfährt das Element der Nachhaltigkeitspolitik als erster Baustein eines ganzheitlichen NMS eine weitere Berechtigung, da es sich zwangsläufig aus den Ansätzen des Nachhaltigkeitsmanagements ergibt. Zudem begegnet ein NMS mit dem Element der Nachhaltigkeitspolitik gleichermaßen einigen zentralen Anforderungen an moderne Managementsysteme (Abschnitt 2.3), insb. durch die Berücksichtigung der vielfältigen Bedürfnisse der Anspruchsgruppen innerhalb *einer* verbindlichen Nachhaltigkeitspolitik. Damit schafft es die Grundlage für den nächsten relevanten Aspekt der langfristigen, stakeholderorientierten Formulierung von entsprechenden Nachhaltigkeitszielen. Weiterhin trägt das Element der Nachhaltigkeitspolitik durch seine Definition als Träger des Nachhaltigkeitsverständnisses und normativer Rahmen für alle weiteren Elemente des NMS zur Erreichung des Ziels bzw. Erfüllung der Aufgabe der Planung bei.
Somit ergibt sich die Notwendigkeit der Aufnahme und Entwicklung eines Elementes Nachhaltigkeitspolitik aus drei Argumentationsebenen, nämlich den Ansätzen, Systemen, Instrumenten, Normen und Standards, die ihrerseits oftmals themenspezifische Politiken als Ausgangsverständnisse formulieren, den Anforderungen an die Gestaltung moderner Managementsysteme, die u.a. die Konzeption **eines** ganzheitlichen Managementsystems vorschlagen sowie den Aufgaben und Zielen eines Managementsystems, die als Ausgangspunkt jeglicher weiterer Systematisierungstätigkeiten die Schaffung eines Rahmens für die Planung vorsehen. Daraus ergibt sich nunmehr unmittelbar die Herleitung und Definition des Elementes Nachhaltigkeitsziele und Nachhaltigkeitsaktivitäten.

3.1.2 Nachhaltigkeitsziele und Nachhaltigkeitsaktivitäten

Die Bedeutung der Formulierung von Zielen für strategische Managementprozesse und damit auch für das strategische Nachhaltigkeitsmanagement ist aufgrund ihrer Selektions-, Orientierungs-, Steuerungs-, Koordinations-, Motivations- und Anreiz-, Bewertungs- und Kontrollfunktionen unbestritten und rechtfertigt bereits vor diesem Hintergrund die Entwicklung eines Elementes Nachhaltigkeitsziele. Dieses Element ist jedoch von hoher Komplexität gekennzeichnet, denn es umfasst neben den konkret formulierten gesellschaftlichen, branchenspezifischen und unternehmerischen Nachhaltigkeitszielen (Abschnitt 2.5.3) auch die generellen Ziele des strategischen Nachhaltigkeitsmanagements sowie die Ziele des NMS als Systematisierungskonzept zur Analyse und Gestaltung der Nachhaltigkeitsleistung des Unternehmens (Abschnitt 3.2). Als Herleitung für den Bestandteil der Nachhaltigkeitsziele sind analog zur Fundierung des Elementes Nachhaltigkeitspolitik drei Argumentationsstränge zu verfolgen,

1. die Analyse der Ansätze, Systeme, Instrumente, Normen und Standards, denn nur eine vorausgehende Formulierung von Zielen rechtfertigt den Einsatz der verschiedenen Instrumente bzw. begründet die zugrunde liegenden Ansätze, so dass in diesem Kontext die Nachhaltigkeitsziele in erster Linie als themenspezifische Analyse- und Gestaltungsziele wirken und als Instrumentenziele die Entwicklungsperspektive des Nachhaltigkeitsleitbildes abbilden,
2. die Anforderungen an die Gestaltung moderner Managementsysteme, denn das Element der Nachhaltigkeitsziele ist in seiner vorgestellten Komplexität dazu geeignet, eine langfristige und umfassende, anspruchsgruppenorientierte Formulierung der obersten Unternehmensziele zu leisten und die Orientierung für die zugehörigen Strategien und Maßnahmen zu geben, und
3. die Aufgaben und Ziele eines Managementsystems, die bei einem NMS die Implementierung *eines* ganzheitlichen Führungssystems anzeigen, das einerseits von einer großen Zielkongruenz geprägt ist und insb. die Auflösung von Zielkonflikten forcieren soll, andererseits durch die Eröffnung der Handlungsfelder zur Erreichung der Inhalts-, System- und Managementziele eine starke operative Ausrichtung und damit den Fokus auf die Umsetzung der Nachhaltigkeitspolitik bzw. des Leitbildes vorgibt.

Die mit dem Teilelement Nachhaltigkeitsziele eröffneten Handlungsfelder sind durch den zweiten Baustein dieses Elementes, die Nachhaltigkeitsaktivitäten, auszugestalten, weshalb das Element in seiner theoretischen Konzeption gleichermaßen den Planungs- und Umsetzungsaspekt vereint.

Nachhaltigkeitsaktivitäten bezeichnen alle Maßnahmen zur konkreten Umsetzung der Nachhaltigkeitspolitik bzw. der formulierten Nachhaltigkeitsziele. In diesem Verständnis basieren auch Nachhaltigkeitsaktivitäten auf den zuvor angeführten Begründungszusammenhängen, der Ansätze, Systeme, Instrumente, Normen und Standards, denn Nachhaltigkeitsaktivitäten ergeben sich vorrangig aus dem Einsatz der Instrumente bzw. der Durchsetzung der Normen und Standards zur Umsetzung der übergeordneten Konzepte wie beispielhaft der Corporate Responsibility oder Corporate Sustainability, der Anforderungen an die Gestaltung moderner Managementsysteme, denn Nachhaltigkeitsaktivitäten umfassen in ihrer Abstimmung einerseits alle Maßnahmen zur forderungsgerechten Gestaltung eines einheitlichen NMS im Unternehmen und dienen andererseits nach der Identifikation der Nachhaltigkeitsherausforderungen zur Ausgestaltung der ermittelten Handlungsbedarfe auf den fünf Handlungsebenen der Prozesse und Produkte, Funktionen sowie der betrieblichen und gesellschaftlichen Ebene (Dyllick 2004b), und der Aufgaben und Ziele eines Managementsystems, die sich in erster Linie in der Implementierung der Nachhaltigkeitsstrategie, ihrer Analyse und Gestaltung sowie Koordination und Systematisierung manifestieren.

Aufgrund der Integration von Nachhaltigkeit als Querschnittsfunktion in die moderne Unternehmensführung entstehen zahlreiche neue Schnittstellen und Informationswege, die das Controlling systembildend integrieren muss und eine Schlüsselposition erhält (Müller-Christ 2001b, S.250).

3.1.3 Nachhaltigkeitscontrolling

Da ein Großteil der entsprechenden Arbeiten sich auf den Bereich Umweltcontrolling spezialisiert, wird weiterhin Bezug auf ökologisch orientierte Ansätze genommen, die in der späteren Konzeption des Nachhaltigkeitscontrollings um soziale Komponenten zu erweitern sind, um den ganzheitlichen Charakter der Nachhaltigkeit zu würdigen. Weiterhin sind Stakeholderinteressen verstärkt in der Unternehmensgesamtstrategie zu berücksichtigen und daher auch in die Controlling-Konzeption aufzunehmen (Dyllick/Hamschmidt 2000, S.36). Dabei stellt die kontinuierliche Wertschöpfung des Unternehmens eine notwendige Bedingung für die Erfüllung der Stakeholderinteressen dar (Rappaport 1999, S.7 ff.), ist für den langfristigen Fortbestand des Unternehmens zwingend erforderlich und formuliert damit auch den Anspruch an das Nachhaltigkeitsmanagement, Wert schaffend zu sein (Figge 2001, S.8). So ist die unternehmerische Gewinnerzielungsabsicht ein bedeutendes Zwischenziel zur Erreichung des übergeordneten Zieles der Sicherung des Fortbestands des Unternehmens, das wiederum für die Befriedigung der verschiedenen Stakeholderinteressen notwendig ist (Prammer 1998, S.91). Werden soziale Gerechtigkeit oder ökologische Verantwortung als wesentliche Bestandteile des Unternehmenserfolgs aufgefasst (Stahlmann 1994, S.1), besteht, falls das Nachhaltigkeitsmanagement nicht Wert schaffend ist, die Gefahr, dass ein ausschließlich Kosten verursachendes Nachhaltigkeitsmanagement auch nur bei ökonomischem Erfolg aufrechterhalten wird. In einer weniger erfolgreichen Phase der Unternehmensentwicklung ist dann zu befürchten, dass diese Kosten eingespart werden bzw. die gebundenen Ressourcen gemäß dem Shareholder Value-Konzept in Wert schaffende Aktivitäten umgeleitet werden. Aufgrund dieser Tatsache kann ein Wert vernichtendes Umwelt- oder Sozialmanagement definitionsgemäß nicht nachhaltig sein (Figge 2001, S.9). Als bedeutendste Ausprägung der Erfolgsgrößen für Unternehmen wird die Wertschaffung bzw. -steigerung durch das Controlling geplant, gesteuert und kontrolliert (Horváth 1998, S.493ff.). Ein Nachhaltigkeitscontrolling sollte demnach in der Lage sein, die Effekte unternehmerischer Aktivitäten, wie z.B. Investitionen, hinsichtlich ihrer sozialen und ökologischen Auswirkungen einerseits und ihrer ökonomischen Beiträge zur Steigerung des Unternehmenswerts andererseits zu beurteilen (Schaltegger/Sturm 1990, S.279ff.). Bspw. ist im Hinblick auf die Kalkulation von Investitionen in Umweltschutzmaßnahmen eine Unterscheidung von überschussorientierten freiwilligen und erzwungenen nicht überschussbezogenen Investitionen sinnvoll, um die Investitionen ihrem Gegenstand nach richtig zu bewerten (Altrogge 1998, S.272). Das Studium der Literatur zeigt, dass diese sich in umfangreicheren Arbeiten traditionell insb. mit der Berücksichtigung von ökologischen Problemstellungen auseinander setzt und durch eine unklare Abgrenzung der Begrifflichkeiten auffällt. Die Begriffe ‚Umwelt-Controlling', ‚Öko-Controlling' bzw. ‚ökologieorientiertes Controlling' sollen im Weiteren synonym verwendet werden und können für die weiteren Ausführungen durchaus als Platzhalter für ‚Nachhaltigkeitscontrolling' verstanden werden (Beuermann/Halfmann/Böhm 1995, S.335). Umwelt-Controlling bezeichnet die integrierende und übergeordnete Instanz der diversen theoretisch zur Verfügung stehenden Instrumente (Wagner 1997, S.186). Vor diesem Verständnis besteht die Hauptaufgabe des Nachhaltigkeitscontrollings darin, die Ziele, Funktionen und verschiedenen Instrumente des Controllings unter Berücksichtigung ihres Nachhaltigkeitsbezugs zu integrieren (Dyllick/Hamschmidt 2000, S.98). Erst die übergreifende Integration stellt die Voraussetzung für die Erfüllung der eigentlichen Aufgabe des Nachhaltigkeitscontrollings aus Sicht der Unternehmensführung dar. Da ein systematisches Nachhaltigkeitsmanagement ausreichender Informationen zu den ökologischen und sozialen Auswirkungen der Unternehmensaktivitäten bedarf (Beuermann/Halfmann/Böhm 1995, S.335), sind bislang insb. im Umweltbereich zahlreiche Konzepte bspw. eines Öko-Controllings, inkl. Öko-Rechnungswesen, Ökobilanzen etc. entwickelt worden (Figge 2001; Schaltegger/Sturm 1995, Stahlmann 1994). Unabhängig von der konkreten Ausgestaltung des Umwelt-Controllings werden mit den Konzeptionen stets die Ziele der Kostenreduzierung durch Einsparungen, der Realisierung von Marktchancen und die Sicherung der Unternehmensexistenz durch die Förderung des Vertrauensverhältnisses zu Konsumenten, Behörden oder der Öffentlichkeit verfolgt (Eschenbach/Neumann 1995, S.49). Problematisch für die betriebswirtschaftliche Praxis ist die Tatsache, dass ein Großteil der bestehenden Controlling-Systeme im Bereich Ökologie oder Nachhaltigkeit lediglich auf die Befriedigung der Informationsbedürfnisse externer Anspruchsgruppen gerichtet sind und die zentrale Aufgabe der unternehmerischen Entscheidungsvorbereitung nur unzureichend wahrnehmen (Wagner/Janzen 1991, S.124). Einige Beiträge versuchen verstärkt aber vergeblich, das ganzheitliche Verständnis des Leitbildes Nachhaltigkeit zu berücksichtigen, stellen dennoch den Umweltschutz und damit die Ökologieperspektive in den Fokus ihrer Betrachtungen (Burschel/Losen/Wiendl 2004; Schaltegger/Dyllick 2002). Wie zuvor hergeleitet, ist zur Realisierung eines erfolgreichen strategischen Nachhaltigkeitsmanagements in Unternehmen ein Controllingsystem, das eine ausreichende Datenbasis und Instrumente bereitstellt und die entsprechenden Planungs-, Kontroll- und Steuerungsfunktionen wahrnimmt, unerlässlich. Gleiches gilt für das strategische Management eines nachhaltigen Unternehmens.Auch dieses verlangt ein Controllingkonzept, um die Nachhaltigkeitspolitik in die Unternehmenspraxis zu integrieren und es effizient operationalisieren zu können. Von zentraler Bedeutung ist nunmehr die Erkenntnis, dass das traditionell monetär fokussierte Controlling und seine Instrumente nur eingeschränkt auf die Anforderungen des Nachhaltigkeitsmanagement transferier- und implementierbar sind. Da jedoch zum Beispiel die Höhe der Aufwendungen für den

Umweltschutz in den vergangenen Jahren stark angestiegen ist, gewinnt ein konsequenter Umgang mit ökologischen und sozialen Herausforderungen, flankiert durch ein adäquates betriebliches Informationsinstrument, zunehmend an Bedeutung (Fichter/Loew/Seidel 1997, S.2). Es ergibt sich somit die Notwendigkeit, das bestehende ökonomisch-orientierte Controlling-Instrumentarium zu differenzieren und es um Informations- und Entscheidungsinstrumente mit ökologischem und sozialem Bezug zu ergänzen (Günther 1994, S.117). Der Fokus der aktuellen Forschung im Bereich Nachhaltigkeitscontrolling liegt noch immer auf dem Öko-Controlling, das sich wie folgt konkretisieren lässt: „Öko-Controlling umfasst das Herausstellen und Bewerten von gegenwärtigen und zukünftigen Problembereichen, die an den Schnittstellen zwischen Unternehmen und natürlicher Umwelt auftreten bzw. auftreten können, sowie die Beschaffung, Aufbereitung und Bereitstellung von Informationen, die zur Begegnung von damit verbundenen Risiken bzw. dem Ausnutzen diesbezüglicher Chancen notwendig sind" (Bleis 1996, S.264). Zum Beispiel erfüllen zahlreiche Umweltmanagementinstrumente eine oder mehrere Funktionen des Umweltmanagements, doch nur das Umweltcontrolling ist in der Lage diese Funktionen in ihrer Gesamtheit wahrzunehmen und abzubilden (Schaltegger/Sturm 1995, S.7). Für die Entwicklung eines Umweltcontrollings ist zunächst zu definieren, welche Aufgaben dieses nach seiner Implementierung erfüllt (Pfriem/Hallay 1992, S.296). Im Rahmen dieser Bedeutung für das Umweltmanagement wird das Umweltcontrolling Informations-, Planungs-, Steuerungs- und Kontrollfunktionen zielorientiert ausführen. Die funktionsbereichsübergreifende Koordination und Integration der Aktivitäten sind weitere wichtige Funktionen, die insb. in der Weiterentwicklung hin zu einem Nachhaltigkeitscontrolling von großer Bedeutung ist. Die etablierten Ansätze des Öko-Controllings lassen sich in drei verschiedene Bereiche differenzieren. Die ökologischen Ansätze fokussieren sich ausschließlich auf die mengenmäßige Erfassung von Stoffströmen, um die betrieblichen Umwelteinflüsse zu minimieren. Ein ökologisch orientierter Ansatz ist die so genannte „Schadschöpfung", die in teilweise sehr aufwendigen Verfahren, die durch die wirtschaftlichen Aktivitäten entstehenden Schäden für Umwelt und Gesellschaft erfasst und beurteilt (Schaltegger/Sturm 1995, S.47ff.). Diese sollen jedoch aufgrund ihres großen Aufwands und des geringen Bezugs zur Wertsteigerung des Unternehmens an dieser Stelle nicht betrachtet werden. Gegenüber diesem Ansatz versuchen die ökonomisch orientierten Ansätze in pragmatischer Art und Weise die Umweltschutz induzierten Einflüsse auf den Unternehmenserfolg zu analysieren und die Wirtschaftlichkeit ökologieorientierter Projekte zu bestimmen. Die ökonomisch-ökologisch orientierten Ansätze versuchen die beiden erstgenannten Konzepte zu verknüpfen und so ein ganzheitliches Öko-Controllingsystem zu entwerfen, da dieses für die aktive und unmittelbare Gestaltung des Umweltmanagementsystems besonders geeignet ist (Hofmann-Kamensky 1996, S.55). Diese befinden sich noch in der theoretischen-konzeptionellen Entwicklungsphase und besitzen daher noch kaum unternehmerische Anwendungsrelevanz.

Diese Ausführungen begründen die Existenz des Elementes Nachhaltigkeitscontrolling analog zu den zuvor hergeleiteten Elementen wiederum auf den drei Ebenen, der Auseinandersetzung mit den Ansätzen, Systemen, Instrumenten, Normen und Standards, die erste Konzepte zur Erfassung von ökologischen bzw. sozialen Auswirkungen bzw.

Leistungsbeiträgen bereitstellen und in Umwelt- oder Sozialbilanzen abbilden, die Messung über Indikatoren anregen oder eine systematische Risikoidentifikation und -bewertung leisten, wobei diese Aspekte eindeutig in den zuvor beschriebenen Gestaltungsformen des Nachhaltigkeitscontrollings aufgehen, der Anforderungen an die Gestaltung moderner Managementsysteme, wobei das zuvor beschriebene Nachhaltigkeitscontrolling die Gestaltung *eines* Managementsystems forciert und den zu berücksichtigenden differenzierten Informationsbedürfnissen der Anspruchsgruppen gerecht wird, und der Aufgaben und Ziele von Managementsystemen, zu deren Realisierung ein derartiges Nachhaltigkeitscontrolling per se durch die Unterstützung von Planung, Steuerung und Kontrolle beiträgt.

Neben einer konsequent auf Wertsteigerung ausgerichteten Unternehmensstrategie im Bereich Nachhaltigkeit, spielt zudem die Umwelt- oder Nachhaltigkeitsberichterstattung eine große Rolle, um die entsprechenden Anspruchsgruppen zufrieden zustellen. Diese gestiegenen Anforderungen an die Berichterstattung sollten jedoch nicht als Bedrohung wahrgenommen werden, sondern durch aktive und zielgerichtete Kommunikation in eine Chance zur Steigerung des Erfolgs transformiert werden (Fichter/Loew/Clausen 1998, S.183). Dies ist ebenfalls eine Funktion die üblicherweise durch das Controlling wahrgenommen wird, jedoch zunehmend unter dem Stichwort der Nachhaltigkeitskommunikation thematisiert und im Folgenden vorgestellt wird.

3.1.4 Nachhaltigkeitskommunikation

Nachhaltigkeitskommunikation bezeichnet einen „weltgesellschaftlichen (massenmedial begleiteten) Prozess, der aus der rekursiven Anordnung von Beiträgen und Argumenten zum Thema besseren Lebens in ökologischer, ökonomischer und sozialer Hinsicht besteht." (Ziemann 2005, S.124) und umfasst somit „neben gezielten Kommunikationsstrategien zur Förderung nachhaltiger Einstellungen und Verhaltensweisen auch Bildung, Beratung und Öffentlichkeitsarbeit zu Themen der nachhaltigen Entwicklung sowie die gesellschaftliche Diskussion über das Nachhaltigkeitskonzept" (Kleinhückelkotten 2005, S.161).
Ein Überblick über die wissenschaftliche Literatur vermittelt den Eindruck einer systematischen Auseinandersetzung mit dem Thema und soll nachfolgend in seinen Grundzügen wiedergegeben werden. Für die Kommunikation des Leitbildes der Nachhaltigkeit differenzieren Meyer und Stockmann (2005) drei Handlungsebenen (Meyer/Stockmann 2005, S.357): Kommunikation innerhalb von Organisationen: Kommunikation zwischen Organisationen und Kommunikation zwischen Individuum und Gesellschaft. Auf diesen Handlungsebenen werden als mögliche Ziele der Nachhaltigkeitskommunikation weiterhin die folgenden genannt, die miteinander zu verbinden und simultan zu verfolgen sind (Ziemann 2005, S.124f.; Lass/Reusswig 2001, S.169f.):

- Popularisierungsziel: Das Leitbild der Nachhaltigkeit soll in der Öffentlichkeit bekannt gemacht und als Handlungsorientierung angeboten werden.
- Innovations- und Allianzziel: Das Leitbild soll bei Akteuren mit Gestaltungskompetenz und -verantwortung verankert werden, um gesellschaftliche und technische Innovationen und strategische Allianzen anzustoßen.

- Aufklärungs- und Bildungsziel: Um zukunftsbezogene Handlungs- und Reflexionskompetenzen aufbauen zu können, muss das Leitbild im Bildungssystem verankert werden.
- Forschungsziel: Das Leitbild soll auch im Bereich der Wissenschaften ein dauerhaft und breit behandeltes Thema sein, um eine inhaltliche Weiterentwicklung anzustoßen und Politikberatung leisten zu können.

In den Anwendungsbereich der Unternehmen übertragen, umfasst die Nachhaltigkeitskommunikation somit alle Kommunikationsprozesse, die sich direkt oder indirekt auf das Nachhaltigkeitsleitbild beziehen. Dabei geht es nicht um die Übermittlung einer strikt definierten Zielvorgabe, sondern vielmehr um den Austausch von Informationen, Meinungen, Gründen, Wertvorstellungen und Zielen im Hinblick auf ein interpretationsoffenes und konkretisierungsbedürftiges Leitbild. Unternehmerische Nachhaltigkeitskommunikation kann in drei Kommunikationsbereiche differenziert werden (Schulz 2003, S.13). Nachhaltigkeitskommunikation findet zunächst innerhalb des Unternehmens, d.h. zwischen den Mitarbeitern, statt und dient in diesem Zusammenhang der unternehmensinternen Verständigung darüber, welchen Stellenwert der sozialen und ökologischen Verantwortungsübernahme im Zielsystem des Unternehmens eingeräumt wird (Fichter 1998, S.280f.). Die Maßnahmen der internen Nachhaltigkeitskommunikation tragen zur Stärkung der Unternehmenskultur sowie zur Etablierung von gemeinsamen Wertemustern bei den Mitarbeitern bei (Schulz 2003, S.14) und haben eine strukturbildende und steuernde Funktion, da die interne Kommunikation in einem hohen Maße zur Einführung, Umsetzung und Durchsetzung der gesamten Nachhaltigkeitsstrategie und der entsprechenden Ziele beiträgt. Die marktbezogene Nachhaltigkeitskommunikation kann inssbesondere in Marktsegmenten, in denen ökologische und soziale Gesichtspunkte relevante Kaufkriterien darstellen, zur Profilierung des Unternehmens eingesetzt werden (iöw/imug 2002, S.10). Insbesondere wenn Produkte in ihren Eigenschaften nahezu homogen sind und eine massive Preis- und Qualitätskonkurrenz herrscht, können soziale und ökologische Aspekte als Zusatznutzen und Differenzierungsvorteile von Bedeutung sein und zur Stärkung des Produkt- und Markenimages beitragen (Fichter 2000, S.264; Bolli 1999, S.20f.). Der aktuelle Schwerpunkt der Nachhaltigkeitskommunikation findet sich allerdings im Bereich der Öffentlichkeitskommunikation (Siegert 1996, S.152), denn durch eine proaktive und transparente Kommunikation über Ziele, Maßnahmen und Ergebnisse des sozialen und ökologischen Unternehmensengagements sollen eine positive Reputation und eine erhöhte Glaubwürdigkeit geschaffen werden. Diese Aspekte gelten als kritische Erfolgsfaktoren für die öffentliche Akzeptanz und Legitimation des Unternehmens (Derieth 1995, S.149). Öffentliche Nachhaltigkeitskommunikation zielt somit auf den Ausbau und die Stabilisierung der gesellschaftlichen Vertrauensbeziehungen zum Unternehmen ab, um präventiv im Hinblick auf mögliche zukünftige kritische Situationen zu wirken. Im Sinne dieser Frühaufklärung kann Nachhaltigkeitskommunikation auch die Aufgabe der Identifikation, Internalisierung und Verarbeitung sog. gesellschafts- und umweltrelevanter *Issues* sowie kritischer Ansichten strategisch relevanter Bezugsgruppen zukommen (Leitschuh-Fecht 2005; Leitschuh-Fecht 2002, S.35). Es wird deutlich, dass Nachhaltigkeitskommunikation dazu beitragen kann, die spezifischen Entscheidungsprozesse der unternehmensinternen und -externen Stakeholder zu unterstützen, sofern das Unternehmen dafür Sorge trägt, dass diesen die sozialen und ökonomischen Informationen einfach und verständlich zur Verfügung gestellt werden (Schulz 2003, S.15). Die Herausforderung an die Nachhaltigkeitskommunikation besteht darin, schwierige Kausalzusammenhänge informativ, verständlich und glaubhaft zu präsentieren. Allerdings eröffnen sich für Unternehmen, deren Unternehmensstrategie bereits in Orientierung am Nachhaltigkeitsleitbild formuliert ist und die diese auch kommunizieren möchten, Problemfelder, die sich auf Einzelmerkmale der Nachhaltigkeitskonzeption selbst zurückführen lassen. Ein Defizit in der Kommunikation von Nachhaltigkeit ist das Fehlen einer verbindlichen Definition und anerkannter Kommunikationsleitlinien, an denen sich ein Unternehmen orientieren kann. Hinzu kommt, dass der Begriff der Nachhaltigkeit sich in der wissenschaftlichen Debatte zwar steigender Beliebtheit erfreut, in der Bevölkerung kaum bekannt ist, jedoch kann auch hier eine positive Tendenz beobachtet werden (Mast/Fiedler 2005, S.568). Weiterhin stellt der Komplexitätsgrad der Nachhaltigkeit eine hohe Hürde für die Kommunikation dar. Dies liegt zum Einen an der Integration der ökologischen, ökonomischen und sozialen Dimension, die ihrerseits eine Vielzahl an Einzelaspekten umfassen und gegenseitige Wechselwirkungen aufweisen (Pfeiffer 2004, S.179). Zum Anderen wird eine gleichzeitige und gleichberechtigte Betrachtung aller Dimensionen erwartet. Eine Folge der Komplexität ist schließlich, dass Informationen zum Thema Nachhaltigkeit durch die Verdichtung und das Kürzen vermeintlich wesentlicher Details widersprüchlich sein oder zumindest erscheinen können, was abermals zu Glaubwürdigkeitsdefiziten führt (Reusswig 2001, S.15). Ein weiteres Problem für die Unternehmenskommunikation ist die erschwerte Wahrnehmbarkeit von Nachhaltigkeit. Diese resultiert aus dem meist globalen Bezug und der großen räumlichen Distanz zu dem existierenden Problem, wie bspw. der Trinkwasserverknappung oder der Kinderarbeit. Vielfach werden unternehmerische Problemlösungen, bei denen eine lokale Betroffenheit vorliegt, aufmerksamer wahrgenommen und seitens der Stakeholder mehr honoriert (Pfeiffer 2004, S.178f.). Eine erschwerte Wahrnehmung resultiert zudem aus dem langfristigen Charakter der Nachhaltigkeitsthemen, denn die Ursache von Problemen und ihrer Lösung liegen häufig zeitlich zu weit auseinander, als dass die Öffentlichkeit die dazwischen ablaufende Entwicklung wahrnehmen kann. Als Konsequenz der schwierigen Wahrnehmbarkeit ergibt sich, dass Nachhaltigkeit für den externen Betrachter häufig abstrakt bleibt, wobei der Abstraktionsgrad dafür sorgt, dass sich die Gesellschaft von Nachhaltigkeitsaspekten nicht betroffen fühlt bzw. der Einzelne keinen Bezug zu sich selbst erkennt. Daher kann das große Potential, das klassische Leitbilder aktivieren können, im Falle der Nachhaltigkeit nur schwerlich ausgeschöpft werden (Brand 2000, S.19). Die Unternehmenskommunikation schreckt häufig davor zurück, über negative Aspekte bzw. Schwächen zu berichten. Dieser fragwürdige Zwang zum Positiven äußert sich im Kontext der Nachhaltigkeit darin, dass häufig nur über die Synergien zwischen den Zielen, nicht aber über Konflikte informiert wird. Dieses vorsichtige Verhalten resultiert aus den schlechten Erfahrungen der Umweltberichterstattung in den 1990er Jahren, denn die Reaktionen auf diese Berichterstattung wurden von negativen Emotionen wie Empörung, Angst und Wut dominiert (Lichtl 1999, S.74). Da Unternehmen sich nicht negativ assoziiert wissen wollen, wird häufig auf die Kommunikation von negativen Aspekten der Nachhaltigkeit verzichtet. Das Übergehen bestimmter

Sachverhalte führt dazu, dass den Stakeholdern ein unvollständiges Bild der unternehmerischen Nachhaltigkeit vermittelt wird, worunter das Verständnis für das Leitbild Nachhaltigkeit und seiner komplexen Zusammenhänge weiter leidet.
Aus diesem Problem und den Schwierigkeiten der Nachhaltigkeitskommunikation ergeben sich die nachfolgend formulierten Anforderungen und Hinweise für Unternehmen im Umgang mit der Nachhaltigkeitsberichterstattung. Um Glaubwürdigkeitsdefiziten vorzubeugen, die auf einer mangelnden Definition und fehlenden Leitlinien bzw. Normen der Nachhaltigkeit beruhen, sollte das Unternehmen ein Ausgangsverständnis formulieren und eine Vorgehensweise wählen, welche/s für die relevanten Stakeholder nachvollziehbar und akzeptabel sind (Mast/Fiedler 2005, S.572), denn die Kommunikation von Bemühungen um Nachhaltigkeit, für die ein Minimalkonsens herrscht, ist grundsätzlich glaubwürdiger als die Kommunikation von Leistungen gemäß einer unternehmensindividuellen Definition. Da Nachhaltigkeit zudem keinen statischen Zustand, sondern einen dynamischen Prozess darstellt, erscheint eine kontinuierliche Anpassung des Nachhaltigkeitsverständnisses sinnvoll, solange es sein normatives Wesen wahrt (Sing 2002, S.17). Geeignet für diesen Prozess ist ein dauerhafter, partizipativer Dialog mit den strategisch relevanten Stakeholdern (Renn 2001, S.129ff.). Die identifizierte Problematik der Komplexität, aus der sich Beeinträchtigungen in der Informationsaufnahme und -verarbeitung ergeben, kann mit Hilfe einer emotionalen Ansprache der Rezipienten entschärft werden, wobei Emotionen Vertrauen auslösen, das mangelhafte Informationen ersetzt und dadurch die Vereinfachung der komplexen Sachverhalte der Nachhaltigkeit leistet. Eine Emotionalisierung bietet die Orientierung, die durch die Komplexität erschwert wird (Lichtl 1999, S.102). Mittels der Emotionalisierung gelingt es der Nachhaltigkeitskommunikation, bei den Adressaten Betroffenheit auszulösen, die das Konzept der Nachhaltigkeit als solches nicht erzielt, da es aufgrund der schwer wahrnehmbaren Inhalte zu abstrakt ist. Emotionen stellen in der Nachhaltigkeitskommunikation auf diese Weise handlungsmotivierende Kräfte dar (Henning/Ladineo 2001, S.196), wobei allerdings darauf zu achten ist, dass negative oder kritische Aspekte der Nachhaltigkeit bei der emotionalen Ansprache nicht ausgeblendet werden. Dies würde das Verständnis der Rezipienten für Nachhaltigkeit erschweren. Zu empfehlen ist deshalb ein emotional-argumentativer Kommunikationsstil, bei dem die Emotionen durch eine rationale Komponente ergänzt werden (Lichtl 1999, S.53). Generell können alle Instrumente der Unternehmenskommunikation[235] auch zum Zweck der Nachhaltigkeitskommunikation eingesetzt werden. Um diese allerdings so effizient wie möglich zu gestalten, bietet es sich an, auf Instrumente zurück zu greifen, die der Komplexität und der erschwerten Wahrnehmbarkeit des Themas, sowie dem Glaubwürdigkeits- und Vertrauensbedarf seitens der Anspruchsgruppen gerecht werden. Die Instrumente der Nachhaltigkeitskommunikation werden in die zwei Kategorien der Informations- und Beratungsinstrumente sowie der Kooperations- und

235 Zu grundlegenden Zielen, Funktionen, Konzepten, Systemen und Instrumenten der allgemeinen Unternehmenskommunikation siehe bspw. Einwiller/Klöfer/Nies 2006, Mast 2006, Barth 2005, Bruhn 2005a, Bruhn 2005b, Cahyandito 2005, Kim 2005, Runia et al. 2005, Hansen 2004, Kroeber-Riel/Esch 2004, Kuntscher 2004, Vergossen 2004, Zerfaß 2004, Oelert 2003, Herbst 2003, Bauer/Neumann 2002, Heuer 2002, Kastner 2000, Derieth 1995, Macharzina 1990.

Verhandlungsinstrumente eingeteilt (Michelsen 2005, S.31f.): Informations- und Beratungsinstrumente dienen primär der Vermittlung sozial-ökologischer Informationen und der indirekten Steuerung nachhaltigkeitsbezogenen Verhaltens. Zu dieser Kategorie zählen Aufrufe, Maßnahmen zur Verbindung von Information und Öffentlichkeitsarbeit, Nachhaltigkeitsberichterstattung, Aktionen bzw. Events (z.B. Tag der Umwelt, Boykott-, Werbe- und Aufklärungskampagnen) und das Labeling (z.B. Blauer Engel). Zu den Kooperations- und Verhandlungsinstrumenten zählen Verhandlungen (mit und ohne Beteiligung des Staates), freiwillige Selbstverpflichtung, unternehmens-, branchen-, verbandsinterne bzw. -übergreifende Absprachen und Vereinbarungen (zwischen Verursachern und Betroffenen oder Betriebsvereinbarungen). Diese Instrumente dienen hauptsächlich der direkten und indirekten Steuerung nachhaltigkeitsbezogenen Verhaltens von internen und externen Anspruchsgruppen.
Die Erläuterungen zur Relevanz und Begründung eines Elementes Nachhaltigkeitskommunikation lassen sich ebenso wie diejenigen zu den zuvor theoretisch-konzeptionell identifizierten Elementen des NMS auf drei Kernargumentationsebenen zusammenfassen: aus der Auseinandersetzung mit den Ansätzen, Systemen, Instrumenten, Normen und Standards geht hervor, dass interne wie externe Nachhaltigkeitskommunikation z.B. in Form der Berichterstattung, instrumentalisiert in Stakeholder-Dialogen oder repräsentiert durch die Verwendung von Labels zur Information und Dokumentation aller übrigen Nachhaltigkeitselemente zwingend notwendig ist und das zentrale Trägermedium für die Vermittlung von Nachhaltigkeitsinhalten darstellt; den Anforderungen an die Gestaltung moderner Managementsysteme wird das Element der Nachhaltigkeitskommunikation durch die Achtung der differenzierten Informationsbedürfnisse aller Anspruchsgruppen, seinem Beitrag zur Dokumentation eines ganzheitlichen NMS, der Unterstützung bei der Vermittlung des identifizierten, unternehmerischen Nutzens und seines Beitrags zum Aufbau von Reputation und Akzeptanz gerecht; hinsichtlich der Aufgaben und Ziele von Managementsystemen trägt die Nachhaltigkeitskommunikation einen großen Anteil und wirkt als wesentlicher Erfolgsfaktor bei der Einführung, Umsetzung und Durchsetzung des NMS selbst und als Teil dieses trägt sie zur Schaffung von Transparenz, Förderung der Akzeptanz, Legitimation der Nachhaltigkeitsaktivitäten bei, zudem forciert sie die Interaktion der Anspruchsgruppen, trägt zur Risikominimierung bei und bildet die Basis für die Positionierung des nachhaltig aufgestellten Unternehmens als Good Corporate Citizen, attraktiver Arbeitgeber, zuverlässiger Geschäftspartner oder interessantes Anlageobjekt.

Die bisher beschriebenen Elemente beziehen sich in erster Linie auf die strategische Planung und Implementierung der Nachhaltigkeitsziele und -aktivitäten. Die Überprüfung der Systematisierungsleistung des NMS gewährleistet das Element Nachhaltigkeitsmanagement-Review.

3.1.5 Nachhaltigkeitsmanagement-Review

Für das Element Nachhaltigkeitsmanagement-Review ist grundsätzlich anzumerken, dass in Anlehnung an die Ausführungen zum Strategieprozess nicht nur dieser durch eine Kontrollphase und ein prozessbegleitendes Controlling zu unterstützen ist, sondern eben diese Argumentationslogik gleichermaßen für das strategische Nachhaltig-

keitsmanagement gilt. Diesen Aspekten wird ein ganzheitliches NMS zum Einen im Element des Nachhaltigkeitscontrollings (Abschnitt 3.1.3) gerecht, das für die Planung, Steuerung und Kontrolle der Nachhaltigkeitsziele und -aktivitäten Sorge trägt. Zum Anderen besteht die Notwendigkeit einer regelmäßigen Überprüfung und Bewertung der Funktionsfähigkeit des NMS als solchem in seiner Wirksamkeit, Angemessenheit und Eignung. Diese Bewertung leistet das Element Nachhaltigkeitsmanagement-Review (bzw. die Nachhaltigkeitsmanagementbewertung) analog zu den in der Normenfamilie des Qualitätsmanagements (DIN EN ISO 9001)[236] oder des Umweltmanagements (DIN EN ISO 14001)[237] vorgeschriebenen Bewertungsverantwortlichkeiten des obersten Führungsgremiums.Darüber hinaus dient das Nachhaltigkeitsmanagement-Review der Identifikation von Möglichkeiten zur Änderung und Verbesserung der Nachhaltigkeitspolitik und der Nachhaltigkeitsziele. Für die Bewertung der Funktionalität des NMS bedarf es der Aufbereitung von Informationen zu den verschiedenen Aspekten: Ergebnisse von Audits[238], Rückmeldungen von Kunden, Prozessleistung und Produktkonformität, Status von Vorbeugungs- und Korrekturmaßnahmen, Folgemaßnahmen vorangegangener Managementbewertungen, Änderungen, die sich auf das Managementsystem auswirken können und Empfehlungen für Verbesserungen. Die Bewertungsergebnisse sollten Entscheidungen und Maßnahmen zur Verbesserung der Wirksamkeit des NMS und seiner Prozesse, ggf. nachhaltigkeitsorientierte Produktverbesserungen in Bezug auf Kundenanforderungen und eine Ermittlung des notwendigen Bedarfs an Ressourcen enthalten. In der Nachhaltigkeitsmanagementbewertung wird die Kommunikation und Umsetzung von Nachhaltigkeitszielen sowie das Zusammenwirken von Organisation, Prozessen und Mitarbeitern in Nachhaltigkeitsaktivitäten zusammenhängend auf ihre Eignung bewertet, die Unternehmensvorgaben zu erfüllen und zur kontinuierlichen Verbesserung beizutragen.
Auch das Element Nachhaltigkeitsmanagement-Review erfährt vor diesem Hintergrund seine Berechtigung aus den drei Argumentationsebenen, der Auseinandersetzung mit den Ansätzen, Systemen, Instrumenten, Normen und Standards, da insb. die vorgestellten Analyseinstrumente, wie ABC- oder Risikoanalyse dem Bewertungsaspekt eine große Bedeutung zusprechen und Umwelt- wie Sozialnormen gleichermaßen Leistungsbewertungen beinhalten (Wittig-Goetz 2006), die nicht nur extern über Audits begutachtet werden, sondern ebenso intern durch die Unternehmensführung durchzuführen sind. Deshalb ist das Element des Nachhaltigkeitsmanagement-Review zur Bewertung der Funktionsweise des NMS schon aus der Beachtung dieser Grundlagen angezeigt; den Anforderungen an die Gestaltung moderner Managementsysteme, denn für die Definition des unternehmerischen Nutzens von Nachhaltigkeit einerseits (Dyllick 2004b) ist eine systematische Bewertung der ökonomischen Relevanz und die damit verbundene Konzentration auf Kerngeschäft und -kompetenzen sowie die enge Verknüpfung der Nachhaltigkeitsaktivitäten mit dem Geschäftszweck durch die Un-

236 http://www.iso9001.qmb.info/leitung/bewertung.htm, (09.07.2009).
237 http://www.14001news.de/, (09.07.2009).
238 Audit: systematischer, unabhängiger und dokumentierter Prozess zur Erlangung von Auditnachweisen und zu deren objektiver Auswertung, um zu ermitteln, inwieweit Auditkriterien erfüllt sind.

ternehmensleitung stetig zu überprüfen und andererseits findet sich im Konzeptionsansatz von Generic Managementsystemen die Weiterentwicklung des Zielcontrollings in Form der Bewertung des Managementsystems als wesentliche Gestaltungsmaßnahme wieder (Winzer 2001) sowie der Aufgaben und Ziele von Managementsystemen, denn insb. die im Element Nachhaltigkeitsmanagement-Review abzubildende Überprüfung der Funktionsweise des Nachhaltigkeitsmanagementsystems dient im Rahmen der ökonomischen Dimension der Analyse, Steuerung und Kontrolle der Auswirkungen der Nachhaltigkeitsaktivitäten auf den ökonomischen Erfolg und können ihre Einbindung in die konventionelle Unternehmensführung nur bei einer kontinuierlichen Prüfung durch die oberste Unternehmensleitung erfahren.
Die zuvor beschriebenen Elemente erreichen ihre strategische Bedeutung und operative Wirksamkeit nur durch eine organisatorische Einbindung, die im Element der Nachhaltigkeitsorganisation in ihrer Ausprägung und Relevanz beschrieben wird.

3.1.6 Nachhaltigkeitsorganisation

Trotz intensiver Recherche gibt die Literatur kaum Hinweise auf sinnvolle Architekturen für nachhaltig geführte Unternehmen. Diese Problematik setzt sich zudem in der unternehmerischen Praxis fort, in der Unklarheiten und Uneindeutigkeiten bezüglich der Zuständigkeiten für das Nachhaltigkeitsmanagement zu einer fehlenden organisatorischen Einbindung führen (Wilkens 2007, S.36). Allerdings ist feststellbar, dass im Rahmen einer Untersuchung der Organisationsstruktur die Unternehmen Nachhaltigkeit neben der Aufnahme in Führungsgrundsätze auch organisatorisch bspw. in die etablierten Umweltabteilungen, weitere relevante Funktionsbereiche, in Form von Stabstellen zur Informationsaufbereitung und Entscheidungsvorbereitung oder in Projekte und Teams einbinden (Wilkens 2007, S.53). Weiterhin kommt die Untersuchung zu der Erkenntnis, dass bislang keine idealtypische Organisationsstruktur für die Integration von Nachhaltigkeitsmanagement existiert (Hansmann/Schlange/Seipold/Wilkens 2003, S.20), da oftmals die Entscheidungskompetenz in Fragen zu Ökologie oder sozialen Belangen sehr stark von der inhaltlichen Problemstellung abhängig ist. Vielmehr werden die Facetten des Nachhaltigkeitsmanagements in unterschiedlichsten Formen organisatorisch verankert. Als komplexes Konzept mit zahlreichen Anforderungen an alle unternehmerischen Funktionsbereiche erfordert das Nachhaltigkeitsmanagement grundsätzlich dialogfähige und flexible Formen der Primär- und Sekundärorganisation. In Anlehnung an die von Meffert und Kirchgeorg (1998) identifizierten, umweltbezogenen Anforderungen an die Unternehmensstruktur (Meffert/Kirchgeorg 1998, S.454), können hinsichtlich der Umsetzung von Nachhaltigkeitsmanagement die folgenden drei Aussagen getroffen werden. Nachhaltigkeitsmanagement ist erstens als Führungs- und Querschnitts-funktion (Baumast/Pape 2001, S.80) im Unternehmen zu integrieren, da insb. über integrierte Lösungsansätze die Anpassungs- und Innovationsfähigkeit des Unternehmens erhöht werden kann (auch Antes 1996). Zweitens verlangen innovative Lösungen im Nachhaltigkeitsmanagement gemeinsame Lernprozesse des gesamten Unternehmens (*organisational learning*), deren Fortschritt und Erkenntnispotentiale als größer eingeschätzt werden als die reine Summe der Lernprozesse funktional spezialisierter Organisationseinheiten (Meffert/Kirchgeorg 1998, S.454). Drittens sind Stellen für Koordinatoren oder Referenten für Nachhaltigkeitsmanage-

ment einzurichten, die als Prozesspromotoren, neben den Macht- und Fachpromotoren funktionsübergreifende Innovationsprozesse initiieren und abwickeln, die den klassischen Umweltschutzbeauftragten überforderten. Vor diesem Hintergrund besteht im Rahmen der Aufbauorganisation als erste Alternative die Möglichkeit, Nachhaltigkeitsaspekte in eine Einlinien-Organisation durch Aufgabenerweiterung der vorhandenen Stellen oder durch die Schaffung zusätzlicher Stellen einzubinden. Als vorteilhaft gilt die klare Abgrenzung der Kompetenzen, nachteilig wird ein hoher Koordinations- und Informationsaufwand mit den zugehörigen zeitlichen Verzögerungen gesehen. Eine weitere Alternative der organisatorischen Eingliederung von Nachhaltigkeitsaspekten besteht in der Einrichtung fachlich beratender Stabstellen mit einem hohen Spezialisierungsgrad und entsprechender Entlastung der übrigen Arbeitsbereiche, die bei der Stab-Linien-Organisation einerseits die Einheitlichkeit der Leitung wahren, andererseits eine Verknüpfung mit den Machtpromotoren und damit ausreichender Weisungsbefugnis benötigen. Diese Organisationsform kann im Sinne einer funktionalen Organisation auch mit der Einrichtung eines Unternehmensbereichs Nachhaltigkeit weiterentwickelt werden. Als letzte Alternative kann die Architektur der Matrixorganisation für Nachhaltigkeitsmanagement gewählt werden, die der Charakteristik des Nachhaltigkeitsmanagements als Querschnittsfunktion im besonderen Rechnung trägt, da diese Organisationsform zwar durchaus Konfliktpotential birgt, aber durch die für nachhaltige Unternehmensführung typischen intensiven dialogischen Auseinandersetzungen und Abstimmungen in Teams geprägt wird und der Komplexität der Herausforderungen gerecht wird (Baumast/Pape 2001, S.84; Meffert/Kirchgeorg 1998, S.405).
Im Nachhaltigkeitskontext ist das Ziel der Ablauforganisation die Koordination und Standardisierung einer Vielzahl von Aktivitäten, die simultan oder sequentiell verrichtet werden müssen. Zur Beschreibung der Aufgaben und ihrer Inhalte werden Arbeitsanweisungen für die engeren Aufgabenfelder der Nachhaltigkeit, für die klassischen betrieblichen Funktionsbereiche sowie für das sachgerechte Verhalten bei Abweichungen von den Nachhaltigkeitszielen formuliert (Freimann 1996, S.487). Gleichermaßen sind die Stellenbeschreibungen den veränderten Qualifikations- und Kompetenzprofilen der mit Nachhaltigkeitsaufgaben betrauten Mitarbeiter anzupassen (Bartussek/Rabbe 2008, S.44; Baumast/Pape 2001, S.86).
Eine für die Umsetzung von Nachhaltigkeitsmanagement förderliche Organisation sollte somit fünf wesentliche Funktionen erfüllen (Wilkens 2007, S.37):

1. Förderung der Informationsgrundlage und Definition der Informations- und Kommunikationswege für die Sammlung, Aufbereitung und Integration von ökologischen und sozialen Daten in das strategische Kalkül,
2. Schaffung von Sensibilität und Bewusstsein für die Relevanz der ökologischen und sozialen Daten aus dem Unternehmen und seinem Umfeld,
3. Ausbildung von Strukturen zur Förderung der Wissensgenerierung und Ausbildung von Mitarbeiterqualifikationen und -kompetenzen,
4. Unterstützung des kontinuierlichen Verbesserungsprozesses durch die Förderung der Integration neu erworbener bzw. generierter sozialer und ökologischer Informationen und Erkenntnisse,

5. Sicherstellung einer hohen Reaktionsgeschwindigkeit auf Chancen und Risiken durch die Definition einfacher, transparenter und überschaubarer Informations- und Kommunikationsprozesse.

Bei einer Erfüllung dieser Funktionen gewährleistet ein derartiger organisatorischer Rahmen die Schaffung von Strukturen, die vorrangig die Bereitstellung und Verarbeitung der relevanten, kritischen ökologischen und sozialen Informationen fördern und eine Einflussnahme auf die Tätigkeiten, Kompetenzen und Einstellungen der Mitarbeiter und Führungskräfte erlauben (im Ansatz Wilkens 2007, S.37).
Aus der Perspektive des strategischen Managements bietet sich organisatorisch der Weg über die Methoden und Techniken des Projektmanagements zur Implementierung von Nachhaltigkeitsstrategien in der Form eines systematischen Nachhaltigkeitsmanagements an, da die Einführung, Umsetzung und Durchsetzung so zielorientiert, zeitlich klar begrenzt, die Neuartigkeit und Komplexität der Nachhaltigkeitsaufgaben berücksichtigend und interdisziplinär ablaufen kann. Brunner (2006) identifiziert Organisation als wesentlichen Erfolgsfaktor bei der Implementierung von Nachhaltigkeitsmanagement, denn der nach seinen Erkenntnissen ganzheitlich-interdiziplinäre Charakter des Nachhaltigkeitskonzeptes fordert eine umfassende funktions- und hierarchiegestützte Umsetzung und zeigt einen erhöhten organisationalen Koordinationsaufwand bei der Umsetzung nachhaltigkeitsorientierter Strategien an (Brunner 2006, S.164). Dennoch gelingt ihm in seiner Untersuchung der Automobilindustrie keine einheitliche Darstellung der organisationalen Integration der Nachhaltigkeitsthematik, da sich die Umsetzung von Nachhaltigkeitsmanagement mit Hilfe der existierenden Strukturen als teilweise schwierig gestaltet. Diese Schwierigkeit kann aber auf die hohe Interdisziplinarität vieler Nachhaltigkeitsfragestellungen zurückgeführt werden, die für die organisatorische Implementierung eine besondere Herausforderung darstellt und insb. mit Schnittstellen- und Abstimmungsproblemen bzw. unklaren Zuordnungen von Verantwortlichkeiten aufwartet (Brunner 2006, S.168).
Zusammenfassend lässt sich feststellen, dass es hinsichtlich einer erfolgreichen organisatorischen Umsetzung von Nachhaltigkeitsmanagement noch erheblichen Entwicklungsbedarf gibt, der sich vorrangig auf den effizienten Umgang mit der Komplexität und deren Abb. in organisatorischen Einheiten, Schnittstellen und Verantwortlichkeiten bezieht. Gleichermaßen ist genauer zu untersuchen, welchen gemeinschaftlichen Beitrag die einzelnen Unternehmensbereiche zur Umsetzung von Nachhaltigkeitsstrategien leisten können. Vor dem Hintergrund, mit einem ganzheitlichen NMS auch die ziel- und ergebnisorientierte Implementierung von Nachhaltigkeitsmanagement sicherzustellen, erlangt das Element Nachhaltigkeitsorganisation als Baustein eines NMS eine besondere Bedeutung und sieht sich mit der Verpflichtung konfrontiert, als wesentlicher Erfolgsfaktor des strategischen Nachhaltigkeitsmanagements zu gelten und damit einen angemessenen Beitrag zur Umsetzung zu leisten.
Abschließend gelingt auch für das Element der Nachhaltigkeitsorganisation eine Begründung seiner Notwendigkeit auf den auch für die übrigen Elemente geltenden argumentativen Grundlagen: der Auseinandersetzung mit den Ansätzen, Systemen, Instrumenten, Normen und Standards, die ergibt, dass jedwedes Konzept eine explizite organisatorische Einbindung in das Unternehmen mit einer eindeutigen Zuordnung von Verantwortlichkeiten bzw. Befugnissen verlangt, zudem die Etablierung transpa-

renter Informations- und Kommunikationsflüsse oder die Einrichtung von Stabstellen, die der themenspezifischen Entscheidungsvorbereitung zuarbeiten, anzeigt; den Anforderungen an die Gestaltung moderner Managementsysteme, wobei die Nachhaltigkeitsorganisation in einer Matrixstruktur oder mit klar definierten Schnittstellen einerseits der Berücksichtigung differenzierter Bedürfnisse, andererseits dem Grundprinzip der Dynamik bei gleichzeitiger Sicherung der Kontinuität in flexiblen Unternehmensstrukturen gerecht wird. Ferner trägt die beschriebene Nachhaltigkeitsorganisation zur Ausbildung organisatorischer Kompetenzen und zur Systematisierung der Handlungsebene der Prozesse bei, den Aufgaben und Ziele von Managementsystemen, die sich vorrangig darin manifestieren, dass diese als zusätzliche Organisationen flexibel auf die Entwicklung und Implementierung strategischer Pläne einwirken und insb. für eine Querschnittsfunktion wie Nachhaltigkeit einen Ansatz zur Koordination und Steuerung mittels geeigneter Koordinations- und Steuerungsmechanismen darstellen, die im Rahmen des Elements Nachhaltigkeitsorganisation systematisiert werden.

3.2 Aufgaben und Ziele von Nachhaltigkeitsmanagement-Systemen

Als allgemeine Ziele von NMS benennt Schaltegger (2007) die Optimierung der Unternehmensabläufe und der Organisation zur Umsetzung des Leitbildes der Nachhaltigkeit sowie eine Unterstützung der Unternehmensführung bei der Einhaltung der Corporate Governance und Compliance. Die Konzeption, Einführung, Umsetzung und Durchsetzung eines ganzheitlichen Führungssystems durch die Integration der ökonomischen, ökologischen und sozialen Dimension werden als spezielle Ziele eines NMS formuliert. Dabei sind die Herausforderungen durch die einzelnen Dimensionen zielorientiert zu betrachten. Der ökologischen Herausforderung soll in NMS durch die Messung, Analyse und kontinuierliche Verbesserung umweltrelevanter Unternehmensaktivitäten Rechnung getragen werden. Die aus der sozialen Dimension erwachsenden Ansprüche konzentrieren sich unternehmensintern auf eine Optimierung von Sozialleistungen, unternehmensextern auf die Verbesserung und Sicherung der gesellschaftlichen Akzeptanz, Glaubwürdigkeit und Legitimation des Unternehmens sowie auf die Vorbeugung sozialer Missstände in der Interaktion mit marktlichen und nichtmarktlichen Anspruchsgruppen. Im Rahmen der ökonomischen Dimension sollen NMS die Analyse, Steuerung und Kontrolle der Auswirkungen ökologischer und sozialer Unternehmensaktivitäten im Hinblick auf den ökonomischen Erfolg gewährleisten. Ergänzt werden diese Zielvorstellungen durch die übergeordnete Forderung nach ihrer Zusammenführung und Einbindung in die konventionelle Unternehmensführung unter der expliziten Berücksichtigung der Bedürfnisse zukünftiger Generationen und nicht-ökonomischer Anspruchsgruppen (Schaltegger 2007, S.142f.). Auf Basis der Erkenntnisse aus Abschnitt 2.5.3.3 zielt ein ganzheitliches NMS auf die Generierung eines operativen Nutzenbeitrags zur Planung, Koordination, Steuerung, Kontrolle und Kommunikation sämtlicher Nachhaltigkeitsthemen und -aktivitäten ab und dient der Systematisierung der zur Erreichung der Nachhaltigkeitsziele notwendigen Aufgaben, Maßnahmen und Instrumente. Konkret können sich, wie die Ausführungen zur Motivlage (Abschnitt 2.5.2) andeuten, Mehrwerte für die Unternehmen durch die Einführung, Umsetzung und Durchsetzung eines NMS insb. hinsichtlich der Verbesserung des Unternehmensimages und der Wettbewerbsposition, der Steigerung des Vertrauens bei Kunden und Lieferanten, der Erhöhung der Akzeptanz und Reputation auf den Kapital- bzw. Finanzmärkten, der Vereinfachung behördlicher Genehmigungsverfahren, der besseren Befriedigung der Informationsbedürfnisse von Anspruchsgruppen, der Steigerung der Attraktivität als Arbeitgeber oder der leichteren Positionierung als Good Corporate Citizen ergeben. Aufgrund der hier verdichteten Erkenntnisse und den umfassenden Ausführungen aus Kapitel 2 können nunmehr diejenigen Elemente eines NMS hergeleitet werden, die Hauptmotive, Oberziele, Aufgaben, Funktionen und den zugehörigen Instrumenteneinsatz des strategischen Nachhaltigkeitsmanagements abbilden und systematisieren sowie damit einen operativen Beitrag zur Nachhaltigkeitszielerreichung leisten.

4 Methodik und Forschungsdesign

Die dieser Dissertation zugrunde liegende Methodik und das resultierende Forschungsdesign begründen sich in den Rahmenbedingungen und Anforderungen an eine adäquate Auseinandersetzung mit der Managementwissenschaft, insb. dem strategischen Management, und mit den aktuell diskutierten Methodenfragen der Nachhaltigkeitswissenschaft. Generell sind Forschungsmethoden die Mittel zur Erreichung der Wissenschaftsziele (Feucht 1996, S.81). Dabei gilt es grundsätzlich zu beachten, dass die gewählten Methoden hinreichend präzise und intersubjektiv anwendbar sind (Bayer 1989, S.37). Die folgenden Ausführungen legen die Einordnung der methodischen Vorgehensweise in den Kontext der gewählten Forschungsstrategie dar und erklären die Genese des Forschungsvorhabens.

Neue Managementideen, -konzepte, -systeme und -instrumente entstehen in einem komplexen Umfeld, in dem der unmittelbare Bezug zu den praktischen Problemen des Managements als zentraler Leitgedanke der gegenwärtigen Forschungsaktivitäten in diesem Kontext fungiert (DGMF[239] 2007). Die moderne Managementlehre, verstanden als „anwendungsorientierte Sozialwissenschaft“ (Dubs/Euler/Rüegg-Stürm/Wyss 2004, S.13) untersucht alle Vorgänge, die mit der Führung von Organisationen zusammenhängen, bemüht sich um einen hohen Praxisbezug und bedient sich Forschungsergebnissen und Erfahrungen unterschiedlicher Nachbardisziplinen, solange diese auf die konkrete Lösung von Führungsproblemen abzielen. Welge und Al-Laham (2008) bilden mit dem Prozessmodell des strategischen Managements ein strukturiertes Referenzkonzept im Sinne einer Idealkonzeption des strategischen Managements, das möglichst viele gesicherte Erkenntnisse der Managementforschung aufnehmen soll, dem interdisziplinären Charakter des strategischen Managements Rechnung trägt und dennoch Handlungsspielräume zur Interpretation und Integration alternativer empirischer Befunde lässt (Welge/Al-Laham 2008, S.185f.). Auch die Forschungsbemühungen zur Erklärung der komplexen Phänomene innerhalb des strategischen Managements bedienen sich theoretischer Perspektiven unterschiedlicher wissenschaftlicher Disziplinen und erhalten somit einen interdisziplinären Charakter (Welge/Al-Laham 2008, S.25; Mintzberg/Ahlstrand/Lampel 2005; Müller-Stewens/ Lechner 2005; Dubs/Euler/Rüegg-Stürm/Wyss 2004). Auf diese Weise gelingen ein deutlicher Bezug zur unternehmerischen Praxis und eine stärkere Betonung des pragmatischen bzw. praxeologischen Wissenschaftsziels (Malik 2006; Drucker 2002; Sarges 2000).
Mittlerweile existieren Ansätze einer nachhaltigkeitsorientierten Managementlehre, die zur Lösung umfassenderer, unternehmerischer Probleme als realitätsnah und theoretisch fundiert beurteilt werden können (Müller-Christ/Hülsmann 2003, S.257). Um die bislang auf ökologische Aspekte eingeschränkte Perspektive auszudehnen, bedarf es der Erforschung und Entwicklung neuer interdisziplinärer Theorien und Konzepte,

---

239 Deutsche Gesellschaft für Managementforschung (DGMF), unter: http://dgmf.org/german /forschung/index.html?, (22.02.2007).

die sich innerhalb der Fragenkomplexe hinsichtlich der Grundannahme der Zielkomplementarität, der Wirkungen von Umweltmanagementinstrumenten und der Rationalität in der Unternehmens-Umwelt-Beziehung analog zu der aktuellen Managementlehre entwickeln (Stitzel 1994, S.95). Dabei sieht sich die Umweltmanagementlehre jedoch strategischen Defiziten gegenüber, die gleichermaßen Konsequenzen der analytischen und konzeptionellen Mängel der strategischen Managementlehre sind (Müller-Christ/Hülsmann 2003, S.262). Sie kommt zu der Erkenntnis, dass strategisches Bewusstsein in Unternehmen weit weniger ausgeprägt ist, als es die Vielzahl der vorhandenen theoretischen Konzepte, Systeme und Instrumente vermuten lässt (Müller-Stewens/Lechner 2005; Hungenberg 2001; Al-Laham 2000; Welge/Al-Laham/Kajüter 2000).

Auf der *UN Conference on Environment and Development* (UNCED, 3.–14. Juni 1992 in Rio de Janeiro, (Brasilien)) ist im Kap. 35 der Agenda 21 schließlich die Rolle der Wissenschaft im Dienst einer nachhaltigen Entwicklung skizziert worden. Zudem betont nahezu jedes weitere der 40 Kap. der Agenda 21 die Notwendigkeit der Mitwirkung der Wissenschaft für die Umsetzung der global-nachhaltigen Entwicklung. Nachhaltige Entwicklung kann demnach ohne Unterstützung durch die Wissenschaft nicht oder nur bedingt möglich sein (Stappen 2000, S.259; Agenda 21[240]).[241] Die *Sustainability Science* ist im Jahre 2001 offiziell auf dem Kongress „Challenges of a Changing Earth" in Amsterdam (Niederlande) (10.–13. Juli 2001) durch den *International Council for Science*[242] (ICSU), das *International Geosphere-Biosphere Programme*[243] (IGBP), das *Inter-national Human Dimensions Programme on Global Environmental Change*[244] (IHDP) und das *World Climate Research Programme*[245] (WCRP) eingeführt worden (Steffen/Jäger/Carson/Bradshaw 2001). Der deutsche Ausdruck der Nachhaltigkeitswissenschaft ist eine allgemein anerkannte Übersetzung des englischen Begriffes und bezeichnet der *International Academy of Science*[246] folgend eine neue angewandte Wissenschaft, die sich mit der Forschung und Umsetzung von Nachhaltigkeit, nachhaltiger Entwicklung und Nachhaltigkeitsstrategien auf lokaler, regionaler, nationaler und globaler Ebene und in der unternehmerischen Praxis (z.B. betriebliches Nachhaltigkeitsmanagement) beschäftigt. Betriebliches Nachhaltigkeitsmanagement bedeutet in diesem Zusammenhang, dass alle unternehmerischen Tätigkeiten gezielt und systematisch darauf auszurichten sind, dass negative Umwelteinwirkungen ökonomisch effizient vermindert und erwünschte soziale und gesellschaftliche Wirkungen erhöht werden (Schaltegger/Hasenmüller 2005, S.4). Kates et al. (2001) führen den Begriff der *Sustainability Science* in die Forschungsprogrammatik ein, Jäger (2001) und Schellnhuber (2001)

240 http://www.un.org/Dept/german/conf/agenda21/agenda_21.pdf,(08.03.2007).
241 Zur Entwicklung und methodologischen Einordnung der umweltorientierten Betriebswirtschaftslehre ,siehe Hansmann (1998).
242 http://www.icsu.org/index.php, (05.03.2007).
243 http://www.igbp.kva.se/, (05.03.2007).
244 http://www.ihdp.uni-bonn.de/, (05.03.2007).
245 http://wcrp.wmo.int/, (05.03.2007).
246 http://www.ias-icsd.org/, (05.03.2007).

machen ihn im deutschsprachigen Raum als „transdisziplinäres Dauer-Programm" (Jäger 2001; Schellnhuber 2001) bekannt und Pohl (2005) formuliert als Ausgangsverständnis: „*Sustainability Science* befasst sich mit den dynamischen Interaktionen zwischen Natur und Gesellschaft und zwar mit Blick auf die Gestaltbarkeit dieser Interaktionen im Sinne einer nachhaltigen Entwicklung. Angestrebt wird eine Integration der Aktivitäten in den Bereichen von Forschung, Planung, Beobachtung, Beurteilung und Entscheidungsunterstützung im Sinne des adaptiven Managements" (Pohl 2005, S.10).[247] Die Nachhaltigkeitswissenschaft ist in ihrer Struktur, ihren Methoden und ihren Inhalten von der herkömmlichen Forschungspraxis verschieden, da die klassischen Forschungsschritte Hypothesenformulierung, Datensammlung, Interpretation und Erkenntnisgewinn um Prozesse des sozialen Lernens zu ergänzen sind, in denen diese Schritte innerhalb eines gesellschaftlich-kulturell geprägten Rahmens simultan ablaufen (Martens 2006, S.38f.; Kruse 2005, S.30; van Asselt/Rijkens-Klomp 2002).

Aufgrund der bisherigen Beobachtungen lassen sich als allgemeiner Konsens über die Nachhaltigkeitswissenschaft folgende Merkmale festhalten:
Nachhaltigkeitswissenschaft gründet normativ auf der Verantwortung der Wissenschaft und des einzelnen Wissenschaftlers gegenüber zukünftigen Generationen und dem Lebenssystem Erde. Übergeordnete Ziele sind die Lösung existenzieller Probleme der Weltgesellschaft und des Lebenssystems Erde sowie die wissenschaftliche Fundierung nachhaltigen Handelns (Agenda 21, Kap.35.3a[248]). Im Praxiskontext steht primär das Management von Nachhaltigkeit im Vordergrund, wobei Nachhaltigkeitsmanagement das Potential einer einzelnen wissenschaftlichen Disziplin übersteigt und damit inter- und transdisziplinär auszurichten ist (Stappen 2006; Stappen 2000). Grundlegend gemeinsam ist der Managementwissenschaft und der Nachhaltigkeitswissenschaft somit ein hoher Anspruch an Interdisziplinarität und Transdisziplinarität in der Vorgehensweise.
Eine interdisziplinäre Arbeitsweise umfasst nach einer Studie des *Centre for Educational Research and Innovation* (CERI)[249] der *Organisation for Economic Co-operation and Development* (OECD)[250] mehrere voneinander unabhängige Fachgebiete, die einer meist wissenschaftlichen Fragestellung mit ihren jeweiligen Methoden nachgehen. Interdisziplinarität zeichnet sich weiterhin durch die Interaktion der beteiligten Disziplinen aus, die von bloßem Austausch von Ideen bis hin zur Integration von Methoden und Forschungsorganisation reicht (CERI 1972). Demgegenüber bezeichnet Transdisziplinarität ein forscherisches Vorgehen, das Wissenschaft und Praxis verbindet und damit einen Zustand schafft, in dem mehrere Disziplinen durch ein gemeinsames Methoden- und Begriffssystem in einer übergreifenden Theorie inte-

247 Für eine kritische Diskussion der „*sustainability science*" siehe auch Grunwald/Lingner (2002, 94ff.).
248 http://www.un.org/Dept/german/conf/agenda21/agenda_21.pdf, (08.03.2007).
249 Zur aktuellen Arbeit des Institutes siehe die homepage: http://www.ceri-sciences-po.org/index.php, (20.01.2008) und http://www.oecd.org/about/0,3347,en_2649_35845581_1_1_1_1_1,00.html, (20.01.2008).
250 http://www.oecd.org/home/0,3305,en_2649_201185_1_1_1_1_1,00.html, (20.01.2008).

griert werden (CERI 1972). Im Gegensatz zur Interdisziplinarität arbeiten nicht nur mehrere Disziplinen fächerübergreifend miteinander, vielmehr wird auf das reale Wissen von Praxisbeteiligten zurückgegriffen bzw. die Lösung gesellschaftlicher Problemstellungen verfolgt (auch Ullrich/Wilke 2006, S.3f.).

In diesem Darstellungsraum der grundlegenden und wesentlichen Determinanten der beiden Wissenschaften lässt sich die Hauptaufgabe dieser Dissertation, die theoretisch fundierte und innerhalb der Stahlbranche innovative Konzeption eines konkreten NMS bei der ThyssenKrupp Steel AG in Duisburg eindeutig positionieren. Übertragen auf die zu gewinnenden Erkenntnisse wird eine theoretisch wie praktisch gelenkte, ganzheitliche Entwicklung eines unternehmensindividuell implementierbaren Managementsystems verfolgt. Innerhalb des anwendungsorientierten Wissenschaftsverständnisses ist demnach zu klären, wie die wesentlichen Aufgaben der Entwicklung von Lösungs- und Handlungsempfehlungen für ein real existierendes betriebswirtschaftliches Problem, nämlich der Identifikation und Beschreibung von Ausprägungen der Elemente eines NMS ohne bisher vorliegende Richtlinien oder Standards, vollzogen werden können. Ein derartiger Auftrag erfordert eine sachlich-analytische und explorative Vorgehensweise mit der Möglichkeit „unbekannte Zusammenhänge in ihrem situativen Kontext problemorientiert zu eruieren und verstehen zu lernen" (Pfeiffer 2004, S.28; Flick/Kardorff/Steinke 2000; Mayring 1996, S.13 und S.22; Bortz/Döring 1995, S.49ff.).

4.1 Methodische Besonderheiten der Nachhaltigkeitsforschung

Im Rahmen der Nachhaltigkeitsforschung sind die konkreten Probleme der politischen, gesellschaftlichen und ökonomischen Umwelt in eine wissenschaftlich bearbeitbare Form zu übersetzen. Gleichermaßen sind Erkenntnisse zu generieren, die auch außerhalb der Wissenschaft wirksam sind. Damit bewegt sich die Nachhaltigkeitsforschung in der Schnittmenge zwischen Wissenschaft, Politik, Wirtschaft und Gesellschaft bzw. Öffentlichkeit (Hayn/Nölting/Voß 2003, S.4). Das neue Forschungsparadigma soll die Komplexität und den multidimensionalen Charakter nachhaltiger Entwicklung wiederspiegeln (Martens 2006, S.36f.). Dazu werden nachfolgend zunächst der Charakter der Nachhaltigkeitsforschung und die besondere Relevanz von Praxisorientierung und Transdisziplinarität sowohl theoretisch-konzeptionell als auch in der Übertragung auf die Projektzusammenarbeit mit der ThyssenKrupp Steel AG vorgestellt.

4.1.1 Charakter der Nachhaltigkeitsforschung

Für den methodischen Zugang und die Vorgehensweisen der Nachhaltigkeitsforschung kommen Hayn/Nölting/Voß (2003) zu dem Ergebnis, dass Nachhaltigkeitsforschung normativ, integrativ und partizipativ angelegt sein muss (Hayn/Nölting/Voß 2003, S.1).[251] Unter Rückgriff auf Mogalle (2001) und Becker/Jahn (2000) gelingt die Her-

251 Zu Auswegen aus dem „sustainability dilemma" über eine Auseinandersetzung mit den Merkmalen von „non-sustainable development" siehe Martens (2006).

leitung dieser Voraussetzungen zunächst über eine Differenzierung der folgenden drei Analyseebenen:

Die normative Ebene beinhaltet die Klärung von Zielen nachhaltiger Entwicklung, die empirische Beschreibung des Nachhaltigkeitsdiskurses mit seinen verschiedenen Bewertungen und leistet somit einen Beitrag zur Weiterentwicklung des Nachhaltigkeitsdiskurses in der Generierung von Orientierungs- und Zielwissen. Auf der analytischen Ebene erfolgt eine Definition der Beziehungen zwischen Gesellschaft und natürlicher Umwelt als Gesamtheit sowie die Untersuchung von Entwicklungsdynamiken. Auf diese Weise wird Systemwissen geschaffen. Die Realisierung nachhaltiger Entwicklung durch gesellschaftliches Handeln, mit der Bildung von Gestaltungswissen, kennzeichnet den Kerninhalt der operativen Ebene. Für den normativen Kontext gilt, dass die Ziele der nachhaltigen Entwicklung unmittelbar mit verschiedenen, auch umstrittenen Wertvorstellungen verbunden sind. Nachhaltigkeitsforschung soll daher beschreiben, wie konkurrierende Ziele und unterschiedliche Interessen verschiedener beteiligter Akteure in der Entwicklung und Realisierung von Lösungsansätzen berücksichtigt werden. Auch die Nachhaltigkeitsforscher sind in diesem Zusammenhang bedeutende Akteure mit eigenen Wertvorstellungen, Interessen und Nutzenerwartungen, woraus resultiert, dass Nachhaltigkeitsforschung weder „wertfrei" (Hayn/Nölting/Voß 2003, S.5) noch „demokratisch legitimiert" (Hayn/Nölting/Voß 2003, S.5) sein kann. Im Rahmen der Nachhaltigkeitsforschung ist daher grundsätzlich die Positionierung des jeweiligen Projekts zu den kontroversen Zielen und den entsprechenden Beurteilungsgrundlagen zu verdeutlichen. Die zugrunde liegenden Ziel- und Wertesysteme stellen einen Untersuchungsgegenstand von Nachhaltigkeitsforschung dar. Somit generiert Nachhaltigkeitsforschung Wissen über Bewertungen, das mit anderen Formen empirischer Erkenntnisse für das Verständnis sozial-ökologisch-ökonomischer Transformationsprozesse verdichtet werden muss.In ihrer Doppelbedeutung als Akteur und Beobachter des normativen Diskurses kann die Nachhaltigkeitsforschung auf Kapazitäten zur Weiterentwicklung der Nachhaltigkeitsdebatte zurückgreifen und als Impulsgeber und Moderator fungieren.Da sich die Nachhaltigkeitsforschung vorrangig mit den Problemen der realen Welt auseinandersetzt, darf sie sich nicht mehr nur auf an Wissenschaftsdisziplinen orientierte Teilaspekte beschränken, sondern soll vielmehr eine umfassende, integrative Perspektive einnehmen.

Für die kognitiven Dimensionen der Forschung – Interdisziplinarität und Transdisziplinarität – sowie für die sozialen Organisationsformen der Forschung – Kommunikation, Kooperation und Partizipation – stellt sich die Frage nach Art, Umfang und Zeitbezug der Integration (Kates et al. 2001, Gibbons et al. 1994).

Die Nachhaltigkeitsforschung führt Daten, Theorien und Methoden unterschiedlicher Disziplinen zunächst zusammen und erweitert diese um eine Beachtung von Praxis-Perspektiven aus Wirtschaft, Politik und Alltag. Dabei beschäftigt sie sich hauptsächlich mit den Wechselwirkungen zwischen diesen Dimensionen. Nutzenstiftend für eine umfassende Verbindung aller relevanten Perspektiven ist vor diesem Hintergrund die Gestaltung disziplinübergreifender Projekte (Jahn/Wehling 1999). Dazu stellen sich zusätzlich organisatorisch-methodische Aufgaben, die sowohl kognitive wie soziale Integrationskonzepte umfassen. Charakterisiert ist die Nachhaltigkeitsforschung somit durch die Entdeckung von bislang ausgeblendeten Zusammenhängen und durch die

Verdichtung verschiedenartigen Wissens.Im Rahmen des Integrationsprozesses in verschiedenen Projektphasen und auf verschiedenen Projektebenen gilt es angesichts der Komplexität eine angemessene Balance zwischen integrativer Bearbeitung des Gesamtproblems und spezialisierter, fokussierter, disziplinärer Bearbeitung von Teilaspekten zu finden.
Die wissenschaftliche Forschung allein kann die Untersuchung von Nachhaltigkeitsproblemen und die Entwicklung strategischer Implikationen nicht leisten. Insb. der Versuch von Bewertungen, die Erarbeitung von Problemanalysen sowie die Entwicklung und Implementierung von ergebnisorientierten und zielführenden Handlungsstrategien erfordern Kooperationen von Wissenschaft und Praxis.Die partizipative Gestaltung von Nachhaltigkeitsforschung durch die Einbindung von Praxisakteuren gewährleistet die Generierung von Systemwissen[252] durch die Beurteilung von Nachhaltigkeitssachverhalten vor dem Hintergrund praxisorientierter Erfahrungen. Ebenso gelingt die Entwicklung von Zielwissen[253] durch die Abb. der spezifischen Beurteilungsdimensionen der einzelnen Akteure und der Entwicklung robuster Zieldefinitionen. Für den Aufbau von Gestaltungswissen bzw. Transformationswissen[254] haben Fähigkeiten, Ressourcen und Motivation der Akteure für die gemeinsame Erarbeitung von Problemlösungsstrategien und deren Umsetzung eine besondere Bedeutung (Hayn/Nölting/Voß 2003, S.7). Die Herausforderung an die Nachhaltigkeitsforschung besteht darin, die unterschiedlichen Zielvorstellungen in Einklang zu bringen, wozu es spezifischer Maßnahmen zur Schaffung von Transparenz und zur Information bedarf. Bedeutsam für die Ausgestaltung der Partizipation innerhalb der Projektprozesse ist, dass Funktionen, Aufgaben und Rollen der Praxisakteure eindeutig umschrieben sind. Weiterhin sind die Kriterien und Verfahren zur Auswahl der Akteure zu begründen und die Abstimmungsprozesse zwischen den heterogenen Zielformulierungen transparent zu machen und in das Projektergebnis einzubeziehen (Hayn/Nölting/Voß 2003, S.7).

4.1.2 Charakter der Nachhaltigkeitsforschung in der Projektgestaltung mit der ThyssenKrupp Steel AG

Dem normativen Charakter der Nachhaltigkeitsforschung im Rahmen des Projektes zur Konzeption eines NMS bei der ThyssenKrupp Steel AG in Duisburg tragen die unmittelbare Orientierung am anerkannten Nachhaltigkeitsverständnis und die Nutzung der festgelegten Erfolgsfaktoren als Bewertungsgrundlage für unternehmerische

---

252 Systemwissen: Wissen darüber, was ist und wie es funktioniert (Strukturen und Prozesse, Variabilität usw.), Breitschmid, F./Kormann, S.(2003): Konzept Netz Nachhaltigkeit Konkret, Bern 2003, S.5, unter: www.bfh.ch/d/services/nachhaltigkeit.html, (20.01.2008).

253 Zielwissen: Wissen darüber, was sein und was nicht sein soll (Prognosen, Szenarien, Grenzwerte, Leitbilder, Codes, Visionen usw.), Breitschmid, F./Kormann, S.(2003): Konzept Netz Nachhaltigkeit Konkret, Bern 2003, S.5, unter: www.bfh.ch/d/services/nach-haltigkeit.html, (20.01.2008).

254 Transformationswissen: Wissen darüber, wie vom Ist- zum Soll-Zustand zu gelangen ist (Programme, Strategien usw.), Breitschmid, F./Kormann, S.(2003): Konzept Netz Nachhaltigkeit Konkret, Bern 2003, S.5, unter: www.bfh.ch/d/services/nachhaltigkeit.html, (20.01.2008).

Entscheidungen Rechnung.Zur Schaffung eines gemeinsamen Ausgangsverständnisses von Nachhaltigkeit ist die Klärung des Nachhaltigkeitsverständnisses der ThyssenKrupp Steel AG unmittelbare Voraussetzung, da dieses den Rahmen für die Projektarbeit darstellt. Das Unternehmen hat sechs Erfolgsfaktoren definiert, deren Relationen den normativen Rahmen für Nachhaltigkeitsmanagement im Unternehmen darstellen. Dabei gilt die Wahrung der unternehmerischen Handlungsfähigkeit als oberstes Ziel der unternehmerischen Tätigkeit, denn nur dann gelingt es, strategische Optionen im Nachhaltigkeitskontext zu prüfen und die optimalen Lösungsalternativen zu wählen. In dem verwendeten Konzept des Nachhaltigkeitszirkels (Kap. 6.3) stehen die ersten beiden Erfolgsfaktoren *Effektivität* und *Effizienz* im Zentrum aller Entscheidungen und Handlungen. Effektivität beschreibt, wie gut ein Ziel erreicht wird, wie wirksam eine Handlung ist und stellt im Bild des Zirkels die Einstichstelle dar. Die Effizienz wird symbolisch durch den Öffnungswinkel des gleichschenkligen Zirkels dargestellt. Öffnungswinkel und Schenkellänge bestimmen die Fläche, die der Zirkel umspannt. Je größer diese Fläche ist, umso größer ist der Handlungsspielraum für eine nachhaltige Unternehmenspolitik. In der Umsetzung dieses Nachhaltigkeitskonzepts werden dann ein die Handlungsfähigkeit des Unternehmens optimal sichernder Ausgleich zwischen den vier Erfolgsfaktoren *Ressourcen, Belastungen, Solidarität* und *Gerechtigkeit* gesucht und Orientierungspunkte und Bewertungsgrundlagen für die Formulierung von Zielen und die Durchführung von Aktivitäten geschaffen. Auf Basis dieses Ausgangsverständnisses geben die Praxisakteure in der Projektzusammenarbeit die Bewertungskriterien in Form der Erfolgsfaktoren vor, damit diese gemeinsam mit der Verfasserin theoretisch fundiert und in unterschiedlichen Ausprägungen beschrieben werden können. Die Erarbeitung von Ausgestaltungsmöglichkeiten vollzieht sich im Projektverbund. Angesichts der Komplexität der Kernaufgabe des Projektes, gilt es, einen Ausgleich zwischen integrativer Bearbeitung des Gesamtproblems und arbeitsteiliger, spezialisierter Bearbeitung von Teilaspekten zu leisten und begründete Schwerpunkte zu setzen. Diese Hauptaufgabe wird bereits von einem integrativen Verständnis und einer ganzheitlichen Herangehensweise durch die Praxisakteure und die Verfasserin geprägt. Innerhalb dieses Rahmens sind gemeinsam sechs Handlungsfelder identifiziert worden, deren arbeitsteilige Analyse und Ausgestaltung schließlich die sechs Elemente des NMS ergeben werden. Kernteamsitzungen, Arbeitsgruppentreffen und Workshops mit vielfältigen Abstimmungsprozessen dienen schließlich zur Integration und Zusammenführung der Elemente zum NMS. Das Projekt zur Konzeption eines NMS bei der ThyssenKrupp Steel AG in Duisburg bedient sich in den einzelnen Phasen somit unterschiedlicher Formen der Partizipation, wobei die Praxisakteure in spezifisch gestaltete Vorgänge einbezogen werden. Diese Einbindung umfasst die Präsentation eines Vorschlags zum möglichen Forschungsdesign und dessen Kommentierung vor Projektbeginn, die durch die Verfasserin begleitete und moderierte Erarbeitung der Elemente des NMS sowie dessen Ausprägungsszenarien und Bewertung. Weiterhin werden die gemeinsame Antizipation von Konsequenzen für die zum Projektzeitpunkt im Unternehmen etablierten Systematisierungs- und Steuerungskonzepte und -

instrumente und die notwendigen Anpassungen zur Erreichung des angestrebten Entwicklungspfades ermittelt. Die Auswahl der Praxisakteure orientiert sich an den Kriterien Erfahrungswissen[255], Betroffenheit und Einfluss, wobei darauf geachtet wird, die verschiedenen relevanten Perspektiven der Divisionen und Direktionsbereiche des Unternehmens einzubeziehen. Die Beteiligungsverfahren in Form von bilateralen Gesprächen, Kernteamsitzungen, der Kick-off-Veranstaltung, die daraus resultierenden Arbeitsgruppentreffen und Direktorengespräche zielen zu Beginn der Projektarbeit auf eine Öffnung der Problemdefinition und die Exploration unterschiedlicher Ansichten zum Spannungsfeld aus hypothetischer Minimal-, Maximal-, Ist- und Soll-Ausprägung des NMS ab. Auf diese Weise gelingt es, zusammen mit den Praxisakteuren die theoretische Optionenvielfalt zur Ausgestaltung des NMS, die in der Entwicklungs- und Konzeptionsphase entsteht, am Ende des Projektes zu einem individuellen, unternehmenstragfähigen NMS zu verdichten, um konkrete Umsetzungsstrategien und -maßnahmen formulieren und initiieren zu können. Nachhaltigkeitsprojekte erzielen, so die Vermutung von Hayn/Nölting/Voß (2003), besonders dann adäquate Ergebnisse, wenn sie offensiv mit normativen Bezügen umgehen, einen integrativen Blick auf „das Ganze" (Hayn/Nölting/Voß 2003, S.5) werfen und Praxisakteure beteiligen. Dieser Vermutung wird durch das beschriebene und weitere methodische Vorgehen und Forschungsdesign der vorliegenden Dissertation Rechnung getragen.
Mit der Aufnahme des Leitbildes der nachhaltigen Entwicklung in den wissenschaftlichen Diskurs ist die Weiterentwicklung der Umweltwissenschaft zur Nachhaltigkeitswissenschaft gelungen. Eine methodische und systematische Suche nach neuen Erkenntnissen mittels der Kombination der oben genannten Wissenschaftsbereiche leistet die praxisorientierte transdisziplinäre Nachhaltigkeitsforschung, deren wesentliche Merkmale nun vorgestellt werden. Im Anschluss daran erfolgt eine Konkretisierung dieser Merkmale am Fallbeispiel zur Konzeption des NMS.

4.1.3 Praxisorientierte transdisziplinäre Nachhaltigkeitsforschung

Es ist offensichtlich, dass sich die Nachhaltigkeitsforschung einer Vielfalt von Methoden bedienen kann, sofern die verwendeten Methoden den grundlegenden Maßstäben normativ, integrativ und partizipativ genügen.
Unter Rückgriff auf die Ausführungen zuvor ist eindeutig der Argumentation zu folgen, dass das Konzept der nachhaltigen Entwicklung den normativen Forschungsrahmen darstellt und auf die Absicht verweist, neben der Umweltproblematik auch soziale und ökonomische Fragen zu berücksichtigen. Als Kennzeichen transdisziplinärer Forschung nennt Mogalle (2001, S.38f.) die folgenden Aspekte:

- Das zugrunde liegende Problem entstammt der Lebenswelt.
- Für ein solches Problem soll eine Lösung gefunden werden.

255 Erfahrungswissen: Verknüpfung von explizitem und implizitem Wissen zur optimalen Erreichung von Tätigkeits- oder Arbeitszielen, (Plath 2002).

- Da das Problem nicht nach wissenschaftlichen Disziplinen strukturiert ist, bedarf es zur Bearbeitung der Methoden und Theorien unterschiedlicher Disziplinen.
- Die Bearbeitung erfolgt zudem nahe beim Anwendungskontext und vielfach unter Beteiligung der betroffenen Akteure.

Mogalle (2001) bezeichnet eine Forschung, welche die oben genannten Merkmale aufweist und gleichermaßen das Leitbild der nachhaltigen Entwicklung zugrunde legt, als *praxisorientierte transdisziplinäre Nachhaltigkeitsforschung* (Mogalle 2001, S.39). Als explizites Ziel formuliert er die „Erklärung eines Ist-Zustandes und Entwurf eines möglichen Soll-Zustandes für das lebensweltliche Problem in Partizipation mit den Praxisakteuren" (Mogalle 2001, S.54).

4.1.4 Praxisorientierte transdisziplinäre Nachhaltigkeitsforschung in der Projektgestaltung mit der ThyssenKrupp Steel AG

Aus der zuvor vorgestellten Charakteristik wird deutlich, dass das Forschungsdesign der vorliegenden Dissertation der praxisorientierten transdisziplinären Nachhaltigkeitsforschung zuzurechnen ist und ihren Ansprüchen in vollstem Umfang gerecht wird. Denn erstens ist die Notwendigkeit der Konzeption und Implementierung eines NMS ein Problem der unternehmerischen Praxis und bedarf zweitens einer effizienten und effektiven Lösung. Es werden drittens Disziplinen übergreifende Methoden und Instrumente eingesetzt, um zu einer angemessenen Lösung zu gelangen. Die Konzeption und Implementierung des NMS erfolgt schließlich viertens im Rahmen von gemeinsamen Präsentationen, Workshops und Arbeitsgruppentreffen im Fallunternehmen mit den Experten aus den divisionalen und funktionalen Vorstandsressorts und deren Mitarbeitern, die sich zum Kernteam Nachhaltigkeitsmanagement formiert haben und in Entwicklungs- und Entscheidungsprozesse maßgeblich eingebunden sind und diese prägen.

4.2 Der Fallstudien-Ansatz in der praxisorientierten transdisziplinären Nachhaltigkeitsforschung

Bildet das Leitbild der nachhaltigen Entwicklung den normativen Rahmen bedarf es zur Problem-lösung der Integration verschiedener wissenschaftlicher Disziplinen, verschiedener Systeme, verschiedener Qualitäten von Wissen sowie der unterschiedlichen Perspektiven der einzelnen Akteure (Mogalle 2001, S.56). Da für die Entwicklung eines NMS bislang noch keine verbindlichen Normen oder Standards vorliegen, wird zur problemorientierten Identifikation seiner unbekannten Elemente und Zusammenhänge in ihrem situativen Kontext eine *qualitativ-explorative* Vorgehensweise empfohlen (Scholz/Tietje 2002; Zaugg 2002; Mayring 2001). Um im Nachhaltigkeitskontext sowohl eine Ist-Situation und ihre Geschichte zu analysieren, mögliche Soll-Zustände für das Nachhaltigkeitsmanagement entwickeln und Lösungswege bzw. resultierende Konsequenzen sowie notwendige Anpassungen untersuchen zu können, bietet sich der

Fallstudien-Ansatz an (Scholz/Tietje 2002, S.26f.). Die Ansätze der qualitativen Forschung versuchen nicht primär über Häufigkeiten oder Verteilungen zu Ergebnissen zu gelangen. Durch die Beobachtung von bestimmtem Verhalten, Ereignissen, Organisationsfunktionen, sozialen Umfeldern, Interaktionen, Beziehungen (Ghauri/Grønhaug 2002, S.86) und mit Hilfe der Analyse von schriftlichen Dokumenten, Audiodaten, Interviews, der Einnahme einer internen Perspektive, der Konzentration auf Kerngruppen und der Untersuchung von physischen Gegenständen bemüht man sich, geeignete Daten für die Analyse zu gewinnen. Es ist durchaus üblich, im Rahmen einer qualitativen Forschung entdeckte Phänomene mit quantitativen Daten, wie z.B. Mitarbeiteranzahl, Fehlzeiten oder Unfallhäufigkeiten, in Beziehung zu setzen und mit Hilfe statistischer Methoden auszuwerten. Die daraus gewonnenen Ergebnisse lassen sich für die Erarbeitung von geeigneten Konzepten verwenden (Hurmerinta-Peltomaki/Nummela 2004, S.115ff.; Gillham 2000, S.80ff.). Qualitative Forschung ist eine Mischung rationaler, explorativer und intuitiver Herangehensweisen, bei denen die Eigenschaften und die Erfahrung der forschenden Person eine wichtige Rolle spielen. Abstraktes Denken, soziale Sensitivität, kritische Analyse sowie Objektivität sind Charaktereigenschaften des Forschers, welche die Ergebnisse der qualitativen Forschung beeinflussen.
Demgegenüber liegt der Forschungsschwerpunkt quantitativer Methoden auf der Erfassung, Analyse und Interpretation zähl- und operationalisierbarer Daten. Auf diese Weise können u.a. mit Hilfe von statistischen Methoden und Untersuchungsverfahren Abhängigkeiten und Korrelationen zwischen einzelnen Objekten ermittelt werden (Ghauri/Grønhaug 2002, S.85). Quantitative und qualitative Forschungsmethoden sowie ihre Instrumente schließen sich aber keinesfalls gegenseitig aus, sondern können im Forschungsalltag zielführend kombiniert werden (Bortz/ Döring 2003, S.293). Der größte Unterschied qualitativer Forschung in Bezug auf quantitative Forschung besteht darin, dass die auf qualitativem Wege gewonnenen Ergebnisse beschrieben und interpretiert werden müssen. Die Daten an sich sagen noch nichts über die eigentlichen Implikationen aus (Gilham 2000, S.10). Vielfach werden die Erkenntnisse im Rahmen einer Fallstudie gewonnen und weiter verarbeitet (Marschan-Piekkari/Welch 2004, S.6).
Insb. die öffentliche Diskussion Mitte der 30er Jahre über die Eignung bzw. Nicht-Eignung der Fallstudie zwischen den Fachbereichen Soziologie der University of Chicago als Vertreter der Fallstudienmethodik und der Columbia University als Verfechter der quantitativen Forschungsmethodik richtete den Fokus auf die beiden Forschungsmethoden (Tellis 1997, S.2). Da sich die Columbia University in dem damaligen Disput mit der Chicago School in der Forschungsgemeinschaft durchgesetzt hatte, dauerte es bis in die 60er Jahre bis Strauss und Glaser (1967) den Stellenwert der Fallstudie als wissenschaftliches Forschungsinstrument im Argumentationsgang ihres Forschungsstils *Grounded Theory*[256]wiederherstellten (Tellis 1997, S.3; Strauss/Glaser 1967).

---

256 Die Grounded Theory (dt. „empirisch begründete Theoriebildung“) wurde aus dem Impuls formuliert, eine Annäherung von theoretischer und empirischer Forschung nach dem nicht unstrittigen Grundsatz, Theorien in enger Anlehnung an die „soziale Realität“ zu erarbeiten. Grundan-

Die *Fallstudie* wird eher den qualitativen Methoden der Sozialforschung zugewiesen, gemäß Scholz/Tietje (2002, S.3) können Fallstudien jedoch zur Integration von qualitativem und quantitativen Wissen dienen. Auch aufgrund der zunehmenden Konvergenz quantitativer und qualitativer Analysen kann nach Mayring (2001) und Zaugg (2002, S.10) die Fallstudie vielmehr als Forschungsdesign, denn nur als Forschungsmethode verstanden werden, da sie die Verwendung verschiedener Methoden und die Nutzung quantitativer und qualitativer Daten erlaubt.[257] In der Forschung wird eine Fallstudie insb. zur Beantwortung der Fragen nach dem „Wie" und „Warum" eines bestimmten Sachverhaltes verwendet (Yin 2003, S.1). Yin (2003) charakterisiert die Methode als Instrument, das eine Entscheidung oder mehrere Entscheidungen untersucht, nachvollziehbar macht, die Umsetzung darstellt, das Ergebnis erläutert und dabei ein aktuelles Phänomen in seinem realen Umfeld empirisch untersucht. Dies soll helfen den Untersuchungsgegenstand abzugrenzen, da vielfach das reale Umfeld und das Phänomen augenscheinlich nicht trennbar sind (Yin 2003, S.12). Die Fallstudie erfasst im Rahmen der Untersuchung nicht nur Daten-Punkte, sondern auch weitere Beobachtungen aus verschiedenen relevanten Quellen, um sie in einem nächsten Schritt zusammenzuführen und auszuwerten. Im Rahmen der Fallstudie ist ein breites Fundament an theoretischer Vorarbeit zu legen, durch welche die Analyse erleichtert und bessere Ergebnisse generiert werden können. Darüber hinaus ist die wissenschaftliche Theorie bei der Generalisierung und Abstraktion der Ergebnisse wichtig, denn ohne theoretisch fundiertes Hintergrundwissen können keine allgemeingültigen Schlüsse gezogen werden. Fallstudien eignen sich insb. für explorative und deskriptive Fragestellungen und sind prädestiniert für neuartige, komplexe Themenbereiche, die bislang noch wenig theoretische Literatur anbieten, sowie für bereits erschlossene Forschungsfelder, in denen es auf eine Systematisierung und die Entwicklung gänzlich neuer Perspektiven ankommt (Eisenhart 1989). Yin (2003) differenziert verschiedene Arten von Fallstudien. Die beschreibenden Studien (*descriptive cases*) beinhalten eine komplette Erfassung und Beschreibung eines bestimmten Phänomens und seines spezifischen Kontextes und dienen der Veranschaulichung in der Theorie bereits beschriebener Sachverhalte. Explanative Fallstudien (*explanatory cases*) befassen sich mit der Erklärung und Begründung praktischer Erfahrungen anhand zuvor entwickelter theoretischer Aussagen. Erforschende Fallstudien (*explorative cases*) versuchen die Fragen und Hypothesen eines zuvor entwickelten Theorierahmens näher zu bestimmen und die Durchführbarkeit von gewünschten Forschungsabläufen zu überprüfen, um damit den Theorierahmen anhand der gewonnenen Erkenntnisse weiterzuentwickeln bzw. zu verfeinern. Des Weiteren werden diese verschiedenen Arten nach Einzel- oder Mehrfachfallstudie unterschieden. Eine Einzelfallstudie bezieht sich auf einen konkreten

---

liegen der Grounded Theory nach Strauss/Glaser (1967) ist, Theorien nicht abstrakt sondern in möglichst intensiver Auseinandersetzung mit einem konkreten Gegenstand zu entwickeln.

257 Fallbeispiele sind im Unterscheid zu Fallstudien kein Forschungsinstrument, sondern werden im Rahmen von wissenschaftlichen Ausarbeitungen in erster Linie zur Illustration und Erläuterung von Sachverhalten verwendet, da sie auf anschauliche Art und Weise die Erkenntnisse auflockern. Als Quellen für Fallbeispiele können Fallstudien und (Experten-)Interviews dienen (Koch/Markrad 2001)

Sachverhalt, während eine Mehrfachfallstudie sich auf mindestens zwei oder mehr Fälle bezieht (Yin 1993, S.5). Zusätzlich unterscheidet Yin (1993) ganzheitliche Forschungsdesigns (*holistic*) von verbundenen Forschungsdesigns (*embedded*) je nach der Spannweite der Analyse sowie anhand der Anzahl der betrachteten Fälle *single-case-* und *multiple-case* -Designs (Yin 1994 S.38f.)

Die Durchführung einer Einzelfallstudie ist besonders zu empfehlen, wenn es sich dabei um einen kritischen Fall handelt, der eine bestimmte Theorie überprüfen, bestätigen oder verändern will, es ein extremer oder einzigartiger Fall ist oder es sich dabei um eine Art offenbarenden Fall handelt. Letzteres ist der Fall, wenn ein Phänomen beobachtet und analysiert wird, das zuvor der Wissenschaft nicht zugänglich war und gänzlich unerforscht ist (Yin 2003, S.39 ff.). Grundsätzlich bezieht sich eine Fallstudie im Unternehmen auf einen spezifischen Teilaspekt, der in das Gesamtsystem eingebettet ist. Dieser Aspekt ist nur im Kontext des Ganzen zu betrachten und stellt ein aktuell relevantes Untersuchungsobjekt dar. Durch die Interaktion mit dem Gesamtsystem ist es schwierig klare Abgrenzungen zu treffen und im Vorfeld einen Rahmen zu definieren (Gillham 2000, S.1). Die Ergebnisse einer Fallstudie können in zwei Kategorien eingeordnet werden. Es ist einerseits möglich, aus einer begrenzten Anzahl von Fällen allgemeine Lösungen abzuleiten und andererseits auf Basis einer einzelnen Fallstudie unternehmensspezifische Ergebnisse zu erhalten. Allerdings können beide Verfahren Ergebnisse von allgemeinem Interesse hervorbringen (Gummesson 2000, S.84). Die oben bereits erwähnte Basis an theoretischem Wissen und theoretischen Vorüberlegungen wird hierbei mit Beobachtungen der Fallstudie verknüpft. Dabei ist es allerdings notwendig, den Analyseprozess genau darzustellen, denn die Lösung und die erforderlichen Denkschritte des Forschers müssen nachvollzogen werden können (Zalan/Lewis 2004, S.516 ff.).

Grundsätzlich wird eine Vielzahl von Kritikpunkten an der Fallstudie als Untersuchungsform vorgebracht, die sich im Wesentlichen auf drei Aspekte reduzieren lassen. Zwar ist es möglich im Rahmen einer Fallstudie Hypothesen zu formulieren, aber die Überprüfung in der Praxis gestaltet sich sehr schwierig. Darüber hinaus ist es zweifelhaft, ob auf Basis von einzelnen Fallstudien generelle Lösungen und Konzepte erarbeitet werden können. Dies wird auch durch den Einwand der fehlenden statistischen Reliabilität und Validität der Fallstudie bestätigt. Die Argumente der Kritiker wurden zwar immer wieder durch Publikationen verschiedenster Wissenschaftler (Hamel/Dufour/Fortin 1993) widerlegt, dennoch werden die Kritikpunkte auch in der aktuellen Methodikdebatte immer noch angeführt. Die Stärken von Fallstudien liegen v.a. in der Untersuchungstiefe und der direkten Verbindung von Theorie und Praxis, was eine Anwendung im Rahmen von praxisorientierten Studien in Kooperation von Wissenschaft und Unternehmen nahe legt. Durch den direkten Einblick in spezifische Situationen und individuelle Umfelder können einzelne Probleme besser verstanden und kreativere Lösungen erarbeitet werden (Koch/Markrad 2001, S.1). Unabhängig von statistischen Vorgaben und Regelungen kann das Ausmaß des vorhandenen Untersuchungsobjektes zudem besser abgeschätzt werden (Halinen/Tomroos 2005, S.1286). Eine Fallstudie wird aus einer bestimmten Perspektive und zu einem bestimmten Zweck erstellt. Der Fall steht für sich, ist aber in ein Konstrukt eingebettet und bezieht

sich immer auf einen allgemeinen Sachverhalt. Theoretische und praktische Interessen sind dem Fall zugeordnet und stellen eine empirische Einheit dar.
Trotz der dargestellten Vielschichtigkeit und Komplexität von Fallstudien wird die Forschungsart immer noch als ein relativ einfacher Weg des Erkenntnisgewinns angesehen, weshalb eine wissenschaftliche, reflektierende und konzentrierte Vorgehensweise im Rahmen der Fallstudie zu empfehlen ist, um qualitativ hochwertige Ergebnisse zu erzielen (Hays 2004, S.225; Zaugg 2002; Vaus 2001, S.219).

4.2.1 Prinzipien des Fallstudienansatzes in der praxisorientierten transdisziplinären Nachhaltigkeitsforschung

Ausgangspunkt für die spezielle Entwicklung und Anwendung des Fallstudien-Ansatzes in der Nachhaltigkeitsforschung ist die Annahme, dass Umweltprobleme zumeist nicht eindeutig abgrenzbar sind, ihr Zielzustand unbekannt und demnach das Entwickeln einer Lösung unklar ist (sog. *ill-defined-problems*) (Scholz/Tietje 2002, S.26).
Mogalle (2001, S.57) und Scholz/Tietje (2002) schlagen als Ausgangspunkt des Fallstudienansatzes für Probleme aus dem Nachhaltigkeitskontext eine Orientierung an den folgenden sechs Prinzipien vor:

- Es bedarf einer möglichst weit reichenden Beibehaltung der Komplexität und Einzigartigkeit des Falls.
- Der Wandel der Systeme und die Geschichte des Falls sollen betrachtet werden.
- Die Generalisierung der Erkenntnisse hat durch Analyse und nicht durch die Datenlage zu erfolgen.
- Eine Untersuchung der Relationen und Interdependenzen zwischen den speziellen und generellen Fragen des Falls ist angezeigt.
- Die Partizipation der Akteure und die Integration ihres Erfahrungswissens ist eine notwendige Voraussetzung für den Erkenntnisgewinn.
- Der Untersuchungsgegenstand bestimmt die gewählte Methode (Prinzip der Gegenstandsdominanz) (Scholz/Tietje 2002; Mogalle 2001, S.57).

Mogalle (2001) beschreibt weiterhin die konzeptionellen Grundlagen des Fallstudienansatzes, zeichnet den Ablauf einer Fallstudie nach und nennt Methoden zur Wissensintegration auf den Ebenen der Darstellung und Modellierung, Bewertung, Transformation und Entwicklung des Falls sowie zur spezifischen Analyse und Bewertung der Problemlage. Der Fallstudien-Ansatz wird vor dem Hintergrund dieser Ausführungen für Problemstellungen aus dem Nachhaltigkeitskontext als viel versprechend gewürdigt. Zu bedenken ist jedoch, dass die Auswahl eines spezifischen Falls einer eindeutigen Definition des Untersuchungsgegenstandes bedarf. Über die permanente Partizipation der Akteure und die Untersuchung von Geschichte und Entwicklung des Falls wird die Erarbeitung von Transformationswissen geleistet. Problematisch erscheint jedoch die Entwicklung von Zielwissen, weil die normative Leitlinie der nachhaltigen Entwicklung nicht hinreichend eindeutig zu definieren ist und für den spezifischen Fall nur von einem zugrunde liegenden für die Akteure verbindlichen Ausgangsverständnis auszugehen ist. Neben einer *bottom-up*-Bestimmung des Nachhaltigkeitsverständnisses ist jedoch auch eine zu enge Sicht auf den Fall zu bedenken, die jedoch durch Verknüpfungen zum Einen zwischen der disziplinären Bearbeitung konkreter Fragestellungen und der allgemeinen Fallbeschreibung, zum Anderen zwischen der allgemeinen disziplinären Bearbeitung und den Spezifika des Falls vermindert werden kann (Mogalle 2001, S.64f.).

4.2.2 Prinzipien des Fallstudien-Ansatzes in der Projektgestaltung mit der ThyssenKrupp Steel AG

Im Rahmen der Projektarbeit besteht die zentrale Frage darin, wie ein NMS ausgeprägt sein muss, um die unternehmerisch intendierten Mehrwerte generieren zu können. Zur Beantwortung dieser Frage werden verschiedene Quellen (z.B. betriebliche Dokumente der Unternehmensberichterstattung, Internet- und Intranet-Informationen, etc.) ausgewertet, durch Expertengespräche und Arbeitsgruppentreffen ergänzt und in Kombination mit einer umfangreichen theoretischen Vorarbeit zur Konzeption des NMS herangezogen. Die vorliegende Fallstudie bezieht sich aus einer ganzheitlichen Perspektive auf den konkreten Sachverhalt der Konzeption eines NMS ohne Rückgriff auf bereits etablierte Normen und Standards in einem einzelnen Unternehmen und erforscht somit ein neu- und einzigartiges Phänomen. Deshalb kann die erhobene Fallstudie als *holistic single-case design* bezeichnet werden.

In der vorliegenden Dissertation dient die Fallstudie überwiegend zur Gewinnung deskriptiver und explanatorischer Aussagen und somit der Veranschaulichung und Erklärung von Wirkungszusammenhängen, wobei die grundlegende Forschungsfrage in Einzelfragen zerlegt worden ist und damit verschiedene Erkenntnisziele verfolgt werden. Für die beabsichtigte Weiterentwicklung bzw. Abstraktion der theoretischen Fundierung von NMS sind zudem *induktiv* exploratorische Erkenntnisse generierbar. Auf diese Weise kann im Rahmen der Kooperation der Verfasserin mit der ThyssenKrupp Steel AG die Stärke der Fallstudie in Form ihrer direkten Verknüpfung von Theorie und Praxis zur Generierung eines umfassenden Erkenntnisgewinns genutzt werden. Die Orientierungspunkte des Fallstudienansatzes innerhalb der praxisorientierte transdisziplinären Nachhaltigkeitsforschung finden sich in Kerngedanken und Aufgabenstellung der Projektzusammenarbeit wieder. Die Beibehaltung der Komplexität ergibt sich quasi von selbst, da bereits das Nachhaltigkeitsverständnis der ThyssenKrupp Steel AG mit seinen sechs Erfolgsfaktoren einen höheren Komplexitätsgrad als das klassische Nachhaltigkeitsverständnis mit den drei Säulen Ökonomie, Ökologie und Soziales aufweist. Weiterhin bleibt die Komplexität aufgrund der festgelegten Elemente des NMS, ihren vielfältigen Ausprägungsoptionen und den zwangsläufig zu erwartenden Interdependenzen erhalten. Da die Projektarbeit auf die Konzeption eines unternehmensindividuellen NMS abzielt, ohne auf bereits vorliegende und verbindliche Normen und Standards zurück greifen zu können, wird die Einzigartigkeit des Falls gewahrt. Dabei sind die historische Entwicklung des Unternehmens und seiner Management-Systeme, sowie der Auslöser und die Beschreibung des spezifischen Fallgeschehens bis hin zur abschließenden Konzeption des NMS Kern der Betrachtung. Ein verallgemeinerbarer Erkenntnisgewinn soll durch die Analyse des Zusammenspiels aus unternehmensexternen Rahmenbedingungen, unternehmensinternen Anforderungen und theoretisch möglichen Alternativen zur optimalen Ausgestaltung der Soll-Ausprägung des NMS geleistet werden. Dabei werden insb. die spezifischen und generellen Problemfelder der Konzeption des NMS definiert und untersucht. Gleichermaßen gelingt der Erkenntnisgewinn ausschließlich durch die Verbindung des System-, Ziel-Gestaltungs- und Erfahrungswissens der Praxisakteure mit den theoretischen Wissensbereichen der Forscherin. Die Kernfragestellung der Dissertation bezieht sich darauf, wie die optimalen Ausprägungen der Elemente eines zu konzipierenden NMS bei der ThyssenKrupp Steel AG beschrieben werden können. In diesem Zusammenhang liefert der Fallstudien-Ansatz mit der Fokussierung auf ein spezifisches Objekt das erhoffte Systemwissen, da konkrete Fragestellungen und interpretierbare Ergebnisse formuliert werden können.

4.3 Sekundäranalyse der Branche

Der Forschungsauftrag der Konzeption eines NMS bei der ThyssenKrupp Steel AG impliziert neben der Einzellfallstudie aus verschiedenen Gründen auch eine branchenorientierte Betrachtung. Denn jegliche Formen unternehmerischen Nachhaltigkeitsengagements sind aufgrund vergleichbarer Wertschöpfungsketten, eingesetzter Technologien und avisierter Märkte von einer starken Abhängigkeit der jeweiligen Branchenaktivitäten geprägt. Die Informationsgewinnung dazu erfolgt vorrangig im Rahmen einer Sekundäranalyse der Stahlbranche, wobei Sekundärforschung in diesem Zusammenhang die „Beschaffung, Zusammenstellung und Auswertung bereits vorhandenen Datenmaterials" (Meffert 2000, S.146) umfasst. Als Datenmaterial finden hier in erster Linie branchen-, verbands- und unternehmensinterne Publikationen, Presseartikel oder Forschungsberichte Verwendung, da diese kostengünstig sowie insb. aufgrund ihrer Verfügbarkeit im Internet zeitnah zu beschaffen sind und eine hohe Aktualität aufweisen. Um die wesentlichen Inhalte für einen Überblick über die Stahlbranche und die Bedeutung des Nachhaltigkeitsleitbildes zielführend aufzubereiten, folgt die Systematisierung der relevanten Informationen einerseits den Konzepten der Umwelt- und der Branchenstrukturanalyse und andererseits dem volkswirtschaftlichen / mikroökonomischen Ansatz der Externalitäten zur Erklärung von Marktversagen. Dabei wird die Analyse der globalen Umwelt nicht wie üblich aus der Perspektive eines Unternehmens sondern vielmehr aus der Perspektive der Branche durchgeführt und dabei deren politisch-rechtliche, ökonomische, soziokulturelle und technologische Umweltfaktoren für die Bestimmung der Rahmenbedingungen zugrunde gelegt. Die Branchenstruktur und damit die von Porter (1999) identifizierten Wettbewerbskräfte (*„Five Forces"*) bestimmen maßgeblich das Entscheidungsverhalten der Unternehmen hinsichtlich bestimmter Aspekte der Nachhaltigkeitsthematik, weshalb im Rahmen des Branchenbildes (siehe Kap. 5) zudem die strukturellen Merkmale der Branche als Systematisierungsrahmen genutzt werden (Porter 1999). Um die ökologischen und sozialen Auswirkungen von Unternehmen und daraus resultierende Situationen von Marktversagen zu beschreiben, wird häufig das volkswirtschaftliche/mikroökonomische Konzept der externen Effekte (sog. Externalitäten) herangezogen, welches in dieser Dissertation für die Bestimmung des Nachhaltigkeitskontextes der Stahlunternehmen um die Branchenperspektive erweitert wird (Baye 2008; Eckelmann 2006). Die Auswahl weiterer maßgeblicher Informationen rekurriert auf die in der Fallstudie identifizierten Handlungsfelder und Elemente des NMS der ThyssenKrupp Steel AG (Kap. 4), die als größtes Unternehmen der Stahlbranche in Deutschland und als Fallunternehmen die logische Referenz für einen Branchenvergleich darstellt.

4.4 Inhaltsanalyse wissenschaftliche Literatur und betrieblicher Dokumente

Als Methode wird weiterhin die inhaltliche Analyse der wissenschaftlichen Literatur (Lamnek 2005; Zaugg 2002, S.28) verwendet. Es werden einschlägige Monographien, Forschungsberichte sowie Artikel aus sach- und themenbezogenen wissenschaftlichen Zeitschriften als Daten- und Erkenntnisquellen herangezogen. Im Rahmen dieser umfangreichen und fundierten Literatursichtung werden Definitionen, Theorien, Konzepte, Erklärungsansätze und Instrumente erfasst und hinsichtlich der zu bearbeitenden Problemstellung auf ihren Erklärungswert hin geprüft. Der zunächst ermittelte Stand der Forschung der Literatur zum strategischen Management sowie zum Nachhaltigkeitsmanagement und die daraus resultierenden Erkenntnisse sind das Ergebnis einer intensiven Dokumentenanalyse. „Für die Dokumentenanalyse ist charakteristisch, dass der Forscher [...] planmäßig und mehr oder minder systematisch zwecks deskriptiver oder analytischer Auswertung die für die jeweilige Zielsetzung und Fragestellung einer Untersuchung relevanten Inhalte zugänglichen dokumentarischen Materials, ihre qualitativen und/oder quantitativen Aspekte erfasst und registriert" (Büschges/Lütke-Bornefeld 1977, S.172). Bei einer gegenwartsbezogenen Ausarbeitung sind in erster Linie schriftliche und aktuelle Dokumente zu verwenden. Diesem Grundsatz soll auch hier Rechnung getragen werden, jedoch sind auch etablierte, ältere Schriften ausdrücklich in die Analyse einzuschließen. Des Weiteren werden als besonders nützliche Sekundärquellen betriebliche Dokumente, Präsentationen, Publikationen aus der Unternehmensberichterstattung und aufgrund der Nutzung neuer Medien für das aktuelle Thema der Nachhaltigkeit bzw. des Nachhaltigkeitsmanagements eine Reihe von Internet-Ressourcen genutzt, um insb. die Fallstudie sowie das Branchenbild zu fundieren.

Aufgrund dieser ersten Diskussion der Besonderheiten der Nachhaltigkeitsforschung wird nunmehr das weitere Forschungsdesign entwickelt, indem eine dezidierte Herleitung der Forschungsstrategie und ferner der Entwurf und die Gestaltung der Bezugsrahmen folgen.

4.5 Forschungsstrategie und Architektur der Bezugsrahmen

Die Forschungsstrategie versucht, dem kreativen Erkundungsprozess im Zuge der zunehmenden Popularität des Leitbildes der nachhaltigen Entwicklung und den damit verbundenen wissenschaftlichen Herausforderungen sowie der Suche nach der adäquaten Methodik und angemessen Forschungsansätzen gerecht zu werden. Dazu soll die Architektur der Bezugsrahmen (Rößl 1990) den inhaltlichen Argumentationsgang methodisch unterstützen sowie die Konzeption eines NMS veranschaulichen. Der Forschungsprozess dieser Dissertation vollzieht sich grundlegend in Anlehnung an die

Stufen der Theorieentwicklung nach Grochla (1978) (Grochla 1978, S.68 ff.). In einem ersten Schritt werden begriffliche und deskriptive Aussagen zur Formulierung und empirischen Erfassung der Phänomene getätigt. Das Ziel besteht neben der Erarbeitung eines begrifflichen Instrumentariums in der Beschreibung des zu untersuchenden Gegenstandsbereichs, d.h. in der Architektur von Begriffs- und Beschreibungsrahmen. Weiterhin dient dieser Schritt zur Festlegung eines einheitlichen Sprachgebrauchs sowie zur Formulierung eines verbindlichen Ausgangsverständnisses.Die begrifflichen und deskriptiven Aussagen gelten nunmehr als Basis für die sich anschließende Generierung explanatorischer Aussagen. Diese beinhalten die explizite Deutung der Beziehungen zwischen den im Begriffs- und Beschreibungsrahmen identifizierten Größen. Nach Grochla (1978) sind die derart gewonnenen Erkenntnisse bereits „[...] eine besondere Systematisierungs- und Ordnungsleistung [...]. Sie dienen jedoch letztlich dazu, bestimmte Beziehungszusammen-hänge transparent zu machen“ (Grochla 1978, S.70) und können innerhalb des Erklärungsrahmens abgebildet werden (Zaugg 2002, S.14f.). Explanatorische Aussagen stellen die Grundlage für die Formulierung von unmittelbaren Hilfestellungen zur Problemlösung und zur Herleitung von Handlungsempfehlungen dar. Das Resultat sind nunmehr praxeologische Aussagen, die angeben unter welcher Zielsetzung welche Maßnahmen für bestimmte Aufgaben unter den jeweils herrschenden Bedingungen bei der Berücksichtigung der Wirkungen ergriffen werden können. Damit formen sie einen Entscheidungsrahmen mit hoher Informativität, hohem Bestätigungsgrad und einer guten entscheidungstechnischen Verwendbarkeit für die spezifische Problemstellung. Weiterhin unterscheidet Grochla (1978) drei komplementäre Forschungsstrategien – empirisch, formal-analytisch, sachlich-analytisch – und schreibt diesen entsprechende Forschungsziele zu. Die empirische Forschungsstrategie verlangt eine systematische Erfahrungsgewinnung zur Verifizierung oder Falsifizierung realitätsentlehnter Hypothesen und Kausalzusammenhänge (Grochla 1978, S.78f.). Eine empirische Überprüfung ist angesichts der weiten, offenen und explorativen Fragestellung dieser Dissertation nicht uneingeschränkt angezeigt, zumal der Forschungsstil der Fallstudie dann eine präzise Abgrenzung und argumentative Fundierung der Prämissen zu prüfender Ursache-Wirkungs-Zusammenhänge erforderte, die es im Rahmen der Fallerstellung überhaupt erst zu entdecken gilt. Den Schwerpunkt der formal-analytischen Strategie stellt die Modellbildung für die entscheidungsrelevante Problemlösung dar. Die stark vereinfachte und abstrahierte Beschreibung der Problemstrukturen verneint den Anspruch einer möglichst realitätsnahen Darstellung des Forschungsgegenstandes und ist daher erstens der generellen Aufgabenstellung dieser Forschungsarbeit und zweitens auch methodisch für die Erarbeitung einer Fallstudie nur bedingt geeignet. Die *sachlich-analytische* Strategie wird von Brehm (2003) wie folgt zusammengefasst und soll in dieser Formulierung auch für die vorliegende Dissertation Beachtung finden: „Die sachlich-analytische Strategie basiert auf einer gedanklichen Simulation der Realität und versucht, Erkenntnisse zunächst durch Plausibilitätsüberlegungen sowie empirisch bereits festgestellte Zusammenhänge komplexer Sachverhalte transparent zu machen. Eine eigene empirische Hypothesenprüfung ist nicht vorgesehen. Das Erkenntnisziel ist, die als relevant erachteten Tatbestände vollständig zu erfassen sowie die Beziehungen anschaulich zu machen und hieraus unmittelbar Handlungsempfehlungen herbeizuführen. Es entstehen konzeptionelle Modelle, die eine heuristische Funktion für das Entwickeln möglicher Erklärungen ausweisen" (Brehm 2003, S.11; Zaugg 2002, S.15). Auf der Stufe der deskriptiven Aussagen ermöglicht die sachlich-analytische Forschungsstrategie im Anschluss an die Begriffsbildung vorrangig die Herausarbeitung der Relevanz der entwickelten Konzepte durch Hinweise auf ihre bisherige Auseinandersetzung in der Literatur sowie ihre praktische Bedeutung (interpretierend-deskriptiv). Auf der Stufe der explanatorischen Aussagen folgen die gedankliche Konstruktion von Zusammenhängen sowie die Erklärung bestimmter Sachverhalte. Hypothetisch-spekulative Formulierungen von Forschungsfragen erfolgen ohne explizites empirisches Forschungsinteresse. Konzeptionelle Größen können durch kausale Annahmen in den Erklärungsvorgang der sachlich-analytischen Strategie eingebunden werden. Kausale Annahmen vermuten Wirkungszusammen-hänge und stellen daher ein wesentliches Element von Konzeptionsrahmen dar. Praxeologische Aussagen ergeben sich schließlich aus der Zusammenführung der Forschungsstrategien als Synthese aus „systematischer Spekulation, systematischem empirischen Wissen und systematischem analytischen Denken" (Grochla 1978, S.96). Durch die Aufarbeitung des aktuellen Standes der Forschung zum relevanten Gegenstandsbereich der Nachhaltigkeit, des Nachhaltigkeitsmanagements und der NMS werden das zugrunde liegende Ausgangsverständnis der erforderlichen Begrifflichkeiten geschaffen und die unerlässlichen Determinanten von Managementsystemen beschrieben. Konzeptionelle Aspekte wie Entwicklungspotentiale und Zusammenhänge innerhalb des Nachhaltigkeitsmanage-ments werden identifiziert, nachgezeichnet und in ihren Wirkungen erklärt, so dass auf dieser Grundlage Implikationen zur Konzeption von NMS sowie zur Formulierung von Entscheidungskriterien ausgesprochen werden können. Zur Untersuchung komplexer Zusammenhänge, die gerade im Falle der gewünschten systematischen Integration des per se schon mehrdimensionalen und komplexen Nachhaltigkeitsleitbildes (Giesel 2007, S.71; Kirschten 2003, S.173; Krcal 2003) in die Unternehmensführung und die vielschichtigen Geschäftsprozesse der ThyssenKrupp Steel AG zweifelsfrei gegeben sind, eignet sich wie zuvor begründet, die sachlich-analytische Forschungsstrategie. Auf Basis der Erkenntnisse und Vorgehensweisen in der theoretischen Dimension dieser Dissertation kann in der praktischen Dimension das unternehmensindividuelle Nachhaltigkeitsverständnis unter Berücksichtigung der branchentypischen Rahmenbedingungen verbindlich formuliert werden. Vor diesem Hintergrund gelingt die Entdeckung von Zusammenhängen zwischen bereits im Unternehmen etablierten und implementierten Managementkonzepten, -systemen und -instrumenten und ihrer Anknüpfung an und Bedeutung für ein NMS. Durch die Herleitung und Nutzung adäquater Bewertungskriterien für unternehmerische Entscheidungen werden Verbesserungspotentiale in der Entwicklung des NMS entdeckt und nutzbar gemacht. Aus der Verbindung der theoretischen und praktischen Dimensionen sowie der jeweiligen Rahmenziele lässt sich in Abb. 4-1 das vollständige Forschungsdesign der Dissertation herleiten, das vor dem Hintergrund des *normativen Wissenschaftsziels*, nämlich wertende Handlungsempfehlungen zu geben, die sich sowohl auf das Ziel als auch auf den dazu benötigten Einsatz entsprechender Mittel innerhalb einer Unternehmung konzentrieren, entsteht.

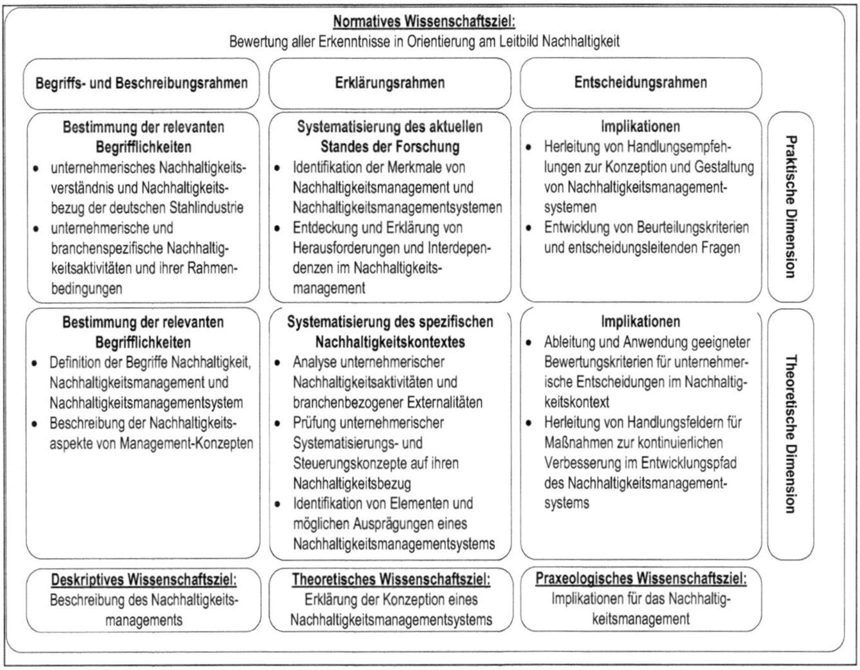

Abb. 4-1: Konzeptioneller Bezugsrahmen der Dissertation
Eigene Darstellung.

Eine Wertung erfolgt in Orientierung am übergeordneten Leitbild der Nachhaltigkeit, das wie auch an anderer Stelle begründet den normativen Rahmen darstellt. Vor diesem Hintergrund werden nunmehr das normative, deskriptive, theoretische und pragmatische Wissenschaftsziel und deren Bezüge veranschaulicht. Das *deskriptive Wissenschaftsziel* wird durch die Klärung der verwendeten Begrifflichkeiten zu Nachhaltigkeit, Nachhaltigkeitsmanagement und NMS auf Basis der einschlägigen Literatur sowie im Verständnis des Fallunternehmens und seiner Rahmenbedingungen erreicht. Auf diese Weise bieten die gewonnenen Erkenntnisse zum Wesen des Nachhaltigkeitsmanagements dem theoretischen Wissenschaftsziel eine solide Basis, lösen als Bestandsaufnahme von Herausforderungen der Umwelt und daraus resultierenden Anforderungen an das Unternehmen gleichzeitig die erste Aufgabe der Strategieforschung (Bea/Haas 2005, S.23) und verknüpfen somit die theoretische und praktische Dimension des Begriffs- und Beschreibungsrahmens. Durch die Identifikation von konzeptionell ermittelten Zusammenhängen zwischen Nachhaltigkeitsmanagement und seinen Instrumenten in der Literatur sowie der Bereitstellung von Informationen über die unternehmerische Realität in Form einer Zusammenstellung der im Fallunternehmen genutzten Systematisierungs- und Steuerungskonzepte und -instrumente können plausible Ursache-/Wirkungszusammenhänge formuliert werden. Somit können theoretisch wie praktisch überprüfbare Argumente zur Erreichung des *theoretischen*

Wissenschaftsziels, der Erklärung der Konzeption eines NMS, geliefert werden. Basierend auf diesen Ergebnissen und der Nutzbarmachung dieser Informationen für die Gestaltung der Realität lassen sich praktische Handlungsempfehlungen ableiten, die sich auf der Basis von Ziel-/Mittel-Zusammenhängen ergeben und als Transfer der theoretischen Erkenntnisse in einen anwendungsbezogenen Rahmen das *pragmatische bzw. praxeologische Wissenschaftsziel* darstellen. Die Zielerreichung manifestiert sich aus theoretisch möglichen, unternehmenspraktisch zielführenden Implikationen und normativ begründbaren Beurteilungskriterien für den Entscheidungsraum des NMS. Die zuvor erläuterte Vorgehensweise systematisiert und konkretisiert das in Abschnitt 1.3 formulierte Erkenntnissinteresse und ermöglicht die wissenschaftstheoretische Begründung der Zielsetzungen der vorliegenden Dissertation.

5 Branchenanalyse – Nachhaltigkeitsmanagement in der deutschen Stahlindustrie

Zur branchenspezifischen Konkretisierung und Beurteilung der gewonnenen Erkenntnisse aus der Aufarbeitung des Forschungsstandes und zur besseren Einordnung der unternehmensindividuellen Ergebnisse aus dem Fallbeispiel ist ein grundlegendes Verständnis der deutschen Stahlindustrie im Nachhaltigkeitskontext unabdingbar. Dieses wird in diesem Kap. mit einem Überblick über die Nachhaltigkeitsaktivitäten der maßgeblichen Branchenverbände bzw. -vereinigungen sowie der führenden deutschen Stahlerzeuger geschaffen. Ausgehend von einer kurzen Beschreibung der Branche und ihrer in der Nachhaltigkeitsdebatte meinungsbildenden Verbände bzw. Vereinigungen erfolgt eine Untersuchung der Nachhaltigkeitsaktivitäten ausgewählter deutscher Stahlunternehmen zur Erweiterung der Erkenntnisse über mögliche und bereits unternehmenspraktisch erschlossene Handlungsspielräume des Nachhaltigkeitsmanagements in der deutschen Stahlindustrie. Gleichermaßen kann damit eine umfassende und vergleichende Beurteilung der Nachhaltigkeitsaktivitäten bei der ThyssenKrupp Steel AG geleistet werden. Dazu werden die Informationen der Sekundärquellen von Verbänden und Unternehmen nach der Systematik der zuvor hergeleiteten Elemente eines theoretisch-konzeptionellen NMS gebündelt und interpretiert. Die Auswertung der Zahlen und Fakten für die Branchenanalyse stützt sich auf die zum Analysezeitpunkt verfügbaren Daten und bemüht sich um größtmögliche Aktualität. Entwicklungstendenzen zu Zeiten der Fiannzkrise sind zahlenmäßig noch nicht aufbereitet und finden demnach im Rahmen der Analyse keine Berücksichtigung.

5.1 Nachhaltigkeitskontext der deutschen Stahlindustrie

Als systematisierenden Ansatz zur Bestimmung der ökologischen Wirkung und des sozialen Einflusses von Branchen und Unternehmen wird das volkswirtschaftliche, mikroökonomische Konzept der externen Effekte (sog. Externalitäten) herangezogen (Baye 2008; Eckelmann 2006). Externalitäten bezeichnen unkompensierte Auswirkungen durch die Produktion oder Nutzung eines Produktes oder einer Dienstleistung auf unbeteiligte Wirtschaftssubjekte. Reduzieren diese Wirkungen das Nutzenniveau eines anderen Marktteilnehmers, liegen negative Externalitäten vor, erhöhen sie das Nutzenniveau eines anderen Marktteilnehmers, treten sie als positive Externalitäten in Erscheinung. Als Internalisierung wird die Kompensation externer Effekte bezeichnet, wobei der Verursacher die Kosten des externen Effektes trägt oder einen Ausgleich für positive externe Effekte, die durch sein Handeln entstehen, erhält (Breyer 2008; Varian 2007; Wied-Nebbeling/Schott 2007; Pindyck/Rubinfeld 2005). Freiwillig versuchen Unternehmen in der Regel keine Internalisierung negativer Effekte, weshalb an dieser Stelle verschiedene wirtschaftspolitische Eingriffe den Marktmechanismus aufnehmen und als Korrekturmaßnahmen eingreifen (Steger 2004). In diesem Zusammenhang ist die aktuelle Drohung der europäischen Stahlbranche zu erwähnen, in Drittländer abzuwandern, um ihrem Protest gegen die Aufforderung, künftig für ihre CO_2-Emissionen zahlen zu müssen, Nachdruck zu verleihen (Beyerle 2008). Ein Beispiel für wirtschaftspolitische Eingriffe stellt das „Ideenpapier" (BMU 2008, S.5) zur ökologischen Industriepolitik des Bundesumweltministeriums dar. Diese formuliert als Ziel einen „ökologischen Strukturwandel" (Institut der deutschen Wirtschaft Köln 2008, S.7) und setzt sich einerseits aus Förderaktivitäten und stärkeren Umweltauflagen sowie andererseits aus einer intensiveren Ökologieorientierung des Steuersystems zusammen. Die heimischen Unternehmen können sich frühzeitig auf zukünftige ökologische Herausforderungen einstellen und damit gleichermaßen ihre Wettbewerbsposition im Vergleich zur ausländischen Konkurrenz stabilisieren oder verbessern, indem sie die ökonomischen Chancen des Umweltschutzes nutzbar machen (BMU 2008; Institut der deutschen Wirtschaft Köln 2008, S.7). So versucht die ökologische Industriepolitik eine „ökonomisch-ökologische Modernisierungsstrategie für mehr Nachhaltigkeit mit einer ökologischen-ökonomischen Spezialisierungsstrategie" (BMU 2008, S.8) zu verbinden. Dennoch wird dieser Ansatz kontrovers diskutiert, da Unternehmen bestimmter Branchen, wie z.B. der Aluminiumindustrie mit einem sehr hohen Energieeinsatz oder der Stahlindustrie mit einem relativ hohen Ressourceneinsatz produzieren und dafür strikten Auflagen genügen müssen, aber mittelbar über ihre Produkte zur Umweltschonung beitragen können, sofern sich der Preis dieser Produkte als wesentliches Kaufargument nicht über die Maße erhöht (Institut der deutschen Wirtschaft Köln 2008, S.6).

Eine Übersicht über im Nachhaltigkeitskontext offensichtliche und relevante Produktions- und Konsumexternalitäten der Stahlindustrie gibt Tabelle 5-1:

Negative Produktionsexternalitäten	**Negative Konsumexternalitäten**
– Umweltverschmutzung bspw. in Form von Emissionen (Feinstaub-Emissionen, CO2-Emissionen)[258] – Übermäßige Nutzung regenerativer u. nicht-regenerativer natürlicher Rohstoffe[259]	– Empfangsbeeinträchtigungen bei Mobiltelefonen in Bauwerken mit Stahlkonstruktionen oder durch Stahlkarosserien[260] – Stahleinsatz in der Rüstungs- u. Wehrtechnik[261]
Positive Produktionsexternalitäten	**Positive Konsumexternalitäten**
– Identifikation u. Ausschöpfen von Innovationen und Technologie-Spill-overs – Einstufung von Stahlschrott lt. geltenden EU-Rechtsvorschriften als Abfall nicht als Rohstoff: Stahl zählt zu den Produkten mit den weltweit höchsten Recyclingquo-	– Verbesserung des Insassenschutzes durch Erhöhung der Leistungsfähigkeit von Automobilkarosserien durch Mehr- u. Complexphasenstähle mit optimiertem Festigkeits-/ Umformbarkeits-Verhältnis[266]

258 http://www.3sat.de/3sat.php?http://www.3sat.de/nano/news/79322/index.html, (25.10.2008).
259 http://www.stahl-online.de/forschung_und_technik/energie_und_umwelttechnik/start.asp?highmain=2&highsub=3&highsubsub=0, (25.10.2008).
260 http://www.fagsi.com/news/kundeninfo/elektrische-magnetische-felder.html, (25.10.2008).
261 http://www.rheinmetall.de/index.php?lang=2&fid=1640, (25.10.2008).

ten, da er in der EU zu über 40 % aus Stahlschrott hergestellt wird.[262] - Sinnvolle Einsatzmöglichkeiten für Kuppelprodukte: z.B. Schlacken als hochwertiges Material für Dünger oder im Straßen- u. Wasserbau[263], Hüttensand zur Zementherstellung[264] - kontinuierliche Verbesserung der Arbeitsbedingungen durch ständige Intensivierung von Arbeits- u. Gesundheitsschutz[265] - Schachtöfen schließen Lücken in Stoffkreisläufen u. führen eisenhaltige Reststoffe, die in den Umweltschutzeinrichtungen des Stahlerzeugungsprozesses erfasst werden, wieder in den Produktionsfluss zurück: Stoffstrom-Management-Systeme ermöglichen Verwertungsraten von fast 100%	- Fußgängerschutz[267] - Kraftstoffersparnis (20-40%) durch Tailored Products als Leichtbaulösung im Automobilbau (z.B. NSB® NewSteel Body[268]) - Lärmschutz, Brandschutz, Feuchtigkeitsschutz durch Fassadenelemente mit speziellen Beschichtungen[269] - Wirtschaftlichkeit, Energieeffizienz, Umweltverträglichkeit von Stahlkonstruktionen für Architektur[270] durch geringere Flächenversiegelung, 100%iges Recycling, weniger Transportaufwand u. Verkehrsbehinderungen[271] - Integration von Industriebauwerken in ihre Umgebung durch organisch beschichtete Fassadenelemente (z.B. ReflectionsOne®)[272] - Reduktion des Natursteinabbaus und Verringerung der CO_2-Emission durch Schlackeeinsatz - Förderung von Medizin- und Zahntechnik durch Einsatz von nicht-rostendem Edelstahl für Gelenkprothesen, Knochen-Fixiermaterial, Zahnimplantate[273]

Tab. 5-1: Externalitäten in der Stahlindustrie – Beispiele
Eigene Darstellung.

266 http://www.mercedes-benz.de/content/germany/mpc/mpc_germany_website/de/home_mpc /passengercars/home/new_cars/models/r-class/r251.html, (22.10.2008).

262 http://ec.europa.eu/enterprise/enterprise_policy/industry/com_2005/sec_2005_ 1216_DE.pdf, (23.10.2008).

263 http://www.umweltdialog.de/umweltdialog/maerkte/2007-05-15_ThyssenKrupp_Multitalent _Schlacke.php, (23.10.2008).

264 http://www.thyssenkrupp-steel.de/metallurgie/de/produkte/schlacken.jsp, (23.10.2008).

265 http://www.thyssenkrupp-steel.com/de/portraet/themenbereiche/werke_produktionsanlagen /arbeitsschutz.jsp, (23.10.2008).

267 http://www.stahl-info.de/stahl_im_automobil/auto_und_stahl/stahl_werkstoff_nr_1_ Zukunft.htm, (23.10.2008).

268 http://www.thyssenkrupp.de/de/engagement/new_steel_body.html, (22.10.2008).

269 http://www.tks-bau.com/de/produkte/, (22.10.2008).

270 Zum Nachhaltigkeitsverständnis im Bauwesen und den besonderen Eigenschaften des Werkstoffs Stahl siehe: Schäfer, S.(2008); Feldmann, M./Döring, B./Kuhnhenne, M./Sedlacek, G. (2008).

271 ftp://ftp2.stahl-online.de/bms/download/publikationen/D600.pdf, (23.10.2008).

272 http://www.reflectionsone.de/index.jsp, (22.10.2008).

273 http://www.thyssenkrupp-stainless.de/de/info/anwendungen/klinisch-rein.html, (25.10.2008).

Der aus umfangreichen Forschungs- und Entwicklungsanstrengungen resultierende branchenweite technische Fortschritt in der Stahlindustrie stellt ein klassisches Beispiel für positive externe Effekte dar, denn sowohl auf Produktions- wie auf Konsumseite eröffnen sich große Potentiale zur Lösung zentraler Zukunftsprobleme, wobei der gesellschaftliche Nutzen durch die Entwicklung moderner Konsumgüter, die Stahlerzeugnisse und entsprechendes technologisches Know-how beinhalten, sowie die Steigerung von Ressourcen- und Energieeffizienz in der Stahlherstellung und -verarbeitung bei kontinuierlicher Wahrung der Wettbewerbsfähigkeit der Unternehmen weiteren technischen Fortschritt voraussetzen (Stahl-Zentrum 2005, S.6).
Die Würdigung des Leitbildes Nachhaltigkeit als Titel der Jahreskonferenz 2008 des Weltstahl-Verbandes[274] (*World Steel Association*) signalisiert eindeutig die globale Relevanz und Dringlichkeit des Themas Nachhaltigkeit für die Stahlbranche:

> *„The theme for IISI-42 Annual Conference of IISI Members is sustainability. IISI and its member companies are committed to a vision of a sustainable steel industry for a sustainable world. Member companies aim to achieve this vision by taking a leadership role through environmental, social and economic programmes."*[275]

Weiterhin identifiziert *Worldsteel* in ihrem Sustainability Report des Jahres 2008 die wesentlichen Handlungsfelder der Branche in den Bereichen

- *value for stakeholder,*
- *environmental protection,*
- *safety and health,*
- *local communities,*
- *ethical standards,*
- *stakeholder engagement,*
- *disclosure and transparency* (Worldsteel 2008, S.5),

fixiert damit verbindlich den ökologischen und sozialen Rahmen der unternehmerischen Aktivitäten der Branche auf globaler Ebene und erkennt den relativ zu anderen Branchen großen Einfluss der Stahlindustrie auf die ökologische und soziale Umwelt an.Auch die Unternehmen der deutschen Stahlindustrie sind sich ihrer Verantwortung für die Umwelt bereits bewusst und belegen dies durch eine Reihe von Maßnahmen zur Schonung von natürlichen Ressourcen beispielhaft durch ihre Aktivitäten in der Energieverbundwirtschaft, der Kreislaufführung in der Wasserwirtschaft oder der Reduzierung von Abfällen in der Produktion bzw. deren Verwertung. Im Rahmen des Kyoto-Protokolls ist die Stahlindustrie in der Zielerreichung einer Reduzierung des spezifischen CO_2-Ausstoßes um 22 Prozent bis 2012 vorangekommen, denn bis 2006 wurde – im Vergleich zum Referenzjahr 1990 – bereits eine Reduktion von über 16 Prozent erreicht.[276] Ihre soziale Verantwortung nimmt die Stahlindustrie in vielfältigen Handlungsfeldern auf, wie der Förderung von Ausbildung und Studium, der Personal-

274 Das *International Iron and Steel Institute (IISI)* hat am 06.10.2008 seinen Namen in World Steel Association (worldsteel) geändert.

275 http://www.worldsteel.org, (08.10.2008).

276 http://www.stahl-online.de/wirtschaft_und_politik/Umwelt_und_Energiepolitik/ Nachhaltigkeit /start.asp, (27.10.2008).

entwicklung mit Chancengleichheit sowie modernen Arbeitszeit- und Vergütungsmodellen, einem kulturellen, sportlichen oder sozialem Engagement und humanitären Projekten.[277]

5.2 Die Stahlindustrie

Da die Charakteristika und die Attraktivität einer Branche aus den darin wirkenden Wettbewerbskräften resultieren (Steinle 2005, S.246), dient neben den grundsätzlich relevanten Informationen über die Stahlbranche, wie ihre aktuelle Entwicklung oder ihre nationalen und internationalen Rahmenbedingungen, die Strukturanalyse von Branchen[278] nach Porter (1999, S.34) als Systematisierungsgrundlage für das folgende Branchenbild der Stahlindustrie.

In industriellen Wertschöpfungsketten wie in der Automobilfertigung, im Maschinenbau oder im Baugewerbe nimmt Stahl als meistverwendeter Werkstoff eine äußerst wichtige Rolle ein. Insb. in den letzten Jahren ist der weltweite Verbrauch an Stahl sehr stark gestiegen, wie die Erhöhung der globalen Nachfrage um mehr als 60 Prozent zwischen den Jahren 2000 bis 2007 deutlich macht.[279] Hierzu hat die gegenwärtig aufstrebende Konjunktur der Schwellenländer beigetragen.[280] Mit einer Produktion von mehr als 1,3 Milliarden Tonnen, davon 48,6 Millionen Tonnen in Deutschland ist in 2007 so viel Stahl wie nie zuvor erzeugt worden.[281] Größter Stahlerzeuger und Branchenführer ist momentan der Konzern ArcelorMittal[282] mit seiner Produktion von nahezu 120 Millionen Tonnen Stahl im Jahre 2007.[283] Mit der ThyssenKrupp Steel AG ist lediglich ein deutsches Unternehmen unter den fünfzehn größten Stahlunternehmen vertreten. Die Weltstahlproduktion wird laut RWI Essen (2008) im laufenden Jahr um 4,3 Prozent auf 1,40 Milliarden Tonnen und im kommenden Jahr um 5,3 Prozent auf 1,47 Milliarden Tonnen steigen (RWI Essen 2008, S.89f.). Die künftigen Stahlpreise werden von gegenläufigen Faktoren bestimmt. Für eine weitere Erhöhung der Stahlpreise spreche, dass die Rohstoffpreise hoch bleiben und die Konzentration unter den Erzproduzenten zunehme. Zudem schließe v.a. China mit vielen Ländern langfristige Lieferverträge ab. Dadurch gelange ein Teil der chinesischen Stahlproduktion gar

277 http://www.stahl-online.de/wirtschaft_und_politik/wirtschaft_und_handelspolitik/arbeits_und_sozial-politik/csrtop2.pdf, (27.10.2008).

278 Für die Strukturanalyse der Branche nutzt Porter eine Vorstellung von fünf Triebkräften des Branchenwettbewerbs. Die Bedrohung durch neue Konkurrenten, die Konkurrenzintensität zwischen den vorhandenen Wettbewerbern, die Verhandlungsmacht der Abnehmer und der Lieferanten sowie die Bedrohung durch Ersatzprodukte bestimmen gemeinsam die Wettbewerbsintensität und das Gewinnpotential der Branche (Porter 1999, S.37ff.), welche als Orientierungspunkt für das strategische Verhalten der Unternehmen dienen (Homp 2000, S.30, Porter 1999).

279 http://www.stahl-online.de/medien_lounge/Hintergrundmaterial/Stahlmarktent-wicklung.pdf (02.08.2008).

280 So konnte China in 2007 ein Wirtschaftswachstum von mehr als 10 Prozent erzielen, http://www.focus.de/finanzen/news/wachstum_aid_234786.html, (02.08.2008).

281 http://www.stahl-online.de/wirtschaft_und_politik/stahl_in_zahlen/start.asp, (02.08.2008).

282 Siehe http://www.arcelormittal.com (21.01.2008).

283 Zum Vergleich: Nippon Steel, als zweitgrößter Stahlerzeuger weltweit, erzeugte ca. 30 Millionen Tonnen.

nicht auf den Weltmarkt. Auf mittlere Sicht dürften die Rohstoffpreise aber dadurch gedämpft werden, dass weltweit in neue Förder- und Verladeanlagen investiert und so das Angebot ausgeweitet werde. Durch diese Produktionsentwicklung dürfte die Kapazitätsauslastung in vielen Ländern sinken. Aus diesem Grund könnten manche Produzenten versuchen, ihre Exporte zu steigern. Das führe zu mehr Wettbewerb auf dem europäischen Stahlmarkt und zu tendenziell sinkenden Preisen, weiterhin rechnet das RWI Essen (2008) damit, dass die Nachfrage der Stahlverwender nur um 1,5 Prozent in 2008 und um 2,0 Prozent in 2009 steigen wird (RWI Essen 2008, S.89f.).[284] Allerdings erreicht die seit über einem Jahr herrschende Finanzkrise indirekt nun doch die Stahlbranche, denn „über Umwege schleichen sich die Konsequenzen der zusammenbrechenden Finanzmärkte bei den erfolgsverwöhnten Stahlkochern ein: Die Autobauer als wichtigste Kunden kämpfen mit sinkender Nachfrage.[285] Die Lager der Großhändler sind gefüllt, zusätzlich verstärken hohe Energiekosten und ein schwächeres Wachstum in China den Druck auf die Stahlbranche. Daraufhin passen die führenden Stahlkonzerne ihre Produktion den rückläufigen Bestellungen an, um die Preise stabil zu halten, denn nach Branchenführer ARCELORMITTAL[286], der Produktionskürzungen von bis zu 15 Prozent ankündigte, hat auch CORUS[287] entsprechende Schritte eingeleitet, Maßnahmen zu ergreifen, um die Produktion den neuen Realitäten anzupassen. Das zu Indiens TATA STEEL[288] gehörende Unternehmen hat eine jährliche Rohstahlproduktion von über 20 Millionen Tonnen.[289] Der Weltstahlverband[290] ist angesichts des unsicheren Marktumfelds mit Prognosen zurückhaltend und wollte keine konkreten Voraussagen für die Stahlnachfrage geben, abgesehen davon, dass die Stahlindustrie im Restjahr 2008 und auch im kommenden Jahr 2009 weiter wachsen werde. Da sich im Laufe des Jahres der Einfluss von Finanzkrise und Konjunkturabschwung auf die Stahlmärkte vermehrt bemerkbar gemacht habe, spricht der Verbandspräsident KU-TAEK LEE, zugleich Chef von Asiens Stahlunternehmen POSCO[291] von „einer Phase hoher wirtschaftlicher Unsicherheit."[292] So wird die Weltstahlkonferenz 2008 (*IISI-42 Annual Conference of IISI Members*, 06.10.2008 bis 08.10 2008, Washington DC, USA), die sich eigentlich mit dem Thema Nachhaltigkeit, Umweltschutz und sozialer Verantwortung der Stahlindustrie befassen wollte, in der US-amerikanischen Hauptstadt, wo die US-Regierung verzweifelt um einen Ausweg aus der Finanzkrise ringt, auch zum Krisengipfel auf dem die Stahlkonzerne potentielle ökonomische Folgeschäden zu diskutieren haben (Ruch 2008).

---

284 http://www.finanznachrichten.de/nachrichten-2008-04/artikel-10636057.asp, RWI Essen, (06.10.2008).
285 http://www.sueddeutsche.de, (08.10.2008).
286 Siehe http://www.arcelormittal.com, (08.10.2008).
287 Siehe http://www.corusgroup.com/en/, (28.10.2008).
288 Siehe http://www.tatasteel.com/, (28.10.2008).
289 www.sueddeutsche.de, (08.10.2008).
290 Das *International Iron and Steel Institute (IISI)* hat am 06.10.2008 seinen Namen in World Steel Association (worldsteel) geändert, www.worldsteel.org, (08.10.2008).
291 Siehe http://www.posco.com/homepage/docs/eng/jsp/s91a0010001i.jsp, (28.10.2008).
292 http://www.sueddeutsche.de, (08.10.2008).

Die deutsche Stahlindustrie

Die deutsche Stahlindustrie umfasst alle Akteure und Aktivitäten, die im weitesten Sinne in die Herstellung und den Vertrieb von Stahl involviert sind. Für den Marktwert ist in 2007 ein Wachstum um 20,7 Prozent auf einen Marktwert von 34.4 Milliarden US-$ (Datamonitor Germany 2008, S.9) zu beobachten gewesen. Das Marktvolumen hat um 6,1 Prozent in 2007 auf 48 Millionen Tonnen zugenommen (Datamonitor Germany 2008, S.10), wobei die Gesamtwachstumsrate des Marktvolumens zwischen 2003 und 2007 bei 1,2 Prozent lag (Datamonitor Germany 2008, S.10). Deutschland ist mit 19,2 Prozent des Marktwertes das größte geographisches Segment im europäischen Stahlmarkt (Datamonitor Germany 2008, S.11); zum Vergleich: Frankreich nimmt 7,7 Prozent und Großbritannien 5,4 Prozent des Marktanteil ein (Datamonitor Germany 2008, S.11). Obwohl zum augenblicklichen Zeitpunkt[293] dem deutschen Arbeitgeberverband Stahl[294] (AGV Stahl) 74 Unternehmen als Mitglieder angehören[295], tragen von diesen primär dreizehn mit der Menge des von ihnen erzeugten Stahls wesentlich zur Stahlproduktion in Deutschland bei. Im Jahr 2007 stellten diese 13 Unternehmen gemeinsam einen Anteil von 96,5 Prozent an der Gesamtproduktionsmenge von Stahl in Deutschland her, damit annähernd 47 Millionen Tonnen Stahl bei einer Gesamterzeugung von 48,6 Millionen Tonnen.[296] Die Erzeugung von Rohstahl stieg laut RWI Essen (2008) um 2,7 Prozent zum Vorjahr 2006 auf 48,5 Millionen Tonnen. Das hat jedoch nicht ausgereicht, um die Nachfrage zu befriedigen. Die Stahlverarbeiter greifen daher vermehrt auf ausländische Anbieter zurück, so dass die Stahlimporte 2007 um 12,1 Prozent ansteigen. Das RWI Essen (2008) geht davon aus, dass auch die deutschen Stahlausfuhren 2008 nur verhalten um 2,2 Prozent zunehmen und sich im kommenden Jahr etwas stärker um 4,7 Prozent erhöhen werden. Die Stahleinfuhren dürften weiter merklich mit 8,2 Prozent in 2008 und 6,8 Prozent im kommenden Jahr 2009 wachsen (RWI Essen 2008, S.89f.). Auch die gegenwärtige Situation deutscher Stahlunternehmen wird noch positiv beurteilt, denn seit 1994 haben sich die Umsatzerlöse in der deutschen Stahlindustrie mehr als verdoppelt.[297] Im Jahr 2007 konnte ein Umsatz von mehr als 48,4 Milliarden Euro erwirtschaftet werden.[298] Weiterhin haben in den ersten beiden Quartalen des Jahres 2008 viele deutsche Stahlunternehmen Produktions- und Lieferrekorde verzeichnen können und produzieren

---

293 Stand: September 2008.

294 http://www.agvstahl.de, (01.09.2008).

295 http://www.agvstahl.de/hauptteil_vborga/hauptteil_unternehmen/hauptteil_ unternehmen.htm, (02.09.2008).

296 http://www.stahl-online.de/wirtschaft_und_politik/stahl_in_zahlen/Bilder/2007/ Die_groessten_Stahlerzeuger_in_Deutschland_2007.pdf, (02.09.2008); „Hochofen“ und „Elektrostahlroute“ stehen dabei für zwei alternative Verfahren zur Stahlerzeugung.

297 http://www.stahl-online.de/wirtschaft_und_politik/stahl_in_zahlen/Bilder/2008/D_Umsatz 1995_2007.pdf, (02.09.2008).

298 http://www.stahl-online.de/wirtschaft_und_politik/stahl_in_zahlen/Bilder/2008/ D_Umsatz 1995_2007.pdf, (02.09.2008).

damit gegenwärtig an der Kapazitätsgrenze.[299] In den ersten acht Monaten des Jahres 2008 sind die Auftragseingänge in der Branche um mehr als zwölf Prozent gestiegen.[300],[301]

Auf der Weltstahlkonferenz 2008 (*IISI-42 Annual Conference of IISI Members*, 06.10.2008 bis 08.10 2008, Washington DC, USA) bekräftigte der Präsident der Wirtschaftsvereinigung Stahl[302], HANS JÜRGEN KERKHOFF, dass auch im Jahre 2008 das Vorjahresniveau der deutschen Rohstahl-produktion von 48,5 Millionen Tonnen nahezu gehalten werde. Damit seien im dritten Jahr in Folge die Kapazitäten voll ausgelastet. Insgesamt prognostiziert die Wirtschaftsvereinigung Stahl für 2008 ein Nachfrageplus auf dem deutschen Stahlmarkt von 2,5 Prozent auf mehr als 43 Millionen Tonnen und für 2009 eine leichte Abschwächung auf 43 Millionen Tonnen.[303] Die deutsche Stahlindustrie erwarte auch für das Jahr 2009 keinen Markteinbruch sondern eine weiterhin gute Auslastung, denn unabhängig von der gegenwärtigen Finanzmarktkrise, ihren unklaren Folgen und resultierenden Unsicherheiten seien die Triebkräfte für das Wachstum auf den Stahlmärkten weiterhin intakt, werden die Produktionsanlagen in der Stahlindustrie in Deutschland 2009 gut ausgelastet sein und mögliche Rückgänge in einzelnen Teilbereichen dürften durch eine kräftige Nachfrage in anderen Sektoren wieder aufgefangen werden, so der Tenor auf der Weltstahlkonferenz. Die aktuellen Auftragszahlen, die Unternehmensauslastungen sowie der Stahlbedarf bestätigen dies.[304] Allerdings wird die deutsche Stahlindustrie mittelbar vom Abschwung auf dem Automobilmarkt belastet, denn angesichts von Finanzkrise und Konjunkturabschwung halten sich die Kunden momentan beim Kauf neuer Autos zurück, was nach den schwachen Verkäufen im September 2008 nunmehr zu Drosselungen in der Produktion bei deutschen Autobauern führt.[305] Dennoch bleiben die deutschen Marktführer ThyssenKrupp und Salzgitter zunächst gelassen und verneinen geplante Kürzungen der Produktion. Den Prognosen liegt zugrunde, dass die aktuellen Turbulenzen auf den Finanzmärkten nur moderate Auswirkungen auf die Weltwirtschaft haben werden. Bei einer stärkeren Beeinträchtigung der Weltwirtschaft, würde dies die deutsche Stahlindustrie spürbar treffen. Die Nachfrage nach Produkten der Stahlindustrie hängt sehr stark von der Konjunktur ab (RWI Essen 2008, S.89f.). Trotz hoher Auslastung der Stahlwerke im laufenden wie im kommenden Jahr dürfte die Beschäftigung in der Eisen- und Stahlindustrie 2008 um 0,4 Prozent und 2009 um 0,5 Prozent sinken. Im ver-

299 http://www.stahl-online.de/medien_lounge/medieninformationen/20080822PMDieStahl industrieimSommer2008.pdf, (02.09.2008).

300 http://www.stahl-online.de/medien_lounge/medieninformationen/20080822PM DieStahl industrieimSommer2008.pdf, (02.09.2008).

301 http://www.pr-inside.com/de/stahlbranche-erwartet-fuer-2009-weiterhin-gute-r845951.htm, (07.10.2008).

302 Siehe Abschnitt 5.2.1.1.

303 http://www.pr-inside.com/de/stahlbranche-erwartet-fuer-2009-weiterhin-gute-r845 951.htm, (07.10.2008).

304 http://www.pr-inside.com/de/stahlbranche-erwartet-fuer-2009-weiterhin-gute-r845 951.htm, (07.10.2008).

305 http://www.sueddeutsche.de, (08.10.2008).

gangenen Jahr war sie erstmals seit der Wiedervereinigung gestiegen (RWI Essen 2008, S.89f.). Die Stahlbranche sieht sich auf der einen Seite durch mächtige Kunden und auf der anderen Seite von starken Gewerkschaften oder auch Rohstofflieferanten unter Druck gesetzt (vgl.Grant/Nippa 2006, S.101f.). Allerdings hat sich die Arbeitsteilung zwischen Werkstofflieferant und Abnehmer deutlich verändert oder wurde neu gestaltet.[306] Die nachfolgende Abbildung 5-3 veranschaulicht die zu ermittelden spezifischen Triebkräfte des Branchenwettbewerbs innerhalb der Stahlbranche in der Systematik von Porter (1999).

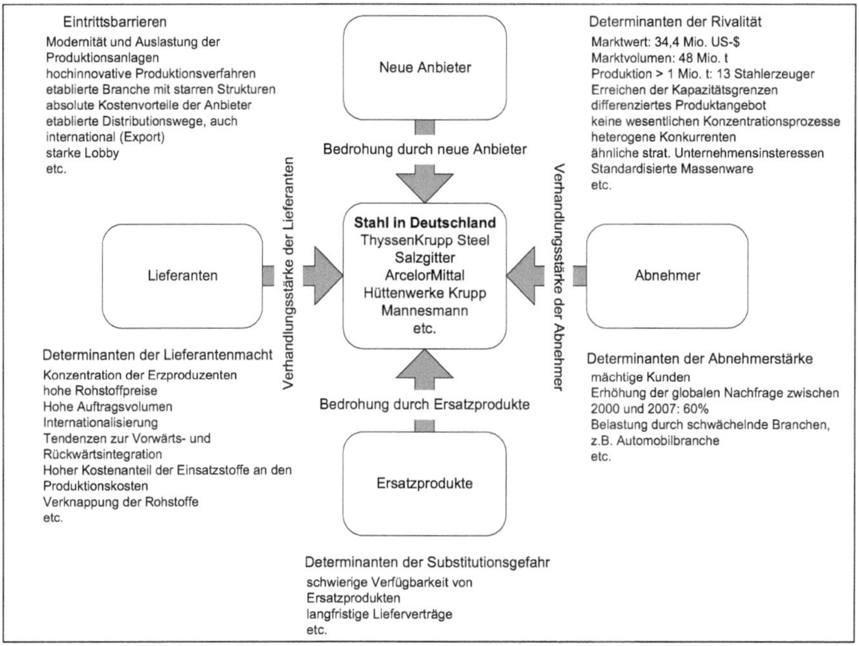

Abb. 5-1: Triebkräfte des Wettbewerbs in der Stahlindustrie
Eigene Darstellung.

Innerhalb der Wertschöpfungskette haben die Unternehmen die Werksgrenzen überschritten, denn gemeinsam mit dem Stahlkunden werden eine anwendungsorientierte Neugestaltung der Produkte und eine Anpassung der Herstellungswege vollzogen. Stahl wird speziell nach den Wünschen des Kunden und nach den Anforderungen an das Endprodukt gestaltet.[307] Durch die Preisentwicklungen bei fast allen stahlspezifischen Rohstoffen und eine teilweise schwierige Verfügbarkeit haben sich die Kosten-

306 http://www.stahl-online.de/medien_lounge/Vortraege/STAHL%202006_Rede%20Ameling.pdf, (05.05.2009).

307 http://www.stahl-online.de/medien_lounge/Vortraege/STAHL%202006_Rede%20Ameling.pdf, (05.05.2009).

strukturen bei den Erzeugungsrouten zur Stahlherstellung verschoben.[308] Metallische Einsatzstoffe, Reduktionsmittel und Energie machen bei der Walzstahlerzeugung durchschnittlich ca. 80 Prozent der Produktionskosten aus. Zudem wirken sich Rohstoffverknappungen und extreme Preissteigerungen unmittelbar auf die nachgelagerten Stufen in der Wertschöpfungskette aus und belasten damit die gesamte Wirtschaft.[309] Wird der Zugang zu notwendigen Rohstoffen durch Handelshemmnisse und Wettbewerbsverfälschungen behindert, droht letztlich das Wegbrechen von wichtigen Teilen der industriellen Produktion.[310] Die Stahlindustrie produziert standardisierte Massenware bei einer stagnierenden bis abnehmenden Nachfrage und starker Nachfrage nach Substituten (Aluminium, Kunststoffe) und Überkapazitäten (Grant/Nippa 2006, S.101f.).

Diese Rahmenbedingungen sind zu berücksichtigen, wenn nunmehr die drei wichtigsten Vereinigungen der Stahlbranche sowie ihre Informationen zum Nachhaltigkeitskontext aufgearbeitet werden.

5.3 Nachhaltigkeitsmanagement in ausgewählten deutschen Stahlorganisationen

Im Rahmen dieses Branchenüberblicks und in Anbetracht der Informations- bzw. Datenlage und ihrer Ursprünge ist eine Aufnahme der wesentlichen aktiven Vereinigungen bzw. Verbände der Branche in die Betrachtung der deutschen Stahlindustrie angezeigt, da diese Institutionen eine Vielzahl an ergänzenden Informationen über die Einzelunternehmen bzw. deren Nachhaltigkeits-aktivitäten zusammen- und bereitstellen, branchenspezifische Vorschläge und Empfehlungen für die Integration des Nachhaltigkeitsleitbildes in die Unternehmensaktivitäten aussprechen und die Stahlindustrie gegenüber Wirtschaft, Gesellschaft und Politik repräsentieren.

5.3.1 Stahl-Zentrum

Der bedeutende Dachverband der deutschen Stahlindustrie ist das *Stahl-Zentrum*[311], unter dessen Dach seit 1998 mehr als 15, weiterhin rechtlich eigenständige Stahlorganisationen und -Institute zusammenarbeiten [312] (für das Profil siehe Tab. 5-2).

Zu den wichtigsten Organisationen, die dem Stahl-Zentrum angehören, zählen insb. das Stahlinstitut *Verein Deutscher Eisenhüttenleute* (VDEh), das hauptsächlich zu-

---

308 http://www.stahl-online.de/medien_lounge/Vortraege/STAHL%202006_Rede%20Ameling.pdf, (05.05.2009).

309 http://www.stahl-online.de/medien_lounge/Vortraege/STAHL%202006_Rede%20Ameling.pdf, (05.05.2009).

310 http://www.stahl-online.de/medien_lounge/Vortraege/STAHL%202006_Rede%20Ameling.pdf, (05.05.2009).

311 http://www.stahl-online.de/stahl_zentrum/stahl_zentrum.asp, (03.09.2008).

312 Ein Organigramm mit der Auflistung der im Stahl-Zentrum ansässigen Organisationen ist dem Jahresbericht des Stahl-Zentrums von 2007 zu entnehmen, http://www.stahl-online.de/stahl_zentrum/Jahresbericht_2006_2007.pdf (03.09.2008), S.4.

ständig für die Förderung der technisch-wissenschaftlichen Zusammenarbeit von Ingenieuren bei der Weiterentwicklung der Stahltechnologie ist sowie die *Wirtschaftsvereinigung Stahl* (WV Stahl) als wirtschaftspolitische Interessenvertretung der deutschen Stahlindustrie. Auch das *Stahl-Informations-Zentrum* (für das Profil siehe Tab. 5-3) ist dem Stahl-Zentrum angegliedert. Zudem arbeitet das Stahl-Zentrum eng mit dem *Arbeitgeberverband Stahl* (für das Profil siehe Tab. 5-4) zusammen.

	Stahl-Zentrum[313]
Ziele und Aufgaben	- Unterstützung der Mitgliedsunternehmen durch gezielte nationale und internationale Marketingaktivitäten - Vertretung der unternehmerischen Interessen in der deutschen und europäischen Stahlpolitik - Unterstützung der Weiterentwicklung der Stahltechnologie - Aktivitäten zur Verbesserung des Images von Stahl - Versorgung der Öffentlichkeit mit Informationen über aktuellen Entwicklungen in der Stahlindustrie
Nachhaltigkeitsbezug	- unverbindliche Formulierung und Konkretisierung „Leitbild Nachhaltigkeit Stahl" - unverbindliche Formulierung Nachhaltigkeitszielen - Vorschlag von *Key Performance Indicators* als Beitrag zum Nachhaltigkeitscontrolling

Tab. 5-2: Nachhaltigkeitsprofil des Stahlzentrums
Eigene Darstellung in Anlehnung an das Stahl-Zentrum[314].

Im Rahmen einer Analyse der deutschen Stahlindustrie ist es besonders wichtig, das Stahl-Zentrum als Informationsquelle in die Betrachtung mit einzubeziehen, da viele unternehmerische Nachhaltigkeitsaktivitäten auf der Webseite des Stahl-Zentrums dokumentiert werden.

5.3.2 Stahl-Informations-Zentrum

Das „Stahl-Informations-Zentrum" (SIZ) ist eine Gemeinschaftsorganisation der deutschen Stahlindustrie.[315]

313 Das Leitbild Nachhaltigkeit sowie die Nachhaltigkeits-Ziele des Stahl-Zentrums sind der Unternehmenswebseite zu entnehmen, siehe dazu http://www.stahl-online. de/wirtschaft_und_politik/Umwelt_und_Energiepolitik/Nachhaltigkeit/start.asp?high-main=1&higHsub=3&highsub=0, (03.09.2008).

314 Detaillierte Informationen über die Aufgabenschwerpunkte des Stahl-Zentrums sind dem Jahresbericht 2007 des Stahl-Zentrums zu entnehmen, http://www.stahl-online. de/ stahl_zentrum/Jahresbericht_2006_2007.pdf, (03.09.2008)

315 http://www.stahl-info.de/index.htm, (03.09.2008).

	Stahl-Informations-Zentrum
Ziele und Aufgaben	- Bereitstellung von markt- u. anwendungsorientierten, firmenneutralen Informationen über die Verarbeitung u. den Einsatz des Werkstoffs Stahl für die Zielgruppe der Planer, Konstrukteure, Stahl verarbeitenden Industrie, Forschung, Lehre u. Ausbildung - Marketing mit dem Ziel, den Einsatz von Stahl in verschiedenen Märkten wie z.B. im Automobil- oder Industriebau zu fördern - Durchführung einer Vortragsreihe über Erfahrungsberichte aus der Praxis - Teilnahme an Messen u. Ausstellungen zur Repräsentation - Aktive Pressearbeit für Fach-, Tages- u. Wirtschaftsmedien ⇨ Regelmäßige Publikation einschlägiger Schriftreihen[316]
Nachhaltigkeitsbezug	- Informationen über das Thema „Nachhaltige Energieerzeugung" in der vierten Ausgabe von „Faszination Stahl" als Beitrag der Branche zur Nachhaltigkeitskommunikation

Tab. 5-3: Nachhaltigkeitsprofil des Stahl-Informations-Zentrums
Eigene Darstellung in Anlehnung an das Stahl-Zentrum[317].

Mit obigen Aufgaben und Zielen fungiert das Stahl-Informations-Zentrum als ein bedeutendes Kommunikations- und Marketinginstrument der Stahlunternehmen und ihrer Vereinigungen, denn obwohl es den Stahl-Unternehmen keinen unmittelbaren Beitrag zur Begegnung mit den Nachhaltigkeitsherausforderungen leistet, kann es aufgrund seiner Multiplikatorwirkung zur Unterstützung einer effektiven und effizienten Kommunikation der Nachhaltigkeitsaktivitäten der Einzelunternehmen bzw. als Plattform für Nachhaltigkeitskommunikation dienen.

5.3.3 Arbeitgeberverband Stahl

Der Arbeitgeberverband Stahl vertritt gegenwärtig 74 Unternehmen insb. in Tarifverhandlungen mit den Gewerkschaften.[318] Mitglieder sind nicht nur eisen- oder stahlerzeugende Unternehmen, sondern auch Unternehmen, die von den Stahlerzeugern abhängig sind, jedoch nicht selber Eisen oder Stahl herstellen.

	Arbeitgeberverband Stahl
Ziele und Aufgaben	- Verhandlung und Abschluss von Tarifverträgen - Mitgliederberatung und -unterrichtung (z.B. in Bezug auf Fragen bzgl. des Sozial- und Arbeitsrechts oder der Personalpolitik) - Rechtsvertretung von Mitgliedern vor Gerichten der Arbeits- und

316 Für detaillierte Informationen zu den einzelnen Schriftreihen siehe http://www.stahl-info.de /wir_ueber_uns/wir_ueber_uns.htm, (03.09.2008).

317 Detaillierte Informationen über die Aufgabenschwerpunkte des Stahl-Zentrums sind dem Jahresbericht 2007 des Stahl-Zentrums zu entnehmen.

318 Der AGV ist im Internet vertreten unter http://www.agvstahl.de/index.htm, (03.09.2008).

	Sozialgerichtsbarkeit - Teilnahme und Mitarbeit in verschiedenen Ausschüssen und Gremien anderer Verbände auf nationaler und internationaler Ebene - Vertretung branchenspezifischer Interessen gegenüber Landes- und Bundesregierung - Initiierung und Durchführung von Arbeitskreisen bzw. Arbeitsgruppen zu aktuellen und relevanten personal- und sozialpolitischen Themen
Nachhaltigkeitsbezug	- Unterstützung bei der Umsetzung personal- bzw. sozialpolitischer Aspekte der sozialen Nachhaltigkeit, bspw. durch Know-how zur Flexibilisierung der Arbeitszeit

Tab. 5-4: Nachhaltigkeitsprofil des Arbeitsgeberverbandes Stahl
Eigene Darstellung in Anlehnung an Arbeitsgeberverband Stahl [319].

Die Tätigkeiten des AGV Stahl besitzen, im Vergleich zu den Tätigkeiten des Stahl-Zentrums, für die deutschen Stahlunternehmen zwar nur einen geringeren Einfluss auf die Bewältigung der Nachhaltigkeitsaufgaben, jedoch ermöglicht die Verbandstätigkeit insb. im Rahmen der Mitgliedsberatung und -unterrichtung, eine Unterstützung der Stahlunternehmen bei der Umsetzung einzelner Aspekte des Nachhaltigkeitsmanagements.

5.4 Nachhaltigkeitsmanagement in ausgewählten deutschen Stahlunternehmen

Die Auswahl der zu untersuchenden Unternehmen erfolgt hauptsächlich nach dem Kriterium der Stahlproduktion (in Mio. Tonnen) mit dem Ziel, einen Großteil der deutschlandweit führenden Stahlerzeuger in die Branchenbetrachtung einzubeziehen, um somit auch für die deutsche Stahlindustrie repräsentative Erkenntnisse zu generieren.
Die Analyse der Stahlunternehmen erfolgt entlang der Systematik der theoretisch hergeleiteten Quintessenz (Kap. 3) und der im Rahmen der Projektarbeit entwickelten und der Fallstudie (Kap. 6) dokumentierten Elemente des NMS, um eine anschauliche und möglichst vollständige Vergleichbarkeit zu gewährleisten. Weiterführende Informationen der Unternehmen vervollständigen den Branchenüberblick und dienen sowohl zur angemessenen Beurteilung der Konzeption des NMS im Branchenkontext als auch in branchenübergreifender Perspektive. Diese Untersuchung wird somit weiterführende Hinweise für die Beantwortung der branchenspezifischen Forschungsfragen dieser Dissertation (Kap. 1.2) liefern.
Wie bereits in Kapitel 1.4 im Rahmen der Konzeption der Arbeit näher ausgeführt (Kap. 1.4, S.8f.), erfolgt die Analyse der einzelnen deutschen Stahlunternehmen primär anhand der Auswertung der auf der jeweiligen Unternehmens- sowie Stahlorganisations-Webseiten bereitgestellten Informationen einschließlich des dort angebotenen

319 Der AGV ist im Internet vertreten unter http://www.agvstahl.de/index.htm, (03.09.2008).

und frei zugänglichen Informationsmaterials wie Geschäftsberichte, Informationsbroschüren, Umwelt-, Sozial- oder Nachhaltigkeitsberichte sowie Pressemitteilungen.

5.4.1 Salzgitter

Der Konzern Salzgitter AG (SG)[320] mit Hauptsitz in Salzgitter gehört mit einem Umsatz von zehn Milliarden Euro, 24.000 Mitarbeitern und einer Erzeugung von 7,5 Millionen Tonnen Stahl im Jahr 2007 zu den führenden Stahltechnologie-Konzernen in Europa. In Deutschland ist die Salzgitter AG im MDAX aufgeführt und zählt zu den 80 größten deutschen Aktiengesellschaften. In der deutschen Stahlindustrie produzieren nur ThyssenKrupp Steel und ArcelorMittal mehr Stahl als Salzgitter. Die Salzgitter AG koordiniert als Management-Holding insgesamt fünf Unternehmensbereiche. Unter dem Unternehmensbereich Stahl sind die operativen Gesellschaften zusammengefasst, die als Stahlproduzenten bezeichnet werden. Gegenwärtig gehören dem Unternehmensbereich Stahl fünf selbstständige Gesellschaften an.[321] Die Analyse wird sich jedoch alleine auf die Konzernwebseite und nicht auf die einzelnen Webseiten der fünf Gesellschaften beziehen, da der Aufbau und insb. der Inhalt der Seiten nahezu identisch sind. Die einzelnen Leitbilder, umweltpolitischen Maßnahmen oder das Verständnis von Nachhaltigkeit der fünf Organisationen leiten sich bspw. aus den Vorgaben der Salzgitter AG ab. Die Aktiengesellschaft ist das einzige deutsche Stahlunternehmen, das auf der Unternehmenswebseite einen Unterpunkt ‚Nachhaltigkeit' aufgeführt hat, unter dem alle wichtigen Daten und Fakten zum Thema Nachhaltigkeit zusammengefasst sind. Im Folgenden werden die Ergebnisse, die im Rahmen der Analyse gewonnen wurden, vorgestellt:

Salzgitter AG	
Nachhaltigkeitsverständnis	„Nachhaltige Entwicklung umfasst gleichermaßen ökologische sowie ökonomische und gesellschaftspolitische Fragen. Dies bedeutet für uns, als Beitrag zur nachhaltigen Entwicklung auf der Basis wirtschaftlichen Erfolgs ökologisch und gesellschaftlich verträgliche Produkte und Dienstleistungen anzubieten sowie in unseren Unternehmen zukunftsfähiges Wirtschaften konsequent anzuwenden und weiterzuentwickeln" (Salzgitter AG[322])
Systeme und Konzepte	
Arbeitszeitmodelle	- Lebensarbeitszeitkonten, neue Arbeitszeitmodelle
Corporate Citizenship	- Sponsor oder Spendengeber insb. in den Bereichen Bildung, Kunst u. Kultur, Sport sowie Regionen
CSR	- Sponsor oder Spendengeber insb. in den Bereichen Bildung, Kunst u. Kultur, Sport sowie „Regionen"

320 http://www.salzgitter-ag.de/de/Konzern/, (12.09.2008).

321 Für eine Übersicht über die fünf Gesellschaften siehe http://www.salzgitter-ag.de/de/Konzern/Unternehmensbereiche/Stahl/, (12.09.2008).

322 http://www.salzgitter-ag.de/de/Nachhaltigkeit/, (12.09.2008).

Qualitätsmanagementsystem	- Implementierung eines zertifizierten Qualitätsmanagementsystems
Umweltmanagementsystem	- Implementierung eines zertifizierten Umweltmanagementsystems
Instrumente	
Audit	- Audits u. Zertifizierung für Qualitäts- und Umweltmanagementsysteme nach ISO 9001 bzw. ISO 14001
Betriebliches Vorschlagswesen	- neue Erkenntnisse im Bereich Ressourcen- und Energieeinsparung
Dialoginstrumente	- Stakeholder-Dialoge zu umwelttechnischen Themen zur frühzeitigen Prüfung u. Bewertung neuer Verfahren und Produkte
Leitbild	- Unternehmensleitbild „5P"[323]
Sponsoring	- Sponsor oder Spendengeber insb. in den Bereichen Bildung, Kunst u. Kultur, Sport sowie Regionen
Weiterbildung	- Mitarbeiter tragen zum Wachstum und Ertrag des Konzerns bei - besondere Bedeutung von Maßnahmen im Bereich Sicherheit und Gesundheit - Kompetenzförderung der Mitarbeiter zur Verbesserung ihres Beitrags zur Zielerreichung der Unternehmensziele, insb. der sozialen und ökologischen Ziele
Elemente des Nachhaltigkeitsmanagement-System	
Nachhaltigkeitspolitik	- Nachhaltigkeitsverständnis explizit formuliert - Integration von Nachhaltigkeit in das Unternehmensleitbild „5P"[324]
Nachhaltigkeitsaktivitäten und -ziele	- Mitarbeiter: Aktivitäten in den Bereichen Weiterbildung, Sicherheit, Gesundheit - Umweltschutz: Aktivitäten im Bereich Umweltschutz, explizit formulierte Ziele: „Schutz der Umwelt", „Schonung natürlicher Ressourcen"; Investitionsvolumen für Umweltschutzmaßnahmen in 2007: ca. 127 Millionen Euro - Forschung und Entwicklung, vorrangiges Ziel: Entwicklung von Methoden zur Reduktion von Emissionen in Produktionsprozessen - Engagement - Projekt „GO Generationen Offensive 2025": personalpolitische Instrumente mit dem Ziel dem demographischen Wandel zu begegnen

323 Für detaillierte Information zum Leitbild der SG siehe http://www.salzgitter-ag.de/de /Kon-zern/Leitbild_5P/, (12.09.2008).

324 Für detaillierte Information zum Leitbild der SG siehe http://www.salzgitter-ag.de/de /Kon-zern/Leitbild_5P/, (12.09.2008).

	- Handel mit Emissions-Zertifikaten, Ziel des Emissionshandels: Reduktion des von CO_2Emissionen[325]
Nachhaltigkeitscontrolling	- keine key performance indicators auf der Homepage veröffentlicht
Nachhaltigkeitskommunikation	- kein Nachhaltigkeitsbericht publiziert
Nachhaltigkeitsmanagement-Review	- keine Informationen recherchierbar
Nachhaltigkeitsorganisation	- keine explizite Einbettung der Nachhaltigkeitsaktivitäten in die Organisationsstruktur, kein Organigramm

Tab. 5-5: Nachhaltigkeitsprofil Salzgitter AG
Eigene Darstellung.

Zusammenfassend ist festzuhalten, dass die Salzgitter AG auf der Unternehmenshomepage ihr Verständnis von einer nachhaltigen Entwicklung klar und deutlich darstellt und das Ziel einer nachhaltigen Entwicklung mit in ihr Unternehmensleitbild aufgenommen hat (Nachhaltigkeitspolitik). Das Stahlunternehmen berichtet des Weiteren umfassend über die Nachhaltigkeitsaktivitäten, wobei deren Schwerpunkt auf ökologische und soziale Aspekte gelegt wird. Andere Elemente eines NMS wie etwa das Nachhaltigkeitscontrolling (es sind keine KPIs auf der Webseite veröffentlicht), die Nachhaltigkeitskommunikation (es existiert kein Nachhaltigkeitsbericht) oder die Einbettung der Nachhaltigkeitsaktivitäten in die Organisationsstruktur (Nachhaltigkeitsorganisation), sind jedoch zum gegenwärtigen Zeitpunkt bei der Salzgitter AG und bei den fünf dem Unternehmensbereich Stahl zugehörenden Gesellschaften nicht umgesetzt worden. Demnach kann für die Salzgitter AG zusammengefasst werden, dass das Unternehmen bislang kein systematisches Nachhaltigkeitsmanagement bzw. ein NMS implementiert hat, da nur zwei der wesentlichen Elemente eines NMS aus den Unternehmensinformationen identifiziert werden können.

5.4.2 Hüttenwerke Krupp Mannesmann

Die Hüttenwerke Krupp Mannesmann (HKM)[326] erzeugten 2007 insgesamt 5,5 Millionen Tonnen Stahl und sind damit der viertgrößte Stahlproduzent in Deutschland. Wichtigste Gesellschafter der HKM GmbH, die ihren Hauptsitz in Duisburg hat, sind die beiden größten deutschen Stahlunternehmen, ThyssenKrupp Steel und Salzgitter, die einen Anteil von jeweils 50 bzw. 30 Prozent besitzen. Die Unternehmenswebseite von HKM bietet eine Vielzahl von detaillierten Informationen über die Nachhaltigkeitsaktivitäten des Stahlproduzenten. Folgende Erkenntnisse konnten dabei im Rahmen der Analyse gewonnen werden:

325 Für detaillierte Informationen zum Thema Emissionshandel siehe http://www.dehst.de /cln_090/nn_476212/DE/Emissionshandel /emissionshandelNode.html?_nnn=true,(12.09.2008).

326 HKM-Homepage: http://www.hkm.de/hkm.html, (11.09.2008).

Hüttenwerke Krupp Mannesmann	
Nachhaltigkeitsverständnis	„Wir wollen unser Handeln am Leitbild einer nachhaltigen und zukunftsverträglichen Entwicklung ausrichten und es unter Berücksichtigung ökonomischer, ökologischer und sozialer Ziele durchführen. Aus diesem Grund haben wir den Umweltschutz in unsere Unternehmensziele integriert" (HKM Unternehmensziele[327])
Systeme und Konzepte	
Betriebliches Umweltinformationssystem	- Regelmäßige Arbeitskreise, zu Problemen im Bereich Qualitätssicherung, Umwelt- und Katastrophenschutz und Arbeitssicherheit
Corporate Citizenship	- Sponsor regionaler Kinderkrankenhäuser und Schulen - Sponsor für viele soziale Aktivitäten
CSR	- Sponsor regionaler Kinderkrankenhäuser und Schulen - Sponsor für viele soziale Aktivitäten
Qualitätsmanagementsystem	- Teil des integriertes Managementsystems (IMS)
Umweltmanagementsystem	- Teil des integriertes Managementsystems (IMS)
Instrumente	
Audit	- Interne und externe Audits, Zertifizierung des IMS nach ISO 9001 und ISO 14001 sowie nach OHSAS 18001 (Qualitäts-, Umwelt-, Arbeitsschutz- und Katastrophenschutzmanagementsysteme)
Nachhaltigkeitsbericht	- Umweltbericht (2003[328])
Betriebliches Vorschlagswesen	- Kontinuierliche Verbesserung von technischen Einrichtungen, betrieblichen Abläufen und Aktivitäten im Bereich des IMS
Dialoginstrumente	- Regelmäßige Arbeitskreise, zu Problemen im Bereich Qualitätssicherung, Umwelt- und Katastrophenschutz und Arbeitssicherheit - Kommunikation mit Stakeholdern durch geeignete Dialoginstrumente, mit dem Ziel das gegenseitige Verständnis zu fördern und das Vertrauen der Stakeholder in die HKM zu stärken
Indikatoren	- Kennzahlenverfolgungssystem, welches dazu dient, die Leistungsfähigkeit bestimmter Prozesse hinsichtlicht ausgewählter Kriterien in quantitativer Form zu bewerten
Leitbild	- Unternehmensleitbild

327 Da eine direkte Verlinkung nicht möglich ist, kann nur eine indirekter Verweis auf die Quellen gegeben werden: HKM-Homepage - Produktion & Umwelt - Umweltschutz - Pionierarbeit.

328 Siehe z.B. Umweltbericht der HKM, http://www.hkm.de/download/hkm-umweltbericht.pdf, (11.09.2008), S.11.

	- Umweltleitlinien - Sicherheitsleitbild
Sponsoring	- Sponsor regionaler Kinderkrankenhäuser und Schulen - Sponsor für viele soziale Aktivitäten
Weiterbildung	- Förderung der Mitarbeiter zu den Themen umwelttechnische Belange, Arbeitssicherheit und Gesundheitsschutz
Zirkel	- Arbeitskreise zu Qualitätssicherung, Umwelt- und Katastrophenschutz und Arbeitssicherheit
Elemente des NMS	
Nachhaltigkeitspolitik	- Nachhaltigkeitsverständnis explizit formuliert
Nachhaltigkeitsaktivitäten und -ziele	- Mitarbeiter: Aktivitäten im Bereich Weiterbildung und Arbeitsschutz - Ziel: Unternehmerisches Handeln soll an nachhaltiger Entwicklung ausgerichtet werden - Handel mit Emissions-Zertifikaten
Nachhaltigkeitscontrolling	- Umweltkennzahlen aus den Bereichen Energie, Emission, Wasser und Abfall - Kennzahlenverfolgungssystem, das dazu dient, die Leistungsfähigkeit bestimmter Prozesse hinsichtlich ausgewählter Kriterien in quantitativer Form zu bewerten
Nachhaltigkeitskommunikation	- Umweltbericht (2003)[329]
Nachhaltigkeitsmanagement-Review	- keine Informationen recherchierbar
Nachhaltigkeitsorganisation	- nicht vorhanden

Tab. 5-6: Nachhaltigkeitsprofil Hüttenwerke Krupp Mannesmann
Eigene Darstellung.

Die Hüttenwerke Krupp Mannesmann gehören zu einem der wenigen deutschen Stahlunternehmen, dass in seine Unternehmensziele konkret das Ziel einer nachhaltigen Entwicklung aufgenommen hat. Der große Unterschied zu den anderen analysierten Stahlproduzenten besteht jedoch darin, dass die Hüttenwerke Krupp Mannesmann diese Managementsysteme nicht unabhängig voneinander führt, sondern beide Systeme zu einem integrierten Managementsystem[330] zusammengefasst hat. Das integrierte Managementsystem wurde nach ISO 9001 und ISO 14001 sowie nach OHSAS 18001 zertifiziert. Neben den Elementen Umweltschutzmanagement und Qualitätsmanagement wurden die beiden Elemente Arbeitsschutzmanagement und Katastrophenschutzmanagement integriert. Es kann festgestellt werden, dass die Hüttenwerke

329 Siehe z.B. Umweltbericht der HKM, http://www.hkm.de/download/hkm-umweltbericht.pdf, (11.09.2008), S.11.

330 Für detaillierte Informationen über den Aufbau des IMS siehe http://www.hkm.de/download /HKM_IMS.pdf (11.09.2008).

Krupp Mannesmann umfassende soziale und ökologische Maßnahmen im Bereich des Nachhaltigkeitsmanagements getroffen haben (Nachhaltigkeitsaktivitäten). Die Integration der Umwelt-, Qualitäts- und Arbeitsicherheitsmanagementsysteme zu einem integrierten Managementsystem ist die Basis für eine effektive Begegnung der Nachhaltigkeitsherausforderungen. Im Gegensatz zu den übrigen deutschen Stahlunternehmen, haben die Hüttenwerke Krupp Mannesmann zudem die Ausrichtung ihres unternehmerischen Handelns an einer nachhaltigen Entwicklung als Ziel klar formuliert. Dennoch kann nicht davon gesprochen werden, dass das Hüttenwerk gegenwärtig ein ganzheitliches NMS implementiert hat, da wichtige Elemente des NMS nicht vorhanden sind. Es fehlen im Rahmen der Nachhaltigkeitspolitik ein Nachhaltigkeitsleitbild, ein Nachhaltigkeitscontrolling, in dessen Rahmen auch soziale Kennzahlen erfasst werden, sowie ein Nachhaltigkeitsbericht, in dem die jährlichen Nachhaltigkeitsaktivitäten vorgestellt werden. In der Einführung eines integrierten Managementsystems ist durchaus ein erster Schritt zu einem NMS und als Basis für eine nachhaltige Unternehmensführung zu sehen. Die Entwicklung ist aber dahingehend weiterzuführen, dass eine Nachhaltigkeitsorganisation im das Unternehmen eingerichtet wird, die alle Nachhaltigkeitsaktivitäten organisatorisch verankert.

5.4.3 Saarstahl

Die Saarstahl AG[331] (SaS) steht mit einer Erzeugung von 2,8 Millionen Tonnen Stahl im Jahr 2007 auf Platz fünf der größten Stahlerzeuger in Deutschland. Produziert wird an vier deutschen Standorten, die sich alle im Saarland befinden. Die Saarstahl AG ist des Weiteren mit 15 Prozent an der Dillinger Hütte beteiligt. Die Analyse hat ergeben, dass folgende Systeme, Konzepte und Instrumente des Nachhaltigkeitsmanagements von dem Unternehmen genutzt werden:

Saarstahl	
Nachhaltigkeitsverständnis	keine explizite Formulierung
Systeme und Konzepte	
Arbeitszeitmodelle	- Bericht „Arbeitszeitflexibilisierung" der WV Stahl zeigt den Einsatz eines flexiblen Arbeitszeitmodells auf
Corporate Citizenship	- Regelmäßige, aber geringe Beteiligung an Spendenprojekten oder in Form eines Sponsors[332]
CSR	- Regelmäßige, aber geringe Beteiligung an Spendenprojekten oder in Form eines Sponsors
Qualitätsmanagementsystem	- zertifiziertes Qualitätsmanagementsystem - Kernelemente: Qualitäts-, Umwelt- und Arbeitsschutzpolitik (QUS-Politik)
Umweltmanagementsystem	- zertifiziertes Umweltmanagementsystem

331 http://www.saarstahl.de/deutsch/unternehmen/index.html, (11.09.2008).

332 In diesem Kontext zu nennen ist bspw. die Unterstützung von Betroffenen in Umweltkatastrophen-Gebieten wie in Südasien, http://saarschmiede.de/deutsch/news/2005.html, (11.09.2008).

Instrumente	
Audit	- Audits und Zertifizierung für Qualitäts- und Umweltmanagement nach ISO 9001 bzw. ISO 14001
Nachhaltigkeitsbericht	- keine Publikation
Dialoginstrumente	- Einsatz geeigneter Dialoginstrumente, um einen umfassenden Informationsfluss zwischen allen Interessengruppen zu gewährleisten (Fokus auf Umweltschutz)
Indikatoren	- formulierte KPIs
Leitbild	- Inhalte der QUS-Politik wurden in einem Leitbild zusammengefasst
Sponsoring	- Regelmäßige, aber geringe Beteiligung an Spendenprojekten oder in Form eines Sponsors
Weiterbildung	- Mitarbeiter werden in umwelttechnischen Belangen weitergebildet (QUS-Politik)
Elemente des Nachhaltigkeitsmanagement-System	
Nachhaltigkeitspolitik	- nicht vorhanden
Nachhaltigkeitsaktivitäten und -ziele	- QUS-Ziele für Unternehmensfunktionsbereiche - Mitarbeiter: Aktivitäten im Bereich Weiterbildung und Arbeitsschutz - Umweltschutz: Minimierung der Umweltauswirkungen durch das unternehmerische Handeln - hohe finanziellen Aufwendungen für den Umweltschutz: z.B. 50 Millionen Euro (2006) für die Energiewirtschaft, den Immissionsschutz, den Gewässerschutz und in der Abfallwirtschaft - Handel mit Emissions-Zertifikaten - Mitglied eines Konsortiums aus 48 europäischen Unternehmen und Organisationen, das durch gemeinsame Forschungsaktivitäten Instrumente entwickelt, die Emission von Treibhausgasen verringern sollen
Nachhaltigkeitscontrolling	- nicht vorhanden
Nachhaltigkeitskommunikation	- Einsatz geeigneter Dialoginstrumente, um einen umfassenden Informationsfluss zwischen allen Interessengruppen zu gewährleisten (Fokus auf Umweltschutz)
Nachhaltigkeitsmanagement-Review	- keine Informationen recherchierbar
Nachhaltigkeitsorganisation	- Umsetzung der QUS-Politik durch die Abteilung für Umweltschutz. Aufgaben: Umwelt-Controlling, Beratungstätigkeiten, Durchführungen von Mitarbeiterschulungen, sowie die Pflege des Umweltmanagementsystems - keine Nachhaltigkeitsorganisation existent

Tab. 5-7: Nachhaltigkeitsprofil Saarstahl
Eigene Darstellung.

Als Zusammenfassung kann festgehalten werden, dass, obwohl die Saarstahl AG in einem Pressebericht vom 29.01.2003 verlauten lässt, ihre „Aktivitäten im Bereich Umweltschutz sehr stark an das offizielle Leitbild der Nachhaltigkeit“ (Pressebericht Saarstahl AG vom 29.01.2003[333]) anzulehnen und dass auch in anderen unternehmensinternen Pressemitteilungen immer wieder der Begriff „nachhaltig“ erwähnt wird[334], der Unternehmenswebseite nicht zu entnehmen ist, welches Verständnis die Saarstahl AG von Nachhaltigkeit bzw. von einer nachhaltigen Entwicklung nutzt. Das Stahlunternehmen hat zwar bereits ein vollständiges Umweltmanagementsystem implementiert und viele verwendete Systeme, Konzepte und Instrumente lassen sich auch dem Nachhaltigkeitsmanagement bzw. der Komponente Nachhaltigkeitsaktivitäten des NMS zuordnen. Trotzdem fehlen die weiteren Elemente wie etwa eine explizite Nachhaltigkeitspolitik (der Nachhaltigkeitsbegriff wird, wie oben bereits näher erläutert, nicht definiert), ein Nachhaltigkeitscontrolling (keine Verwendung von Indikatoren), eine Nachhaltigkeitskommunikation (es existiert kein Nachhaltigkeitsbericht) und letztendlich die Verankerung einer Nachhaltigkeitsorganisation in das Unternehmen. Infolgedessen ist anzunehmen, dass die Saarstahl AG gegenwärtig kein ganzheitliches NMS implementiert hat.

5.4.4 Dillinger Hütte

Die Dillinger Hüttenwerke (DH)[335] mit Hauptsitz in Dillingen haben im Jahr 2007 insgesamt 2,6 Millionen Tonnen Stahl erzeugt und stehen damit auf Platz sechs der größten Stahlerzeuger in Deutschland. Die Unternehmensstruktur ist komplexer als bei anderen deutschen Stahlunternehmen: Die Dillinger Hüttenwerke gehören zu ‚Dillinger Hütte Saarstahl‘, an der mehrere große Stahlunternehmen bzw. -Konzerne beteiligt sind. Die größten Beteiligungen besitzen ArcelorMittal und das Stahlunternehmen Saarstahl mit jeweils 51,25 bzw. 15 Prozent. Umgekehrt besitzt die Dillinger Hütte aber ebenfalls Anteile an dem Stahlproduzenten Saarstahl in Höhe von 25,10 Prozent.[336] Die Analyse der Dillinger Hütte hat ergeben, dass folgende Systeme, Konzepte und Instrumente des Nachhaltigkeitsmanagements von dem Unternehmen genutzt werden:

Dillinger Hütte	
Nachhaltigkeitsverständnis	keine explizite Formulierung
Systeme und Konzepte	
Arbeitszeitmodelle	- flexible Arbeitszeitmodelle, deren Kern so genannte „versetzte Arbeitszeiten“ sind[337]
Corporate Citizenship	- soziales, primär regionales Engagement: die DH

333 http://saarschmiede.de/deutsch/news/2003.html, (11.09.2008).

334 In der Pressemitteilung von dem 25.05.2005 ist z.B. von einer „nachhaltigen Verbesserung des Umweltschutzes“ die Rede, http://saarschmiede.de/deutsch/news/2005.html, (11.09.2008).

335 http://www.dillinger.de/dh/unternehmen/struktur/index.shtml.de, (10.09.2008).

336 http://www.dillinger.de/dh/unternehmen/struktur/index.shtml.de, (10.09.2008).

337 http://www.stahl-online.de/wirtschaft_und_politik/unternehmen_und_maerkte /unternehmenstrends/arbeitzeit.pdf, (10.09.2008), S.42.

	sponsert viele soziale, kulturelle sowie sportliche Einrichtungen und unterstützt die eigenen Mitarbeiter im Rahmen des Corporate Volunteering bei karitativen Projekten
CSR	- soziales, primär regionales Engagement: die DH sponsert viele soziale, kulturelle sowie sportliche Einrichtungen und unterstützt die eigenen Mitarbeiter im Rahmen des Corporate Volunteering bei karitativen Projekten
Qualitätsmanagementsystem	- zertifiziertes Qualitätsmanagement - zertifiziertes Arbeitsschutzmanagementsystem
Umweltmanagementsystem	- zertifiziertes Umweltmanagementsystem
Instrumente	
Audit	- Audits und Zertifizierung für Qualitäts-, Umwelt- und Arbeitsschutzmanagementsysteme nach ISO 9001, ISO 14001 bzw. OHSAS 18011
Nachhaltigkeitsbericht	- kein eigenständiger vorhanden. Informationen über Nachhaltigkeitsthemen finden sich im Geschäftsbericht
Betriebliches Vorschlagswesen	- betriebliches Vorschlagswesen in Kombination mit Qualitäts- und Umweltzirkeln: Förderung der Ideenfindung der Mitarbeiter und Optimierung der Prozesse und Maßnahmen des Umweltschutzes
Corporate Volunteering	- Unterstützung der eigenen Mitarbeiter im karitativen Projekten
Dialoginstrumente	- offene Informationspolitik durch umfassende Informationen an die Stakeholder über Aktivitäten beim Umweltschutz
Risikoanalyse	- im Rahmen eines Risikomanagementsystems
Sponsoring	- sozialer, kultureller sowie sportlicher Einrichtungen
Weiterbildung	- Mitarbeiter werden in umwelttechnischen Belangen weitergebildet
Zirkel	- Qualitäts- und Umweltzirkel
Elemente des Nachhaltigkeitsmanagement-System	
Nachhaltigkeitspolitik	- Umweltschutz ist integraler Bestandteil der Unternehmenspolitik
Nachhaltigkeitsaktivitäten und -ziele	- Umweltleitlinien - regelmäßige Durchführung von Umwelt-Audits - Mitarbeiter: Aktivitäten im Bereich Weiterbildung und Arbeitsschutz - Schaffung eines integrierten Managementsystems, welches Qualitätsmanagement, Arbeits- und Umweltschutz sowie Störfallmanagement in sich vereint, kein NMS geplant - jährlich durchgeführte Umweltschutzmaßnahmen: Immissions-, Gewässer- und Landschaftsschutz - Handel mit Emissions-Zertifikaten

Nachhaltigkeitscontrolling	- keine KPIs auf der Homepage veröffentlicht
Nachhaltigkeitskommunikation	- offene Informationspolitik durch umfassende Informationen an die Stakeholder über Aktivitäten beim Umweltschutz
Nachhaltigkeitsmanagement-Review	- keine Informationen recherchierbar
Nachhaltigkeitsorganisation	- Organisationsstruktur für das Umweltschutzmanagement

Tab. 5-8: Nachhaltigkeitsprofil Dillinger Hütte
Eigene Darstellung.

Festzuhalten ist, dass im Rahmen der dieser Analyse zugrunde liegenden Recherche keine Informationen über das Nachhaltigkeitsverständnis des Unternehmens erlangt werden konnten, weil auf der Unternehmenshomepage weder ein Nachhaltigkeitsleitbild noch -ziele formuliert, geschweige denn Indikatoren der Nachhaltigkeitsleistung für ein Nachhaltigkeitscontrolling gebildet, verwendet und veröffentlicht werden. Eine gesonderte Nachhaltigkeitsorganisation ist nicht zu identifizieren. Die Dillinger Hütte hat zwar bereits eine Vielzahl von sozialen und ökologischen Maßnahmen getroffen, die dem Element der Nachhaltigkeitsaktivitäten zugeordnet werden können, letztendlich kann jedoch aufgrund der unberücksichtigten Elemente eines NMS für das Unternehmen nicht von dessen Implementierung gesprochen werden. Allerdings stellt die Integration von Qualitätsmanagement, Arbeits- und Umweltschutz sowie Störfallmanagement durchaus die Grundlage für eine effektive und systematische Begegnung mit den Nachhaltigkeitsherausforderungen dar.

5.4.5 Badische Stahlwerke

Die Badischen Stahlwerke (BSW)[338], mit Sitz in Kehl, produzierten im Jahr 2007 rund 2,2 Millionen Tonnen Stahl und gehören damit zu den mittelgroßen Stahlerzeugern in Deutschland.[339] Die Analyse des Stahlwerks hinsichtlich der Implementierung eines NMS hat zu folgenden Erkenntnissen geführt:

Badische Stahlwerke	
Nachhaltigkeitsverständnis	keine explizite Formulierung
Systeme und Konzepte	
Corporate Citizenship	- Sponsor eines regionalen Sportvereins
CSR	- Unterstützung eines bulgarischen Kinderheims
Qualitätsmanagementsystem	- zertifiziertes Qualitätsmanagementsystem
Umweltmanagementsystem	- zertifiziertes Umweltmanagementsystem
Instrumente	
Audit	- Audits und Zertifizierung für Qualitäts- und Umweltmanagementsystem nach ISO 9001 bzw. ISO 14001 und EMAS

338 BSW-Homepage: http://www.bsw-kehl.de/index_de.html, (09.09.2008).
339 BSW-Homepage: http://www.bsw-kehl.de/index_de.html, (09.09.2008).

Nachhaltigkeitsbericht	- regelmäßige Veröffentlichung einer Umwelterklärung (gleichzusetzen mit einem Umweltbericht)
Betriebliches Vorschlagswesen	- Ziel: Entwicklung neuer Umweltschutzmaßnahmen und Optimierung gegenwärtig durchgeführter Maßnahmen
Checkliste	- Entsprechend der Auflagen der EMAS werden alle Maßnahmen mittels einer Checkliste auf ihre Umweltaspekte kontrolliert und deren Umweltauswirkungen bewertet
Dialoginstrumente	- Umwelterklärung - Verwendung verschiedener Instrumente, wie z.B. der Nutzen-Risiko-Dialog, in dessen Rahmen wurden Flyer verteilt, in dem die Werksanrainer über ein Schlackeaufbereitungslager informiert wurden[340]
Sponsoring	- vereinzelte Sponsorentätigkeiten
Weiterbildung	- Weiterbildung in umwelttechnischen Belangen, durch eine Tochterfirma
Elemente des Nachhaltigkeitsmanagement-System	
Nachhaltigkeitspolitik	- Umweltschutz ist integraler Bestandteil der Unternehmensphilosophie
Nachhaltigkeitsaktivitäten und -ziele	- Mitarbeiter: Aktivitäten in der Weiterbildung - Umweltziele werden in der Umwelterklärung veröffentlicht - Umweltschutzaktivitäten: Immissionsschutzmaßnahmen (wie etwa Staubverminderung), Gewässerschutzmaßnahmen oder Maßnahmen zur Abfallreduzierung - Handel mit Emissions-Zertifikaten
Nachhaltigkeitscontrolling	- KPIs, wie die Kennzahlen Abfallmenge oder Energieeinsatz
Nachhaltigkeitskommunikation	- regelmäßige Veröffentlichung einer Umwelterklärung[341]
Nachhaltigkeitsmanagement-Review	- keine Informationen recherchierbar
Nachhaltigkeitsorganisation	- nicht vorhanden

Tab. 5-9: Nachhaltigkeitsprofil Badische Stahlwerke
Eigene Darstellung.

Der Unternehmenswebseite können nur wenige konkrete Informationen hinsichtlich des Verständnisses von Nachhaltigkeit entnommen werden, der Begriff „nachhaltig“ wird auf der Homepage überhaupt nicht verwendet. Auch im Umweltbericht des Unternehmens wird der Aspekt der nachhaltigen Entwicklung nicht thematisiert. Die eingesetzen Systeme, Konzepte und Instrumente können zwar Nachhaltigkeitsaktivitä-

340 http://www.bsw-kehl.de/media/Flyer_Ihre_Sicherheithat.pdf, (09.09.2008).
341 http://www.bsw-kehl.de/media/BSWUmwelt_D_2008.pdf, (09.09.2008).

ten zugeordnet werden, sind jedoch primär auf die ökologische Herausforderung ausgerichtet. Wichtige Komponenten eines NMS wie etwa die Nachhaltigkeitspolitik (die Formulierung eines Nachhaltigkeitsleitbilds), das Nachhaltigkeitscontrolling (wie etwa der Einsatz von Nachhaltigkeitsindikatoren) oder die Nachhaltigkeitskommunikation (die Veröffentlichung eines Nachhaltigkeitsberichts) sind bisher weder entwickelt noch eingeführt, um- und durchgesetzt worden. Aufgrund dieser Tatsache ist festzuhalten, dass die Badischen Stahlwerke gegenwärtig kein ganzheitliches NMS nutzen und den Fokus vorrangig auf Umweltschutzmaßnahmen legen.

5.4.6 Georgsmarienhütte

Das Unternehmen Georgsmarienhütte (GMH)[342] steht mit einer Produktion von 1,3 Millionen Tonnen Rohstahl auf Platz zehn der größten Stahlerzeuger in Deutschland, ist Teil der deutschen Georgsmarienhütte Holding GmbH[343] und betreibt mehrere Werke in Deutschland. Die Webseiten der Georgsmarienhütte und der Georgsmarienhütte Holding bieten zum Thema Nachhaltigkeit eine Vielzahl von detaillierten Informationen. Folgende Erkenntnisse bei der Analyse gewonnen werden:

Georgsmarienhütte	
Nachhaltigkeitsverständnis	„[...]Wir sind in der Region verankert. Wir sind stolz auf unsere Tradition. Wir wirtschaften nachhaltig, Ressourcen schonend und umweltverträglich. Wir sichern unseren Standort für zukünftige Generationen. [...]“ [344]
Systeme und Konzepte	
Anreizsysteme	- Monatlich stellt das Unternehmen insgesamt 10 % des operativen Betriebsergebnisses als finanzielle Mittel zur Auszahlung zur Verfügung. Der individuelle Auszahlungsbetrag wird bestimmt durch die vier Faktoren Produktivität, Ausbringung, Ausfallquote und Energieverbrauch
Arbeitszeitmodelle	- flexible Arbeitszeitmodelle
Betriebliches Umweltinformationssystem	- Umwelt-Teams beraten Mitarbeiter in umwelttechnischen Belangen und stellen umweltrelevante Informationen bereit - jährlich erstellter Personal- und Sozialbericht[345], der primär Informationen über verschiedene soziale KPIs wie Krankheitsstand oder Arbeitsunfälle und über Verbesserungsmaßnahmen liefert - Mitarbeiterzeitung „glückauf“[346]
Corporate Citizenship	- „Stiftung Stahlwerk Georgsmarienhütte“, Auftrag: „gesellschafts- und bildungspolitisches wie auch kul-

342 http://www.gmh.de/, (08.09.2008).
343 http://www.gmh-holding.de/, (08.09.2008).
344 http://www.gmh.de/downloads/leitbild.pdf, (08.09.2008).
345 http://www.gmh.de/downloads/gmh_personalbericht_2007.pdf, (08.09.2008).
346 http://www.gmh.de/s560.html, (09.09.2008).

	turelles und soziales Engagement von Unternehmen und Gesellschaft fortzusetzen, zu bündeln und zu stärken"[347] - Aktivitäten gegen Kinderarbeit, für die Integration benachteiligter Kindern und Sponsor oder Spendengeber für verschiedene Projekte
CSR	- „Stiftung Stahlwerk Georgsmarienhütte", Auftrag: „gesellschafts- und bildungspolitisches wie auch kulturelles und soziales Engagement von Unternehmen und Gesellschaft fortzusetzen, zu bündeln und zu stärken"[348] - Aktivitäten gegen Kinderarbeit, für die Integration benachteiligter Kindern und Sponsor oder Spendengeber für verschiedene Projekte
Qualitätsmanagementsystem	- zertifiziertes Qualitätsmanagementsystem
Umweltmanagementsystem	- zertifiziertes Umweltmanagementsystem - Ziel: Auswirkungen der industriellen Tätigkeiten auf die unmittelbare Nachbarschaft sowie auf das gesamte Ökosystem so stark wie möglich zu reduzieren
Instrumente	
Audit	- Audits und Zertifizierung für Qualitäts- und Umweltmanagementsysteme nach ISO 9001 bzw. ISO 14001
Nachhaltigkeitsbericht	- Personal- und Sozialbericht
Betriebliches Vorschlagswesen	- Vorhanden, um die Konkurrenzfähigkeit des Unternehmens weiter zu verbessern, den technischen Vorsprung zu sichern und den Umweltschutz effektiver zu gestalten
Corporate Volunteering	- Arbeitsfreistellung oder Bereitstellung finanzieller Mittel
Dialoginstrumente	- sachlicher Dialog mit Stakeholdern, wie den Mitarbeitern, Behörden, Medien oder Anwohnern und zur Information über Umweltauswirkungen von Anlagen und Verfahren sowie Weitergabe von Informationen zu umweltrelevanten Ereignissen - jährlich erstellter Personal- und Sozialbericht, der primär Informationen über verschiedene soziale KPIs wie bspw. Krankheitsstand oder Arbeitsunfälle sowie über Verbesserungsmaßnahmen liefert - Mitarbeiterzeitung „glückauf"[349]
Indikatoren	- Bereitstellung sowie Aktualisierung von umwelttechnischen KPIs durch Umwelt-Teams, wie die Kennzahlen Energieverbrauch oder Emissionsrate

347 http://www.stiftung-stahlwerk.de/index.html, (09.09.2008).
348 http://www.stiftung-stahlwerk.de/index.html, (09.09.2008).
349 http://www.gmh.de/s560.html, (09.09.2008).

Leitbild	- der Gedanke einer nachhaltigen Entwicklung ist im Unternehmensleitbild verankert: nachhaltig, ressourcenschonend und umweltverträglich zu wirtschaften, Standortsicherung für künftige Generationen, Sicherheit am Arbeitsplatz und die Gesundheit der Mitarbeiter - Umweltleitlinien
Weiterbildung	- Mitarbeiter und Führungskräfte werden zum Thema Umweltschutz geschult
Elemente des Nachhaltigkeitsmanagement-System	
Nachhaltigkeitspolitik	- der Gedanke einer nachhaltigen Entwicklung ist im Unternehmensleitbild verankert: nachhaltig, ressourcenschonend und umweltverträglich zu wirtschaften, Standortsicherung für künftige Generationen, Sicherheit am Arbeitsplatz und die Gesundheit der Mitarbeiter
Nachhaltigkeitsaktivitäten und –ziele	- Ziel: Auswirkungen der industriellen Tätigkeiten auf die unmittelbare Nachbarschaft sowie auf das gesamte Ökosystem so stark wie möglich zu reduzieren - Mitarbeiter: umfassende Aktivitäten - Umweltleitlinien, die die Aufgabe eines Orientierungsrahmens übernehmen - Handel mit Emissions-Zertifikaten
Nachhaltigkeitscontrolling	- Bereitstellung sowie Aktualisierung von umwelttechnischen KPIs durch Umwelt-Teams, wie etwa die Kennzahlen Energieverbrauch oder Emissionsrate
Nachhaltigkeitskommunikation	- sachlicher Dialog mit Stakeholdern, wie den Mitarbeitern, Behörden, Medien oder Anwohnern über Umweltauswirkungen von Anlagen und Verfahren sowie Weitergabe von Informationen zu umweltrelevanten Ereignissen - jährlich erstellter Personal- und Sozialbericht, der primär Informationen über verschiedene soziale KPIs wie bspw. Krankheitsstand oder Arbeitsunfälle sowie über Verbesserungsmaßnahmen liefert
Nachhaltigkeitsmanagement-Review	- keine Informationen recherchierbar
Nachhaltigkeitsorganisation	- Verankerung einer interne Umweltorganisation, in Form eines Umwelt-Teams in die Unternehmensorganisation

Tab. 5-10: Nachhaltigkeitsprofil Georgsmarienhütte
Eigene Darstellung.

Anders als bei vielen deutschen Stahlunternehmen ist im Unternehmensleitbild der Georgsmarienhütte der Gedanke einer nachhaltigen Entwicklung verankert[350]. Aus der Analyse geht hervor, dass eine Integration der sozialen und ökologischen Aktivitäten nicht erfolgt ist, sondern bisher beide Herausforderungen unabhängig voneinander berücksichtigt werden. Es existieren kein explizites Nachhaltigkeitsleitbild mit formulierten Nachhaltigkeitszielen und auch keine Zusammenfassung der Aktivitäten in einem Nachhaltigkeitsbericht. Ebenso ist der Webseite nicht zu entnehmen, worin das Nachhaltigkeitsverständnis des Unternehmens besteht. Somit ist festzustellen, dass die Georgsmarienhütte zwar in großem Umfang Systeme, Konzepte und Instrumente des Nachhaltigkeitsmanagements nutzt, aber relevante Aufgaben wie die Verschriftlichung des Nachhaltigkeitsverständnisses in einem Nachhaltigkeitsleitbild oder die Verankerung einer Nachhaltigkeitsorganisation in das Unternehmen bisher nicht umgesetzt hat. Diese Maßnahmen sind jedoch grundlegende Elemente eines NMS und ihr Vorhandensein notwendige Voraussetzungen, um von dem Vorliegen eines NMS zu sprechen. Somit hat das Stahlunternehmen Georgsmarienhütte gegenwärtig zwar einzelne Elemente, aber kein vollständiges NMS implementiert.

5.4.7 Lech-Stahlwerke

Die Lech-Stahlwerke (LSW)[351] mit Sitz im bayrischen Herbertshofen gehören mit einer Erzeugung von 1,1 Millionen Tonnen Stahl im Jahr 2007 zu den kleineren deutschen Stahlproduzenten und sind organisatorisch in die deutsche MAX AICHER Unternehmensgruppe[352] eingebunden. Die Analyse hat ergeben, dass folgende Systeme, Konzepte und Instrumente des Nachhaltigkeitsmanagements von dem Unternehmen genutzt werden:

Lech-Stahlwerke	
Nachhaltigkeitsverständnis	keine explizite Formulierung
Systeme und Konzepte	
Arbeitszeitmodelle	- z.B. Gleitzeit oder Jahresarbeitszeitkonten
Corporate Citizenship	- z.B. Spenden für Kinderheime, Sponsoring von örtlichen Organisationen oder Sportvereinen sowie eine Mal-Aktion für Kinder
CSR	- Fokus auf regionalen Belangen
Qualitätsmanagementsystem	- zertifiziertes Qualitätsmanagementsystem
Umweltmanagementsystem	- zertifiziertes Umweltmanagementsystem
Instrumente	
Audit	- Audits und Zertifizierung für Qualitäts- und Umweltmanagementsysteme nach ISO 9001 bzw. ISO 14001

350 http://www.gmh.de/downloads/leitbild.pdf, (08.09.2008).
351 LSW-Homepage: http://www.lech-stahlwerke.de/site/html/de/start_de.html, (08.09.2008).
352 http://www.max-aicher.de/max-aicher.htm, (07.09.2008).

Betriebliches Vorschlagswesen	- Ziel: Nutzung des kreativen und innovativen Potentials der Mitarbeiter zur Optimierung der Geschäftsprozesse und Verbesserung der Umweltschutzmaßnahmen
Dialoginstrumente	- Ziel: Akzeptanz und Glaubwürdigkeit des Unternehmens schaffen - Mittel: aktiver Dialog in Umweltthemen, sowohl mit der Öffentlichkeit als auch mit politischen Entscheidungsgremien, enge Zusammenarbeit mit Fach-, Genehmigungs- und Aufsichtsbehörden
Sponsoring	- z.B. Spenden für Kinderheime, Sponsoring von örtlichen Organisationen oder Sportvereinen sowie eine Mal-Aktion für Kinder
Weiterbildung	- Mitarbeiter und Führungskräfte werden hinsichtlich ihres ökologischen Know-hows weitergebildet
Elemente des Nachhaltigkeitsmanagement-System	
Nachhaltigkeitspolitik	- die LSW setzen sich weniger umfangreich für Umweltbelange oder Dialoge mit Stakeholdern ein als in den Umweltleitlinien vorgeschrieben: z.B. rechtliche Konflikte mit Nachbarn oder Androhung der Abwanderung bei Nicht-Gewährung von Umweltprivilegien
Nachhaltigkeitsaktivitäten und –ziele	- Umweltleitlinien, die die Verankerung von Umweltschutz in der Unternehmensstrategie verdeutlichen - Mitarbeiter: Aktivitäten im Bereich Weiterbildung - Handel mit Emissions-Zertifikaten
Nachhaltigkeitscontrolling	- nicht vorhanden
Nachhaltigkeitskommunikation	- aktiver Dialog in Umweltthemen, sowohl mit der Öffentlichkeit als auch mit politischen Entscheidungsgremien, enge Zusammenarbeit mit Fach-, Genehmigungs- und Aufsichtsbehörden
Nachhaltigkeitsmanagement-Review	- keine Informationen recherchierbar
Nachhaltigkeitsorganisation	- nicht vorhanden

Tab. 5-11: Nachhaltigkeitsprofil Lech-Stahlwerke
Eigene Darstellung.

Die Analyse hat ergeben, dass das Unternehmen wesentliche Komponenten eines NMS, wie etwa eine Nachhaltigkeitspolitik (Formulierung eines Nachhaltigkeitsleitbilds), ein Nachhaltigkeitscontrolling (die Nutzung von Indikatoren) oder Instrumente der Nachhaltigkeitskommunikation (die Veröffentlichung eines Nachhaltigkeitsberichts), bisher nicht eingeführt hat. Aufgrund dessen muss für die Lech-Stahlwerke die Implementierung eines vollständigen NMS bis zum jetzigen Zeitpunkt verneint werden. Dennoch ist anzumerken, dass das Unternehmen mit umfangreichen Nachhaltigkeitsaktivitäten der ökologischen Herausforderung begegnet.

5.4.8 Deutsche Edelstahlwerke

Die „Deutsche Edelstahlwerke GmbH" (DEW)[353], mit Standorten in Witten, Siegen, Krefeld, Hagen und Hattingen, gehört dem Schweizer Konzern SCHMOLZ + BICKENBACK[354] an. Mit einer Produktion von 1,1 Millionen Tonnen Rohstahl im Jahr 2007 steht das Unternehmen auf Platz elf der Stahlerzeuger Deutschlands. Die Analyse der Deutsche Edelstahlwerke GmbH hat ergeben, dass sich das Unternehmen merklich für eine nachhaltige Entwicklung engagiert und viele Maßnahmen im Rahmen des Nachhaltigkeitsmanagements umsetzt:

Deutsche Edelstahlwerke	
Nachhaltigkeitsverständnis	keine explizite Formulierung
Systeme und Konzepte	
Corporate Citizenship	- Beteiligungen an gemeinschaftlichen Initiativen von Umweltschutzorganisationen - Primäre Aktivitäten im Sozial-Sponsoring: regionale Sportvereine oder das Dortmunder Hoesch-Museum
CSR	- Beteiligungen an gemeinschaftlichen Initiativen von Umweltschutzorganisationen - Primäre Aktivitäten im Sozial-Sponsoring: regionale Sportvereine oder das Dortmunder Hoesch-Museum
Qualitätsmanagementsystem	- zertifiziertes Qualitätsmanagementsystem
Umweltmanagementsystem	- zertifiziertes Umweltmanagementsystem
Instrumente	
Audit	- Audits und Zertifizierung für Qualitäts- und Umweltmanagementsysteme nach ISO 9001 bzw. ISO 14001
Dialoginstrumente	- sachlicher Dialog mit der Öffentlichkeit und den Behörden zum Thema Umweltschutz, Beitritt zur „Selbstverpflichtungserklärung der deutschen Industrie zum Klimaschutz"[355]
Leitbild	- Umweltleitbild formuliert und schriftlich in einer Grundsatzerklärung festgehalten
Sponsoring	- Primäre Aktivitäten im Sozial-Sponsoring: regionale Sportvereine oder das Dortmunder Hoesch-Museum
Weiterbildung	- Mitarbeiterweiterbildung im Rahmen des übergeordneten Zieles Umweltschutz - Eröffnung der DEW Karrierewerkstatt. Ziel: Aus- und Weiterbildung von Fachkräften sowie Personalentwicklung. -

353 http://www.edelstahl-witten-krefeld.de/, (07.09.2008).
354 http://www.schmolz-bickenbach.com/, (07.09.2008).
355 Für detaillierte Informationen über den Inhalt der Erklärung siehe z.B. http://www.bmu.de/klimaschutz/nationale_klimapolitik/doc/2931.php, (07.09.2008).

Elemente des Nachhaltigkeitsmanagement-System	
Nachhaltigkeitspolitik	- Umweltschutz ist vorrangiges Ziel der Unternehmenspolitik (s. Leitbild)
Nachhaltigkeitsaktivitäten und –ziele	- Mitarbeiter: ausgeprägte Aktivitäten im Bereich Weiterbildung - Umweltschutz: Beteiligungen an gemeinschaftlichen Initiativen von Umweltschutzorganisationen - Beitritt zur „Selbstverpflichtungserklärung der deutschen Industrie zum Klimaschutz“[356] - Handel mit Emissions-Zertifikaten
Nachhaltigkeitscontrolling	- nicht vorhanden
Nachhaltigkeitskommunikation	- sachlicher Dialog mit der Öffentlichkeit und den Behörden zum Thema Umweltschutz
Nachhaltigkeitsmanagement-Review	- keine Informationen recherchierbar
Nachhaltigkeitsorganisation	- nicht vorhanden

Tab. 5-12: Nachhaltigkeitsprofil Deutsche Edelstahlwerke
Eigene Darstellung.

Wie in der deutschen Stahlindustrie üblich, hat die Deutsche Edelstahlwerke GmbH ein Qualitätsmanagementsystem nach ISO 9001 sowie ein Umweltmanagementsystem nach ISO 14001 eingeführt[357]. Da jedoch wichtige Komponenten eines NMS, wie etwa eine konkrete Formulierung des Nachhaltigkeitsverständnisses im Rahmen der Nachhaltigkeitspolitik, die Einführung eines Nachhaltigkeitscontrollings, die Nachhaltigkeitskommunikation oder die Verankerung einer Nachhaltigkeitsorganisation in die Unternehmensstruktur nicht vorhanden sind, kann resümiert werden, dass die Deutsche Edelstahlwerke GmbH bisher kein vollständiges NMS im Unternehmen implementiert hat.

5.4.9 Stahlwerk Thüringen

Das Stahlwerk Thüringen (SWT)[358] mit Sitz in Unterwellenborn gehört mit einer Stahlerzeugung von einer Million Tonnen Stahl im Jahr 2007 zu den kleineren Stahlerzeugern in Deutschland. Seit Januar 2007 ist das Stahlwerk der spanischen Alfonso Gallardo Gruppe[359] zugehörig. Der deutschen Unternehmenswebseite sind nur wenige Informationen über etwaige Nachhaltigkeitsaktivitäten zu entnehmen:

356 Für detaillierte Informationen über den Inhalt der Erklärung siehe z.B. http://www.bmu.de/klimaschutz/nationa-le_klimapolitik/doc/2931.php, (07.09.2008).

357 http://www.edelstahl-witten-krefeld.de/index.php?id=739&L=0, (07.09.2008).

358 http://www.stahlwerk-thueringen.de/de/swt?0, (06.09.2008).

359 http://www.grupoag.es/portada/portada.php, (06.09.2008); die spanische Webseite soll jedoch nicht weiter in die Analyse mit einbezogen werden, da diese nur in spanischer Sprache geführt wird.

Stahlwerk Thüringen	
Nachhaltigkeitsverständnis	nicht explizit formuliert
Systeme und Konzepte	
Anreizsysteme	- mehrfache Auszeichnung mit dem Zertifikat „ARBEIT PLUS[360]“: überdurchschnittlich gutes Anreizsystem
Arbeitszeitmodelle	- mehrfache Auszeichnung mit dem Zertifikat „ARBEIT PLUS[361]“: sozialverträgliches Arbeitszeitmodell
Corporate Citizenship	- Unterstützung vieler regional ansässiger Organisationen, wie bspw. Kirchengemeinden, und sponsert z.B. Kulturveranstaltungen sowie Sportvereine, meist auf finanzieller Spendenbasis
CSR	- zertifiziertes soziales Arbeitsschutzmanagementsystem
Qualitätsmanagementsystem	- zertifiziertes Qualitätsmanagementsystem
Umweltmanagementsystem	- zertifiziertes Umweltmanagementsystem
Instrumente	
Audit	- Audits und Zertifizierung für Qualitäts-, Umwelt- und Arbeitsschutzmanagementsysteme nach ISO 9001, ISO 14001 bzw. OHSAS 18001
Dialoginstrumente	- „CO_2-Monitoring-Bericht 2000“[362]
Leitbild	- Bis zur Übernahme durch die Alfonso Gallardo Gruppe im Januar 2007 war ein Leitbild vorhanden, aktuell findet es keine Anwendung bzw. kann nicht mehr auf der Webseite des SWT abgerufen werden und soll aus diesem Grund im Rahmen der Analyse des SWT nicht weiter berücksichtig werden
Sponsoring	- Unterstützung vieler regional ansässiger Organisationen, wie bspw. Kirchengemeinden, und sponsert z.B. Kulturveranstaltungen sowie Sportvereine, meist auf finanzieller Spendenbasis
Elemente des NMS	
Nachhaltigkeitspolitik	- nicht vorhanden
Nachhaltigkeitsaktivitäten und –ziele	- Handel mit Emissions-Zertifikaten - Die Einkaufsbedingungen besagen, dass der Verkäufer, als notwendige Bedingung für einen Vertragsabschluss, wichtige, primär umweltrechtliche, Anforderungen und Regeln erfüllen muss

360 http://www.arbeit-plus.de/ausgezeichnete_unternehmen/stahlwerk_thueringen. html, (06.09.2008).

361 http://www.arbeit-plus.de/ausgezeichnete_unternehmen/stahlwerk_thueringen. html, (06.09.2008).

362 http://www.stahl-online.de/wirtschaft_und_politik/Umwelt_und_Energiepolitik/ Energiepolitik /MONITORING-BERICHT_-2000_2003_INTERNET.PDF, (06.09.2008), S.5.

	- Mitarbeiter: Aktivitäten in den Bereichen Weiterbildung und Arbeitsschutz
Nachhaltigkeitscontrolling	- nicht vorhanden
Nachhaltigkeitskommunikation	- „CO_2-Monitoring-Bericht 2000“[363]
Nachhaltigkeitsmanagement-Review	- keine Informationen recherchierbar
Nachhaltigkeitsorganisation	- nicht vorhanden

Tab. 5-13: Nachhaltigkeitsprofil Stahlwerk Thüringen
Eigene Darstellung.

Abschließend kann festgestellt werden, dass das Stahlwerk Thüringen kein ausreichendes NMS implementiert hat, da bestimmte Komponenten, wie etwa eine Nachhaltigkeitspolitik mit der konkreten Definition des Nachhaltigkeitsverständnisses und der Integration in das Unternehmensleitbild, ein Nachhaltigkeitscontrolling oder die Nachhaltigkeitskommunikation bisher nicht eingeführt worden sind.

5.4.10 Elbe Stahlwerke Feralpi

Die Elbe Stahlwerke Feralpi (ESF)[364] mit Sitz in Riesa gehören seit 1992 zur italienischen Feralpi-Gruppe[365] und erzeugten, im Vergleich zu den anderen analysierten Stahlunternehmen, mit einer Produktion von 0,9 Millionen Tonnen im Jahr 2007 die geringste Menge Stahl. Der deutschen Webseite der Elbe Stahlwerke Feralpi kann nur wenig über Nachhaltigkeitsaktivitäten entnommen werden, da sie generell nur wenige Informationen bereitstellt. Folgende Erkenntnisse konnten jedoch aus der Analyse gewonnen werden:

Elbe Stahlwerke Feralpi	
Nachhaltigkeitsverständnis	keine explizite Formulierung
Systeme und Konzepte	
Corporate Citizenship	- Sponsor, v.a. im sozialen Bereich: Unterstützung der Bewerbung der Stadt Leipzig als Austragungsort der Olympischen und Paraolympischen Spiele, finanzielle Förderungen von Projekten für Kinder und Jugendliche in Riesa, bürgerschaftliches Engagement in Riesa
CSR	- Sponsor, v.a. im sozialen Bereich: Unterstützung der Bewerbung der Stadt Leipzig als Austragungsort der Olympischen und Paraolympischen Spiele, finanzielle Förderungen von Projekten für Kinder und Jugendliche in Riesa, bürgerschaftliches Engagement in Riesa

363 http://www.stahl-online.de/wirtschaft_und_politik/Umwelt_und_Energiepolitik/ Energiepolitik /MONITORING-BERICHT_-2000_2003_INTERNET.PDF, (06.09.2008), S.5.
364 http://www.feralpi.de/Deutsch/Default.htm, (05.09.2008).
365 http://www.feralpi.it/#, (05.09.2008).

Qualitätsmanagementsystem	- zertifiziertes Qualitätsmanagementsystem[366]
Umweltmanagementsystem	- zertifiziertes Umweltmanagementsystem
Instrumente	
Audit	- Audits und Zertifizierung für Qualitäts- und Umweltmanagementsysteme nach ISO 9001 bzw. ISO 14001
Nachhaltigkeitsbericht	- Nachhaltigkeitsbericht (2006)[367]
Sponsoring	- Sponsor, v.a. im sozialen Bereich: Unterstützung der Bewerbung der Stadt Leipzig als Austragungsort der Olympischen und Paraolympischen Spiele, finanzielle Förderungen von Projekten für Kinder und Jugendliche in Riesa, bürgerschaftliches Engagement in Riesa
Elemente des Nachhaltigkeitsmanagement-System	
Nachhaltigkeitspolitik	- nicht vorhanden
Nachhaltigkeitsaktivitäten und –ziele	- Handel mit Emissions-Zertifikaten
Nachhaltigkeitscontrolling	- nicht vorhanden
Nachhaltigkeitskommunikation	- italienischsprachiger Nachhaltigkeitsbericht (2006)[368]
Nachhaltigkeitsmanagement-Review	- keine Informationen recherchierbar
Nachhaltigkeitsorganisation	- nicht vorhanden

Tab. 5-14: Nachhaltigkeitsprofil Elbe Stahlwerke Feralpi
Eigene Darstellung.

Auf der italienischen Webseite wird ein Nachhaltigkeitsbericht (Stand 2006) zum Download angeboten[369]. Einige Instrumente finden zwar Anwendung und können damit begründet den Nachhaltigkeitsaktivitäten zugeordnet werden, weitergehende Maßnahmen im Rahmen des Nachhaltigkeitsmanagements konnten jedoch nicht identifiziert werden. Aufgrund dessen kann angenommen werden, dass die Elbe Stahlwerke Feralpi bisher kein umfassendes NMS implementiert haben.

5.4.11 ArcelorMittal

Der Konzern ArcelorMittal (AM)[370] ist mit einer weltweiten Stahlproduktion von annähernd 120 Millionen Tonnen Stahl, einem Umsatz von ca. 60 Millionen Euro und mehr als 320.000 Mitarbeitern der größte Stahlkonzern der Welt und ist auch in Deutschland an mehreren Standorten mit der Stahlproduktion ansässig. Für die beiden wichtigsten deutschen Standorte, Bremen und Eisenhüttenstadt, ist eine getrennte Ana-

366 http://www.feralpi.it/pdf/DEcertificazioni_prodotto.pdf, (05.09.2008).
367 http://www.feralpi.it/pdf/BilSostGrFeralpi2006.pdf, (05.09.2008).
368 http://www.feralpi.it/pdf/BilSostGrFeralpi2006.pdf, (05.09.2008).
369 http://www.feralpi.it/pdf/BilSostGrFeralpi2006.pdf, (05.09.2008).
370 http://www.arcelormittal.com/index.php?lang=en&page=0, (14.09.2008).

lyse sinnvoll, da ArcelorMittal Bremen und ArcelorMittal Eisenhüttenstadt jeweils einen eigenen Internetauftritt und ein leicht differenziertes Nachhaltigkeitsverständnis besitzen.

5.4.12 ArcelorMittal Bremen

ArcelorMittal Bremen (AMB)[371] ist mit einer Produktion von 3,3 Millionen Tonnen Stahl im Jahr 2007 der größte deutsche, dem Stahlkonzern ArcelorMittal zugehörige, Stahlerzeuger. In Deutschland produzierten in 2007 nur ThyssenKrupp Steel, Salzgitter und die Hüttenwerke KruppMannesmann mehr Stahl als der ArcelorMittal-Standort Bremen. Die Analyse des Standortes Bremen hinsichtlich des Einsatzes von Systemen, Konzepten und Instrumenten des Nachhaltigkeitsmanagements sowie im Hinblick auf die Frage, ob das Unternehmen ein NMS implementiert hat, führte zu folgenden Erkenntnissen:

ArcelorMittal Bremen	
Nachhaltigkeitsverständnis	keine explizite Formulierung
Systeme und Konzepte	
Arbeitszeitmodelle	- Flexible Arbeitszeitmodelle
Corporate Citizenship	- Spenden und Sponsoring (finanziell): Unterstützung des Schülerwettbewerbs „Feuer und Flamme“ zur Verbesserung des Schulalltags[372]
Qualitätsmanagementsystem	- Teil des integrierten Managementsystems
Umweltmanagementsystem	- Teil des integrierten Managementsystems
Instrumente	
Audit	- integriertes Managementsystem: Audits und Zertifizierung für ein Qualitäts-, Umweltmanagementsystem sowie für ein Managementsystem für Arbeits- und Gesundheitsschutz nach ISO 9001, ISO 14001 und OHSAS 18001
Betriebliches Vorschlagswesen	- Prämienwettbewerbe
Dialoginstrumente	- offene und transparente Kommunikation mit allen Stakeholdern mittels geeigneter Dialoginstrumente
Sponsoring	- Spenden und Sponsoring (finanziell): Unterstützung des Schülerwettbewerbs „Feuer und Flamme“ zur Verbesserung des Schulalltags
Weiterbildung	- Kontinuierliche Weiterbildung der Mitarbeiter in den Bereichen Sicherheit, Gesundheit und Umweltschutz
Elemente des Nachhaltigkeitsmanagement-System	
Nachhaltigkeitspolitik	- im Rahmen des IMS wurden Ziele vereinbart, die zugleich in der Unternehmenspolitik verankert sind

371 http://www.arcelor-bremen.com/arcelorkonzern.html, (14.09.2008).

372 Für detaillierte Informationen zum Wettbewerb siehe http://www.arcelor-bremen.com /file-admin/downloads/aktionen/flyer.pdf, (14.09.2008).

	- Anerkennung der Umweltleitlinien des ArcelorMittal-Konzerns - aktiver Schutz der Umwelt
Nachhaltigkeitsaktivitäten und –ziele	- Mitarbeiter: Aktivität in den Bereichen Weiterbildung, Sicherheit und Gesundheit - Immissionsschutzmaßnahmen, - Gründung des Umweltnetzwerks „partnerschaft umwelt unternehmen“, das das Ziel verfolgt, „die Motivation und den Einsatz der Wirtschaft für ein freiwilliges, über das Ordnungsrecht hinausgehendes, umweltgerechtes Verhalten und für freiwillige umweltgerechte Investitionen“ (partnerschaft umwelt unternehmen[373]) anzuregen und zu fördern - Handel mit Emissions-Zertifikaten
Nachhaltigkeitscontrolling	- nicht vorhanden
Nachhaltigkeitskommunikation	- nicht vorhanden
Nachhaltigkeitsmanagement-Review	- keine Informationen recherchierbar
Nachhaltigkeitsorganisation	- nicht vorhanden

Tab. 5-15: Nachhaltigkeitsprofil ArcelorMittal Bremen
Eigene Darstellung.

Als erstes integriertes Hüttenwerk in Europa hat Bremen bereits 2001 ein Qualitätsmanagementsystem implementiert, das nach ISO 9001 zertifiziert wurde[374]. Zusätzlich sind an dem Standort ein Managementsystem für Arbeits- und Gesundheitsschutz, zertifiziert nach OHSAS 18001 sowie ein Umweltmanagementsystem, zertifiziert nach ISO 14001, eingeführt worden. Alle drei Managementsysteme wurden zu einem integrierten Managementsystem (IMS)[375] zusammengefasst, um die Synergieeffekte zu nutzen und die Gesamtleistung der Systeme weiter zu verbessern. Werden die Erkenntnisse der Analyse zusammengefasst, kann resümiert werden, dass im Gegensatz zur Webseite des Konzerns, der Webseite von ArcelorMittal Bremen keine Informationen hinsichtlich des Nachhaltigkeitsverständnisses entnommen werden können. Zwar lassen sich Systeme, Konzepte und Instrumente identifizieren, die dem Element der Nachhaltigkeitsaktivitäten zugeordnet werden können, weitere Komponenten eines NMS, wie die Nachhaltigkeitspolitik, das Nachhaltigkeitscontrolling oder die Nachhaltigkeitskommunikation und die Verankerung einer Nachhaltigkeitsorganisation in das Unternehmen scheinen jedoch bisher nicht umgesetzt worden zu sein. Demzufolge hat der ArcelorMittal-Standort in Bremen gegenwärtig kein umfassendes NMS implemen-

373 http://www.umwelt-unternehmen.bremen.de/partnerschaft%20umwelt%20unter-nehmen.html, (14.09.2008).

374 AM Bremen Imagebroschüre: http://www.arcelor-bremen.com/fileadmin/downloads/Imagebroschur_D.pdf, (14.09.2008), S.39.

375 Für detaillierte Informationen über das IMS siehe http://www.arcelor-bremen.com/ims.html, (14.09.2008).

tiert, jedoch durch die Einführung eines integrierten Managementsystems eine Grundlage dafür geschaffen.

5.4.13 ArcelorMittal Eisenhüttenstadt

ArcelorMittal Eisenhüttenstadt (AME)[376] ist nach dem Standort Bremen der zweitgrößte deutsche, dem Stahlkonzern ArcelorMittal zugehörige, Stahlproduzent. Mit einer Erzeugung von 2,3 Millionen Tonnen Stahl im Jahr 2007 zählt das Unternehmen zu den mittelgroßen Stahlerzeugern in Deutschland. Folgende Erkenntnisse konnten im Rahmen der Analyse gewonnen werden:

ArcelorMittal Eisenhüttenstadt	
Nachhaltigkeitsverständnis	„Wir sind überzeugt, dass Ökonomie, Soziales und Ökologie eine untrennbare Einheit bilden und dass nur ein ausgewogener und sorgsamer Umgang mit allen Ressourcen unsere Lebensgrundlagen langfristig erhalten wird. Um dieser Verantwortung auch in Hinblick nachfolgender Generationen gerecht werden zu können, setzen wir uns dafür ein, die wirtschaftlichen, sozialen und umweltrelevanten Ziele als gleichrangig zu betrachten“[377]
Systeme und Konzepte	
Arbeitszeitmodelle	- flexible Arbeitszeitmodelle
Corporate Citizenship	- soziale Tätigkeiten: Stiftungsgründungen in den Bereichen Jugend, Sport, Soziales und Umwelt, die Förderung von speziellen Aktionen und Initiativen, die sich für die Achtung und Toleranz der Menschenwürde oder gegen den Fremdenhass einsetzen, sowie die Veranstaltung des Jugendtags „huette 4u“
CSR	- Auszeichnung im Bereich „Beruf & Familie“ mit dem Grundzertifikat „berufundfamilie“, mit diesem Zertifikat wird bescheinigt, dass sich das Unternehmen in einem großen Umfang für die Vereinbarkeit von Beruf und Familie einsetzt - soziale Tätigkeiten: Stiftungsgründungen in den Bereichen Jugend, Sport, Soziales und Umwelt, die Förderung von speziellen Aktionen und Initiativen, die sich für die Achtung und Toleranz der Menschenwürde oder gegen den Fremdenhass einsetzen, sowie die Veranstaltung des Jugendtags „huette 4u“
Qualitätsmanagementsystem	- zertifiziertes Qualitätsmanagementsystem
Umweltmanagementsystem	- zertifiziertes Umweltmanagementsystem
Instrumente	
Audit	- integriertes Managementsystem: Audits und Zertifi-

376 http://www.arcelormittal-ehst.com/content/pages/index.php?id=2&lang=de, (15.09.2008).
377 http://www.arcelormittal-ehst.com/content/pages/index.php?id=70&lang=de, (15.09.2008).

	zierung für ein Qualitäts-, Umweltmanagementsystem nach ISO 9001 und ISO 14001
Betriebliches Vorschlagswesen	- implementiert[378]
Dialoginstrumente	- Kontaktaufnahme mit den Stakeholdern über geeignete Dialoginstrumente, zu umwelttechnischen oder sicherheitstechnischen Belangen
Indikatoren	- Umwelt-Kennzahlen, wie z.B. Staubemissionen oder Abwassermenge
Weiterbildung	- Förderung des qualitäts-, umwelt- und sicherheitsbewussten Verhaltens der Mitarbeiter durch Weiterbildung
Elemente des Nachhaltigkeitsmanagement-System	
Nachhaltigkeitspolitik	- Anerkennung der Leitlinien zur nachhaltigen Entwicklung und der Umweltleitlinien des ArcelorMittal-Konzerns - im Rahmen des IMS wurden Ziele vereinbart, die zugleich in der Unternehmenspolitik verankert sind - aktiver Schutz der Umwelt und der Mitarbeiter
Nachhaltigkeitsaktivitäten und –ziele	- Umfangreiche Maßnahmen im Bereich Arbeits- und Gesundheitsschutz (aber: keine Zertifizierung) - Mitarbeiter: Aktivitäten im Bereich Weiterbildung, Sicherheit und Gesundheit - Umwelt: Minimierung von Emissionen, eine gezielte Umweltvorsorge und weitere umfangreiche Maßnahmen im Bereich des Umweltschutzes - Handel mit Emissions-Zertifikaten
Nachhaltigkeitscontrolling	- Umwelt-Kennzahlen, wie z.B. Staubemissionen oder Abwassermenge
Nachhaltigkeitskommunikation	- nicht vorhanden
Nachhaltigkeitsmanagement-Review	- keine Informationen recherchierbar
Nachhaltigkeitsorganisation	- nicht vorhanden

Tab. 5-16: Nachhaltigkeitsprofil ArcelorMittal Eisenhüttenstadt
Eigene Darstellung.

ArcelorMittal Eisenhüttenstadt ist eines der wenigen analysierten Unternehmen, neben Thyssen-Krupp Steel und Salzgitter, das sich auf der Unternehmenswebseite konkret zu Nachhaltigkeit bzw. zu einer nachhaltigen Entwicklung äußert. Dementsprechend bekennt sich das Unternehmen zu den Leitlinien einer nachhaltigen Entwicklung, die der Mutter-Konzern ArcelorMittal auf seiner Unternehmenswebseite vorgibt. Wie der Standort Bremen hat auch Eisenhüttenstadt bisher kein weitreichendes NMS umgesetzt. Unabhängig davon fördert das Unternehmen aber durchauseine nachhaltige Entwicklung, denn viele Maßnahmen des Unternehmens im Rahmen der CSR sowie die

378 Personal- und Sozialbericht der AM Ehst: http://www.arcelormittal-ehst.com/content /uploads/file/Personal_Sozialbericht_2007.pdf, (15.09.2008), S.26.

Einführung eines integrierten Managementsystems sind eine wichtige Grundlage, um in einem nächsten Schritt ein ganzheitliches NMS implementieren zu können.

5.5 Nachhaltigkeitsmanagement-Systeme in der deutschen Stahlindustrie

Nachdem nunmehr im Einzelnen dargestellt wurde, welche Systeme, Konzepte und Instrumente des Nachhaltigkeitsmanagements in der deutschen Stahlindustrie häufig oder eher selten Anwendung finden, soll im Folgenden ein zusammenfassender Überblick darüber gegeben werden, welche Stahlunternehmen bereits ein ganzheitliches Nachhaltigkeitsmanagement implementiert haben bzw. welche Elemente eines möglichen NMS in den Unternehmen bisher umgesetzt worden sind.
Die Analyse der deutschen Stahlunternehmen hat gezeigt, dass zum gegenwärtigen Zeitpunkt, lediglich nur die ThyssenKrupp Steel AG über einen vollständigen Ansatz für ein NMS verfügt bzw. sich gegenwärtig in der Planung, Einführung und Umsetzung befindet. In den übrigen zwölf analysierten Unternehmen der deutschen Stahlbranche konnten jedoch einzelne Komponenten eines NMS identifiziert werden. Neben der ThyssenKrupp Steel AG haben die Salzgitter AG und ArcelorMittal Eisenhüttenstadt den Nachhaltigkeitsbegriff explizit in das Unternehmensleitbild aufgenommen und konkret formuliert, was sie unter diesem Prinzip verstehen. Die Hüttenwerke KruppMannesmann, Georgsmarienhütte und die Deutschen Edelstahlwerke erwähnen zwar auf ihrer Unternehmenswebseite durchaus den Begriff Nachhaltigkeit, gehen aber nicht weiter auf ihn ein. Allerdings haben sieben weitere Unternehmen explizite Umweltleitlinien oder Sozialleitlinien formuliert, die teilweise auch in das Unternehmensleitbild integriert werden. Somit kann für das Element der Nachhaltigkeitspolitik beobachtet werden, dass zwar nur wenige Stahlproduzenten eine explizite Nachhaltigkeitspolitik verfolgen, in vielen Unternehmen jedoch bereits erste Ansätze bzw. Grundlagen für eine Nachhaltigkeitspolitik zu finden sind. Erwähnenswert ist in diesem Kontext, dass das Stahl-Zentrum auf seiner Webseite ein Verständnis des Leitbilds „Nachhaltigkeit Stahl“ für die deutsche Stahlindustrie vorgegeben hat, dieses aber von keinem der analysierten Unternehmen in das jeweilige Unternehmensleitbild aufgenommen wurde. Hinsichtlich der Nachhaltigkeitsaktivitäten und -ziele ist festzustellen, dass alle analysierten Stahlunternehmen eine Vielzahl von Systemen, Konzepten und Instrumente einsetzen, die dem Nachhaltigkeitsmanagement bzw. der Komponente Nachhaltigkeitsaktivitäten zugeordnet werden können. Neben den ersten Ansätzen der ThyssenKrupp Steel AG und der Salzgitter AG hat aber keines der untersuchten Unternehmen bisher explizite und konkrete Nachhaltigkeitsziele formuliert. Dies belegt und fördert die bislang anzunehmende und flächendeckende unsystematische Durchführung der Nachhaltigkeitsaktivitäten. Nur fünf Unternehmen erfassen und bewerten ihre Aktivitäten durch Umwelt- und/oder Sozialkennzahlen, was nur eine Grundlage für das Nachhaltigkeitscontrolling darstellen kann und auf eine noch wenig ausgeprägte Auseinandersetzung der Unternehmen mit dem Möglichkeiten von Nachhaltigkeitsindikatoren bzw. -kennzahlen hindeutet. Auch hier ist festzuhalten, dass das

Stahl-Zentrum regelmäßig Kennzahlen für eine „Nachhaltige Entwicklung Stahl" erfasst und auf der Webseite bereitstellt.[379] Diese Kennzahlen beziehen sich jedoch nur auf die Situation in der gesamten deutschen Stahlindustrie und geben daher keine Informationen darüber, welchen Beitrag ein einzelnes Unternehmen zur nachhaltigen Entwicklung leistet.

Unternehmen / Elemente	TKS	SG	HKM	SaS	DH	BSW	GMH	LSW	DEW	SWT	ESF	AM B.	AM E.
Nachhaltigkeitspolitik	☑	☑	☑	☒	✓	✓	☑	✓	✓	☒	☒	✓	☑
Nachhaltigkeitsaktivitäten & -ziele	☑	☑	✓	☑	✓	✓	☑	✓	☑	✓	✓	☑	☑
Nachhaltigkeitscontrolling	☑	☒	☑	☒	☒	✓	✓	☒	☒	☒	☒	☒	✓
Nachhaltigkeitskommunikation	☑	☒	✓	✓	✓	✓	✓	✓	✓	✓	✓	☒	☒
Nachhaltigkeitsmanagement-Review	✓	☒	☒	☒	☒	☒	☒	☒	☒	☒	☒	☒	☒
Nachhaltigkeitsorganisation	✓	☒	☒	✓	✓	☒	✓	☒	☒	☒	☒	☒	☒

Legende:
☑ umfassend vorhanden
✓ ansatzweise vorhanden
☒ nicht vorhanden

Tab. 5-17: Branchenüberblick Nachhaltigkeitsmanagement
Eigene Darstellung.

379 http://www.stahl-online.de/wirtschaft_und_politik/Umwelt_und_Energiepolitik/ Nachhaltigkeit /Nachhaltigkeit2007.pdf, (18.09.2008).

Die Ergebnisse der vorangegangenen unternehmensbezogenen Analyse werden für eine bessere Systematisierung und einen schnelleren Überblick in Tabelle 5-17 zusammengefasst und vorgestellt.
In der Nachhaltigkeitskommunikation ist die ThyssenKrupp Steel AG bislang das einzige Unternehmen, das eine umfangreiche Kommunikation zu Nachhaltigkeitsthemen in Form eines Nachhaltigkeitsberichts oder weiterführenden Informationen in öffentlichen Veranstaltungen betreibt. Vier weitere Unternehmen berichten zwar ihren Stakeholdern ebenfalls über ihre Aktivitäten im sozialen oder ökologischen Bereich, dies erfolgt jedoch primär durch Umwelt-, Personal- oder Geschäftsberichte und nicht im Rahmen eines ausführlichen Nachhaltigkeitsberichts als solchen. Als Instrument der internen Kommunikation von Nachhaltigkeitsaktivitäten ist lediglich der Einsatz von Mitarbeiterzeitungen festgestellt worden. Da ein zielführendes und ergebnisorientiertes Nachhaltigkeitsmanagement-Review nur sinnvoll ist, wenn das Unternehmen auch ein ganzheitliches NMS implementiert hat, kann dieses Element bislang in noch keinem Unternehmen nachgewiesen werden, hat aber dennoch insb. für die Kontrolle der Aktivitäten eine besondere zukünftige Relevanz. Hinsichtlich der Nachhaltigkeitsorganisation ist anzumerken, dass keines der Unternehmen bislang einzelne klar definierte organisatorische Einheiten für die Nachhaltigkeitsbelange eingerichtet haben. Lediglich die ThyssenKrupp Steel AG signalisiert mit der geschaffenen Position des Referenten Nachhaltigkeitsmanagement eine organisatorische Anknüpfung und Verankerung von Nachhaltigkeit in der Unternehmensorganisation.
Die Zusammenfassung lässt erkennen, dass von allen analysierten deutschen Stahlunternehmen bislang nur die ThyssenKrupp Steel AG intensive Anstrengungen zur Konzeption und Umsetzung eines ganzheitlichen NMS unternimmt. Die Entwicklung und Beschreibung dieser Anstrengungen werden im folgenden Kapitel in der Einzelfallstudie detailliert nachgezeichnet. Bei den übrigen Unternehmen sind zwar einige notwendige bzw. hinreichende Komponenten eines NMS auszumachen, vollständig sind diese jedoch gegenwärtig noch in keinem der Unternehmen berücksichtigt, eingeführt, um- und durchgesetzt.

Die Analyse zeigt, dass alle untersuchten Unternehmen zumindest ein umfangreiches Umweltmanagementsystem eingeführt haben und ein Teil der Unternehmen mit der Implementierung integrierter Managementsysteme, in denen das Umweltmanagementsystem und die sozialen Managementsysteme einbezogen werden, bereits die Grundlagen für ein ganzheitliches Nachhaltigkeitsmanagement geschaffen hat.

6 Fallstudie – Nachhaltigkeitsmanagement bei der ThyssenKrupp Steel AG

6.1 Anlass und Anstoß des Projektes

Die Herausforderungen aus Politik und Gesellschaft annehmend, stellen die Prinzipien der nachhaltigen Entwicklung bei der ThyssenKrupp Steel AG seit langer Zeit die Grundlage unternehmerischer Entscheidungen und Tätigkeiten dar, denn eine kostenoptimale und ressourcenschonende Erzeugung umweltfreundlicher Produkte und eine Vielzahl prozessbegleitender Sozialleistungen für die Mitarbeiter tragen maßgeblich zur Sicherung der Wettbewerbsfähigkeit des Unternehmens bei. Die Entwicklung der ThyssenKrupp Steel AG und ihr ökonomischer Erfolg bieten für nahezu alle Betriebsbereiche Handlungsspielräume, in denen bewusstoder unbewusst Leistungen erbracht werden, die langfristig orientiert, effektiv, ökonomisch effizient, ökologisch vertretbar, d.h. Ressourcen schonend sowie sozial verantwortlich im Sinne von gerecht und solidarisch sind (Scheffler 2005, S.5; Still 2005, S.1).

Als *Kernprobleme* sind jedoch die folgenden Defizite zu identifizieren: Die erbrachten Maßnahmen und Aktivitäten erfolgen bislang eher unkoordiniert und wenig systematisch, sie sind weitgehend ungeplant und können aufgrund fehlender Instrumente zur Dokumentation nur unzureichend und rudimentär geprüft, kontrolliert und gesteuert werden. Damit einher geht auch die im Zuge der Erstellung des ersten Nachhaltigkeitsberichtes gewonnene Erkenntnis, dass die Wahrnehmung der unternehmerischen Verantwortung und die vielfältigen Aktivitäten der ThyssenKrupp Steel AG unter dem Aspekt der Nachhaltigkeit den zahlreichen Anspruchsgruppen wie Aktionären (ThyssenKrupp AG), Mitarbeitern, Kunden, Lieferanten, Behörden oder Nicht-Regierungsorganisationen nur wenig anschaulich, intransparent und kaum überzeugend präsentiert und vermittelt werden können (Scheffler 2005, S.5; Still 2005, S.1).

Diese Ausgangssituation wirft die *zentrale Frage* auf, wie Planung, Steuerung und Kontrolle einerseits der bereits erbrachten Nachhaltigkeitsleistungen und -aktivitäten sowie andererseits die Optimierung der zugehörigen Dokumentation und internen wie externen Kommunikation gestaltet werden können.

Als Zielsetzung kann formuliert werden, dass durch die Einführung eines methodischen Vorgehens und die Entwicklung adäquater Instrumente zur Systematisierung der Nachhaltigkeitsaktivitäten eine transparente Integration des Leitbildes Nachhaltigkeit in das strategische Management der Geschäftsprozesse erreicht werden soll. Vor diesem Hintergrund ergeht am 08. Februar 2005 der Vorstandsbeschluss zur Implementierung eines NMS, dessen Konzeption und Umsetzung durch ein bereichsübergreifendes „Team Nachhaltigkeit“ unter der Führung des Direktionsbereiches Umweltschutz erfolgen soll.

Als Lösungsansatz wird die Konzeption und Implementierung eines NMS verfolgt (Still 2005, S.2). Bis dato liegen weder in der unternehmerischen Praxis noch in der wissenschaftlichen Diskussion einheitlichen Normen und verbindliche Standards für NMS vor, so dass das Projekt eine innovative wissenschaftlich-theoretische sowie unternehmensindividuelle praktische Herausforderung darstellt. Unter den Prämissen,

dass der erste Nachhaltigkeitsbericht 2004_2005 „Das Richtige tun. Richtig?" (ThyssenKrupp Steel 2006b) und ein etabliertes Umweltmanagementsystem vorliegen, wird zunächst die Anpassung bzw. Integration vorhandener Managementsysteme und nicht eine vollständige Neuentwicklung eines weiteren, separaten Managementsystems angestrebt.[380]
Mit der Konzeption und Umsetzung eines NMS wird das zur Erstellung des Nachhaltigkeitsberichtes bereits formierte Team beauftragt und aufgrund des vorhandenen Know-hows aus der Implementierung des Umweltmanagement-Systems unter die Führung des Direktionsbereichs Umweltschutz gestellt (Still 2005, S.2). Aus einem unverbindlichen, aber für beide Seiten für den weiteren Projektverlauf positiven Kontakt zwischen dem Leiter Umweltmanagement und Nachhaltigkeit (Direktionsbereich Umweltschutz) und der Verfasserin hat sich am 19. Dezember 2005 mit der Präsentation eines Vorschlags zum möglichen Projektdesign zur unternehmensseitig gewünschten, adäquaten wissenschaftlichen Begleitung der Konzeption des NMS im Rahmen dieses Dissertationsprojektes eine Kooperationsvereinbarung zwischen der ThyssenKrupp Steel AG und dem Lehrstuhl für Unternehmensführung der Technischen Universität Dortmund ergeben. Zur Durchführung des Projektes „Konzeption und Implementierung eines NMS bei der ThyssenKrupp Steel AG" formiert sich das „Kernteam Nachhaltigkeitsmanagement" neu.
Zum besseren Verständnis des Hintergrunds und der gegebenen Rahmenbedingungen für die Konzeption des NMS ist eine genaue Untersuchung der Kontextfaktoren im Rahmen des Segmentprofils (Abschnitt 6.2.2) notwendig.

6.2 Konzernprofil

ThyssenKrupp ist einer der größten Technologiekonzerne weltweit. Mehr als 190.000 Mitarbeiter arbeiten für die Schwerpunktbereiche Stahl, Industriegüter und Dienstleistungen und haben im Geschäftsjahr 2006/2007 einen Umsatz von mehr als 51 Milliarden Euro erwirtschaftet. Innerhalb der fünf Segmente *Steel*, *Stainless*, *Technologies*, *Elevator* und *Services* konzentriert sich der Konzern neben der Herstellung von Produkten zunehmend auf Systemlösungen und innovative Dienstleistungen. Der ThyssenKrupp Konzern verfolgt einen profitablen Wachstumskurs, nachdem die Phase der Konsolidierung abgeschlossen ist. Die Vielzahl der umgesetzten Portfoliooptimierungen und Prozessverbesserungen bildet jetzt die Basis für ein deutliches Wachstum. Im Rahmen des im Leitbild verankerten wertorientierten Managements, das auf eine langfristige Steigerung des Unternehmenswertes ausgerichtet ist, verfolgt der Konzern anspruchsvolle Ziele zu deren Erreichen alle Segmente des Konzerns beitragen.[381]

Wertorientiertes Management

Das unternehmerische Handeln des ThyssenKrupp Konzerns folgt der konzernweiten Anwendung des wertorientierten Managementsystems. Ziel der wertorientierten Un-

380 Inhalte des Termins vom 19.12.2005 im Anhang-1.
381 http://www.thyssenkrupp.com/de/konzern/index.html, (04.01.2008).

ternehmenssteuerung ist die Identifikation und Realisation von Wertpotentialen im Unternehmen, um langfristige Kapitalgeber zu gewinnen und zu binden (ThyssenKrupp 2006, S.3). Ein erfolgreiches Wertmanagement erhöht die Zufriedenheit der Aktionäre und verbessert die Beurteilung des Unternehmens durch Analysten, Banken und Rating-Agenturen. Es befriedigt die Interessen sowohl der Kunden durch innovative, bedarfsgerechte Produkte und Leistungen als auch der Lieferanten durch ausreichende Liquidität und Abnahmevolumen, motiviert die Mitarbeiter durch anspruchsvolle Aufgaben und sichert Arbeitsplätze (ThyssenKrupp 2006, S.4). Wertmanagement bedeutet die Unternehmensausrichtung auf die systematische und kontinuierliche Steigerung des Unternehmenswertes und stellt die Basis für profitables Wachstum dar. Die Anwendung des ThyssenKrupp Value Added (TKVA) als zentrale Steuerungsgröße zur Beurteilung der Wertschaffung nach Verzinsung des Kapitals, die Integration des wertorientierten Managements in alle Managementprozesse sowie der Einsatz des Wertmanagements zur Entscheidungsfindung auf strategischer und operativer Ebene unterstützen bei ThyssenKrupp die systematische und kontinuierliche Steigerung des Unternehmenswertes durch eine Konzentration auf leistungsstarke Geschäftsfelder, um weltweit jeweils eine führende Position im Wettbewerb einzunehmen (ThyssenKrupp 2006, S.1). Die Ausrichtung auf Wertschaffung zieht sich durch alle Managementprozesse, denn die Grundlage zur Erreichung der wertorientierten Zielvorgaben wird strategisch durch ein aktives Portfoliomanagement sichergestellt. Durch einzelne Investitionsprojekte und kontinuierliche Prozessoptimierung werden konkrete Schritte zur Wertsteigerung umgesetzt, die Erfolgsmessung macht die Wertentwicklung transparent und liefert die Grundlage für den Aufbau eines wert- und leistungsorientierten Vergütungssystems (ThyssenKrupp 2006, S.7). Zur Messung der Wertschaffung des Konzerns, der Segmente, der *Business Units*, der *Operating Groups* und der Gesellschaften in unterschiedlichen Perioden wird bei ThyssenKrupp der ThyssenKrupp Value Added (TKVA) eingesetzt. Diese Spitzenkennzahl ist für alle Berichtseinheiten im ThyssenKrupp Konzern einheitlich auf Eckdatenblättern abgebildet und bildet die wesentliche Grundlage für alle strategischen und operativen Gespräche. Der TKVA vergleicht das Ergebnis vor Steuern und Zinsen (EBIT), also das operative Ergebnis ohne Finanzierungsaufwand, mit den Kapitalkosten. Die Kapitalkosten repräsentieren die auf das Eigen- und das Fremdkapital entfallenden Renditeerwartungen. Sie entsprechen dem Produkt aus Kapitalkostensatz (*Weighted Average Cost of Capital* = WACC) und *Capital Employed* (ThyssenKrupp 2006, S.12).Aufgrund der hohen Kapitalintensität, der vielfältigen Geschäftsmodelle, der Organisationsstruktur und des starken Kapitalmarktfokus besitzt das Wertmanagement im ThyssenKrupp Konzern einen besonders hohen Stellenwert, denn es zielt auf die konsequente Wertsteigerung durch effiziente Ressourcennutzung und profitables Wachstum. Hierzu werden für ThyssenKrupp und die Segmente wertorientierte Ziele definiert, die nicht nur auf die Deckung der Kapitalkosten, sondern darüber hinaus auf die Erreichung positiver Wertbeiträge abzielen (ThyssenKrupp 2006, S.5).

Um eine zielgerichtete Steuerung des unternehmensinternen Wettbewerbs um die knappe Ressource Kapital zu gewährleisten und das operative Geschäft der einzelnen Geschäftsfelder zu steuern, sind verschiedene Instrumente eingeführt worden, die gemeinsam das „Gütesiegel“ (ThyssenKrupp AG 2001, S.4f.) des Gesamtkonzerns bilden. Die Steuerung des wertorientierten Managements erfolgt im ThyssenKrupp Konzern durch ein integriertes Controllingkonzept. Das Controlling hat die Aufgabe, Lücken zwischen Ist- und Ziel-Zustand zu identifizieren und potentielle Handlungsspielräume aufzuzeigen. Es unterstützt beim Überbrücken operativer und strategischer Lücken zwischen Ist- und Ziel-Zustand durch Umsetzung von geeigneten Maßnahmen und trägt so zur Steigerung des Unternehmenswertes bei (ThyssenKrupp 2006, S.6). Das integrierte Controllingkonzept gewährleistet eine einheitliche Struktur des Controllingprozesses und regelt die Kommunikation zwischen den operativen Einheiten und der strategischen Planung. Mit dem Ziel einer übergreifenden Vergleichbarkeit der Leistungsfähigkeit der einzelnen Geschäftsfelder zu verschiedenen Zeitpunkten sind zentrale Steuerungsgrößen, wie der Wertbeitrag, die Eigenkapitalrendite und der Cashflow eingeführt worden, mit deren Hilfe sich Wert- und Cash-Generierer im Konzern identifizieren lassen und eine wesentliche Grundlage für die operative und strategische Planung geschaffen wird (ThyssenKrupp AG 2001, S.8 ff.). Dazu ist es notwendig, für jeden Bereich definierte Ziele festzulegen, an denen sich eine Abteilung messen lassen muss. Um eine konsequente Umsetzung der Konzernstrategie zu gewährleisten, ist eine *Balanced Scorecard* entwickelt worden, welche die Lücke zwischen strategischer und operativer Planung schließen, die Vision und Strategie mit Hilfe langfristiger Zielsetzungen konkretisieren, Steuerungsgrößen definieren, langfristige Vorgaben für diese Größen bestimmen und operative Maßnahmen zur Erfüllung der Vorgaben festlegen soll. Das Portfoliomanagement analysiert vor diesem Hintergrund die bestehenden Geschäftsfelder und schlägt die Auswahl, den Aus- und Aufbau neuer leistungsstarker Bereiche sowie mögliche Desinvestitionen vor (ThyssenKrupp AG 2001, S.32 ff.). Darüber hinaus dient die *Balanced Scorecard* als Basis für das leistungsbezogene Anreizsystem im Unternehmen (ThyssenKrupp AG 2001, S.32 ff.) Mit Hilfe der leistungsbezogenen Anreize werden die individuellen Einkommen der Mitarbeiter mit dem Unternehmenserfolg verknüpft. Über sämtliche Maßnahmen und Vorgehensweisen wird im Rahmen des *Value Reportings* Rechenschaft abgelegt und somit eine transparente Kommunikation gewährleistet (ThyssenKrupp AG 2001, S.37 ff.). Das wertorientierte Management wird zusätzlich durch das *ThyssenKrupp best*[382] Programm unterstützt. Mittelfristig strebt der Konzern ein Umsatzniveau von 60 Milliarden Euro an, gleichzeitig soll das Ergebnis vor Steuern 4 Milliarden Euro erreichen. Längerfristig, insb. nach Inbetriebnahme der Großinvestitionen von *Steel* und *Stainless* in Nordamerika sowie der anderen Segmente in weiteren Regionen, erwartet die ThyssenKrupp AG einen Umsatz von 65 Milliarden Euro und ein Ergebnis vor Steuern von 4,5 bis 5 Milliarden Euro. Die zentrale Steuerungsgröße *ThyssenKrupp Value Added* (ThyssenKrupp Steel AG 2006a, S.22) – zielt mittelfristig auf eine Größenordnung von 2,5 Milliarden Euro und auf längere Sicht auf etwa 3 Milliarden Euro. Beim *Re-*

---

382 *ThyssenKrupp best*: Einen wesentlichen Erfolgsfaktor für die positive Unternehmensentwicklung bildet das im Herbst 2001 gestartete *ThyssenKrupp best* (*business excellence in service and technology*) Programm, welches sich eine konzernweite Wert- und Effizienzsteigerung zum Ziel gesetzt hat, um besser, kostengünstiger, schneller und kundenorientierter zu arbeiten. Dabei werden sowohl Produkte, Dienstleistungen als auch Arbeitsabläufe sowie Führung und Organisation analysiert und optimiert. (ThyssenKrupp Steel AG 2006a, S.16).

turn on Capital Employed (ROCE) liegen die vergleichbaren Zielvorgaben bei 21,4 Prozent bzw. 22 Prozent.[383]

6.2.1 ThyssenKrupp AG – Historie und Entwicklung

Die Ursprünge der ThyssenKrupp Steel AG entstammen den historischen Entwicklungen der Konzerne Thyssen AG und Friedrich Krupp AG Hoesch-Krupp.[384] Als Auslöser für die rechtliche Verselbständigung des Stahlbereiches gelten die Verhandlungen über einen Zusammenschluss mit der Krupp Stahl AG, der im Jahre 1983 jedoch zunächst nicht realisiert worden ist. In den Folgejahren passt der Thyssen-Konzern seine Stahlproduktion den marktlichen Gegebenheiten an, initiiert strukturelle Veränderungen und fusioniert am 01. Oktober 1992 die Thyssen Edelstahlwerke AG mit der Thyssen Stahl AG. In den 1990er Jahren sind die Gespräche mit Krupp hinsichtlich möglicher Joint Venture Aktivitäten wieder aufgenommen worden und führen 1995 zu Kooperationen in den Bereichen Weißblech (Rasselstein Hoesch GmbH), Elektroblech (EBG Elektroblech Bochum GmbH) und Rostfrei-Flacherzeugnisse (Krupp Thyssen Nirosta GmbH).[385] Im Jahre 1997 erfolgt nach Rücknahme der Absicht der Friedrich Krupp AG Hoesch-Krupp, die Thyssen AG mehrheitlich zu erwerben, die Zusammenfassung der Flachstahlaktivitäten der Thyssen Stahl AG und der Krupp Hoesch Stahl AG in der Thyssen Krupp Stahl AG. Mit dem Zusammenschluss dieser traditionsreichen Unternehmen des Ruhrgebiets verbinden sich vielfältige Vorteile und hohe Erwartungen, denn die Intensivierung des globalen Wettbewerbs stellt die Unternehmen zur Sicherung ihrer Existenz vor die Herausforderung, ihre Wettbewerbsfähigkeit kontinuierlich zu steigern. Durch diese Verbindung erhoffen sich Thyssen und Krupp, Kosten-, Technologie-, Vertriebs- sowie Synergievorteile, eine Konzentration auf Kerngeschäftsfelder und -kompetenzen und die Internationalisierung voranzutreiben, um letztendlich einen wesentlichen Vorsprung im globalen Wettbewerb zu generieren (ThyssenKrupp 1998, S.5 ff.). Gespräche über eine komplette Fusion von Thyssen und Krupp mit der Erwartung außerordentlicher strategischer Chancen und Synergiepotentiale durch den Gesamtzusammenschluss folgen. Mit wirtschaftlicher Wirkung vollzieht sich die Fusion am 01. Oktober 1998 und am 17. März 1999 durch die Eintragung im Handelsregister als ThyssenKrupp AG (ThyssenKrupp AG 2000, S.16). Die ThyssenKrupp AG ist ursprünglich in fünf Unternehmensbereiche gegliedert: *Steel*, *Automotive*, *Industries*, *Engineering* und *Materials & Services.* Mit dem Ziel der optimalen strategischen und operativen Leitung sind Führungsgesellschaften mit dem zugehörigen Hauptsitz an den jeweils wichtigsten Standorten gebildet worden. Der Unternehmensbereich *Steel* umfasste damals die gesamten Stahlaktivitäten des Konzerns mit den wesentlichen Betätigungsfeldern Qualitätsflachstahl und *Stainless.* Die ThyssenKrupp AG befindet sich seitdem im Zuge der Fusion in einem

383 http://www.thyssenkrupp.com/de/konzern/strategie.html, (04.01.2008).

384 Zu den Chroniken der Unternehmen Thyssen und Krupp siehe http://www.thyssenkrupp.de/de /konzern/geschichte.html, (06.02.2007), sowie die zahlreiche Literatur zum Thema unter http://www.thyssenkrupp.de/de/konzern/geschichte_literatur.html, (06.02.2007).

385 http://www.thyssenkrupp.de/de/konzern/geschichte_konzern_t5.html, (16.02.2006).

Prozess des kontinuierlichen Wandels.Vor dem Hintergrund des wertorientierten Managements, einem wesentlichen Führungsgrundsatz des Konzerns zur Steigerung des Unternehmenswertes, werden das Konzernportfolio und die Konzerstruktur stetig optimiert sowie die Konzentration auf die Kernkompetenzen intensiviert (ThyssenKrupp AG 2000, S.16 ff.). Als globaler Konzern konzentriert sich ThyssenKrupp nunmehr auf die Tätigkeitsschwerpunkte Stahl, Industriegüter und Dienstleistungen. In den fünf Unternehmenssegmenten *Steel* und *Stainless*, *Elevator* und *Technologies*[386] sowie *Services* für den Tätigkeitsschwerpunkt der Dienstleistungen entwickeln und produzieren gegenwärtig etwa 191.350 Mitarbeiter innovative Produkte für globale Märkte und engagieren sich dabei insb. für die Erfüllung anspruchsvoller Kundenwünsche (ThyssenKrupp Steel AG 2006a).

Stahl gilt heute als innovativer und intelligenter, damit wichtigster Industriewerkstoff. Das Segment *Steel* konzentriert sich auf den Markt für Qualitätsflachstahl mit guten Wachstumschancen sowie hoher Wertschöpfung und das Unternehmen gehört zu den bedeutendsten Herstellern weltweit. Die ThyssenKrupp Steel AG trägt wesentlich zum Umsatz und Gewinn des Konzerns bei und existiert in ihrer momentanen Form seit dem 01. Oktober 2005.[387]

6.2.2 Segmentprofil: ThyssenKrupp Steel AG

Der Bereich Stahl entwickelt sich zum investitionsintensivsten und gewinnträchtigsten Bereich innerhalb der ThyssenKrupp AG.[388] ThyssenKrupp Steel repräsentiert etwa 20 Prozent des Konzernumsatzes von ThyssenKrupp.[389]

6.2.2.1 Leitbild

Die ThyssenKrupp Steel AG definiert in ihrem Leitbild die Ziele und Grundsätze ihres unternehmerischen Handelns und präsentiert damit einen Wegweiser für die Zukunft des Unternehmens. Das Unternehmen sieht es als Ansporn, die Entwicklung der Stahlindustrie in Zukunft aktiv mitzugestalten. Dazu ist es notwendig, wirtschaftlich erfolgreich zu sein, um den Verpflichtungen gegenüber Mitarbeitern, Kunden, Lieferanten, Aktionären, der Gesellschaft und Umwelt nach zu kommen. Das unternehmerische Denken jedes Mitarbeiters und ein konsequentes, wertorientiertes Management schaffen die Voraussetzungen dafür, eine Verzinsung des eingesetzten Kapitals (ROCE) von mehr als 12 Prozent zu erreichen. Im Mittelpunkt steht dabei die kontinuierliche Steigerung des Unternehmenswertes durch Konzentration auf diejenigen Geschäftsfelder, die international die besten Entwicklungschancen versprechen. Dabei ist eine ganzheitliche Kundenorientierung mit der Konsequenz einer umfassenden Kundenzufriedenheit die oberste Zielsetzung, Herausforderung und dauerhafte Verpflichtung des Unternehmens (ThyssenKrupp Steel AG 2006a, S.22). Die Potentiale, Fähigkeiten und

---

386 Seit dem 01.Oktober 2006 mit Automotive zusammengeführt.

387 http://www.thyssenkrupp.com/de/konzern/steel.html, (04.01.2008).

388 Geschäftsberichte der ThyssenKrupp AG der letzen Jahre auf http://www.thyssenkrupp.de/de/ publikationen/geschaeftsberichte.html, (24.03.2006)

389 http://www.thyssenkrupp-steel.de/de/, (04.01.2008).

Kompetenzen sämtlicher Mitarbeiter systematisch zu nutzen, auszubauen und zu sichern sowie die Produkte und Ressourcen des Unternehmens durch umfassende Innovationen, fortschrittliche Technologie und konstant hohe Qualität aufrechtzuerhalten, sind wesentliche Erfolgsfaktoren, um die angestrebten Ziele einer dauerhaften Wettbewerbsfähigkeit und eines kontinuierlichen wirtschaftlichen Erfolges zu erreichen. Bei High-Tech Stählen, *Tailored Products*[390] und innovativen Oberflächen ist das Unternehmen nach eigenen Angaben bereits Technologieführer. Die europaweit erste Gießwalzanlage oder „TAKO“, das modernste Kaltwalzwerk der Welt, belegen die Pionierarbeit des Unternehmens auf dem Gebiet der Schlüsseltechnologien. Darüber hinaus werden die bestehenden Produkte permanent den veränderten Anforderungen angepasst und weiter entwickelt, neue Produkte aufgelegt und die Produktionstechnologien auf dem aktuellen Stand der Technik gehalten.[391] Ein fairer Umgang und die Berücksichtigung sämtlicher Interessen der Anspruchsgruppen unter Einbeziehung aller Dimensionen der Nachhaltigkeit (Abschnitt 6.2.2.10) gewährleistet in diesem Zusammenhang eine vertrauensvolle Zusammenarbeit und fördert eine offene Kommunikation.[392]

6.2.2.2 Organisation

Mit dem Geschäftsjahr 2005/2006 werden der Stahlbereich von ThyssenKrupp neu ausgerichtet und nach Abschluss der Portfoliokonsolidierung zwei separate Segmente für Qualitätsflachstahl und Edelstahl Rostfrei gebildet. Der Bereich Stahl wird in die Segmente *Steel* und *Stainless* differenziert und die ThyssenKrupp Stahl AG wird in ThyssenKrupp Steel AG umfirmiert, um die Voraussetzung für eine weitere Wertsteigerung des Konzerns zu schaffen (ThyssenKrupp AG 2005a, S.1). Die gesamten Stahlaktivitäten werden durch die ThyssenKrupp Steel AG, welche Führungs- und Koordinationsfunktionen wahrnimmt, gebündelt und nach dem Stammhauskonzept geführt. Als größtes operatives Einzelunternehmen gehört die ThyssenKrupp Steel AG zu den führenden Produzenten für hochwertigen Qualitätsflachstahl auf dem Weltmarkt und belegt mit ihrem Leistungsprofil aus intelligenten Werkstofflösungen, produktspezifischer Anarbeitung und umfassendem Service in Europa momentan die zweite Position (ThyssenKrupp Steel AG 2006a). Die *Business Units Steelmaking*, *Industry*, *Auto* und *Processing* bilden zusammen mit den ihnen entlang der Wertschöp-

---

390 *Tailored Products*: Platinen, die aus einzelnen Stahlfeinblechen gleicher oder unterschiedlicher Güte, Dicke oder Oberflächenveredelung entstehen und deren Teile z.B. durch Laserstrahl verschweißt sind. *Tailored Blanks* sind umformbar und werden entsprechend den speziellen Kundenanforderungen maßgeschneidert. *Tailored Tubes* und *Tailored Strips* ergänzen die Produktfamilie dieser maßgeschneiderten Problemlösungen. *Tailored Tubes* sind dünnwandige Hohlprofile, die durch Hydroformen in die endgültige Bauteilform gebracht werden. Sie ermöglichen neuartige Konstruktionen im Automobilbau. *Tailored Strips* sind maßgeschneiderte Stahlbänder mit einer Laserschweißnaht, die auf bis zu 15t schweren Coils aufgewickelt werden und als Problemlösung in der Herstellung von Profilen in der Automobil-, Bau- und Möbelindustrie eingesetzt werden. (ThyssenKrupp Steel AG (2006a)).

391 http://www.thyssenkrupp-steel.com/de/portraet/themenbereiche/innovation_tech-nologie.jsp, (16.02.2006).

392 http://www.thyssenkrupp-steel.com/lib/de/pdf/leitbild.pdf, (28.02.2006).

fungskette zugeordneten Tochterunternehmen die für das operative Geschäft geschaffenen, kunden- und prozessorientierten Divisionen der ThyssenKrupp Steel.

Eine Beschreibung der Aufgabenfelder der Bereiche und Divisionen erfolgt im Anschluss.

6.2.2.3 Produkte

Unter dem Bereich *Steelmaking* sind die Division Metallurgie, die Logistik-Aktivitäten, das Stahlwerk in Brasilien[393] sowie sämtliche administrative Aufgaben wie Personal/Soziales, Prozesse und Controlling zusammengefasst.[394] Die Division Metallurgie umfasst die Geschäftsfelder Roheisen, Rohstahl und Energie- und Anlagenwirtschaft. Ihre primären Aufgaben bestehen in der Herstellung und Verteilung von ausreichenden Mengen an Roheisen für die beiden Divisionen Auto und Industrie zu wettbewerbsfähigen Kosten. Dabei werden die Flüssigstufen der Hochöfen und Stahlwerke als *Cost-Center* geführt.[395] Der Geschäftsbereich *Industry* fokussiert auf ein breites Spektrum von Kunden in den Stahl verarbeitenden Industrien. Etwa 8 Millionen Tonnen Qualitätsflachstahl werden jährlich überwiegend an Kunden in Deutschland und der EU geliefert. Die Standardisierung der Fertigungswege für einige Produktlinien ermöglichen eine einfachere Planung, optimale Anlagenbelegung sowie eine individuelle und auf die Kundenbedürfnisse zugeschnittene Produktion, die eine konstant hohe Qualität bei maximaler Liefertermintreue gewährleisten kann.[396] Darüber hinaus gehören die ThyssenKrupp Stahl-Service-Center GmbH und der Bereich Bauelemente zum Geschäftsbereich *Industry*.[397] Kernaufgabe des Geschäftsbereichs *Auto* ist die Belieferung global aufgestellter Automobilunternehmen mit Produkten der ThyssenKrupp Steel AG. Jährlich vermarktet diese Division ca. 4 Millionen Tonnen Qualitätsflachstahl. Im Fokus des unternehmerischen Handelns der Division *Auto* steht eine intensive Kundenorientierung. Durch *Key Account Teams*, in denen die jeweiligen Spezialisten aus den Bereichen Werkstoff-, Oberflächen-, Umform, Füge- und Fahrzeugtechnik interdisziplinär zusammenarbeiten, werden ein optimaler Kundenkontakt und eine umfassende Kundenbetreuung sichergestellt.[398] Der Geschäftsbereich *Auto* stellt weiterhin die so genannten *Tailored Blanks* sowie Spaltbänder, Tafeln und Zuschnitte aus Vormaterial für die Automobilindustrie her und ist in Form der ThyssenKrupp Tailored Blanks GmbH[399] organisiert.[400] Der Bereich *Processing*, der Kunden aus der Verpackungsindustrie und der Bauwirtschaft sowie Verarbeiter mit High-Tech Produkten aus Stahl beliefert, wird durch selbstständige Tochtergesellschaften abge-

---

393 http://www.thyssenkrupp-steel.com/de/steelmaking, (16.02.2006).

394 Inhalte des Termins vom 08.03.2006 im Anhang-1.

395 http://www.thyssenkrupp-steel.com/de/steelmaking/division_metallurgie.jsp, (16.02.2006).

396 http://www.thyssenkrupp-steel.com/de/steelmaking/division_industrie.jsp, (16.02.2006).

397 Inhalte des Termins vom 08.03.2006 im Anhang-1.

398 http://www.thyssenkrupp-steel.com/de/steelmaking/division_auto.jsp, (16.02.2006)

399 zur Arbeit der ThyssenKrupp Tailored Blanks GmbH http://www.tailored-blanks.com/de /unternehmen/portrait.jsp, (07.04.2006).

400 http://www.thyssenkrupp-steel.com/de/steelmaking/processing_auto.jsp, (16.02.2006).

deckt.[401] Das Produktprogramm dieses Geschäftsbereichs besteht hauptsächlich aus Weißblech (Rasselstein GmbH), Mittelband (Hoesch Hohenlimburg GmbH) und Elektroband (ThyssenKrupp Electrical Steel GmbH). Die Organisationsstruktur ist gezielt auf Kunden und Märkte abgestimmt, denn die spezialisierten Produktbereiche werden in rechtlich selbstständigen Beteiligungsgesellschaften operativ verantwortet, um eine stringente Orientierung an den Kundenbedürfnissen zu gewährleisten (ThyssenKrupp Stahl AG 2005a, S.6). Die wirtschaftlichen Rahmenbedingungen und der weltweit hohe Stahlbedarf prägen die wirtschaftliche Entwicklung von ThyssenKrupp Steel im Geschäftsjahr 2005/2006 und ermöglichen dem Segment *Steel* mit den wirkungsvollen Programmen zur Effizienzsteigerung unter dem Dach von *ThyssenKrupp best* und seiner ausgeprägten Technologiekompetenz mit dem Gewinn vor Ertragssteuern von 1.417 Millionen Euro ein Rekordergebnis (ThyssenKrupp Steel AG 2006a, S.21). Der wirtschaftliche Erfolg basiert auf dem hohen Auftragseingang und den am Markt durchgesetzten Preiserhöhungen des neuen Segments *Steel* in Produktion und Absatz von hochwertigen Qualitätsflachstahlerzeugnissen und den zugehörigen Dienstleistungen.

ThyssenKrupp Steel Kennzahlen				
		2005/2006	**2006/2007**	**Veränderung**
Auftragseingang	Mio €	12.343	12.718	375
Umsatz				
Steelmaking	Mio €	1.004	1.403	399
Industry	Mio €	5.846	6.390	544
Auto	Mio €	4.375	4.800	425
Processing	Mio €	2.433	2.695	262
Konsolidierung	Mio €	- 1.571	- 2.079	- 508
Umsatz	Mio €	12.087	13.209	1.122
Ergebnis				
EBITA	Mio €	2.115	2.470	355
EBIT	Mio €	1.482	1.761	279
Ergebnis vor Steuern (EBT)	Mio €	1.406	1.662	256
Wertorientierte Kennzahlen				
ROCE	%	23,2	26,9	3,7
ThyssenKruppValue Added (TKVA)	Mio €	876	1.138	262
Investitionen	Mio €	603	1.659	1.056
Abschreibungen	Mio €	629	615	-14
Produktion				
Rohstahl (inkl. Produktionsanteil HKM)	1.000t	13.837	14.459	622
Walzstahl (Erzeugung für Kunden inkl. Lohnwalzungen)	1.000t	15.112	15.780	668

401 http://www.thyssenkrupp-steel.com/de/steelmaking/processing_industry.jsp, (16.02.2006).

Mitarbeiter				
Deutschland	30.09.	29.387	29.578	191
Ausland	30.09.	9.453	9.981	528
Gesamt	30.09.	38.840	39.559	719

Tab. 6-1: Die wichtigsten Kennzahlen im Überblick
ThyssenKrupp Steel AG 2007, S.2.

Der Umsatz des Segments *Steel* steigt um 12 Prozent auf 10,7 Milliarden Euro, bei der ThyssenKrupp Steel AG nimmt das Umsatzvolumen um 13 Prozent auf 8,3 Milliarden Euro zu (ThyssenKrupp Steel AG 2006a, S.16).

6.2.2.4 Markt- und Wettbewerbsumfeld

Die konjunkturelle Erholung der Weltwirtschaft ist auch in den Stahl verarbeitenden Branchen deutlich spürbar und wirkt sich in einer Erhöhung der Produktion in der Automobilindustrie, einer intensiven Investitionstätigkeit im europäischen Maschinenbau sowie im Wachstum des Bausektors aus. Innerhalb dieser günstigen gesamtwirtschaftlichen Rahmenbedingungen sind die internationalen Stahlmärkte weitgehend stabil, der globale Stahlbedarf steigt, damit einher geht eine gute Mengenkonjunktur bei überwiegend steigenden Preisen aufgrund der höheren Erzeugungskosten der Produzenten (ThyssenKrupp Steel AG 2006a, S.12). Weltweit wurden in 2006 mehr als 1,23 Milliarden Tonnen Rohstahl erzeugt, davon mit überwiegend voller Auslastung der Stahlwerke 46,5 Millionen Tonnen in Deutschland. Der konjunkturbedingt höhere Stahlverbrauch und die damit einhergehende Lagerhaltung führen zu einem kräftigen Anstieg der Nachfrage nach Qualitätsflachstahlerzeugnissen, steigende Importe werden weitestgehend vom Markt absorbiert, insb. im hochwertigen Produktsegment kommt es teilweise zu Versorgungsdefiziten (ThyssenKrupp Steel AG 2006a, S.13). Die ThyssenKrupp Steel AG hat im Geschäftsjahr 2006/2007 mit ca. 39.600 Mitarbeitern einen Umsatz von 13,2 Milliarden Euro und einen Gewinn von mehr als einer Milliarde Euro erzielt, was für das Unternehmen abermals eine signifikante Verbesserung der unternehmerischen Tätigkeit bedeutet (ThyssenKrupp Steel AG 2006a). Die Roheisen- und Rohstahlerzeugung konzentriert sich auf den wirtschaftlich günstigen Standort Duisburg. Dieser Standort verfügt über einen Anschluss an internationale Wasserwege, weist durch seine verkehrsgünstige Lage eine ideale Anbindung zu vielen Kunden und weiterverarbeitenden Werken auf und kann somit unter wirtschaftlichen und umweltrelevanten Aspekten optimal genutzt werden (ThyssenKrupp Stahl AG 2005a, S.6). In Deutschland verfügt die ThyssenKrupp Steel AG über eine Vielzahl an weiteren Standorten in Hohenlimburg, Bochum oder Andernach, international ist das Unternehmen mit Produktionsstätten in Asien und Amerika vertreten. Zurzeit wird in Brasilien eine neue Rohstahlproduktion errichtet, durch die ein kontinuierliches Wachstum des Unternehmens sichergestellt, regionale Kostenvorteile und die Nähe zur Rohstoffbasis für Eisenerz genutzt werden sollen (ThyssenKrupp Steel AG 2006a, S.45 ff.).[402]

402 zum Unternehmensportfolio der ThyssenKrupp Steel AG, ThyssenKrupp Steel AG 2006a, S.96.

Die Themenbereiche Werke und Produktionsanlagen, Innovation und Technologie, Qualitätsmanagement, Umweltschutz und Nachhaltigkeit umfassen die wesentlichen Determinanten der unternehmerischen Tätigkeit der ThyssenKrupp Steel AG, letztere wird den inhaltlichen Rahmen für das Fallgeschehen darstellen.

6.2.2.5 Werke und Produktionsanlagen

Deutliche Synergien und Rationalisierungen haben die Fusion von Thyssen und Krupp-Hoesch geprägt, denn ein wesentlicher Baustein des industriellen Konzepts ist die Konzentration der Metallurgie und des überwiegenden Teils der Warmbanderzeugung in Duisburg. So ist durch die Fokussierung dieser *Upstream*-Aktivitäten an der Rheinschiene ein einzigartiges Standortkonzept für ThyssenKrupp Steel realisierbar. Duisburg ist europaweit die Stadt mit der höchsten Stahlerzeugung und durch die Lage am Rhein, mit eigenem Hafen, ist die Rohstoffversorgung via Rotterdam (Niederlande) unproblematisch und kostengünstig. Darüber hinaus ergeben sich bei einer solchen Bündelung der Ressourcen im logistischen Umfeld erhebliche Skaleneffekte. Um den Kunden in der Nähe ihrer jeweiligen Fertigungen vor Ort Produkte mit gleich bleibendem Qualitätsstandard auf hohem Niveau und vielfältigen Service zu bieten, setzt ThyssenKrupp Steel gleichzeitig auf eine gezielte Internationalisierungsstrategie in den Stufen Feuerverzinkung, Stahl Service und *Tailored Blanks*. Die Internationalisierungsmaßnahmen konzentrieren sich auf attraktive Zielmärkte in der Triade Europa, Amerika und Asien.[403]

6.2.2.6 Innovation und Technologie

ThyssenKrupp Steel übernimmt eine Schrittmacherrolle bei der Weiterentwicklung von High Tech-Stählen, *Tailored Products* und innovativen Oberflächen. Produktinnovationen und fortschrittliche Verfahren sind entscheidende Erfolgskriterien im Wettbewerb, denn durch die Optimierung der Produkteigenschaften erschließt das Unternehmen ständig neue Einsatzfelder und stabilisiert seine Position im Wettbewerb mit anderen Werkstoffen. Den steigenden Leichtbau- und Sicherheitsanforderungen der Automobilindustrie trägt ThyssenKrupp Steel durch innovative Stahlprodukte wie höher- und höchstfeste Stähle mit gleichzeitig guter Umformbarkeit und *Tailored Blanks*, mit denen sich je nach Bauteil Gewichtseinsparungen bis zu 40 Prozent erreichen lassen, Rechnung. Mit ihrem innovativen Karrosserie-Konzept *NewSteelBody* (NSB®)[404] hat das Unternehmen demonstriert, dass *Tailored Tubes* zukünftig *Space Frame*[405] Konstruktionen ermöglichen, die genauso leicht sind wie Aluminiumlösungen, aber wesentlich kostengünstiger. Innovationen für die Bauindustrie sind Solartec-

---

403 http://www.thyssenkrupp-steel.com/de/portraet/themenbereiche/werke_produktionsan-lagen, (04.01.2008).

404 *NewSteelBody (NSB®)*: Gewichtsoptimierte Rohkarosserie aus Stahl durch eine intelligente Mischung von klassischer Schalenbauweise und innovativer Profilbauweise (ThyssenKrupp Steel AG (2006a).

405 *Space Frame*: Rahmenbauweise für Automobilkarossen unter Verwendung von Hohlprofilen aus Stahl mit Gewichtsvorteilen gegenüber der üblichen Schalenbauweise auf Basis von Feinblechen (ThyssenKrupp Steel AG (2006a).

Photovoltaik-Module, feuerresistente Stähle und maßgeschneiderte Designträger. Weiterhin werden im DOC Dortmunder OberflächenCentrum neuartige Beschichtungen für Stahlprodukte und neue Funktionalitäten, wie Kratzfestigkeit und *easy-to clean*-Effekte, entwickelt.[406] Auch bei Produktionstechnologien forciert ThyssenKrupp Steel die Weiterentwicklung durch die europaweit erste Gießwalzanlage für Qualitätsflachstahl in einem integrierten Hüttenwerk am Standort Duisburg oder im Jahre 2001 durch die Inbetriebnahme des modernsten Kaltwalzwerkes der Welt „TAKO" im Werksbereich Duisburg-Beeckerwerth mit einer neuen High Tech-Tandemstraße, die mit der Beize gekoppelt worden ist und die Erzeugung qualitativ hochwertiger Bänder in extrem breiten und dünnen Abmessungen ermöglicht.[407] Auch die Feuerbeschichtungsanlage 8 am Standort Dortmund gilt als leistungsfähigste Anlage ihrer Art. Mit dem Schachtofen hat ThyssenKrupp Steel den Weg zur *Zero-Waste* Produktion eingeschlagen, denn der Ofen verarbeitet eisenhaltige Stäube und Schlämme aus der Stahlproduktion und macht daraus durch ein im Unternehmen selbst entwickeltes Verfahren neues Roheisen.[408]

6.2.2.7 Qualitätsmanagement

Ein umfangreiches, wertorientiertes Qualitätsmanagement-System begleitet die Unternehmensstrategie der ThyssenKrupp Steel AG mit dem Ziel durch eine kontinuierliche Verbesserung der Prozesse und Produkte den wachsenden Ansprüchen der Kunden auch zukünftig gerecht zu werden. Wertorientierung bedeutet die konsequente Ausrichtung des Managements an der externen Kundenforderung nach einem sogenannten ‚Null-Fehler-Produkt' und an dem internen Anspruch auf eine effiziente und kostenoptimale Gestaltung der betriebsinternen Prozesse zur Herstellung des Produktes.[409] Dabei spielen die Herausforderung und Verpflichtung einer ganzheitlichen Kundenorientierung und vollständigen Kundenzufriedenheit ausschlaggebende Rollen (ThyssenKrupp Steel AG 2005b, S.3). Das Qualitätsmanagement-System der Thyssen Krupp Steel AG ist darauf ausgerichtet, die gewünschte und vereinbarte Qualität von Produkten und Dienstleistungen für die Kunden sicherzustellen, Ansätze für eine kontinuierliche Verbesserung der Prozesse zu liefern und die Anforderungen aus Gesetzen, Normen und internen Regelungen zu erfüllen. Die Einhaltung und Weiterentwicklung von einheitlichen Systemstandards sowie identischer Vorgehensweisen bezüglich des Qualitätsmanagements im gesamten Unternehmen werden zentral durch das Team Qualitätsmanagement im Direktionsbereich Umweltschutz in einem Team unter der Leitung des Qualitätsmanagement-Beauftragten festgelegt und sichergestellt. Im Rahmen eines Qualitätsmanagement-Handbuches und auf Basis konkreter Qualitätsmanagement-Anweisungen werden die grundsätzlichen Regelungen im Unternehmen kommuniziert

---

406 http://www.thyssenkrupp-steel.com/de/portraet/themenbereiche/innovation_technologie /index.jsp, (04.01.2008).

407 http://www.thyssenkrupp-anlagenservice.de/DE/News/pressemitteilungen.php?we _object ID=63, (04.01.2008).

408 http://www.thyssenkrupp-steel.com/de/portraet/themenbereiche/innovation_tech-nologie /index.jsp, (04.01.2008).

409 Inhalte des Termins vom 08.03.2006 im Anhang-1.

und im Intranet des Unternehmens zur Verfügung gestellt. Detaillierte Regelungen zu Arbeits- und Verfahrensanweisungen werden durch konkrete Handlungsvorschriften, Kontrollpläne etc. in den relevanten Arbeitsbereichen definiert. Die inhaltliche Gestaltung, Pflege und Dokumentation ist hier dezentral strukturiert und obliegt der ausgebenden Organisationseinheit, wobei die so entstehenden individuellen Arbeits- und Verfahrensanweisungen nur den unmittelbar beteiligten Personen am jeweiligen Standort vorliegen. Da die genauen Kenntnisse und die Kontrolle der einzelnen Prozesse und Anforderungen innerhalb der spezifischen Einheit am besten ausgeprägt sind, beschränken sich die zentral definierten Aspekte des Qualitätsmanagement-Systems darauf, Form, Aufbau und Minimalanforderungen vorzugeben (ThyssenKrupp Stahl AG 2005b, S.2). Regelmäßige interne Audits überprüfen die Funktionsweise des Qualitätsmanagement-Systems und tragen zur kontinuierlichen Verbesserung bei. Mit Hilfe der von den einzelnen Bereichen verfassten Jahresberichten erstellt das Team Qualitätsmanagement im Direktionsbereich Umweltschutz einen Gesamtjahresbericht und bewertet den aktuellen Stand des Qualitätsmanagements (ThyssenKrupp Steel AG 2005b, S.12). Mit dem Ziel einer stetigen Verbesserung der Prozesse und Produkte orientiert sich die ThyssenKrupp Steel AG am EFQM-Modell, um die Organisation ganzheitlich in Richtung *Business Excellence* zu führen.[410] *Business Excellence* bedeutet in diesem Zusammenhang, die unternehmerischen Ziele, zufriedene Kunden und Mitarbeiter sowie exzellente Ergebnisse in Einklang zu bringen und optimal auszugestalten. Alle Rohstoffe, Reserveteile, Verpackungen und Dienstleistungen werden von Lieferanten bezogen, die ebenfalls in dieses Qualitätssystem eingebunden sind (May 2003, S.3 ff.). Der Qualitätsanspruch bildet hierbei den Ausgangspunkt des konzernweiten Excellence Programms (ThyssenKrupp Steel AG 2005b, S.2). Die konsequente Orientierung am EFQM-Modell impliziert eine Erfüllung der Normananforderungen nach DIN EN ISO 9000 ff.[411] und DIN EN ISO/TS Norm 16949[412]. Die chemischen Laboratorien sind ihrerseits nach DIN EN ISO 45001[413] (bzw. DIN EN ISO/IEC 17025)[414] akkreditiert.[415] Der Erfüllungsgrad der einzelnen Elemente des EFQM-Modells wird regelmäßig mit Hilfe eines EFQM-Assessments überprüft, das sämtliche Anspruchsgruppen im Rahmen eines Fragebogenverfahrens

410 http://www.thyssenkrupp-steel.com/de/portraet/themenbereiche/qualitätsmanage-ment, (01.03.2006).

411 Die Normenreihe EN ISO 9000 ff. umfasst die Grundsätze für Maßnahmen zum Qualitätsmanagement, insbeS.Grundlagen und Begriffe, Anforderungen, Leitfäden zur Leistungsverbesserung und für AuditS.(http://www.iso9001.qmb.info/system /system.htm, (01.03.2006).

412 ISO/TS 16949: Qualitätsmanagementsystem für die Automobilindustrie mit dem Ziel die Kundenanforderungen bis hin zum Endverbraucher zu erfüllen (http://www.quality.de/ lexikon/ts_16949.htm, (01.03.2006).

413 DIN EN ISO 45001: Norm über den betrieb von Prüflaboratorien und allgemeine Kriterien für die Kompetenz von Prüf- und Kalibrierlaboratorien (http://www.quality.de/ lexikon/din_ en_45001.htm, 15.01.2008).

414 DIN EN ISO/IEC 17025: Norm für die Akkreditierung als Prüflaboratorium (http://www.quality.de /lexikon/iso_17025.htm, (15.01.2008)).

415 http://www.thyssenkrupp-steel.com/de/portraet/themenbereiche/qualitaetsmanage-ment, (04.01.2008).

zu einer Bewertung des Status quo veranlasst. In der Vergangenheit konzentrierten sich die wesentlichen Bestrebungen im Rahmen des EFQM-Ansatzes auf die Einführung einer kunden- und prozessorientierten Unternehmens- und Teamorganisation und auf die intensive Ausbildung und Förderung aller Mitarbeiterpotentiale. Auf diese Weise wird es den Mitarbeitern ermöglicht, ihre Ressourcen für die Kunden und das Unternehmen effektiv und effizient einzusetzen. Diese Intention wird zudem durch permanente Weiterbildung am Arbeitsplatz sowie interne und externe Schulungsmaßnahmen unterstützt (ThyssenKrupp Steel AG 2005b, S.8 ff.). Diese ständige Weiterentwicklung des Qualitätsmanagements gibt den Rahmen für die Qualität der ThyssenKrupp Steel AG vor.

6.2.2.8 Umweltschutz

Einen Beitrag zur Schaffung und Wahrung einer intakten Umwelt im Ballungsraum Rhein-Ruhr stellt die zentrale Leitlinie aller Umweltschutzmaßnahmen des Unternehmens dar.[416] So gibt die ThyssenKrupp Steel AG rund 300 Millionen Euro für Gewässerschutz, Luftreinhaltung, Recycling, Lärm- und Bodenschutz aus. Das entspricht einem spezifischen Aufwand von 29 €/t bezogen auf die eigene Rohstahlerzeugung. Auch hat man sich zum Ziel gesetzt, in allen Segmenten einheitlich ein effizientes Umweltmanagementsystem gemäß der weltweit gültigen Norm DIN EN ISO 14001[417] einzurichten. Bei der ThyssenKrupp Steel AG ist dieses System bereits etabliert. [418] Bei der Erzeugung wird der Ressourcenschonung durch den sparsamen Einsatz aller Ressourcen Rechnung getragen. Dies geschieht durch die Minimierung des Reduktionsmitteleinsatzes im Hochofenprozess und die Steigerung der Energieeffizienz auf das technisch machbare Niveau. So werden die Kuppelgase der Werke an anderer Stelle als Brennstoff wieder eingesetzt oder für die Stromerzeugung genutzt. [419] Zu einer verantwortungsvollen Ressourcennutzung trägt ThyssenKrupp Steel auch durch das Recycling der internen Reststoffe bei. Durch den Bau eines Schachtofens in Duisburg-Hamborn sind nun die letzten Lücken in den Stoffkreisläufen geschlossen. Die Anlage dient dazu, eisenhaltige Reststoffe, die in den Umweltschutzeinrichtungen des Stahlerzeugungsprozesses erfasst werden, wieder in den Produktionsfluss zurückzuführen. In Verbindung mit einem modellunterstützten Stoffstrom-Management-system können Verwertungsraten von fast 100 Prozent erreicht werden. Auch geschlossene Wasserkreisläufe sind angesichts der weltweiten Wasserknappheit ein exzellentes Beispiel für Zukunft weisende Aktivitäten im Umweltschutz. Die Mitarbeiter des Direktionsbereichs Umweltschutz sind in vielen Bereichen tätig. Schwerpunkte sind dabei die Bera-

---

416 http://www.thyssenkrupp-steel.com/de/portraet/themenbereiche/umweltschutz/ umweltmanagement.jsp, (04.01.2008).

417 DIN EN ISO 14001:2005-02 bzw. ISO 14001:2004: Internationale Umweltmanagementnorm legt weltweit anerkannte Anforderungen an ein Umweltmanagementsystem fest und ist Teil einer Normenfamilie. (http://www.14001news.de/, (15.01.2008)).

418 http://www.thyssenkrupp-steel.com/de/portraet/themenbereiche/umweltschutz/umwelt mangement.jsp, (04.01.2008).

419 http://www.thyssenkrupp-steel.com/de/portraet/themenbereiche/umweltschutz/umwelt management.jsp, (04.01.2008).

tung der Betriebe in allen Belangen des Immissionsschutzes, der Wasserwirtschaft und des Gewässerschutzes, der Kreislaufwirtschaft, der Abfallentsorgung, des Bodenschutzes und des im Folgenden zu vertiefenden Umweltmanagements.[420] Die Umsetzung der Umweltpolitik der ThyssenKrupp Steel AG wird durch die Orientierung an der international gültigen Umweltnorm DIN EN ISO 14001 ausgerichtet. Alle wichtigen Regelungen sind in einem allen Belegschaftsmitgliedern zugänglichen Umweltmanagement-Handbuch dokumentiert. Im Juni 2007 ist das seit 2001 zertifizierte Umweltmanagement-System der ThyssenKrupp Steel AG durch einen unabhängigen Gutachter für weitere drei Jahre erfolgreich rezertifiziert worden.[421] Bei einer ersten Auseinandersetzung mit dem Umweltmanagement-System nach der EMAS-Norm wird allen Beteiligten bewusst, dass die Vorgaben der Norm für ihre speziellen Unternehmen unverhältnismäßig hohe finanzielle Aufwendungen bedeuten und daher nicht umsetzbar seien. Als später die Norm ISO 14001 veröffentlicht wird, zögert die inzwischen durch die Fusion und organisatorische Veränderungen entstandene ThyssenKrupp Stahl AG jedoch nicht mehr, die nötigen Schritte für die Einführung eines Systems nach DIN EN ISO 14001 einzuleiten.[422] Dieses System besitzt eine weltweite Gültigkeit, ist einfacher strukturiert und öffentlich anerkannt. Zudem ist es zwingend erforderlich geworden, die vorhandenen Aktivitäten im Bereich des Umweltschutzes und bei der Betreuung umweltrelevanter Themengebiete zu systematisieren, Synergien zu nutzen und die Kräfte zu bündeln. Bei der Umsetzung der Norm ISO 14001 spielt die öffentliche Meinung eine untergeordnete Rolle, vielmehr lässt sich der Vorstand bei seiner Entscheidung durch die offensichtlichen, ökonomischen und ökologischen Vorteile leiten, denn einige Großkunden fordern von der ThyssenKrupp Steel AG ein öffentliches Umweltzertifikat, das eine Minimierung der Umweltrisiken belegen soll. Das Management erhofft sich eine Erhöhung der Rechtssicherheit, eine Verbesserung der internen Organisationsstrukturen und Kommunikation sowie eine Erhöhung der Betriebssicherheit. Weiterhin können Kostensenkungspotentiale in den Bereichen des Energie- und Wasserverbrauches und der Roh-, Hilfs- und Betriebsstoffe identifiziert werden (Scheffler 2001, S.2) Die Umsetzung der Norm ISO 14001 liegt in der Verantwortung eines Teams, das sich bereits vorher innerhalb der Abteilung Umweltschutz mit umweltrelevanten Fragen beschäftigt hat. Eine klassische Ist-Analyse, in der sämtliche Prozesse, Arbeitsfelder und betriebsbedingte Aspekte auf umweltrelevante Berührungspunkte und die Anforderungen der Norm ISO 14001 untersucht werden, bildet die Basis für die weitere Entwicklung des Umweltmanagement-Systems.Die Elemente der Norm, die nach dem Ergebnis der Analyse des Unternehmens nicht ausreichend abgedeckt sind, werden ergänzt und bereits bestehende Verfahren der Norm ISO 14001 angepasst. Die Umsetzung des Umweltmanagement-Systems in den einzelnen Betrieben stellt sich anfangs als recht schwierig dar. Die zuständigen Ansprechpartner zu identifizieren und in einem nächsten Schritt von den Vorteilen des neuen Umwelt-

---

420 http://www.thyssenkrupp-steel.com/de/portraet/themenbereiche/umweltschutz/umwelt management.jsp, (04.01.2008).

421 http://www.thyssenkrupp-steel.com/de/portraet/themenbereiche/umweltschutz/umwelt management.jsp, (04.01.2008).

422 Inhalte des Termins vom 19.12.2006 im Anhang-1.

managementsystems zu überzeugen, verlangt einen hohen Argumentations-, Arbeits- und Zeitaufwand. Dies ist v.a. deshalb sehr ambitioniert gewesen, weil gleichzeitig eine Vielzahl anderer Prozesse im Rahmen der Konzernfusion anzupassen ist. Zudem ist in der Belegschaft eine gewisse „Umweltangst“ [423] vorhanden, da man sich der unvermeidbaren Umweltbelastung der Stahlproduktion durchaus bewusst gewesen ist und sich nur schwer vorstellen kann, wie es gelingen soll, v.a. in der Produktion ein zertifizierbares Umweltmanagementsystem zu implementieren. Um die Bedenken auszuräumen und die Belegschaft vom ökonomischen Vorteil und der Möglichkeit eines sinnvollen und praktikablen Umweltmanagementsystems zu überzeugen, wird eine aufwendige, präventive Aufklärungskampagne in allen umweltrelevanten Betriebseinheiten durchgeführt. Diese führt dazu, dass sich das Bewusstsein für den Umweltschutz in der Belegschaft der ThyssenKrupp Steel AG deutlich erhöht, an dessen weiterer Verbesserung auch heute noch kontinuierlich mit gezielten Maßnahmen gearbeitet wird.[424] Das Umweltmanagementsystem der ThyssenKrupp Steel AG ist nach den Richtlinien und Vorgaben der Norm ISO 14001 gegliedert. In einem Handbuch, dessen erste drei Teile für jeden Mitarbeiter im Intranet des Unternehmens verfügbar sind und dessen vierter – so genannter Spezialteil – nur von befugten Personen eingesehen werden kann, sind übersichtlich und präzise alle umweltrelevanten Aspekte dargestellt. Mit Hilfe der genauen und detailreichen, aber gleichwohl übersichtlichen und leicht verständlichen Vorgehensweise ist eine hohe Akzeptanz des Umweltmanagement-Systems bei der Belegschaft erreicht worden. Es wird registriert, dass Kritik gewollt ist, ernst genommen wird, dass ausdrücklich Verbesserungsvorschläge erwünscht sind, unvoreingenommen geprüft und umgesetzt werden. Dadurch wird dem Postulat eines kontinuierlichen Verbesserungsprozesses des UmweltmanagementSystems, das ein wesentlicher Aspekt der Norm ISO 14001 ist, Rechnung getragen. Auch die kaum noch vorhandenen Mängel des Systems, die nach internen und externen Audits in einer Liste dokumentiert werden, belegen, dass sich das Umweltmanagement-System der ThyssenKrupp Steel AG bewährt hat und erfolgreich umgesetzt worden ist.[425]

6.2.2.9 Nachhaltigkeit

Nachhaltigkeit bedeutet Sorge um das Wohlergehen der nachfolgenden Generationen. „Wir müssen voraus denken“, lautet das Credo bei ThyssenKrupp Steel[426]. Dabei bleibt der Dreiklang im Fokus: ökologische Vernunft, soziale Verantwortung und ökonomische Notwendigkeit. Nur so ist eine nachhaltige gesunde Entwicklung möglich. Durch Investitionen in modernste Technologien erzeugt ThyssenKrupp Steel Produkte mit geringer Ressourcenbelastung, diese Erzeugnisse tragen dazu bei, die Umwelt zu schonen. Die Strategie der Nachhaltigkeit zielt auf kontinuierliche Verbesserungen, die nicht Selbstzweck sind, sondern auch dazu dienen, teure Rohstoffe einzusparen, deshalb ist nachhaltiges Wirtschaften für die ThyssenKrupp Steel AG ein wichtiges

423 Inhalte des Termins vom 19.12.2006 im Anhang-1.
424 Inhalte des Termins vom 19.12.2006 im Anhang-1.
425 Inhalte des Termins vom 19.12.2006 im Anhang-1.
426 http://www.thyssenkrupp-steel.com/de/portraet/themenbereiche/nachhaltigkeit.jsp, (04.01.2008).

Unternehmensziel.[427] Ein wichtiger Leitgedanke für ThyssenKrupp Steel ist die Kooperation mit gesellschaftlichen Gruppen, mit Forschung und Lehre und einer Vielzahl der Nachhaltigkeit verpflichteten Organisationen wie der Internationalen Handelskammer (ICC), dem *International Iron and Steel Institute* (IISI) oder dem Nachhaltigkeitsforum *econsense*[428]. Dieses „Forum Nachhaltige Entwicklung der Deutschen Wirtschaft" ist ein Zusammenschluss führender, global agierender Unternehmen und Organisationen der deutschen Wirtschaft zu den Themen *CSR* (CSR) und Nachhaltige Entwicklung (*Sustainability*). Das Unternehmensnetzwerk – im Jahr 2000 auf Initiative des Bundesverbandes der Deutschen Industrie e. V. (BDI) gegründet – versteht sich als *Think Tank* und zentrale Dialogplattform.[429]

6.3 Nachhaltigkeitsmanagement bei der Thyssen Krupp Steel AG

Bereits vor dem Vorstandsbeschluss, ein NMS bei der ThyssenKrupp Steel AG zu implementieren und noch vor der Veröffentlichung des ersten Nachhaltigkeitsberichtes von ThyssenKrupp Steel, hat sich die ThyssenKrupp AG bereits im Jahre 2003 in ihrem betriebseigenen Magazin zu den Prinzipien der Nachhaltigkeit bekannt und erneuert das Bekenntnis zur Wahrnehmung gesellschaftlicher und nachhaltiger Verantwortung in der Jahresausgabe von 2006.[430] Dabei orientiert sich der Konzern an der Definition aus dem Brundtland-Bericht, indem er dafür eintritt, durch das unternehmerische Handeln die Bedürfnisse der Gegenwart zu befriedigen, ohne zu riskieren, dass künftige Generationen ihre eigenen Bedürfnisse nicht befriedigen können. Um die Umsetzung dieses Anspruches in der Unternehmenswirklichkeit bei der ThyssenKrupp AG zu veranschaulichen, wird präsentiert inwieweit die Mitarbeiter des Konzerns anspruchsvolle Produkte entwickeln, die den Kriterien der Nachhaltigkeit entsprechen und betont, dass ein besonderer Schwerpunkt auf die Bildung und Weiterbildung der Mitarbeiter gelegt und sämtliche eingesetzten betrieblichen Ressourcen effizient genutzt werden (ThyssenKrupp AG 2003, S.4f.).
Als Motiv der ThyssenKrupp Steel AG für die Aufnahme des Nachhaltigkeitsleitbildes in die Unternehmensstrategie lässt sich die Wahrnehmung der gesellschaftlichen Verantwortung des Unternehmens anführen, die sich in der Herausforderung manifestiert, der nächsten Generation eine Basis für eine gesicherte Zukunft zu schaffen (ThyssenKrupp Steel AG 2006b, S.11).[431] Aus diesem generellen Nachhaltigkeitsverständnis leitet sich für das Unternehmen neben der Verfolgung einer optimalen ökonomischen Performance die Innovationsfähigkeit als entscheidendes Erfolgskriterium für eine nachhaltige Entwicklung ab (ThyssenKrupp Steel AG 2006b, S.10, S.15).

---

427 http://www.thyssenkrupp-steel.com/de/portraet/themenbereiche/nachhaltigkeit.jsp, (04.01.2008).

428 http://www.econsense.de, (04.01.2008).

429 http://www.econsense.de, (04.01.2008).

430 zum Inhalt der ThyssenKrupp Magazine http://www.thyssenkrupp.de/de/ publikationen /magazine.html, (13.03.2006).

431 Inhalte des Termins vom 19.12.2005 im Anhang-1.

6.3.1 Nachhaltigkeitsverständnis – „Was wir unter Nachhaltigkeit verstehen."

ThyssenKrupp Steel hat im Jahre 2006 seinen ersten, auf das Geschäftsjahr 2004/2005 bezogenen Nachhaltigkeitsbericht mit dem Motto „Das Richtige tun. Richtig?" (ThyssenKrupp Steel 2006b) veröffentlicht und präsentiert darin ein neues Verständnis von nachhaltiger Entwicklung. Im Rahmen des Berichtes wird Nachhaltigkeit – ebenso wie bereits bei der ThyssenKrupp AG – im klassischen Sinne des Brundtland-Berichtes verstanden. Die ThyssenKrupp Steel AG hat für ihren Geschäftsalltag mit seinen vielfältigen Wechselwirkungen und Abhängigkeiten innerhalb und außerhalb des Unternehmens jedoch festgestellt, dass diese gängige Beschreibung nur ein unzureichendes Abbild der unternehmerischen Realität im Nachhaltigkeitskontext darstellt. Auf Basis dieser Erkenntnis hat das Unternehmen deshalb ein eigenes Verständnis von nachhaltiger Entwicklung erarbeitet, das die vielfältigen Interdependenzen klar anspricht, Prioritäten setzt und umfassend die zentralen Aspekte thematisiert und integriert (ThyssenKrupp Steel AG 2006b, S.17f.). Nachhaltigkeit stellt ein options- und handlungsorientiertes Konzept zur Beurteilung eines Entwicklungsprozesses dar und sichert durch die konsequente Einbeziehung nicht-wirtschaftlicher Aspekte in die Managementprozesse den Handlungsspielraum unternehmerischer Entscheidungen. Vergrößern lässt sich dieser Handlungsspielraum auf Basis wirtschaftlicher Erfolge unter der unmittelbaren Achtung der Aspekte der nachhaltigen Entwicklung in jeder Entscheidungssituation, auf durchaus unterschiedlichen Ebenen mit differenzierter, aber jeweils angemessener Gewichtung (ThyssenKrupp Steel AG 2006b, S.17f.).

Somit sind die vorherrschenden drei Handlungsfelder der Nachhaltigkeit, die einen Dreiklang von Wirtschafts-, Umwelt-, und Sozialaspekten bilden, erweitert und in Anlehnung an das Denkmodell des Nachhaltigkeitszirkels[432] mit Hilfe von sechs Erfolgskriterien beschrieben worden.

Die Erfolgsfaktoren Effektivität, Effizienz, Ressourcen, Solidarität, Belastungen und Gerechtigkeit sollen bei der Beurteilung jeder Handlungsoption und in jeder Entscheidungssituation in die Analyse, die Erarbeitung von Lösungen, in deren Umsetzung und letztlich in die Erfolgskontrolle mit einfließen (ThyssenKrupp Steel AG 2006b, S.16). Die Inhalte und Interpretationen hinter den Erfolgsfaktoren zeigt die folgende Auflistung:

- *Effektivität: „Das Richtige tun."*

Effektivität meint die Wirksamkeit einer Handlung und einer Maßnahme und gibt den Grad der Zielerreichung an. Dabei müssen sowohl die Bedürfnisse des Kunden in Bezug auf Leistung, Qualität, Service und Preis erfüllt werden als auch die aktuelle Marktposition und vorhandenen Technologiepotentiale überprüft und optimiert werden. Die ThyssenKrupp Steel AG will dies durch eine konsequente Fokussierung und Portfoliooptimierung auf gewinnbringende und strategisch wertvolle Geschäftsfelder erreichen, versucht im starken Wettbewerb eine Position der Technologieführerschaft

432 zum Ellipson-Nachhaltigkeitszirkel http://www.ellipson.com/files/studies/Nachhaltigkeitszirkel_KM.pdf, (14.03.2006).

einzunehmen und richtet das gesamte unternehmerische Handeln an einer umfassenden Kunden- und Serviceorientierung aus (ThyssenKrupp Steel AG 2006b, S.33).

- *Effizienz: „Etwas richtig tun."*

Der Begriff der Effizienz beschreibt, mit welchem Ressourcen-Input ein Ziel erreicht wird. Eine Orientierung an der Wirtschaftlichkeit, die durch wertorientiertes Denken und kontinuierliche Verbesserung der Prozesse erreicht wird, ist die Erfolgsgröße für eine angemessene Verzinsung der Finanzmittel. Langfristig spielen in diesem Zusammenhang auch die Rahmenbedingungen und die damit verbundenen Investitions- und Standortentscheidungen eine wesentliche Rolle. Die effiziente Geschäftspolitik der ThyssenKrupp Steel AG wird durch eine konsequente wertorientierte Unternehmensführung geprägt. Die Auswirkungen auf den Unternehmenswert stehen bei sämtlichen unternehmerischen Entscheidungen im Mittelpunkt. Auch in diesem Bereich versucht das Unternehmen sich ständig zu verbessern und zusammen mit einem anspruchsvollen und attraktiven Produkt-Mix die Voraussetzungen für profitables internes und externes Wachstum zu schaffen (ThyssenKrupp Steel AG 2006b, S.18, S.43 ff.).

- *Ressourcen: „Mit dem, was wir haben, richtig umgehen."*

Für ein erfolgreiches Wirtschaften müssen Ressourcen in ausreichender Menge, zu wettbewerbsfähigen Preisen und in der notwendigen Qualität verfügbar sein. Der Umgang mit den Kategorien Finanzkapital, Personal, intellektuelles Kapital und natürliche Ressourcen ist in diesem Zusammenhang ein dynamischer Prozess, der in dauerhafter Konkurrenz zu den Wettbewerbern und im Substitutionswettbewerb mit anderen Werkstoffen geführt wird. Ein intelligentes Management der Ressourcen legt die Basis für dauerhaften wirtschaftlichen Erfolg und für das weitere Vorgehen. In der praktischen Umsetzung bedeutet dies bei der ThyssenKrupp Steel AG, dass das zur Verfügung gestellte Finanzkapital angemessen und risikogerecht verzinst, bei den Mitarbeitern eine integrierte Personalpolitik verfolgt wird, die aus den Schwerpunkten Aus- und Weiterbildung, Gesundheitsförderung und Entwicklungsprogrammen für den Führungsnachwuchs besteht, das intellektuelle Kapital durch Wissens- und Ideenmanagement gesichert wird und die natürlichen Ressourcen wie Rohstoffe, Wasser und Energie sparsam genutzt werden. Auch das Endprodukt Stahl lässt sich nahezu vollständig wiederverwerten und stellt gleichsam ein Musterbeispiel für die Erfüllung der Nachhaltigkeitsprinzipien dar. Darüber hinaus schafft die ThyssenKrupp Steel AG durch den NewSteelBody® und die neuen Leichtbaukonzepte[433] im Automobilbau die Voraussetzungen dafür, den Kraftstoffverbrauch der Fahrzeuge zu senken und die Sicherheit und Laufleistung zu erhöhen (ThyssenKrupp Steel AG 2006b, S.18, S.58 ff.).

- *Belastungen: „Mit dem, was wir tun, die Welt möglichst wenig belasten."*

Die wirtschaftlichen Aktivitäten und jede Form des dadurch bedingten Outputs können den Menschen, die Flora und Fauna, aber auch politische, soziale und kulturelle Systeme belasten. Der Maßstab wird im Wesentlichen durch die Schädlichkeit einer unternehmerischen Handlung und die daraus resultierende Vertretbarkeit gesetzt. In dem

433 zum NewSteelBody und zum wirtschaftlichen Leichtbau mit Stahl http://www.thyssenkrupp-steel.com/auto/de/highlights/high-lights_detail.jsp?cid=1001398, (14.03.2006).

Maße, wie sich ein Unternehmen für den Schutz der Anspruchsgruppen engagiert, wird die Akzeptanz, Toleranz und das Verständnis für die unternehmerische Tätigkeit steigen. Die ThyssenKrupp Steel AG versucht, die Belastungen für Umwelt und sozialpolitische Systeme zu verringern und mit der Problemlösung gleichzeitig die Realisierung eines positiven Wertbeitrages zu gewährleisten. Falls dieser Wertbeitrag nicht realisiert werden kann, gilt es, die problembehafteten Auswirkungen des unternehmerischen Handelns zu minimieren. Im Mittelpunkt stehen hierbei die Verringerung von Emissionen, die Reduzierung von Feinstaub, die Minimierung von CO_2, die Vermeidung von Belastungen für die Mitarbeiter durch eine weitere Senkung der Unfallquote und eine arbeitsmarktverträgliche Portfolioentwicklung, die Arbeitsplätze schafft und sichert (ThyssenKrupp Steel AG 2006b, S.24, S.62 ff.).

- *Solidarität: „Bei dem, was wir tun, das Ganze im Auge behalten."*

Unter dem Begriff der Solidarität werden die Anerkennung der Würde des Menschen als höchstes Gut, die Verpflichtung und Verantwortung für das das Unternehmen umgebende gesellschaftliche System und Ökosystem verstanden. Dabei soll die Position des Unternehmens nicht zu Lasten der Schwächeren ausgenutzt, sondern ein gemeinsamer Konsens gefunden werden. Mit Hilfe vielfältiger Engagements versucht die ThyssenKrupp Steel AG, sich für bestimmte Werte und Ziele innerhalb und außerhalb des Unternehmens einzusetzen. Dazu zählen eine qualifizierte Ausbildungspolitik, eine spätere Einstellungsqualifizierung sowie die Wahrnehmung gesellschaftlicher Verantwortung in der unmittelbaren Nachbarschaft der Unternehmensstandorte durch Förderung von verschiedenen ortsansässigen Projekten und Ideen (ThyssenKrupp Steel AG 2006a, S.68f., ThyssenKrupp Steel 2006b, S.25).

- *Gerechtigkeit: „Bei allem, was wir tun, fair und redlich sein."*

Die ThyssenKrupp Steel AG versichert, sich in allen Entscheidungen an das Recht zu halten, jedem sein Recht zu gewähren und alle Beteiligten gleich zu behandeln, um die Gerechtigkeit zu fördern und aktiv durchzusetzen. Fairness und Redlichkeit unter der Berücksichtigung einer angemessenen Verhältnismäßigkeit bei der Durchsetzung der Interessen des Unternehmens und des Managements sind weitere Grundsätze des unternehmerischen Handelns. Die ThyssenKrupp Steel AG bekennt sich zu einer verantwortungsbewussten Unternehmensführung mit Hilfe des Deutschen Corporate Governance Kodex in der aktuell gültigen Fassung.[434] Dies beinhaltet eine leistungsgerechte Vergütung und Beteiligung der Mitarbeiter am Erfolg des Unternehmens, einen fairen Dialog, offene Kommunikation mit den Anspruchsgruppen des Unternehmens und der Öffentlichkeit, die Förderung der Frauen in einem von Männern geprägten Berufszweig und eine lokale Wertschöpfung, wo es möglich und wirtschaftlich vertretbar ist (ThyssenKrupp Steel AG 2006b, S.25, S.71f.).

Der oberste Grundsatz, der die Berücksichtigung der sechs Erfolgsfaktoren bestimmt, ist die *Wahrung der Handlungsfähigkeit* des Unternehmens und die Möglichkeit über ausreichend Handlungsspielräume zu verfügen, um strategische Optionen zu prüfen

---

434 zum Deutschen Corporate Governance Kodex http://www.corporate-governance-code.de, (15.03.2006).

und die optimale Alternative weiter zu verfolgen. Die Faktoren der Effizienz und Effektivität sind in diesem Zusammenhang zwingende aber auch einschränkende Voraussetzungen, um die restlichen Erfolgsfaktoren bestmöglich zu gestalten. Je höher der Grad von Effektivität und Effizienz im Unternehmen ist, umso größer sind die Handlungsspielräume der übrigen vier Faktoren und somit der Spielraum für eine nachhaltige Unternehmenspolitik. Dabei wird ein optimal sichernder Ausgleich zwischen allen Erfolgsfaktoren gesucht, um allen Anspruchsgruppen gerecht zu werden sowie den Handlungsspielraum kurz-, mittel und langfristig zu erhalten und auszuweiten. Darüber hinaus zählen Innovationsfähigkeit, eine konsequente Kundenorientierung und marktfähige und rentable Produkte zu den wesentlichen Voraussetzungen, die ein Unternehmen in diesem Zusammenhang erfüllen muss. Um die genannten Aspekte zu gewährleisten und zu sichern, müssen die verschiedenen Gewichtungen der einzelnen sechs Erfolgsfaktoren kontinuierlich auf Wirksamkeit und Nutzen überprüft und eventuell angepasst werden (ThyssenKrupp Steel AG 2006b, S.25f.). Die Maximierung eines einzelnen Erfolgsfaktors auf Kosten anderer würde, ebenso wie die Vernachlässigung eines anderen, langfristig den Unternehmenserfolg gefährden. Um die vielfältigen Aspekte des beschriebenen Nachhaltigkeitsverständnisses bei der ThyssenKrupp Steel AG in die Geschäftsprozesse einzuführen und durchzusetzen, ist bei der Erstellung des Nachhaltigkeitsberichtes durch das eigens hierzu gebildetes Team die Notwendigkeit einer Systematisierung erkannt worden.[435]

6.3.2 Motive und Ziele der Konzeption

Der Anspruch an ein NMS besteht vor diesem Hintergrund nunmehr in der transparenten, nachvollziehbaren, effizienten, kostengünstigen und praktikablen Integration des Nachhaltigkeitsleitbildes in die strategische Unternehmensführung bzw. Geschäftsprozesse der ThyssenKrupp Steel AG, um insb. eine systematische Planung, Umsetzung, Kontrolle der vorhandenen Aktivitäten, die damit einhergehende Schaffung und Verbesserung der Berichtsgrundlage zu gewährleisten und damit die Unternehmensentwicklung im Nachhaltigkeitskontext planerisch und operativ zu lenken und die Zielerreichung zu unterstützen (Rabbe/Scheffler 2007a, S.10). Durch das NMS soll die ThyssenKrupp Steel AG befähigt werden, als konkrete Mehrwerte eine weitere Verbesserung von Wettbewerbsposition und Unternehmensimage, eine Erhöhung der Akzeptanz in der Finanzwelt, eine Steigerung des Vertrauens bei Kunden und Lieferanten sowie der Attraktivität als Arbeitgeber, die Vereinfachung behördlicher Genehmigungsverfahren, die Stabilisierung der Position als *Good Corporate Citizen* und die umfassende Befriedigung der Informationsbedürfnisse der Anspruchsgruppen zu erreichen (Rabbe/Scheffler 2007b, S.12).

6.3.3 Ausgangssituation und Rahmenbedingungen

Ausgehend von den Prämissen, dass der erste Nachhaltigkeitsbericht 2004_2005 „Das Richtige tun. Richtig? (ThyssenKrupp Steel 2006b) und ein etabliertes Umweltmana-

435 Inhalte des Termins vom 19.12.2005 im Anhang-1.

gementsystem vorliegen, wird zunächst die Anpassung, Integration bzw. Vernetzung vorhandener Managementsysteme und keinesfalls eine vollständige Neuentwicklung eines weiteren, separaten Managementsystems angestrebt. Das zu konzipierende NMS könnte sich an den bereits bestehenden Normen für ein Umweltmanagement-System bzw. für ein Qualitätsmanagement-System sowie der VDI Richtlinie 4070[436] orientieren.[437] Diese Management-Systeme folgen der anschaulichen Methodik des Plan-Do-Check-Act-Kreises und zielen damit auf eine kontinuierliche Verbesserung ab, denn per Definition ist die kontinuierliche Verbesserung stetig und wird durch die Drehung des PDCA-Kreises, oder anders ausgedrückt, durch die ständige Wiederholung der „Plan – Do – Check – Act" - Stufen, erreicht (Scheffler 2005, S.8). In der Planungsphase wird die grundlegende Politik des zu verbessernden Handlungsfeldes festgelegt und der Prozess vor seiner Umsetzung vollständig geplant, in dem das betrachtete Problem exakt beschrieben und angestrebte Ziele formuliert werden. Mögliche Verbesserungen und erwartete Ursachen von Abweichungen können bereits antizipiert sowie Vorbereitungen für die Dokumentation getroffen werden. In der Phase der Umsetzung und Durchführung wird der Prozess eingeführt und die Implementierung vorgenommen, in dem die notwendigen Maßnahmen initiiert, die zugehörigen Daten gesammelt, genau analysiert und mögliche Fehlerquellen untersucht werden. In der dritten Phase findet eine Überprüfung des Prozessablaufes als solchem und der Wirksamkeit seiner Maßnahmen über einen Soll-Ist-Vergleich sowie eine Identifikation der Abweichungen statt. In der vierten Phase werden nach der Bewertung durch das Management Kontroll- und Korrekturmaßnahmen eingeleitet, so dass der Prozess unter verbesserten Bedingungen von vorne beginnen kann (Scheffler 2005, S.8).

6.3.4 Meilensteine in der Konzeption des Nachhaltigkeitsmanagement-Systems bei der Thyssen Krupp Steel AG

6.3.4.1 Erster Entwurf eines NMS

Der erste Transfer der Plan – Do – Check – Act-Struktur auf die Anforderungen des Nachhaltigkeitsmanagements gelingt als Ergebnis von Arbeitsgruppen-Treffen des Kernteams mit dem Ziel der Vorbereitung einer Kick-off-Veranstaltung zur Information eines erweiterten Kreises von potentiellen Mitgliedern eines neu zu gründenden Nachhaltigkeitsteams.

---

436 VDI 4070: Richtlinie zum Nachhaltigen Wirtschaften in kleinen und mittelständischen Unternehmen (http://www.vdi.de/vdi/ vrp.richtlinien-details_t3 /?& no_cache=1&tx_vdirili _pi2[showUID]=91262&L=0, (15.01.2008)).

437 Inhalte des Termins vom 19.12.2005 im Anhang-1.

Die Inhalte zeigt Tabelle 6-2:

Phase	Elemente	Handlungsfelder	Leitfragen
PLAN	Bestandsaufnahme*	– Analyse der Ist-Situation – Identifikation bereits bestehender Aktivitäten nachhaltigen Wirtschaftens – Sichtung gesetzlicher und technischer Vorgaben sowie interner Regelungen – Untersuchung der Unternehmenskommunikation auf Informations- und Kommunikationsmöglichkeiten – Sammlung bereits erhobener Unternehmenskennzahlen als Indikatoren für Nachhaltigkeit – Untersuchung der bestehenden Aufbau- und Ablauforganisation auf Verantwortlichkeiten	
	Nachhaltigkeitspolitik	Formulierung der Nachhaltigkeitspolitik – Formulierung bzw. Prüfung des vorhandenen Nachhaltigkeitsverständnisses – Formulierung von übergeordneten Nachhaltigkeitszielen – Dokumentation vorhandener Ziele – Entwicklung eines Nachhaltigkeitsprogramms – Beachtung interner + externer Rahmenbedingungen für Nachhaltigkeitsaktivitäten – Formulierung des Leitbildes	⇨ Korrespondiert die aktuelle Unternehmenspolitik bzw. das Leitbild mit dem Nachhaltigkeitsverständnis? ⇨ Welche Werte bilden den Rahmen der unternehmerischen Entscheidungen? ⇨ Welche Rolle spielen ökonomische, ökologische und soziale Aspekte? ⇨ Wie relevant sind Wachstum, Innovation etc.?
	„Nachhaltigkeitsziele"	Festlegung der Nachhaltigkeitsziele – Formulierung konkreter Nachhaltigkeitsziele – Dokumentation vorhandener Ziele – Festlegung von Zielhierarchien – Identifikation der Zielrelationen vor dem Hintergrund der Erfolgskriterien (neutral, komplementär, konkurrierend / konfliktär)	⇨ Welche Ziele stehen im Vordergrund der Betrachtung? ⇨ Was soll erreicht werden? ⇨ In welchem Umfang soll das Ziel erreicht werden? ⇨ Wann soll das Ziel erreicht werden? ⇨ Wer ist verantwortlich für die Zielerreichung? ⇨ Wo soll die Zielerreichung stattfinden? ⇨ Wie ist der hierarchische Stellenwert der Ziele, wie sind Prioritäten zu setzen?
* zu diesem Zeitpunkt bereits durch das Team Nachhaltigkeitsbericht geleistet			

Tab. 6-2: Erster Entwurf eines NMS – Ausgestaltung der Planungsphase Rabbe/Scheffler 2007a, S.13-17.

Für die einzelnen Phasen sind erstmals mögliche Elemente mit möglichen Handlungsfeldern und zugehörige Leitfragen entwickelt worden. Für die Planungsphase werden die strategischen Handlungsfelder der Bestandsaufnahme sowie der Formulierung einer Nachhaltigkeitspolitik und der Festlegung von konkreten Nachhaltigkeitszielen definiert. Die Phase der Implementierung und Durchführung kann in einem ersten Entwurf auf Grundlage der formulierten Nachhaltigkeitspolitik und -ziele die Entwicklung und Einführung von Maßnahmen und Instrumenten für eine Nachhaltigkeitsorganisation, ein Nachhaltigkeitscontrolling und die zugehörige Nachhaltigkeitskommunikation einschließen.

Die Inhalte präsentiert die nachfolgende Tabelle 6-3:

Phase	Elemente	Handlungsfelder	Leitfragen
DO	„Nachhaltigkeitsorganisation“	Nachhaltigkeitsorganisation – Planung, Einführung und Durchsetzung organisatorischer Regeln – Vorschläge zur Abwicklung der zugehörigen Abläufe (auch: Ressourceneinsatz und Informationen) – Konzeption der Nachhaltigkeitsorganisation – Verteilung von Aufgaben, Zuständigkeiten und Kompetenzen – Sensibilisierung + Qualifizierung der Mitarbeiter	⇨ In welcher Organisationsform kann das Nachhaltigkeitsleitbild verankert werden? ⇨ Wie werden Zuständigkeiten und Kompetenzen verteilt? ⇨ Ist die Verteilung dokumentiert? ⇨ Wie gestaltet sich die Abwicklung von Arbeitsprozessen? ⇨ Welche Leistungsanforderungen werden gestellt? ⇨ Wie gestalten sich Arbeitsteilung bzw. Koordination der Aufgaben?
	„Nachhaltigkeitscontrolling“	Nachhaltigkeitscontrolling – Sammlung von Daten + Kennzahlen / Kenngrößen – Entwicklung der Interpretationslogik für Kennzahlen / Kenngrößen – Entwicklung / Anpassung von Messverfahren und –instrumenten für Kennzahlen – Konzeption eines Nachhaltigkeitskennzahlensystems	⇨ Welche Kennzahlen geben Hinweise auf die Nachhaltigkeitsleistung des Unternehmens? ⇨ Wie können diese Kennzahlen / Kenngrößen transparent und logisch interpretiert werden? ⇨ Sind neue Kenngrößen zu entwickeln? ⇨ Welche Messverfahren und -instrumente für Kennzahlen können Anwendung finden? ⇨ Besteht Bedarf nach der Konzeption eines expliziten Nachhaltigkeitskennzahlen-Systems? Wie sollte dieses aufgebaut sein?

	„Nachhaltigkeitskommunikation“	– Entwicklung, Nutzung, Pflege geeigneter Mittel und Prozesse zur Information – Lenkung der notwendigen Dokumente – Zusammenfassung der Unterlagen in Form eines Managementhandbuches – Entwicklung und Nutzung von Verfahren für die interne Kommunikation und Beteiligung der verschiedenen Ebenen der Organisation (Nachhaltigkeitsjahresbericht) – Entwicklung und Nutzung von Verfahren für die externe Kommunikation und Beteiligung der verschiedenen Anspruchsgruppen (Nachhaltigkeitsbericht)	⇨ Sind Informationsmaterialien zur Nachhaltigkeit vorhanden? ⇨ Welche Informationswege können genutzt werden? ⇨ Sind die Materialien für alle Beteiligten zugänglich, referierbar, aktualisiert, sinnvoll gespeichert und archiviert? ⇨ Ist das NMS dokumentiert? ⇨ Wie kann ein interner Nachhaltigkeitsjahresbericht ausgestaltet werden? ⇨ Wie kann der externe Nachhaltigkeitsbericht ausgestaltet werden? ⇨ Welche Instrumente können für die Nachhaltigkeitskommunikation genutzt werden?

Tab. 6-3: Erster Entwurf eines NMS – Ausgestaltung der Umsetzungssphase Rabbe/Scheffler 2007a, S.18-23.

Die Handlungsfelder Machbarkeitsprüfung und Erfolgsbewertung resultieren aus den beiden Schritten der Anwendung von Prüfungs- und Kontrollmaßnahmen und der Beurteilung ihrer Wirksamkeit durch die oberste Leitung. Sie decken in der ersten Fassung des zu konzipierenden NMS die Phase der Überprüfung sämtlicher Abläufe ab.

Die Inhalte der Handlungsfelder und die entsprechenden Leitfragen präsentiert die nachfolgende Tabelle 6-4:

Phase	**Elemente**	**Handlungsfelder**	**Leitfragen**
CHECK	„Erfolgsbewertung“	Erfolgsbewertung – Konzeption eines „internen Audits“ bzw. einer „Nachhaltigkeitsprüfung“ – Bewertung der Nachhaltigkeitsleistung durch die oberste Leitung (Management Review) – Antizipation / Konzeption möglicher Zertifizierungs- oder Validierungsansätze („externes Audit“) – Stärken- / Schwächen-Analyse – Überleitung in einen kontinuierlichen Verbesserungsprozess	⇨ Ist eine kontinuierliche Prüfung der Abläufe gewährleistet? ⇨ Sind die Anordnungen und die Forderungen der zugrunde liegenden Normen erfüllt? ⇨ Inwiefern kann das NMS von der obersten Leitung kontinuierlich auf Eignung, Angemessenheit und Wirksamkeit bewertet werden? ⇨ Wie könnte eine Überprüfung der Funktionsfähigkeit ausgestaltet werden? ⇨ Wie können Verfahren zur Behandlung und Untersuchung sowie Maßnahmen zur Korrektur von Abweichungen ausgestaltet sein?
	„Machbarkeitsprüfung“	Machbarkeitsprüfung – Prüfung auf Vereinbarkeit der einzelnen Maßnahmen mit den Erfolgskriterien Effizienz, Effektivität, Ressourcen, Belastungen, Solidarität, Gerechtigkeit – Vorbereitung und Dokumentation aller notwendigen Maßnahmen zur erfolgreichen Implementierung	⇨ Sind die zur Realisierung der Ziele notwendigen Maßnahmen im Rahmen der verfügbaren Ressourcen zeitgerecht durchzuführen? ⇨ Stimmen Leistungspotential und Kompetenzen der mit der Realisierung Beauftragten mit den Anforderungen überein? ⇨ Wie gestalten sich die Zielwirksamkeitsbeziehungen? ⇨ Wie kann die Einführung des Managementsystems erfolgen?

Tab. 6-4: Erster Entwurf eines NMS – Ausgestaltung der Kontrollphase Rabbe/Scheffler 2007a, S.24-27.

Nach dem Durchlauf der vor dem Hintergrund der Nachhaltigkeitsanforderungen ausgestalteten Phasen kann der kontinuierliche Prozess der unternehmerischen Nachhaltigkeit gemäß dem Verständnis des Unternehmens als options- und handlungsorientiertes Konzept zur Beurteilung eines Entwicklungsprozesses ohne Zielzustand mit einer neuen, verbesserten Bestandsaufnahme abermals starten. Diese Wiederholung bildet die Komponente *ACT* des Regelkreises ab, in der nach Aufnahme von Korrektur- und Anpassungsmaßnahmen der Prozess unter verbesserten Bedingungen von vorne durchlaufen wird. (Rabbe/Scheffler 2007a, S.11; ThyssenKrupp Steel AG 2006b, S.17).

6.3.4.2 Ergebnisse der Kick off –Veranstaltung

Dieser erste Entwurf eines möglichen NMS wird in einer Kick-off Veranstaltung für das Team Nachhaltigkeit am 12. März 2007 neben weiteren grundsätzlichen Informationen als Diskussionsgrundlage vorgestellt. Die Notwendigkeit dieser Veranstaltung begründet sich in dem Vorstandsbeschluss und dem Auftrag an den Direktionsbereich Umweltschutz zur Konzeption und Implementierung eines NMS und somit in der Information potentiell betroffener Entscheidungsträger und Mitarbeiter über den aktuellen Stand der Projektarbeit. Über die Gesamtidee des Vorschlags besteht Einigkeit, in Detailfragen erhält der Entwurf kontroverses Feedback.[438] Einverständnis herrscht über die Rahmenbedingungen des Projektes, nämlich der unternehmensexternen Forderung nach einer Auseinandersetzung mit dem Nachhaltigkeitsleitbild im erstmals veröffentlichten Nachhaltigkeitsbericht sowie dem steigenden Druck durch die aktuellen Aktivitäten zur Entwicklung der neuen Ethiknorm ISO 26000[439] und durch die wachsende Nachfrage nach Aktien nachhaltig geführter Unternehmen. Unstrittig sind vorab weiterhin die grundsätzliche Aufgabenstellung des NMS in Form der transparenten Systematisierung, Bündelung und Vernetzung aller Nachhaltigkeitsaktivitäten sowie die Notwendigkeiten erstens einer Sensibilisierung für Nachhaltigkeit im Unternehmen zur Initiierung eines kontinuierlichen Verbesserungsprozesses mit der gewünschten Konsequenz einer ‚Ablesbarkeit gelebter Realitäten' und zweitens der Konkretisierung der Elemente des NMS für die Umsetzung in den Betrieben. Insb. die konzeptionelle Nähe zum etablierten EFQM-Modell wirft die Frage nach der Notwendigkeit und Neuartigkeit des entworfenen NMS auf, denn es wird eine mögliche Anpassung oder Integration der bisherigen Systeme favorisiert bzw. die Nutzung der offensichtlichen Parallelen zu EFQM für die Aufnahme der Nachhaltigkeitsherausforderungen und eine Vereinfachung der Systematisierung von Nachhaltigkeitsaktivitäten gefordert. Weiterhin wird ein Spannungsfeld aus den Koordinaten ‚Verbesserung der Berichtsgrundlage für den Nachhaltigkeitsbericht' und ‚interner Optimierung durch alle Ebenen gleich einem kompletten Re-Engineering' eröffnet, innerhalb dem das zu konzipierende NMS eindeutig zu verorten ist. Für das weitere Vorgehen ergibt sich aus dieser Veranstaltung die zwingende Notwendigkeit, die grundlegende Nachhaltigkeitspolitik, die Nachhaltigkeitsziele und mögliche Organisationsformen in einem nächsten Schritt genau zu formulieren und zu fixieren, damit andere Elemente, wie das Nachhaltigkeitscontrolling und die Nachhaltigkeitskommunikation auf dieser Basis erarbeitet werden können. Als geeignete Vorschläge für Ziele des NMS werden die Er-

---

438 Protokoll der Kick-off Veranstaltung für das Team Nachhaltigkeit, ThyssenKrupp Steel AG, 12. März 2007, Duisburg 2007.

439 Für weitere Informationen zu ISO 26000 siehe www.iso.org/sr, 05.01.2008 und International Organization for Standardization (ISO) (2006).

hebung und Vernetzung bisheriger Nachhaltigkeitsaktivitäten und die Verbesserung des Durchdringungsgrades im Unternehmen für die langfristige Etablierung von Nachhaltigkeit in den Geschäftsprozessen formuliert.[440] Diese eröffnete Aufgabenstellung initiiert die Konstituierung der Arbeitsgruppe Nachhaltigkeitspolitik/-organisation, die sich aus dem Kernteam und Mitarbeitern verschiedener Bereiche zusammensetzt und sich in Begleitung des Direktionsbereichs Business Excellence der nunmehr notwendigen konkreten und genauen Formulierung der Nachhaltigkeitspolitik der ThyssenKrupp Steel AG in Form von Grundsätzen und Leitlinien sowie der Entwicklung möglicher Alternativen für die Ablauforganisation[441] widmet. Die Ergebnisse der Sitzungen dieser Arbeitsgruppe stellen den nächsten Meilenstein in der Konzeption des NMS dar.

6.3.4.3 Ergebnisse der Arbeitsgruppe Nachhaltigkeitspolitik/ -organisation

Als Diskussionsgrundlage zur Formulierung einer Nachhaltigkeitspolitik der ThyssenKrupp Steel AG liegt der Arbeitsgruppe eine Fassung von Grundsätzen und Leitlinien des Bereichs Kommunikation und Öffentlichkeitsarbeit vor. Diese wird in ihrer Struktur und ihren Inhalten durchgesprochen, an einigen Stellen korrigiert, ergänzt und als weitere Arbeitsgrundlage beschlossen. Die Nachhaltigkeitspolitik, ihre Grundsätze und Leitlinien werden in der entworfenen Form mit den besprochenen Abänderungen und Ergänzungen akzeptiert, eine endgültige Überarbeitung als Lang- oder Kurzfassung wird auf einen späteren Zeitpunkt verschoben. Auf Basis der festgelegten sechs Erfolgsfaktoren der Nachhaltigkeit bei der ThyssenKrupp Steel AG sowie den zwischenzeitlich konkretisierten möglichen Elementen eines NMS:

- Nachhaltigkeitspolitik
- Nachhaltigkeitsziele
- Nachhaltigkeitsorganisation
- Nachhaltigkeitskommunikation
- Nachhaltigkeitscontrolling
- Erfolgsbewertung

und den formulierten Zielen des NMS

- Systematisierung vorhandener Aktivitäten
- Effiziente Implementierung von Nachhaltigkeit in die Geschäftsprozesse
- Koordination planerischer und operativer Aufgaben und Projekte
- Schaffung und Verbesserung der Berichtsgrundlage

---

440 Protokoll der Kick-off Veranstaltung für das Team Nachhaltigkeit, ThyssenKrupp Steel AG, 12. März 2007, Duisburg 2007.

441 für die zu diesem Zeitpunkt möglichen Optionen der Aufbauorganisation siehe Grigo, (2007).

stellt sich in der Sitzung der Arbeitsgruppe Nachhaltigkeitspolitik/-organisation am 27. April 2007 die Frage nach der gewünschten, konkreten Ausprägung eines NMS.[442] Dazu sind in einem ersten Schritt tabellarisch die Ziele des entworfenen Systems mit seinen momentanen Elementen, inhaltlich verfeinert durch die zugehörigen Leitfragen, kombiniert und auf Konsistenz geprüft worden. Einen schematischen Ausschnitt dieser in weiteren Kernteam-Sitzungen durchgeführten Konsistenzprüfung stellt die nachfolgende Tabelle dar (Tab. 6-5).

Elemente	**Leitfragen**	**Ziele**			
		Systematisierung	Transparente und effiziente Implementierung	Koordination	Verbesserung der Berichtsgrundlage
Nachhaltigkeitspolitik	Korrespondiert die Unternehmenspolitik mit dem Nachhaltigkeitsverständnis?	X	X		
	Welche Werte bilden den Rahmen der unternehmerischen Entscheidungen?	X	X	X	
	Welche Rolle spielen ökonomische, ökologische und soziale Aspekte?	X	X	X	
Nachhaltigkeitsziele	Was soll erreicht werden? (Zielinhalt)	X	X	X	
	In welchem Umfang soll das Ziel erreicht werden? (Zielausmaß)	X	X	X	
	Wann soll das Ziel erreicht werden? (Zeitbezug/ Fristigkeit)	X	X	X	
Nachhaltigkeitsorganisation	In welcher Organisationsform kann das Nachhaltigkeitsleitbild im Unternehmen verankert werden?	X		X	X
	Wie werden die zuständigen Mitarbeiter bezeichnet?			X	

442 Protokoll der Sitzung der Arbeitsgruppe Nachhaltigkeitspolitik/-organisation, ThyssenKrupp Steel AG, 27. April 2007, Duisburg.

	Wie werden Aufgaben, Zuständigkeiten und Kompetenzen verteilt?	X	X	X	
Nachhaltigkeitskommunikation	Sind Informationsmaterialien zur Nachhaltigkeit vorhanden?				X
	Welche Informationswege können wie genutzt werden?	X	X	X	X
	Sind die Materialien für alle Beteiligten zugänglich, referierbar, aktualisiert, sinnvoll gespeichert, archiviert?				X
Nachhaltigkeitscontrolling	Welche Kennzahlen geben Hinweise auf die Nachhaltigkeitsleistung des Unternehmens?	X		X	X
	Wie können diese Kennzahlen transparent und logisch interpretiert werden?	X	X		X
	Sind neue Kenngrößen zu entwickeln?		X		
Erfolgsbewertung	Ist eine kontinuierliche Prüfung der Abläufe gewährleistet?	X	X	X	
	Sind die Forderungen der zugrunde liegenden Normen erfüllt?	X		X	
	Inwiefern kann das NMS von der obersten Leitung kontinuierlich auf Eignung, Angemessenheit und Wirksamkeit geprüft und bewertet werden?	X	X		

Tab. 6-5: Konsistenzprüfung von Zielen und Elementen des NMS (Ausschnitt) Eigene Darstellung.

Diese Konsistenzprüfung kann als geglückt beurteilt werden, jedoch sind Probleme bzgl. möglicher Redundanzen, Überlappungen und intransparenter Kommunikation offensichtlich. Aus diesem Grund besteht nun die Notwendigkeit einer Entscheidung auf Direktionsebene bzw. von Seiten des Vorstandes, welche konkrete Ausprägung das gewünschte NMS annehmen soll. Diese Entscheidung ist umso leichter zu treffen, sofern den Entscheidungsträgern Szenarien in einer Minimal-, einer Basis- und einer Maximalausprägung angeboten werden. Diese Szenarien können im Vorfeld durch die

Arbeitsgruppe beschrieben werden. Als Empfehlung wird ausgesprochen, die Minimal-, Basis- und Maximalausprägung möglichst umfassend zu beschreiben, weil dann sowohl die momentane Position der ThyssenKrupp Steel AG innerhalb dieser Spannbreite als auch die zukünftig erwünschte Position festgelegt werden kann. Hinsichtlich einer Konkretisierung des Arbeitsauftrages bedarf es eines auf Direktionsebene vorzubereitenden Gesprächs mit dem Vorstand zur genauen Klärung der erwünschten Ausprägung und damit einer Entscheidung hinsichtlich der Positionierung des erforderlichen Managementsystems.[443]

6.3.4.4 Ergebnisse des Direktoren-Gesprächs zum ersten Entwurf

Das Direktoren-Gespräch am 04. Mai 2007 ergibt sich aus der Notwendigkeit zur genauen Klärung der erwünschten Ausprägung eines NMS in Vorbereitung eines anstehenden Gesprächs mit dem Vorstand hinsichtlich der Konkretisierung des Arbeitsauftrages an den Direktionsbereich Umweltschutz und der Entscheidung hinsichtlich der Ausgestaltung und Positionierung des zu konzipierenden und zu implementierenden NMS. Ein abgestimmtes Grundverständnis sowie die Ziele des NMS liegen vor.[444] Die durch das Kernteam erarbeiteten möglichen Elemente eines NMS – Nachhaltigkeitspolitik, Nachhaltigkeitsziele, Nachhaltigkeitsorganisation, Nachhaltigkeitskommunikation, Nachhaltigkeitscontrolling und Erfolgsbewertung – können den Zielen des Nachhaltigkeitsteams vollständig, jedoch überlappend zugeordnet werden. Insb. das Ziel der ‚transparenten und effizienten Implementierung von Nachhaltigkeit in die Geschäftsprozesse' eröffnet eine Spannbreite von Ausgestaltungsalternativen durch vielfältige Formulierungs- und Strukturierungsmöglichkeiten der zugehörigen Aufgaben. Dabei können eine minimale und eine maximale Ausprägung differenziert werden, die sich wiederum hinsichtlich einer noch vorzunehmenden Abgrenzung zwischen den im Unternehmen etablierten Managementkonzepten und -instrumenten zur Systematisierung und Steuerung bewegen. Mit der minimalen Ausprägung des NMS wird das ausschließlich reaktive Verhalten auf Forderungen der Unternehmensumwelt beschrieben, die maximale Ausprägung verlangt das NMS als einziges unternehmensweites Managementsystem.

Es besteht erste Einigkeit hinsichtlich einer gewünschten Ausprägung des Nachhaltigkeitsmanagementsystems zwischen der Beibehaltung bisheriger Steuerungs- und Systematisierungs-instrumente und einer Harmonisierung dieser.

6.3.4.5 Vorarbeiten zum zweiten Entwurf

Die im Unternehmen bestehenden Systematisierungs- und Steuerungskonzepte/-instrumente sind im Hinblick auf die sechs Erfolgsfaktoren der Nachhaltigkeit der ThyssenKrupp Steel AG zu bewerten und ihre jeweilige Ausprägung in Bezug zu den Elementen des NMS zu beschreiben. Als Konzepte und Instrumente, die eher der Systematisierung von unternehmerischen Entscheidungen dienen, werden für die Thys-

---

443 Protokoll der Sitzung der Arbeitsgruppe Nachhaltigkeitspolitik/-organisation, ThyssenKrupp Steel AG, 27. April 2007, Duisburg.

444 Protokoll des Direktoren-Gesprächs NMS, ThyssenKrupp Steel AG, 04. Mai 2007, Duisburg.

senKrupp Steel AG das Leitbild, das Geschäftsmodell – Nachhaltige Wertschöpfung durch Effizienz, Technologieführerschaft und profitables Wachstum (ThyssenKrupp Steel AG 2006a) – und die Orientierung der Unternehmensführung an Corporate Governance und Compliance angeführt. Der Steuerung unternehmerischer Aktivitäten dienen unternehmensweit zahlreiche Konzepte und Instrumente, u.a. sind an dieser Stelle beispielhaft das wertorientierte Management, das Personalmanagement, das Qualitätsmanagement (TQM, EFQM), das Umweltmanagement-System, das Programm Zukunft, ThyssenKrupp best oder die Balanced Scorecard zu nennen Anhand von Steckbriefen sind alle relevanten Systematisierungs- und Steuerungskonzepte/-instrumente der ThyssenKrupp Steel AG zuerst unternehmensspezifisch in Zweck, Grundidee und Anwendungsfeldern charakterisiert und gruppiert. In einem zweiten Schritt aus der Perspektive der Elemente des zu konzipierenden NMS beschrieben und abschließend anhand der sechs Erfolgsfaktoren in ihrem Beitrag für das Nachhaltigkeitsmanagement bewertet worden. Auf der so entstandenen „Landkarte der Managementsysteme bei ThyssenKrupp Steel" können durch die Nutzung vergleichbarer Merkmale eine Übersicht über die verschiedenen Systematisierungs- und Steuerungskonzepte/-instrumente gegeben sowie diejenigen Managementkonzepte/-instrumente identifiziert werden, deren Merkmale geeignete Anhaltspunkte für die weitere Beschreibung der Ausprägungen des NMS bieten. Auf dieser Basis gelingen detaillierte Beschreibungen sowohl der minimalen und maximalen, als auch der Ist- und Soll-Ausprägung eines anhand der sechs Erfolgsfaktoren für Nachhaltigkeit der ThyssenKrupp Steel AG bewerteten NMS. Gleichzeitig können notwendige Anpassungen zur Erreichung der Soll-Ausprägung und resultierende Konsequenzen alternativer Lösungsansätze für die bestehenden Managementsysteme des Unternehmens aufgespürt werden.

6.3.4.6 Beschreibung der Ausprägungen des Nachhaltigkeitsmanagement-Systems

Die Beschreibungen der minimalen und maximalen Ausprägungen des NMS wird in mehreren Sitzungen des Kernteams erarbeitet und ergeben sich wie folgt[445]:

- Minimalausprägung

Für die hypothetische Minimalversion eines NMS, dessen Zweck einzig in der Reaktion auf extern an das Unternehmen herangetragene Forderungen besteht, wird das aktuell zusammengefasste Element „Nachhaltigkeitspolitik und Nachhaltigkeitsziele" dadurch charakterisiert, dass eine Nachhaltigkeitspolitik allenfalls als Absichtserklärung („Sonntagsreden") fungiert und keine konkrete Formulierung von Nachhaltigkeitszielen stattfindet. Hinsichtlich der „Nachhaltigkeitsorganisation" findet gegebenenfalls eine namentliche Erweiterung bestehender Funktionen statt, keinesfalls aber Aktivitäten zur Ergänzung der Ablauforganisation um den Aspekt der Nachhaltigkeit (bspw.: „Direktionsbereich Umweltschutz und Nachhaltigkeit"). Auch die hierarchische Ver-

445 für die Ausführungen Reibe, G. (2007b) oder Grigo, V./Rabbe, S./Scheffler, M./Stamm, D. (2007).

ankerung passiert eher der Vollständigkeit halber, beispielhaft auf der Teamleiter-Ebene. Die Minimalausprägung der „Nachhaltigkeitskommunikation“ beschränkt sich auf eine sporadische, externe Information auf Nachfrage und wird als „Showveranstaltung“ zur Außendarstellung angelegt. Das „Nachhaltigkeitscontrolling“ schlägt sich geringstenfalls in einem Verknüpfungsversuch bestehender Kennzahlensysteme und einer Interpretation per se erhobener Kennzahlen im Nachhaltigkeitskontext nieder. Die „Erfolgsbewertung“ erfolgt unregelmäßig in Form einer anekdotischen Selbsteinschätzung durch den Nachhaltigkeitsverantwortlichen und dessen Bericht an den Vorgesetzen.

- *Maximalausprägung*

Im Gegensatz dazu besteht das Element „Nachhaltigkeitspolitik und Nachhaltigkeitsziele“ in der hypothetischen Maximalversion aus einer unternehmensweiten Selbstverpflichtung, die als oberste Handlungsmaxime permanent unmittelbaren Einfluss auf alle Entscheidungsprozesse im Unternehmen ausübt. Es werden explizite, messbare Nachhaltigkeitsziele formuliert, die offen kommuniziert und deren Zielerreichung kontinuierlich überprüft wird. Die Einrichtung eines eigenständigen Vorstandsressorts Nachhaltigkeit (bspw. „*Chief Sustainability Officer*“ (CSO)) und somit die Verankerung des Nachhaltigkeitsmanagements auf der höchsten Führungsebene beschreiben die maximale Ausprägung der „Nachhaltigkeitsorganisation“. Für die höchstmögliche „Nachhaltigkeitskommunikation“ können ein jährlicher Nachhaltigkeitsbericht, regelmäßige, organisierte Stakeholder-Dialoge und kontinuierliche Informationsmaßnahmen an Führungskräfte und Mitarbeiter initiiert werden. Das „Nachhaltigkeitscontrolling“ erwartet in seiner maximalen Ausgestaltung die Entwicklung spezifischer Nachhaltigkeitskennzahlen und eines eigenen Nachhaltigkeitskennzahlensystems, mit dessen Hilfe die unternehmensweite Planung, Steuerung und Kontrolle aller Unternehmensaktivitäten unter dem Postulat der Nachhaltigkeit geschieht. Eine halbjährliche Bewertung des Nachhaltigkeitsmanagements durch das oberste Management in Verbindung mit einem Review und der kontinuierlichen Ableitung von neuen Handlungsfeldern sowie die externe Auditierung und Zertifizierung des NMS bilden das Element der „Erfolgsbewertung“ in seiner Maximalausprägung ab. Zwischen diesen beiden bewusst überspitzt formulierten und extrem dargestellten Polen der Ausprägungen eines NMS können nun die momentane Ist-Situation und die gewünschte Soll-Situation für das zu konzipierende NMS bei ThyssenKrupp Steel festgelegt werden. Dazu findet letztmalig eine Festlegung und Reihung der Elemente des NMS statt. Die Ist- und die Soll-Situationen werden nunmehr anhand der Elemente Nachhaltigkeitspolitik, Nachhaltigkeitsziele & Aktivitäten, Nachhaltigkeitscontrolling, Nachhaltigkeitskommunikation, Nachhaltigkeitsmanagement-Review und Nachhaltigkeitsorganisation beschrieben.

Eine verbindliche Definition der Elemente folgt in der Darstellung des zweiten Entwurfs bzw. der endgültigen Konzeption. Die Ist-Situation wird als Bestandsaufnahme zu den für die Vorarbeiten des zweiten Entwurfs notwendigen Beschreibungen der Ausprägungen gezählt. Die Beschreibungen der Soll-Situation bilden die Zielkoordinaten der möglichen Entwicklungsrichtung des NMS und sollen daher ebenfalls im Kontext des zweiten Entwurfs bzw. der endgültigen Konzeption präsentiert werden.

- *Ist-Situation*[446]

Momentan wird als Hinweis auf das Element „Nachhaltigkeitspolitik" das Nachhaltigkeitsverständnis der ThyssenKrupp Steel AG im Nachhaltigkeitsbericht formuliert und so überwiegend zur externen Kommunikation genutzt. Die Initiative zur Zusammenstellung und Publikation des Nachhaltigkeitsberichtes ist als Reaktion auf die Anforderungen aus der Unternehmensumwelt entstanden. Für das Element „Nachhaltigkeitsziele & Aktivitäten" sind aktuell keine konkreten Ziele vereinbart, kommuniziert oder für das Controlling formuliert worden. Für die Erstellung des Nachhaltigkeitsberichtes hat eine erste Sammlung und Aufbereitung von unternehmerischen Leistungen und Aktivitäten mit Nachhaltigkeitsbezug stattgefunden. Erste Indikatoren der Nachhaltigkeitsleistung sowie Kennzahlen, die im Zusammenhang mit den sechs Erfolgsfaktoren stehen, sind im Nachhaltigkeitsbericht aufgelistet, grob gewichtet, auf der Beilagen-CD veröffentlicht worden und stellen damit den Ausgangspunkt für ein „Nachhaltigkeitscontrolling" dar. Im Bereich der „Nachhaltigkeitskommunikation" liegt der erste Nachhaltigkeitsbericht vor, zusätzlich ist ein Flyer in deutscher und englischer Sprache erstellt worden. Nachhaltigkeitsthemen sind bisher sporadisch in Unternehmenspräsentationen eingeflossen, allerdings herrscht ein reger Stakeholder-Dialog in Form von „Runden Tischen". Ein „Nachhaltigkeitsmanagement-Review" als solches hat bislang nicht stattgefunden, das Kernteam berichtet bislang v.a. an die zuständigen Direktoren über den Stand der Konzeption und die Einschätzung der Funktionsfähigkeit des NMS. Hinsichtlich der „Nachhaltigkeitsorganisation" ist für die Konzeption des NMS eine Projektgruppe eingerichtet worden die sich aus Mitarbeitern der Bereiche Umweltmanagement, Personal/Soziales sowie Kommunikation/Öffentlichkeitsarbeit zusammensetzt. Die zuvor beschriebenen Arbeitsschritte und Ergebnisse von Entscheidungssituationen bis zur Einführung lassen sich in drei wesentliche Konzeptionsphasen differenzieren.[447] Die erste Phase beschäftigt sich mit der Herleitung der Elemente eines NMS und der Beschreibung möglicher Ausprägungen des NMS und hatte die Erstellung einer übersichtlichen Darstellung der Ausprägungen zum Ziel. Die intensive Auseinandersetzung mit unternehmensspezifischen Systematisierungs- und Steuerungskonzepten/-instrumenten in Form einer Erarbeitung von Steckbriefen und einer „Landkarte" bildet die zweite Phase und hat eine Übersicht über die Managementkonzepte/-instrumente mit vergleichbaren Merkmalen als Ergebnis. Maßgeblich als Grundlage für die im Folgenden präsentierte Konzeption des NMS der ThyssenKrupp Steel AG ist die dritte Phase, in der ein Vergleich der Ausprägungen des NMS mit den Merkmalen der Systematisierungs- und Steuerungskonzepte/-instrumente stattfindet und über die Erarbeitung und Anwendung ThyssenKrupp Steel-spezifischer Bewertungskriterien eine detaillierte Beschreibung des erwünschten NMS der Thyssenkrupp Steel AG gelingt.

---

446 für die Ausführungen Grigo, V./Rabbe, S./Scheffler, M./Stamm, D. (2007).

447 für die Ausführungen Grigo, V./Rabbe, S./Scheffler, M./Stamm, D. (2007).

6.3.4.7 Zweiter Entwurf und Konzept des Nachhaltigkeitsmanagement-Systems zur Vorstandsvorlage

Die Überlegungen und Erkenntnisse zu den wesentlichen Bausteinen eines NMS haben sich zu den sechs essentiellen Elementen verdichtet und führen zu den entsprechenden allgemeinen Definitionen:

- *Nachhaltigkeitspolitik*
Die Nachhaltigkeitspolitik beinhaltet das Nachhaltigkeitsverständnis des Unternehmens und wird durch ein Nachhaltigkeitsleitbild in Form von Leitsätzen zum Ausdruck gebracht. Dieses bildet den Rahmen für Nachhaltigkeitsaktivitäten und übergeordnete Nachhaltigkeitsziele.

- *Nachhaltigkeitsaktivitäten und Nachhaltigkeitsziele*
Nachhaltigkeitsaktivitäten sind bestehende unternehmensweite Programme, Projekte, Investitionsvorhaben etc., die der Umsetzung der Nachhaltigkeitspolitik dienen. Nachhaltigkeitsziele sind aus der Nachhaltigkeitspolitik abgeleitete Soll-Zustände bzw. Handlungsfelder.

- *Nachhaltigkeitscontrolling*
Das Nachhaltigkeitscontrolling plant, steuert und kontrolliert die unternehmensweiten Nachhaltigkeitsaktivitäten und -ziele.

- *Nachhaltigkeitskommunikation*
Die Nachhaltigkeitskommunikation beinhaltet die interne und externe Information und den Dialog über die Nachhaltigkeitsziele und -aktivitäten und des Unternehmens.

- *Nachhaltigkeitsmanagement-Review*
Das Nachhaltigkeitsmanagement-Review umfasst die regelmäßige Überprüfung der Funktionsfähigkeit des NMS.

- *Nachhaltigkeitsorganisation*
Die Nachhaltigkeitsorganisation bildet die Struktur, Zuständigkeiten und Verantwortlichkeiten sowie die Abläufe für die Nachhaltigkeitsangelegenheiten des Unternehmens ab.

Auf Basis dieser Definitionen können die gewünschten Soll-Ausprägungen der Elemente und damit die endgültige Konzeption des NMS hergeleitet werden. Als Einstieg soll eine Abb. der Gegenüberstellung der bereits beschriebenen Ist-Situation und der möglichen Soll-Situation dienen, anhand derer dann ausführlich die Ausprägung der Soll-Situation dargelegt wird.

- *Soll-Situation*
Für das Element „Nachhaltigkeitspolitik" sind die Formulierung eigener Leitsätze und deren interne wie externe Kommunikation vorgesehen. Für den Entwurf der Nachhaltigkeitspolitik wird an dieser Stelle beispielhaft die Präambel zitiert:

  „Das klassische Leitbild der Nachhaltigen Entwicklung bestimmt das unternehmerische Handeln bei ThyssenKrupp Steel: Wir erfüllen die Bedürfnisse der gegenwärtigen Generation, ohne die Möglichkeiten zukünftiger Generationen zu beeinträchtigen, ihre Bedürfnis-

se zu befriedigen. Nachhaltigkeit umfasst traditionell die drei Dimensionen „Ökonomie", „Ökologie" und „Soziale Verantwortung".
Wir haben für unser Unternehmen aus diesen drei Bestandteilen sechs Erfolgsfaktoren abgeleitet: Effektivität, Effizienz, Ressourcen, Belastungen, Solidarität und Gerechtigkeit. In unsere Unternehmensstrategie sowie in jede Einzelentscheidung fließt eine Bewertung im Hinblick auf diese Erfolgsfaktoren ein. Oberstes Ziel ist dabei die Wahrung unserer Handlungsfähigkeit. Wirtschaftlicher Erfolg ist die Voraussetzung, um nachhaltiges Handeln umfassend realisieren zu können. Nur so kann ein Gleichgewicht zwischen Ökonomie, Ökologie und sozialer Verantwortung geschaffen werden."

Für die Nachhaltigkeitsaktivitäten und Nachhaltigkeitsziele ist vorgesehen, alle Aktivitäten (bestehende Programme, strategische Projekte, Investitionen, etc.) an zentraler Stelle zu bündeln und nach den sechs Erfolgsfaktoren der Nachhaltigkeit zu bewerten, um die Nachhaltigkeitspolitik zu konkretisieren. Die Bewertung kann in einer Matrix erfolgen, welche die Aktivitäten den Erfolgsfaktoren gegenüberstellt und den jeweiligen positiven, negativen oder neutralen Zusammenhang abbildet. Die Direktionsbereiche werden angehalten, Nachhaltigkeitsziele vorzuschlagen. Im Element Nachhaltigkeitscontrolling werden auf Basis der Empfehlungen der *Global Reporting Initiative (GRI)* unternehmensspezifische *Key Performance Indicators (KPI)* ausgewählt, aus denen entsprechende Handlungsempfehlungen für Nachhaltigkeitsaktivitäten abgeleitet werden können, die auf diese Weise geplant, gesteuert und kontrolliert werden. Die Kennzahlen werden aus bestehenden IT-Systemen generiert, einer zentralen Datenbank zugeführt und dort gebündelt. Die Auswahl der KPIs erfolgt entlang der strategischen Ausrichtung des Segments *Steel*. Für die Nachhaltigkeitskommunikation ist die Erstellung eines erweiterten Kommunikationskonzeptes für Nachhaltigkeitsaspekte geplant. Als Instrumente für die externe Kommunikation sind alle zwei Jahre ein Nachhaltigkeitsbericht, weitere Nachhaltigkeitsflyer, eine jährliche Kurzberichterstattung im Jahresbericht der ThyssenKrupp Steel AG, anlass- und zielgruppenorientierte Stakeholder-Dialoge, Pressegespräche, die Anpassung des Internet-Auftritts und eine Toolbox „Nachhaltigkeitskommunikation" mit Standardpräsentation sowie bereichs- und themenbezogenen Präsentationen vorgesehen. In der internen Kommunikation soll die Präsenz des Themas Nachhaltigkeit im Intranet, im Magazin „ThyssenKrupp Inside" an Informationstafeln in den Betrieben und in Team- und Schichtgesprächen intensiviert werden. Die Durchführung eines jährlichen Management-Reviews durch den Vorstand mit der Überprüfung von Zielerreichungsgraden, gesellschaftlichen und politischen Entwicklungen, etc. bildet den Kern des Elements Nachhaltigkeitsmanagement-Review und wird durch die kontinuierliche Bewertung und Verbesserung des NMS durch das Nachhaltigkeitsteam vorbereitet und ergänzt. Die Nachhaltigkeitsorganisation wird sich wie folgt gestalten: Aufbau, Pflege und Verantwortung des NMS liegen im Direktionsbereich Umweltschutz. Für die operative Durchführung wird ein „Nachhaltigkeitsmanagement-Beauftragter" benannt. Außerdem ist eine zusätzliche Planstelle „Koordinator Nachhaltigkeitsmanagement" im Team Umwelt- und Nachhaltigkeitsmanagement einzurichten. Der Fachkoordinator Nachhaltigkeitsmanagement arbeitet dem Nachhaltigkeitsmanagement-Beauftragten zu und ist bspw. zuständig für die Beratung der Führungskräfte in Nachhaltigkeitsangelegenheiten vor Ort, das Bündeln und Bewerten der Nachhaltigkeits-Aktivitäten nach den sechs ThyssenKrupp

Steel-Erfolgsfaktoren, die Repräsentation des Unternehmens in Nachhaltigkeitsangelegenheiten, das Wahrnehmen von Verbandsarbeit, die Identifikation von aktuellen Nachhaltigkeits-Themen, das Vernetzen der nachhaltigkeitsrelevanten Managementsysteme und die Erfolgsmessung zu den erwarteten Mehrwerten. Zusätzlich wird ein Nachhaltigkeitsteam aus 8 bis 12 Experten aus Direktoren-, Teamkoordinatoren- und Teamleiter-Ebenen eingesetzt. Diese kommen voraussichtlich quartalsweise zusammen, die Veranstaltungen werden durch den Nachhaltigkeitsmanagement-Beauftragten geleitet und vom Fachkoordinator Nachhaltigkeitsmanagement vor- und nachbereitet. Das Aufgabenspektrum des Teams umfasst Berichte zu nachhaltigkeitsrelevanten Vorgängen sowie den Rückblick und Ausblick bzgl. dem Monitoring der Nachhaltigkeitsaktivitäten, -ziele und -kennzahlen, aktueller Maßnahmen zur Nachhaltigkeitskommunikation und in der Identifikation von Handlungsfeldern und Maßnahmen. Weiterhin dienen die Sitzungen des Teams zum Erfahrungsaustausch und zur Einordnung von Programmen und Maßnahmen in das unternehmerische Handeln.
In der beschriebenen Form ergibt sich aus der Zusammenfassung der Soll-Situation zweifelsfrei die bereits im Anspruch an das NMS formulierte transparente, nachvollziehbare, effiziente, kostengünstige und praktikable Integration des Nachhaltigkeitsleitbildes in die strategische Unternehmensführung und die Geschäftsprozesse der ThyssenKrupp Steel AG.
So wird eine systematische Planung, Umsetzung, Kontrolle der vorhandenen Aktivitäten und die damit einhergehende Schaffung und Verbesserung der Berichtsgrundlage gewährleistet, die Unternehmens-entwicklung im Nachhaltigkeitskontext planerisch und operativ gelenkt und die Zielerreichung unterstützt (Rabbe/Scheffler 2007a, S.10), denn

- die Nachhaltigkeitspolitik wird in eigenen Leitsätzen formuliert.
- die Nachhaltigkeitsaktivitäten werden systematisiert, Nachhaltigkeitsziele werden formuliert.
- das Nachhaltigkeitscontrolling basiert auf unternehmensspezifischen Key Performance Indicators.
- die Nachhaltigkeitskommunikation wird ergänzt und intensiviert.
- das Nachhaltigkeitsmanagement-Review dient der Bewertung und kontinuierlichen Verbesserung der Funktionsfähigkeit des Systems.
- die Organisation sieht einen Nachhaltigkeitsmanagement-Beauftragten, eine zusätzliche Stelle und ein Nachhaltigkeitsteam vor.

6.3.4.8 Vorstandsvorlage und Beschluss

Das Projekt „Konzeptionierung und Implementierung eines NMS bei der ThyssenKrupp Steel AG“ ist in den zuvor beschriebenen Schritten in einer großen Anzahl von Arbeitsgruppentreffen und bilateraler Gespräche detailliert erarbeitet worden. Unter Einbezug der Nachhaltigkeitsteammitglieder und Experten aus anderen Fachbereichen kann das Konzept des NMS dem Vorstand zur Entscheidung vorgelegt werden. Am 03. September 2007 genehmigt der Vorstand das Konzept ohne Änderungen und beschließt die Einführung des NMS. Die Umsetzung ist im Oktober 2007 durch das Kernteam Nachhaltigkeit, bestehend aus Herrn Stamm, Herrn Grigo und Herrn Scheffler begonnen worden. Nach wie vor wird das Kernteam von der Verfasserin unterstützt. Ziel ist es, die Implementierung des NMS im September 2008 abzuschließen.

6.4 Ausblick

Die nächsten Schritte der Umsetzungsphase sind die Verabschiedung der Nachhaltigkeitspolitik durch den Vorstand, die Benennung des Nachhaltigkeitsmanagement-Beauftragten, die Einrichtung einer Planstelle (Koordinator Nachhaltigkeitsmanagement) im Direktionsbereich Umweltschutz, die Festlegung der spezifischen Nachhaltigkeits-Key Performance Indicators (KPI), der Aufbau einer Toolbox Nachhaltigkeitskommunikation sowie die Dokumentation des NMS in einem Handbuch.

7 Synthese – Ein ganzheitliches Nachhaltigkeitsmanagement-System als Analyse- und Gestaltungskonzept für das strategische Nachhaltigkeitsmanagement

Im folgenden Kapitel werden die zentralen Ergebnisse zu den Forschungsfragen auf theoretischer (Kap. 2 und 3), branchenspezifischer (Kap. 5) und unternehmensindividueller (Kap. 6) Ebene begründet zusammengeführt, ausgewertet, interpretiert und zu einem ganzheitlichen NMS, seinen Elementen und deren Ausprägungen verdichtet. Auf diese Weise gelingt über die drei Erkenntnisebenen die Abstraktion und Modellierung eines idealtypischen Referenzkonzeptes für ein ganzheitliches NMS mit den Hauptaufgaben der Analyse der Nachhaltigkeitsherausforderungen und Handlungsbedarfe sowie der operativen Gestaltung konkreter Nachhaltigkeitsaktivitäten und den Kernzielen der Systematisierung von Planung, Koordination, Steuerung, Kontrolle und Kommunikation der Nachhaltigkeitsaktivitäten. Dies trägt zur Optimierung der Geschäftsprozesse im Hinblick auf die formulierten Nachhaltigkeitsziele und zur Förderung einer nachhaltigen Entwicklung bei.

7.1 Determinanten

Als Resultat aus der Bearbeitung der zentralen forschungsleitenden Fragestellungen auf der theoretischen, branchen- und unternehmensspezifischen Ebene (Abschnitt 1.2, Abb. 1-1), zur Erreichung der im Zielsystem (Abschnitt 1.3, Abb. 1-2) abgebildeten theoretischen und praktischen Ziele und im Einklang mit dem konzeptionellen Bezugsrahmen aus den zuvor genannten Dimensionen und den zu erreichenden deskriptiven, theoretischen und praxeologischen Wissenschaftszielen (Abschnitt 4.5) können nunmehr die verschiedenen relevanten Bestimmungsfaktoren für die Konzeption eines ganzheitlichen NMS hergeleitet, definiert, beschrieben, erklärt und in ihrem Beitrag zur Entscheidungsfindung dargestellt werden.
Grundsätzlich sind Unternehmen bestrebt, sich den vielfach formulierten Nachhaltigkeitsherausforderungen zu stellen und ihre eigene Nachhaltigkeitsleistung als Reaktion auf diese systematisch zu erbringen. Dabei besteht die Notwendigkeit, sämtliche Nachhaltigkeitsaktivitäten sowohl in ihren Auswirkungen auf die Unternehmensumwelt als auch in ihrem Beitrag für die Erbringung der Nachhaltigkeitsleistung zu identifizieren, zu planen, zu koordinieren, zu steuern, zu kontrollieren und zu bewerten. Diesem Handlungsauftrag sind sich die Unternehmen aus verschiedenen wert-, anspruchsgruppen- und identitätsorientierten Motiven bewusst (Abschnitt 2.5.2). Zur Instrumentalisierung, Professionalisierung und Beurteilung ihrer Nachhaltigkeitsleistungen greifen Unternehmen bislang auf eine Vielzahl von Instrumenten (Abschnitt 2.6.1), unverbindliche Richtlinien, freiwillige Selbstverpflichtungen sowie erste verbindliche Normen, Standards und themenspezifische Kontrollmechanismen zurück (Abschnitt 2.6.2.), um eine ständige Überprüfung ihrer Nachhaltigkeitsleistung zu gewährleisten. Diese Beurteilungen sollten zur Erhöhung ihrer Wirksamkeit systematisch

im Rahmen eines ganzheitlichen NMS geschehen. Ein explizites Nachhaltigkeitsverständnis dient dazu, dem Unternehmen Elemente eines wirkungsvollen NMS zu offerieren, die einen Beitrag zur Erbringung der Nachhaltigkeitsleistung leisten (Abschnitte 2.5.1 und 2.5.4). Dabei werden weiterhin Herausforderungen und Handlungsfelder eines NMS festgelegt, die es dem Unternehmen ermöglichen, eine explizite Nachhaltigkeitspolitik zu formulieren, resultierende Nachhaltigkeitsziele (Abschnitt 2.5.3) zu entwickeln und zu realisieren, Nachhaltigkeitsaktivitäten zur Erfüllung der Herausforderungen und Ziele zu koordinieren, zu kommunizieren und zu planen, zu steuern und zu kontrollieren als auch in die Unternehmensstrategie und -organisation zu integrieren. Ein derartiges NMS ermöglicht, Maßnahmen zur ständigen Verbesserung der Nachhaltigkeitsleistung und der permanenten Erhöhung der Funktionsfähigkeit des Systems zu ergreifen. Dabei richtet das System seinen Wirkungskreis an dem übergeordneten Ziel aus, dem Unternehmen eine bestmögliche Orientierung am Nachhaltigkeitsleitbild und eine systematische Teilhabe am Prozess der nachhaltigen Entwicklung des Unternehmens und der Gesellschaft zu geben. Vergleichbar mit etablierten themenspezifischen Managementsystemen hängt der Detaillierungsgrad und die Komplexität des NMS, der Umfang der Dokumentation und die zur Einführung, Umsetzung und Durchsetzung aufzuwendenden Ressourcen von vielfältigen Faktoren ab, wie dem Anwendungsbereich des Systems, der Größe des Unternehmens, dem Unternehmenszweck oder der Art der Tätigkeiten, Produkte und Dienstleistungen.

7.1.1 Normatives Nachhaltigkeitsverständnis und Geltungsbereich

Vor dem Hintergrund der Einbindung von Unternehmen in eine globale bzw. generelle Umwelt und den damit einhergehenden direkten und indirekten Einflüssen sozialer, ethischer, politischer, global ökonomischer, technologischer und ökologischer Faktoren stellt auch das gesellschaftspolitische Leitbild der Nachhaltigkeit eine zu berücksichtigende Rahmenbedingung bzw. Koordinate des unternehmerischen Handlungsspielraumes dar. Dieses Leitbild erwartet von Unternehmen Integration und Simultaneität in der Auseinandersetzung mit ökonomischen, ökologischen und sozialen Herausforderungen unter ständiger Berücksichtigung inter- und intragenerativer sowie inter- und intraorganisationaler Gerechtigkeit (i. S.von Zukunftsgerechtigkeit und Verteilungsgerechtigkeit) (Abschnitt 2.1). Damit schreibt es den Unternehmen einen maßgeblichen Beitrag und große Verantwortung für den gesellschaftlichen Prozess der nachhaltigen Entwicklung zu. Das unternehmerische Nachhaltigkeitsverständnis beinhaltet die gleichzeitige Formulierung ökonomischer, ökologischer und sozialer Ziele und dabei insb. die Schaffung von Zielkongruenzen. Somit stellt die Verknüpfung ökonomischer Sinnhaftigkeit, ökologischer Verträglichkeit und sozialer Verantwortung den allgemeinen normativen Rahmen bzw. die maßgebliche Begründung (Abschnitt 2.5.1) für die langfristige strategische Orientierung (Abschnitt 2.5.1) des unternehmerischen Nachhaltigkeitsmanagements (Abschnitte 1.1, 2.4, 2.5) an dieser komplexen Form der Zukunftsfähigkeit dar.

Dieses zunächst allgemein hergeleitete Nachhaltigkeitsverständnis bedarf der Anbindung an die Unternehmensgesamtstrategie, da Nachhaltigkeit zunehmend als Grundvoraussetzung für Profitabilität gilt und erwiesener Maßen aus wertorientierten (marktlichen und monetären), anspruchsgruppen- und identitätsorientierten Motiven (Abschnitt 2.5.2) verfolgt wird. Außerdem erwartet es den systematischen Umgang bei der simultanen Integration von Aktivitäten aus dem ökonomischen, ökologischen und sozialen Kontext (Abschnitt 1.1). Die Formulierung ökonomischer, ökologischer und sozialer Ziele lanciert weiterhin eine stark operative Komponente des Nachhaltigkeitsverständnisses (Abschnitt 2.5.1), denn aus der funktionellen Perspektive der Steuerung ökonomischer, ökologischer und sozialer Wirkungen resultiert einerseits ein ambivalenter Einfluss auf die nachhaltige Unternehmensentwicklung sowie andererseits auf die nachhaltige Entwicklung der Gesellschaft (Abschnitt 1.1). Gleichermaßen ist eine institutionelle Perspektive zu eröffnen, welche die Anknüpfung von Akteuren bzw. Organisationseinheiten, die Nachhaltigkeitsaktivitäten verantworten und ausführen, umfasst (Abschnitt 1.1). Zur Beschreibung eines ganzheitlichen grundlegenden Nachhaltigkeitsverständnisses sind die ökonomische, ökologische und soziale Dimension für das Nachhaltigkeitsverständnis wie folgt zu konkretisieren.

Für die ökonomische Dimension gelten grundlegend alle klassischen Inhalte von Unternehmenszielen, wie Marktstellung, Marktleistung, Rentabilität oder finanzwirtschaftliche Aspekte mit eindeutiger Orientierung am Shareholder Value als Bezugspunkte. Allerdings umfasst die ökonomische Dimension des Nachhaltigkeitsverständnisses die Herausforderung, alle Maßnahmen zum Umwelt- und Sozialmanagement möglichst wirtschaftlich zu gestalten und im Sinne der Geschäftsrelevanz bzw. des *Business Case for Sustainabillity* (Abschnitt 1.1) einen Beitrag zur Steigerung des Unternehmenswertes, zur Rentabilität oder zur Kostenkontrolle der Nachhaltigkeitsaktivitäten zu leisten (Abschnitt 1.1). Dabei stehen die Steigerung der Öko-Effizienz, dem Verhältniswert aus Wertschöpfung und ökologischer Schadschöpfung, und der Sozio-Effizienz, als Relation von Wertschöpfung und sozialen Schäden bzw. negativen sozialen Konsequenzen der Unternehmenstätigkeit (Abschnitt 1.2) im Vordergrund. Branchenbezogen umfasst die ökonomische Dimension Aktivitäten zum effizienten und effektiven Einsatz der Produktionsfaktoren, Produkt- und Prozessinnovationen (Kap. 5), unternehmensindividuell werden Zielgrößen wie Umsatz, Wertschöpfung, Ergebnis, Capital Employed, ROCE, Wertbeitrag, Free Cash Flow, Produktivität, Verschuldungsgrad (Kap. 6) zur Abb. der ökonomischen Dimension herangezogen.

Die ökologische Dimension ist geprägt durch das Bewusstsein, Ökosysteme durch unternehmerische Aktivitäten zu belasten und zielt auf die Erhaltung des ökologischen Systems durch langfristigen Umweltschutz und die Erhöhung der Öko-Effektivität, also der absoluten Umweltverträglichkeit.

Dabei steht die Ressourcenperspektive im Vordergrund und ist gekennzeichnet durch die Maximen der Substanzerhaltung, Verbrauchsreduktion und Verlustvermeidung ökologischer Ressourcen.

Im Branchenkontext bildet diese Dimension Inhalte wie z.B. den verträglichen Rohstoffeinsatz, angemessenen Energie- und Wasserverbrauch oder die Minderung der Treibhausgasbelastung (CO_2-Emissionen) ab. Unternehmensindividuell konkretisiert sich diese Dimension in den Aspekten Emissionen (Staub- und CO_2), Energie- und Wasserverbrauch, Materialeinsatz (Eisenerz, Kohle, Koks, Sinterbrennstoffe, Legierungen/Metalle), Reduktionsmitteleinsatz (Koks, Feinkohle), Abfallaufkommen, Re-

cycling, Güterverkehrsleistung, Umgang mit Nebenprodukten wie Schlacken und Hüttensand, Lärmminderung, Landschaftsschutz und positiven ökologische Externalitäten der Produkte (NewSteel Body (NSB®) Abschnitt 5.1)).
Die soziale Dimension umfasst schließlich jegliche Auseinandersetzung mit der Wahrnehmung sozialer Verpflichtungen und Verantwortung (Abschnitt 2.4) durch das Unternehmen. Damit einher geht ein deutlicher Fokus auf die Interaktion mit internen wie externen Anspruchsgruppen und die proaktive Gestaltung der Rahmenbedingungen bzw. proaktive Gesellschaftszugänglichkeit (Abschnitte 2.4 und 2.5.1). Die Berücksichtigung der sozialen Dimension zielt vorrangig auf eine umfassende Verbesserung sozialer Wirkungen und die Reduktion sozial unerwünschter Effekte ab, um gesellschaftliche Akzeptanz und soziale Legitimität des Unternehmens sicherzustellen. Gleichermaßen nimmt ein sozial orientiertes Unternehmen Einfluss auf Werte, Einstellungen, Verhalten und Entscheidungen der Konsumenten. Für die Branche beziehen sich soziale Aktivitäten auf eine Verbesserung der Arbeitsbedingungen, Gesundheitsmanagement, Arbeitssicherheit, Qualifizierung und Know-how der Mitarbeiter. Unternehmensindividuell rücken Aspekte wie Weiterbildung, Gesundheitsförderung, Reduzierung von Unfällen, Schaffung von Ausbildungsplätzen, eine gerechte Verteilung der Wertschöpfung (an Mitarbeiter, Eigentümer, Fremdkapitalgeber, Staat, etc.), Spenden, Sponsoring oder Diversity- und Gendermanagement in den Mittelpunkt.
Ein derartiges Nachhaltigkeitsverständnis gibt den normativen Rahmen für alle Unternehmen vor, die beabsichtigen sich bei der Formulierung der Unternehmenspolitik am Konzept Nachhaltigkeit zu orientieren und Nachhaltigkeitsideen in einem Leitbild zu verschriftlichen. Auf Basis dieses Leitbildes werden Unternehmen befähigt, ein NMS einzuführen, umzusetzen, durchzusetzen, aufrecht zu erhalten und ständig zu verbessern. Sofern sie sich dabei permanent der Konformität mit der festgelegten Nachhaltigkeitspolitik vergewissern möchten, kann ein Nachweis dieser durch eigene Dokumentation und Abgabe von Erklärungen in Form von Nachhaltigkeitsberichten (intern/extern), durch die Bestätigung der Konformität durch Dritte (z.B. Anspruchsgruppen) oder durch die Bestätigung der Erklärungen durch Dritte (z.B. Leitlinien nach GRI) gelingen und sich beizeiten in einer Zertifizierung als verbindlichem, international vergleichbarem Nachweis und durch Compliance-Programme zur Berücksichtigung einschlägiger rechtlicher Verpflichtungen niederschlagen. Weiterhin dient das Nachhaltigkeitsverständnis dazu, diejenigen Aktivitäten zu identifizieren, die aus früheren, derzeitigen oder geplanten Tätigkeiten, Prozessen, Produkten bzw. Dienstleistungen herrühren und befähigt das Unternehmen, deren wesentliche Nachhaltigkeitswirkungen zu ermitteln. Auf dieser Basis können Prioritäten, angemessene nachhaltigkeitsbezogene Zielsetzungen und Einzelziele, eine Struktur und Programme zur Realisierung der Nachhaltigkeitspolitik und zur Erreichung der Nachhaltigkeitsziele aufgelegt und Möglichkeiten zur Planung, Steuerung und Kontrolle, sowie für Vorbeugungs- bzw. Korrekturmaßnahmen, Bewertungsaktivitäten zur Sicherstellung der Orientierung an der Nachhaltigkeitspolitik geschaffen werden. So wird eine ziel- und ergebnisorientierte Ausgangsposition des Unternehmens für die notwendige Anpassung an beschleunigte, dynamische Rahmenbedingungen bestimmt.

Ausgehend von dieser Position hat das Unternehmen hinsichtlich des Anwendungsbereichs eines NMS die Freiheit und Flexibilität, organisatorische Grenzen zu definieren und zu entscheiden, ob das System für das Gesamtunternehmen oder nur für einen bestimmten Funktionsbereich implementiert wird. Allerdings sollte über den Geltungsbereich des NMS Einigkeit bestehen, dieser festgelegt und dokumentiert sein, denn Glaubwürdigkeit und Akzeptanz des Managementsystems hängen von einem eindeutig definierten Geltungsbereich ab. Das Wesen des NMS ergibt sich schließlich aus seinen nachfolgend beschriebenen Charakteristika und Attributen.

7.1.2 Charakteristika und Attribute

Ein ganzheitliches NMS kann grundlegend durch die Charakteristika

- normativ,
- langfristig strategisch zukunftsorientiert,
- dialogisch,
- operativ umsetzungsorientiert, sowie
- proaktiv veränderungsorientiert

beschrieben werden.
Ferner wird es durch bestimmte Attribute gekennzeichnet, die in unterschiedlichem Umfang und mit verschiedener Intensität (je nach Anwendungsbereich des NMS) auftreten. Der diese Erkenntnisse generierende Argumentationsgang zu den einzelnen Wesensmerkmalen bzw. Charakteristika wird im Folgenden nachgezeichnet.
Ausgehend von dem der Nachhaltigkeitsforschung zugrunde liegenden normativen Wissenschaftsziel, das sich in der Bewertung aller Forschungserkenntnisse am Maßstab der Nachhaltigkeit manifestiert (Abschnitt 4.1.1), gilt Nachhaltigkeit als normatives gesellschaftliches Verantwortungsprinzip (Abschnitt 4.1.1), das auf übergeordneten, subjektiven Werthaltungen beruht und auf eine ökonomisch, ökologisch, sozial und gerechte gewünschte Bedürfnisbefriedigung referenziert.
Diese Prämisse gilt im strategischen Nachhaltigkeitsmanagement gleichermaßen und spricht explizit die Erfordernis einer *normativen* Verankerung des Nachhaltigkeitsverständnisses aus (Abschnitte 2.5.1, 2.5.4, 4.1). Somit stellt ein per se normatives Nachhaltigkeitsverständnis den Orientierungspunkt, Bewertungsmaßstab und normativen Rahmen für ein NMS mit Analyse- und Gestaltungsaufgaben dar (Abschnitt 4.1.1). Durch seine Analysefähigkeit nimmt das NMS die identifizierten normativen Motive (Abschnitte 2.5.2.1, 2.5.2.2 und 2.5.2.3) auf, sodass auch die resultierenden Ziele mit Wertvorstellungen verbunden sind (4.1.1 und 4.1.3). An dieser Stelle stützen die explizit zu berücksichtigenden ethischen Aspekte aus der Auseinandersetzung mit dem Stakeholder-Ansatz bzw. die Betonung der ethisch-normativen Dimension aus dem neuen St. Galler Modell die Argumentationsgrundlage der Normativität durch den Auftrag der Wahrnehmung von gesellschaftlicher Verantwortung und Verpflichtung sowie der proaktiven Gesellschaftszugänglichkeit und dialogischen Gestaltung von Interaktionsprozessen mit den Anspruchsgruppen (Abschnitte 2.4 und 2.5.1).
Die Gestaltungsaufgabe der Nachhaltigkeitspolitik als Element eines NMS besteht dann in der Aufnahme des normativen Charakters und dem Transfer konkretisierter Inhalte in die Zielformulierung (Abschnitt 3.1.1). Somit werden die formulierten Nachhaltigkeitsziele ihrer Definition als normative Vorstellungen über den zukünftigen Zustand des Unternehmens sowohl inhaltlich als auch in ihrer Wirkungsweise

vollständig gerecht (Abschnitte 1.1 und 2.5.3.3). Diese Ausführungen machen zweifellos deutlich, dass ein NMS in seinem Ursprung, seinem Anspruch und seiner konkreten Ausgestaltung einen stark normativen Charakter aufweist.

Diesem normativen Charakter verleiht das Nachhaltigkeitsverständnis eine inhaltliche Orientierung, in der v.a. der angestrebte Planungs- und Handlungshorizont mit der expliziten Langfristigkeit des Prozesses der nachhaltigen Entwicklung in den Vordergrund tritt. Nachhaltigkeit wird verstanden als die Sicherstellung einer dauerhaften, zukunftsfähigen, ökonomisch, ökologisch und sozial tragfähigen Entwicklung, wobei dieses Verständnis und die damit einhergehende Aufforderung zur Identifikation und Erschließung von zukünftigen Handlungsfeldern eindeutig auf die Notwendigkeit einer *strategischen* Planung verweisen. Dabei ist die Bedeutung der Formulierung von Zielen für strategische Managementprozesse und für das strategische Nachhaltigkeitsmanagement aufgrund ihrer Funktionen unbestritten und rechtfertigt bereits vor diesem Hintergrund die Entwicklung eines Elementes Nachhaltigkeitsziele (Abschnitt 3.1.2). Das normative Nachhaltigkeitsverständnis initiiert die angestrebte langfristige Sicherung von Erfolgs- und Entwicklungspotentialen und forciert die systematische Aufnahme der Nachhaltigkeitsaspekte in das Entscheidungskalkül des Unternehmens. Damit verbunden ist das hohe Interesse der Unternehmensplanung an dauerhaften Entwicklungsprozessen und stabilen Erfolgspotentialen auf Märkten (Abschnitt 2.5.1), denn eine kontinuierliche Wertschöpfung ist für den langfristigen Fortbestand des Unternehmens erforderlich (Abschnitt 3.1.3). Gleichermaßen werden sorgsame, langfristige Planungen von Herstellungsprozessen (Abschnitt 2.5.3.3), langfristig orientierte Investitionen (Abschnitt 2.3) sowie dauerhaft angelegte Kooperationen angestrebt (Abschnitt 2.5.1). Derartigen Entscheidungen wird der höchste Beitrag zur kontinuierlichen Verbesserung der Wertschöpfung bzw. einer so abgebildeten Nachhaltigkeitsperformance zum langfristigen wirtschaftlichen Erfolg zugesprochen (Abschnitte 2.5.2.1 und 2.5.4). Die erwartete langfristige Sicherung der Unternehmensexistenz durch die systematische und geplante Integration von Nachhaltigkeitsaspekten motiviert zu einem ganzheitlichen Nachhaltigkeitsmanagement und stellt die zentralen strategischen Handlungsgründe (Abschnitt 2.5.2.3) dar. Zudem werden diese Aspekte in einem strategischen Nachhaltigkeitsmanagement unter Berücksichtigung der Ziele der Strategieformulierung und -implementierung zur dauerhaften Durchsetzung einer zielführenden Strategie berücksichtigt. Dabei verweist dieses Charakteristikum auf die Auseinandersetzung mit den Anforderungen an die Gestaltung moderner Managementsysteme, nämlich eine langfristig stakeholderorientierte Formulierung der Unternehmensziele vorzunehmen (Abschnitt 2.3). In der Systematik eines NMS hat es einen Anteil an der dauerhaften Vertrauenssicherung im Rahmen der Stakeholderorientierung (Abschnitt 2.5.4) und leistet damit einen Beitrag zum Unternehmenserfolg. So ist ein ganzheitliches NMS auf die Generierung eines operativen Nutzenbeitrags zur Planung, Koordination, Steuerung, Kontrolle und Kommunikation sämtlicher Nachhaltigkeitsthemen und -aktivitäten fokussiert und dient der Systematisierung der zur Erreichung der Nachhaltigkeitsziele notwendigen Aufgaben, Maßnahmen und Instrumente (Abschnitte 2.5.4, 2.5.3.3 und 3.2). Aus diesem Ansatz und der Verknüpfung der inhaltlichen Ziele der Nachhaltigkeit mit den planerischen zielorientierten Gestaltungsaufgaben des NMS kann die Erfordernis eines strategischen Umgangs mit den Nachhaltigkeitsherausforderungen und deren Koordination zu einem strategischen Gesamtkonzept nachvollzogen werden. Somit zeichnet sich ganzheitliches Nachhaltigkeitsmanagement zweifelsfrei durch einen planerischen, zukunftsorientierten und strategischen Charakter aus.

Der *dialogische* Charakter eines NMS resultiert maßgeblich aus der theoretischen wie praktischen Relevanz des Anspruchsgruppen- bzw. Stakeholder-Ansatzes. Dies wird getragen von der Annahme, dass bereits die Formulierung von Nachhaltigkeitszielen eines Unternehmens, das in ein Netzwerk interdependenter Beziehungen eingebunden ist, nicht mehr unabhängig, sondern vielmehr in einem kollektiven Aushandlungsprozess und in gemeinschaftlicher Umsetzung stattfindet (Abschnitt 2.5.1). Ebenso ist zu rekapitulieren, dass der unternehmerische Erfolg nicht mehr nur in der effizienten Koordination und Kontrolle interner Entscheidungsprozesse und marktlicher Interaktionen beruht, sondern vielmehr auf der Fähigkeit des Unternehmens, die unterschiedlichen Anliegen der vielfältigen Interessengruppen in unternehmerische Entscheidungen einzubinden. Die Entscheidungen zur Zielerreichung und Umsetzung des Nachhaltigkeitsleitbildes sind von einer hohen Anspruchsgruppenorientierung, v.a. auf Mitarbeiter und Kunden, geprägt und werden durch dialogische Methoden und Instrumente mit hoher Informations- und Kommunikationswirkung durchgesetzt (Abschnitt 2.5.4). Als typisch für das strategische Nachhaltigkeitsmanagement gilt die intensive Nutzung von dialogischen Methoden und Instrumenten mit einer hohen Kommunikationswirkung im Rahmen der angestrebten dialogfähigen Organisationsformen (z.B. Matrixorganisation) zur Förderung der gewünschten Abstimmungsprozesse bzw. des Gedanken- und Informationsaustausches (Abschnitt 3.1.6). Da Nachhaltigkeit einen dynamischen Prozess darstellt, erscheint eine kontinuierliche Anpassung des Nachhaltigkeitsverständnisses sinnvoll, solange dieser Prozess einen dauerhaften, partizipativen Dialog über die gesellschaftliche Relevanz des Nachhaltigkeitsleitbildes auf der einen (Abschnitt 2.1) und mit den für das Unternehmen strategisch relevanten Stakeholdern auf der anderen Seite darstellt (Abschnitt 3.1.4). Daher werden Stakeholder-Dialoge mit ihren wesentlichen Möglichkeiten zur Reduktion von Risiken, Imagepflege, Erhöhung von Vertrauen und Akzeptanz, Initiierung von Lernprozessen im Hinblick auf die Wahrnehmung und Anpassung von Stakeholderbedürfnissen vorrangig als Grundlage für die Schaffung strategischer Partnerschaften, den Aufbau einer zukunftsfähigen Form der Marktintelligenz und die Einflussnahme auf persönliche Einstellungen und Meinungen der Anspruchsgruppen angesehen (Abschnitt 2.5.2.2). In diesem Zusammenhang greift die Nachhaltigkeitskommunikation mit ihren Bemühungen um den Ausgleich unterschiedlich mächtiger und einwirkungsinteressierter Anspruchsgruppen durch offene, dialogorientierte Kommunikation (Abschnitt 2.5.1) und leistet einen Beitrag zur Erreichung der Ziele, gegenseitiges Verständnis zu fördern, Transparenz zu schaffen und einen kontinuierlichen Informations- und Kommunikationsfluss zwischen den Interessengruppen zu gewährleisten (Abschnitte 2.6.1 und 3.1.4).

Der instrumentelle dialogische Charakter des NMS im Kontext Kommunikation und Information geht für die weiteren Aufgaben und Funktionen des NMS im Merkmal der stark ausgeprägten *operativen* Ausrichtung auf. Aus dem Ursprung und der theoretischen Anknüpfung an eine anwendungsorientierte Managementlehre wird von einem ganzheitlichen NMS die integrative Ausgestaltung der normativen, strategischen und operativen Management-Ebene erwartet (Abschnitt 2.5.1). Im Vordergrund des strategischen Nachhaltigkeitsmanagements steht die sachorientierte Umsetzung und verhaltensorientierte Durchsetzung des Nachhaltigkeitsleitbildes (Abschnitte 2.5.2 und 2.5.3.3). Da die Wahrnehmung von Nachhaltigkeitsherausforderungen als operative Aufgabe geschieht (Abschnitt 2.3) und die wesentliche Anforderung an ein ganzheitliches Nachhaltigkeitsmanagement in der Identifikation und Ausgestaltung von relevanten, erfolgskritischen Handlungsfeldern besteht (Abschnitte 3.2 und 3.1.5) ist eine markante Umsetzungsorientierung festzustellen. Das Hauptziel des strategischen Nachhaltigkeitsmanagements besteht darin, einen operativen Nutzenbeitrag zur Erreichung der aus den skizzierten wertorientierten, anspruchsgruppenorientierten und identitätsorientierten Motiven (Abschnitt 2.5.2) resultierenden unternehmerischen Nachhaltigkeitsziele zu leisten. Dieser Beitrag besteht vorrangig in der Koordination aller notwendigen Aufgaben, der Initiierung von Maßnahmen und Aktivitäten, ferner dem Einsatz von Instrumenten (Abschnitt 2.5.3.3). Diese Umsetzungsorientierung begründet sich im persönlichen Engagement, den Wertvorstellungen und dem normativen Nachhaltigkeitsverständnisses der Unternehmensleitung (Abschnitt 2.5.2.3). Auf Basis dieser Erkenntnisse existiert ein ganzheitliches NMS zur Generierung eines operativen Nutzenbeitrags in Planung, Koordination, Steuerung, Kontrolle und Kommunikation sämtlicher Nachhaltigkeitsthemen und -aktivitäten und zur Systematisierung der notwendigen Aufgaben, Maßnahmen und Instrumente (Abschnitte 2.5.3 und 3.2). Verstanden als Set aufeinander abgestimmter Instrumente zur Erreichung der Nachhaltigkeitsziele wird ein NMS definitionsgemäß durch einen hohen operativen Nutzen geprägt und ähnelt damit selbstverständlich den etablierten themenspezifischen Managementsystemen, deren stark operativ geprägten Konzeptionen außer Frage stehen (Abschnitt 2.6.2). Zur operativen Umsetzung des strategischen Nachhaltigkeitsmanagements existieren eine Reihe themenspezifischer Ansätze, Instrumente, Normen und Standards, die verschiedentlich Anwendung in der Unternehmenspraxis finden (Abschnitt 2.6) und dem Anspruch an einen angemessenen Detaillierungsgrad zur Bewältigung der Konzeptkomplexität auf operativer Ebene insb. durch die angestrebte Formulierung von Einzelzielen gerecht werden (Abschnitt 2.5.1). Aspekten wie Substanzerhaltung, Verlustvermeidung oder Verbrauchsreduktion kann nur durch die Umsetzung und den Einsatz konkreter Methoden und Instrumente adäquat begegnet werden (Abschnitt 2.5.1), womit die explizite Erfordernis einer operativen Umsetzung auf Ebene aller Wertschöpfungsstufen ausgesprochen wird (Abschnitt 2.5.4). Damit erfüllt ein ganzheitliches NMS die Funktionserwartung als Unterstützungssystem des operativen Managements (Abschnitt 2.2.1).

Als letztes wesentliches Charakteristikum ist der grundsätzlich *proaktive* Ansatz des NMS anzuführen, der den übrigen Merkmalen und Attributen einen angemessenen Nachdruck verleiht. Die proaktive Verhaltensausrichtung begründet sich in den Gesellschaftsstrategien, insb. der Gesellschaftszugänglichkeit (Abschnitt 2.4) und besteht darin, implizite gesellschaftliche Ansprüche bereits in einem sehr frühen Stadium zu antizipieren, ihnen mit innovativen Lösungen zu begegnen und in enger Kooperation mit den Anspruchsgruppen Verantwortung für Nachhaltigkeitsaspekte zu teilen. Diese proaktive Haltung wird durch das NMS forciert, befähigt das Unternehmen zur Ein-

flussnahme auf gesellschaftliche Belange (Abschnitt 2.5.1) und motiviert über die Schaffung von Zeit- und Erfahrungsvorsprüngen, und damit Wettbewerbsvorteilen, zur Realisierung von *quick wins* (Abschnitt 2.5.2.1). Ebenso gelingen die in den Motiven identifizierte gewünschte Einflussnahme auf Produktionsbedingungen (Abschnitt 2.5.2.1) und die aus dem Stakeholder-Ansatz resultierende Nachhaltigkeitskommunikation (Abschnitt 3.1.4) nur durch eine proaktive Handlungsausrichtung. Aus diesen Aspekten lässt sich das identifizierte Merkmal des NMS, verstanden als ganzheitlicher, systematischer, ziel- und ergebnisorientierter Ansatz zur proaktiven Gestaltung der Rahmenbedingungen für unternehmerisches Handeln und zur Durchsetzung nachhaltigkeitsorientierter Entscheidungen (Abschnitt 2.5.4) eindeutig begründen. Der proaktive Charakter fördert die notwendige frühzeitige Erkenntnis umweltbezogener Veränderungen und Entwicklungen, initiiert die zugehören Anpassungsprozesse und versetzt das Unternehmen in die Lage, seine proaktiven Aktivitäten öffentlichkeitswirksam darzustellen. Nicht zu vernachlässigen ist in diesem Kontext das Risiko, die auf diesem Wege generierten Vertrauens-, Akzeptanz- und Wettbewerbsvorteile kurzfristig an Nachahmer zu verlieren.
Diese Charakteristika können durchaus als notwendige Prämissen bzw. wesentliche Merkmale eines ganzheitlich konzipierten NMS verstanden werden. Die anschließend präsentierten Attribute

- Problemlösungsbeitrag und Zielkongruenz,
- Ganzheitlichkeit und Integration,
- Umwelt- und Anspruchsgruppenorientierung,
- Delegation und Partizipation,
- Kooperation,
- Information, Dokumentation, Kommunikation sowie
- Wertschöpfungs- und Risikoorientierung

prägen ein NMS in der Idealkonzeption nachdrücklich, können aber ebenso in unterschiedlich starker Ausprägung je nach Anwendungsbereich (Abschnitt 7.1.1) des NMS beobachtet werden. Diese Attribute werden nachfolgend entsprechend hergeleitet und theoretisch, branchenspezifisch und unternehmensindividuell fundiert.

Das Spannungsfeld zwischen Unternehmenstätigkeiten und Gesellschaftsproblemen, zwischen den Referenzpunkten der Nachhaltigkeitswirkungen der Unternehmenstätigkeiten einerseits und dem Beitrag des Unternehmens zu den gesellschaftlichen Nachhaltigkeitszielen andererseits, stellt die grundlegende Problemebene dar, auf der sich ein NMS bewegt (Abschnitt 2.4). Die konkreten Probleme sind inhaltlicher Art (globalökonomisch, gesamtgesellschaftlich, ökologisch, sozial, etc.) (Abschnitt 2.1) und im unternehmerischen Nachhaltigkeitskontext strategischer (z.B. Zielformulierung), organisatorischer (z.B. Stellen, Zuständigkeiten, Verantwortungsbereiche, etc.), controllerischer (z.B. Bilanzierung, Erfolgsmessung, Prüfung, etc.) oder kommunikatorischer (z.B. Berichterstattung, Glaubhaftigkeit, Transparenz, etc.) Art (Abschnitte 2.4 und 3). Bei einer Übertragung gesellschaftspolitischer oder branchenspezifischer Nachhaltigkeitsziele auf die Unternehmensebene wird das immanente Problem einer sinnvollen Operationalisierung oftmals über die Festlegung von Zielen und die damit verbundene Erweiterung des betrieblichen, ökonomischen Zielsystems

um ökologische und soziale Zielsetzungen gelöst (Abschnitt 2.5.3.3). Folgt ein NMS den theoretischen Begründungen seiner Konturen (Abschnitt 2.5.1) nimmt es bei entsprechend gestalteten Rahmenbedingungen die Herausforderungen der Zukunftsperspektive auf und gestaltet sich in der ständigen Entwicklung neuer Problemlösungskonzepte anpassungsfähig, dynamisch und komplexitätsbeherrschend (Abschnitt 2.5.1). Synthetisiert das NMS dabei die Problemlösungspotentiale des systemischen Nachhaltigkeitsmanagements (Abschnitt 2.5.1), manifestiert sich das Attribut des *Problemlösungsbeitrags* unabwendbar in dem Handlungsauftrag der Eröffnung von Zukunftspfaden für das strategische Nachhaltigkeitsmanagement. Gleichermaßen verweisen auch die Motivkategorien der Wert-, Anspruchsgruppen- und Identitätsorientierung auf die maßgeblichen Begründungen für das NMS und zeigen als Hauptaufgabe die Auseinandersetzung mit den identifizierten Problemfeldern auf (Abschnitt 2.5.2). Weiterhin leistet ein ganzheitliches NMS mit seinen Analyse- und Gestaltungsfunktionen die Antizipation und Harmonisierung auftretender Zielkonflikte und trägt zur Schaffung von Win-Win-Situationen bei (Abschnitte 2.1.4 und 2.5.4).
Die Identifikation von Nachhaltigkeitsproblemen und der damit einhergehende Auftrag der Schaffung von *Zielkongruenzen* ist schließlich die Grundlage der Anforderungen an die Gestaltung moderner Managementsysteme (Abschnitt 2.3). In modernen Managementsystemen, zu dem sich das konzipierte NMS zählt, wird die Integration von Nachhaltigkeitsaspekten in die strategischen Entscheidungen vorrangig als Management von Zielkonflikten zwischen den Nachhaltigkeitsherausforderungen verstanden. Vor dem Hintergrund dieser Anforderungen beschreibt das Attribut ein ganzheitliches Führungssystem, dessen expliziter Problemlösungsbeitrag in der Schaffung von Zielkongruenzen besteht (Abschnitt 2.3). Dieses Attribut wird durch die Branchenanalyse gestützt, die sowohl durch die Betrachtung der Externalitäten bzw. Problemlösungspotentiale in Bezug auf Produkt und Konsum (Abschnitt 5.1) als auch durch den formulierten Anspruch der Stahlindustrie, einen Beitrag zur Lösung von Nachhaltigkeitsproblemen und Produkt- und Prozessinnovationen zu leisten, (Abschnitte 5.3, 5.4. und 5.5) einen Problemlösungsbeitrag verlangt. Aus unternehmensindividueller Perspektive dient das NMS als Lösung für die Probleme des bislang unkoordinierten, unsystematischen, ungeplanten, unzureichend gesteuerten und nur rudimentär prüf- und kontrollierbaren, wenig dokumentierbaren und nicht überzeugend kommunizierbaren Umgangs mit Nachhaltigkeitsaktivitäten (Abschnitte 1.6 und 6.3). So wird das Attribut *Problemlösungsbeitrag und Zielkongruenz* und damit ebenso ein NMS mit diesem Leistungspotential, dem Kern der Nachhaltigkeitsforschung gerecht, unmittelbare Bezüge zu praktischen Problemstellungen (Abschnitt 4) aufzudecken und aufzunehmen sowie die Entwicklung und Umsetzung von Problemlösungsansätzen anzustreben (Abschnitt 4.1.1). Mit diesem Attribut kann ein ganzheitliches NMS als sinnvolles Ergebnis der Nachhaltigkeitsforschung zur Hilfestellung bei der Formulierung von Implikationen für entscheidungsrelevante und kritische Nachhaltigkeitsproblemstellungen herangezogen werden (Abschnitt 4.5).

Die unternehmensspezifische, branchen- bzw. umweltorientierte, entwicklungsoffene, integrative und damit holistische Konzeption des NMS verleiht ihm offensichtlich die Attribute der *Ganzheitlichkeit und Integration*. Bereits der Charakter des NMS gibt Hinweise auf den Versuch, sowohl dem integrierten Gesamtgefüge des Unternehmens als auch seinen einzelnen, aber vernetzten Funktions- und Aufgabenbereichen gerecht zu werden, selektive und unverbundene Ansätze im Umgang mit Nachhaltigkeitsmanagement zu überwinden und so die leitbildimmanente Komplexität zu reduzieren bzw. zu beherrschen. Die Überwindung der beobachteten Trennung strategischer, organisationaler, personaler, kommunikatorischer und methodischer Handlungsspielräume für das Management ökologischer, sozialer und ökonomischer Belange trägt dazu bei, die Stärken, Schwächen, Chancen, Risiken, Vorteile und Nachteile eines strategischen Nachhaltigkeitsmanagements in der unternehmerischen Praxis und wissenschaftlichen Forschung bewusster, professioneller und instrumenteller aufzunehmen (Abschnitt 1.2). Für eine erfolgreiche Unternehmensführung in Orientierung an dem komplexen Leitbild der Nachhaltigkeit wird, wie festgestellt, die Forderung nach einem ganzheitlichen NMS immer häufiger formuliert und eine systematische Herangehensweise, erwartet (Kap. 2). Bisher etablierte themenspezifische Managementsysteme bilden die Komplexität der Nachhaltigkeit nicht zufrieden stellend ab sondern nehmen nur für ihr Themenfeld eine ganzheitliche Betrachtungsweise ein (Abschnitte 1.2 und 2.6.2). Dennoch soll dieses ganzheitliche Verständnis der Wirkungszusammenhänge themenspezifischer Managementsystemen (z.B. EFQM oder SIGMA) gleichermaßen im NMS wieder zu finden sein (Abschnitt 2.6.2). Überdies werden im Rahmen der Anforderungen an die Entwicklung moderner Managementsysteme die Konzeption, Einführung, Umsetzung und Durchsetzung *eines ganzheitlichen* Führungssystems durch die Integration der ökonomischen, ökologischen und sozialen Dimensionen, der vielfältigen Aufgaben (Analyse und Gestaltung) und Funktionen (Kommunikation, Controlling) als spezielle Ziele formuliert (Abschnitte 2.5.3.3, 2.3 und 3.2). Die Orientierung des vorliegenden NMS an den theoretisch fundierten Konzepten von Managementsystemen mit einer auf Ganzheitlichkeit und Integration ausgerichteten Architektur (die Abschnitte 2.2.5 und 2.2.4) verweist zur Beschreibung des Attributes Ganzheitlichkeit und Integration auf die Eigenschaften der Komplexitätsbewältigung, Vernetzung, Interdependenz, Adaptionsfähigkeit, Ordnung, Lenkung, Stakeholder-Orientierung und Unternehmenswertsteigerung. Diese Eigenschaften finden sich in den Motiven für Nachhaltigkeitsmanagement wieder, denn insb. im ökonomischen Kontext motiviert die Verminderung von Risiken durch ein problematisches Umwelt- bzw. Sozialverhalten in der Wertschöpfungskette zu einem ganzheitlichen Nachhaltigkeitsmanagement. Denn Skandale und deren Konsequenzen wirken schnell, umfassend und negativ auf das Unternehmen zurück (Abschnitt 2.5.2.2). Außerdem verdeutlichen die aufgeführten Merkmale und Prinzipien zweifelsfrei den ganzheitlichen Charakter des Konzeptes, werden doch sowohl organisationstheoretische (z.B. Integration, Partizipation, Koordination), als auch strategische (z.B. Ziele, Planung) sowie Querschnittsaufgaben (z.B. Information, Kommunikation, Anspruchsgruppenorientierung) adressiert (Abschnitt 2.5.4). So leistet ein ganzheitliches NMS die vollständige Planung, Koordination, Steuerung, Kontrolle und Kommunikation der Nachhaltigkeitsthemen und -aktivitäten und bildet damit das übergeordnete Konzept für die Systematisierung der zur Erreichung der Nachhaltigkeitsziele notwendigen Aufgaben, Maßnahmen und Instrumente (Abschnitt 2.5.3.3).

Dem Ansatz der Nachhaltigkeitsforschung folgend sind die beobachtbaren Probleme der politischen, gesellschaftlichen, sozialen, ökologischen und ökonomischen Umwelt

in eine wissenschaftlich bearbeitbare Form zu übersetzen und Erkenntnisse zu generieren, die auch und insb. außerhalb der Wissenschaft, also in der Unternehmenspraxis wirksam sind (Abschnitt 4.1). Aus der notwendigen Analyse des turbulenten Umfeldes der Unternehmen ergibt sich eine Vielfalt stakeholderseitiger Ansprüche, deren Systematisierung die Basis für zukunftsfähige Managementkonzepte darstellt (Abschnitt 2.3). Die Entscheidungen zur Zielerreichung und Umsetzung des Leitbildes der Nachhaltigkeit sind von einer hohen Orientierung auf Mitarbeiter und Kunden geprägt und werden durch dialogische Instrumente mit hoher Informations- und Kommunikationswirkung ausgestaltet (Abschnitt 2.5.4). Aus diesen Feststellungen resultiert das Attribut der *Umwelt- und Anspruchsgruppenorientierung* des NMS.
Die Umweltorientierung des NMS bezieht sich in diesem Kontext auf die erweiterte Lesart der globalen Unternehmensumwelt und ergänzt mit speziellen ökologischen Aspekten die ökonomischen, sozio-kulturellen, technologischen und politischen Umweltfaktoren (Abschnitt 1.1). Neben diesen Faktoren stellen soziale, ethische und ökologische Ansprüche an die Unternehmensführung deutliche Veränderungen der Unternehmensumwelt dar, die verstärkt in Unternehmenspolitik und Leitbilder aufgenommen werden, damit in der Phase der strategischen Zielplanung von hoher Relevanz sind und die Forderung nach einer Stakeholder-Orientierung zur stärkeren gesellschaftspolitischen und ethischen Verankerung der interessenbezogenen Betrachtung strategischer Ziele aussprechen (Abschnitte 1.1 und 2.5.1). Damit gilt die Umweltorientierung als Attribut des NMS als Ausgangspunkt der Umweltanalyse als informationelle Basis für die Formulierung von Nachhaltigkeitsstrategien und berücksichtigt die Beziehungen des Unternehmens zu seiner vielschichtigen Umwelt (Abschnitt 2.5.1). Dabei beinhaltet die Umweltanalyse im Nachhaltigkeitskontext die Untersuchung des Einflusses von Nachhaltigkeitsaktivitäten auf Branche und Wettbewerb (Abschnitt 1.1) und versucht der Situationsanalyse in der strategischen Planung durch die Berücksichtigung von Nachhaltigkeitsaspekten eine höhere Präzision zu verleihen (Abschnitt 2.5.1). Aus der Unternehmensanalyse sind Erkenntnisse über das Wertbeeinflussungspotential von Nachhaltigkeitsaspekten zu generieren und im Rahmen Umweltanalyse Untersuchungen des Einflusses von Nachhaltigkeitsthemen auf die Branchenstruktur und -dynamik oder auf die Positionierung im Wettbewerb anzustellen, wobei das Attribut im NMS die Konzentration der Unternehmen auf eine Auseinandersetzung mit den Risiken, die aus verschiedenen Nachhaltigkeitsbereichen erwachsen können, fördert (Abschnitt 1.1). Im Fokus der Unternehmensplanung steht ein ausgeprägtes Interesse für langfristige Entwicklungsprognosen von Märkten und Erfolgspotentialen. Denn mit steigender Komplexität, Detaillierung, Genauigkeit und Systematisierung der Situationsanalyse von Unternehmen und Umwelt kann die Strategieentwicklung umso besser gelingen (Abschnitt 2.5.1). Im Kontext der Managementlehre begründen die organisationstheoretischen Grundlagen des Bezugsrahmens aus Ressourcenorientierung, Systemtheorie, situativem Ansatz, Kontingenztheorie oder Population Ecology die Aufnahme des Attributes der Umweltorientierung in ein ganzheitliches NMS. Unter Beachtung der Umwelt gelingt dem NMS ein Beschreibungs-, Erklärungs- und Entscheidungsbeitrag hinsichtlich der Beziehungen und Abhängigkeiten von Unternehmen zu ihrer Umwelt, dem Ressourcenaustausch, der Anpassung von Unternehmen an ihre Umwelt und der ambivalenten Veränderungsprozesse von Unternehmen und

Umwelt. Die ableitbare Implikation für das Nachhaltigkeitsmanagement besteht in der Anpassung des Unternehmens an seine Umwelt und weist als Erfolgskriterium den Fit zwischen Unternehmen und Umwelt aus (Abschnitt 2.5.1).
Gleichermaßen fußt das Attribut der Umweltorientierung auf der Erklärung der Zukunftsorientierung von unternehmerischen Entscheidungen in der Systemtheorie, weil Unternehmen einerseits mit zuvor getroffenen Entscheidungen umzugehen haben, denn strategische Entscheidungen bauen auf vorherigen Entscheidungen auf. Andererseits können Unternehmen neu und anders entscheiden, wenn sich ihre Wahrnehmung der Umwelt ändert und so durchaus über ihre Interaktion Entscheidungen für oder gegen eine nachhaltige Entwicklung sowie ihre Überlebensfähigkeit in komplexen und dynamischen Umwelten treffen (Abschnitt 2.5.1).
Aus der Verknüpfung der Existenzsicherung durch Wertsteigerung und Wahrung der Flexibilität eines Unternehmens mit der Erfüllung sämtlicher Erwartungen der Anspruchsgruppen und der Einhaltung gesetzlicher Vorgaben ergibt sich die zwingende Notwendigkeit zur Entwicklung und Implementierung von Managementsystemen zum systematischen Umgang mit Nachhaltigkeitsherausforderungen der Umwelt (Abschnitt 2.3). Trotz der Berücksichtigung internationaler Normen, Regelungen und sonstiger Vorschriften ist eine gewisse Flexibilität und Anpassungsfähigkeit der formal geregelten Abläufe aufgrund des dynamischen Umfeldes notwendig (Abschnitt 2.2.1). Deshalb gilt es als sinnvoll, wendige und flexible Systeme mit überschaubaren Elementen zu entwerfen, durch die schneller auf das dynamische Umfeld reagiert werden kann (Abschnitt 2.2.2). Dabei berücksichtigt ein ganzheitliches NMS mit ausgeprägter Umweltorientierung die Anforderung an die Gestaltung moderner Managementsysteme, nämlich das Grundprinzip der Dynamik bei gleichzeitiger Sicherung der Kontinuität. Denn eine forderungsgerechte Veränderung der Unternehmensorganisation erwartet die Gestaltung flexibler Unternehmensstrukturen zur Integration der formulierten Forderungen der Anspruchsgruppen in die Entscheidungsprozesse aller Ebenen (Abschnitt 2.3). Diese produktbezogene, anspruchsgruppenbezogene oder zeitbezogene Forderungsvielfalt kann über die Umweltorientierung ermittelt und gebündelt werden, leistet die erwartete simultane Beachtung differenzierter Bedürfnisse einer Vielzahl von Stakeholdern (Abschnitt 2.3) und führt daher unmittelbar zur zweiten Komponente des Attributs, der *Anspruchsgruppenorientierung*.
Liquidität und Erfolg durch größtmögliche Effizienz, der Aufbau neuer Erfolgs-/Nutzenpotentiale durch eine hohe Leistungsfähigkeit und dauerhafte Lebensfähigkeit und Entwicklung mit Hilfe von Legitimität, mittels derer man den vielfältigen Anspruchsgruppen begegnen kann, sind die wichtigsten Beiträge, die ein funktionierendes und gut implementiertes Managementsystem zur erfolgreichen Unternehmenssteuerung leisten kann (Abschnitt 2.2.1). Moderne und zukunftsfähige Managementsystem-Ansätze fordern nunmehr explizit die Klärung des Verhältnisses von Unternehmen und gesellschaftlichen Anspruchsgruppen zur Sicherung ihrer *licence to operate* (Abschnitt 2.2.4). Das Attribut der Anspruchsgruppenorientierung bildet die Gesellschaftsstrategien ab, denn folgt ein Unternehmen der Strategie der gesellschaftlichen Verpflichtung (*social obligation*) beschränkt es sich auf die von den Anspruchsgruppen mit Nachdruck erwarteten Aktivitäten und verhält sich reaktiv bzw. passiv hinsichtlich seiner Gestaltungsmöglichkeiten gesellschaftlicher Rahmenbedingungen.

Demgegenüber antizipiert die proaktive Strategie der Gesellschaftszugänglichkeit (*social responsiveness*) die Stakeholderbedürfnisse und versucht, diese durch enge Kooperation zu berücksichtigen (Abschnitt 2.4). Diese Gesellschaftsstrategien und der Ansatz einer gesellschaftsbezogenen Managementlehre schreiben dem Attribut der Anspruchsgruppenorientierung eine besondere Bedeutung für die Ambivalenz zu, dass Unternehmen aufgrund ihrer Tätigkeit einerseits öffentliche Interessen berühren und andererseits durch Aktivitäten im Namen öffentlicher Interessen beeinflusst werden. Damit nimmt das Attribut die Dimension der öffentlichen Exponiertheit auf (Abschnitt 2.5.1).
Diese Dimension findet sich gleichermaßen in der Kontur des Nachhaltigkeitsmanagements wieder, das sich offensiv dem Ausgleich unterschiedlich durchsetzungsmächtiger und einwirkungsinteressierter Anspruchsgruppen stellt (Abschnitt 2.5.1) und auf dem systemtheoretischen Verständnis des Unternehmens als offenes System zur Umwandlung von Ressourcen beruht, dessen gesellschaftliche Aufgabe darin besteht, Wissen sowie die klassischen Produktionsfaktoren effizient und unter Achtung der Interessen der diese bereitstellenden Anspruchsgruppen in verwertbare Leistungen zu transformieren (Abschnitt 2.5.1). Zudem wird das Attribut der Anspruchsgruppenorientierung aus der Motivlage des Unternehmens gespeist, den Wunsch nach der Festigung der Anerkennung und Legitimation der unternehmerischen Tätigkeit durch die Stakeholder zu erfüllen und diesen über eine Antizipation gesellschaftlicher Entwicklungen und das Streben nach Win-win-Situationen für alle involvierten Akteure zu erreichen (Abschnitt 2.5.2.2). Eine im NMS derart verankerte Stakeholderorientierung trägt weiterhin dazu bei, die Dimensionen der Nachhaltigkeit als Grundprinzipien zu anerkannten Kulturbestandteilen des Unternehmens werden zu lassen, womit das Vertrauen der Anspruchsgruppen weiterentwickelt und langfristig gesichert wird (Abschnitt 2.5.4). Theoretisch fundiert wird das Attribut der Anspruchsgruppenorientierung schlussendlich durch seinen deskriptiven, instrumentellen und normativen Charakter, denn der Stakeholderansatz umfasst die Berücksichtigung der Anspruchsgruppen hinsichtlich der Strategieentwicklung, die Relation zwischen Stakeholdermanagement und der Zielerreichung sowie die Wahrnehmung ethischer Aspekte als Argumentationsgrundlage für Verantwortung und Verpflichtung des Managements gegenüber den Anspruchsgruppen (Abschnitt 2.5.1).
Subsummiert ergeben diese Ausführungen die Rechtfertigung und besondere Bedeutung des Attributs der Umwelt- und Anspruchsgruppenorientierung als bedeutsame Eigenschaft ganzheitlicher NMS.

Organisatorisch wird das NMS durch die Attribute der *Delegation und Partizipation* geprägt, denn die Komplexität der Entscheidungsprobleme im Nachhaltigkeitskontext fordert die Übertragung von Entscheidungsaufgaben und -kompetenzen an die Fach- bzw. Spezialabteilungen und die Beteiligung der betroffenen Anspruchsgruppen an den Willensbildungs- bzw. Entscheidungsprozessen (Abschnitte1.2 und 2.3). Bereits der gesellschaftspolitische Ansatz des *ecodevelopment* aus dem Jahre 1973 fordert von der Auseinandersetzung mit dem Leitbild der Nachhaltigkeit eine ständige Partizipation der betroffenen Akteure (Abschnitt 2.1.3). Durch einen delegativ-partizipativen Führungsansatz des NMS gelingt die Fokussierung auf Effektivität durch die Stärkung des Vertrauens der Mitarbeiter und die Generierung bzw. Diffusion von Wissen im

Unternehmen (Abschnitt 2.4.4). Gleichermaßen bindet das NMS in seiner partizipativen Ausgestaltung auch alle übrigen an der Ausführung der Nachhaltigkeitsaktivitäten Beteiligten sowie von den ökonomischen, ökologischen oder sozialen Auswirkungen der Unternehmenstätigkeit Betroffenen in die Entscheidungen ein (Abschnitt 2.5.4). Dazu bedarf es einer eindeutigen Zuordnung der Funktionen, Aufgaben und Rollen zu den Akteuren bzw. Stakeholdern (Abschnitt 4.1.1). Als wesentliche soziale Organisationsform hat die Partizipation bereits die Konzeption des NMS geprägt und für die Einbindung aller relevanten Praxisakteure und ihrer Bedürfnisse gesorgt, um durch die Integration ihres Erfahrungswissens die notwendige Voraussetzung für praxisorientierten Erkenntnisgewinn zu erfüllen (Abschnitte 4.1.2, 4.1.3 und 4.2.1). Gleichermaßen findet sich auch der Partizipationsgrad als sozialer Aspekt der Lern- und Entwicklungsperspektive in der Sustainable Balanced Scorecard (Abschnitt 2.6.1). Insb. bei der den Generic Management Systemen vergleichbaren Konzeption des NMS wird auf den Einbezug der relevanten Anspruchsgruppen entsprechend der unternehmensspezifischen Partizipationsformen Wert gelegt (Abschnitt 2.2.5). Delegation und Partizipation wirken als Attribute des NMS besonders positiv durch die Verlagerung der Entscheidungen an die Stelle, an der auch ihre Konsequenzen unmittelbar wirksam werden und fördern eine schnellere Entscheidungsfindung höherer Qualität durch die größere Wissens- und Erfahrungsbasis, eine verbesserte Kommunikation infolge des direkten Informationsaustausches sowie die Möglichkeiten zu einer frühzeitigen Identifikation und Lösung von Konflikten.

Für die Lösung globaler Nachhaltigkeitsprobleme wird eine kooperative Vorgehensweise zwischen allen beteiligten Akteuren vorgesehen (Abschnitt 2.1.3) und das Attribut der *Kooperation* grundsätzlich als abgestimmtes, gemeinschaftliches Handeln zur Optimierung der Gesamtzustände bzw. als Initiierung und Gestaltung sozialer Beziehungen und gemeinsamer Handlungsräume im NMS abgebildet (Abschnitt 2.5.4). Die Entscheidungen zur Zielerreichung und Umsetzung des Leitbildes sind von einer hohen Anspruchsgruppenorientierung geprägt und werden durch dialogische Aktivitäten mit hoher Informations- und Kommunikationswirkung durchgeführt (Abschnitt 2.5.4). Ein derartiges Verständnis von Kooperation als eine Strategie, die langfristig für alle Akteure den höchsten Nutzen bringt, findet seine intuitive Begründung in der Anreiz-Beitrags-Perspektive im Kontext der Anspruchsgruppen-Beziehungen (Abschnitt 2.5.1). Damit offenbart das Unternehmen seine Wettbewerbsstrategie darin, durch das NMS kooperative Lösungen innerhalb gewandelter Wertschöpfungsarchitekturen anzustreben, in denen das Unternehmen eine Mittlerrolle für Nachhaltigkeit zu Lieferanten, Kunden und weiteren Partnern einnimmt (Abschnitt 2.5.1). Demgegenüber erhöht die systematische Orientierung am Nachhaltigkeitsleitbild die wahrgenommene Integrität des Unternehmens (Abschnitt 2.5.2.1) und verbessert zusammen mit Maßnahmen des *Corporate Citizenship* die Ausgangslage des Unternehmens, adäquate Kooperationspartner zu finden (Abschnitt 2.6.1). Die proaktive Strategie der Gesellschaftsorientierung *(social responsiveness)* (Abschnitt 2.4) versucht, den erwarteten Stakeholderbedürfnissen durch enge Kooperation zu begegnen und damit neben der Integration effektive Maßnahmen zu einem Wandel zu kooperativen Rahmenbedingungen anzuregen (Abschnitte 2.5.1 und 2.5.3.3). Durch ein NMS mit dieser Wirkung kann eine Unternehmensumwelt geschaffen werden, in der kooperative Lösungen zur

Stabilisierung der Wettbewerbsposition des Unternehmens innerhalb gewandelter Wertschöpfungsarchitekturen ihre Berechtigung haben, dem identifizierten Trend zur kooperativen Zusammenarbeit folgen und zur Erreichung des Ziels beitragen, diese kooperative Zusammenschlüsse nach optimalen Kosten-, Wirksamkeits- und Nutzwertüberlegungen auszugestalten (Abschnitt 2.5.1). Damit fügt das Attribut der Kooperation einen wesentlichen Erfolgsfaktor der Umsetzung von Nachhaltigkeitsstrategien, nämlich die Entwicklung von Kooperationsfähigkeit sowie die Verbesserung der Nachhaltigkeitsleistung durch eine ausgeprägte Kooperationsneigung und effiziente Ausgestaltung, in das NMS ein (Abschnitt 2.3). Im Anschluss daran besteht eine weitere Aufgabe zur Integration von Nachhaltigkeitsaspekten in der Kommunikation und externen Kooperation (Abschnitt 2.3), wobei eine Zuordnung der Nachhaltigkeitsherausforderungen zu den Stufen der Wertschöpfungskette und die Einrichtung übergreifender Kooperationsprozesse, als Form des Managements von Zielkonflikten gemeint ist. In diesem Zusammenhang eröffnet das Attribut der Kooperation im NMS des Unternehmens weiterhin die Möglichkeit, gezielt Nachhaltigkeitsmarketing zu betreiben, um auf gewandelte Kundenbedürfnisse zu reagieren sowie zu einer gleichzeitigen Markt- und Gesellschaftsorientierung zu gelangen, wobei ein kooperatives, interessenpolitisches Vorgehen erforderlich ist (Abschnitt 2.5.2.2). Für dieses kann auf die Kategorie der Kooperations- und Verhandlungsinstrumente der Nachhaltigkeitskommunikation zurückgegriffen werden, zu denen Dialoge bzw. Verhandlungen (mit und ohne Beteiligung des Staates), freiwillige Selbstverpflichtung, unternehmens-, branchen-, verbandsintern bzw. -übergreifende Absprachen und Vereinbarungen (zwischen Verursachern und Betroffenen oder Betriebsvereinbarungen) zählen, die der mittelbaren und unmittelbaren Einflussnahme auf das nachhaltigkeitsbezogene Verhalten von internen und externen Anspruchsgruppen dienen (Abschnitt 3.1.4).

Aus dem zuvor erläuterten dialogischen Charakter des NMS resultiert das Attribut der *Information, Dokumentation und Kommunikation*. Diese Merkmale gelten als besonders bedeutsam für den Charakter und die Funktionsweise des NMS. Insbesondere im Generic Management weisen Information, Dokumentation und Kommunikation als notwendige Querschnittsaufgaben und Gestaltungsfelder der Implementierung von Nachhaltigkeitsstrategien eine besonders hohe Relevanz auf (Abschnitte 2.2.5, 2.5.4 und 2.1.3). Die Herausforderung an die Nachhaltigkeitsforschung besteht darin, die unterschiedlichen Zielvorstellungen in Einklang zu bringen, wozu es spezifischer Maßnahmen zur Schaffung von Transparenz und zur *Information* bedarf (Abschnitt 4.1.1). Hierbei entsteht die Forderung nach umfassender Information als Reaktion auf den Nachhaltigkeitstreiber des öffentlichen Anspruchs und dem Wunsch nach Transparenz der unternehmerischen Nachhaltigkeitsleistung (Abschnitt 2.4). Nur auf Basis einer ausreichenden Informationsversorgung, oftmals strategisch angelegt aus der SWOT-Analyse (Abschnitt 2.5.1) ist die sinnvolle Gestaltung moderner Managementsysteme machbar, da diese ermöglicht, den differenzierten Informationsbedürfnissen der verschiedenen Anspruchsgruppen gerecht zu werden (Abschnitt 2.3). daraus ergibt sich der Anspruch an das NMS immer auch Informationssystem zu sein und die Informationsgewinnung und -verarbeitung anwenderorientiert in angemessenen Verdichtungsgrad und für die Kommunikation entsprechend aufbereitet zu gestalten (Abschnitt 2.2.1). Liegt das Attribut der Information in dieser Ausprägung vor, gelingt

dem NMS überdies der Umgang mit der aktuellen, dynamischen und individuellen Informationslage und die zugehörige Vernetzung und Anspruchsgruppenorientierung (Abschnitt 2.2.1). Wesentliche Aufgaben des NMS bestehen also in der Förderung der Informationsgrundlage und Definition der Informations- und Kommunikationswege für die Sammlung, Aufbereitung und Integration von ökologischen und sozialen Daten in das strategische Kalkül sowie in der Sicherstellung einer hohen Reaktionsgeschwindigkeit auf Chancen und Risiken durch die Definition einfacher, transparenter und überschaubarer Informations- und Kommunikationsprozesse (Abschnitt 3.1.6). Diese systematischen Informations- und Kommunikationsprozesse ermöglichen Szenarien, die ökonomische, ökologische und soziale Effekte sowie deren Entscheidungs- und Handlungsoptionen aufzeigen (Abschnitt 2.5.4). So fördern Informationen in interaktiven Systemen die Identifikation von Ungereimtheiten oder neuen Möglichkeiten und tragen damit dem Ansatz der Steuerungs- und Kontrollsysteme Rechnung (Abschnitt 2.2.3). In integrierten Systemen leisten sie die transparente Informationsaufbereitung für externe Anspruchsgruppen (Abschnitt 2.2.4).
Liegen nur unvollständige Informationen vor, erschwert dies die strategieunterstützende Gestaltung der Nachhaltigkeitsorganisation, ist zudem das Informationssystem zu stark auf eine der drei klassischen Nachhaltigkeitsdimensionen fokussiert, besteht das Risiko organisationaler Trägheit (Abschnitte 2.5.1 und 3.1.6). Diese Problemfelder erfordern demnach ein zentrales auf die speziellen Bedürfnisse ausgerichtetes Informationssystem, das die relevanten Daten sammelt, speichert, analysiert und für die Entscheidungsvorbereitung aufbereitet, um eine zielgerichtete Planung, Steuerung und Kontrolle zu ermöglichen (Abschnitt 3.1). Problematisch für die Unternehmenspraxis ist die Tatsache, dass ein Großteil der bestehenden Controllingsysteme im Bereich Nachhaltigkeit lediglich auf die Befriedigung der Informationsbedürfnisse externer Anspruchsgruppen abzielt und die zentrale Aufgabe der unternehmerischen Entscheidungsvorbereitung nur unzureichend wahrnimmt (Abschnitt 3.1.3). Als unternehmensindividuelle Handlungsaufträge werden explizit die Entwicklung, Nutzung und Pflege geeigneter Mittel und Prozesse zur Information, die Lenkung der notwendigen Dokumente, die Zusammenfassung der Unterlagen in Form eines Managementhandbuches, die Entwicklung und Nutzung von Verfahren für die interne Kommunikation und Beteiligung der verschiedenen Ebenen der Organisation (Nachhaltigkeitsjahresbericht) sowie die Entwicklung und Nutzung von Verfahren für die externe Kommunikation und Beteiligung der verschiedenen Anspruchsgruppen (Nachhaltigkeitsbericht) formuliert (Abschnitt 6.3.4.1).
Um den Erfolg und die systematische Verbesserung eines NMS sicherzustellen, ist eine zuverlässige *Dokumentation* erforderlich, die zentrale Themen, Gesichtspunkte, Funktionsbereiche und Aufgaben abbildet, Verantwortlichkeiten zuordnet und Nachhaltigkeitsaktivitäten als Grundlage für die Kommunikation darstellt (Abschnitte 1.6 und 2.6.2). Die Dokumentation dient als Orientierungshilfe und muss regelmäßig auf Zuverlässigkeit, Aktualität und Gültigkeit überprüft werden (Abschnitt 2.2.1). Diesem Attribut sind v.a. die Instrumente und Methoden der schriftlichen Dokumentation in Form z.B. einer Berichterstattung nach den G3-Richtlinien (Abschnitt 2.6.2) oder die Dialoginstrumente und Aspekte der *organisational governance* und *consumer issues*

aus der neuen Norm ISO 26000 zur Stakeholder Information (Abschnitt 2.6.1) zuzuordnen.
Abschließend soll ein derartiges NMS die organisatorische Einbindung des Nachhaltigkeitsthemas mit der Etablierung zugehöriger Informations- und Kommunikationsflüsse und damit eine stetige Kontrolle der Nachhaltigkeitsstrategie leisten (Abschnitt 2.5.3.3). Die Anforderungen an die Gestaltung moderner Managementsysteme erwarten die Entwicklung von *Kommunikationsstrukturen* und die Absicherung der Kommunikationsflüsse zur Befriedigung der Informationsbedürfnisse der Anspruchsgruppen (Abschnitt 2.3). Der systematische Einsatz von Informations- und Kommunikationsinstrumenten (Abschnitt 2.5.4) gilt auf Branchenebene als Hauptauftrag der Institutionen und Verbände (Abschnitt 5.4) und auf Unternehmensebene als Grundlage für eine offene Informationspolitik mit dem Ziel der Analyse der Unternehmenskommunikation auf die jeweils geeigneten Kommunikationsmöglichkeiten für Nachhaltigkeit (Abschnitt 6.3.4.1). In den konkreten Anwendungsbereich übertragen, umfasst die Nachhaltigkeitskommunikation alle Kommunikationsprozesse, die sich direkt oder indirekt auf das Nachhaltigkeitsleitbild beziehen und den Austausch von Informationen, Meinungen, Gründen, Wertvorstellungen und Zielen im Hinblick auf das interpretationsoffene und konkretisierungsbedürftige Leitbild sicherstellen (Abschnitt 3.1.4). Es wird deutlich, dass das Attribut der Kommunikation professionalisiert als gesellschaftsorientierte Unternehmenskommunikation (Abschnitt 2.4) dazu beitragen kann, die spezifischen Entscheidungsprozesse der unternehmensinternen und -externen Stakeholder zu unterstützen, sofern das Unternehmen dafür Sorge trägt, dass diesen die sozialen, ökologischen und ökonomischen Informationen einfach und verständlich zur Verfügung gestellt werden (Abschnitt 3.1.4). Öffentliche Nachhaltigkeitskommunikation zielt auf den Ausbau und die Stabilisierung der gesellschaftlichen Vertrauensbeziehungen zum Unternehmen ab, um präventiv im Hinblick auf mögliche zukünftige kritische Situationen zu wirken und nimmt die vielfältigen unternehmerischen Motive und ihre Umsetzung auf (Abschnitt 2.5.2). Im Sinne einer Frühaufklärung kann der Nachhaltigkeitskommunikation auch die Aufgabe der Identifikation, Internalisierung und Verarbeitung gesellschafts- und umweltrelevanter Issues sowie kritischer Ansichten strategisch relevanter Bezugsgruppen zukommen (Abschnitt 3.1.4), weshalb dem Attribut der Kommunikation in seinem Funktionsbereich auch die größten Chancen für einen konkreten Umgang mit unternehmerischer Nachhaltigkeit zugesprochen werden (Abschnitt 2.5.2). Dieser konkrete Umgang wird durch die Anwendung der vorgestellten Instrumente und Normen initiiert, die nahezu alle eine Komponente mit Kommunikationswirkung beinhalten (Abschnitte 2.6.1 und 2.6.2).
In dieser Ausprägung gilt das Attribut der Kommunikation als maßgeblicher Faktor zur gemeinschaftlichen Problemlösung, stößt den Selbstorganisationsprozess zum Umgang des Unternehmens mit der Zukunftsfähigkeit an und entspricht damit der in den Konturen des Nachhaltigkeitsmanagements geforderten Bemühung um offene, dialogorientierte Kommunikation zur Unterstützung des Zusammenhalts der Organisation (Abschnitt 2.5.1). Weiterhin wirkt die aktive und zielgerichtete Kommunikation durch die transparente Vermittlung der Nachhaltigkeitsziele und Prinzipien (Abschnitt 2.5.4) stark strategisch und stellt gleichermaßen einen Erfolgsfaktor der Implementierung der Nachhaltigkeitsstrategie dar (Abschnitt 3.1.1 und 3.1.3). Die Kommunikati-

onsziele der Popularisierung, Innovation und Allianz, Aufklärung und Bildung sowie Forschung in ihren Anwendungsbereichen der internen, marktbezogenen und öffentlichen Orientierung (Abschnitt 3.1.4) wirken über das Attribut der Kommunikation positiv auf die Glaubwürdigkeit und Verbindlichkeit der Nachhaltigkeitsleistung des Unternehmens (Abschnitt 2.3).

Das oberste Ziel des strategischen Nachhaltigkeitsmanagements besteht darin, einen Nutzenbeitrag zur Erreichung der unternehmerischen Nachhaltigkeitsziele zu leisten (Abschnitt 2.5.3.3), wobei bereits bei der Formulierung der Ziele eine Abkehr von der reinen Gewinnorientierung hin zur Orientierung an einer ganzheitlichen Wertschöpfung und ihrer neuen Qualität unter Berücksichtigung von ökologischen und sozialen Herausforderungen stattfindet (Abschnitt 2.5.4). Dabei fließt die Erfassung und Bewertung von Nachhaltigkeitsherausforderungen im Rahmen eines ganzheitlichen NMS gleichermaßen in die Analyse von Unternehmensrisiken ein. So formt sich das Attribut *Wertschöpfungs- und Risikoorientierung*, um die Definition des unternehmerischen Nutzens zur Rechtfertigung der ökonomischen Relevanz der Nachhaltigkeitsaspekte im NMS zu verankern (Abschnitt 2.3). Da der Zweck eines NMS stärker auf den operativen Nutzen im Ablauf von Geschäftsprozessen gerichtet ist und die Implementierung eines Managementsystems zur Verbesserung der Steuerungsfähigkeit des gesamten Unternehmens beitragen soll (Abschnitt 1.2), fordert die Berücksichtigung des Attributs der Wertschöpfungsorientierung eine kontinuierliche Leistungserbringung des Unternehmens als notwendige Bedingung für die Berücksichtigung der Stakeholderinteressen (Abschnitt 3.1.3).
Die Aufnahme der Wertschöpfungsorientierung als Attribut wird besonders bei der Konzeption des NMS nach dem integrierten Ansatz berücksichtigt, denn die prozessorientierte Integration stellt Geschäftsprozesse in den Fokus und ermöglicht neben der Überwindung von Schnittstellenproblemen zwischen Funktionsbereichen eine unternehmensinterne wie -übergreifende Leistungserbringung unter besonderer Beachtung der Nachhaltigkeitsaspekte (Abschnitt 2.5.1). Die Wertschöpfungsorientierung wird weiterhin angezeigt durch die Kontur des strategischen Nachhaltigkeitsmanagements, das Unternehmen in gewandelten Wertschöpfungsarchitekturen in kooperativen Wertschöpfungsformen in eine Mittlerrolle für Nachhaltigkeit zu versetzen (Abschnitt 2.5.1) und die Ziele der Optimierung der Wertschöpfungskette und Erhöhung der Wirtschaftlichkeit durch effiziente Ressourcennutzung (Abschnitt 2.5.3.3) operativ auf allen Ebenen der Wertschöpfungskette auszugestalten und für deren Umsetzung nach dem Wirtschaftlichkeitsprinzip zu sorgen (Abschnitt 2.5.4). Überdies prägt der ganzheitliche Ansatz die Wertschöpfungsorientierung des NMS, denn aus anspruchsgruppenorientierter Motivation heraus, strebt das Unternehmen die Verminderung von Risiken durch problematische Effekte der Unternehmenstätigkeit auf die Unternehmensumwelt über die gesamte Wertschöpfungskette an (Abschnitt 2.5.2.2). In diesem Kontext stellt das Attribut der Wertschöpfungsorientierung die Basis für ein Nachhaltigkeitscontrolling dar, dessen ökonomisch orientierte Ansätze versuchen, die von Nachhaltigkeitsaktivitäten induzierten Einflüsse auf die Wertschöpfung zu analysieren und die Wirtschaftlichkeit von Nachhaltigkeitsaktivitäten zu bestimmen (Abschnitt 3.1.3). Die Ansätze, Systeme, Instrumente, Normen und Standards zur Erfassung von ökologischen Auswirkungen und sozialen Leistungsbeiträgen sowie deren Abbildung dieser

in Umwelt- oder Sozialbilanzen, initiieren die Messung über Indikatoren und leisten eine systematische Risikoidentifikation und -bewertung (Abschnitt 3.1.3). Darauf aufbauend wird das Attribut der Wertschöpfungsorientierung nunmehr durch die Wahrnehmung der Nachhaltigkeitsherausforderungen als Risikovermutungen bestimmt und um die Komponente der Risikoorientierung ergänzt (Abschnitt 2.3). Das Attribut der Risikoorientierung begründet sich einerseits in den wertorientierten Motiven (Abschnitte 1.1 und 2.5.2.1), andererseits in dem Merkmal des strategischen Nachhaltigkeitsmanagements, ein NMS als leistungswirtschaftliches Risikomanagement zu verstehen, das als Führungsinstrument zur Bewältigung und Kontrolle von Risiken dient, die mit der Realisierung der Unternehmensziele verbunden sind und in Richtung Stakeholderansprüche wirken (Abschnitt 2.5.4). Instrumentalisiert findet sich dieses Verständnis in der Risikoanalyse (Abschnitt 2.6.1), die in ihrer Anwendung zudem als Qualitätskriterium mit einem Beitrag zur Verbesserung der unternehmerischen Nachhaltigkeit gilt (Abschnitt 2.3). Auch der theoretisch identifizierte Strategietyp „SICHER“ resultiert aus der Nutzenerwartung der Risikoverminderung bzw. -beherrschung, denn dieser zielt ab auf die Absicherung bestehender Marktpositionen oder Erfolgspotentiale des Unternehmens gegenüber Einschränkungen aus Handlungs- oder Finanzrisiken durch Maßnahmen zur Problembeherrschung (Abschnitt 2.4) und geht einher mit der unternehmerischen Intention der Risikovermeidung und Absicherung gegen den Verlust der gesellschaftlichen Legitimität, die sich in der aktiven Strategie der Gesellschaftsverantwortung (*social responsibility*) wieder findet (Abschnitt 2.4). Das Attribut der Risikoorientierung beinhaltet zudem die Wirkung der Nachhaltigkeitskommunikation als wesentlicher Erfolgsfaktor bei der Einführung, Umsetzung und Durchsetzung des NMS selbst. Als Teil dieses trägt sie zur Schaffung von Transparenz, Förderung der Akzeptanz, Legitimation der Nachhaltigkeitsaktivitäten bei, intensiviert die Interaktion der Anspruchsgruppen, fördert die Risikominimierung durch offensive Risikokommunikation und bildet die Basis für die Positionierung des nachhaltig aufgestellten Unternehmens (Abschnitt 3.1.4). Aus diesen Zusammenhängen wird deutlich, dass die Wertschöpfungs- und Risikoorientierung unmittelbar miteinander verknüpft sind und als Attribute eines ganzheitlichen NMS wirken.

Die geleistete Identifikation und Begründung der wesentlichen Charakteristika und Attribute können als erste Erkenntnisse aus den drei Untersuchungsebenen angesehen werden, denn bei adäquater Beachtung dieser Wesensmerkmale bei der Entwicklung eines NMS ist eine umfassende Konzeption den Anforderungen an die Gestaltung moderner Managementsysteme sowie den komplexen Inhalten des Nachhaltigkeitsleitbildes entsprechend bereits gewährleistet. Auf Basis des normativen Ausgangsverständnisses und der klaren Abgrenzung des Anwendungsbereichs kennzeichnen und erklären die herausgearbeiteten Charakteristika und Attribute die Identität des NMS. Innerhalb des normativen Rahmens und des Anwendungsbereichs werden an das NMS mit der präsentierten Identität die nachfolgend erläuterten Herausforderungen gestellt, die sich schließlich in Handlungsfeldern konkretisieren, in denen die definierten Elemente des NMS Anwendung und Wirkung finden.

7.1.3 Herausforderungen und Anwendungsbereich

Die Herausforderungen, denen der angestrebte Entwurf eines NMS genügen muss, sind sowohl konzeptioneller als auch inhaltlicher Art.
Beim Entwurf des NMS sind neben den theoretisch angezeigten Anforderungen an die Gestaltung moderner Managementsysteme insb. unternehmensindividuelle Bedürfnisse zu berücksichtigen. Diese beiden Erkenntnisebenen können durch die eher allgemeinen branchenspezifischen Herausforderungen ergänzt werden und zusammen bilden sie die konzeptionellen Prämissen für eine ziel- und ergebnisorientierte Architektur des NMS, das einen Anteil zur Akzeptanz von Nachhaltigkeit im Unternehmen und einen Nutzenbeitrag zur Verbesserung der unternehmerischen Nachhaltigkeit leistet und den zentralen Erfolgsfaktor der Umsetzung einer nachhaltigen Unternehmensentwicklung darstellt.
Das zu entwerfende NMS hat zunächst den normativen Rahmen und den daraus resultierenden Anwendungsbereich zu berücksichtigen (Abschnitt 7.1.1) und diese als Maßstab zur Beurteilung jeglicher Entscheidungen und Aktivitäten vorauszusetzen. Zudem sollten die erläuterten Charakteristika und Attribute (Abschnitt 7.1.2), wenn auch in unternehmensindividuellen, damit verschiedenen Ausprägungsintensitäten, erkennbar und anpassbar sein. Ein normatives, langfristig strategisch zukunftsorientiertes, dialogisches, operativ umsetzungsorientiertes sowie proaktiv veränderungsorientiertes NMS mit den weiteren Eigenschaften Problemlösungsbeitrag und Zielkongruenz, Ganzheitlichkeit und Integration, Umwelt- und Anspruchsgruppenorientierung, Delegation und Partizipation, Kooperation, Information, Dokumentation, Kommunikation sowie Wertschöpfungs- und Risikoorientierung ist in der Lage, die in Abschnitt 2.3 formulierten Anforderungen an die Gestaltung moderner Managementsysteme sowohl hinsichtlich der Analyse- als auch der Gestaltungsaufgaben wahrzunehmen. Die Analyseaufgaben bestehen in der Feststellung der Nachhaltigkeitsherausforderungen, der Definition der Nachhaltigkeitsprobleme und des ökonomischen Nutzens ihrer Lösung, der Bestimmung der Zusammenhänge zwischen den Handlungsebenen der Prozesse, Produkte, Funktionen sowie des Unternehmens als Ganzes und der Gesellschaft, der Koordination bzw. Organisation der Nachhaltigkeitsaktivitäten und der Kommunikation und externen Kooperation zur Integration von Nachhaltigkeitsherausforderungen in unternehmerische Entscheidungsprozesse (Abschnitt 2.3). Diese Analyseaufgaben werden ergänzt um gestalterische Aufgaben, die grundsätzlich in der Beachtung normativer Vorgaben bei der Formulierung strategischer Ziele zur Förderung des Erfolges der operativen Umsetzung bestehen (Abschnitt 2.2.1). Diese Ausgestaltung erfordert eine ausreichende Informationsversorgung (die Abschnitte 2.2.1 und 7.1.2), denn nur dann gelingt die gleichzeitige Beachtung differenzierter Stakeholderbedürfnisse, die forderungsgerechte Entwicklung *eines* übergeordneten oder integrierten Managementsystems, die Beherrschung des Grundprinzips der Dynamik bei gleichzeitiger Sicherung der Kontinuität sowie die effiziente Nutzung des Humankapitals (Abschnitt 2.3).
Unternehmensindividuell soll das NMS in der vorliegenden Form zur transparenten, nachvollziehbaren, effizienten, kostengünstigen und praktikablen Integration des Nachhaltigkeitsleitbildes in die strategische Unternehmensführung bzw. Geschäftspro-

zesse der ThyssenKrupp Steel AG beitragen, um insb. eine systematische Planung, Umsetzung, Kontrolle der vorhandenen Aktivitäten zu unterstützen, die damit einhergehende Schaffung und Verbesserung der Berichtsgrundlage zu gewährleisten, so die Unternehmensentwicklung im Nachhaltigkeitskontext planerisch und operativ zu lenken und die Zielerreichung zu unterstützen. Die Mehrwerterwartungen auf Unternehmensseite bestehen v.a. in einer Verbesserung von Wettbewerbsposition und Unternehmensimage, einer Erhöhung der Akzeptanz in der Finanzwelt, einer Steigerung des Vertrauens bei Kunden und Lieferanten sowie der Attraktivität als Arbeitgeber, der Vereinfachung behördlicher Genehmigungsverfahren, der Stabilisierung der Position als *Good Corporate Citizen* und der umfassenden Befriedigung der Informationsbedürfnisse der Anspruchsgruppen (Abschnitt 6.3.2). Im Branchenkontext soll das NMS in erster Linie flächendeckend eingesetzt werden, um die identifizierten negativen Externalitäten von Produktion und Konsum, wie Umweltverschmutzung in Form von Emissionen (Feinstaub-Emissionen, CO_2-Emissionen), übermäßiger Nutzung regenerativer und nicht-regenerativer natürlicher Rohstoffe, Empfangsbeeinträchtigungen bei Mobiltelefonen in Bauwerken mit Stahlkonstruktionen oder durch Stahlkarosserien im Auto und den Stahleinsatz in der Rüstungs- und Wehrtechnik zu vermindern und zu vermeiden (Abschnitt 5.1).

Diesen Analyse- und Gestaltungsaufgaben hat die Konzeption des NMS gerecht zu werden, um den nachfolgend erläuterten inhaltlichen Herausforderungen der Ökologie, Ökonomie, sozialen Verantwortung und Integration begegnen zu können. Das NMS als Analyse- und Gestaltungsinstrument des strategischen Nachhaltigkeitsmanagements nimmt die unternehmerische Aufgabe wahr vier unterschiedlichen inhaltlichen Herausforderungen erfolgreich zu begegnen.

Die ökonomische Herausforderung gewinnmaximierender Unternehmen richtet sich an das Umwelt- und Sozialmanagement und soll über die Steigerung bzw. Verbesserung von Öko- und Sozio-Effizienz grundsätzlich zur Erhöhung des Unternehmenswertes bzw. der Rentabilität beitragen (Abschnitt 1.2). Dabei lässt sich der unternehmensindividuelle Handlungsspielraum für Nachhaltigkeitsaktivitäten jedoch nur auf Basis wirtschaftlicher Erfolge unter der unmittelbaren Achtung der Aspekte der nachhaltigen Entwicklung in jeder Entscheidungssituation, auf durchaus unterschiedlichen Ebenen mit differenzierter, aber jeweils angemessener Gewichtung vergrößern (Abschnitt 6.3.1). Im ökologischen Kontext soll das NMS gestalterisch zur Steigerung der Öko-Effektivität des Unternehmens beitragen, da es analytisch die Belastung der Ökosysteme durch unternehmerische Aktivitäten erkennt und daher die Ziele des langfristigen Schutzes der natürlichen Umwelt, der Sicherung der Absorptionsfähigkeit und Regenationskraft sowie des Erhalts der Biodiversität formuliert, die dazu notwendigen Nachhaltigkeitsaktivitäten initiiert, plant, steuert, kontrolliert und permanent zu verbessern versucht (Abschnitte 1.2 und 5.1).

Die soziale Herausforderung erwartet von Unternehmen die Gesamtheit ihrer sozialen Wirkungen zu verbessern, verlangt die Steigerung der Sozio-Effektivität und die Reduktion sozial unerwünschter Auswirkungen der unternehmerischen Tätigkeit bzw. die Intensivierung positiver sozialer Wirkungen, um die gesellschaftliche Akzeptanz der Unternehmen als auch ihre soziale Legitimität zu erreichen (Abschnitt 1.2). Aus dem Anspruch der simultanen Realisierung ökologischer, ökonomischer und sozialer Ziele sowie der Forderung nach einem systematischen und koordinierten Vorgehen zur effizienten und transparenten Integration der Nachhaltigkeitsaktivitäten in das strategische Management der Geschäftsprozesse des Unternehmens resultiert schließlich die Integrationsherausforderung an das NMS, diese beiden Aufgaben zufrieden stellend zu lösen (Abschnitt 1.2).

Der Anwendungsbereich des NMS erstreckt sich auf die Bereiche der Analyse und Gestaltung, da insb. für die strategische Planung des Nachhaltigkeitsmanagements vielfältige Analysemethoden und Gestaltungsinstrumente zur Ableitung genereller Normstrategien entworfen worden sind, um mit steigender Komplexität, Detaillierung und Präzision der Situationsanalyse von Unternehmen und Umwelt die Qualität der Strategieentwicklung zu erhöhen (Abschnitt 2.5.1).

Im Analysekontext trägt das NMS zunächst dazu bei, die informationelle Basis für den Prozess des strategischen Nachhaltigkeitsmanagements zu schaffen, indem es eine Analyse der Unternehmensumwelt, der gesellschaftlichen Rahmenbedingungen (Abschnitt 2.5.1) sowie der Stakeholder und ihrer Bedürfnisse (Abschnitte 2.5.2.2 und 2.3) gewährleistet und voraussetzt. Auf dieser Grundlage ermöglicht das NMS weiterhin die Untersuchung relevanter, erfolgskritischer unternehmensinterner und -externer Nachhaltigkeitsaspekte (Abschnitt 2.5.3.3). Sind diese identifiziert, gelingt eine ständige Analyse der nachhaltigkeitsbezogenen unternehmerischen Tätigkeiten und derer Konsequenzen (Abschnitte 2.6.2 und 3.2) im Rahmen von Ist- und Soll-Analysen als Ausgangspunkte für die Prüfung der Unternehmensziele auf ihre Anwendbarkeit im Nachhaltigkeitskontext (Abschnitt 1.1). Aus der Betrachtung der Nachhaltigkeitsziele und Nachhaltigkeitsaktivitäten können schließlich einerseits Erkenntnisse über Wertbeeinflussungspotential, Nutzenbeitrag und Geschäftsrelevanz von Nachhaltigkeitsaktivitäten auf der Unternehmensseite gewonnen sowie andererseits Aussagen hinsichtlich des Einflusses von Nachhaltigkeitsaktivitäten auf die Branchenstruktur bzw. -dynamik und die Positionierung im Wettbewerb in der Unternehmensumwelt getätigt werden (Abschnitt 1.1). Die Instrumente und Normen (Abschnitte 2.6.1 und 2.6.2) sind zudem von einem hohen Anteil analytischer Zielsetzungen geprägt (z.B. ABC-Analyse, Risikoanalyse), so dass ihre konkrete Anwendung oftmals auch zu einer Prüfung der praktischen Umsetzbarkeit des NMS sowie seines Anwendungspotentials beiträgt und analytische Vorarbeiten für das Nachhaltigkeitscontrolling und das Nachhaltigkeitsmanagement-Review leistet (Abschnitt 2.5.4).

Durch seinen proaktiven und operativen Charakter wirkt das NMS über die Formulierung von Nachhaltigkeitspolitik und -zielen, die Durchführung von Nachhaltigkeitsaktivitäten, deren Kommunikation und Controlling gestalterisch auf die Rahmenbedingungen der globalen Umwelt ein und eröffnet einen Gestaltungskontext für das strategische Nachhaltigkeitsmanagement. Der Gestaltungskontext umfasst alle Nachhaltigkeitsaktivitäten und den Einsatz jeglicher Instrumente, die bezogen auf Strategie, Struktur, Kultur, Daten und Wissen sowie in Orientierung an den Stakeholderansprüchen zur Veränderung der unternehmerischen Rahmenbedingungen beitragen (Abschnitt 2.2.5) und den systematischen Umgang des Unternehmens mit der erwarteten Nachhaltigkeitsleistung fördern (Abschnitt 1.6). Dabei trägt das NMS als Summe verschiedener Gestaltungsinstrumente (Abschnitt 2.6.1) dazu bei, die Strategie der Gesellschaftszugänglichkeit zu realisieren und das Unternehmen in die Rolle des trans-

formativen Strategietyps (Abschnitt 2.4) zu versetzen, um den Strukturwandel von Wirtschaft und Gesellschaft mitzugestalten. Im Zuge dessen nimmt das NMS Gestaltungsaufgaben hinsichtlich der Beziehungen zu den Stakeholdern (Abschnitte 2.5.1 und 2.5.4) und der Entwicklung von Organisations- bzw. Unternehmensstrukturen (Abschnitte 2.5.1 und 2.3) wahr.
In den nachfolgend erläuterten Elementen des NMS und ihren Ausprägungen wird deutlich, dass das System gleichermaßen Analyse- und Gestaltungsaufgaben erfüllt, da die Ausgestaltung der Elemente grundsätzlich als zweiter Schritt auf den ersten der analytischen Auseinandersetzung mit den Grundlagen oder Rahmenbedingungen des jeweiligen Elements folgt.

7.1.4 Elemente und Ausprägungen

Der Entwurf des NMS manifestiert sich nunmehr in konkreten Elementen, die sich zunächst theoretisch als Quintessenz der Aufarbeitung des Forschungsstandes ergeben haben (Kap. 3). Gleichermaßen sind diese Elemente auch im Rahmen der Branchenanalyse als Indizien für Nachhaltigkeitsmanagement herangezogen worden, um anhand ihrer inhaltlichen Ausgestaltung weitere Erkenntnisse zu ihrer Definition, Relevanz und möglichen Ausprägungen generieren zu können. Zudem haben sich diese Elemente im Zuge der Fallstudie als sinnvoll und unternehmensseitig gewünscht gezeigt sowie als praktikabel und zielführend erwiesen. Nachfolgend sollen nun die theoretisch fundierten, unternehmensindividuell ermittelten und branchenspezifisch überprüften Elemente definiert und in ihren Ausprägungen verallgemeinert beschrieben und erläutert werden. Dabei wird deutlich, dass die Elemente gleichermaßen Analyse- und Gestaltungsaufgaben leisten können.

Nachhaltigkeitspolitik

Da Ansätze, Systeme, Instrumente, Normen und Standards des Nachhaltigkeitsmanagements oftmals themenspezifische Politiken als Ausgangsverständnisse für ihre Anwendung formulieren, wird für die Konzeption *eines* ganzheitlichen NMS eine explizite Nachhaltigkeitspolitik als Rahmen für die systematische Planung vorgesehen (Abschnitt 3.1.1).
Dabei wird die unternehmerische Nachhaltigkeitspolitik definiert als die Summe der Ziele, Aufgaben, Aktionsfelder, Verfahrensabläufe, Zuständigkeiten und Kommunikationswege hinsichtlich der umfassenden Aufnahme der Nachhaltigkeitsidee in das strategische Kalkül, wobei insb. die Integration in die Unternehmensziele sowie die nachhaltigkeitsimmanente Anspruchsgruppenorientierung angestrebt wird. Die Nachhaltigkeitspolitik beinhaltet das individuelle Nachhaltigkeitsverständnis des Unternehmens und wird durch ein Nachhaltigkeitsleitbild in Form von Leitsätzen schriftlich fixiert zum Ausdruck gebracht. Dieses Leitbild fungiert als normativer Rahmen für Nachhaltigkeitsaktivitäten und übergeordnete Nachhaltigkeitsziele. Unternehmensindividuell ist die Formulierung eines geeigneten Nachhaltigkeitsverständnisses und zugehöriger Leitsätze sowie deren flächendeckende interne wie externe Kommunikation anzustreben (Abschnitt 6.3.4.7). Auf Branchenebene kann für das Element der Nachhaltigkeitspolitik beobachtet werden, dass zwar nur wenige Stahlproduzenten eine explizite Nachhaltigkeitspolitik verfolgen, in vielen Unternehmen jedoch bereits erste Ansätze

bzw. Grundlagen für eine Nachhaltigkeitspolitik zu finden sind. Diese können sich am „Leitbild Nachhaltigkeit – Stahl", der vom Stahlzentrum formulierten unternehmensübergreifenden Nachhaltigkeitsstrategie zur Erzielung von Fortschritten entlang der 21 entwickelten Nachhaltigkeitsindikatoren aus der ökonomischen, ökologischen und sozialen Dimension orientieren (Abschnitt 5.3). Dieser Definition und Ausprägung der Nachhaltigkeitspolitik liegt eine analytische Auseinandersetzung mit den Rahmenbedingungen eines verbindlichen Nachhaltigkeitsverständnisses zugrunde, um die angemessenen unternehmensindividuell gewünschten, branchenspezifisch angezeigten und theoretisch fundierten Inhalte aufzunehmen und als reales Dokument verschriftlicht auszugestalten und bekannt zu machen.

Nachhaltigkeitsziele und -aktivitäten

Das Teilelement der Nachhaltigkeitsziele ist von hoher Komplexität gekennzeichnet, denn es umfasst die grundsätzlichen Ziele des strategischen Nachhaltigkeitsmanagements, jene angestrebten Sollzustände hinsichtlich der Umweltwirkung, sozialen Verantwortung und der Wertschöpfung, sowie die Ziele des NMS als Systematisierungskonzept zur Analyse und Gestaltung der Nachhaltigkeitsleistung des Unternehmens, die in der Optimierung der Unternehmensabläufe und der Organisation zur Umsetzung des Leitbildes der Nachhaltigkeit sowie der Unterstützung der Unternehmensführung bei der Einhaltung der Corporate Governance und Compliance bestehen (Abschnitt 3.2). Die gesellschaftlichen, branchenspezifischen und unternehmerischen Nachhaltigkeitsziele können jeweils auf den drei Ebenen und über die Nachhaltigkeitsdimensionen ökonomisch, ökologisch und sozial konkret formuliert werden (Tab. 2-3 in Abschnitt 2.5.3). Nur eine vorausgehende Formulierung von Zielen rechtfertigt und begründet den Einsatz der verschiedenen Ansätze, Systeme, Instrumente, Normen und Standards, so dass in diesem Kontext die Nachhaltigkeitsziele als themenspezifische Analyse- und Gestaltungsziele wirken und als Instrumentenziele die Entwicklungsperspektive des Nachhaltigkeitsleitbildes refelektieren. So ist das komplexe Element der Nachhaltigkeitsziele geeignet, eine langfristige und umfassende, anspruchsgruppenorientierte Formulierung der obersten Unternehmensziele zu leisten und die Orientierung für die zugehörigen Strategien und Maßnahmen zu geben, die bei einem NMS die Implementierung *eines* ganzheitlichen Führungssystems anzeigen, das von einer großen Zielkongruenz geprägt ist und zur Erreichung der Inhalts-, System- und Managementziele eine starke, operative Ausrichtung und damit den Fokus auf die Umsetzung der Nachhaltigkeitspolitik bzw. des Leitbildes vorgibt. Unternehmensindividuell werden die Nachhaltigkeitsziele als aus der Nachhaltigkeitspolitik abgeleitete Soll-Zustände verstanden, deren tatsächliche Inhalte von den relevanten organisatorischen Einheiten unter Berücksichtigung ihrer funktionsbereichsbezogenen und themenspezifischen Einzelziele vorgeschlagen werden können (Abschnitt 6.3.4.7). Allerdings kann aus der Branchenanalyse entnommen werden, dass nur zwei Unternehmen ansatzweise explizite Nachhaltigkeitsziele formuliert haben, die sich vorrangig auf Umweltschutz und Personal- bzw. Mitarbeiterbedürfnisse beziehen (Abschnitt 5.5). Die Nachhaltigkeitsziele werden auf Basis themenspezifischer Analysen der Organisationseinheiten zu ihren spezifischen Nachhaltigkeitsaspekten in einer internen und externen Perspektive

erarbeitet, wobei diesem analytischen Schritt dann die explizite Orientierung sämtlicher Maßnahmen und Entscheidungen zur Zielerreichung gestalterisch folgt.
Die mit dem Teilelement Nachhaltigkeitsziele eröffneten Handlungsspielräume sind durch die Nachhaltigkeitsaktivitäten auszugestalten, weshalb das Element theoretisch-konzeptionell Planungs- und Umsetzungsaufgaben wahrzunehmen hat. Nachhaltigkeitsaktivitäten bezeichnen alle Maßnahmen zur konkreten Umsetzung der Nachhaltigkeitspolitik und der formulierten Nachhaltigkeitsziele. Dazu können sich Nachhaltigkeitsaktivitäten der vielfältigen Ansätze, Systeme, Instrumente, Normen und Standards bedienen bzw. deren Einsatz umfassen. Nachhaltigkeitsaktivitäten beinhalten demnach alle Maßnahmen zur forderungsgerechten Gestaltung *eines* einheitlichen NMS im Unternehmen und dienen nach der Formulierung der Nachhaltigkeitsziele zu deren Erreichung. Im Unternehmen umfassen Nachhaltigkeitsaktivitäten bestehende unternehmensweite Programme, Projekte, Investitionsvorhaben, die der Umsetzung der Nachhaltigkeitspolitik und der Erreichung der Nachhaltigkeitsziele dienen. Idealerweise sind alle Aktivitäten (bestehende Programme, strategische Projekte, Investitionen, etc.) an zentraler Stelle zu bündeln und am Nachhaltigkeitsverständnis zu messen (Abschnitt 6.3.4.7). Hinsichtlich der Nachhaltigkeitsaktivitäten ist festzustellen, dass alle analysierten Stahlunternehmen eine Vielzahl von Systemen, Konzepten und Instrumenten einsetzen, die der Komponente Nachhaltigkeitsaktivitäten zugeordnet werden können, diese aber bislang aufgrund der defizitären Formulierung von Nachhaltigkeitszielen flächendeckend unsystematisch durchführen (Abschnitt 5.5). Die Beurteilung der Nachhaltigkeitsaktivitäten über ihren Beitrag zur Zielerreichung verdeutlicht den Analyseaspekt des Elementes, wohingegen jede konkrete Aktivität der Ausgestaltung der Nachhaltigkeitsleistung dient.

Nachhaltigkeitscontrolling

Das Element des Nachhaltigkeitscontrollings soll das NMS befähigen, die Effekte unternehmerischer Aktivitäten, wie z.B. Investitionen, hinsichtlich ihrer sozialen und ökologischen Auswirkungen einerseits und ihrer ökonomischen Beiträge zur Steigerung des Unternehmenswerts andererseits zu beurteilen und dabei die Ziele, Funktionen und verschiedenen Instrumente des Controllings unter Berücksichtigung ihres Nachhaltigkeitsbezugs zu integrieren. Es existieren erste Ansätze, Systeme, Instrumente, Normen und Standards, die rudimentäre Konzepte zur Erfassung von ökologischen bzw. sozialen Auswirkungen bzw. Leistungsbeiträgen bereitstellen und in Umwelt- oder Sozialbilanzen abbilden, die Messung über Indikatoren anregen oder eine systematische Risikoidentifikation und -bewertung leisten. Diese Aspekte zählen eindeutig zu den Ausprägungsformen des Nachhaltigkeitscontrollings. Ein Nachhaltigkeitscontrolling schafft die Informations- und Datengrundlage des NMS, um den zu berücksichtigenden differenzierten Informationsbedürfnissen der Anspruchsgruppen gerecht zu werden. Somit trägt es im Unternehmen per se zur Realisierung der Planungs-, Steuerungs- und Kontrollaufgaben des NMS hinsichtlich der unternehmensweiten Nachhaltigkeitsaktivitäten und -ziele bei. Zur sinnvollen Ausgestaltung sollten *Key Performance Indicators (KPI)* ausgewählt werden, aus denen entsprechende Handlungsempfehlungen für Nachhaltigkeitsaktivitäten abzuleiten sind. Diese Kennzahlen können aus bestehenden IT-Systemen generiert, einer zentralen Datenbank zugeführt und dort gebündelt werden, wobei die Auswahl und Definition der KPIs entlang der strategischen Ausrichtung der organisatorischen Einheit (Segment, Strategische Geschäftseinheit o.ä.) erfolgt (Abschnitt 6.3.4.7). Im Branchenüberblick zeigt sich, dass nur wenige Unternehmen ihre Nachhaltigkeitsaktivitäten bereits durch Umwelt- und/oder Sozialkennzahlen erfassen und bewerten, was auf eine noch wenig ausgeprägte Auseinandersetzung der Unternehmen mit den Möglichkeiten von Nachhaltigkeitsindikatoren bzw. -kennzahlen hindeutet. Zwar erfasst das Stahl-Zentrum regelmäßig Kennzahlen für eine ‚Nachhaltige Entwicklung Stahl' und stellt diese im Internet bereit, allerdings beziehen sich diese Kennzahlen nur auf die Situation in der Branche und liefern keine Informationen über den Beitrag eines einzelnen Unternehmens zur nachhaltigen Entwicklung (Abschnitt 5.5). Der Analysekontext des Elementes des Nachhaltigkeitscontrollings zeigt sich auf Basis seiner gestalterischen Aufgabe der Informationsaufbereitung, z.B. in der Definition von Kennzahlen in der Datenanalyse, Kontrolle und Beurteilung des Beitrags der Nachhaltigkeitsaktivitäten zur Nachhaltigkeitsleistung des Unternehmens.

Nachhaltigkeitskommunikation

Das Element der Nachhaltigkeitskommunikation bezeichnet neben gezielten unternehmerischen Kommunikationsstrategien zur Förderung nachhaltiger Einstellungen und Verhaltensweisen auch Öffentlichkeitsarbeit zu Themen der nachhaltigen Entwicklung sowie die Förderung der gesellschaftlichen Diskussion über das Nachhaltigkeitskonzept. Die Auseinandersetzung mit den Ansätzen, Systemen, Instrumenten, Normen und Standards zeigt, dass interne wie externe Nachhaltigkeitskommunikation, z.B. in Form der Berichterstattung, instrumentalisiert in Stakeholder-Dialogen oder repräsentiert durch die Verwendung von Labels zur Information und die Dokumentation aller übrigen Nachhaltigkeitselemente zwingend notwendig ist und zentrale Trägermedien für die Vermittlung von Nachhaltigkeitsinhalten darstellen. Überdies wird das Element der Nachhaltigkeitskommunikation durch die Achtung der differenzierten Informationsbedürfnisse aller Anspruchsgruppen, seinem Beitrag zur Dokumentation eines ganzheitlichen NMS (Abschnitte 2.2.1 und 2.2.5), der Unterstützung bei der Vermittlung des identifizierten unternehmerischen Nutzens sowie seines Beitrags zum Aufbau von Reputation und Akzeptanz gerecht und stellt einen wesentlichen Erfolgsfaktor bei der Implementierung des NMS dar. Als Teil dieses trägt sie zur Schaffung von Transparenz, Förderung der Akzeptanz, Legitimation der Nachhaltigkeitsaktivitäten bei, zudem fördert sie die Interaktion der Anspruchsgruppen, trägt zur Risikominimierung bei und bildet die Basis für die Positionierung des nachhaltig aufgestellten Unternehmens als Good Corporate Citizen, attraktiver Arbeitgeber, zuverlässiger Geschäftspartner oder interessantes Anlageobjekt. In der Unternehmenspraxis beinhaltet die Nachhaltigkeitskommunikation die interne und externe Information und den Dialog über die Nachhaltigkeitsziele und -aktivitäten des Unternehmens. Zur angemessenen Erfüllung dieser Aufgaben sollte ein um Nachhaltigkeitsinhalte erweitertes Kommunikationskonzeptes geplant werden, wobei als Instrumente für die externe Kommunikation alle zwei Jahre ein Nachhaltigkeitsbericht, Nachhaltigkeitsflyer, eine jährliche Kurzberichterstattung im Jahresbericht, anlass- und zielgruppenorientierte Stakeholder-Dialoge, Pressegespräche, die Anpassung des Internet-Auftritts und eine

Toolbox ‚Nachhaltigkeitskommunikation' mit Standardpräsentation und bereichs- und themenbezogenen Präsentationen vorgesehen sein können. In der internen Kommunikation kann die Präsenz des Themas Nachhaltigkeit im Intranet, im Unternehmensmagazin, an Informationstafeln in den Betrieben und in Team- und Schichtgesprächen intensiviert werden (Abschnitt 6.3.4.7). Für die Unternehmen der Branche übernimmt das Stahl-Informations-Zentrum nachhaltigkeitsbezogene Informations- und Marketingaufgaben und kann aufgrund seiner Multiplikatorwirkung zur Unterstützung einer effektiven und effizienten Kommunikation der Nachhaltigkeitsaktivitäten der Einzelunternehmen bzw. als Plattform für Nachhaltigkeitskommunikation dienen (Abschnitt 5.3.2). Das Element der Nachhaltigkeitskommunikation dient in hohem Maße der Gestaltung von Beziehungen des Unternehmens zu seinen Anspruchsgruppen durch den Einsatz der vielfältigen Kommunikationsinstrumente und -methoden. Analytisch geht der Kommunikation die Identifikation der Addressaten (z.B. Stakeholder-Analyse) und der relevanten Nachhaltigkeitsinhalte (z.B. Issue-Analyse) voraus.

Nachhaltigkeitsmanagement-Review

Für das Element Nachhaltigkeitsmanagement-Review ist grundsätzlich anzumerken, dass der Prozess des Nachhaltigkeitsmanagements neben dem Nachhaltigkeitscontrolling auch durch die Notwendigkeit einer regelmäßigen Überprüfung und Bewertung der Funktionsfähigkeit des NMS in seiner Wirksamkeit, Angemessenheit und Eignung geprägt ist. Für die Definition des unternehmerischen Nutzens von Nachhaltigkeit ist eine systematische Bewertung der ökonomischen Relevanz und die damit verbundene Konzentration auf Kerngeschäft und -kompeten-zen sowie die enge Verknüpfung der Nachhaltigkeitsaktivitäten mit dem Geschäftszweck durch die Unternehmensleitung stetig zu überprüfen und findet sich im Konzeptionsansatz von Generic Managementsystemen in Form der Bewertung des Managementsystems als wesentliche Gestaltungsmaßnahme wieder. Diese Prüfung der Funktionsfähigkeit des NMS geschieht im Rahmen des Nachhaltigkeitsmanagement-Reviews, die auch im Unternehmen regelmäßig geleistet wird (Abschnitt 6.3.4.7). Als ideale Ausprägung kann die Durchführung eines jährlichen Management-Reviews durch den Vorstand mit der Überprüfung von Zielerreichungsgraden, gesellschaftlichen und politischen Entwicklungen und die kontinuierliche Bewertung und Verbesserung des NMS angesehen werden. Da eine zielführende und ergebnisorientierte Überprüfung der Funktionsweise eines NMS nur sinnvoll ist, wenn die Unternehmen der Branche auch ein ganzheitliches NMS implementiert haben, lässt sich das Element des Nachhaltigkeitsmanagement-Reviews bislang in noch keinem Unternehmen nachweisen, hat aber für die Kontrolle der Nachhaltigkeitsaktivitäten und -ziele zukünftig eine besondere Relevanz (Abschnitt 5.5). Das Element des Nachhaltigkeitsmanagement-Reviews ist geprägt durch die Analyse der Funktionsfähigkeit, wobei im Anschluss daran jegliche Maßnahmen zur Korrektur oder kontinuierlichen Verbesserung des NMS als gestalterische Aktivitäten gelten.

Nachhaltigkeitsorganisation

Die Facetten des Nachhaltigkeitsmanagements werden in unterschiedlichsten Formen organisatorisch verankert, wobei das Nachhaltigkeitsmanagement als Konzept mit zahlreichen Anforderungen an alle unternehmerischen Funktionsbereiche dialogfähige und flexible Formen der Primär- und Sekundärorganisation erfordert. Das Element der Nachhaltigkeitsorganisation stellt eine Organisationsform dar, die der Förderung der Informationsgrundlage und Definition der Informations- und Kommunikationswege für die Sammlung, Aufbereitung und Integration von ökologischen und sozialen Daten in das strategische Kalkül, der Schaffung von Sensibilität und Bewusstsein für die Relevanz der ökologischen und sozialen Daten aus dem Unternehmen und seinem Umfeld, der Ausbildung von Strukturen zur Förderung der Wissensgenerierung und Ausbildung von Mitarbeiterqualifikationen und -kompetenzen, der Unterstützung des kontinuierlichen Verbesserungsprozesses durch die Förderung der Integration neu erworbener bzw. generierter sozialer und ökologischer Informationen und Erkenntnisse sowie der Sicherstellung einer hohen Reaktionsgeschwindigkeit auf Chancen und Risiken durch die Definition einfacher, transparenter und überschaubarer Informations- und Kommunikationsprozesse dient. Für jedwede Ansätze, Systeme, Instrumente, Normen und Standards wird eine explizite organisatorische Einbindung in das Unternehmen mit einer eindeutigen Zuordnung von Verantwortlichkeiten bzw. Befugnissen verlangt und zudem die Etablierung transparenter Informations- und Kommunikationsflüsse oder die Einrichtung von Stabstellen, die der themenspezifischen Entscheidungsvorbereitung zuarbeiten, angezeigt. Dabei kann die Nachhaltigkeitsorganisation in einer Matrixstruktur oder mit klar definierten Schnittstellen einerseits der Berücksichtigung differenzierter Bedürfnisse, andererseits dem Grundprinzip der Dynamik bei gleichzeitiger Sicherung der Kontinuität in flexiblen Unternehmensstrukturen gerecht werden und zur Ausbildung organisatorischer Kompetenzen sowie zur Systematisierung der Handlungsebene der Prozesse beitragen. Das Element der Nachhaltigkeitsorganisation als zusätzliche Organisationen stellt die flexible Wirkung auf die Entwicklung und Implementierung strategischer Pläne dar (Abschnitt 2.2.2) und bietet für eine Querschnittsfunktion wie Nachhaltigkeit einen systematischen Ansatz zur Koordination und Steuerung mittels geeigneter Koordinations- und Steuerungsmechanismen. Im Unternehmen bildet das Element der Nachhaltigkeitsorganisation Struktur, Zuständigkeiten und Verantwortlichkeiten sowie die Abläufe für die Nachhaltigkeitsangelegenheiten des Unternehmens ab. Für die operative Durchführung kann ein ‚Nachhaltigkeitsmanagement-Beauftragter' benannt und eine Stelle ‚Koordinator Nachhaltigkeitsmanagement' im verantwortlichen Funktionsbereich eingereichtet werden. Der Fachkoordinator Nachhaltigkeitsmanagement arbeitet dem Nachhaltigkeitsmanagement-Beauf-tragten zu und ist zuständig für die Beratung der Führungskräfte in Nachhaltigkeitsangelegenheiten, das Bündeln und Bewerten der Nachhaltigkeitsaktivitäten anhand des unternehmerischen Nachhaltigkeitsverständnisses, die Repräsentation des Unternehmens in Nachhaltigkeitsangelegenheiten, das Wahrnehmen von Verbandsarbeit, die Identifikation von aktuellen Nachhaltigkeitsthemen, das Vernetzen der nachhaltigkeitsrelevanten Managementsysteme und die Erfolgsmessung zu den erwarteten Mehrwerten. Zusätzlich kann ein Nachhaltigkeitsteam aus 8 bis 12 Experten aus Führungsebenen eingesetzt werden, die bspw. quartalsweise zusammen kommen. Diese Veranstaltungen werden durch den Nachhaltigkeitsmanagement-Beauftragten geleitet und vom Fachkoordinator Nachhaltigkeitsmanagement vor- und nachbereitet. Das Aufgabenspektrum des Teams kann Berichte zu nachhaltigkeitsrelevanten Vorgängen sowie den Rückblick und Ausblick hinsichtlich des Monitorings der

Nachhaltigkeitsaktivitäten, -ziele und -kennzahlen, aktueller Maßnahmen zur Nachhaltigkeitskommunikation und in der Identifikation von Handlungsfeldern und Maßnahmen umfassen. Weiterhin dienen die Sitzungen des Teams zum Erfahrungsaustausch und zur Einordnung von Programmen und Maßnahmen in das unternehmerische Handeln (Abschnitt 6.3.4.7). Im Rahmen der Branchenanalyse zum Element der Nachhaltigkeitsorganisation ist festzuhalten, dass keines der untersuchten Unternehmen bislang einzelne klar definierte organisatorische Einheiten für die Nachhaltigkeitsbelange eingerichtet hat und in diesem Element dringender Handlungsbedarf besteht. Durch die Analyse der Nachhaltigkeitsherausforderungen und deren Zerlegen in Teilaufgaben zur Entwicklung einer sinnvollen Zuordnung von Zuständigkeiten, Verantwortlichkeiten oder Kommunikationswegen zeigt das Element der Nachhaltigkeitsorganisation eine zunächst analytische Komponente, wohingegen die anschließende Schaffung flexibler Organisationsstrukturen, die eine Bewältigung der ermittelten Nachhaltigkeitsherausforderungen und eine Lösung der identifizierten Teilaufgaben leisten können, als gestalterische Komponente zu deuten ist. Schematisch kann das NMS in seinen Elementen wie folgt dargstellt werden.

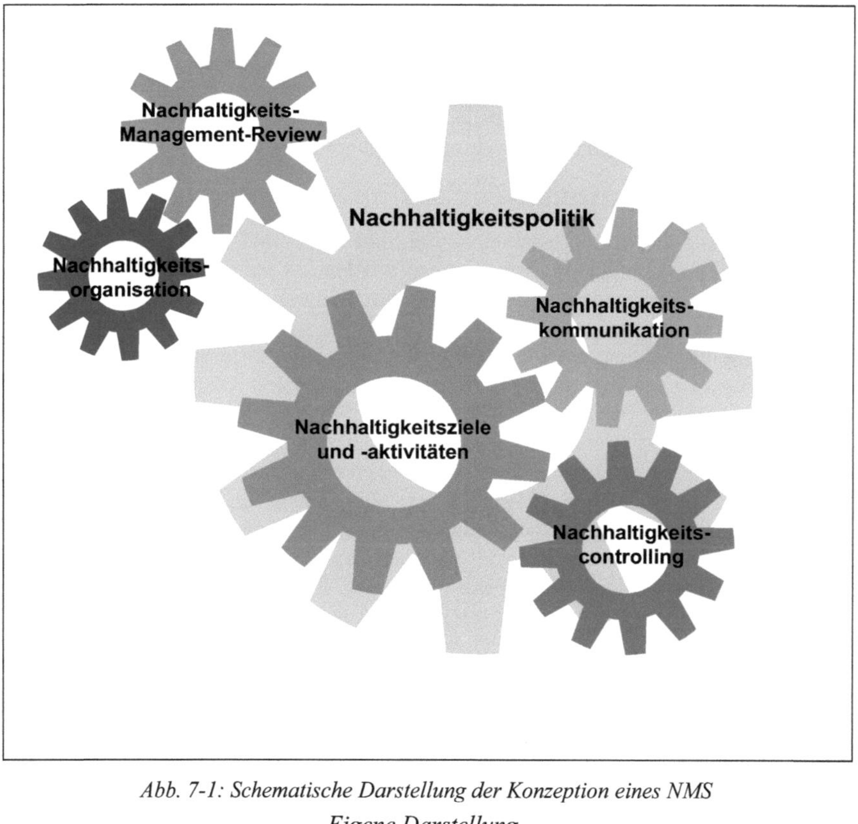

Abb. 7-1: Schematische Darstellung der Konzeption eines NMS
Eigene Darstellung.

Das Zusammenspiel dieser Elemente in ihren Ausprägungen stellt den Kern des NMS dar, wobei die Allgemeingültigkeit dieser Konzeption insb. darin besteht, die theoretisch fundierten Elemente des NMS jeweils branchenspezifisch und unternehmensindividuell ausgestalten zu können. Nach der Festlegung einer verbindlichen Nachhaltigkeitspolitik als normativem Rahmen können die bisherigen unternehmerischen Aktivitäten und Managementsysteme mit dieser abgeglichen und zur Systematisierung zukünftiger Aktivitäten konkrete Nachhaltigkeitsziele formuliert werden. Diesen sind die Nachhaltigkeitsaktivitäten zuzuordnen und neue Programme etc. aufzulegen, die einen Beitrag zur Erreichung der Nachhaltigkeitsziele leisten. Das Nachhaltigkeitscontrolling ermöglicht in seiner beschriebenen Form die Planung, Steuerung und Kontrolle des Nutzenbeitrags der Nachhaltigkeitsaktivitäten und ihres Anteils zur Erreichung der Nachhaltigkeitsziele und schafft damit zudem eine angemessene Informationsgrundlage für eine angemessene Nachhaltigkeitskommunikation, welche die vielfältigen Informationsbedürfnisse der Anspruchsgruppen befriedigt.

Die organisatorische Anbindung des NMS geschieht durch das Element der Nachhaltigkeitsorganisation und die mit diesem verbundene stellen- und zuständigkeitsbezogene Verankerung in der Unternehmensgesamtstruktur. Die Überprüfung der Funktionsfähigkeit des NMS leistet das Nachhaltigkeitsmanagement-Review, in dem auf Basis der Ergebnisse des Nachhaltigkeitscontrollings sowie dessen Auswertung und Interpretation durch den Nachhaltigkeitsbeauftragten der obersten Führungsebene die Wirkungsweise des NMS präsentiert und auf Basis dieser Analyse Veränderungen im Sinne von Verbesserungen und Korrekturen vorgenommen werden.

7.2 Implikationen

Zur Orientierung an der vorgestellten Konzeption eines NMS können die nachfolgenden Handlungsempfehlungen ausgesprochen werden, die im Hinblick auf die Allgemeingültigkeit des Managementsystems grundsätzlich unternehmens- und branchenindividuell anzupassen sind.

Eine umfassende Bestandsaufnahme der aktuellen Unternehmenssituation im Nachhaltigkeitskontext ist der konkreten Etablierung, Definition und Ausgestaltung der hergeleiteten Elemente vorzuschalten und sollte sich auf eine umfassende Identifikation bereits bestehender Aktivitäten nachhaltigen Wirtschaftens, dokumentierte Zielen sowie die genaue Sichtung gesetzlicher und technischer Vorgaben sowie interner Regelungen innerhalb des normativen Rahmens fokussieren. Zudem sind sowohl funktionsbereichsbezogen die Unternehmenskommunikation auf Informations- und Kommunikationsmöglichkeiten für Nachhaltigkeit als auch das Controlling auf bereits erhobene Unternehmenskennzahlen als mögliche Indikatoren für Nachhaltigkeit zu beleuchten. Organisatorisch ist die bestehende Aufbau- und Ablauforganisation des Unternehmens auf Verantwortlichkeiten und Zuständigkeiten bezüglich nachhaltigkeitsrelevanter Aspekte zu untersuchen.

Für die Formulierung der Nachhaltigkeitspolitik sind aus theoretischer Perspektive insb. Unternehmenszweck, Unternehmensziele und Verhaltensgrundsätze auf ihre Vereinbarkeit mit dem gesellschaftspolitischen Nachhaltigkeitsverständnis zu überprüfen. Sodann ist ein Abgleich des vorhandenen Nachhaltigkeitsverständnisses des Unternehmens bzw. die erstmalige Formulierung einer expliziten Nachhaltigkeitspolitik vorzunehmen, die sich so umfassend wie möglich an den Charakteristika und Attributen des einzuführenden NMS orientiert und gleichermaßen Branchenbesonderheiten und unternehmensindividuelle Nachhaltigkeitsaspekte berücksichtigt. Auf dieser Grundlage können übergeordnete Nachhaltigkeitsziele vergleichbar den Unternehmensgesamtzielen ausgearbeitet und ein zur Erreichung dieser Ziele beitragendes Nachhaltigkeitsprogramm als Summe aller Aktivitäten entwickelt werden. Zusammen mit den Erkenntnissen aus der unternehmensinternen Planung der Nachhaltigkeitsziele und einer Beachtung externer Rahmenbedingungen unternehmerischer Nachhaltigkeitsaktivitäten aus einer nachhaltigkeitsspezifischen Analyse der globalen Umwelt wird das Unternehmen in die Lage versetzt, sein Nachhaltigkeitsverständnis in einem Leitbild verbindlich zu verschriftlichen und gegebenenfalls unternehmensindividuelle Erfolgskriterien für Nachhaltigkeit festzulegen. Bei der inhaltlichen Gestaltung des Leitbildes können unternehmensindividuelle Besonderheiten mit Differenzierungscharakter sowie branchenspezifische Eigenheiten vor dem Hintergrund der öffentlichen Exponiertheit einer Branche Berücksichtigung finden. Aus dem verbindlichen Nachhaltigkeitsleitbild sind konkrete Nachhaltigkeitsziele abzuleiten, die sich aus den Nachhaltigkeitswirkungen unterschiedlicher strategischer Geschäftseinheiten oder Funktionsbereiche ergeben und bestmöglich in partizipativen Abstimmungsprozessen zusammengetragen werden. Innerhalb dieser Abstimmungsprozesse sind vor dem Hintergrund der Erfolgskriterien Zielhierarchien zu identifizieren und Zielrelationen (neutral, komplementär, konkurrierend/konfliktär) festzulegen. Auf dieser Basis können nun vielfältige Nachhaltigkeitsaktivitäten durchgeführt und -maßnahmen ergriffen werden, welche die unternehmerische Auseinandersetzung mit ökonomischen (z.B. wertorientiertes Management), ökologischen (z.B. Umweltschutz) und sozialen (z.B. Wahrnehmung gesellschaftlicher Verantwortung und Erfüllung von Stakeholderansprüchen) Herausforderungen annehmen. Zur organisatorischen Verankerung und Einbindung der Nachhaltigkeitsaktivitäten in die Unternehmensstruktur sind eine Planung, Einführung und Durchsetzung organisatorischer Regeln vorzunehmen sowie Vorschläge zur Abwicklung der zugehörigen Abläufe (auch: Ressourceneinsatz und Informationen) auszusprechen. Für eine koordinierte Verteilung von nachhaltigkeitsbezogenen Aufgaben, Zuständigkeiten, Kompetenzen sowie eine flankierende Sensibilisierung und Qualifizierung der Mitarbeiter ist der Entwurf einer Nachhaltigkeitsorganisation anzustreben, die durchaus eigene Stellen und Aufgabenprofile für die nachhaltigkeitsverantwortlichen Mitarbeiter umfasst. Eine Hauptaufgabe der nachhaltigkeitsverantwortlichen Mitarbeiter ist die Schaffung einer umfassenden Informationsgrundlage für eine kontinuierliche Prüfung der Nachhaltigkeitsziele und -aktivitäten auf einen angemessenen Nutzenbeitrag zur Realisierung der Nachhaltigkeitspolitik. Dazu bietet sich die □Sammlung von Informationen, Daten, Kennzahlen/Kenngrößen bzw. Indikatoren an, die im Rahmen eines Nachhaltigkeitscontrollings einer zu entwickelnden ziel- und ergebnisorientierten Interpretationslogik folgen und über den Entwurf und die Anpassung etablierter Messverfahren zu einem Nachhaltigkeitskennzahlensystem zusammengefügt werden. Die so geschaffene, dokumentierte Informationsgrundlage kann im Rahmen der Nachhaltigkeitskommunikation zur internen und externen Information und Kommunikation über die Nachhaltigkeitsleistung des Unternehmens genutzt werden. Die Nachhaltigkeitskommunikation ist angehalten, die Entwicklung, Nutzung, Pflege geeigneter Mittel und Prozesse zur Information sowie die Lenkung der notwendigen Dokumente vorzunehmen. Sämtliche Informationen über das NMS können in Form eines Managementhandbuches zusammengefasst werden. Weiterhin ist die Entwicklung und Nutzung geeigneter Verfahren für die interne Kommunikation und sowie die informatorische Beteiligung der verschiedenen Ebenen der Organisation über z.B. einen Nachhaltigkeitsjahresbericht vorzunehmen. Gleichermaßen gilt es über die Entwicklung und Nutzung adäquater Medien und Methoden für die externe Kommunikation die Beteiligung der verschiedenen Anspruchsgruppen z.B. über Stakeholder-Dialoge oder einen Nachhaltigkeitsbericht zu gewährleisten. Die Prüfung des Nutzenbeitrags und die Überprüfung der Funktionsfähigkeit des NMS können über eine Erfolgsbewertung durch die Unternehmensleitung geschehen, sofern das Unternehmen die Konzeption eines internen Audits bzw. einer Nachhaltigkeitsprüfung als Management Review anstrebt. Dieser organisatorisch verankerte Kontrollmechanismus trägt zur Antizipation möglicher Zertifizierungs- oder Validierungsansätze (externes Audit) bei und initiiert deren Konzeption in Form einer ständigen Stärken-/Schwächen-Analyse als Schnittstelle zu einem kontinuierlichen Verbesserungsprozess der Nachhaltigkeitsleitung.

8 Konklusion und Ausblick – Das ganzheitliche Nachhaltigkeitsmanagement-System als Beitrag der Nachhaltigkeitsforschung zur Professionalisierung des strategischen Nachaltigkeitsmanagements

Dieses Kapitel wird der Struktur des Einleitungskapitels folgen und in einem ersten Schritt die Kernerkenntnisse resümieren. Zunächst werden zusammenfassend die Antworten auf die formulierten Forschungsfragen der theoretischen, branchen- und unternehmensspezifischen Ebene gegeben. Daran schließen sich Ausführungen zum Grad der Erreichung der formulierten Ziele der Dissertation sowie eine Bewertung des Lösungsansatzes an. Dem folgt eine kritische Reflexion von Methodik, Forschungsdesign und Bezugsrahmenarchitektur. Das Kapitel endet mit der Eröffnung weiterer Forschungsfelder und gibt abschließend einen Ausblick auf die weiteren möglichen Entwicklungen des strategischen Nachhaltigkeitsmanagements und seiner Instrumente als Managementkonzept zur Sicherung der unternehmerischen Zukunftsfähigkeit.

8.1 Zusammenfassung und Fazit

Die Relevanz und Integration des Leitbildes der Nachhaltigkeit in das strategische Management der Unternehmen sowie die konsequente Formulierung und Implementierung von Nachhaltigkeitsstrategien werden zukünftig unternehmensgrößenunabhängig, branchenübergreifend und insb. im globalen Wirtschaftsgeschehen merklich zunehmen, sodass es zum jetzigen Zeitpunkt dringend der Konzeption eines ganzheitlichen NMS zum systematischen, koordinierten, geplanten, steuer-, kontrollier- sowie kommunizierbaren Umgang mit den vielfältigen, sich stetig wandelnden Rahmenbedingungen und Stakeholderansprüchen aus dem Kontext der nachhaltigen Entwicklung bedarf. Dieser Aufgabe stellt sich die vorliegende Dissertation, um mit der theoretisch-konzeptionell fundierten Entwicklung eines ganzheitlichen strategischen NMS für ein führendes deutsches Stahlunternehmen unter Berücksichtigung der Branchenspezifika einen Beitrag und Ausgangspunkt für die weitere Professionalisierung des strategischen Managements im Umgang mit den Nachhaltigkeitsherausforderungen zu leisten. Nachfolgend werden als Antworten auf die zentralen Forschungsfragen der Dissertation die maßgeblichen Erkenntnisse zur Konzeption eines NMS zusammengefasst.
Die detailgenaue Verfolgung der gesellschaftspolitischen Entwicklung des Leitbildes der Nachhaltigkeit, seine Übertragung in den Entscheidungs-, Gestaltungs- und Handlungsspielraum der Unternehmen sowie eine dezidierte Analyse unternehmerischer Motive, Ziele, Merkmale und Prinzipien des Nachhaltigkeitsmanagements haben maßgeblich zur Formulierung einer allgemeingültigen Definition des bislang unscharf verwendeten Begriffs des strategischen Nachhaltigkeitsmanagements beigetragen. Strategisches Nachhaltigkeitsmanagement ist zukünftig als ein ganzheitlicher, systematischer, ziel- und ergebnisorientierter Managementansatz zur proaktiven Gestaltung der Rahmenbedingungen unternehmerischer Tätigkeit für die Durchsetzung des Nach-

haltigkeitsleitbildes zu verstehen, der eine eindeutige normative Begründung, eine operative Ausrichtung auf die Ziele der Substanzerhaltung, Verlustvermeidung und Verbrauchsreduktion simultan verfolgt, auf eine langfristige kontinuierliche Verbesserung sowie die Initiierung organisationaler Lernprozesse abzielt und damit die ökonomische, ökologische und soziale Dimension der Nachhaltigkeit zumeist in Formen kooperativer Wertschöpfung erfüllt, wobei die Entscheidungen zur Zielerreichung und Umsetzung des Leitbildes von einer umfassenden Anspruchsgruppenorientierung geprägt und durch dialogische Methoden und Instrumente mit hoher Informations- und Kommunikationswirkung umgesetzt werden.
Für diese Lesart des strategischen Nachhaltigkeitsmanagements sind zudem aus der Analyse der bisherigen Erkenntnisse aus der Managementsystemforschung diejenigen Stärken der klassischen Konzeptionen zu den Anforderungen an die Gestaltung von modernen Managementsystemen verdichtet und als Prämissen für die theoretisch fundierte Konzeption des NMS nutzbar gemacht worden. Zur weiteren Konkretisierung der Ausgestaltungsmöglichkeiten eines NMS als Summe einzelner Instrumente des Nachhaltigkeitsmanagements ist zudem eine systematische Übersicht über die etablierten Ansätze des Nachhaltigkeitsmanagements in Form seiner Instrumente, Methoden, Normen und Standards präsentiert worden. Diese Arbeitsschritte geben eine Antwort auf die erste Forschungsfrage der theoretischen Ebene, die neben den Determinanten eines ganzheitlichen strategischen Nachhaltigkeitsmanagements insb. ein verbindliches Ausgangsverständnis verlangt.
Die Ergebnisse der zuvor sowohl eröffneten wie erschlossenen relevanten Themenfelder sind schließlich zur Quintessenz der theoretisch angezeigten Elemente eines NMS, nämlich der Nachhaltigkeitspolitik, den Nachhaltigkeitszielen und -aktivitäten, der Nachhaltigkeitsorganisation, dem Nachhaltigkeitscontrolling, der Nachhaltigkeitskommunikation und dem Nachhaltigkeitsmanagement-Review zusammengetragen worden, womit auch die zweite Forschungsfrage der theoretischen Ebene nach den Elementen eines ganzheitlichen NMS mit dem Ziel der Koordinierung und Systematisierung unternehmerischer Nachhaltigkeitsaktivitäten eine erste Antwort erhält, die es im weiteren Verlauf der Dissertation, ebenso wie die Identifikation der Determinaten über die fallstudiengestützte Untersuchung der Unternehmensbedarfe sowie die Sekundäranalyse der Branchenbesonderheiten weiter auszuführen galt.

Im Branchenkontext wird nunmehr der Forschungsfrage nachgegangen, inwieweit das Leitbild der Nachhaltigkeit in der deutschen Stahlbranche Berücksichtigung findet, mit dem Ergebnis, dass zwar ein „Leitbild Nachhaltigkeit – Stahl“ in expliziter Formulierung durch das Stahl-Informations-Zentrum vorliegt, die analysierten Unternehmen der deutschen Stahlindustrie bis auf das Fallunternehmen ThyssenKrupp Steel AG bislang nur eine rudimentäre und unverbundene Integration des Leitbildes der Nachhaltigkeit gemessen an ihren Beiträgen zu den einzelnen Aktivitätsfeldern der theoretisch möglichen Elemente eines NMS vornehmen. Die Analyse der Externalitäten in Konsum und Produktion in der Stahlbranche geben jedoch einen sehr deutlichen Hinweis auf die Relevanz des Leitbildes der Nachhaltigkeit für die Branche, zeigen sowohl für die positiven als auch die negativen Externalitäten vielfältige Handlungsfelder für Nachhaltigkeitsaktivitäten an und geben damit eine Antwort auf die branchenspezifische Forschungsfrage nach dem Aktionsradius für Nachhaltigkeit in der Stahlbranche.

Nach wie vor werden in der Stahlbranche allerdings vorrangig lediglich Umweltschutzmaßnahmen in gesetzlich notwendigem Umfang und selten mit einem darüber hinaus gehenden Engagement ergriffen. Aktivitäten oder Programme zur aktiven oder proaktiven Wahrnehmung der sozialen Verantwortung der Unternehmen gegenüber ihren Anspruchsgruppen, sind in einem weit geringeren Umfang und eher spontan und punktuell denn professionell instrumentalisiert zu beobachten. Somit ist die Frage nach den etablierten Ansätzen zur Ausgestaltung eines strategischen Nachhaltigkeitsmanagements in der Stahlbranche nicht pauschal zu beantworten, da der unternehmerische Instrumenten- und Methodeneinsatz große Unterschiede in Umfang und Nutzungsintensität in den verschiedenen Nachhaltigkeitsdimensionen aufweist.

Unternehmensindividuell können aus der Fallstudie umfassende und beispielhafte Erkenntnisse zum Nachhaltigkeitsleitbild der ThyssenKrupp Steel AG gewonnen werden, denn das Unternehmen verfügt bereits über ein verbindliches, in einem Nachhaltigkeitsbericht kommuniziertes Nachhaltigkeitsverständnis, das überdies im Konstrukt des Nachhaltigkeitszirkels veranschaulicht ist und durch die Definition der sechs Erfolgsfaktoren Effizienz, Effektivität, Ressourcen, Belastungen, Gerechtigkeit und Solidarität Maßstäbe für die Bewertung der Nachhaltigkeitsleitung bereitstellt.
Aus der Synthese dieser drei Erkenntnisebenen gelingt im Anschluss die Herleitung von theoretisch, branchen- und unternehmensspezifischen Determinanten bzw. Charakteristika, Attributen, Elementen und deren Ausprägungen des auf einem ebenso über alle drei Erkenntnisebenen generierten normativen Ausgangsverständnis basierenden NMS. Damit können die Forschungsfragen nach den Determinanten, Elementen und ihren Ausprägungen simultan aus den Einzelerkenntnissen sowie aus ihrer Verknüpfung beantwortet werden.
Als grundlegender Bestimmungsfaktor des NMS fungiert ein normatives Ausgangsverständnis, das ökonomische Sinnhaftigkeit, ökologische Verträglichkeit und soziale Verantwortung als die maßgeblichen Argumente für die langfristige strategische Orientierung des unternehmerischen Nachhaltigkeitsmanagements und die damit einhergehende Zukunftsfähigkeit als Koordinatensystem für das unternehmerische Handeln vorgibt. Innerhalb dieses Rahmens kann ein NMS positioniert werden, dass in seinem Wesen normativ, langfristig strategisch zukunftsorientiert, dialogisch, operativ umsetzungsorientiert sowie proaktiv veränderungsorientiert angelegt ist und durch die Attribute Problemlösungsbeitrag und Zielkongruenz, Ganzheitlichkeit und Integration, Umwelt- und Anspruchsgruppenorientierung, Delegation und Partizipation, Kooperation, Information, Dokumentation, Kommunikation sowie Wertschöpfungs- und Risikoorientierung geprägt ist. Diese Determinanten bestätigen die theoretisch-konzeptionell entwickelten Elemente des NMS und beeinflussen ihre Ausprägungen.
Somit ergibt sich die Nachhaltigkeitspolitik als verbindliches Nachhaltigkeitsverständnis aus der Summe der Ziele, Aufgaben, Aktionsfelder, Verfahrensabläufe, Zuständigkeiten und Kommunikationswege hinsichtlich der umfassenden Aufnahme der Nachhaltigkeitsidee in das strategische Kalkül. Davon ausgehend sind Nachhaltigkeitsziele als Sollzustände hinsichtlich der Umweltwirkung, sozialen Verantwortung und der Wertschöpfung zur Analyse und Gestaltung der Nachhaltigkeitsleistung zu verstehen. Diese sind durch die Nachhaltigkeitsaktivitäten, also alle Maßnahmen zur konkreten Umsetzung der Nachhaltigkeitspolitik bzw. der formulierten Nachhaltigkeitsziele so-

wie den Einsatz der vielfältigen Ansätze, Systeme, Instrumente, Normen und Standards des Nachhaltigkeitsmanagements auszugestalten. Das Nachhaltigkeitscontrolling bezeichnet nunmehr die Planung, Steuerung, Kontrolle und Beurteilung der Effekte der unternehmerischen Aktivitäten hinsichtlich ihrer sozialen und ökologischen Auswirkungen und ihrer ökonomischen Beiträge zur Steigerung des Unternehmenswerts auf Basis einer innerhalb dieses Elementes zu schaffenden Daten- und Informationsgrundlage. Diese Daten- und Informationsgrundlage wird für die Nachhaltigkeitskommunikation, verstanden als Summe gezielter unternehmerischer Kommunikationsstrategien, zur Förderung nachhaltiger Einstellungen und Verhaltensweisen sowie der Öffentlichkeitsarbeit zu Themen der nachhaltigen Entwicklung und der Förderung der gesellschaftlichen Diskussion über das Nachhaltigkeitskonzept genutzt. Das Nachhaltigkeitsmanagement-Review bezeichnet die Prüfung der Funktionsfähigkeit des NMS zur Sicherstellung des Nutzenbeitrags durch das System. Um eine organisatorische Verankerung dieser Elemente und ihres Zusammenspiels bemüht sich die Nachhaltigkeitsorganisation, die eine Organisationsform bezeichnet, die zur Förderung der Informationsgrundlage, Definition der Informations- und Kommunikationswege für die Sammlung, Aufbereitung und Integration von ökologischen und sozialen Daten, Schaffung von Sensibilität und Bewusstsein für die Relevanz der ökologischen und sozialen Daten aus dem Unternehmen und seinem Umfeld, Ausbildung von Strukturen zur Förderung der Wissensgenerierung und Ausbildung von Mitarbeiterqualifikationen und -kompetenzen, Unterstützung des kontinuierlichen Verbesserungsprozesses durch die Förderung der Integration neu erworbener bzw. generierter sozialer und ökologischer Informationen und Erkenntnisse sowie zur Sicherstellung einer hohen Reaktionsgeschwindigkeit auf Chancen und Risiken durch die Definition einfacher, transparenter und überschaubarer Informations- und Kommunikationsprozesse beiträgt.
In der beschriebenen Form ist das entworfene NMS schließlich in der Lage, Analyse- und Gestaltungsaufgaben für das strategische Nachhaltigkeitsmanagement des Unternehmens wahrzunehmen und den erwarteten Nutzenbeitrag der Optimierung der Geschäftsprozesse gemessen an den Nachhaltigkeitsherausforderungen zu leisten.

8.2 Zielerreichung und Bewertung des Lösungsansatzes

Das Oberziel der Dissertation, die theoretisch fundierte Entwicklung eines NMS als Managementkonzept für das strategische Nachhaltigkeitsmanagement ist, wie zuvor beschrieben und in Kapitel 7 vorgestellt, erreicht worden.
Aus der Synthese der unternehmensindividuellen, branchenspezifischen und theoretisch-konzeptionellen Determinanten der Nachhaltigkeit ist der Entwurf eines implementierbaren Analyse- und Gestaltungskonzepts für das strategische Nachhaltigkeitsmanagement hervor gegangen. Als erster Schritt der Entwicklung sowie als relevantes Subziel gilt die Identifikation theoretisch fundierter Determinanten des strategischen Nachhaltigkeitsmanagements zur Ableitung der Aufgaben, Anforderungen und Möglichkeiten eines ganzheitlichen NMS, diese sind den Erkenntnissen der Kapitel 3 und 7.1 zu entnehmen. Die zugehörige Bestimmung der relevanten Begrifflichkeiten sowie die Beschreibung, Analyse und Systematisierung des aktuellen Standes der For-

schung hinsichtlich der Managementsystemforschung im Allgemeinen sowie der Managementkonzepte für Nachhaltigkeit ist in den Abschnitten 2.2 und 2.3 bis 2.5 geleistet worden. Zum theoretisch abgesicherten Entwurf des NMS sind schließlich in den Abschnitten 2.3 und 3.2 die Herausforderungen und Interdependenzen sowie erste Ansätze zur Entwicklung und Ausgestaltung von Analyse- und Gestaltungsinstrumenten in den Abschnitten 3.1, 7.1.3 und 7.2 erklärt worden. Über die Erläuterung der Wesensmerkmale des NMS in Kapitel 7 werden die notwendigen Hinweise zur ziel- und ergebnisorientierten Auswahl, Integration und Koordination der Instrumente zu einem ganzheitlichen Managementsystem gegeben.
Der Vergleich unternehmensindividueller und branchenspezifischer Determinanten der Nachhaltigkeit zur Beschreibung des strategischen Nachhaltigkeitsmanagements und zur Ableitung praktischer Anforderungen an ein ganzheitliches NMS stellen den praktischen Zielfokus dar und werden in den Ergebnissen der Kapitel 5 und 6 vorgestellt.
Als praktische Subziele werden für die Branchenebene in Abschnitt 5.1 die Beschreibung des Nachhaltigkeitsbezugs der deutschen Stahlindustrie sowie die Identifikation der positiven und negativen Externalitäten der Stahlindustrie im Hinblick auf Nachhaltigkeit formuliert und erreicht. Durch die Analyse der Unternehmen der deutschen Stahlbranche wird zudem das Ziel einer akteursbezogenen Beschreibung und Analyse der branchenbezogenen Aktivitäten aus dem Nachhaltigkeitskontext realisiert.
Für die Unternehmensebene sind die Ergebnisse zu den formulierten Subzielen der Fallstudie in Kapitel 6 ablesbar, denn ab Abschnitt 6.2.2.10 und 6.3 finden sich die unternehmensspezifischen Informationen zur Bestimmung des Ausgangsverständnisses, die Identifikation, Beschreibung, Analyse und Systematisierung unternehmerischer Aktivitäten aus dem Nachhaltigkeitskontext sowie die Prüfung etablierter Systematisierungs- und Steuerungskonzepte auf ihren Nachhaltigkeitsbezug. Die Ableitung der notwendigen Elemente eines NMS und ihrer Ausprägungen erfolgt ab Abschnitt 6.3.4.1. Die Zusammenfassung der Elemente zu einem implementierbaren NMS und die Identifikation der Handlungsfelder zur Implementierung werden für das Unternehmen in Abschnitt 6.3.4.7 sowie abstrahiert und verallgemeinert in Kapitel 7 dargestellt. Über diese Argumentationslogik können die formulierten Forschungsfragen aus Abschnitt 1.2 beantwortet und die entwickelten Ziele der Dissertation aus Abschnitt 1.3 erreicht werden.

Das in der präsentierten Art und Weise entwickelte NMS berücksichtigt sowohl die theoretisch-konzeptionellen Anforderungen und Prämissen, als auch die branchenspezifischen Besonderheiten und unternehmensindividuellen Anforderungen und kann in der vorliegenden Form als innovativer, ganzheitlicher, theoretisch fundierter und anwendungsbezogener Ansatz eines NMS beurteilt werden. Die Implementierung dieses Konzeptes in unveränderter, angepasster Form im Fallunternehmen unterstreicht die Praxistauglichkeit des Konzeptes. Zudem ist zu bemerken, dass bei der Konzeption des NMS die wesentlichen Prinzipien, Besonderheiten und Ansprüche der praxisorientierten, transdisziplinären Nachhaltigkeitsforschung (Abschnitt 4.1 und folgende) Berücksichtigung gefunden haben und den Beitrag des Konzeptes und seiner Entwicklungsphasen für die Nachhaltigkeitsforschung umfassend begründen und positiv unterstützen.

8.3 Reflexion von Methodik, Forschungsdesign und Bezugsrahmenarchitektur

Die gewählte Methodik, das resultierende Forschungsdesign und die entwickelte Architektur der Bezugsrahmen haben sich für die Erreichung der Forschungsziele der Dissertation und für die Generierung des Erkenntnisgewinns als sinnvoll und zielführend erwiesen. Dennoch sind Grenzen und weitere Möglichkeiten der verfolgten Forschungsstrategie zu bemerken.
Als erkenntnisfördernd für die Lösung der Hauptaufgabe der Dissertation hat sich die enge Orientierung an den normativen, integrativen und partizipativen Maßstäben sowie an den Prinzipien der praxisorientierten transdisziplinären Nachhaltigkeitsforschung bewährt, denn das zu entwerfende NMS kann in seiner Analysefunktion zur Erklärung eines Ist-Zustandes und in seiner Gestaltungsfunktion zum Entwurf eines möglichen Soll-Zustandes für das Problem des ungeplanten, unkoordinierten, unsystematischen Umgangs mit dem Nachhaltigkeitsanspruch in Partizipation mit den Praxisakteuren eingesetzt werden. Somit wird die Dissertation durch den ständigen Bezug zur unternehmerischen Praxis im Rahmen der Fallstudienerstellung und durch die wissenschaftliche Begleitung des Kooperationsprojektes methodisch der Ambition eines hohen Praxisbezugs gerecht. Dabei bedient sich die Dissertation Forschungsergebnissen und Erfahrungen unterschiedlicher Nachbardisziplinen, solange diese auf die konkrete Lösung von Führungsproblemen abzielen und nimmt damit die Forderungen nach Transdisziplinarität umfassend auf. Die methodische Herangehensweise der Dissertation lehnt sich auf diese Weise eng an die Forderung nach Präzision und intersubjektiver Überprüfbarkeit der Sustainability Science an und bettet den identifizierten Forschungsschwerpunkt in das Spannungsfeld der dynamischen Interaktionen zwischen Umwelt, Gesellschaft und Unternehmen mit Blick auf die Gestaltbarkeit dieser Interaktionen im Verständnis einer nachhaltigen Entwicklung. Angestrebt wird dabei eine Integration der Aktivitäten in den Bereichen von Forschung, Planung, Beobachtung, Beurteilung und Entscheidungsunterstützung im Sinne des adaptiven Managements, wobei diese Aktivitäten in dieser Dissertation sowohl im Forschungsprozess wie auch im Forschungsergebnis eindeutig nachzuweisen sind.

Die Nachhaltigkeitsforschung empfiehlt zwar nachdrücklich qualitative Forschungsmethoden, insb. den Fallstudienansatz zum Erkenntnisgewinn, dennoch muss sich die daran angelehnte Forschungsstrategie der vorliegenden Dissertation somit auch den Kritikpunkten an qualitativen Methoden stellen. Fallstudien der vorliegenden Art eignen sich insb. für explorative und deskriptive Fragestellungen und sind prädestiniert für neuartige, komplexe Themenbereiche, die bislang noch wenig theoretische Literatur anbieten, sowie für bereits erschlossene Forschungsfelder, die eine Systematisierung und die Entwicklung gänzlich neuer Perspektiven erfordern. Diese Ausgangsposition hat für die Dissertation zweifelsfrei vorgelegen und rechtfertigt den gewählten Forschungsansatz. Nicht geleistet werden konnte im Rahmen der Dissertation demnach die Erfassung, Analyse und Interpretation zähl- und operationalisierbarer Daten, die mit Hilfe von statistischen Methoden bspw. Erkenntnisse über Abhängigkeiten und Korrelationen zwischen einzelnen Nachhaltigkeitsaspekten, Nachhaltigkeitszielen oder den Elementen des NMS hätte generieren können. Zwar gelingt im Rahmen einer Fallstudie die Formulierung von Hypothesen, jedoch gestaltet sich deren Überprüfung in der Praxis als sehr schwierig. Zudem wird nach wie vor angemerkt, dass auf Basis insb. von Einzelfallstudien nur schlecht generalisierbare Lösungen und Konzepte erarbeitet werden können; dies wird durch den Einwand der fehlenden statistischen Reliabilität und Validität gegenüber der Fallstudie kritisiert.

Allerdings ist eine empirische Überprüfung angesichts der weiten, offenen und explorativen Fragestellung dieser Dissertation jedoch nicht angezeigt, zumal der Forschungsstil der Fallstudie dann eine präzise Abgrenzung und argumentative Fundierung der Prämissen zu prüfender Ursache-Wirkungs-Zusammenhänge erforderte, die es im Rahmen der Fallerstellung überhaupt erst zu entdecken galt. Deshalb folgt die Dissertation zu Recht der sachlich-analytischen Strategie, die auf einer konzeptionellen Simulation der unternehmerischen Realität basiert und versucht, Erkenntnisse durch Plausibilitätsüberlegungen sowie empirisch bereits festgestellte Zusammenhänge komplexer Sachverhalte transparent zu machen. Das Erkenntnisziel, die als relevant erachteten Tatbestände vollständig zu erfassen, Zusammenhänge anschaulich zu machen und miteinander zu verknüpfen, konnte durch die gewählte Forschungsstrategie erreicht werden. Hinsichtlich des theoretischen Bezugsrahmens ist zu bemerken, dass sich ein derart komplexes Leitbild wie Nachhaltigkeit erwiesener Maßen nicht nur durch einige wenige theoretische Ansätze abbilden und sich zudem nicht deduktiv konturieren lässt, vielmehr ist ein Set von organisationstheoretischen Ansätzen sowie eine induktive Herangehensweise angezeigt, um die Erklärungszusammenhänge des Forschungsgegenstandes nachzuvollziehen. Die entwickelte Bezugsrahmenarchitektur hat sich weiterhin als zweckmäßig und wertvoll erwiesen, da die einzelnen definierten Rahmen nicht nur forschungslogisch, sondern ebenso erkenntnisgenerierend positive Wirkungen für die Bearbeitung der Forschungsfragen hatten. In der praktischen wie theoretischen Dimension des Begriffs- und Beschreibungsrahmen ist die Kernaufgabe der Formulierung eines verbindlichen Ausgangsverständnisses sowie die Entwicklung geltender Definitionen gelöst, denn mit der expliziten Beschreibung des strategischen Nachhaltigkeitsmanagements ist das formulierte deskriptive Wissenschaftsziel erreicht worden. Im Erklärungsrahmen ist die Analyse und Systematisierung des unternehmensindividuellen, branchenspezifischen und theoretischen Nachhaltigkeitskontextes vorgenommen worden, so dass eine fundierte Erklärung der Konzeption eines NMS vor liegt und damit das theoretische Wissenschaftsziel erfüllt. Abschließend ist als Auftrag des Entscheidungsrahmens die Herleitung von Charakteristika, Attributen und Anwendungsfeldern für ein strategisches NMS geschehen, womit das pragmatische bzw. praxeologische Wissenschaftsziel durch die Formulierung von Implikationen für die Konzeption gleichermaßen erreicht worden ist.

8.4 Weiterer Forschungsbedarf und Ausblick

Aus der intensiven Auseinandersetzung mit dem Thema der Professionalisierung des strategischen Nachhaltigkeitsmanagements durch die Konzeption eines ganzheitlichen NMS, seinen Prämissen und angrenzenden Problembereichen können weitergehende Forschungslücken und -bedarfe identifiziert und definiert werden.

Ein erster anschließender Forschungsauftrag ergibt sich im klassischen Problemfeld der Strategieimplementierung, in dem nunmehr zu untersuchen wäre, welche Erfolgs- und Misserfolgsfaktoren für die Einführung, Umsetzung und Durchsetzung von Nachhaltigkeitsstrategien und die diese konkretisierenden Instrumenten gelten. Nach wie vor wird dem Bereich der Strategieimplementierung zu wenig gezielte Aufmerksamkeit geschenkt, so dass die Untersuchung der Implementierung von Nachhaltigkeitsstrategien, deren zukünftige Relevanz unumstritten ist, einen sinnvollen Beitrag zur Schließung der sogenannten Implementierungslücke leisten kann. Neben der vorrangigen Betrachtung der Phase der Strategieimplementierung bestünde auch in den anderen Phasen des Referenzmodells zum strategischen Management nach Welge/Al-Laham (2008) ein erhöhter Untersuchungsbedarf zur möglichen sinnvollen Integration und Deklination des Leitbildes der Nachhaltigkeit, zumal eine explizite und konsequente Verankerung des Nachhaltigkeitsleitbildes in allen Phasen des Strategieprozesses vermutlich zur besseren Strukturierung der Nachhaltigkeits-Issues, zur Identifikation der Werttreiber für und von Nachhaltigkeit und zur besseren Ausschöpfung von Wertschöpfungspotentialen beitragen kann. Untersuchungen in diesem Kontext könnten sich auf die Ausschöpfung der Geschäftsrelevanz und die Schaffung eines Business Case for Sustainability fokussieren. Die Herleitung konkreter Handlungsempfehlungen aus der Analyse der kritischen Determinanten einer erfolgreichen Implementierung von Nachhaltigkeitsstrategien kann zu einer effizienten Umsetzung und konsistenten Durchsetzung der Nachhaltigkeitsstrategien befähigen. Einen weiteren, wissenschaftlich und unternehmenspraktisch interessanten Erkenntnisgewinn in diesem Zusammenhang könnte überdies eine Langzeitbetrachtung derjenigen Unternehmen und ihrer Performanceentwicklung generieren, die sich nach der erfolgreichen Implementierung eines NMS unter Ausnutzung der Wirkmechanismen der Differenzierung im Wettbewerb hervortun. Anhand dieser Untersuchungen könnten nicht nur im Kontext des strategischen Managements weitere Forschungsergebnisse erzielt werden, gleichermaßen könnten für die Managementsystemforschung neue Prinzipien und Anforderungskataloge für die Gestaltung von zukunftsfähigen Managementsystemen entwickelt werden, die insb. die zunehmende Dynamik der unternehmerischen Rahmenbedingungen sowie die steigende Komplexität der zu systematisierenden Managementaufgaben berücksichtigen und begründete Hilfestellungen anbieten.

Diese Überlegungen sind losgelöst von der branchenspezifischen und unternehmensindividuellen bzw. segmentbezogenen Untersuchung der vorliegenden Dissertation ebenfalls in einen unternehmensgrößenunabhängigen, branchenübergreifenden oder auch internationalen Kontext anzustellen. Über die segmentbezogene Untersuchung bei der ThyssenKrupp Steel AG sind weiterhin Überlegungen anzustellen, die sich auf die zielführende konzernweite Implementierung eines NMS beziehen, um dafür sinnvolle Handlungsempfehlungen zu entwickeln und aussprechen zu können. Ebenso sind für die KMU-Forschung die Forschungsaufgaben zur Professionalisierung des Zukunftsthemas Nachhaltigkeitsmanagement als Teil des per se von Besonderheiten wie der Planungslücke, der *strategic awareness* oder der außergewöhnlichen Bedeutung des Unternehmertyps geprägten strategischen Managements von großer Relevanz und als Forschungsbedarfe zu rechtfertigen. Auch eine branchenübergreifende und v.a. branchenvergleichende Untersuchung der Geschäftsrelevanz von Nachhaltigkeit sowie

Unterschiede im Entwurf und den Erfolgsfaktoren der Implementierung eines NMS können von wissenschaftlichem und unternehmenspraktischem Erkenntnisinteresse sein, um insb. die Unterschiede in der öffentlichen Exponiertheit von Branchen im Nachhaltigkeitskontext offen zu legen und damit Hinweise auf die relevanten zu berücksichtigenden Rahmenbedingungen und Nachhaltigkeits-Issues für ein NMS zu erhalten. Gerade vor dem Phänomen der Auflösung traditioneller Branchengrenzen und der offensichtlichen Entwicklung neuer Wertschöpfungsarchitekturen können diese Erkenntnisse von wachsender Relevanz sein. Überdies kann die Konzeption und Implementierung eines NMS im internationalen Kontext untersucht werden, da internationale Engagements unternehmensintern neue Anforderungen im Spannungsfeld der globalen Standardisierung und gastlandorientierten Differenzierung der Nachhaltigkeitsaktivitäten zur Folge haben, wobei unternehmensextern zudem die Untersuchung von Nachhaltigkeitsherausforderungen aus Kultur und Gesellschaft diverser Gastländer auf verschiedenen Kontinenten und mit unterschiedlichen Wirtschaftssystemen angezeigt wäre. Für die identifizierten Charakteristika, Attribute, Elemente und Ausprägungen des NMS können Analysen hinsichtlich ihrer Prioritäten bzw. notwendigen und hinreichenden Bedeutung für die Wirkungsweise und den zu leistenden Nutzenbeitrag des NMS angestellt werden. So dürfte es durchaus von hohem Erkenntnisgewinn sein, die Geltung des normativen Ausgangsverständnisses in unterschiedlichen Kulturkreisen und Wirtschaftssystemen zu prüfen oder die Argumentationsrichtung der Proaktivität von einer inside-out-Perspektive in ihrer Wandlungsfähigkeit oder Ambivalenz zu einer outside-in Logik zu analysieren und damit die Relationen zwischen Unternehmen, Unternehmensumwelt und Anspruchsgruppen zu systematisieren. Im Kontext von Information, Dokumentation und Kommunikation der Nachhaltigkeitsleistung wären insb. vor dem Problem der Glaubwürdigkeit und Transparenz in der Vermittlung von Nachhaltigkeitsleistung und im Rahmen der Entwicklung neuer Informations- und Kommunikationstechniken und -möglichkeiten zeitgemäße und zukunftsfähige Wege der internen wie externen Nachhaltigkeitskommunikation zu erschließen. Einen vergleichbaren Forschungsauftrag eröffnet auch das Element des Nachhaltigkeitscontrollings, denn nach wie vor werden Schwierigkeiten in der Quantifizierung und Operationalisierung der Nachhaltigkeitsleistung, v.a. in der sozialen Dimension, über Indikatoren und Kennzahlen sowie eine zugehörige Interpretationslogik zur Planung, Steuerung und Kontrolle formuliert, die es auszuräumen gilt. Somit lassen sich die zukünftigen Forschungsbedarfe für die Professionalisierung des strategischen Nachhaltigkeitsmanagements insbesondere in den Forschungsfeldern der Unternehmensgröße, dem internationalen Management, der Implementierung, der Analyse und Antizipation sich wandelnder Rahmenbedingungen und deren Auswirkungen auf Unternehmensentscheidungen eröffnen. Die vorliegende Dissertation hofft, die Auseinandersetzung der Unternehmen mit ihrer Verantwortung für eine nachhaltige Entwicklung durch die Anschaulichkeit und Nachvollziehbarkeit des komplexitätsbewältigenden, dafür vergleichsweise bedarfs- und situationsgerecht anpassbaren und implementierbaren NMS positiv zu beeinflussen und möchte zu einer maßgeblichen Qualitätsverbesserung der unternehmerischen und gesamtwirtschaftlichen Entwicklung unter Berücksichtigung der als nicht mehr länger ignorierbaren ökologischen und sozialen Dimensionen der nachhaltigen Entwicklung beitragen.

Anhang

Anhang 1: Ausgewählte Termine und Meilensteine

Datum	Teilnehmer	Inhalte
08.02.2005		Vorstandsbeschluss zur Implementierung eines NMS
19.12.2005	Univ.-Prof. Dr. M.K. Welge, Dr. Still, Herr Bailer, Herr Scheffler, Herr Schneider, Herr Stamm, Herr Scheer, Frau Saltik, Frau Ruschkowski, Frau Rabbe	Start der Kooperationsverinbarung zum Projekt „Konzeption eines NMS bei der ThyssenKrupp Steel AG“
17.01.2006	Dr. Still, Herr Scheffler, Herr Schneider, Herr Stamm, Herr Scheer, Frau Ruschkowski, Frau Rabbe	Allgemeine Unternehmenspräsentation, Informationen zur Ausgangssituation und Entstehung des Nachhaltigkeitsberichtes
07.02.2006	Herr Scheffler, Herr Grigo, Herr Stamm, Frau Rabbe	Stand der Konzeptentwicklung
15.02.2006	Dr. Meiler, Herr Scheffler, Herr Scheer, Frau Ruschkowski, Frau Saltik, Frau Rabbe	Analyse der Ist-Situation zum NMS, Werksbesichtigung
01.04.2006	Herr Scheffler, Herr Grigo, Herr Stamm, Frau Rabbe	Projektdesign
18.05.2006		Veröffentlichung des ersten Nachhaltigkeitsberichtes
19.06.2006	Herr Scheffler, Frau Rabbe	Entwurf eines NMS bei der ThyssenKrupp Steel AG, Präsentation econsense, Leverkusen
05.09.2006	Herr Grigo, Herr Stamm, Frau Rabbe	1.Entwurf
12.03.2007	Univ.-Prof. Dr. M.K. Welge Dr. Still, Herr Scheffler, Herr Riebartsch, Herr Schneider, Herr Stamm, Dr. Schmöle, Dr. Mölders, Herr Einig, Dr. Krautwald, Herr Lahrmann, Herr Rabus-Schneider, Herr Neumann, Herr Grigo, Frau Rabbe	Kick-Off Veranstaltung für das Team Nachhaltigkeit

27.04.2007	Dr. Schmöle, Herr Scheffler, Herr Grigo, Herr Reibe, Herr Domels, Herr Stamm, Herr Einig, Frau Rabbe	Arbeitsgruppentreffen Nachhaltigkeitspolitik und Nachhaltigkeitsorganisation
04.05.2007	Dr. Still, Herr Scheffler, Herr Grigo, Dr. Tietze, Herr Reibe, Herr Schneider, Herr Stamm, Herr Einig, Frau Rabbe	Direktorengespräch NMS
14.05.2007	Herr Scheffler, Herr Grigo, Herr Stamm, Frau Rabbe	Konzeption des NMS
12.06.2007	Herr Scheffler, Herr Grigo, Herr Stamm, Frau Reibe, Frau Rabbe	NMS – Business Excellence Arbeitsteamtreffen
24.06.2007	Herr Scheffler, Herr Grigo, Herr Stamm, Frau Reibe, Frau Rabbe	Template zu Systematisierungs- und Steuerungsinstrumenten
01.08.2007	Herr Scheffler, Herr Grigo, Herr Stamm, Frau Rabbe	Struktur ThyssenKrupp Steel AG NMS
09.08.2007	Herr Scheffler, Herr Grigo, Herr Stamm, Frau Rabbe	Präsentation des Konzeptes zur Implementierung eines NMS bei ThyssenKrupp Steel
03.09.2007		Vorstandsbeschluss zur Implementierung des NMS

Verzeichnis der Literaturquellen

Aachener Stiftung Kathy Beys (2004): Lexikon der Nachhaltigkeit, Aachen 2004.

Acker-Widmaier, G. (1999): Intertemporale Gerechtigkeit und nachhaltiges Wirtschaften. Zur normativen Begründung eines Leitbildes, Marburg 1999.

Adam, D./Backhaus, K./Thonemann, U. W./Voeth, M. (2004): Allgemeine Betriebswirtschaftslehre – Koordination betrieblicher Entscheidungen, 3. Auflage, Berlin 2004.

Adams, H.W. (1995): Integriertes Management-System für Sicherheit und Umweltschutz: Generic Management-System, München/Wien 1995.

Agle, B.R./Mitchell, R.K./Sonnenfeld, J.A. (1999): Who matters to CEOs? An Investigation of Stakeholder Attributes and Salience, Corporate Performance and CEO Values, in Academy of Management Journal, Vol. 42, No. 5, S.507-525.

Albach, H. (2001): Allgemeine Betriebswirtschaftslehre, 3. Auflage, Wiesbaden 2001.

Al-Laham, A. (2000): Die Implementierung von Strategien in der Unternehmenspraxis. Probleme und Lösungsperspektiven, in: Welge, M.K./Al-Laham, A./Kajüter, P. (2000): Praxis des Strategischen Managements. Konzepte – Erfahrungen – Perspektiven, Wiesbaden 2000, S.261-279.

Altner, G./Leitschuh-Fecht H./Michelsen, G./Simonis U.E./von Weizsäcker, E.U. (Hrsg.)(2004): Jahrbuch Ökologie 2005, München 2005.

Altrogge, G. (1998): Investition und Umwelt, in: Hansmann, K.-W. (Hrsg.)(1998): Umweltorientierte Betriebswirtschaftslehre. Eine Einführung, Wiesbaden 1998, S.271-312.

Ansoff, H. I. (1965): Corporate Strategy, New York 1965.

Ansoff, H. I. (1984): Implanting Strategic Management, Englewood Cliffs 1984.

Antes, R. (1996): Präventiver Umweltschutz und seine Organisation in Unternehmen, Wiesbaden 1996.

Arnold, M. (2007): Strategiewechsel für eine nachhaltige Entwicklung. Prozesse, Einflussfaktoren und Praxisbeispiele, Marburg 2007.

Arnold, W./Freimann, J./Kurz, R.: Sustainable Balanced Scorecard (SBS): Integration von Nachhaltigkeitsaspekten in das BSC-Konzept. Konzept – Erfahrungen – Perspektiven, in: ZfCM, Zeitschrift für Controlling & Management, 47. Jg., Heft 6, 2003, S.391-400.

Attas, D. (2004): A Moral Stakeholder Theory of the Firm, in: Zeitschrift für Wirtschafts- und Unternehmensethik, 5. Jg., Heft 3, S.312-318.

Averbeck, C./Crome, K. (2005): Rat für Nachhaltige Entwicklung – Nachhaltigkeit konkretisieren und popularisieren, in: Michelsen, G./Godemann, J. (Hrsg.)(2005): Handbuch Nachhaltigkeitskommunikation. Grundlagen und Praxis, München 2005, S.875-884.

Bachmann, G. (2002): Nachhaltigkeit: Politik mit gesellschaftlicher Perspektive. In: Bundeszentrale für politische Bildung (Hrsg.): Aus Politik und Zeitgeschichte – Die Diskussion um Nachhaltigkeit, Bd. 31/32, Bonn 2002.

Balderjahn, I. (2004): Nachhaltiges Marketing-Management: Möglichkeiten einer umwelt- und sozialverträglichen Unternehmenspolitik. Stuttgart 2004.

Balzer, I./Wächter, M. (2002): Sozial-ökologische Forschung: Ergebnisse der Sondierungsprojekte aus dem BMBF-Förderschwerpunkt, München 2002.

Bardt, H. (2008): Ökologische Industriepolitik oder angebotsorientierte Umweltpolitik?, in: Wirtschaftsdienst, Jg. 88, Nr. 1, 2008, Berlin/Heidelberg, S.31-39.

Bardt, H./Hüther, M. (2006): Angebotsorientierte Umweltpolitik. Positionsbestimmung und Perspektiven, Beiträge zur Ordnungspolitik aus dem Institut der Deutschen Wirtschaft Köln, Nr. 21, Köln 2006.

Barnard, C.I. (2007): The Functions of Executive, 30th Anniversary Edition, 30. Edition, Cambridge 1968, Cambridge 2007.

Barney, J.B. (1991): Firm Resources and Sustained Competitive Advantage, in: Journal of Management, Vol. 17, No. 1, 1991, pp. 99-129.

Barth, M. (2005): Internetbasierte Nachhaltigkeitskommunikation, in: Michelsen, G./Godemann, J. (Hrsg.)(2005): Handbuch Nachhaltigkeitskommunikation. Grundlagen und Praxis. München 2005, S.263-296.

Bartussek, S./Rabbe, S.(2008): Eine innovative Erweiterung der klassischen Unternehmertypologien kleiner und mittlerer Unternehmen – Die modernen Managementkompetenzen des „Nachhaltigkeits-Strategen“, in: Meyer, J.-A. (Hrsg.)(2008): Management-Kompetenz in kleinen und mittleren Unternehmen. Jahrbuch der KMU-Forschung und -Praxis 2008 in der Edition „Kleine und mittlere Unternehmen“, Lohmar/Köln 2008, S.37-53.

Bauer, H./Neumann, M. (2002): Entscheidungskriterien werbetreibender Unternehmen beim Einsatz von Online-Marketing. Mannheim 2002.

Baumast, A./Pape, J. (2008): Betriebliches Umweltmanagement: Nachhaltiges Wirtschaften im Unternehmen, 3. Auflage, Stuttgart 2008.

Baumast, A./Pape, J. (Hrsg.)(2001): Betriebliches Umweltmanagement. Theoretische Grundlagen, Praxisbeispiele, Stuttgart 2001.

Baumgartner, R. J./Biedermann, H./Klügl,f./Schneeberger, T./Strohmeier, G./Zielowski, C. (2006): Generic Management. Unternehmensführung in einem komplexen und dynamischen Umfeld, Wiesbaden 2006.

Baumgartner, R.J./Biedermann, H./Ebner, D. (Hrsg.)(2007): Unternehmenspraxis und Nachhaltigkeit: Herausforderungen, Konzepte und Erfahrungen. Sustainability Management for Industries 2, München 2007.

Baumgartner, R.J./Biedermann, H./Ebner, D./Posch, W. (Hrsg.)(2005): Wertsteigerung durch Nachhaltigkeit. Sustainability Management for Industries 1, München/Mering 2005.

Baye, M.R. (2008): Managerial Economics and Business Strategy, 6. Edition, New York 2008.

Bayer, O. (1989): Empirische Methoden in den Sozialwissenschaften, in: Seiffert, H./Radnitzky, G. (Hrsg.)(1989): Handlexikon zur Wissenschaftstheorie, München 1989, S.37-46.

BDI – Bundesverband der Deutschen Industrie (Hrsg.)(2004): Stellungnahme des Bundesverbandes der Deutschen Industrie e. V. zum Entwurf der Richtlinie 4070 „Nachhaltiges Wirtschaften – Anleitung zum Nachhaltigen Wirtschaften“ des VDI vom 03.09.2004, Berlin 2004.

BDI-Mittelstandspanel 2007 unter http://www.bdionline.de/Dokumente/Mittelstandspolitik/ Mittel-standspanel Langfassung_Fruehjahr2007.pdf, (23.10.2007).

Bea,f.X./Haas, J. (2001): Strategisches Management, 3. Auflage, Stuttgart 2001.

Bea,f.X./Haas, J. (2005): Strategisches Management, 4. Auflage, Stuttgart 2005.

Beamon, B.M. (1999): Designing the green supply chain, in: Logistics Information Management, Vol. 12, No. 4, pp. 332-342.

Bechmann, A./Michelsen, G. (1981): Global Future. Es ist Zeit zu handeln. Öko-Institut Freiburg, 1981.

Becker, E./Jahn, T. (2000): Sozial-ökologische Transformationen – Theoretische und methodische transdisziplinärer Nachhaltigkeitsforschung, in: Brand, K.-W. (2000): Nachhaltige Entwicklung und Transdisziplinarität, Berlin 2000, S.67-84.

Becker, E./Jahn, T. (Hrsg.)(2006): Soziale Ökologie. Grundzüge einer Wissenschaft von den gesellschaftlichen Naturverhältnissen, Frankfurt a. M. 2006.

Bellmann, K. (1999): Betriebliches Umweltmanagement im Spannungsfeld von Politik, Wissenschaft und unternehmerischer Praxis, in: Bellmann, K. (Hrsg.)(1999): Betriebliches Umweltmanagement in Deutschland. Eine Positionsbestimmung aus Sicht von Politik, Wissenschaft und Praxis, Wiesbaden 1999, S.3-20.

Belz,f.-M./Bilharz, M. (Hrsg.)(2005): Nachhaltigkeits-Marketing in Theorie und Praxis, Wiesbaden 2005 .

Berg, N. (2001): Die weltweite Marktrücknahme des Medikaments Lipobay durch die Bayer AG, in: Welge, M.K. (Hrsg.)(2001): Dortmunder Beiträge zur Unternehmensführung, Nr. 34, Dortmund 2001.

Berg, N. (2003): Public Affairs Management. Ergebnisse einer empirischen Untersuchung in multinationalen Unternehmungen, Wiesbaden 2003.

Berger, U./Bernhard-Mehlich, I. (2006): Die verhaltenswissenschaftliche Entscheidungstheorie, in: Kieser, A./Ebers, M. (Hrsg.)(2006): Organisationstheorien, 6. Auflage, Stuttgart 2004, S.169-215.

Bertelsmann Stiftung (Hrsg.)(2005): Die gesellschaftliche Verantwortung von Unternehmen. Dokumentation der Ergebnisse einer Unternehmensbefragung der Bertelsmann Stiftung, Gütersloh 2005.

Beschorner, T./Fischer, D./Pfriem, R./Ulrich, G. (2004): Perspektiven einer kulturwissenschaftlichen Theorie der Unternehmung, in: Forschungsgruppe Unternehmen und gesellschaftliche Organisation (FUGO)/Pfriem, R. (Hrsg.)(2004): Perspektiven einer kulturwissenschaftlichen Theorie der Unternehmung, Marburg 2004, S.11-69.

Beschorner, T./Schmidt, M. (Hrsg.)(2004): Integritäts- und Umweltmanagement in der Beratungspraxis, in: Schriftenreihe für Wirtschafts- und Unternehmensethik, Band 8, München/Mering 2004.

Beuermann G./Halfmann, M./Böhm, M. (1995): Ökologieorientiertes Controlling (I), in: Das Wirtschaftsstudium, Heft 4, 1995, S.335-343.

Beyerle, H. (2008): Stahlmarkt. Vom Klimawandel ausgenommen, in: FTD, 11.10.2008 unter: http://www.ftd.de/unternehmen/:Stahlmarkt-Vom-Klimawandel-ausgenommen/421376. html, (11.10.2008).

Biedermann, H. (2005): Nachhaltigkeitsorientierte Unternehmensführung, in: Baumgartner, R. J./Biedermann, H./Ebner, D./Posch, W. (Hrsg.)(2005): Wertsteigerung durch Nachhaltigkeit. Sustainability Management for Industries 1, München/Mering 2005, S.15-21.

Bieker, T. (2005): Normatives Nachhaltigkeitsmanagement – Die zentrale Rolle der Unternehmenskultur am Beispiel der F&E der Automobil- und Maschinenbaubranche, Bamberg 2005.

Biermann, F./Bauer, S.(Hrsg.)(2005): A World Environment Organization: Solution or Threat for Effective International Environmental Governance?, Aldershot 2005.

Binder, V./Kantowsky, J. (1996): Technologiepotentiale: Neuausrichtung der Gestaltungsfelder des Strategischen Technologiemanagements, Wiesbaden 1996.

Bizer, K./Dopfer, J./ Peter, B. (1999): Nachhaltige Entwicklung von Unternehmen, Darmstadt 1999.

Blanke, M./Godemann, J./Herzig, C. (2007): Internetgestützte Nachhaltigkeitsberichterstattung – Eine empirische Untersuchung der Unternehmen des DAX 30, Lüneburg 2007.

Blätter-Mink, B. (2001): Wirtschaft und Umweltschutz: Grenzen der Integration von Ökonomie und Ökologie, Frankfurt a. M. 2001.

Bleicher, K. (1991): Das Konzept integriertes Management, Frankfurt a. M. 1991.

Bleicher, K. (1999): Das Konzept: Integriertes Management: Visionen – Missionen – Programme, 5. rev. und erw. Auflage, Frankfurt a. M. 1999.

Bleicher, K. (2004): Das Konzept Integriertes Management. Visionen – Missionen – Programme, 7. Auflage, Frankfurt a. M. 2004.

Bleis, C. (1996): Öko-Controlling - Betriebswirtschaftliche Analyse zur systematischen Berücksichtigung von ökologischen Aspekten durch Unternehmenscontrolling, Frankfurt a. M. 1996.

BMBF – Bundesministerium für Bildung und Forschung (2000): Rahmenkonzept Sozial-ökologische Forschung, Bonn 2000.

BMBF – Bundesministerium für Bildung und Forschung (2002): Forschung für nachhaltiges Wirtschaften. Lösungswege für die Praxis, Bonn 2002.

BMBF – Bundesministerium für Bildung und Forschung (2004): Rahmenprogramm des BMBF für eine zukunftsfähige innovative Gesellschaft, Berlin 2004.

BMU – Bundesministerium für Umwelt, Naturschutz und Reaktorsicherheit (1998): Nachhaltige Entwicklung in Deutschland, Entwurf eines umweltpolitischen Schwerpunktprogramms, Bonn 1998.

BMU – Bundesministerium für Umwelt, Naturschutz und Reaktorsicherheit (2007): Nachhaltigkeitsberichterstattung: Empfehlungen für eine gute Unternehmenspraxis, Berlin 2007.

BMU – Bundesministerium für Umwelt, Naturschutz und Reaktorsicherheit (2008): Ökologische Industriepolitik. Nachhaltige Politik für Innovation, Wachstum und Beschäftigung, Berlin 2008.

BMU – Bundesministerium für Umwelt, Naturschutz und Reaktorsicherheit (1994): Dokumente zur Konferenz der Vereinten Nationen für Umwelt und Entwicklung im Juni 1992 in Rio de Janeiro, Bonn 1994.

BMU/BDI (2002): Nachhaltigkeitsmanagement in Unternehmen. Konzepte und Instrumente zur nachhaltigen Unternehmensentwicklung, Bonn/Berlin 2002.

BMU/econsense/CSM (Hrsg.)(2007): Nachhaltigkeitsmanagement in Unternehmen. Von der Idee zur Praxis: Managementansätze zur Umsetzung von CSR und Corporate Sustainability, Berlin/Lüneburg 2007.

Bolli, A. (1999): Environmental Communication and Competitiveness. Thesis for the Fulfillment of the Master of Science in Environmental Management and Policy, Lund 1999.

Bork, T.K. (2005): Corporate Citizenship: Die gesellschaftliche Verantwortung von Unternehmen, unter: http://www.bdu.de/sn_pre_mat_fach.html?fuseaction=page.content&s_kurzname=fach_26, (29.11.2007).

Born, M. (2002): Leitfaden „Kriterien und Indikatoren zur Auswahl von Guten Beispielen Nachhaltigen Wirtschaftens, Forschungsprojekt ‚Bremen Best Practices' am POLIS-Institut für Mensch-Umwelt-Beziehung an der Hochschule Bremen, Bremen 2002.

Bortz, J./Döring, N. (1995): Forschungsmethoden und Evaluation, 2. Auflage, Berlin 1995.

Brand, K.-W. (2000): Vision ohne Herzblut: Über die Resonanzfähigkeit des Leitbildes der Nachhaltigkeit, in: Politische Ökologie, 17. Jg., 2000, Nr. 63/64, S.19-22.

Brehm, C.R. (2003): Organisatorische Flexibilität der Unternehmung – Bausteine eines erfolgreichen Wandels, Wiesbaden 2003.

Breitschmid,f./Kormann, S.(2003): Konzept Netz Nachhaltigkeit Konkret, Bern 2003, S.5, unter: www.bfh.ch/d/services/nachhaltigkeit.html, 20.01.2008.

Breyer,f. (2008): Mikroökonomik, 3. Auflage, Berlin 2008.

Brocke, M. (1995): Zukunftsfähiges Deutschland - ein Beitrag zu einer global nachhaltigen Entwicklung, in: Soziales Seminar, Informationen 4/95.

Bruhn, M. (2005a): Kommunikationspolitik. Systematischer Einsatz der Kommunikation für Unternehmen. 3. Auflage, München 2005.

Bruhn, M. (2005b): Unternehmens- und Marketingkommunikation. Handbuch für ein integriertes Kommunikationsmanagement, München 2005.

Brundtland, G.H. (1987): Our Common Future, Report of the World Commission on Environment and Development, Oxford 1987

Brunner, M. (2006): Strategisches Nachhaltigkeitsmanagement in der Automobilindustrie. Eine empirische Untersuchung, Wiesbaden 2006.

BUND/Misereor (1996): Zukunftsfähiges Deutschland - Ein Beitrag zu einer global nachhaltigen Entwicklung, Basel 1996.

BUND/Misereor (2002): Wegweiser für ein zukunftsfähiges Deutschland, München 2002.

Bundeszentrale für politische Bildung (Hrsg.)(2005): Umweltpolitik, Informationen zur politischen Bildung, Heft 287, Berlin 2005.

Burmann, C. (2002): Strategische Flexibilität und Strategiewechsel als Determinanten des Unternehmenswertes. Reihe: Neue betriebswirtschaftliche Forschung, Bd. 292, Wiesbaden 2002, zugl. Habilitation Universität Münster 2001.

Burschel, C./Losen, D./Wiendl, A. (2004): Betriebswirtschaftslehre der Nachhaltigen Unternehmung, München 2004.

Büschges G./Lütke-Bornefeld P. (1977): Praktische Organisationsforschung, Hamburg 1977.

Cahyandito, M.f. (2005): Corporate Sustainability Reporting. A New Approach for Stakeholder Communication. Schriften aus dem Institut für Forstwirtschaft der Universität Freiburg, Band 23, Remagen/Oberwinter 2005.

Calton, J. M./Kurland, N. B. (1996): A Theory of Stakeholder Enabling: Giving Voice to an Emerging Postmodern Praxis of Organizational Discourse, in: Boje, D.M./Gephart, J./Thatchenkery, T. (1996): Postmodern Management & Organizational Theory, Thousand Oaks 1996, S.154-177.

Carraher, S.M./Buckley, M.R./Carraher, C.E. (2008): Research challenges in sustainable strategic management: change and sustainability, in: International Journal of Sustainable Strategic Management, Vol. 1, No. 1, 2008, pp. 2-15.

CERI – Centre for Educational Research and Innovation (Hrsg.)(1972): Interdisciplinarity. Problems of Teaching and Research in Universities, Paris 1972.

Chandler, A.D. (1962): Strategy and Structure, Cambridge1962.

Chmielewicz, K. (1994): Forschungskonzeptionen der Wirtschaftswissenschaft, 2. Auflage, Stuttgart 1994.

Clausen, J./Loew, T. (2005): Leitlinien und Standards der Nachhaltigkeitsberichterstattung, in: Michelsen, G./Godemann, J. (Hrsg.)(2005): Handbuch Nachhaltigkeitskommunikation. Grundlagen und Praxis, München 2005, S.608-617.

Clausen, J./Mathes, M. (1998): Ziele für das nachhaltige Unternehmen, in: Fichter, K./Clausen, J. (Hrsg.)(1998): Schritte zum nachhaltigen Unternehmen. Zukunftsweisende Praxiskonzepte des Umweltmanagements, Berlin/Heidelberg 1998, S.27-44.

CSR Europe/Deloitte/Euronext (2003): Investing in Responsible Business – The Survey of European Fund Managers, Financial Analysts and Investor Relations Officers unter: http://www.deloitte.com/dtt/research/0,1015,cid%253D29215,00.html, (21.11.2007).

Curbach, J. (2003): Global Governance und NGOs: Transnationale Zivilgesellschaft in internationalen Politiknetzwerken, Opladen 2003.

Cyert, R./March, J. (1992): Behavioral Theory of the Firm, 2. Auflage, Englewood Cliffs 1992.

DAI – Deutsches Aktien Institut (2003): Nachhaltigkeit und Shareholder Value aus Sicht börsennotierter Unternehmen, unter: http://www.instoec.de/fileadmin/user_upload/Abschlussversion. pdf, (20.10.2007).

Datamonitor (2008): Steel in Germany. Industry Profile (September 2008), Frankfurt a. M. 2008.

de Witt, C. (2005): Beiträge der Medientheorie(n) zu einer von Medien gestalteten Nachhaltigkeitskommunikation, in: Michelsen, G./Godemann, J. (Hrsg.)(2005): Handbuch Nachhaltigkeitskommunikation. Grundlagen und Praxis, München 2005, S.173-181.

Deming, W. E. (1982): Out of the Crisis, Cambridge 1982.

Derieth, M. (1995): Unternehmenskommunikation. Eine Analyse zur Kommunikationsqualität von Wirtschaftsorganisationen, Opladen 1995.

Deutscher Bundestag (1997): Konzept Nachhaltigkeit. Fundamente für die Gesellschaft von morgen, Zwischenbericht der Enquete-Kommision Schutz des Menschen und der Umwelt des 13. Deutschen Bundestages, Bonn 1/1997.

DGMF – Deutsche Gesellschaft für Managementforschung (DGMF), unter: http://dgmf.org /german /forschung/index.html?, (22.02.2007).

Diffenhard, V. (2007): Bewertungsproblematik nachhaltigen Wirtschaftens aus unternehmerischer Sicht, Hamburg 2007.

DiGiulio, A. (2004): Die Idee der Nachhaltigkeit – Anspruch, Bedeutung und Schwierigkeiten, Münster/Hamburg/Berlin/London 2004.

DIHT – Gesellschaft für berufliche Bildung/IHK Duisburg (1999): Managementsysteme – Quo vadis?, Duisburg 1999.

DJSI Annual Review (2008) unter: http://www.sustainability-indexes.com, (13.04.2006).

Doktoranden-Netzwerk Öko-Audit e.V. (Hrsg.)(1998): Umweltmanagementsysteme zwischen Anspruch und Wirklichkeit. Eine interdisziplinäre Auseinandersetzung mit der EG-Öko-Audit-Verordnung und der DIN EN ISO 14001, Berlin/Heidelberg 1998.

Donaldson, T./Preston, L. (1995): The Stakeholder Theory of the Corporation: Concepts, Evidence and Implications, in: Academy of Management Review, Vol. 20, No. 1, pp. 65-91.

Döring, R./Ott, K. (2001): Nachhaltigkeitskonzepte, in: Zeitschrift für Wirtschafts- und Unternehmensethik (zfwu), Heft 3, 2001, S.315-342.

Drucker, P. (2002): Was ist Management? Das Beste aus 50 Jahren, Berlin 2002.

Dubs, R./Euler, D/Rüegg-Stürm, J./Wyss, C. E. (2004): Einführung in die Managementlehre, Bd. 1-5, Bern/Stuttgart/Wien 2004.

Dyckhoff, H. (2000): Umweltmanagement, Berlin/Heidelberg 2000.

Dyllick, T. (1982): Gesellschaftliche Instabilität und Unternehmensführung. Ansätze zu einer gesellschaftsbezogenen Managementlehre, Bern/Stuttgart 1982.

Dyllick, T. (1984): Erfassen der Umweltbeziehungen der Unternehmung, in: Management – Zeitschrift Industrielle Organisation, 53. Jg., Nr. 2, S.74-78.

Dyllick, T. (1988): Grundvorstellungen einer gesellschaftsbezogenen Managementlehre, Institut für Wirtschaftsethik an der Hochschule St. Gallen, Nr. 26, St. Gallen 1988.

Dyllick, T. (1997): Wo stehen wir bezüglich Umweltmanagement-Systemen, in: Schweizerische Arbeitsgemeinschaft zur Qualitätsförderung (SAQ): Tagungsband zur Jahrestagung der Schweizerische Arbeitsgemeinschaft zur Qualitätsförderung, Bern 1997, S.147-159.

Dyllick, T. (2000): Einführung: Aus dem Weg zum Sustainability Management, in: Hamschmidt, J./Dyllick, T. (2000)(Hrsg.): Nutzen Managementsysteme? Vom Umwelt- zum Sustainability-Managementsystem, IÖW-Diskussionsbeitrag Nr. 82, St. Gallen 2000, S.1-5.

Dyllick, T. (2003a): Konzeptionelle Grundlagen unternehmerischer Nachhaltigkeit, in: Linne, G. Schwarz, M. (Hrsg.)(2003): Handbuch Nachhaltige Entwicklung. Wie ist nachhaltiges Wirtschaften machbar?, Opladen 2003, S.235-243.

Dyllick, T. (2003b): Nachhaltigkeitsorientierte Wettbewerbsstrategien, in: Linne, G./Schwarz, M. (Hrsg.)(2003): Handbuch Nachhaltige Entwicklung. Wie ist nachhaltiges Wirtschaften machbar?, Opladen 2003, S.267-271.

Dyllick, T. (2004a): Strategisches Nachhaltigkeitsmanagement – Auseinandersetzung mit Michael Hülsmann und Entwicklung einer alternativen Perspektive, in: Hülsmann, M./Müller-Christ, G./Haasis, H.-D. (Hrsg.)(2004): Betriebswirtschaftslehre und Nachhaltigkeit. Bestandsaufnahme und Forschungsprogrammatik, Wiesbaden 2004, S.73-105.

Dyllick, T. (2004b): Unternehmerische Nachhaltigkeit – Welche Lernprozesse sind notwendig?, in: Management und Qualität, Nr. 10, 2004, S.8-11 (Autorisierte Fassung eines Bandmitschnittes des gleichnamigen Vortrags anlässlich des „6. St. Galler Forums für Nachhaltigkeitsmanagement, 13./14. September 2004).

Dyllick, T./Hamschmidt, J. (2000): Wirksamkeit und Leistung von Umweltmanagementsystemen. Untersuchung von 14001-zertifizierten Unternehmen in der Schweiz, Zürich 2000.

Dyllick, T./Hockerts, K. (2002): Beyond the business case for corporate sustainability, in: R&D/INSEAD, No. 16, o. O. 2002.

Eberhardt, S.(1998): Wertorientierte Unternehmensführung. Der modifizierte Stakeholder-Value-Ansatz, Wiesbaden 1998.

Ebinger,f. (2007): Zum Verständnis des Gegenübers – Rolle und Strategien von Non Governmental Organisations (NGOs), in: UmweltWirtschaftsforum (uwf), 15. Jg., Nr. 1, 2007, S.34-39.

Eckelmann, O. (2006): Strategisches Nachhaltigkeitsmanagement in der pharmazeutischen Industrie. Eine empirische Untersuchung, Wiesbaden 2006.

Einwiller, S./Klöfer,f./Nies, U. (2006): Mitarbeiterkommunikation, in: Schmid, B./Lyczek, B. (Hrsg.) (2006): Unternehmenskommunikation. Kommunikationsmanagement aus der Sicht der Unternehmensführung, Wiesbaden 2006, S.217-256.

Eisenhardt, K. M. (1989): Building Theories from Case Study Research, in: Academy of Management Review, Vol. 4, No. 14, 1989, pp. 532-550.

Eisermann, D. (2003): D.: Die Politik der nachhaltigen Entwicklung. Der Rio-Johannesburg-Prozess. (Themendienst des Informationszentrums Entwicklungspolitik Nr. 13), Bonn 2003.

Ekardt,f. (2005): Das Prinzip Nachhaltigkeit. Generationengerechtigkeit und globale Nachhaltigkeit, München 2005.

Elsner, W./Biesecker, A. (Hrsg.)(2003): Neuartige Netzwerke und nachhaltige Entwicklung: Komplexität und Koordination in Industrie, Stadt und Region, Frankfurt a. M. 2003.

Enquete-Kommission (1993): Die Industriegesellschaft gestalten. Perspektiven für einen nachhaltigen Umgang mit Stoff- und Materialströmen, Bonn 1993.

Enquete-Kommission (1998): Konzept Nachhaltigkeit. Vom Leitbild zur Umsetzung, Bonn 1998.

Enzensberger, H.-M. (1973): Zur Kritik der politischen Ökologie, in: Kursbuch 33, Berlin 1973.

Eschenbach, R./Neumann, K. (1995): Betriebliche Umweltinformationssysteme. Ist Umweltschutz auf Knopfdruck möglich?, Wien 1995.

Eschenbach, R./Eschenbach, S./Kunesch, H. (2003): Strategische Konzepte. Ideen und Instrumente von Igor Ansoff bis Hans Ulrich, Stuttgart 2003.

Europäische Union (2004): EU-Strategie für nachhaltige Entwicklung, Brüssel 2004

Feldmann, M./Döring, B./Kuhnhenne, M./Sedlacek, G. (2008): Zum Thema „Nachhaltigkeit" in der Stahlbauindustrie, in: Stahlbau, 77. Jg., Nr. 10, 2008, S.713-720.

Felix, R./Pischon, A./Riemenschneider, F./Schwerdtle, H. (1997): Integrierte Managementsysteme: Ansätze zur Integration von Qualitäts-, Umwelt- und Arbeitssicherheitssystemen. IWÖ-Diskussionsbeitrag Nr. 41, St. Gallen 1997.

Feucht, H. (1996): Implementierung von Technologiestrategien, Frankfurt a. M. 1996, zugl. Diss. Universität Tübingen1995.

Fichter, K. (1998a): Schritte zum nachhaltigen Unternehmen – Anforderungen und strategische Ansatzpunkte, in: Fichter, K./Clausen, J. (Hrsg.)(1998): Schritte zum nachhaltigen Unternehmen. Zukunftsweisende Praxiskonzepte des Umweltmanagements, Berlin/Heidelberg 1998, S.3-17.

Fichter, K. (1998b): Umweltkommunikation und Wettbewerbsfähigkeit: Wettbewerbstheorien im Lichte empirischer Ergebnisse zur Umweltberichterstattung von Unternehmen, Marburg 1998.

Fichter, K. (2000): Umweltkommunikation und Wettbewerbsfähigkeit, in: Fichter, K./Schneidewind, U. (2000)(Hrsg.): Umweltschutz im globalen Wettbewerb. Neue Spielregeln für das grenzenlose Unternehmen, Berlin 2000, S.263-276.

Fichter, K. (2005): Interpreneurship. Nachhaltigkeitsinnovationen in interaktiven Perspektiven eines vernetzenden Unternehmertums, Marburg 2005.

Fichter, K./Arnold, M.G. (2003): Nachhaltigkeitsinnovationen von Unternehmen. Erkenntnisse einer explorativen Untersuchung, in: Linne, G./Schwarz, M. (Hrsg.) (2003): Handbuch Nachhaltige Entwicklung. Wie ist nachhaltiges Wirtschaften machbar?, Opladen 2003, S.273-285.

Fichter, K./Arnold, M.G. (2004): Nachhaltigkeitsinnovationen – Nachhaltigkeit als strategischer Faktor, Nr. 38/2004, Schriftenreihe am Lehrstuhl für Allgemeine Betriebswirtschaftslehre, Unternehmensführung und Betriebliche Umweltpolitik, Berlin/Oldenburg 2004 (mit Profilen von 30 Praxisbeispielen).

Fichter, K./Loew, T./Clausen, J. (1997): Wettbewerbsvorteile durch aktive Umweltberichterstattung, in: Fichter, K./Loew, T./Seidel, E.(Hrsg.)(1997): Betriebliche Umweltkostenrechnung. Methoden und praxisgerechte Weiterentwicklung, Berlin/Heidelberg 1997, S.183-199.

Fichter, K./Loew, T./Seidel, E. (1997): Betriebliche Umweltkostenrechnung. Methoden und praxisgerechte Weiterentwicklung, Berlin/Heidelberg 1997.

Fieseler, C. (2008): Die Kommunikation von Nachhaltigkeit. Gesellschaftliche Verantwortung als Inhalt der Kapitalmarktkommunikation, Wiesbaden 2008.

Figge,f. (2001): Wertschaffendes Umweltmanagement – Keine Nachhaltigkeit ohne ökonomischen Erfolg. Kein ökonomischer Erfolg ohne Nachhaltigkeit, Jena 2001.

Fink, A./Gausemeier, J. (1999): Führung im Wandel – Ein ganzheitliches Modell zur zukunftsorientierten Unternehmensgestaltung, München 1999.

Flick, U./Kardorff, E. v./Steinke, I. (Hrsg.)(2000): Qualitative Forschung. Ein Handbuch, Reinbek bei Hamburg 2000.

Forrester, J.W. (1966): Industrial Dynamics, Cambridge 1966.

Forrester, J.W. (1969): Urban Dynamics, Cambridge 1969.

Forrester, J.W. (1971): World Dynamics, Cambridge 1971.

Forrester, J. W./Pestel, E. (1972): Der teuflische Regelkreis. Das Globalmodell der Menschheitskrise, Stuttgart 1972.

Forschungsgruppe Unternehmen und gesellschaftliche Organisation (FUGO)/Pfriem, R. (Hrsg.) (2004): Perspektiven einer kulturwissenschaftlichen Theorie der Unternehmung, Marburg 2004.

Förster, M. (2000): Integrierte Managementsysteme – Neue Anforderungen und Lösungsansätze, Schriftenreihe des Lehrstuhls für Allgemeine Betriebswirtschaftslehre, Produktionswirtschaft und Industriebetriebslehre, Universität Bremen, hrsg. von Univ.-Prof. Dr. H.-D. Haasis, 3. Jg., Nr. 2, Bremen 2000.

Förster, M. (2003): Integrierte Managementsysteme – Ein Ansatz zur ganzheitlichen Lenkung einer an Nachhaltigkeitsgesichtspunkten orientierten Prozessleistung, Hamburg 2003.

Frantz, C./Martens K. (2006): Nichtregierungsorganisationen (NGOs), Wiesbaden 2006.

Fredickson, J. W. (1990): Perspectives on Strategic Management, New York 1990.

Freeman, E. R. (1984): A Stakeholder Approach, Boston 1984.

Freeman, E. R./Reed, D. (1983): Stockholders and Stakeholders: A new perspective on Corporate Governance, in: California Management Review, Vol. 25, No. 3, 1983, pp. 88-106.

Freeman, R. E. (2004): The Stakeholder Approach Revisited, in: Zeitschrift für Wirtschafts- und Unternehmensethik (zfwu), 3. Jg., Heft 5, 2004, S.228-241.

Freimann, J. (1996): Betriebliche Umweltpolitik: Praxis – Theorie – Instrumente, Bern/Stuttgart/Wien 1996.

Freimann, J. (2001): Vom betrieblichen Umweltmanagement zur nachhaltigen Unternehmensführung, in: Lutz, U./Döttinger, K./Roth, K. (Hrsg.) (2001): Betriebliches Umweltmanagement. Grundlagen – Methoden – Praxisbeispiele, Loseblattsammlung, Berlin 2001.

Freimann, J. (2004): Reader zur Vorlesung „Nachhaltige Unternehmensführung“, Kassel 2004.

Freimann, J. (2006): Nachhaltig wirtschaften!, in: Göllinger, T. (2006)(Hrsg.): Bausteine einer nachhaltigkeitsorientierten Betriebswirtschaftslehre, Marburg 2006, S.35-57.

Friedman, A. L./Miles, S.(2002): Developing Stakeholder Theory, in: Journal of Management Studies, Vol. 39, 2002, pp. 1-21.

Frings, E. (2003): Zukunftsfähiges Wirtschaften – Ein Leitfaden zur Nachhaltigkeitsberichterstattung von Unternehmen, Heidelberg 2003.

Frost, J. (1998): Die Koordinations- und Orientierungsfunktion der Organisation, Bern 1998.

Gabriel, K. (2005): Nachhaltigkeitsindizes. Indices of Sustainability, London/Frankfurt a. M. 2005.

Gandenberger, C. (2008): Nachhaltiges Ressourcenmanagement: Konzeptionelle Weiterentwicklung und Realisierungsansätze in der Bekleidungsindustrie, Münster/Hamburg/Berlin 2008.

Gärtner, E. L. (2003): Ökologie und Markt - Ein schönes Missverständnis. Oder: Wieweit sind aktuelle Nachhaltigkeitskonzepte mit Selbstorganisation und Marktwirtschaft vereinbar?; in: Linne, G./Schwarz, M. (Hrsg.)(2003): Handbuch Nachhaltige Entwicklung – Wie ist nachhaltiges Wirtschaften machbar, Opladen, S.97-106.

Gastl, R. (2005): Kontinuierliche Verbesserung im Umweltmanagement. Die KVP-Forderung der ISO 14001, in Theorie und Unternehmenspraxis, Zürich 2005.

Gerken, L./Renner, A. (1996): Nachhaltigkeit durch Wettbewerb, Tübingen 1996.

Ghauri, P./Grønhaug, K. (2002): Research Methods in Business Studies, Harlow 2002.

Gibbons, M./Limoges, C./Nowonty, H./Schwartzmann, S./Scott, P./Trow, M. (1994): The New Production of Knowledge. The Dynamics of Science and Research in Contemporary Societies, London/Thousand Oaks/New Delhi 1994.

Giesel, K. (2007): Leitbilder in den Sozialwissenschaften. Begriffe, Theorien und Forschungskonzepte, Wiesbaden 2007.

Gillham, B. (2000): Case Study Research Methods, London 2000.

Glatzner, L. (2002): Nachhaltigkeit, Unternehmen und (Umwelt-)Managementsysteme, in: BUND (Bund für Umwelt und Naturschutz Deutschland): Zukunftsfähige Unternehmen, München 2002, S.69-80.

Gminder, C.U. (2006): Nachhaltigkeitsstrategien systemisch umsetzen: Exploration der Organisationsaufstellung als Managementmethode, Wiesbaden 2006.

Göbel, E. (2006): Unternehmensethik, Stuttgart 2006.

Göllinger, T. (2006): Perspektiven eines Systemischen Nachhaltigkeitsmanagement. Eine trans-diziplinäre Betrachtung, in: Göllinger, T. (2006)(Hrsg.): Bausteine einer nachhaltigkeitsorientierten Betriebswirtschaftslehre, Marburg 2006, S.105-130.

Göllinger, T.(1998): Das Leitbild „Sustainable Development“ – Eine Einführung in die Nachhaltigkeitsdiskussion, IÖB-Arbeitspapier Nr. 22, Siegen 1998.

Grant, R. M. (1995): Contemporary Strategy Analysis: Concepts – Cases – Applications, 2. Edition, Cambridge 1995.

Grant, R.M./Nippa, M. (2006): Strategisches Management. Analyse, Entwicklung und Implementierung von Unternehmensstrategien, 5. Auflage, München 2006.

Grochla, E. (1978): Einführung in die Organisationstheorie, Stuttgart 1978.

Grohe, R. (2005): Nachhaltigkeit als Wettbewerbsfaktor, Baden-Baden 2005.

Grothe, M. (1997): Ordnung als betriebswirtschaftliches Phänomen. Die Bedeutung von Koordination und Komplexität, Wiesbaden 1997.

Grünewald, M. (2004): CSR. Konsumenten als Treiber für mehr gesellschaftliche Verantwortungsübernahme, in: Freimann, J. (Hrsg.)(2004): Akteure einer nachhaltigen Entwicklung, München/Mering 2004, S.39-53.

Grunwald, A./Kopfmüller, J. (2006): Nachhaltigkeit, Frankfurt a. M./New York 2006.

Grunwald, A./Lingner, S.(2002): Nachhaltigkeit und integrative Modellierung, in: Gethmann, C.F./Lingner, S (Hrsg.)(2002): Integrative Modellierung zum Globalen Wandel, Berlin 2002, S.71-106.

GTZ (2006): Sustainable Management for the Future - Findings of a Study on the Implementation of Sustainable Management in German Multinational Companies unter: http://www2.gtz.de/dokumente/bib/06-0180.pdf, (20.10.2007).

Gulick, L. (1965): Management is a science, in: Academy of Management Journal, Vol. 1, 1965, pp. 7-13.

Gummesson, E. (2000): Qualitative Methods in Management Research, 2. Edition, Thousand Oaks, 2000.

Günther, E. (1994): Ökologieorientiertes Controlling: Konzeption eines Systems zur ökologieorientierten Steuerung und empirische Validierung, München 1994.

Haas, B./Oetinger, R./Ritter, A./Thul, M. (Hrsg.)(2007): Nachhaltige Unternehmensführung. Excellence durch Verknüpfung wirtschaftlicher, sozialer und gesellschaftlicher Forderungen, München 2007.

Hahn, D. (1985): PuK: Planungs- und Kontrollrechnung als Führungsinstrument, Wiesbaden 1985.

Halinen, A./Tomroos, J. A. (2005): Using case methods in the study of contemprorary business networks, in: Journal Of Business Research, Vol. 58, No. 9, 2005, pp. 1285-1297.

Hamel, J./Dufour, S./Fortin, D. (1993): Case Study Methods, Newbury Park/London/New Delhi 1993.

Hamschmidt, J. (2002): Managementsysteme – Vom Umwelt- zum Sustainability-Management?, in: Institut für Umweltwirtschaftsanalysen (Hrsg.)(2002): Umweltwirtschaftsforum (UWF), 10. Jg., Nr. 1, S.62-65.

Hamschmidt, J. (2003): From EMS to SMS? Developing a Sustainability Management Systems Approach, Sustainability Management in Action (SMIA) Conference, 05. September 2003, Genf 2003.

handel.de (2002): emnid-Umfrage „Meinungsbarometer Opinion Leader: Nachhaltiges Wirtschaften ist Zukunftstrend“ unter http://www.handel.de/service/NACHALTIGKEIT (12.12.2002).

Hannan, M.T./Freeman, J. (1984): Organizational Ecology, Cambridge 1984.

Hannan, M.T./Freeman, J. (1989): Organizational Ecology, 2. Edition, Cambridge 1989.

Hansen, R. (2004): Konzeptionstechnik – Strategie und Umsetzung, in: Gemeinschaftswerk der Evangelischen Publizistik (Hrsg.)(2004): Öffentlichkeitsarbeit für Nonprofit-Organisationen, Wiesbaden 2004, S.641-691.

Hansmann, K.-W. (1998): Umweltorientierte Betriebswirtschaftslehre. Eine Einführung, Wiesbaden 1998.

Hansmann, K.-W./Schlange, J./Seipold, P./Wilkens, S.(2003): Der Erfolg von Nachhaltigkeitsmanagement. Eine empirische Untersuchung, Hamburg 2003.

Hardtke, A./Prehn, M. (Hrsg.)(2001): Perspektiven der Nachhaltigkeit – Vom Leitbild zur Erfolgsstrategie, Wiesbaden 2001.

Hart, S.L./Milstein, M.B (2003): Creating Sustainable Value, in: Academy of Management Executive, Vol. 17, No. 2, pp. 56-67.

Hartard, S./Stahmer, C. (2002): Magische Dreiecke. Berichte für eine nachhaltige Gesellschaft, Marburg 2002.

Hauff, V. (2002): Die Nachhaltige Entwicklung – Ein Modebegriff oder ein Kompass für politische Entscheidungen? Vortrag vor der Deutschen Landwirtschaftsgesellschaft, 04.12.2002.

Hauff, V. (1987) Unsere gemeinsame Zukunft - Der Bericht der Weltkommission für Umwelt und Entwicklung (Brundtland-Bericht), Greven 1987.

Haufler, V. (2001): A Public Role for the Private Sector: Industry Self-Regulation in a Global Economy, Carnegie Endowment for International Peace, Washington 2001.

Hauser, P./Brauchlin, E. (2004): Integriertes Management in der Praxis, Frankfurt a. M. 2004.

Hax, A./Majluf, N. S.(1988): Strategisches Management: Ein integratives Konzept aus dem MIT, Frankfurt a. M.1988.

Hayn, D./Nölting, B./Voß, J. P. (2003): Methodenfragen der Nachhaltigkeitsforschung: Normativ, integrativ, partizipativ – aber wie?, in: Volkens, A. et al. (Hrsg.)(2003): Orte nachhaltiger Entwicklung: Transdisziplinäre Perspektiven. Tagungsband zum Kongress 20. bis 22. Juni 2003 in Hamburg. Schriftenreihe Vereinigung für ökologische Wirtschaftsforschung VöW, Berlin 2003, S.4-9.

Hays, P. A. (2004): Case Study Research, in: de Marrais, K./Lapan, S.D. (Eds.) (2004): Foundations for Research: Methods of Inquiry in Education and Social Science. London 2004, pp. 217 – 234.

Heinen, E. (1966): Das Zielsystem der Unternehmung. Grundlagen betriebswirtschaftlicher Entscheidungen, Wiesbaden 1966.

Heinich, P. (2001): Normenkonformität versus Zukunftsfähigkeit?, in: Winzer, P. (Hrsg.)(2001): Generic Management: Vision und Strategie, Aachen 2001, S.17-28.

Henning, J./Ladineo, M. (2001): Umweltkommunikation und umweltrelevantes Handeln – Was kann die Psychologie beitragen?, in: Fischer, A./Hahn, G. (Hrsg.)(2001): Vom schwierigen Vergnügen einer Kommunikation über die Idee der Nachhaltigkeit. Frankfurt a. M. 2001, S.175-206.

Herbst, D. (2003): Praxishandbuch Unternehmenskommunikation, Berlin 2003.

Herzig, C. (2006): Corporate volunteering in Germany: survey and empirical evidence, in: Inter-national Journal of Business Environment, Vol. 1, No. 1, 2006, pp. 51-69.

Heß, H.-J. (2007): Nachhaltigkeitsmanagement und nachhaltige Business Cases bei Finanzkonzernen – Das Management ökologischer und sozialer Probleme durch die Unternehmenszentralen, Berlin 2007.

Hesse, X. (2007): Sustainable Development Management – Politik- und Geschäftsfeld-Strategien für Banken, Münster 2007.

Heuer, P. (2002): Innerbetriebliche Kommunikation: Strukturen und Kommunikationsflüsse verbessern. Anleitung zur Durchführung eines Qualifizierungs-Workshops, Wuppertal 2002.

Hockerts, K. (2003): Sustainability Innovations, Ecological and Social Entrepreneurship and the Management of Antagonistic Assets, Bamberg 2003, zugl. Diss. Universität St. Gallen 2003.

Hoering, U. (2001): Nationale Nachhaltigkeitsstrategien, in: epd-Entwicklungspolitik 18/2001, S.10.

Hofmann-Kamensky, M. (1996): Organisation des betrieblichen Umweltschutzes und Umweltschutz-Handbuch, in: Schimmelpfeng, L./Machmer, D. (Hrsg.)(1996): Öko-Audit und Öko-Controlling gemäß ISO 14000 ff und EG-Verordnung Nr. 1836/93, Taunusstein 1996, S.65-78.

Holliday, C. O./Schmidheiny, S./Watts, P. (2002): Walking the Talk – The business case for Sustainable Development, San Francisco (USA)/Sheffield (UK) 2002.

Hölscher, M. (2007): Öko-Marken. Markennamen als Spiegel der CSR , in: markenartikel, Heft 9/2007, Hamburg 2007, Seiten 166-167.

Holtmannspötter, D./Rijkers-Defrasne, S./Glauner, C./ Korte, S./Zweck, A. (2006): Aktuelle Technologieprognosen im internationalen Vergleich – Übersichtsstudie, Zukünftige Technologien Consulting der VDI Technologiezentrum GmbH, Düsseldorf 2006.

Homburg, C./Krohmer, H. (2003): Marketingmanagement — Strategie – Instrumente – Umsetzung – Unternehmensführung, Wiesbaden 2003.

Homp, C. (2000): Entwicklung und Aufbau von Kernkompetenzen, Wiesbaden 2000.

Hopwood, B./Mellor, M./O'Brian, G. (2005): Sustainable Development: Mapping different Approaches, in: Sustainable Development, Vol. 13, No. 1, 2005, pp. 38-52.

Horváth, P. (1979): Controlling, München 1979.

Horváth, P. (1998): Controlling, 7. Auflage, München 1998.

Huber, J. (1995): Nachhaltige Entwicklung: Strategien für eine ökologischen und soziale Erdpolitik, Berlin 1995.

Hülsmann, M. (2003): Management im Orientierungsdilemma – Notwendigkeit eines Managements rationalitätsbezogener Widersprüche von Effizienz und Nachhaltigkeit, Wiesbaden 2003.

Hülsmann, M. (2004): Bezugspunkte zwischen Strategischem Management und Nachhaltigkeit, in: Hülsmann, M./Müller-Christ, G./Haasis, H.-D. (Hrsg.)(2004): Betriebswirtschaftslehre und Nachhaltigkeit. Bestandsaufnahme und Forschungsprogrammatik, Wiesbaden 2004, S.25-73.

Hülsmann, M. (Hrsg.)(2008): Kontinuitätsorientierte Koordination dynamischer Kooperationen, Wiesbaden 2008.

Hülsmann, M./Müller-Christ, G./Haasis, H.-D. (Hrsg.)(2004): Betriebswirtschaftslehre und Nachhaltigkeit. Bestandsaufnahme und Forschungsprogrammatik, Wiesbaden 2004.

Humboldt Institute of Management (2004): CSR in deutschen Unternehmen: Eine explorative Studie zur kommunizierten Bedeutung von CSR in den umsatzstärksten deutschen Unternehmen, Berlin 2004, unter: http://www2.wiwi.hu-berlin.de/institute/im/csr/html/deutsch/ forschung /CSR_Kommunikation.pdf, (26.11.2007).

Hummel, H. P. (2008): Vom Erfolgsfaktoren zum Ressourcen sichernden Nachhaltigkeitsmanagement – Ein Bezugsrahmen zur Sicherung eines dauerhaften Unternehmenserfolgs, Münster/Hamburg/Berlin 2008.

Hummel, T./Malorny, C. (2009):Total Quality Management. Tipps für die Einführung, 4. Auflage, München 2009.

Hümmer, B. (2001): Strategisches Management von Kernkompetenzen im Hyperwettbewerb. Operationalisierung kernkompetenzorientierten Managements für dynamische Umfeldbedingungen, Wiesbaden 2001.

Hungenberg, H. (2001): Strategisches Management in Unternehmen. Ziele – Prozesse – Verfahren, 2. Auflage, Wiesbaden 2001.

Hurmerinta-Peltomaki, L./Nummela, N. (2004): First the Sugar, Then the Eggs... Or the Other Way Round? Mixing Methods in International Business Research, in: Marschan-Piekkari, R./Welch, C. (Eds.) (2004): Handbook of Qualitative Research Methods for International Business, Cheltenham 2004, pp. 162-180.

Hussey, D./Kirsop, P./Meissen, R. (2001): Global Reporting Initiative Guidelines: An Evaluation of Sustainable Development Metrics for Industry, in: Environmental Quality Management, Vol. 11, 2001, No. 1, pp. 1-20.

HVB & oekom-research (2007) unter: http://www.oekom-research.com/homepage/german /Perfor-mance-Studie_07.pdf, (07.11.2008).

Illge, L./Schwarze, R. (2006): A Matter of Opinion: How Ecological and Neoclassical Environmental Economists think about Sustainability and Economics, DIW Discussion Paper No. 619, Berlin 2006.

IFO Institut (2002): Auswertung der Unternehmensbefragung für das Verbundprojekt „ökoradar", unter: http://www.oekoradar.de/imperia/md/content/pdfdokumente/ifo-langfassung, (20.10.2007).

INSM (2005) unter: http://www.insm.de/Downloads/PDF_-_Dateien/Schriftdokumente/ Umfrage-ergebnisse_CSR.pdf, (18.11.2007).

Institut der deutschen Wirtschaft Köln (iwd) (2008): Ökologische Industriepolitik. Fragwürdige Umbaupläne, in: Informationsdienst des Instituts der deutschen Wirtschaft Köln, 34 Jg., 16.10.2008, S.6f.

Institut der deutschen Wirtschaft Köln (iwd) (2006): Angebotsorientierte Umweltpolitik: Paradigmenwechsel ist notwendig, in: Informationsdienst des Instituts der deutschen Wirtschaft Köln (iwd), Jg. 32, Nr. 39, 28.09.2006, S.4-5.

Institut für ökologische Wirtschaftsforschung (iöw)/Institut für Markt-Umwelt-Gesellschaft (imug)(Hrsg.)(2000): Schritte zur Nachhaltigkeitsberichterstattung. Zwischenbericht zum internationalen Stand, Erfahrungen aus der Umwelt- und Sozialberichterstattung und zum Informationsbedarf der Zielgruppen. Diskussionspapier des iöw 50/00; zugl. imug-Arbeitspapier Nr. 11/2000, Berlin/Hannover 2000.

Institut für Markt-Umwelt-Gesellschaft (imug)(2006) unter: http://www.imug.de/pdfs/csr/ hp_imug_business _case_ for_sustainability_2006.pdf, (02.10.2007).

International Organization for Standardization (ISO) (2006): ISO and Social Responsibility, Genf 2006

Isenmann, R./Gómez, J. M. (2008): Einführung in die internetgestützte Nachhaltigkeitsbericht-erstattung, in: Isenmann, R./Gómez, J. M. (Hrsg.)(2008): Internetbasierte Nachhaltigkeitsberichterstattung. Maßgeschneiderte Stakeholder-Kommunikation mit IT, Berlin 2008, S.13-37.

Isenmann, R./Gómez, J. M. (Hrsg.) (2008): Internetbasierte Nachhaltigkeitsberichterstattung. Maßgeschneiderte Stakeholder-Kommunikation mit IT, Berlin 2008.

IUCN (1980): World Conservation Strategy: Living resource conservation for sustainable development, Gland 1980.

IUCN (1991):. Strategies for national sustainable development: A Handbook for their planning and implementation, Gland 1991.

IZT (2004): Nicht überall, wo Nachhaltigkeit draufsteht, ist auch Nachhaltigkeit drin, 2004, unter: http://www.izt.de/fileadmin/downloads/pdf/IZT_AB12_OnlineBefragung_ Nachhaltigkeit_Forschung.pdf, (03.12.2007).

Jäger, J. (2001): Das transdisziplinäre Dauer-Programm, in: Gaia, 10. Jg., Nr. 4, 2001, (Editorial).

Jahn, T. (2003): Sozial-ökologische Forschung. Ein neuer Forschungstyp in der Nachhaltigkeitsforschung, in: Linne, G./Schwarz, M. (Hrsg.)(2003): Handbuch Nachhaltige Entwicklung. Wie ist nachhaltiges Wirtschaften machbar? Opladen, S.545-555.

Jahn, T./Wehling, P. (1999): Das mehrdimensionale Mobilitätskonzept – Ein theoretischer Rahmen für die stadtökologische Mobilitätsforschung, in: Friedrichs, J./Hollaender, K. (Hrsg.)(1999): Stadtökologische Forschung. Theorien und Anwendungen, Berlin, S.127-142.

Jahns, C. (1999): Integriertes strategisches Management. Neue Perspektiven zur Theorie und Praxis des strategischen Managements, Sternenfels/Berlin 1999, zugl. Diss. TU München 1998.

Jeschke, W. (1992): Managementmodelle: Ein kritischer Vergleich, München 1992.

Johnson, G./Scholes, K./Whittington, R. (2005): Exploring Corporate Strategy. Text and Cases, 7. Edition, Harlow 2005.

Jost, P.-J. (2000): Organisation und Koordination. Eine ökonomische Einführung, Wiesbaden 2000.

Kaplan, R. S./Norton, D. P. (1996): The Balanced Scorecard: Translating Strategy into Action, Boston 1996.

Kaplan, R.S./Norton, D.P. (1997): Balanced Scorecard – Strategien erfolgreich umsetzen, Stuttgart 1997.

Kaplan, R.S./Norton, D.P. (1992): Die Balanced Scorecard – Measures that Drive Performance, in: Harvard Business Review, January/February 1992, S.71-79.

Kastenholz, H. G./Erdmann, K.-H./Wolff, M. (1996): Von der Theorie zur Praxis: Perspektiven einer nachhaltigen Entwicklung, in: Erdmann, K.-H. (Hrsg.)(1996): Beiträge zur Ökosystemforschung und Umwelterziehung, Berlin 1996, S.27-37.

Kastner, B.A. (2000): Optimierung der Organisationsinternen Kommunikation. Beobachtungen und Vergleiche von Unternehmen und Öffentlichem Dienst auf dem Weg zur lernenden Organisation, Dortmund 2000.

Kates, R.W./Clark W.C./Corell, R./Hall, J.M./Jaeger, C.C./Lowe, I./McCarthy, J.J./Schellnhuber, H.J. /Bolin, B./Dickson, N.M./Faucheux, S./Gallopin, G.C./Grübler, A./Huntley, B./Jäger, J./Jodha, N.S./Kasperson, R.E./Mabogunje A./Matson, P./Mooney, H./Moore, B.I./O'Riordan, T./Svedin, U. (2001): Sustainability Science, in: Science, No. 292, 2001, pp. 641-642.

Kaufmann, L./Reimann,f./Ehrgott, M. (2008): Der Nutzen anständigen Wirtschaftens, in: Harvard Business Manager, Heft 1, 2008, S.6-11.

Kieser, A. (2006): Der Situative Ansatz, in: Kieser, A./Ebers, M. (Hrsg.)(2006): Organisations-theorien, 6. Auflage, Stuttgart 2004, S.215-247.

Kieser, A./Kubicek, H. (Hrsg.)(2007): Organisation, 3.Auflage, Stuttgart 2007.

Kieser, A./Woywode, M. (2006): Evolutionstheoretische Ansätze, in: Kieser, A./Ebers, M. (Hrsg.) (2006): Organisationstheorien, 6. Auflage, Stuttgart 2004, S.309-353.

Kim, K.-C. (2005): Interaktive Nachhaltigkeitsberichterstattung von Unternehmen. Konzeption und Analyse der Internetnutzung von GF-500-Unternehmen hinsichtlich der Nachhaltigkeitsberichterstattung, Frankfurt a. M. 2005.

Kirchgeorg, M. (2002): Nachhaltigkeits-Marketing, in: UmweltWirtschaftsForum (uwf), Heft 4, 2002, S.4 - 11.

Kirchhoff, K. R. (2008): Investor Relations, in: Habisch, A./Schmidpeter, R./Neureiter, M. (Hrsg.) (2008): Handbuch Corporate Citizenship. CSR für Manager, Berlin/Heidelberg 2008, S.109-116.

Kirsch, W. (1997a): Strategisches Management: Die geplante Evolution von Unternehmen, München 1997.

Kirsch, W. (1997b): Wegweiser zur Konstruktion einer evolutionären Theorie der strategischen Führung, München 1997.

Kirsch, W. (Hrsg.)(1991): Beiträge zum Management strategischer Programme, München 1991.

Kirsch, W./Geiger, U./Grebenc, H./Klotz, A./Maaßen, H. (1985): Planungs- und Kontrollsysteme: Vorüberlegungen zu einer Gesamtarchitektur von Systemen für das Management, München 1985.

Kirsch, W./Maaßen, H. (1990): Managementsysteme: Planung und Kontrolle. 2. Auflage, München 1990.

Kirsch, W./Reglin, B. (1991): Umsetzung strategischer Programme: Strategische Steuerung und Operative Managementsysteme, in: Kirsch, W. (Hrsg.)(1991): Beiträge zum Management strategischer Programme, München 1991, S.647 -709.

Kirschten, U. (2003): Unternehmensnetzwerke für nachhaltiges Wirtschaften, in: Linne, G./Schwarz, M. (Hrsg.)(2003): Handbuch Nachhaltige Entwicklung. Wie ist nachhaltiges Wirtschaften machbar?, Opladen 2003, S.171-182.

Kleinhückelkotten, S.(2005): Suffizienz und Lebensstile. Ansätze für eine milieuorientierte Nachhaltigkeitskommunikation, Berlin 2005.

Koch, S./Markrad, J. (2001): Anforderungen an „Beispiele" und „Fallstudien" beim Einsatz in Dissertationen, St. Gallen 2001.

Koenig, J. (2004): Ein Informationsmanagementsystem für das strategische Management in KMU, Lohmar/Köln 2004, S.83-126.

König, M. (2005): Nachhaltigkeit in Unternehmen, in: Ethisches Management 05, Bern 2005, S.481-498.

Kopfmüller, J. (1994): Das Leitbild einer global zukunftsfähigen Entwicklung („sustainable development"): Hintergründe und Perspektiven im Spannungsfeld zwischen Wissenschaft, Politik und Gesellschaft, Karlsruhe 1994.

Koplin, J. (2006): Nachhaltigkeit im Beschaffungsmanagement. Ein Konzept zur Integration von Umwelt- und Sozialstandards, Wiesbaden 2006.

Kopp, R. (o. J.): Nachhaltigkeit – eine Kernaufgabe zukunftsfähiger Unternehmen, Wolfsburg o. J. unter: http://www.umweltgutachterausschuss.de/downloads/archiv/Kopp_Nachhaltigkeit-Kernaufgabe2.pdf, (26.07.2008).

Koslowski, P. (2000): Contemporary Economic Ethics and Business Ethics, Berlin 2000.

KPMG (2005): International Survey on Corporate Responsibility Reporting, Amstelveen 2005, unter: http://www.kpmg.com/SiteCollectionDocuments/International-corporate-responsibility-survey-2005_v2.pdf, (20.10.2007).

Krcal, H.-C.(2003): Systemtheoretischer Metaansatz für den Umgang mit Komplexität und Nachhaltigkeit, in: Leisten, R./Krcal, H.-C.(Hrsg.)(2003): Nachhaltige Unternehmensführung – Systemperspektiven, Wiesbaden 2003, S.3-30.

Kreibich, R. (2005): Sustainability Forschung – Ansätze zu vorsorgender Forschung und Entwicklung auf nationaler Ebene, Arbeitsbericht 19/2005 des IZT – Institut für Zukunftsstudien und Technologiebewertung, Berlin 2005.

Kroeber-Riel, W./Esch,f.R. (2004): Strategie und Technik der Werbung. Verhaltenswissenschaftliche Ansätze. 6. Auflage, Stuttgart 2004.

Krol, G.-J./Karpe, J.(1999): Funktionsbedingungen moderner Gesellschaften und Neue Institutio-nenökonomik als Herausforderung für die ökonomische Bildung, in: Krol, G.-J./Kruber, K.-P. (Hrsg.)(1999): Die Marktwirtschaft an der Schwelle zum 21. Jahrhundert - Neue Aufgaben für die ökonomische Bildung. Bergisch Gladbach 1999.

Kruse, L. (2005): Eine neue Dimension der Forschung, in: Politische Ökologie, 23. Jg., Nr. 93, 2005, S.28-31.

Küker, S.(2003): Kooperation und Nachhaltigkeit. Ein prozessorientierter Gestaltungsansatz für eine Analyse der Beiträge von Kooperationen zum nachhaltigen Wirtschaften, Hamburg 2003.

Kuntscher, D.M. (2004): Effektivität unternehmerischer Kommunikation. Analyse interner Kommunikationswirkungen – dargestellt am Beispiel von Beratungsanbietern in Deutschland, München 2004; zugl. Diss., Bochum 2003.

Kupper, P. (2003): Weltuntergangsvision aus dem Computer. Zur Geschichte der Studie „Die Grenzen des Wachstums von 1972, in: Hohensee, J./Uekötter, F.. (Hrsg.)(2003): Wird Kassandra heiser? Beiträge zu einer Geschichte der falschen Öko-Alarme, Beihefte der Historischen Mitteilungen der Ranke-Gesellschaft (HMRG), Stuttgart 2003.

Kurz, R. (1997): Nachhaltige Entwicklung als gesellschaftliche und wirtschaftliche Herausforderung. Eine Einführung, Tübingen 1997

Lamnek, S.(2005): Qualitative Sozialforschung, 4. Auflage, Weinheim 2005.

Lass, W./Reusswig, F. (2002): Nachhaltigkeit und Umweltkommunikation. Ein Forschungsprojekt auf der Suche nach sozialwissenschaftlichen Perspektiven, in: Umweltbundesamt (Hrsg.)(2000): Perspektiven für die Verankerung des Nachhaltigkeitsleitbildes in der Umweltkommunikation. Chancen, Barrieren und Potentiale der Sozialwissenschaften, Berlin 2002, S.13-36.

Learned, E. P. (1965): Business Policy – Text and Cases, Homewood 1965.

Leisten, R./Krcal, H.-C. (Hrsg.)(2003): Nachhaltige Unternehmensführung: Systemperspektiven, Wiesbaden 2003.

Leitner, K.E. (2002): Nachhaltigkeitsmarketing in der Lebensmittelbranche, Arbeitspapier Nr. 3, Forschungsprojekt „Sustainability Marketing Switzerland“ (SMS), St. Gallen 2002, unter:
http://www.iwoe.unisg.ch/org/iwo/web.nsf/SysWebRessources/SMS_Paper3/$FILE/SMS_Paper3.pdf, 27.03.2009.

Leitschuh-Fecht, H. (1999): Zukunftsfähige Unternehmensführung. Langfristig wirtschaftlicher Erfolg durch soziale und ökologische Entwicklung im Unternehmen, Wiesbaden 1999.

Leitschuh-Fecht, H. (2002): Mit dem Stakeholder-Dialog zur Nachhaltigkeit, in: Umweltwirtschaftsforum, 10. Jg., Nr. 12, 2002, S.34-37.

Leitschuh-Fecht, H. (2005): Stakeholder-Dialog als Instrument unternehmerischer Nachhaltigkeitskommunikation, in: Michelsen, G./Godemann, J. (Hrsg.)(2005): Handbuch Nachhaltigkeitskommunikation. Grundlagen und Praxis, München 2005, S.599-607.

Leitschuh-Fecht, H./Steger, U. (2003): Wie wird Nachhaltigkeit für Unternehmen attraktiv? Business Case für nachhaltige Unternehmensentwicklung, in: Linne, G. Schwarz, M. (Hrsg.)(2003): Handbuch Nachhaltige Entwicklung. Wie ist nachhaltiges Wirtschaften machbar?, Opladen 2003, S.257-266.

Lichtl, M. (1999): Ecotainment: Der neue Weg im Umweltmarketing. Emotionale Werbebotschaften, Sustainability, Cross-Marketing, Wien 1999.

Link, J. (2007): Führungssysteme, 3. Auflage, München 2007.

Linz, M. (2006): Was wird dann aus der Wirtschaft – Über Suffizienz, Wirtschaftswachstum und Arbeitslosigkeit, Wuppertal Papers Nr. 157, Wuppertal Institut für Klima, Umwelt und Energie GmbH, Wuppertal 2006.

Linz, M. (2004): Weder Mangel noch Übermaß – Über Suffizienz und Suffizienzforschung, Wuppertal Papers Nr. 145, Wuppertal Institut für Klima, Umwelt und Energie GmbH, Wuppertal 2004.

Littig, B./Grießler. E. (2004): Soziale Nachhaltigkeit, Wien 2004.

Little, A.D. (1999): Nachhaltige Entwicklung – Der Weg zu einer optimierten Strategie, Düsseldorf 1999.

Löbel, J./Schröger, H.-A./Closhen, H. (2005): Nachhaltige Managementsysteme: Sustainable Development durch ganzheitliche Führungs- und Organisationssysteme – Vorgehensmodell und Prüflisten, 2. Auflage, Berlin 2005.

Losen, D. (2006): Stoffstrombasierte Investitionsplanung integrierter Biotechnologie. Ein Instrument nachhaltiger Unternehmensführung, Aachen 2006.

Luhmann, N. (1996): Einführung in die Systemtheorie, 2. Auflage, Heidelberg 1996.

Luhmann, N. (2006): Organisation und Entscheidung, 2. Auflage, Wiesbaden 2006.

Luks,f. (2001): Die Zukunft des WachstumS.Theoriegeschichte, Nachhaltigkeit und die Perspektiven einer neuen Wirtschaft, Marburg 2001.

Luks,f. (2002): Nachhaltigkeit, Hamburg 2002.

Lyles, M. A./Lenz, R. T. (1982): Managing the Planning Process: A Field Study of the human side of Planning, in: Strategic Management Journal, Vol. 3, No.2, pp. 105-118.

Macharzina, K. (1990): Informationspolitik: Unternehmenskommunikation als Instrument erfolgreicher Unternehmensführung, Wiesbaden 1990.

Macharzina, K. (1999): Unternehmensführung, 3. Auflage, Wiesbaden 1999.

Macharzina, K./Wolf, J. (2008): Das internationale Managementwissen. Konzepte – Methoden – Praxis, 6. Auflage, Wiesbaden 2008.

Mahoney, J. T./Pandian, J. R. (1992): The resource-based view within the conversation of strategic management, in: Strategic Management Journal, Vol. 13, No. 5, 1992, pp. 363-380.

Malik,f. (2006): Strategie des Managements komplexer Systeme: Ein Beitrag zur Management-Kybernetik evolutionärer Systeme, 9. Auflage, Bern 2006.

Malik,f. (2002): Strategie des Managements komplexer Systeme: Ein Beitrag zur Management-Kybernetik evolutionärer Systeme, 7. Auflage, Bern 2002.

Malik,f. (1981): Management-Systeme, Bern 1981.

Malik,f. (1999): Systemisches Management, Evolution, Selbstorganisation: Grundprobleme, Funktionsmechanismen und Lösungsansätze für komplexe Systeme, Bern/Stuttgart/Wien 1999.

Malik,f./Probst, G.J. (1981): Evolutionäres Management, in: Die Unternehmung, Nr. 35, 1981, S.121-140.

March, J./Simon, H. (1993): Organizations, 2. Auflage, Cambridge 1993.

Margot, C. (2006): Wo steht ISO 26000 ?, in: Umwelt Perspektiven, 12/2006, S.16-17.

Marschan-Piekkari, R./Welch, C. (2004): Qualitative Research Methods in International Business: The State of the Art, in: Marschan-Piekkari, R./Welch, C. (Eds.)(2004): Handbook of Qualitative Research Methods for International Business, Cheltenham 2004, pp. 5-24.

Martens, P. (2006): Sustainability: Science or Fiction, in: Sustainability: Science, Practise & Policy, Vol. 2, No. 1, 2006.

Mast, C. (2006): Unternehmenskommunikation. 2. Auflage, Stuttgart 2006.

Mast, C./Fiedler, K. (2005): Nachhaltige Unternehmenskommunikation, in: Michelsen, G./Godemann, J. (Hrsg.)(2005): Handbuch Nachhaltigkeitskommunikation. Grundlagen und Praxis, München 2005, S.565-576.

Mathieu, P. (2002): Unternehmen auf dem Weg zu einer nachhaltigen Wirtschaftsweise, zugl. Diss. Universität Kassel 2002, Kassel 2002.

May, W. (2003): ThyssenKrupp Stahl auf dem weg zur Business Excellence, Duisburg 2003.

Mayring, P. (1996): Einführung in die qualitative Sozialforschung. Eine Anleitung zu qualitativem Denken, 3. Auflage, Weinheim 1996.

Mayring, P. (2001): Kombination und Integration qualitativer und quantitativer Daten, in: Forum Qualitative Sozialforschung/Forum: Qualitative Social Research [Online Journal], 2. Jg., Nr. 1, 2001, S.1-13.

McKelvey, B./Aldrich, H. (1983): Populations, natural selection an applied organizational science, in: Administrative science quarterly, No. 28, 1983, pp. 101-128.

Meadows, D./Meadows, D.L./Zahn, E. (1972): The Limits to Growth: Die Grenzen des Wachstums. Bericht des Club of Rome zur Lage der Menschheit, Stuttgart 1972.

Meadows, D./Meadows, D.L/Zahn, E. (1973): Towards Global Equilibrium: Collected Papers, Cambridge 1973.

Meadows, D.H./Meadows, D./Randers, J. (1993): Beyond the Limits: Die neuen Grenzen des Wachstums, die Lage der Menschheit: Bedrohung und Zukunftschancen, Hamburg 1993

Meadows, D.H./Meadows, D./Randers, J. (2004): The Limits to Growth: The 30-Year-Update, Stuttgart 2004.

Meffert, H. (2000): Marketing. Grundlagen marktorientierter Unternehmensführung. Konzepte – Instrumente – Praxisbeispiele, Wiesbaden 2000.

Meffert, H./Kirchgeorg, M. (1998): Marktorientiertes Umweltmanagement. Konzeption – Strategie – Implementierung mit Praxisfällen, 3. Auflage, Stuttgart 1998.

Meyer, W./Stockmann, R. (2005): Evaluation von Nachhaltigkeitskommunikation, in: Michelsen, G./ Godemann, J. (Hrsg.)(2005): Handbuch Nachhaltigkeitskommunikation. Grundlagen und Praxis, München 2005, S.349-360.

Michelsen, G. (2005): Nachhaltigkeitskommunikation: Verständnis – Entwicklung – Perspektiven, in: Michelsen, G./Godemann, J. (Hrsg.)(2005): Handbuch Nachhaltigkeitskommunikation. Grundlagen und Praxis, München 2005, S.25-41.

Minsch, J. (Hrsg.)(1996): Mut zum ökologischen Umbau: Innovationsstrategien für Unternehmen, Politik und Akteursnetze, Basel 1996.

Mintzberg, H. (1978): Patterns in Strategy Formation, in: Management Science, Vol. 24, No. 9, pp. 934-948.

Mintzberg, H. (1979): The Structuring Of Organizations: A Synthesis of the Research, Englewood Cliffs 1979.

Mintzberg, H./Ahstrand, B./Lampel, J. (2005): Strategy Safari: A guided tour through the wilds of strategic management. 5. Edition, New York 2005.

Mogalle, M. (Hrsg.)(2001): Management transdisziplinärer Forschungsprozesse, Basel 2001.

Moldaschl, M. (Hrsg.)(2005): Immaterielle Ressourcen. Nachhaltigkeit und Unternehmensführung und Arbeit, München/Mering 2005.

Moll, S.(1991):

Müller, U./Pasche, M. (1992):Nachhaltiges Wirtschaften und Evolutionsstrategien, in: Thexis, Nr. 2, S.18-22.

Müller-Christ, G. (2001a): Nachhaltiges Ressourcenmanagement. Eine wirtschaftsökologische Fundierung, Marburg 2001.

Müller-Christ, G. (2001b): Umweltmanagement. Umweltschutz und nachhaltige Entwicklung, München 2001.

Müller-Christ, G. (2003a): Nachhaltiges Ressourcenmanagement oder: Wo ist der Ort der strategischen Initiative, in: Schmidt, M./Schwegler, R. (Hrsg.)(2003): Umweltschutz und strategisches Handeln: Ansätze zur Integration in das betriebliche Management, Wiesbaden 2003, S.91-123.

Müller-Christ, G. (2003b): Nachhaltigkeit und Effizienz – Theoretische Überlegungen zu einem dualen Erfolgsbegriff eines Managements von Umweltbeziehungen, in: Zabel, M. (Hrsg.)(2003): Theoeretische Grundlagen und Ansätze einer nachhaltigen Umweltwirtschaft, Halle 2003, S.57-78.

Müller-Christ, G. (2004): Strategisches Management – Auch Unternehmen selbst müssen nachhaltig werden, in: Hülsmann, M./Müller-Christ, G./Haasis, H.-D. (Hrsg.)(2004): Betriebswirtschaftslehre und Nachhaltigkeit. Bestandsaufnahme und Forschungsprogrammatik, Wiesbaden 2004, S.3-25.

Müller-Christ, G./Hülsmann, M. (2003): Quo vadis Umweltmanagement? – Entwicklungsperspektiven einer nachhaltigkeitsorientierten Managementlehre, in: Die Betriebswirtschaft, 63. Jg., Heft 3, 2003, S.257-277. c?)

Müller-Merbach, H. (1992): Vier Arten von Systemansätzen, dargestellt in Lehrgesprächen, in: Zeitschrift für Betriebswirtschaftslehre (1992), 62. Jg., Nr. 8, S.853-876.

Müller-Stewens, G./Lechner, C. (2005): Strategisches Management. Wie strategische Initiativen zum Wandel führen, 3. aktualisierte Auflage, Stuttgart 2005.

Neubert, D. (2003): Nichtregierungsorganisationen in der Diskussion, in: Gesellschaft Wirtschaft Politik, Nr. 2, 2003, S.257-282.

o. V. (2005): Für Manager ist der Gewinn nicht alles, in: Frankfurter Allgemeine Zeitung (FAZ), Nr. 183, 09.08.2005, S.11.

O'Rourke, D. (2005): Market Movements. Nongovernmental Organiszation Strategies to Influence Global Production and Consumption, in: Journal of Industrial Ecology, Vol. 9, No. 1-2, pp. 115-128.

ÖBU – Schweizerische Vereinigung für ökologisch bewusste Unternehmensführung (2006): G3: neue Richtlinien der Global Reporting Initiative (GRI) für Nachhaltigkeitsberichterstattung, Zürich 2006,

Oelert, J. (2003): Internes Kommunikationsmanagement Rahmenfaktoren, Gestaltungsansätze und Aufgabenfelder, Wiesbaden 2003.

Ökoradar.de (2002): Nachhaltiges Wirtschaften in Deutschland. Erfahrungen, Trends und Potentiale, Witten 2002.

Oltmans, W.L. (1974): Die Grenzen des Wachstums. Pro und Contra, Reinbek bei Hamburg 1974.

Ott, K./Döring, R. (2004): Theorie und Praxis starker Nachhaltigkeit, Marburg 2004.

Otto-Trendstudie (2007) unter: http://www.trendbuero.de/index.php?f_categoryId=166, (20.10.2007).

Paech, N. (2004): Nachhaltige Entwicklung als kulturelle Herausforderung, in: Forschungsgruppe Unternehmen und gesellschaftliche Organisation (FUGO)/Pfriem, R. (Hrsg.)(2004): Perspektiven einer kulturwissenschaftlichen Theorie der Unternehmung, Marburg 2004, S.341-375.

Paech, N. (2005): Nachhaltiges Wirtschaften jenseits von Innovationsorientierung und Wachstum. Eine unternehmensbezogene Transformationstheorie, Marburg 2005.

Palazzo, G. (2005): Die Politisierung der Unternehmung und die Rolle der NGOs, in: Bussler, C./Fonari, A.(Hrsg.)(2005): Sozial- und Umweltstandards bei Unternehmen: Chancen und Grenzen, München 2005, S.141-156.

Payer, H. (2002): Wie viel Organisation braucht das Netzwerk? Entwicklung und Steuerung von Organisationsnetzwerken mit Fallstudien aus der Cluster- und Regionalentwicklung, Klagenfurt 2002.

Pearce, D. W./Markandya, A./Barbier, A. (1989): Blueprint for a Green Economy: A Report, London 1989.

Penrose, E. (1959): The Theory of the Growth of the Firm, Oxford 1959.

Petschow, G.(1997): Jobkiller oder Jobknüller – Ein kurzer Abriss der Diskussion über Arbeitsplätze und Umweltschutz, in: Politische Ökologie, Nr. 50, März/April 1997.

Pfeffer, J./Salancik, G. R. (1978), The External Control of Organizations: A Resource Dependence Perspective, New York 1978.

Pfeiffer, C. (2004): Integrierte Kommunikation von Sustainability-Netzwerken. Grundlagen und Gestaltung der Kommunikation nachhaltigkeitsorientierter Kooperationen, Frankfurt a. M. 2004.

Pfeiffer,f./Rennings, K. (1999): Integrierter Umweltschutz: Weder Jobkiller noch Jobwunder, in: TA-Datenbank-Nachrichten, 8. Jg., Nr. 2, S.51-55.

Pfriem, R. (1995): Unternehmenspolitik in sozialökologischen Perspektiven, Marburg 1995.

Pfriem, R. (2004): Unternehmensstrategien sind kulturelle Angebote an die Gesellschaft, in: Forschungsgruppe Unternehmen und gesellschaftliche Organisation (FUGO)/Pfriem, R. (Hrsg.) (2004): Perspektiven einer kulturwissenschaftlichen Theorie der Unternehmung, Marburg 2004, S.375-405.

Pfriem, R. (2006): Unternehmensstrategien. Ein kulturalistischer Zugang zum Strategischen Management, Marburg 2006.

Pfriem, R./Hallay, H. (1992): Öko-Controlling als Baustein einer innovativen Unternehmenspolitik, in: Steger, U. (Hrsg.)(1992): Handbuch des Umweltmanagements, München 1992, S.296-310.

Piepel, K. (2000): Social labels and codes of conduct – A Position Paper, Aachen/Köln 2000.

Pindyck, R.S./Rubinfeld, D.L. (2005): Microeconomics, 6. Edition, Neu Delhi 2005.

Plath, H.-E. (2002): Erfahrungswissen und Handlungskompetenz – Konsequenzen für die berufliche Weiterbildung, in: Kleinhenz, G. (Hrsg.)(2002): IAB-Kompendium Arbeitsmarkt- und Berufsforschung, Beiträge zur Arbeitsmarkt- und Berufsforschung, BeitrAB 250, S.517-529.

Pohl, C. (2005): Formen und Funktionen der „Stimme der Wissenschaft", Materialien der Interdisziplinären Arbeitsgruppe Zukunftsorientierte Nutzung ländlicher Räume – Landinnovation – Nr. 5, Berlin 2005.

Porter, M. E. (1999): Wettbewerbsstrategie. Methoden zur Analyse von Branchen und Konkurrenten. 10. Auflage, Frankfurt a. M. 1999.

Post, J.E./Frederick, W. C./Lawrence, A. T./Weber, J. (1996): Business and Society, Corporate Strategy, Public policy, Ethics, New York 1996.

Post, J.E./Preston, L.E./Sachs, S.(2002): Redefining the Corporation: Stakeholder Management and Organizational Wealth, Stanford 2002.
Prammer, H. K. (1998): Rationales Umweltmanagement – Entscheidungsrahmen und Konzeption für ein ökologieorientiertes Rechnungswesen, Wiesbaden 1998.
Promberger, K./Spiess, H./Kössler, W. (2006): Unternehmen und Nachhaltigkeit. Eine managementorientierte Einführung in die Grundlagen des nachhaltigen Wirtschaftens, Wien 2006.
Prösler, M. (2003)(Hrsg.): Umweltinformationen für Produkte und Dienstleistungen – Anforderungen – Instrumente – Beispiele, Umweltbundesamt, Bundesverband der Deutschen Industrie e.V., 2. Auflage 2003,
Rabbe, S. (2005): Projektskizze zum Dissertationsvorhaben: Konzeption und Implementierung eines NMS, Dortmund/Duisburg 2005
Rabbe, S. (2006): Sustainable Management – Ein innovativer Ansatz zur Stärkung der Wettbewerbsfähigkeit kleiner und mittlerer Unternehmen (KMU). Dortmunder Beiträge zur Unternehmensführung, hrsg. von Martin K. Welge, Dortmund, Nr. 46.
Rabbe, S. /Schulz, A./Welge, M.K. (2006): Sustainable Management in the global economy – An innovative approach to improve small- and medium-sized enterprises. Paper accepted, presented and discussed at IFSAM^{VIIIth} World Congress 2006, Berlin 2006.
Rappaport, A. (1999): Shareholder Value – Ein Handbuch für Manager und Investoren, 2. Auflage, Stuttgart 1999.
Rechkemmer, A. (2004): Globale Umweltpolitik – Perspektiven im Kontext der Reform der Vereinten Nationen, Stiftung Wissenschaft und Politik, Deutsches Institut für Internationale Politik und Sicherheit, Berlin 2004.
Redclift, M. (2005): Sustainable Development (1987-2005). An Oxymoron comes of Age, in: Sustainable Development, Vol. 13, No. 4, 2005, pp. 212-227
Reglin, B. (1993): Managementsysteme: Eine Organisationstheoretische Fundierung, München 1993.
Renn, O. (2001): Kooperative Verfahren zur Umsetzung einer nachhaltigen Entwicklung. In: Fischer, A./Hahn, G. (Hrsg.)(2001): Vom schwierigen Vergnügen einer Kommunikation über die Idee der Nachhaltigkeit, Frankfurt a. M. an Main 2001, S.122-149.
Reusswig, F. (2001): Aus den Augen – aus dem Sinn? Probleme sinnlicher Kontrollierbarkeit globaler Umweltveränderungen, in: Politische Ökologie, 19. Jg., Nr. 69, 2001,S.14-18.
Riemenschneider, F. (2001): Implementierung integrierter Managementsysteme: Erfolgsfaktoren für die Unternehmenspraxis, Wiesbaden 2001.
Rieth, L./Göbel, T. (2005): Unternehmen, gesellschaftliche Verantwortung und die Rolle von Nichtregierungsorganisationen, in: Zeitschrift für Wirtschafts- und Unternehmensethik (zfwu), 6. Jg., Nr.2, S.244-261.
Ringlstetter, M. (1995): Konzernentwicklung: Rahmenkonzepte zu Strategien, Strukturen und Systeme, München 1995.
Rogall, H. (2000): Von der globalen zur betrieblichen Leitidee der Nachhaltigkeit, in: Dybe, G./Rogall, H. (Hrsg.)(2000): Die ökonomische Säule der Nachhaltigkeit. Annäherungen aus gesamtwirtschaftlicher, regionaler und betrieblicher Perspektive, Berlin, S.21-43.
Rößl, D. (1990): Die Entwicklung eines Bezugsrahmens und seine Stellung im Forschungsprozess, in: Journal für Betriebwirtschaftslehre, 40. Jg., Nr. 2, 1990 , S.99-110.
Ruch, M. (2008): Branchenkonferenz – Stahlkocher rüsten sich für Krise, in: Financial Times Deutschland (FTD), 02.10.2008.
Rück, T. (1993): Öko-Controlling als Führungsinstrument, Wiesbaden 1993.

Rüegg-Stürm, J. (2004): Das neue St. Galler Management-Modell, in: Dubs, R./Euler, D./Rüegg-Stürm, J./Wyss, C. E. (Hrsg.)(2004): Einführung in die Managementlehre, S.65-134.

Rüegg-Stürm, J. (2002): Das neue St. Galler-Management-Modell. Grundkategorien einer integrierten Managementlehre, der HSG-Ansatz, Bern 2002.

Runia, P./Wahl, F./Geyer, O./Thewißen, C. (2005): Marketing. Eine prozess- und praxisorientierte Einführung, München/Wien 2005.

RWI Essen 2008: RWI: Konjunkturberichte, Die wirtschaftliche Entwicklung im Inland und im Ausland zur Jahresmitte 2008, 59 Jg., Nr. 1, Essen 2008,.

Salzmann, O. (2008): Corporate Sustainability Management in the Energy Sector – An Empirical Contingency Approach, Berlin 2008.

Sarges, W. (2000): Management-Diagnostik, 3. Auflage, Göttingen 2000.

Savage, G.T./Nix, T.H./Whitehead, C.J./Blair, J.D. (1991): Strategies for Assessing and Managing Organizational Stakeholders, in: Academy of Management Executive, Vol. 5, No. 2, pp. 61-75.

Schäfer, S.(2008): Bauen mit Stahl im Bestand. Architektur und Nachhaltigkeit, Düsseldorf 2008.

Schaltegger, S. (2004): Was ist unternehmerisches Nachhaltigkeitsmanagement? in: Centre for Sustainability Management (2004): Schwerpunktthema Nachhaltigkeitsmanagement – Weiterbildung, Methoden, KMU, Newsletter 01/2004, Lüneburg 2004, S.3.

Schaltegger, S. (2002): Nachhaltigkeitsmanagement in Unternehmen: Konzepte und Instrumente zur nachhaltigen Unternehmensentwicklung, 2. Auflage, Berlin/Bonn 2002.

Schaltegger, S. (2007): Nachhaltigkeitsmanagement in Unternehmen: Von der Idee zur Praxis: Managementansätze zur Umsetzung von CSR und Corporate Sustainability, Berlin/Lüneburg 2007.

Schaltegger, S./Figge,F. (1998): Umwelt und Shareholder Value, Lüneburg 1998, unter: http://www.uni-lueneburg.de/umanagement/pdf-dateien/umweltundshareholdervalue.pdf, (26.11.2007).

Schaltegger, S./Hasenmüller, P. (2005): Nachhaltiges Wirtschaften aus Sicht des „Business Case of Sustainability“, Ergebnispapier zum Fachdialog des Bundesumweltministeriums (BMU) am 17. November 2005, Lüneburg 2005.

Schaltegger, S./Dyllick, T. (Hrsg.)(2002): Nachhaltig managen mit der Balanced Scorecard. Konzept und Fallstudien, Wiesbaden 2002.

Schaltegger, S./Sturm, A. (1990): Ökologische Rationalität. Ansatzpunkte zur Ausgestaltung von ökologieorientierten Managementinstrumenten, in: Die Unternehmung, Nr. 4, 1990, S.273-290.

Schaltegger, S./Sturm, A. (1995): Öko-Effizienz durch Öko-Controlling, Zürich 1995.

Schaltegger, S./Wagner, M. (2006): Managing the Business Case for Sustainability – The integration of social, environmental and economic performance, Sheffield 2006.

Scheffler, M. (2005): Foliensatz: Konzept „Nachhaltiges Wirtschaften bei ThyssenKrupp Stahl“, Duisburg 2005.

Schellnhuber, H.J. (2001): Die Koevolution von Natur, Gesellschaft und Wissenschaft – Eine Dreiecksbeziehung wird kritisch, in: Gaia, 10. Jg., Nr. 4, 2001, S.258-262.

Schendel, D. E./Hatten, K. (1972): Strategic Management: A new view of business policy and planning, Boston 1972.

Scherer, A. (2001): „Brent Spar“: Shell vs. Greenpeace – Ein Fallbeispiel zur Bedeutung der Unternehmensethik, Konstanz 2001.

Scherer, A.G./Patzer, M. (Hrsg.)(2008): Betriebswirtschaftslehre und Unternehmensethik, Wiesbaden 2008.

Schmidheiny, S.(1992): Kurswechsel: Globale unternehmerische Perspektiven für Entwicklung und Umwelt, München 1992.

Schneeberger, T. (2005): Generic Management als Basis für eine nachhaltige Unternehmensführung, in: Baumgartner, R. J./Biedermann, H./Ebner, D./Posch, W. (Hrsg.)(2005): Wertsteigerung durch Nachhaltigkeit. Sustainability Management for Industries 1, München/Mering 2005, S.23-49.

Schneidewind, U. (1994): Mit COSY (Company oriented Sustainability) Unternehmen zur Nachhaltigkeit führen, IWÖ-Diskussionsbeitrag Nr. 15, St. Gallen 1995.

Scholz, R. W./Tietje, O. (2002): Embedded Case Study. Integrating Quantitative and Qualitative Knowledge, Thousands Oaks/London/New Delhi 2002.

Schreyögg, G. (1999): Strategisches Management: Entwicklungstendenzen und Zukunftsperspektiven, in: Die Unternehmung: Schweizerische Zeitschrift für betriebswirtschaftliche Forschung und Praxis, Bd. 53, 1999, S.387-407.

Schreyögg, G. (2003): Organisation. Grundlagen moderner Organisationsgestaltung, Wiesbaden 2003.

Schubert, R./Littmann-Wernli, S./Tingler, P. (2006): Corporate Volunteering: Unternehmen entdecken die Freiwilligenarbeit. Bern/Stuttgart/Wien 2002.

Schulte-Zurhausen, M. (2005): Organisation, 4. Auflage, München 2005.

Schulz, D. (2003): Internetbasierte Nachhaltigkeitskommunikation von Unternehmen. Eine Analyse am Beispiel der Lebensmittelindustrie, Hannover 2003.

Schulz, W.f. (2002): Nachhaltiges Wirtschaften in Deutschland: Erfahrungen, Trends und Potentiale, Witten 2002.

Schulz, W.F./Burschel, C./Weigert, M. (2001): Lexikon Nachhaltiges Wirtschaften, München 2001.

Schumpeter, J. (1964): Theorie der wirtschaftlichen Entwicklung – Eine Untersuchung über Unternehmergewinn, Kapital, Kredit, Zins und den Konjunkturzyklus, 6. Auflage, Berlin 1964.

Schütz,f. (1998): Managementsysteme und Strategien: State of the Art und neue Perspektiven, Wiesbaden 1998.

Schwaninger, M. (1994): Managementsysteme, Frankfurt a. M. 1994.

Schwaninger, M. (2004): Was ist ein Modell?, in: Dubs, R./Euler, D./Rüegg-Stürm, J./Wyss, C.E. (Hrsg.)(2004): Einführung in die Managementlehre, Bd. 1-5, Bern/Stuttgart/Wien 2004, S.53-63.

Schwerdtle, H. (1999): Prozessintegriertes Management. Ein Modell für effizientes Qualitäts-, Umwelt- und Arbeitsschutzmanagement, Berlin 1999.

Seghezzi, H. D. (2003): Integriertes Qualitätsmanagement: Das St. Galler Konzept, 2. Auflage, München/Wien 2003.

Seghezzi, H. D./Fahrni,f./Herrmann,f. (2007): Integriertes Qualitätsmanagement: Der St. Galler Ansatz, München 2007.

Seitz, P. (1998): Strategische Managementsysteme im internationalen Unternehmen, München 1998

Seuring, S.A. (2008): Assessing the rigor of case study research in Supply Chain Management, in: Supply Chain Management: An International Journal, Vol. 13, No. 2, pp. 128-137.

Siegert, U.C. (1996): Ökologieorientierte Kommunikation, Aachen 1996.

Sietz, M. (2003): Nachhaltigkeit – Das Buch zur ersten deutschen Nachhaltigkeitsmesse „Nachhaltigkeit 2003“, Frankfurt a. M. 2003.

Simon, H. (1997): Administrative Behaviour. A Study of Decision-Making Processes in Administrative Organizations, 3. Edition, New York 1997.

Simonis, E.U. (2003): Institutionelle Innovationen für Nachhaltige Entwicklung. Plädoyer für eine neue Weltorganisation, in: Linne, G. Schwarz, M. (Hrsg.)(2003): Handbuch Nachhaltige Entwicklung. Wie ist nachhaltiges Wirtschaften machbar?, Opladen 2003, S.83-89.

Simons, R. (1994): How New Top Managers Use Control Systems As Levers Of Strategic Renewal, in: Strategic Management Journal, Vol. 15, No. 4, Mai 1994, pp. 170-189

Simons, R. (1995): Levers Of Control, Boston 1995.

Sing, E. (2002): Nachhaltigkeit in der Krise – eine Chance für Unternehmen, in: Deutscher Investor Relations Kreis e.V. (Hrsg.)(2002): Zukunftsfähige Unternehmen. Wege zur nachhaltigen Wirtschaftsweise von Unternehmen, Wiesbaden 2002, S.95-103.

Slater, A./Gilbert, S.(2004): The Evolution of Business Reporting: Make Room for Sustainability Disclosure, in: Environmental Quality Management, Vol. 14, No. 1, 2004, pp. 41-48.

Spar, D.L./LaMure, L.T. (2003): The Power of Activsm. Assessing the Impact of NGO on Global Business, in: California Management Review, Vol. 45, No. 3, pp. 78-101.

Spickers, J. (2006): Die Entwicklung des St. Galler Management-Modells, unter: http://www.ifb.unisg.ch/org/ifb/ifbweb.nsf/wwwPubInhalteGer/St.Galler+Management-Modell?opendocument (29.08.2007).

Spiller, A./Zühlsdorf, A./Schaltegger, S./Petersen, H. (2007): Nachhaltigkeitsmarketing I. Grundlagen, Herausforderungen und Strategien, Lüneburg 2007.

Stadlbauer, W. (2001): Überblick über nachhaltiges Wirtschaften, unter http://www.nachhaltigkeit.at/bibliothek/pdf/monatsthemen2001/mainM01_03.pdf, 17.11.2007.

Staehle, W.H. (1999): Management. Eine verhaltenswissenschaftliche Perspektive, 8. Auflage, München 1999.

Stahl, H.K. (2003): Voraussetzungen für ein nachhaltig gelungenes Stakeholder-Management, in: Matzler, K./Pechlaner, H. /Renzl, B. (Hrsg.)(2003): Werte schaffen. Perspektiven einer stakeholderorientierten Unternehmensführung, Wiesbaden 2003, S.21-49.

Stahlmann, V. (1994): Umweltverantwortliche Unternehmensführung – Aufbau und Nutzen eines Öko-Controlling, München1994.

Stahl-Zentrum (2005): Zukunftsrat Stahl. Thesen für eine größere Technikakzeptanz in Deutschland, Düsseldorf 2005, unter: http://www.stahl-online.de/medien_lounge/Hintergrundmaterial/ZukunftsratStahlneu.pdf, (27.10.2008).

Stappen, R.K. (2000): Wissenschaft und Agenda 21. Thesen zu einer Wissenschaft im Dienst nachhaltiger Entwicklung. Konferenz der International Academy of Science (IAS), in: Stadt Güstrow: Stadt-Umwelt Perspektiven zukunftsfähiger Regionen in Europa, Güstrow 2000, S.257f.

Stappen, R.K. (2006): Exkurs zur Nachhaltigkeitswissenschaft, in: A Sustainable World is Possible. Der Wise Consensus, Eichstätt 2006, S.47-54.

Steffen, W./Jäger, J./Carson, D.J./Bradshaw, C. (2001): Challenges of a Changing Earth. Proceedings of the Global Change Open Science Conference, Amsterdam (NL), 10.-13. July 2001, Berlin/Heidelberg/New York 2001.

Steger, U. (2004): The Business of Sustainability. Building Industry Cases for Corporate Sustainability, London/New York 2004.

Steimle, U. (2003): Stakeholderorientierung und nachhaltige Entwicklung – Beitrag des EFQM-Modells zu mehr unternehmerischer Nachhaltigkeit, in: Haas, B./Oetinger, R./Ritter, A./Thul, M. (Hrsg.)(2007): Nachhaltige Unternehmensführung. Excellence durch Verknüpfung wirtschaftlicher, sozialer und gesellschaftlicher Forderungen, München 2007, S.141-158.

Steimle, U. (2008): Ressourcenabhängigkeit und Nachhaltigkeitsorientierung von Unternehmen, Marburg 2008.

Steimle, U./Liebrich, A./Zink, K. J. (2007): Stakeholderorientierung und CSR – Empirische Befunde zur Motivlage und CSR-Praxis deutscher Grußunternehmen (in Begutachtung) 2007.

Steinle, U. (2005): Ganzheitliches Management. Eine mehrdimensionale Sichtweise integrierter Unternehmensführung, Wiesbaden 2005.

Steiner, G. A. (1971): Top Management Planung, München 1971.

Stephan, P. (2002): Eine nationale Nachhaltigkeitsstrategie...und wie sie zustande kam, in: E+Z – Entwicklung und Zusammenarbeit, Nr. 4, April 2002, S.116-118.

Still, G. (2005): Vorstandsbeschluss – Implementierung eines NMS (NMS) bei der TKS-CS, Duisburg 2005.

Stitzel, M. (1994): Arglos in Utopia?, in: Die Betriebswirtschaft, 54. Jg., Nr. 1, 1994, S.95-115.

Strauss, A./Glaser, B. (1967): The Discovery of Grounded Theory. Strategies for Qualitative Research, Chicago 1967.

Tellis, W. (1997): Introduction to Case Study, in: The Qualitative Report, Vol. 3, No. 2, 1997, pp. 1-11.

The Sigma Project (Hrsg.)(2003): The SIGMA Guidelines: Putting Sustainable Development into Practice, London 2003.

Thomae, M. (1999): Die Managementlehre auf dem Irrweg der Aktionsforschung. Ein wissenschaftstheoretischer Zwischenruf, in: Management Forschung und Praxis Nr. 29, Universität Konstanz, hrsg. von Prof. Dr. R.G. Klimecki, Konstanz 1999

Thul, M./Ritter, A./Haas, B. (2007): Excellence durch eine nachhaltige Unternehmensführung, in: Haas, B./Oetinger, R./Ritter, A./Thul, M. (Hrsg.)(2007): Nachhaltige Unternehmensführung. Excellence durch Verknüpfung wirtschaftlicher, sozialer und gesellschaftlicher Forderungen, München 2007, S.11-35.

ThyssenKrupp AG (2001): Wertorientiertes Management im ThyssenKrupp Konzern, Düsseldorf 2001.

ThyssenKrupp AG (2001a):

ThyssenKrupp AG (2006): Wertorientiertes Management im ThyssenKrupp Konzern, Düsseldorf 2006.

ThyssenKrupp AG (Hrsg.)(1998): Die $\sum$ der Chancen: Zur Fusion Thyssen Krupp, Düsseldorf 1998.

ThyssenKrupp AG (Hrsg.)(2003): ThyssenKrupp – Magazin „Nachhaltigkeit“, Düsseldorf 2003.

ThyssenKrupp Stahl AG (Hrsg.)(2003a): ThyssenKrupp Stahl auf einen Blick: Ein Technologie-Unternehmen informiert, Duisburg 2003.

ThyssenKrupp Stahl AG (Hrsg.)(2003b): Die neue Organisationsstruktur von ThyssenKrupp Stahl: Wir denken Stahl weiter, Duisburg 2003.

ThyssenKrupp Stahl AG (Hrsg.)(2004): Umweltmanagement-Handbuch: Teil 4: Spezialteil – Umweltschutz im Bereich Division Auto – Produktion Dortmund, Duisburg 2004.

ThyssenKrupp Stahl AG (Hrsg.)(2005a): Werke und Produktionsanlagen. Die Anlagenwelt von ThyssenKrupp Stahl, Duisburg 2005.

ThyssenKrupp Stahl AG (Hrsg.)(2005b): Qualitätsmanagement-Anweisung: Aufbau und Funktion des Qualitätsmanagementsystems, Duisburg 2005.

ThyssenKrupp Steel AG (Hrsg.)(2005b): Stahl – Excellence Qualitätsmanagement Handbuch, Duisburg 2005.

ThyssenKrupp Steel AG (2006a): Jahresbericht 2005-2006: Neue Wege gehen – für profitables Wachstum, Duisburg 2006.

ThyssenKrupp Steel AG (2006b): Nachhaltigkeitsbericht 2004_2005: Das Richtige tun. Richtig?, Duisburg 2006.

ThyssenKrupp Steel AG (2007): Jahresbericht 2006-2007: Märkte gestalten, Duisburg 2007.

Ullrich, S./Wilke, T. (2006): Was ist Interdisziplinarität? Eine Einführung, unter: http://www.interdisziplinaritaet.eu/intro.html, (24.02.2007).

Ulrich, H. (1968): Das Unternehmen als produktives soziales System, Bern 1968.

Ulrich, H. (1990): Unternehmungspolitik, Bern/Stuttgart 1990.

Ulrich, H. (1995): Führungsphilosophie und Leitbild, in: Kieser, A./Reber, G./Wunderer, R. (Hrsg.) (1995): Handwörterbuch der Führung, 2. neu gestaltete und ergänzte Auflage, Stuttgart 1995, S.798-807.

Ulrich, H. (2001a): Das St. Galler Management-Modell, Bern 2001.

Ulrich, H. (2001b): Systemorientiertes Management: Das Werk von Hans Ulrich. Studienausgabe, Bern 2001.

Ulrich, H./Krieg, W. (1972): Das St. Galler-Management-Modell, Bern 1972.

Ulrich, K. (1993): Die Evolution von Managementsystemen: Zur sprachtheoretischen Fundierung einer angewandten Führungslehre, München 1993.

Ulrich, P./Fluri, E. (1995): Management. Eine konzentrierte Einführung, 7. Auflage, Stuttgart 1995.

UNEP – UN Environmental Programme (2004): Annual Report 2004, Nairobi 2004.

Unmüßig, B. (2000): Nachhaltigkeitsstrategie für Deutschland. Eine globale Verantwortung, in: Forum Umwelt & Entwicklung, Rundbrief 2/2000, S.19.

URS Deutschland GmbH und Anwaltssozietät Freshfields Bruckhaus Deringer (2006): Nachhaltigkeit und Unternehmensführung unter: http://www.urscorp.de/index.php?getfile=ursbroschuere-nachhaltigkeit_2006_11_13.pdf, (20.10.2007).

van Asselt, M./Rijkens-Klomp, N. (2002): A look in the mirror: reflection on participation in integrated assessment from a methodological perspective, in: Global Environmental Change, Vol. 12, No. 3, 2002, S.167-184.

Varian, H.R. (2007): Grundzüge der Mikroökonomik, 7. Auflage, München/Wien 2007.

Vaus, D. A. d. (2001): Research Design in Social Research, London/Thousand Oaks/New Delhi 2001.

UN (2004): Umsetzung der Millenniums-Erklärung der Vereinten Nationen (Bericht des Generalsekretärs, Dokument A/59/282 vom 27. August 2004 und A/59/282/Corr.1 vom 22. September 2004), New York 2004

VDI – Verein Deutscher Ingenieure (2004): VDI-Richtlinie 4070: Nachhaltiges Wirtschaften – Anleitung zum Nachhaltigen Wirtschaften, Düsseldorf 2004.

Vergossen, H. (2004): Marketing-Kommunikation, Ludwigshafen/R. 2004.

Viehöver, M. G./Hilf, J./Knecht,f./Reich, S (2006): Nachhaltigkeit und Unternehmensführung. Ergebnisse einer Unternehmensbefragung im deutschsprachigen Raum, URS Deutschland GmbH und Freshfields Bruckhaus Deringer, Frankfurt a. M./Basel/Köln 2006.

von Bertalanffy, L. (1973): General Systems Theory, New York 1973.
von Carlowitz, H. C. (1713): Sylvicultura oeconomica: Anweisung zur wilden Baum-Zucht, Reprint der Ausgabe Leipzig: Braun 1713; bearbeitet von Irmer, K./Kießling, A. (2000), Freiberg 2000.
von Hayek, F.A. (1980): Recht, Gesetzgebung und Freiheit. Band 1: Regeln und Ordnung, München 1980.
Vornholz, G. (1994): The Sustainable Development Approach, in: INTERECONOMICS, Vol. 29, No. 4, Hamburg 1994.
Wagner, G.R. (1997): Betriebswirtschaftliche Umweltökonomie, Stuttgart 1997.
Wagner, G.R./Janzen, H. (1991): Ökologisches Controlling. Mehr als ein Schlagwort?, in: Controlling, Heft 3, Mai/Juni 1991, S.120-129.
Wagner, M./Schaltegger, S.(2002): Umweltmanagement in deutschen Unternehmen – Der aktuelle Stand der Praxis, Lüneburg 2002.
Watson, M. (2000): Towards a Standard for Sustainability Management: The Sigma Project, in Hamschmidt, J./Dyllick, T. (Hrsg.)(2000): Nutzen Managementsysteme? Vom Umwelt- zum Sustainability-Managementsystem, in: IWÖ Diskussionsbeitrag, Nr. 82, St. Gallen, 2000, S.79.
Weiß, R. (2005): CSR und Corporate Citizenship: Strategien gesellschaftsorientierter Unternehmenskommunikation, in: Michelsen, G./Godemann, J. (Hrsg.) (2005): Handbuch Nachhaltigkeitskommunikation. Grundlagen und Praxis, München 2005, S.588-599.
Welge, M.K./Al-Laham, A. (2008): Strategisches Management. Grundlagen – Prozess – Implementierung, 5. Auflage, Wiesbaden 2008.
Welge, M.K./Al-Laham, A./Kajüter, P (2000): Der Prozess des strategischen Managements. Ein Überblick über die empirische Strategieprozessforschung, in: Welge, M.K./Al-Laham, A./Kajüter, P (2000): Praxis des Strategischen Managements. Konzepte – Erfahrungen – Perspektiven, Wiesbaden 2000, S.3-16.
Wentges, P. (2002): Corporate Governance und Stakeholder Ansatz, Wiesbaden 2002.
Werner, K./Weiss, H. (2006): Das neue Schwarzbuch Markenfirmen, Berlin 2006.
Wernerfelt, B. (1984): A resource-based view of the firm, in: Strategic Management Journal, Vol. 5, No. 2, 1984, pp. 171-174.
Werner-Lobo, K. (2008): Uns gehört die Welt. Macht und Machenschaften der Multis, München 2008.
Westermann, U./Mertens, T./Baur, A. (2003): Nachhaltige Prozessbewertung mittels des Sustainable Excellence Ansatzes, in: Linne, G./Schwarz, M. (Hrsg.)(2003): Handbuch Nachhaltige Entwicklung. Wie ist nachhaltiges Wirtschaften machbar?, Opladen 2003,S.343-354.
Wied-Nebbeling, S./Schott, H. (2007): Grundlagen der Mikroökonomik, 4. Auflage, Berlin 2007.
Wilkens, S.(2007): Effizientes Nachhaltigkeitsmanagement, Wiesbaden 2007.
Willis, A. (2003): The Role of Global Reporting Initiative's Sustainability Reporting Guidelines in the Social Screening of Investments, in: Journal of Business Ethics, Vol. 43, No. 3, 2003,pp. 233-237.
Willke, H. (2006): Systemtheorie 1. Grundlagen: Eine Einführung in die Grundprobleme sozialer Systeme, 7. Auflage, Stuttgart 2006.
Winzer, P. (2001): Das Generic Management-System – Eine Alternative für eine zukunftsfähige Unternehmensgestaltung, in: Winzer, P. (Hrsg.)(2001): Generic Management: Vision und Strategie, Aachen 2001, S.1-16.

Winzer, P. (Hrsg.)(2003): Zukunftsfähige Unternehmensgestaltung. Konzepte, Methoden und Praxisansätze, Aachen 2003.

Winzer, P. (Hrsg.)(2007): Zukunftsorientiertes QMS – Eine Facette des Wuppertaler Generic Managementsystem-Konzeptes, Aachen 2007.

Winzer, P. (Hrsg.)(2004): Das Wuppertaler Generic-Managementsystem-Konzept, Aachen 2004.

Winzer, P. (Hrsg.)(2006): Generic Management und Möglichkeiten der Stakeholderintegration, Aachen 2006.

Wittig-Goetz, U. (2006): Arbeitsschutzmanagementsysteme erleichtern die Arbeit, Hans-Boeckler-Stiftung, Düsseldorf 2006.

Wolter, F. (2002): Koordination im internationalen Umweltmanagement: Dargestellt an Beispielen aus der Automobilindustrie, Frankfurt a. M. 2002.

World Economic Forum (2004): Values and Value. Communicating the strategic performance of corporate citizenship to investors, Genf 2004.

Worldsteel (2008): 2008 Sustainability Report of the world steel industry, Brüssel/Peking 2008.

World Summit (2004): Generation Jo'burg - A New Vision For The World Summit For Sustainable Development, Brüssel 2004

Wuppermann, D. (2005): Nachhaltigkeitsmanagement als strategisches Innovationsmanagement – Unternehmerische Gestaltungsspielräume aus strukturationstheoretischer Sicht, Hamburg 2005.

Yin, R.K. (1993): Applications of Case Study Research, Newbury Park 1993.

Yin, R.K. (1994): Case Study Research. Design and Methods, 2. Edition, Thousand Oaks/London/ New Dehli 1994.

Yin, R.K. (2003): Case Study Research Design and Methods. 3. Edition, Thousand Oaks/London/ New Dehli 2003.

Zabel, H.-U. (1999): Sustainability als Herausforderung für das betriebliche Umweltmanagement, in: Seidel, E. (Hrsg.)(1999): Betriebliches Umweltmanagement im 21. Jahrhundert: Aspekte, Aufgaben, Perspektiven; mit 10 Tab.n, Berlin 1999, S.51-68.

Zabel, H.-U. (2004): Nachhaltigkeit als Herausforderung an die Betriebswirtschaftslehre, in: Schwarz, E. (Hrsg.): Nachhaltiges Innovationsmanagement, Wiesbaden 2004, S.43-67.

Zalan, T./Lewis, G. (2004): Writing About Methods in Qualitative Research: Towards a More Transparent Approach, in: Marschan-Piekkari, R./Welch, C. (Hrsg.)(2004): Handbook of Qualitative Research Methods for International Business, Cheltenham 2004, pp. 507-528.

Zaugg, R.J. (2002): Fallstudien als Forschungsdesign der Betriebswirtschaftslehre. Anleitung zur Erarbeitung von Fallstudien, Bern 2002.

Zerfaß, A. (2004): Unternehmensführung und Öffentlichkeitsarbeit. Grundlegung einer Theorie der Unternehmenskommunikation und Public Relations, 2. Auflage, Wiesbaden 2004.

Zhou, Z./Cheng, S./Hua, B. (2000): Supply Chain Optimization of continuous process industries with sustainability considerations, in: Computers & Chemical Engineering, Vol. 24, No. 2-7, pp. 1151-1158.

Ziemann, A. (2005): Kommunikation der Nachhaltigkeit. Eine kommunikationstheoretische Fundierung, in: Michelsen, G./Godemann, J. (Hrsg.)(2005): Handbuch Nachhaltigkeitskommunikation. Grundlagen und Praxis. München 2005, S.121-131.

Zürchner, U. (1965): Die Idee der forstlichen Nachhaltigkeit unter spezieller Berücksichtigung der Gesichtspunkte der Forsteinrichtung, Mitt. Schweiz. Anstalt für das forstliche Versuchswesen, Bd. 41, Heft 4, S.89-218 Zürich 1965, zugl. DisS.ETH Zürich1965.

Verzeichnis der Internetquellen

ftp://ftp2.stahl-online.de/bms/download/publikationen/D600.pdf, (23.10.2008).
http.//alt.nachhaltigkeit.info/ökonomische Dimension.htm, (06.01.2006).
http.//alt.nachhaltigkeit.info/soziale Dimension.htm, (06.01.2006).
http://alt.nachhaltigkeit.info/110073958781876/Geschichte/Zwischen%20Stockholm%20und Rio%20/Brundtland-Report% 201987.htm, (14.12.2005).
http://dev.hoeschmuseum.dortmund.de/project/assets/template1.jsp?smi=13.03&tid=81188, (07.09.2008).
http://dgmf.org/german/forschung/index.html?, (22.02.2007).
http://ec.europa.eu/enterprise/enterprise_policy/industry/com_2005/sec_2005_1216_DE.pdf, (23.10.2008).
http://europa.eu.int/comm/dgs/economy_finance/index_en.htm, (03.10.2006).
http://isotc.iso.org/livelink/livelink/fetch/2000/2122/830949/3934883/3935096/home.html?nodeid=4451259&vernum=0, (15.06.2008)
http://kpmg.de/library/pdf/050615_kpmg_international_survey_of_corporate_responsibility_reporting_2005_de.pdf, (31.10.2007).
http://saarschmiede.de/deutsch/news/2003.html, (11.09.2008).
http://saarschmiede.de/deutsch/news/2005.html, (11.09.2008).
http://unfccc.int/2860.php, (08.01.2006).
http://unfccc.int/resource/docs/convkp/convger.pdf, (08.01.2006).
http://unfccc.int/resource/docs/convkp/convger.pdf, (19.03.2009).
http://wcrp.wmo.int/, (05.03.2007).
http://ww1.efqm.org/en/Home/aboutEFQM/Ourhistory/Timeline/tabid/168/Default.aspx, (13.08.2008).
http://ww1.efqm.org/en/tabid/108/default.aspx, (13.08.2008).
http://ww2.bdi.eu/initiativen/klimaschutz/best-practice/Seiten/NewSteelBody.aspx, (22.10.2008).
http://www.14001news.de/, (09.07.2009).
http://www.14001news.de/, (13.08.2008).
http://www.14001news.de/, (15.01.2008).
http://www.3sat.de/3sat.php?http://www.3sat.de/nano/news/79322/index.html, (25.10.2008).
http://www.aachener-stiftung.de/downloads/aktuell_2004-01.pdf, (06.12.2005).
http://www.accountability21.net/, (13.08.2008).
http://www.accountabiliy21.net/aa1000series, (22.06.2009)
http://www.ag-swt.eu/files/File/AEB/AllgemeineEinkaufsbedingungen.pdf, (06.09.2008).
http://www.agvstahl.de, (01.09.2008).
http://www.agvstahl.de/hauptteil_vborga/hauptteil_taetigk/hauptteil_taetigk.htm, (03.09.2008).
http://www.agvstahl.de/hauptteil_vborga/hauptteil_unternehmen/hauptteil_unternehmen.htm, (02.09.2008).
http://www.agvstahl.de/index.htm, (03.09.2008).
http://www.arbeit-plus.de/ausgezeichnete_unternehmen/stahlwerk_thueringen.html, (06.09.2008).
http://www.arcelor-bremen.com/arcelorkonzern.html, (14.09.2008).
http://www.arcelor-bremen.com/fileadmin/downloads/ZeitungJuni2008_komprimiert.pdf, (14.09.2008).

http://www.arcelor-bremen.com/fileadmin/downloads/aktionen/flyer.pdf, (14.09.2008).
http://www.arcelor-bremen.com/fileadmin/downloads/Aushang.pdf, (14.09.2008).
http://www.arcelor-bremen.com/fileadmin/downloads/Imagebroschur_D.pdf, (14.09.2008).
http://www.arcelor-bremen.com/ims.html, (14.09.2008).
http://www.arcelormittal.com, (21.01.2008)
http://www.arcelormittal.com/index.php?lang=en&page=0, (14.09.2008).
http://www.arcelormittal-ehst.com/content/pages/index.php?id=123&pgnr=1&lang=de, (15.09.2008).
http://www.arcelormittal-ehst.com/content/pages/index.php?id=126&lang=de, (15.09.2008).
http://www.arcelormittal-ehst.com/content/pages/index.php?id=128&lang=de, (15.09.2008).
http://www.arcelormittal-ehst.com/content/pages/index.php?id=129&lang=de, (15.09.2008).
http://www.arcelormittal-ehst.com/content/pages/index.php?id=17&lang=de, (15.09.2008).
http://www.arcelormittal-ehst.com/content/pages/index.php?id=2&lang=de, (15.09.2008).
http://www.arcelormittal-ehst.com/content/pages/index.php?id=70&lang=de, (15.09.2008).
http://www.arcelormittal-ehst.com/content/uploads/file/Info_Umwelt.pdf, (15.09.2008).
http://www.arcelormittal-ehst.com/content/uploads/file/Personal_Sozialbericht_2007.pdf, (15.09.2008).
http://www.augsburger-allgemeine.de/Home/Nachrichten/Startseite/Suche/cosearch, stahlwerk_costart,1_regid, 2_puid,2_pageid,4459.html, (08.09.2008).
http://www.auswaertiges-amt.de/diplo/de/Startseite.html, (03.10.2006).
http://www.bag-kehl.de/, (09.09.2008).
http://www.bdionline.de/Dokumente/Mittelstandspolitik/MittelstandspanelLangfassung_Fruehjahr2007.pdf, (23.10.2007).
http://www.bdu.de/sn_pre_mat_fach.html?fuseaction=page.content&s_kurzname=fach_26, (29.11.2007).
http://www.bertelsmann-stiftung.de/bst/de/media/xcms_bst_dms_15645__2.pdf,(31.10.2007).
http://www.bertelsmann-stiftung.de/cps/rde/xchg/SID-0A000F14957443DE/bst/hs.xsl /501.htm, (13.04.2008).
http://www.berufundfamilie-bremen.de/cms/downloads/good_practice_arcelor.pdf, (14.09.2008).
http://www.bfh.ch/d/services/nachhaltigkeit.html, (20.01.2008).
http://www.biodiv.org/convention/articles.asp, (03.01.2006).
http://www.biodiv.org/convention/articles.asp, (22.10.2006).
http://www.blauer-engel.de/ (12.08.2008).
http://www.bmu.de/europa/und/umwelt/doc/2242.php, (04.01.2006).
http://www.bmu.de/files/pdfs/allgemein/application/pdf/nachhaltigkeitsmanagement_unternehmen.pdf, (14.08.2008).
http://www.bmu.de/files/pdfs/allgemein/application/pdf/protodt.pdf, (25.01.2008).
http://www.bmu.de/klimaschutz/nationale_klimapolitik/doc/2931.php, (07.09.2008).
http://www.bmu.de/nachhaltige_entwicklung/nachhaltige_entwicklung/allgemeine_informationen/doc/35845.php, (01.12.2005).
http://www.bmu.de/pressearchiv/13_legislaturperiode/pm/675.php, (03.10.2006).
http://www.bmu.de/wirtschaft_und_umwelt/aktuell/1792.php, (24.06.2008).
http://www.bmwi.de/BMWi/Navigation/energie,did=254048.html, (04.03.2009).
http://www.bmwi.de/BMWi/Navigation/Mittelstand/corporate-citizenship,did=60866.html, (11.01.2008).
http://www.bmz.de, (03.10.2006).

http://www.bne-portal.de/coremedia/generator/unesco/de/Downloads/Hintergrundmaterial_international/Brundtland-bericht.pdf, (31.07.2006).
http://www.boeckler.de/pdf/mbf_as_ams_2006.pdf, (15.08.2008).
http://www.bpb.de/publikationen/3UUKDS.html, (29.11.2005).
http://www.bpb.de/themen/QEOV4M,3,0,Kritik_an_NGOs.html#art3, (03.04.2009)
http://www.bsdglobal.com/tools/systems_tqem.asp, (13.08.2008).
http://www.bsdglobal.com/tools/systems_tqem.asp, (15.08.2008).
http://www.bsw-kehl.de/index_de.html, (09.09.2008).
http://www.bsw-kehl.de/media/BSWUmwelt_D_2008.pdf, (09.09.2008).
http://www.bsw-kehl.de/media/Flyer_Ihre_Sicherheithat.pdf, (09.09.2008).
http://www.bulgarische-kinderheime.de/de/recent_projects/index.html, (09.09.2008).
http://www.bund.net, (03.10.2006).
http://www.bundesregierung.de/Anlage587386/pdf_datei.pdf, (07.12.2005).
http://www.bundesregierung.de/Content/DE/Publikation/Bestellservice/__Anlagen/2008-11-17-fortschrittsbericht-2008, property=publicationFile.pdf, (04.03.2009).
http://www.bundesregierung.de/nn_658608/Webs/Breg/nachhaltigkeit/Content/StatischeSeiten/topartikel.html, (04.03.2009).
http://www.bundesregierung.de/Politikthemen/Umwelt-11405/Nachhaltige-Entwicklung.htm, (02.12.2005)
http://www.bundesregierung.de/Webs/Breg/nachhaltigkeit/Content/__Anlagen/nachhaltigkeitsmanagement, property = publicationFile, property=publicationFile.pdf, (20.03.2009).
http://www.ceri-sciences-po.org/index.php, (20.01.2008).
http://www.clubofrome.de, (01.12.2005).
http://www.competence-site.de/pep.nsf/3B52F4DEE54A25CCC125706C003427D2/$File/casestudy_lech-stahlwerke.pdf, (08.09.2008).
http://www.corporate-governance-code.de, (15.03.2006).
http://www.corusgroup.com/en/, (28.10.2008).
http://www.crm-erfolg.de/Weiterfuehrendes/Glossar.asp, (17.11.2007).
http://www.csreurope.org/CSRESRISURVEY2003FINAL_pdf_media_public.aspx, (21.11.2007).
http://www.csrgermany.de/www/csrcms.nsf/id/DFE1819C9A8082EDC1256F0300330312, (06.07.2009).
http://www.dai.de/internet/dai/dai-2-0.nsf/LookupDL/154D8871DE1D18F0C1256D2F00597484/$File/Studie_22.pdf, (20.10.2007).
http://www.dehst.de/cln_090/nn_476212/DE/Emissionshandel/emissionshandelNode.html?__nnn=true, (12.09.2008).
http://www.deloitte.com/dtt/cda/doc/content/DE_WP_CR%26S_AA1000AS_Standard_2008_300309(1).pdf, (22.06.2009).
http://www.deutsche-efqm.de/inhseiten/247.htm, (13.08.2008).
http://www.deutsche-efqm.de/inhseiten/efqm_modell.htm (13.08.2008).
http://www.dew-karrierewerkstatt.com/index.html, (07.09.2008).
http://www.dhf.uu.se, (03.10.2006).
http://www.diepresse.com/Artikel.aspx?channel=p&ressort=rs&id=552666, (15.08.2006).
http://www.dillinger.de/dh/produkte/info/zertifizierungen/index.shtml.de, (10.09.2008).
http://www.dillinger.de/dh/unternehmen/sicherheit/index.shtml.de, (10.09.2008).
http://www.dillinger.de/dh/unternehmen/struktur/index.shtml.de, (10.09.2008).
http://www.dillinger.de/imperia/md/content/dillinger/allgemeinepublikationen/gb_2007_de.pdf, (10.09.2008).

http://www.diversity-europe.org, (03.01.2006).
http://www.diversity-gesellschaft.de, (03.01.2006).
http://www.duisburgweb.de/Archivseiten/jan2006.htm, (12.09.2008).
http://www.eco-effizienz.de/eco/db/Wc90fa92591ed.htm, (22.10.2006).
http://www.econsense.de, (04.01.2008).
http://www.econsense.de (24.06.2008).
http://www.econsense.de/_NEWSLETTER/images/Newsletter02_05.htm, (10.09.2008).
http://www.ecy.wa.gov/Sustainability/Resources/prod_steward.htm (04.11.2008).
http://www.edelstahl-witten-krefeld.de/, (07.09.2008).
http://www.edelstahl-witten-krefeld.de/index.php?id=1293, (07.09.2008).
http://www.edelstahl-witten-krefeld.de/index.php?id=739&L=0, (07.09.2008).
http://www.ellipson.com/files/studies/Nachhaltigkeitszirkel_KM.pdf, (14.03.2006).
http://www.emas.de/ueber-emas/was-ist-emas/, (13.08.2008).
http://www.emas.de/unterrubrik-8.html, (13.08.2008).
http://www.emissionshandel-fichtner.de/pdf/Anlagenliste_231204_Emissionshandel.pdf, (12.09.2008).
http://www.epe.be, (03.10.2006).
http://www.epe.be/menutexts/documents/epenewsletter.pdf, (03.10.2006).
http://www.Europe_2005_Ecological_ Footprint.pdf, (07.12.2005).
http://www.fagsi.com/news/kundeninfo/elektrische-magnetische-felder.html, (25.10.2008).
http://www.feralpi.de/Deutsch/Default.htm, (05.09.2008).
http://www.feralpi.it/#, (05.09.2008).
http://www.feralpi.it/pdf/BilSostGrFeralpi2006.pdf, (05.09.2008).
http://www.feralpi.it/pdf/DEcertificazioni_prodotto.pdf, (05.09.2008).
http://www.fgproqu.uni-wuppertal.de, (29.04.2008).
http://www.finanznachrichten.de/nachrichten-2008-04/artikel-10636057.asp, (06.10.2008).
http://www.focus.de/finanzen/news/wachstum_aid_234786.html (02.08.2008).
http://www.fona.de/mediaconsulta_umgebung/eng/e_includes_basis/e_inc_news.php?we_objectID=4173?lang=eng, (15.08.2006).
http://www.forumforsustainability.org/index.php?group=history, (08.12.2005).
http://www.freizeitinsel-riesa.de/index.php?id=133, (05.09.2008).
http://www.ftd.de/unternehmen/:Stahlmarkt-Vom-Klimawandel-ausgenommen/421376.html, (11.10.2008).
http://www.gender-mainstreaming.net/gm/definition.html, (03.01.2006).
http://www.globalcompact.de, (25.06.2009).
http://www.globalreporting.org/guidelines/sectors.asp, (17.05.2006).
http://www.globalreporting.org/NR/rdonlyres/B77474D4-61E2-4493-8ED0-D4AA9BEC000D/2868/G3_Leitfaden DE 1. pdf, (17.05.2006).
http://www.globalreporting.org/ReportingFramework/ReportingFrameworkOverview/ (12.08.2008).
http://www.gmh.de/, (08.09.2008).
http://www.gmh.de/downloads/gmh_personalbericht_2007.pdf, (08.09.2008).
http://www.gmh.de/downloads/leitbild.pdf, (08.09.2008).
http://www.gmh.de/s560.html, (09.09.2008).
http://www.gmh.de/s608.html, (08.09.2008).
http://www.gmh.de/s609.html, (08.09.2008).
http://www.gmh.de/s610.html, (08.09.2008).
http://www.gmh-holding.de/, (08.09.2008).

http://www.gmh-holding.de/s559.html, (08.09.2008).
http://www.gmh-holding.de/s684.html, (08.09.2008).
http://www.greenpeace.de/fileadmin/gpd/user_upload/themen/oel/Brent_Spar_und_die_Folgen.pdf, (03.04.2009).
http://www.grupoag.es/portada/portada.php, (06.09.2008).
http://www.gtz.de, (03.10.2006).
http://www.handel.de/service/NACHALTIGKEIT, (12.12.2002).
http://www.hkm.de/download/HKM_IMS.pdf, (11.09.2008).
http://www.hkm.de/download/hkm-leitbild.pdf, (12.09.2008).
http://www.hkm.de/download/hkm-umweltbericht.pdf, (11.09.2008).
http://www.hkm.de/download/unternehmenspolitik.pdf, (12.09.2008).
http://www.hkm.de/download/wirbeihkm-200704.pdf, (12.09.2008).
http://www.hkm.de/hkm.html, (11.09.2008).
http://www.htw-saarland.de/fb-bw/archiv/Informationen%20und%20Berichte/2006/DH2006.pdf, (10.09.2008).
http://www.huette4u.de/, (15.09.2008).
http://www.ias-icsd.org/, (05.03.2007).
http://www.ibschardt.de/html/ams4.html, (15.08.2008).
http://www.icsu.org/index.php, (05.03.2007).
http://www.ifb.unisg.ch/org/ifb/ifbweb.nsf/wwwPubInhalteGer/St.Galler+ManagementModell ?opendocument (29.08.2007).
http://www.igbp.kva.se/, (05.03.2007).
http://www.ihdp.uni-bonn.de/, (05.03.2007).
http://www.ilo.org, (03.10.2006).
http://www.ilo.org/declaration/thedeclaration/lang--en/index.htm, (15.08.2008).
http://www.imug.de/pdfs/csr/hp_imug_business_case_for_sustainability_2006.pdf, (02.10.2007).
http://www.insm.de/Downloads/PDF_-_Dateien/Schriftdokumente/Umfrageergebnisse_CSR.pdf, (18.11.2007).
http://www.interdisziplinaritaet.eu/intro.html, (24.02.2007).
http://www.iso.org/iso/iso_catalogue/management_standards/iso_9000_iso_14000/iso_9000_essentials.htm, (15.06.2009).
http://www.iso.org/sr, (05.01.2008).
http://www.iso9001.qmb.info/leitung/bewertung.htm, (09.07.2009),
http://www.iso9001.qmb.info/system/system.htm, (09.07.2009).
http://www.itas.fzk.de/deu/tadn/tadn398/enqu98a.htm, (03.01.2006).
http://www.iwkoeln.de/data/pdf/content/st1104_nachhaltigkeits_unternehmensbefragung2004.pdf, (13.08.2007).
http://www.iwoe.unisg.ch/org/iwo/web.nsf/SysWebRessources/SMS_Paper3/$FILE/SMS_Paper3.pdf, (27.03.2009).
http://www.izt.de/fileadmin/downloads/pdf/IZT_AB12_OnlineBefragung_Nachhaltigkeit_Forschung.pdf, (03.12.2007).
http://www.izu.bayern.de/publikationen/detail_publikationen.php?ID=424&kat=9&th=5&sub=2&sub_sub=1, (27.01.2008).
http://www.kompaktnet.de/487.0.html?&L=http%3A%2Fsanspacking.ru%2Fimg%2Fjipeqap%2Fehu dute%2F253.0.html, (09.06.2009).
http://www.ksv-witten.de/, (07.09.2008).
http://www.lech-stahlwerke.de/site/html/de/start_de.html, (08.09.2008).

L

http://www.leuphana.de/csm/index.php?sid=0d23566149b910cbf03084e9a869dd73&go=startseite&area=nama, (24.06.2008).
http://www.lkos.de/magazin/drucken.php?artikel=12665&type=&lang=de, (09.09.2008).
http://www.macondo.de/macondo/de/produkte/globalcompact/index.php?navid=8, (03.10.2006).
http://www.management.de/app/management.cfm?do=as&sID=1&ID=212&lg=1, (16.11.2007).
http://www.markenlexikon.com/glossar_m.html, (21.11.2007).
http://www.max-aicher.de/max-aicher.htm, (07.09.2008).
http://www.mercedes-benz.de/content/germany/mpc/mpc_germany_website/de /home_mpc/passengercars/home/new_cars /models/r-class/r251.html, (22.10.2008).
http://www.misereor.de, (03.10.2006).
http://www.nachhaltigkeit.aachener-stiftung.de, (21.01.2004).
http://www.nachhaltigkeit.aachener-stiftung.de/2000/Definitionen.htm, (06.04.2005).
http://www.nachhaltigkeit.at/bibliothek/pdf/monatsthemen2001/mainM01_03.pdf, (17.11.2007).
http://www.nachhaltigkeit.info/artikel/12_bt_-_ek_mensch_und_umwelt_660.htm#, (03.01.2006).
http://www.nachhaltigkeit.info/artikel/geschichte_10/anfaenge_46/uno_konferenz_stockholm _1972_688.htm, (25.01.2008).
http://www.nachhaltigkeit.info/artikel/kologische_ziele_692.htm, (19.03.2009).
http://www.nachhaltigkeit.info/artikel/konomische_ziele_808.htm, (19.03.2009).
http://www.nachhaltigkeit.info/artikel/managementregeln_778.htm#, (03.01.2006).
http://www.nachhaltigkeit.info/artikel/soziale_ziele_807.htm, (19.03.2009).
http://www.nachhaltigkeit.info/artikel/umweltpol_schwerpunktprogramm_582.htm, (03.10.2006).
http://www.nachhaltigkeit.info/artikel/ziele_und_wege_3/index.htm, (19.03.2009).
http://www.nachhaltigkeitsrat.de, (03.10.2006).
http://www.nachhaltigkeitsrat.de/fileadmin/user_upload/dokumente/wegweiser_nachhaltigkeit/Wegweiser_ Nachhaltig-keit_2005.pdf, (20.03.2009).
http://www.nachhaltigkeitsrat.de/n_strategie/strategie_2002/index.html, (02.12.2005).
http://www.nachhaltigkeitsrat.de/news-termine/news/archiv/2005-08-24/regierung-zieht-positive-bilanz-im-wegweiser-nachhaltigkeit/?size=2&blstr=0, (20.03.2009).
http://www.nachhaltigkeitsrat.de/service/download/pdf/RNE-Factsheet.pdf, (02.12.2005).
http://www.novartisfoundation.com/index_de.htm, (03.10.2006).
http://www.oebu.ch/oebu/downloads/g3 _0612.pdf, (15.06.2008).
http://www.oecd.org/about/0,3347,en_2649_35845581_1_1_1_1_1,00.html, (20.01.2008).
http://www.oecd.org/home/0,3305,en_2649_201185_1_1_1_1_1,00.html, (20.01.2008).
http://www.oekom-research.com/homepage/german/Performance-Studie_07.pdf, (07.11.2008).
http://www.oeko-radar.de/imperia/md/content/pdfdokumente/ifo-langfassung, (20.10.2007).
http://www.ohchr.org/EN/UDHR/Documents/UDHR_Translations/ger.pdf, (15.08.2008).
http://www.ohchr.org/english, (03.10.2006).
http://www.omnia-verlag.de/weltimwandel/php/start.php?id=104&bc=-104, (17.08.2006).
http://www.posco.com/homepage/docs/eng/jsp/s91a0010001i.jsp, (28.10.2008).
http://www.pr-inside.com/de/stahlbranche-erwartet-fuer-2009-weiterhin-gute-r845951.htm, (07.10.2008).
http://www.projectsigma.co.uk/Guidelines/Principles/, (27.01.2008).

http://www.quality.de/lexikon/din_en_45001.htm, (15.01.2008).
http://www.quality.de/lexikon/iso_17025.htm, (15.01.2008).
http://www.quality.de/lexikon/ohsas_18001.htm, (13.08.2008).
http://www.quality.de/lexikon/ts_16949.htm, (01.03.2006).
http://www.rangers-langweid.de/page_links.html, (08.09.2008).
http://www.reflectionsone.de/index.jsp, (22.10.2008).
http://www.rheinmetall.de/index.php?lang=2&fid=1640, (25.10.2008).
http://www.rio-10.de/, (08.01.2006).
http://www.rivagroup.com/default1024.htm, (04.09.2008).
http://www.runic-europe.org/german/umwelt/entwicklung/rio5/nachrio.htm, (04.01.2006).
http://www.saarstahl.com/deutsch/umwelt/ausgaben.html, (11.09.2008).
http://www.saarstahl.com/deutsch/umwelt/index.html, (11.09.2008).
http://www.saarstahl.com/deutsch/umwelt/orga.html, (11.09.2008).
http://www.saarstahl.com/deutsch/umwelt/qus.html, (11.09.2008).
http://www.saarstahl.de/deutsch/unternehmen/index.html, (11.09.2008).
http://www.sa-intl.org/, (13.08.2008).
http://www.sa-intl.org/index.cfm?fuseaction=Page.viewPage&pageId=473, (13.08.2008).
http://www.salzgitter-ag.de/de/Konzern/, (12.09.2008).
http://www.salzgitter-ag.de/de/Konzern/Leitbild_5P/, (12.09.2008).
http://www.salzgitter-ag.de/de/Konzern/Unternehmensbereiche/Stahl/, (12.09.2008).
http://www.salzgitter-ag.de/de/Nachhaltigkeit/, (12.09.2008).
http://www.salzgitter-ag.de/MDB/Investor_Relations/Downloads/Finanzberichte/2007/Stahl-Zentrumag_gb_2007.pdf, (12.09.2008).
http://www.schmolz-bickenbach.com/, (07.09.2008).
http://www.southcentre.org/publications/conundrum/conundrum-06.htm, (17.08.2006).
http://www.srgz.de/ndeutsch/5publik/Nachhaltigkeitslexikon.html, (10.01.2006).
http://www.stadtbahn-riesa.de/htm/verein.htm, (05.09.2009).
http://www.stahl-info.de/index.htm, (03.09.2008).
http://www.stahl-info.de/stahl_im_automobil/auto_und_stahl/stahl_werkstoff_nr_1_Zukunft.htm, (23.10.2008).
http://www.stahl-info.de/stahl_im_automobil/ultraleicht_stahlkonzepte/ulsab/ULSAB_Basisinfo.htm, (23.10.2008).
http://www.stahl-info.de/wir_ueber_uns/wir_ueber_uns.htm, (03.09.2008).
http://www.stahl-online.de/forschung_und_technik/energie_und_umwelttechnik/start.asp?highmain=2&highsub=3& highsubsub=0, (25.10.2008).
http://www.stahl-online.de/medien_lounge/Hintergrundmaterial/1704_PM_Hannover_Messe.pdf, (05.05.2009).
http://www.stahl-online.de/medien_lounge/Hintergrundmaterial/Stahlmarktentwicklung.pdf (02.08.2008).
http://www.stahl-online.de/medien_lounge/Hintergrundmaterial/ZukunftsratStahlneu.pdf, (27.10.2008).
http://www.stahl-online.de/medien_lounge/medieninformationen/20080822PMDieStahlindustrieimSommer2008.pdf, (02.09.2008).
http://www.stahl-online.de/medien_lounge/Vortraege/STAHL%202006_Rede%20Ameling.pdf, (05.05.2009).
http://www.stahl-online.de/stahl_zentrum/Jahresbericht_2006_2007.pdf, (03.09.2008).
http://www.stahl-online.de/stahl_zentrum/stahl_zentrum.asp, (03.09.2008).
http://www.stahl-online.de/wirtschaft_und_politik/stahl_in_zahlen/start.asp, (02.08.2008).

http://www.stahl-online.de/wirtschaft_und_politik/stahl_in_zahlen/Bilder/Die_groessten _Stahlhersteller_2007_Umsatz-Erzeugung.pdf, (02.08.2008).
http://www.stahl-online.de/wirtschaft_und_politik/stahl_in_zahlen/Bilder/2007/Die_groessten _Stahlerzeuger_in_Deutschland_2007.pdf, (02.09.2008).
http://www.stahl-online.de/wirtschaft_und_politik/stahl_in_zahlen/Bilder/2008/D_ Umsatz1995_2007.pdf, (02.09.2008).
http://www.stahl-online.de/wirtschaft_und_politik/Umwelt_und_Energiepolitik/Nachhaltig-keit/start.asp, (27.10.2008).
http://www.stahl-online.de/wirtschaft_und_politik/Umwelt_und_Energiepolitik/ Nachhaltigkeit/start.asp?highmain= 1&highsub=3&highsubsub=0, (03.09.2008).
http://www.stahl-online.de/wirtschaft_und_politik/Umwelt_und_Energiepolitik /Energiepolitik/MONITO-RING-BERICHT _2000_2003_INTERNET.PDF, (06.09.2008).
http://www.stahlonline.de/wirtschaft_und_politik/Umwelt_und_Energiepolitik/Nachhaltigkeit /Nachhaltig-keit2007.pdf, (18.09.2008).
http://www.stahlonline.de/wirtschaft_und_politik/Umwelt_und_Energiepolitik/Nachhaltigkeit /BROSCH%C3%9CRE_ NACH-HALTIGKEIT_Nov_2008.pdf, (19.03.2009).
http://www.stahl-online.de/wirtschaft_und_politik/Umwelt_und_Energiepolitik/Nachhaltig-keit/ Nachhaltigkeit.asp, (19.03.2009).
http://www.stahlonline.de/wirtschaft_und_politik/Umwelt_und_Energiepolitik/Nachhaltig-keit/Nachhaltigkeitsziele.asp, (19.03.2009).
http://www.stahlonline.de/wirtschaft_und_politik/unternehmen_und_maerkte/unternehmen-strends/arbeitzeit.pdf, (10.09.2008).
http://www.stahl-online.de/wirtschaft_und_politik/wirtschaft_und_handelspolitik/arbeits_ und_sozialpolitik/csrtop2.pdf, (27.10.2008).
http://www.stahlwerk-thueringen.de/de/swt?0, (06.09.2008).
http://www.stahlwerk-thueringen.de/de/zertifikate, (06.09.2008).
http://www.stahlwerk-thueringen.de/files/File/News/otz_10_01_2008_a.jpg, (06.09.2008).
http://www.stiftung-stahlwerk.de/downloads/noz.05.04.08.pdf, (09.09.2008).
http://www.stiftung-stahlwerk.de/index.html, (09.09.2008).
http://www.sueddeutsche.de, (08.10.2008).
http://www.sustainability-index.com/djsi_pdf/publications/Presentations/SAM_Presentation _080904_Review08.pdf (15.11.2008).
http://www.sustainability-indexes.com, (13.04.2006)
http://www.sustainable.at/Presse/Nachhaltigkeit%20im%20Management.html, (16.11.2007).
http://www.sustainableeurope.net/old/rio.htm, (03.01.2006)
http://www.tailored-blanks.com/de/unternehmen/portrait.jsp, (07.04.2006).
http://www.tatasteel.com/, (28.10.2008).
http://www.thw-schwabmuenchen.de/sponsoren.html, (08.09.2008).
http://www.thyssenkrupp.com/de/konzern/index.html, (04.01.2008)
http://www.thyssenkrupp.com/de/konzern/steel.html, (04.01.2008).
http://www.thyssenkrupp.com/de/konzern/strategie.html, (04.01.2008).
http://www.thyssenkrupp.de/de/engagement/new_steel_body.html, (22.10.2008).
http://www.thyssenkrupp.de/de/konzern/geschichte.html, (06.02.2007).
http://www.thyssenkrupp.de/de/konzern/geschichte_konzern_t5.html, (16.02.2006).
http://www.thyssenkrupp.de/de/konzern/geschichte_literatur.html, (06.02.2007).
http://www.thyssenkrupp.de/de/publikationen/geschaeftsberichte.html, (24.03.2006).
http://www.thyssenkrupp.de/de/publikationen/magazine.html, (13.03.2006).
http://www.thyssenkrupp.de/documents/factsheets/Factsheet_TKAG_2008.pdf, (28.12.2008).

http://www.thyssenkrupp-anlagenservice.de/DE/News/pressemitteilungen.php ?we_objectID=63, (04.01.2008).
http://www.thyssenkrupp-stainless.de/de/info/anwendungen/klinisch-rein.html, (25.10.2008).
http://www.thyssenkrupp-steel.com/auto/de/highlights/high-lights_detail.jsp?cid=1001398, (14.03.2006).
http://www.thyssenkrupp-steel.com/de/portraet/themenbereiche/innovation_technologie.jsp, (16.02.2006).
http://www.thyssenkrupp-steel.com/de/portraet/themenbereiche/innovation_ technologie/index.jsp, (04.01.2008).
http://www.thyssenkrupp-steel.com/de/portraet/themenbereiche/innovation_technologie/, (25.10.2008).
http://www.thyssenkrupp-steel.com/de/portraet/themenbereiche/nachhaltigkeit.jsp, (04.01.2008).
http://www.thyssenkrupp-steel.com/de/portraet/themenbereiche/qualitätsmanagement, (01.03.2006).
http://www.thyssenkrupp-steel.com/de/portraet/themenbereiche/umweltschutz/umwelt-management.jsp, (04.01.2008).
http://www.thyssenkrupp-steel.com/de/portraet/themenbereiche/umweltschutz.jsp, (25.10.2008).
http://www.thyssenkrupp-steel.com/de/portraet/themenbereiche/umweltschutz/kreislaufwirt-schaft.jsp, (25.10.2008).
http://www.thyssenkrupp-steel.com/de/portraet/themenbereiche/werke_produktionsanlagen, (04.01.2008).
http://www.thyssenkrupp-steel.com/de/portraet/themenbereiche/werke_produktionsanlagen/ arbeitsschutz.jsp, (23.10.2008).
http://www.thyssenkrupp-steel.com/de/presse/pressrelease.jsp?cid=2775410, (18.05.2006).
http://www.thyssenkrupp-steel.com/de/services/glossar.jsp#T, (15.08.2006).
http://www.thyssenkrupp-steel.com/de/steelmaking, (16.02.2006).
http://www.thyssenkrupp-steel.com/de/steelmaking/division_auto.jsp, (16.02.2006).
http://www.thyssenkrupp-steel.com/de/steelmaking/division_industrie.jsp, (16.02.2006).
http://www.thyssenkrupp-steel.com/de/steelmaking/division_metallurgie.jsp, (16.02.2006).
http://www.thyssenkrupp-steel.com/de/steelmaking/processing_auto.jsp, (16.02.2006).
http://www.thyssenkrupp-steel.com/de/steelmaking/processing_industry.jsp, (16.02.2006).
http://www.thyssenkrupp-steel.com/lib/de/pdf/leitbild.pdf, (28.02.2006).
http://www.thyssenkrupp-steel.de/de/, (04.01.2008).
http://www.thyssenkrupp-steel.de/metallurgie/de/produkte/schlacken.jsp, (23.10.2008).
http://www.tks-bau.com/de/produkte/, (22.10.2008).
http://www.tms-ulm.de/tms.04/images/145_timanagementsysteme.pdf, (12.05.2009)
http://www.tqm.com/, (13.08.2008).
http://www.transfair.org/, (12.08.2008).
http://www.trendbuero.de/index.php?f_categoryId=166, (20.10.2007).
http://www.tuev-cert.de/e12/e29/e152/e226/index_ger.html., (15.08.2008).
http://www.umweltbundesamt.at/umweltschutz/gentechnik/internationales/cartagenaprotokoll /, (25.01.2008).
http://www.umweltbundesamt.de, (03.10.2006).
http://www.umweltbundesamt.de/dux/umweltbarometer.htm, (03.10.2006).
http://www.umweltbundesamt.org/fpdf-l/2623.pdf, (07.11.2008).
http://www.umweltdatenbank.de/lexikon/iso_14001.htm (13.08.2008).

http://www.umweltdatenbank.de/lexikon/oekoeffektivitaet.htm, (22.02.2006).
http://www.umweltdatenbank.de/lexikon/ökologischer_fussabdruck.htm, (07.12.2005).
http://www.umweltdatenbank.de/lexikon/sozioeffektivitaet.htm, (22.10.2006).
http://www.umweltdatenbank.de/lexikon/sozioeffizienz.htm, (22.10.2006).
http://www.umweltdialog.de/umweltdialog/maerkte/2007-05-15_ThyssenKrupp_Multitalent_Schlacke.php, (23.10.2008).
http://www.umweltlexikon-online.de/fp/archiv/RUBsonstiges/Enquetekommission.php, (06.01.2006).
http://www.umweltministerkonferenz.de, (03.10.2006).
http://www.umweltnet.at/article/articleview/27859/1/7251, (02.02.2006).
http://www.umweltrat.de, (03.10.2006).
http://www.umwelt-unternehmen.bremen.de/partnerschaft%20umwelt%20unternehmen.html, (14.09.2008).
http://www.un.org/Dept/german/conf/agenda21/agenda_21.pdf,(08.03.2007).
http://www.un.org/depts/dhl/dag/index.html, (03.10.2006).
http://www.un.org/Depts/german/conf/agenda21/agenda_21.pdf, (25.01.2008).
http://www.un.org/Depts/german/conf/agenda21/rio.pdf, (03.01.2006).
http://www.un.org/esa/earthsummit/, (03.01.2006).
http://www.un.org/esa/sustdev/csd/csd.htm, (04.01.2006).
http://www.un.org/esa/sustdev/csd/about_csd.htm, (06.01.2006).
http://www.un.org/News/dh/hlpanel/brundlandt-bio.htm, (14.12.2005).
http://www.unccd.int/, (08.01.2006).
http://www.undp.org, (03.10.2006).
http://www.unep.org/Documents.Multilingual/default.asp?DocumentID=97&ArticleID=1503 (01.01.2006).
http://www.unep.org/Documents.multilingual/Default.asp?DocumentID=78&ArticleID=1163, (03.01.2006).
http://www.unep.org/Documents.Multilingual/default.asp?DocumentID=97&ArticleID=1504&l=en, (01.01.2006).
http://www.unep.org/documents/About-unep-booklet.pdf, (01.01.2006).
http://www.unglobalcompact.org, (03.10.2006).
http://www.unglobalcompact.org/AboutTheGC/TheTenPrinciples/index.html, (03.10.2006).
http://www.unglobalcompact.org/Languages/german/de-factsheet-global-compact.pdf, (25.06.2009).
http://www.un-globalsecurity.org/bios/brundland.asp., (14.12.2005).
http://www.unido.org, (03.10.2006).
http://www.uni-lueneburg.de/fb4/start/forsch.php, (20.01.2008).
http://www.uni-lueneburg.de/umanagement/csm/index.php?sid=d18b78e808d5af8c11ce1f68d1d7192b&go =030_forschung/, (20.01.2008).
http://www.uni-lueneburg.de/umanagement/pdf-dateien/publikationen-download/54-2%20downloadversion.pdf, (15.11.2007).
http://www.uni-lueneburg.de/umanagement/pdf-dateien/umweltundshareholdervalue.pdf, (26.11.2007).
http://www.unis.unvienna.org/unis/de/library_2004kinderkonvention.html, (15.08.2008).
http://www.urscorp.de/index.php?getfile=2006-11-09_nachhaltigkeit_und_unternehmensfuehrung_2006.pdf, (20.11.2007).
http://www.va-nachhaltigkeit.de/synopse.html, (06.04.2005).
http://www.vdi.de/vdi/presse/mitteilungen_details/index.php?ID=1015978, (13.02.2006).

http://www.vdi.de/vdi/vrp.richtliniendetails_t3/?&no_cache=1&tx_vdirili_pi2[showUID]=91262&L=0, (15.01.2008).
http://www.volkswagen-environment.de/_download/HN_07_Chronik.pdf, (17.11.2007).
http://www.wbcsd.org/, (13.04.2008).
http://www.wbcsd.org/templates/TemplateWBCSD5/layout.asp?MenuID=1, (03.10.2006).
http://www.wbcsd.org/templates/TemplateWBCSD5/layout.asp?type=p&MenuId=NjA&doOpen=1&ClickMe-nu=LeftMenu, (03.10.2006).
http://www.westend-presse.de/pm/13/mitteilungen/216/News-216.pdf, (05.09.2008).
http://www.whu.edu/cms/?id=1354, (27.01.2009).
http://www.worldsteel.org, (08.10.2008).
http://www.worldsummit2002.de/downloads/rio_10_A.pdf, (01.01.2006).
http://www.wwf.ch/wwfdata/downloads/dewwfchronikdererfolge.pdf, (06.01.2006).
http://www.zeit.de/2000/02/200002.meadows34_.xml, (31.07.2007).
http://www2.gtz.de/dokumente/bib/06-0182.pdf, (20.10.2007).
http://www2.wiwi.hu-berlin.de/institute/im/csr/html/deutsch/forschung/CSR_Kommunika-tion.pdf, (26.11.2007).
https://kpmg.de/library/pdf/050615_kpmg_international_survey_of_corporate_responsibility_reporting_2005_de.pdf, (31.10.2007).

SCHRIFTEN ZUM CONTROLLING

Herausgegeben von Prof. Dr. Thomas Reichmann

Band 20 Burkhard Fritz: DV-gestützte Führungsinformationssysteme. Konzeptionelle Anforderungen und Gestaltungsmöglichkeiten. 1999.

CONTROLLING SCHRIFTEN

Herausgegeben von Prof. Dr. Thomas Reichmann

Band 21 Ralph Neukirchen: Controlling-Konzeption zur wertorientierten Ressourcenallokation innerhalb strategischer Geschäftseinheiten. Am Beispiel der Industriegüterbranche. 2000.

Band 22 Dietmar Schön: Neue Entwicklungen in der DV-gestützten Kosten- und Leistungsplanung. Methoden, Instrumente und branchenbezogene Weiterentwicklungen. 1999.

Band 23 Uwe Stremme: Internationales Strategisches Produktionsmanagement. 2000.

Band 24 Dirk Nölken: Controlling mit Intranet- und Business Intelligence Lösungen. 2002.

Band 25 Herbert Daldrup: Externes Umweltschutz-Reporting im Rahmen eines stakeholderorientierten Controlling. 2002.

CONTROLLING UND MANAGEMENT

Herausgegeben von Prof. Dr. Thomas Reichmann und
Prof. Dr. Martin K. Welge

Die Reihe "Controlling und Management" ist auf das Spannungsfeld zwischen Theorie und Praxis gerichtet. Es sollen Entwicklungen aus den Bereichen Rechnungswesen und Controlling aufgegriffen und kritisch diskutiert werden.

Band 26 Mathias Baer: Kooperationen und Konvergenz. 2004.

Band 27 Klaus Wienhold: Prozess- und controllingorientiertes Projektmanagement für komplexe Projektfertigung. 2004.

Band 28 Mark Jehle: Wertorientiertes Supply Chain Management und Supply Chain Controlling. Modelle, Konzeption und Umsetzung. 2005.

Band 29 Olaf Sonnenschein: Einsatzmöglichkeiten moderner Informations- und Kommunikationstechnologien im Rahmen der strategischen Früherkennung. 2005.

Band 30 Stephan Form: Chancen- und Risiko-Controlling. Erklärungsansatz zur Wirkungsweise von Chancen und Risiken im Controlling sowie dem unternehmensspezifischen Aufbau seiner Instrumente. 2005.

Band 31 Silke Bellwon: Strategische Wissensportale im Geschäftskundenvertrieb. 2005.

Band 32 Boris Wernig: Inhaltliche Ausrichtung und organisatorische Institutionalisierung von Corporate Universities. Ein wissenstheoretischer Ansatz. 2005.

Band 33 Philip Grothe: Unternehmensüberwachung durch den Aufsichtsrat. Ein Beitrag zur Corporate Governance-Diskussion in Deutschland. 2006.

Band 34 Thomas Burgartz: Kennzahlengestütztes Kundenbeziehungs-Controlling. Ein konzeptioneller Ansatz zur entscheidungsorientierten Planung und Kontrolle von Kundenbeziehungen. 2008.

Band 35 Andreas Hoffjan / Annehild Bramann / Stefan Kentrup: Folgekosten von Gesetzen. Beispiel AGG. 2008.

Band 36 Christian Funk: Gestaltung effizienter interner Kapitalmärkte in Konglomeraten. 2008.

Band 37 Wolfgang Berens / Andreas Hoffjan / Thomas Burgartz (Hrsg.): Controlling in einem globalen Markt. Beiträge im Rahmen der Akademischen Feier an der Technischen Universität Dortmund zur Ernennung von Professor Dr. h.c. Karlheinz Hornung und Professor Dr. Andreas Hoffjan sowie zur Emeritierung von Professor Dr. Thomas Reichmann. 2009.

Band 38 Rolf Tappe: Wertorientierte Unternehmensführung im Mittelstand. Eine Überprüfung der Anwendbarkeit. 2009.

Band 39 Marc Eulerich: Strategische Planung, Steuerung und Kontrolle von Mergers & Acquisitions. M&A-Controlling – M&A-Risikomanagement – Praxiswissen. 2009.

Band 40 Jessica Donato: Whistleblowing. Handlungsempfehlungen für eine nutzenstiftende Umsetzung in deutschen börsennotierten Unternehmen. 2009.

Band 41 Stephanie Rabbe: Strategisches Nachhaltigkeitsmanagement in der deutschen Stahlindustrie. Der Entwurf eines Nachhaltigkeitsmanagementsystems zur Professionalisierung des strategischen Nachhaltigkeitsmanagements. Eine Fallstudie bei der ThyssenKrupp Steel AG, Duisburg. 2010.

www.peterlang.de